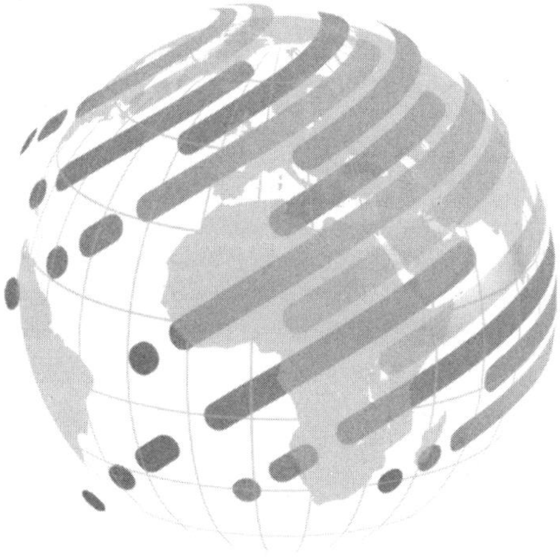

2012

CHINA ENERGY CONSERVATION
AND EMISSION REDUCTION DEVELOPMENT REPORT

中国节能减排发展报告

——结构调整促绿色增长

中国工业节能与清洁生产协会
中 国 节 能 环 保 集 团 公 司 ●编

中国经济出版社
CHINA ECONOMIC PUBLISHING HOUSE
北 京

图书在版编目（CIP）数据

2012 中国节能减排发展报告/中国工业节能与清洁生产协会，中国节能环保集团公司编.
北京：中国经济出版社，2013. 1
ISBN 978 - 7 - 5136 - 2166 - 3
Ⅰ. ①2… Ⅱ. ①中…②中… Ⅲ. ①节能—研究报告—中国—2012 Ⅳ. ①TK01
中国版本图书馆 CIP 数据核字（2012）第 280311 号

责任编辑　吴航斌　张利影
责任审读　霍宏涛
责任印制　张江虹
封面设计　白朝文

出版发行　中国经济出版社
印 刷 者　北京市人民文学印刷厂
经 销 者　各地新华书店
开　　本　210mm×285mm　1/16
印　　张　34. 75（插页：0. 5）
字　　数　885 千字
版　　次　2013 年 1 月第 1 版
印　　次　2013 年 1 月第 1 次
书　　号　ISBN 978 - 7 - 5136 - 2166 - 3/X · 1
定　　价　160. 00 元

中国经济出版社 **网址** www. economyph. com **社址** 北京市西城区百万庄北街 3 号 **邮编** 100037
本版图书如存在印装质量问题，请与本社发行中心联系调换（联系电话：010 - 68319116）

前　言

欢迎阅读《2012中国节能减排发展报告》，这是中国工业节能与清洁生产协会、中国节能环保集团公司对中国节能减排整体状况进行观察、描绘、分析的第四本年度报告。四本年度报告，跨越了我国两个“五年计划”周期。

“十一五”时期，我国开始把能源消耗强度降低和主要污染物排放总量减少确定为国民经济和社会发展的约束性指标。在该计划期内，我国节能减排工作取得了显著成效。这些成效主要是指：能源消费以年均6.6%的增速支撑了国民经济年均11.2%的增长；我国单位国内生产总值能耗由“十五”后三年上升9.8%转为下降19.1%；二氧化硫和化学需氧量排放总量分别由“十五”后三年上升32.3%、3.5%转为下降14.29%、12.45%；通过实施节能减排重点工程，形成节能能力3.4亿吨标准煤；新增城镇污水日处理能力6500万吨，城市污水处理率达到77%；燃煤电厂投产运行脱硫机组容量达5.78亿千瓦，占全部火电机组容量的82.6%。

“十二五”时期，我国制定了覆盖范围更广，更为细致明确的节能减排目标。既包括单位国内生产总值能耗下降16%、主要污染物排放总量下降8%~10%的总体目标，也包括各行业、重点领域和主要耗能设备的具体目标。工业方面，提出单位工业增加值（规模以上）能耗下降21%左右，并对火电、钢铁、水泥、电解铝等主要高耗能产品的单位产品能耗提出了目标要求。建筑方面，提出北方采暖地区既有居住建筑供热计量和节能改造4亿平方米以上，新建建筑施工阶段节能标准执行率达到95%以上，绿色建筑标准执行率达到15%。交通方面，对铁路、公路、水运、航空单位运输周转量能耗水平提出了目标要求。主要终端用能设备方面，对锅炉、电动机、汽车、家用电器等设备提出了能效改善目标。公共机构方面，对公共机构单位建筑面积能耗以及人均能耗提出了目标要求。

值得注意的是，“十二五”和“十一五”的开局均不顺利，两个计划期开局之年的主要节能减排目标均未实现。2006年，全国万元GDP能耗为1.204吨标准煤，比上年下降了1.79%，仅完成年均节能目标（4.4%）的五分之二；化学需氧量（COD）和二氧化硫（SO_2）排放量不降反升，分别比上年上升1.0%和1.5%（参见《2009中国节能减排产业发展报告》）。2011年，全国万元国内生产总值能耗为0.793吨标准煤/万元（按2010年价格计算），与上年相比下降2.01%，没有完成年度下降3.5%的计划目标；氮氧化物排放总量为2404.3万吨，比上年上升5.73%。(中国节能减排的基本形势分析请阅读本书第1章)。

两个计划期开局之年主要节能减排目标均未实现的直接原因基本相同，即“工业特别是高耗能、高污染行业增长过快”。进一步而言，内在的结构性矛盾则是制约国家节能减排进程的本质性因素，比如在某个时期、某个地方被淘汰的落后产能可以在另外一个时期、另外一个地方复燃，污染可以随着产业迁移到新的地区。另外，也总有一些内在根深蒂固的力量，比如“一些地方对节能减排的紧迫性和艰巨性认识不足，片面追求经济增长，对调结构、转方式重视不够”，促使整个国家依旧踏在高能耗、高排放的高碳道路上（我们应如何进行本质意义上的节能减排，实施结构性改善，请阅读本书第2章)。

未来很长一段时间，我国的社会经济发展既需遵从国内严峻的资源和环境约束，也需充分适应国际间围绕着应对气候变化正在形成的政治经济新格局。这使得节能减排成为我们消解内外部压力，抢占低碳经济制高点的必然做法。减少温室气体排放，实质上已经演变为国家间争夺生存权和发展权的斗争。由于温室气体排放总量的快速增加，我国在气候变化问题上面临越来越大的国际压力，谈判空间日益缩小（详情请阅读本书第3章)。

应对气候变化既是环境问题，也是发展问题。转变经济发展方式、向改善气候所要求的新经济形态转型，成为解决问题的关键。中国共产党在十八大报告中把“美丽中国”设立为未来生态文明建设的宏伟目标，这表明我党对中国特色社会主义总体布局认识的深化，也彰显出中华民族对世界负责的精神。中国作为发展中国家，坚持把节约资源和保护环境作为基本国策，提出并认真落实应对气候变化国家行动计划，做出了庄严的自主减排承诺，并积极制定低碳经济国家战略。

我们前面已经看到，工业作为能源消耗的主要领域，是节能工作的重点和难点，高耗能、高污染行业是导致节能减排目标能否实现的关键。中国的低碳转型，很大意义上是工业的绿色转型，其具体内涵是建设资源节约型和环境友好型工业体系。由于长期粗放式发展，我国工业能源资源消耗强度大，能源消耗和二氧化硫排放量分别占全社会能源消耗、二氧化硫排放总量的70%以上，钢铁、炼油、乙烯、合成氨、电石等单位产品能耗较国际先进水平高出10%~20%。随着能源资源刚性需求持续上升，生态环境约束进一步加剧，对加快转变工业发展方式形成了“倒逼机制”(对于重点耗能行业的节能减排进展分析，请参阅本书第2篇)。

我们在以往年度报告中指出：“十一五”期间，我国的节能减排是以各级政府推进为主导模式。“十二五”时期，预计这种模式会向市场力量推进的模式来演化。但是，其政府为主导的基本工作格局不会改变。因此，从行政区域的角度来分析中国的节能减排，具有现实意义。2011年，东部地区单位GDP能耗最低，能源利用效率最高，单位GDP能耗平均值为0.7029吨标准煤；中部地区平均单位GDP能耗为0.978吨标准煤，在全国四大经济区域中排名第二位；东北地区平均单位GDP能耗为1.02吨标准煤，在四大区域中排名第三，但是较中部地区差别并不是特别大；西部地区2011年能耗最高，平均单位GDP能耗为1.388吨标准煤（详细情况请阅读本书第3篇）。

本报告的第2篇（行业篇），第3篇（区域篇）告诉我们，只有坚定不移地进行产业升级与结构调整，才能实现本质意义上的节能减排。能源资源刚性需求持续上升，生态环境约束的进一步加剧，已经对我国加快转变经济发展方式形成了“倒逼机制”。也就是说，加快经济发展方式转变不是“想不想做”，而是“不得不做”，并且迫在眉睫。

我们应在下述两方面落实“加快经济发展方式转变”这一指导思想：一方面，必须抑制高耗能、高排放行业过快增长，严禁污染产业和落后生产能力转入中西部地区，加快运用高新技术和先进适用技术改造提升传统产业；另一方面，必须加速推动绿色GDP的迅速增长，把节能减排当做经济稳增长的重要抓手。

通过多种举措推动我国经济实现绿色增长，这已逐步成为决策层共识。根据相关政策规划，“十二五”时期，我国预计实施节能减排重点工程需投资约23660亿元，我国的环境服务总产值将达5000亿元，节能服务产业总产值将达到3000亿元。财政部部长谢旭人也曾撰文指出，节能减排是扩内需、稳增长的重要结合点。针对当前内需不足的情况，要把稳增长放在更加重要的位置，采取更加有力的措施，支持扩大节能环保产品消费，加大节能环保领域投资力度。本书的第4篇（环保篇）、第5篇（新能源篇）即侧重分析如何将节能减排形成经济增长的重要力量。

简而言之，本书第1篇（综合篇）介绍了我国节能减排的基本形势与趋向；第2篇（行业篇）介绍了电力、钢铁等高耗能、高污染行业的节能减排进展；第3篇（区域篇）从行政区划角度对比、评价节能减排的效果；第4篇（环保篇）介绍大气污染防治、污水处理、固废处理等环保产业的发展状况；第5篇（新能源篇）描述风能、太阳能、生物质能、核能等新能源产业的发展进程。

另外，本书第6篇（数据篇）侧重为读者提供用以进行深入分析的相关能源、环境数据。同时，本书最后部分提供了年度大事记录以及部分节能减排重要的公报、文件，供读者备忘。

中国工业节能与清洁生产协会的年度报告已经是第四本，内容每年在更新，但报告所遵循的基本宗旨不会改变。报告仍将继续秉承“内容详实、资料丰富、数据准确、观点鲜明”的指导思想，基于全球气候、能源、经济及政治大背景，真实记录国家总体、各地区、重点耗能行业节能减排目标完成情况，以及节能环保、新能源等战略新兴产业的发展，深入分析国际国内环境保护、节能减排政策及产业发展趋势，介绍关于节能减排的不同观点，为我国开展节能减排工作提供判断、预测和展望。

由于节能减排涉及产业领域、学科门类较多，编者虽然尽量寻求内容及表述的准确性及一致性，本报告仍难免存在不当之处。为使我们的报告能够更加完善，期待您的批评指正。

王小康

2012 年 11 月

目录

第1篇　综合篇

第2篇　行业篇

第3篇 区域篇

第4篇 环保篇

第5篇 新能源篇

第6篇　数据篇

专 稿

全球绿色低碳发展与我国节能减排的形势

何建坤[①]

1992 年里约联合国环发大会提出可持续发展的理念，并通过了“联合国气候变化框架公约”。20 年来，全球开展了在可持续发展框架下应对气候变化的合作进程。2012 年 6 月“里约 +20”峰会又通过《我们期望的未来》成果文件，对未来全球可持续发展和应对气候变化都将产生重大影响，并将进一步促进全球绿色低碳的发展趋势，我国可持续发展和应对气候变化也将面临新的挑战和机遇。

一、全球应对气候变化与绿色低碳发展的形势

“里约 +20”峰会的主题是“在可持续发展和消除贫困的背景下发展绿色经济”，强调了可持续发展“三大支柱”即经济发展、消除贫困、环境保护之间的统筹和协调。其中，以气候变化为代表的全球环境问题受到特别关注。成果文件中重申全球控制温升不超过 2℃ 的目标，并强调指出“各国就到 2020 年全球每年温室气体排放量所作的减排承诺的总体效应与有可能把全球平均温度维持在不高于工业化以前 2℃ 或 1.5℃ 水平的总体排放路径之间存在很大差距”，呼吁各国加大力度，减少全球温室气体排放，应对气候变化已成为世界可持续发展的重要领域。

2011 年 12 月，联合国气候大会启动了增强全球减排行动力度的“德班平台”谈判，将决定 2020 年后全球增强减排力度的国际制度框架，并讨论 2020 年以前增强减排力度的行动方案。发达国家在“德班平台”谈判中力推建立适用所有国家统一的减排框架，力图混淆发展中国家与发达国家的区别，“共同但有区别的责任”原则受到挑战。我国作为排放大国的地位突出，将面临空前的减排压力。另一方面，欧盟等发达国家积极推进全球碳排放到 2020 年达到峰值，到 2050 年比 1990 年至少减半的全球长期减排目标，这将极大压缩未来全球的碳排放空间，我国等发展中国家未来的可持续发展将面临碳排放空间严重不足的挑战。因此，发展绿色经济，实现低碳发展，将成为全球促进经济发展、消除贫困和保护全球环境目标之间统筹协调的战略选择和根本途径。

全球绿色低碳发展的趋势，也将引起全球经济贸易规则的变动和争端。例如发达国家通过提高产品的能耗或环保标准，设置“绿色贸易壁垒”，或向发展中国家对其出口产品征收

---

① 清华大学低碳经济研究院院长、原清华大学常务副校长。

碳关税（边境调节税）等措施，实行贸易保护主义，打压发展中国家日益上升的贸易竞争力。最近欧盟强行将所有进出欧盟境内的航班纳入其碳排放交易体系，一方面反映了欧盟强行向发展中国家施加减排义务；另一方面也反映了欧盟借此强化和扩大其碳交易市场，对未来全球碳减排市场机制的发展施加影响，夺取先机，占据有利地位。碳关税对于出口产品以高能耗、低增加值的中低端制造业产品为主的新兴发展中国家而言，将严重影响其贸易竞争力。据测算，对我国出口欧美的产品中隐含的 CO_2 排放征收每吨 35 ~ 60 美元的碳关税的话，我国产品出口的税率将增加 2.2 ~ 4.4 个百分点，这既对我国出口企业造成压力，同时也对我国调整出口产品的结构，进行产业升级，降低产品的能耗，提高产品的档次和增加值，打造自身的低碳竞争力提供了机遇。

全球应对气候变化，实现绿色低碳发展，关系到人类的现在和未来，关系到各国的生存和发展，关系世界的稳定和繁荣，关系到子孙后代的发展空间和福祉，实现可持续发展是全人类的共同利益。当前全球的可持续发展要应对全球资源枯竭和生态承载能力减弱、全球环境容量制约等一系列挑战，需要全球的共同努力和世界各国的密切合作，也需要对各国的发展和行为方式有所制约，需要各国都付出极大的努力和必需的代价。在解决全球可持续发展各项矛盾中，需要平衡全球整体利益和各国的局部利益，这势必涉及各国责任和义务的分担，涉及国家间利益的矛盾和冲突，因此需要建立公平有效的国际制度框架。坚持“共同但有区别的责任”原则和公平获得可持续发展的理念，是发展中国家在气候变化国际制度谈判中的共同利益诉求和坚持的原则，发达国家应根据气候变化公约中确定的原则，承担和其历史责任相称的国际义务，率先实现低碳转型，并向发展中国家提供资金、技术和能力建设的支持。另一方面，当前发展中国家的工业化进程已不具备发达国家当年的世界资源保障和环境容量的条件，所以不可能再沿袭发达国家以过高能源消费和资源消费为支撑的传统工业化道路，必须探索以技术创新为支撑的新型的工业化和现代化道路，走绿色、低碳的发展路径，实现跨越式发展。

二、我国节能和减缓 CO_2 排放的形势和任务

1992 年联合国环发大会以来，我国即开始实施可持续发展战略，坚持节约资源、保护环境的基本国策，把节能放在能源战略中的首位，并取得了显著成效。从 1990—2011 年，我国 GDP 年均增长率为 10.4%，GDP 总量已由世界第十位跃升为第二位，占世界 GDP 总量也由 1.6% 上升到约 10%，人均 GDP 也由 370 美元上升到 5400 美元，由世界低收入国家进入上中等收入国家行列。在这 21 年期间，能源消费年增长率为 6.18%，以 0.59 的能源消费弹性，支撑了经济社会的持续快速发展。在这 21 年期间内，单位 GDP 的能源强度下降了 56%，单位 GDP 的 CO_2 强度下降了 58%。同期，发达国家下降幅度平均不到 30%，世界平均也只有 15% 左右，我国在节能和减缓 CO_2 排放方面取得的成效令世界瞩目。

由于我国基本国情和发展阶段的特征，使我国在应对气候变化领域面临比发达国家更严峻的挑战。我国处于工业化、城市化快速发展阶段，由于 GDP 较快增长，能源消费和 CO_2 排放也呈现总量大、增长快的趋势。1990—2011 年，GDP 增长 8.0 倍，CO_2 排放总量也增长 3.4 倍，成为世界第一排放大国。能源消费量由 1990 年 9.87 亿 tce 增加到 2011 年 34.78 亿

tce，增长 3.5 倍，2011 年占世界能源消费的比重 20% 左右，能源消费的 CO_2 排放接近全世界排放量的 1/4。人均 CO_2 排放量 1990 年约为世界平均水平的一半，目前已经超过世界平均水平，而且每年 CO_2 排放增长量占世界增长量的一半以上。控制能源需求和 CO_2 排放总量较快上升的趋势仍是艰巨任务。

我国当前的可持续发展面临日趋强化的国内资源和环境的制约，2011 年煤炭产量已达 35 亿吨，超出科学产能的供应能力，石油进口依存度已超过 55%，由能源消费引起的 SO_2，NO_X，可吸收颗粒物等常规污染物排放和区域生态环境问题也难以得到根本遏制，资源依赖型、粗放的发展方式已难以为继。而且在应对全球气候变化的国际谈判中也面临越来越大的减排压力。发展绿色经济，实现低碳发展，既是我国突破国内资源环境制约，促进经济社会与资源环境相协调和可持续发展的内在需要和根本途径，也是我国应对全球气候变化，减缓 CO_2 排放的战略选择，需统筹国内外两个大局，协调应对。

较大幅度地降低单位 GDP 的能源强度和 CO_2 排放强度是我国中近期应对气候变化和加强节能与减缓 CO_2 排放的主要目标和着力点。我国在哥本哈根气候大会上提出 2020 年单位 GDP 的 CO_2 强度比 2005 年下降 40～45% 的目标，“十一五”制定单位 GDP 能源强度下降 20% 左右的约束性目标，“十二五”期间又制定了单位 GDP 能源强度下降 16% 和 CO_2 强度下降 17% 的目标，“十三五”如果 GDP 的 CO_2 强度再下降 15～16%，到 2020 年单位 GDP 的 CO_2 强度比 2005 年下降幅度即可实现 45% 的目标高限值。

与发达国家相比，我国当前单位 GDP 能源强度和碳强度都比较高。单位 GDP 的能源强度约为世界平均水平的 2 倍，与发达国家的差距更大。2010 年我国 GDP 总量与日本相当，但能源消费量则为日本的 4.5 倍；该年我国能源消费总量与美国相当，但 GDP 总量却约为美国的 40%，由于我国能源结构中煤炭的比重大，所以 GDP 的 CO_2 强度与发达国家的差距比能源强度更大。我国 GDP 能源强度高，除能源转换和利用效率仍低于发达国家的技术因素外，我国当前发展阶段特有的第二产业特别是高耗能产业比重高、制造业产品价值链低等结构性因素所起的作用更为主要，这一方面说明我国在提高能源利用及相应碳排放的经济产出效益方面具有较大潜力，但也表明我国的 GDP 能源强度与 CO_2 强度要赶上发达国家的水平也需要在相当长的历史时期内不懈努力。这与我国缩小同发达国家发展水平差距一样，是一项长期而艰巨的任务。

促进 GDP 的 CO_2 强度下降的因素包括两方面：一是节能所导致的 GDP 能源强度下降；二是能源结构优化导致能源构成中含碳率下降。据测算，我国到 2020 年实现非化石能源比重由 2005 年的 6.8% 上升到 15% 的目标，再加上天然气比重的增大，能源结构低碳化对实现 2020 年单位 GDP 的 CO_2 强度比 2005 年下降 40～45% 目标的贡献率约为 20% 左右，节能的贡献率仍要承担 80% 左右。节能又可分为导致能源效率提高的技术节能和由于产业结构调整和升级以及消费结构变化所引起的结构性节能。“十一五”期间，实现了单位 GDP 的能源强度下降 19.1%，技术节能发挥了主要作用。未来随着经济发展方式的转变，结构节能应该也能够超过技术节能，发挥越来越大的作用，核心是大力转变经济发展方式，努力建立以低碳排放为特征的产业体系和消费方式，走上绿色低碳发展路径。

三、我国加强节能和减缓 CO_2 排放的对策

我国要实现单位 GDP 能源强度和 CO_2 强度较大幅度的下降，实现绿色低碳发展，就必须转变当前资源依赖型、粗放扩张的发展方式，由过分重视 GDP 增长的数量转变为更加注重经济增长的质量和效益，由模仿和追赶发达国家的高碳发展路线转变到以技术创新为支撑的绿色低碳发展路径。

因此，要努力转变经济发展方式，大力调整产业结构，加强推进结构节能的作用。我国当前经济增长过多地依赖投资和出口的驱动。2008 年我国资本形成占 GDP 的比重为 43%，而世界投资率较高的中等发达国家的平均水平也只有 30%，家庭最终消费的比重占 GDP 的 37%，而中等发达国家也高达 50%。我国为生产出口产品在国内消耗的能源约占全国总能源消费量的 1/4。改变投资驱动型和出口导向型的增长方式，扩大最终消费的拉动作用，有利于降低对钢铁、水泥等高耗能投资品的需求增长，有利于促进产业结构的调整。据测算，投资占 GDP 比重下降一个百分点，相应消费就上升一个百分点，GDP 的能源强度将相应下降 0.45 个百分点。我国当前第二产业占 GDP 中的比重高达 47%，已达到或超过发达国家工业化阶段的峰值，钢铁、水泥、家电等产量也达世界产量的半数左右，存在调整产业结构、降低 GDP 能源强度的空间和潜力。据测算，工业在 GDP 中比重下降一个百分点，而服务业的比重就上升一个百分点，相应 GDP 能源强度也将下降约一个百分点。因此，要着力发展战略性新兴产业和现代服务业，限制高耗能、高污染和资源密集型产品的出口，加快产业技术升级，推广先进节能技术，提高能源效率，降低产品的能源单耗、提高产品的增加值率，努力建立以低碳排放为特征的产业体系。当前在努力降低 GDP 能源强度和 CO_2 强度的同时，要逐步实行能源消费总量和 CO_2 排放总量的控制，以总量控制的目标促进经济发展方式的转型。应进一步制定 CO_2 排放达峰值的长期目标，进行前瞻性部署。

在加快转变发展方式过程中，要以技术创新为支撑，加大对先进节能技术和新能源技术的研发和推广，要继续大力推进技术节能，提高能源转换和利用效率。我国实施节能优先战略，近年来通过上大压小，推广先进节能技术，使高耗能产品的能源单耗持续下降，例如 2010 年与 2005 年相比，火电供电煤耗由 370gce/kwh 下降到 335gce/kwh，降低 9.5%，炼钢综合能耗下降 12.8%，水泥综合能耗下降 24.6%，中国能源转换和利用效率与发达国家的差距正在显著缩小。要继续加大力度，争取“十二五”以后，新增主要耗能设备能效指标达到国际先进水平，部分通用设备如汽车、电动机、家用电器等达到国际领先水平，继续发挥以提高能效为核心的技术节能的主导性作用。同时大力发展新能源和可再生能源，优化能源结构。提高核能、水电、风电、太阳能等新能源和可再生能源在一次能源构成中的比重，可在保障能源供应的同时，减少 CO_2 排放。

我国实现节能和减缓 CO_2 排放目标，工业节能占有突出重要的地位。我国当前处于工业化快速发展阶段，第二产业占 GDP 比重一直在 47% 左右，终端能耗占全国终端总能耗 70% 以上，而发达国家第二产业比重一般都低于 30%，终端能耗工业也进展 1/3 左右。“十一五”期间，我国单位 GDP 的能源强度下降了 19.1%，而工业单位增加值的能源强度则下降了 25%，工业节能起到了引领作用。由于我国当前正处于城市化快速发展阶段，交通和建筑的

能耗不可避免地持续呈较快增长的趋势，所以工业部门必须有更大的节能力度，工业部门单位增加值能源强度的下降幅度要远高于全国单位 GDP 能源强度下降的幅度。工业节能除推广节能技术，淘汰落后产能、提高能源效率外，调整工业内部行业和产品结构，推进产业技术升级，产品向价值链高端发展，提高单位产品增加值率，都是降低工业部门单位增加值能耗的重要措施。

我国将逐渐实施能源消费总量与 CO_2 排放总量控制目标和措施，争取 CO_2 排放尽快达到峰值并开始下降。实现上述目标，工业部门的 CO_2 排放必须率先达到峰值。发达国家自上世纪初实现工业化以来，其能源消费和相应 CO_2 排放基本稳定或略有缓慢增长，但其工业部门的能源消费和 CO_2 排放都呈持续下降趋势。1973—2009 年，OECD 的 34 个国家工业部门终端总能耗下降了 23.5%，而交通能耗却上升了 68.6%，家庭和商业能耗上升了 36.9%。从减排 CO_2 来讲，工业部门减排力度最大。我国处于工业化快速发展阶段，工业部门的能耗仍呈快速发展的趋势。今后 10～20 年，我国工业化阶段将基本完成，经济增长进入内涵提高阶段，再加上大力推进工业节能，工业终端能耗也有望达到峰值并趋于稳定，届时交通、建筑新增能源消费可望由发展新能源和可再生能源满足，从而使化石能源消费总体上趋于稳定，使 CO_2 排放达到峰值。

当前要进一步完善促进低碳发展的法律法规和财税金融政治体系，建立和完善促进地区、城市和行业低碳发展的政策激励机制，建立和形成促进企事业节能减排的市场机制，为实现低碳发展提供政策保障。

环境保护是我国转变发展方式的切入点

——2012 年政府工作报告解读

周宏春[1]

一年之计在于春。这是我国劳动人民的经验之谈，同样适用于我国工业化进程中的其他行业，因为每项工作都要规划和计划。随着人民群众生活水平的不断提高，对生活的环境日益关注，环境问题成为群众关注的焦点，成为民生问题。2012 年的政府工作报告（以下简称报告）对环境保护也给予特别的重视。

一、将环境保护纳入“转方式”范畴

环境保护在我国国民经济和社会发展中的地位日益突出。2012 年政府工作报告中，无论是狭义的污染治理，还是广义的环境保护，均安排在节能减排的内容中，而节能减排又是我国促进发展方式转变的重要着力点。

报告在回顾过去一年的工作部分，第二项内容是加快转变经济发展方式，其中有一段专门介绍节能减排的情况，主要表述为：

推进节能减排和生态环境保护。发布实施“十二五”节能减排综合性工作方案、控制温室气体排放工作方案和加强环境保护重点工作的意见。加强重点节能环保工程建设，新增城镇污水日处理能力 1100 万吨，5000 多万千瓦新增燃煤发电机组全部安装脱硫设施。加大对高耗能、高排放和产能过剩行业的调控力度，淘汰落后的水泥产能 1.5 亿吨、炼铁产能 3122 万吨、焦炭产能 1925 万吨。实施天然林保护二期工程并提高补助标准，实行草原生态保护奖补政策，开展湖泊生态环境保护试点。植树造林 9200 多万亩。

在肯定成绩的同时，报告也分析了我国经济社会发展仍然面临不少困难和挑战，以及政府工作存在的一些缺点和不足。在列举的例子中，把节能减排、物价调控目标没有完成作为不足之一。说节能减排目标没有完成，不仅可以从数据上看，也可以从居民直观感受看，2011 年，我国部分城市和地区灰霾天气在增加，这与大气中 PM10 和 PM2.5 等颗粒物有关；近年的“血铅”事件常见于报端；垃圾围城问题加剧，与党中央国务院提出的“让人们喝上干净的水，呼吸清新的空气，有一个良好的生产生活环境”还有较大距离，这也在某种程度

[1] 国务院发展研究中心研究员。

上说明，环境保护将伴随我国工业化和城市化的全过程，是一项长期而艰巨的任务。

二、关于重金属污染防治

在2012年主要任务的第四项：加快转变经济发展方式中提出，“加强环境保护，着力解决重金属、饮用水源、大气、土壤、海洋污染等关系民生的突出环境问题”，这是环境保护的重中之重。事实上，温总理、李克强副总理多次提到新形势下我国环保工作的思路、工作重点和政策措施，报告进一步重申了这一环保重点。

近年来，儿童血铅中毒事件在全国各地频发。四川隆昌发生近百名儿童“血铅超标”事件。湖南郴州数百名儿童血铅超标。江苏大丰、湖南武冈、陕西凤翔、福建龙岩、甘肃徽县等地，均爆发了大面积儿童血铅超标的公共事件。去年广西龙江河污染又将重金属污染与饮用水安全联系起来，对重金属污染防治问题，确实到真抓实干的时候了。

从国际经验看，19世纪末20世纪初期，英国便开展了长达40年的对抗铅中毒病的改革运动。英国法律规定，油漆和汽油中禁止含铅。2003年12月，英国禁止铅盐热稳定剂用于饮水管道。日本、瑞典、荷兰等国也有类似立法。1994年，丹麦、瑞典、芬兰和冰岛共同签署提议，长期禁用铅。欧盟、加拿大、新西兰、澳大利亚等立法禁止铅等有毒物质在电子电器产品中的使用。许多亚洲国家制定实施了铅回收法。换句话说，立法禁止铅的使用可以使儿童铅中毒大面积下降，也是我国减少铅中毒的首要任务。

国务院批复了《“十二五”重金属污染防治规划》，这是国务院批复的“十二五”第一个专项规划，足以折射中央对重金属污染防治的重视。根据该规划，重金属污染防治的目标包括，到2015年，重点地区重金属污染排放的总量要比2007年削减15%，非重点地区的排放总量不得超过2007年。防治内容包括对造成铅、汞、铬、镉、砷等污染的企业整治，也包括对被污染土地的恢复，以及对受害儿童的及时救治。

国务院批准《湘江流域重金属污染治理实施方案》，这是全国首个由国务院批准的重金属污染治理试点方案。《方案》涉及湘江流域的长沙、株洲、湘潭、衡阳、郴州、娄底、岳阳、永州8个市，提出了应急保障、工业污染源控制、历史遗留污染治理三大重点任务。经过治理，铅、汞、镉、铬、砷等重金属排放总量将在2008年基础上削减70%左右。《方案》提出的治理思路是：坚持“治理与发展并重”，以“保民生，控源头，还旧账”为主线，突出“保障民生安全、控制工业污染源、治理历史遗留污染”三大主要任务。

我国也有了相关法规。《废弃电器电子产品回收处理管理条例》（简称《条例》）已经正式施行。目前，我国电器电子产品每年淘汰量数以千万台计，采用落后方式处理废弃电器电子产品和电路板，造成严重环境污染，危害人体健康。2011年1月1日起，《条例》的实施加强了我国废弃电器电子产品回收处理的规范化管理，对于防止和减少环境污染，促进资源综合利用，发展循环经济影响深远。

环保部下发《关于加强铅蓄电池及再生铅行业污染防治工作的通知》，强调实行重金属污染责任终身追究制，对发生重大铅污染以及由铅污染引发群体性事件的地区，环境保护部将对该区域所在地级市实行区域限批，暂停该市所有建设项目的环评审批。对造成环境危害的肇事企业立即责令停产，停止排放污染物。因重金属污染造成群发性健康危害事件或造成特大环境污染事故的，依法对造成环境危害的企业负责人及相关责任人追究刑事责任。今后凡发生重金属污染事件的地区，当地政府主要领导必须承担主要责任。

需要强调的是，近阶段重金属污染事件频发是环境滞后效应的具体表现；期望在几年的时间内就解决重金属污染也是不现实的，需要做好打“持久战”的准备。

三、关于 PM2.5 的防治

报告还提出，今年在京津冀、长三角、珠三角等重点区域以及直辖市和省会城市开展细颗粒物（PM2.5）等项目监测，2015 年覆盖所有地级以上城市。类似的表述可以在去年的全国环境保护大会上李克强副总理的讲话、周生贤部长的有关讲话中发现。

PM2.5 是去年的热点环保话题。2011 年 10 月后，北京等大城市连续出现灰霾天气，而环保部门发布的空气监测数据及空气质量均显示为良好。互联网上转载的美国驻北京大使馆的空气质量监测报告，与国内有关部门的官方数据差距较大，网民要求发布 PM2.5 数据的呼声日高，这也明显加快了环境保护部修改大气环境质量标准的进程。

每个城市的 PM2.5 浓度不同，来源也大相径庭。一般而言，随着经济发展，空气污染特征会发生变化；随着城市发展，特别是汽车拥有量的增加，大气污染物来源会发展变化。监测表明，我国城市空气开始呈现出煤烟和机动车尾气复合污染的特点。PM2.5 以下的细颗粒主要来源于燃料燃烧，包括汽车尾气、锅炉窑炉烟囱排放以及扬尘等。随着我国机动车的增多，大气中 PM2.5 的含量不断加大，这是大多数城市灰霾天气增多的直接原因。2010 年全国机动车污染物排放量 5226.8 万吨，占保有量 12.8% 的低于国 I 标准的汽车排放了 40% 以上的污染物，而占保有量 41.1% 的国Ⅲ及其以上的汽车排放了不足 15% 的污染物。

治理 PM2.5 就要解决污染物排放源问题，即首先要解决汽车尾气、烟囱排放和扬尘等问题。由于汽车尾气所占污染物的比例一般在 30%，按照“抓主要矛盾”的思想或做法，解决汽车尾气问题是解决灰霾天气的关键。减少汽车尾气排放的措施包括三方面：一是提高新车尾气排放标准，如全面推行国Ⅲ标准，北京、上海、广州等大城市尽早实行国Ⅳ标准，二是加强在用车尾气监测和年检，三是强制淘汰尾气不达标的汽车。至于窑炉锅炉节能改造、除尘以及减少工程施工中的扬尘等问题，已经有很多讨论，这里就不谈了。

无疑，环境保护部加强检测能力建设是必要的，但问题的解决却不是环境保护部一个部门就能做好的，需要工业和信息化部、住房与城乡建设部、交通运输部、国家标准化管理委员会等部门的协调，共同推进，方可达到改善大气环境质量的目的。

四、与环境保护相关的各项工作

人与环境密切相关，相互影响。人的生活一时一刻也不能离开环境，环境是人类生存发展的支撑体系：从地球获取资源生产产品满足生活的需求，生产生活对环境产生影响，如植树造林改善环境，排放废气、废水和垃圾污染环境。环境会反过来影响人的生产生活。

报告中很多任务虽然不是直接节能减排，却可以理解为在源头、过程和末端等方面有利于环境保护。从源头上有利于环境保护的内容主要有：

不断优化投资结构。把好土地、信贷、节能、环保、安全、质量等准入和审核关，加强对重大项目特别是政府和国有投资项目的监管、督查，提高投资质量和效益。这里，将环保作为新建项目的准入“门槛”之一。

促进产业结构优化升级，推动战略性新兴产业健康发展。大力发展高端装备制造、节能环保、生物医药、新能源汽车、新材料等产业。扩大技改专项资金规模，促进传统产业改造升级。实施有利于服务业发展的财税、金融政策，支持社会资本进入服务业，促进服务业发展提速、比重提高、水平提升。无疑，环保产业的发展将为环境质量的改善提供支撑。

优化能源结构，推动传统能源清洁高效利用，安全高效发展核电，积极发展水电，加快页岩气勘查、开发攻关，提高新能源和可再生能源比重，加强能源通道建设。能源结构和使用方式的改变将有利于环境保护，这一点已经从北京以及其他城市的实践中得到佐证。

从工作重点有利于环境保护的内容主要有：

推进节能减排和生态环境保护。节能减排的关键是节约能源，提高能效，减少污染。要抓紧制定出台合理控制能源消费总量工作方案，加快理顺能源价格体系。综合运用经济、法律和必要的行政手段，突出抓好工业、交通、建筑、公共机构、居民生活等重点领域和千家重点耗能企业节能减排，进一步淘汰落后产能。

深入贯彻节约资源和保护环境基本国策。开展节能认证和能效标识监督检查，鼓励节能、节水、节地、节材和资源综合利用，大力发展循环经济。努力减少农业面源污染。严格监管危险化学品。推进生态建设，建立健全生态补偿机制，促进生态保护和修复，巩固天然林保护、退耕还林还草、退牧还草成果，加强草原生态建设，大力开展植树造林，推进荒漠化、石漠化、坡耕地治理，严格保护江河源、湿地、湖泊等重要生态功能区。

根据资源环境和人口承载能力，优化全国生产力布局，形成合理的城镇体系和与国土规模、资源分布、发展潜力相适应的人口布局。健全重大决策社会稳定风险评估机制和突发事件应急管理机制。深化价格改革。稳妥推进电价改革，实施居民阶梯电价改革方案，完善水电、核电及可再生能源定价机制。逐步理顺煤电价格关系。实行最严格的水资源管理制度，合理制定和调整各地水资源费征收标准，推进农业水价综合改革。开展碳排放和排污权交易试点。这些措施应该在环境保护领域进行积极探索，积累经验，加以推广。

从相关工作看，有利于环境保护的内容主要有：

在促进经济平稳较快发展部分，强调扩大内需特别是消费需求是我国经济长期平稳较快发展的根本立足点，其中之一是着力扩大消费需求，支持引导环保建材、节水洁具、节能汽车等绿色消费。加强城乡流通体系和道路、停车场等基础设施建设。在提高对外开放的质量和水平部分，强调要扩大高技术、高附加值产品出口，控制高耗能、高污染产品出口。实施新修订的外商投资产业指导目录，引导外资更多投向先进制造业、高新技术产业、节能环保产业、现代服务业和中西部地区。无论是基础设施建设还是环保产品消费，均可以将隐性的环保产业市场变现。

从保障上看，有利于环境保护的内容包括：在治理中，突出政府的监管职能，取缔关闭非法和不符合产业政策的污染企业，加大淘汰落后产能的力度，强化环境监管，坚决打击偷排、直排或超标排放，建立污染在线监控管理体系。同时，推动上下游企业重组，优化产业布局，在推动企业兼并重组、提高产业集中度的同时，加强技术改造升级和污染治理力度，逐步实现资源型产业的战略转型。全面贯彻依法治国基本方略，尊重和维护宪法和法律的权威，严格依法行政，坚决纠正有法不依、执法不严、违法不究、粗暴执法、渎职失职和执法腐败等行为。通过加大执法力度，有利于改变“守法成本高、违法成本低”的问题。

综上所述，环境是一种公共产品，环境质量、不损害群众健康的环境质量是政府应当也必须提供的基本公共服务。发展的含义是改善人的生活质量。只有加大环境保护力度，才能使发展的成果更好地为民所享，并为子孙后代的发展留下足够的资源和空间。报告指出，我们要用行动昭告世界，中国绝不靠牺牲生态环境和人民健康来换取经济增长，我们一定能走出一条生产发展、生活富裕、生态良好的文明发展道路。

保障民生 绿色发展

冯之浚[①]

“十二五”规划明确提出，我国要以科学发展为主题，以加快转变经济发展方式为主线，并把加快转变经济社会发展方式贯穿于经济社会发展的全过程和各领域。一言以蔽之，目前中国发展的主题可以概括为一个“转”字，包括转变、转型、转轨、转制、转折等涵义。转变，就是转变经济发展方式，创新发展模式，破解发展难题，提高发展质量；转型，就是要由拼人力物力、拼资源能源、先污染后治理的路子，转到走资源节约型、环境友好型的新路；转轨，就是要实现政府由计划经济向市场经济的角色调整，从主导型政府转向服务型政府；转制，就是要由不完善的市场经济转向比较完善的社会主义市场经济制度上，为科学发展和社会和谐提供有力保障；转折，就是在中共十七届五中全会提出的把保障和改善民生变成了国家发展战略，变成了国家发展目标。

一、保障民生是未来中国发展的方向

在保障和改善民生上的转折，将是贯穿我国未来发展的一个基本的原则，值得我们高度关注。我国的发展如果以三十年为一个阶段分析的话，每一阶段都有一个突出的主题：建国之后的三十年（从1949年大约至1979年），是以阶级斗争为纲；当国民经济走到崩溃的边缘的时候，提出了以经济建设为中心，开启了一个经济辉煌发展的三十年（从1979年大约到2009年）；“十二五”规划的制定实施，从五中全会开始，保障民生将成为未来三十年的主旋律、主基调。这是一个巨大的变化，这一“转折”必将开启中国发展的新局面。

中共十七届五中全会公报没有写入“以经济建设为中心”，包括以往提出的GDP（人均国内生产总值）等经济发展指标也不见了，取而代之的是五个“更加注重”，尤其突出保障和改善民生。全会提出的制定“十二五”规划指导思想、工作重点和发展目标中，都突出强调了保障和改善民生的重要性，并提出了多方面的明确要求，充分表明了保障和改善民生在我国经济社会发展中的核心地位，这是重大的战略转折。

目前，我国人均国民收入在世界210个国家和地区中仍处于百位之后，一些农村和边远地区经济社会面貌还很落后，农村还有3597万贫困人口，城市还有2347万最低生活保障人口，看病难、上学难问题还没有得到彻底解决。与此同时，还面临着贫富差距扩大、劳动者

---

① 国务院参事，中国可持续发展研究会名誉理事长。

报酬偏低、社会保障制度不够健全等问题。这些问题说明，我国消除贫困、改善民生、促进社会公平正义的任务十分繁重。从“十二五”规划这一节点开始，我国在经济社会发展的根本思路、方针政策等方面，已经围绕保障和改善民生进行着整体的“转折”，主要表现和努力方向包括以下几点：

1. 胡锦涛总书记在纪念中国共产党成立九十周年大会上发表了重要讲话，讲话全文1.4万多字，其中“人民”一词用了136次，平均每104个字里就有一个，可见“人民”在执政党心中的分量。讲话阐述的保持和发展马克思主义政党先进性的根本点第二条就是，坚持为了人民、依靠人民，诚心诚意为人民谋利益，从人民群众中汲取智慧和力量，始终保持党同人民群众的血肉联系；在讲到坚持群众路线、做好群众工作时，用了8个“最”字，把人民地位提升到前所未有的高度。这充分体现了执政党把人民放在最高位置的宗旨信念。这就要求执政党和政府必须要紧紧以“加快转变经济发展方式”为主线，把实现好、维护好、发展好人民群众的根本利益作为一切工作的出发点和落脚点，着力保障和改善民生，切实解决群众关心的物价上涨、食品安全等热点难点问题。要高度重视并继续做好就业再就业工作，完善社会保障体系，加快发展教育、文化、卫生、体育等社会事业，依法保障群众各项权益。加强和创新社会管理工作，全面提高社会管理科学化水平，最大限度地增加和谐因素，不断提高群众的幸福指数，不断实现人民群众的新期待，切实做到发展为了人民、发展依靠人民、发展成果由人民共享。

2. 和“十一五”规划相比，“十二五”的指标设计首先是以公共服务指标为主、经济指标为辅，其次是以约束性指标为主，预期性指标为辅。在24个考核指标中，一半是约束性指标，一半是预见性指标，在“十一五”22个主要指标中，约束性指标只占了8个，政府的公共服务和社会管理职责进一步强化。“十二五”的这些约束性指标中，都是有关人民生活、科技教育和资源环境类指标，是人民群众热切期待的。这体现了政府对人民群众热切期盼的主动回应，是政府对自身职能的清晰定位。指标体系设置上的变化体现了强烈的导向。从中可以清晰预见，未来一段时间，政府工作的着力点以及对各种公共资源配置的方向。市场的当归市场，该由政府承担的，要坚决担负起来。无论是保障房建设规模、义务教育的巩固率，还是社会保险的参保率，都是关系百姓能否生活得舒心、安心、放心、有信心的重要方面，政府都应当全力以赴；无论是单位GDP能耗、二氧化碳排放，还是主要污染物总量，都关系到子孙后代的青山绿水、锦绣山河，政府自当义不容辞。

去年以来，国务院确定了落实“十二五”规划的18个国家级重点专项规划，从中我们也能看到向保障民生“转折”的趋势。这些专项规划主要集中在推动结构调整、加快科技创新、强化节能环保、突出改善民生、深化改革开放等五个方面，是希望解决发展中不平衡、不协调、不可持续的问题。其中的公共服务体系规划、分配改革规划、就业专项规划、教育医疗社保规划等多项，与民生密切相关，占据了重要的地位。其他的，如土地利用规划、能源发展规划、低碳产业发展规划、生态建设和环境保护规划、战略性新兴产业规划、农业现代化发展规划、现代服务业发展规划、扩大内需战略规划等，也都与民生有着密切的关系。

3. 我国社会保障政策力度进一步加大，居民消费对扩大内需作用越来越受到重视。近年来，我国社会保障发展很快，基本医疗、基本养老等社会保障制度建设取得新突破，覆盖范围不断扩大，财政投入大幅增加，保障水平明显提高，我国距离人人享有基本生活保障的目标越来越近，人民群众等到的实惠越来越多。譬如，“十二五”期间，我国将发行8亿张社保卡，在全国范围内实现统一。社保卡记录了持卡人的职业资格、技能、就业状况、基本养老保险缴费、医疗保险个人账户信息等信息。现在的社保卡均由各省、市自制，从颜色、卡号到信息内容都不能通用。社保卡的统一，将为社保信息实现全国联网，个人跨地区就业、社保转移接续打下坚实的基础。目前，全国已推行了1.35亿张社保卡。此外，目前正在开展的社会保障金保工程，利用先进的信息技术，构建覆盖全国的统一的劳动和社会保障电子政务系统，这有利于提高社会保障的宏观决策水平，促进社会保障公共服务体系建设，支持人员跨地区的流动、养老、就医等一系列社会保障的业务处理和公共服务。

着力保障和改善民生，需要加快完善社会保障体系，使基本社会保障实现城乡全覆盖，并逐步提高保障水平。进一步加强城乡低保和社会救助工作，加快发展社会福利事业和慈善事业，加强社保服务能力建设，加强各项社会保障制度衔接，加快全国统一的社会保障卡发放，等等。下大力气抓好事关群众基本生活需求的工程项目，民生建设的投资无论是增长速度还是在经济建设投入中所占的比例，都应当有明显提高。

在“十二五”规划对经济增长动力的表述中，长期以来耳熟能详的“三驾马车”——投资、出口、消费的位置发生了悄然变化，消费第一次超过了投资和出口，排在第一位。拉动经济增长的内需动力事实上分为两支：一是投资，一是消费。上世纪90年代以来，我国投资率逐年提高，消费率逐年递减，消费拉动经济发展的作用不断减弱。在“十二五”期间，将建立扩大消费的长效机制，把扩大消费需求尤其是居民消费作为扩大内需的战略重点，进一步释放城乡居民消费潜力。能带动国内消费发展的关键是居民收入水平的提高。民生连着内需、连着发展、连着公平。保障和改善民生，既拉动消费，又增加投资，是扩大内需的重要举措和有效途径。扩大内需，提高居民消费能力的主要措施是要调整收入分配结构，完善财政税收政策，切实提高居民收入水平，减轻居民负担。

4. 合理调整收入分配关系，财政税收政策向民生领域倾斜。“十二五”规划提出，要提高居民收入在国民收入中的比重，提高劳动报酬在初次分配中的比重。我国收入分配失衡的一个主要表现就是在政府、企业、居民三方利益分配中，政府财政收入比重逐年上升，而居民收入占国民总收入的比重却是持续下降。公开资料显示，西方发达国家居民收入占GDP比重一般为50%到60%，比如美国为65%，日本是60%，英国高达71%。而按照有关的研究核算，我国城乡居民收入占GDP的比例却从1985年时的56.18%下降至2007年的50%左右，2010年则下滑至43%。有统计表明，改革开放三十年里，我国GDP增长了68倍，但人均国民收入只增长18倍。另外，我国还存在企业的资本收入远高于劳动者收入，垄断行业的收入远高于竞争行业的收入，城市收入远高于农村收入等不合理状况。这说明我们在完善分配体制、提高居民收入方面还有相当大的提升空间。

我国已经开始深化收入分配制度改革，抓紧制定收入分配体制改革总体方案，财税体制改革将更好地与调结构、惠民生结合起来。我国将进一步完善工资制度，建立工资正常增长机制，稳步提高最低工资标准。加大对高收入者的税收调节力度，严格规范国有企业、金融机构高管人员薪酬管理，扩大中等收入者比重，进一步扩大财政补助的规模，提高低收入者的收入，促进机会公平。规范收入分配秩序，有效保护合法收入，坚决取缔非法收入，尽快扭转收入差距扩大的趋势。与此同时，要进一步加大对教育、医疗卫生方面的投入，完善社会保障制度，从而减轻群众在医疗、教育、住房等方面的负担，创造一个更好的促进消费的环境，提高消费的能力。

5. 保障民生的战略要求我国政府进一步加快转变职能。政府不应该以经济建设为主要职能，而是以公共领域的福利，公共领域的服务为主要职能。这不是一个简单的问题，包括了政府官员数量和政府服务质量等问题。就官员数量而言，我国的历史趋势是向着越来越多发展的。有一组数据，西汉时期官民比例1:7945，全国人口进5000万，整个国家的官员总数还不超过6500人。根据历史记录，到了唐高宗时，比例达到了1:3927，元成宗年间，这个数字改为1:2613，明神宗时代大约是1:2299，康熙年间大概为1:900，如果以当时1.5亿人来计算的话，大约已经有了将近170万的官员。1949年是1:294人（一说是1:600人），而今天是1:30（一说是1:28人），有个别地方甚至达到了空前的1:9。从横向上看，现在的官民比重在全世界来说也是比较高的。政府机构膨胀，官员人数庞大，必然带来职能转换的困难。

从一个政府的职能定位判断，除去看官员数量之外，更关键的是要看政府工作质量，看它做了什么，做得如何。当一个政府属于经济主导型而非服务型政府时，它在市场经济中担当主角，政府更关心财政收入，对居民收入重视不够；更关心生产性投资，对公共性投资重视不够；更关心效率，对公平的重视不够；更关心国有企业，对民营经济重视不够。从目前我国政府官民比例和我国政府的作为表现来看，距离服务型政府还有相当的距离。因此，转变政府职能已经迫在眉睫。

目前，深化行政管理体制改革正在进行，目标是着力转变职能、理顺关系、优化结构、提高效能，形成权责一致、分工合理、决策科学、执行顺畅、监督有力的行政管理体制。其核心就是加快转变政府职能，健全政府职责体系，全面正确履行政府职能，努力建设服务型政府。进一步理顺政府与市场的关系，避免政府由“看得见的手”变成“闲不住的手”，更好地发挥市场配置资源的基础性作用，使政府认真履行加强和改善经济调节、市场监管、社会管理和公共服务，以及维护社会公正和社会秩序，促进基本公共服务均等化等方面的职能。

二、以保障民生为着眼点，加快促进绿色发展变革

改革开放30年多来，中国的经济发展取得了令人瞩目的成就，年均经济增长保持了近10%的快速水平，国内生产总值居世界前列。但同时长期形成的粗放型增长方式尚未根本改变，工业化、城镇化快速发展同能源资源和生态环境的矛盾日趋突出，影响科学发展的体制机制障碍依然存在，转变经济发展方式迫在眉睫。如果不实行绿色发展，从根本上转变经济发展方式，我国的资源能源将难以支撑，生态环境将难以承受，国家竞争力将难以提升，国家安全也将难以保障。

我国的绿色发展必须要符合“十二五”规划的核心精神，将保障民生作为重要的着眼点。实际上，绿色发展也是民生。良好的生态环境是稀缺资源，是重要财富。生态环境十分脆弱，一旦遭到破坏，很难在短时期内得以恢复，这就要求我们在发展中保护，在保护中发展，摒弃以往传统的粗放型发展方式，转变为绿色经济发展方式。一些地方无视环保，以牺

牲生态环境和大多数人的利益来换取一时的经济增长，并美其名曰“促进民生”。其实，让人民群众喝上干净的水、吃上放心的食品、呼吸到干净的空气就是基本的民生，实行绿色发展，保护生态环境是最大的民生。

目前，我国正处于绿色发展转型的关键和艰苦阶段。从国内发展形势和国际气候变化谈判、能源利用格局的角度来判断，我国发展的关键机遇期在于今后7—8年，也是不可再现的7—8年。如果我国近期完成了根本转型，可持续的道路可继续延伸；如果传统的惰性继续维持或放大，可能在2020年前后出现多重要素复合制约，进入长期低迷期或不稳定期。为加快我国的绿色转型步伐，要做好以下几方面工作：

1. 推动绿色发展法治化。我国已制定了一些法律法规，如《节约能源法》、《清洁生产促进法》、《可再生能源法》、《循环经济促进法》等，并建立了一系列有利于绿色转型的制度，如节能目标责任制、落后产能淘汰制度等。最近国内一些专家提出加快制定低碳发展促进法的建议，得到了广泛认可。低碳发展促进法将针对绿色、低碳道路，从更全面统筹的角度完善相关法规，实现绿色转型。中国的绿色发展道路不是因为国际的压力，而是中国的内在需求。立足国情，抓好节能减排，做好自己的事，不仅有利于中国的可持续发展，也是对世界的重大贡献。

2. 建立绿色转型的责任制和考核制度。实现中国的绿色转型，关键在各级政府的领导。传统发展模式的惯性还很大，需要制止“愚昧的疯狂”和“虚荣的膨胀”。建议把绿色转型内容纳入各级政府的干部培训，采取公众监督、考核结果公示制度。同时推动节能减排的政策引导和市场机制。

3. 将主要资源产出率作为资源节约领域的主要指标。目前，资源产出率已经成为主要发达国家可持续发展的核心指标，反观我国还缺乏一个反映资源节约基本国策的综合性指标。建议把主要资源产出率作为资源节约的“引导性”或“预期性”主要指标，将它与能源、环保、耕地等约束性指标一起，共同形成完整的我国资源、能源、环境指标体系。

4. 建立合理的绿色生活、消费方式。所谓生态，就是生存的态度、生活的态度、生命的态度，只有将这“三生”融入到文明的、理智的生态观，才能培养出与自然和谐共处的新人类，实现绿色发展。在生活层面，需要摒弃铺张型、攀比型、污染型等不合理的消费方式，倡导人们崇尚自然，追求经济、简单、实用、健康的绿色生活方式。同时，引导生产者进行绿色生产，大力开发绿色产品。通过构建资源节约、环境友好的生产方式、消费模式，在国内逐渐提高公众的资源节约意识和环境保护意识。

坚持不懈抓好节能减排　积极推进生态文明建设

——当前和今后一个时期节能减排国家政策取向

杨　洁[①]

深入贯彻节约资源和保护环境的基本国策，是实现经济社会全面协调可持续发展的内在要求，事关人民群众切身利益和中华民族生存发展。党中央、国务院历来高度重视节能减排和生态文明建设。“十一五”时期，国家首次将能源消耗强度降低和主要污染物排放总量减少作为国民经济和社会发展的约束性指标，各地区、各部门按照中央的决策部署，把节能减排作为调整经济结构、转变经济发展方式、推动科学发展的重要抓手和突破口，通过强化目标责任、调整产业结构、实施重点工程、推动技术进步、强化政策激励、加强监督管理、开展全民行动等一系列措施，大力推进节能减排，取得了积极成效。但由于我国环境容量有限的基本国情没有改变，特别是随着工业化、城镇化进程加快和消费结构持续升级，能源需求呈刚性增长，资源环境对发展的瓶颈制约依然十分严重，节能减排形势十分严峻。“十二五”规划《纲要》强调，要以科学发展为主题，以加快转变经济发展方式为主线，坚持把建设资源节约型、环境友好型社会作为加快转变经济发展方式的重要着力点，增强危机意识，树立绿色、低碳发展理念，以节能减排为重点，健全激励与约束机制，加快构建资源节约、环境友好的生产方式和消费模式，增强可持续发展能力，提高生态文明水平。

一、当前我国节能减排形势

2011 年是“十二五”开局之年。为确保实现“十二五”节能减排约束性指标，国务院先后召开了节能减排工作领导小组会议、全国节能减排工作电视电话会议，颁布实施了“十二五”节能减排综合性工作方案，对节能减排工作进行了全面动员和总体部署。各地区、各部门认真贯彻落实中央的决策部署，着力完善政策措施，继续加大对高耗能、高排放和产能过剩行业的调控力度，淘汰水泥、炼铁、焦炭等行业的一大批落后产能，积极推进节能减排。

从节能减排指标完成情况看，2011 年，二氧化硫排放量、化学需氧量排放量分别下降 2.2% 和 2%，超额完成计划目标 0.7 个和 0.5 个百分点；氨氮排放量下降 1.52%，完成计划

① 国家发展改革委员会政策研究室副主任。

目标；万元工业增加值用水量82立方米，下降8.9%，完成计划目标；城市污水处理率和生活垃圾无害化处理率分别达到82.6%和78%，超额完成计划目标。

但也要看到，在6个节能减排目标中，有3项指标没有实现年度计划目标，即：全国单位国内生产总值能耗下降2.01%，二氧化碳排放量下降1.31%，氮氧化物排放量上升5.73%。究其原因，主要是：（1）我国经济发展方式还没有实现根本转变，经济增长方式依然比较粗放，经济结构调整仍然滞后，重化工业比重偏大，产业技术水平总体偏低；（2）有的约束性指标是“十二五”规划新确定的，工作基础还比较薄弱，尚未形成完整有效的政策措施，已有措施的作用还没有得到充分发挥；（3）节能减排工作还存在责任落实不到位、推进难度增大、激励约束机制不健全、基础工作薄弱、能力建设滞后、监管不力等问题。这些都需要切实加以解决。

二、“十二五”时期我国节能减排目标及政策导向

“十二五”规划《纲要》明确提出，到“十二五”末，资源节约环境保护要取得显著成效：单位国内生产总值能源消耗降低16%，单位国内生产总值二氧化碳排放降低17%，主要污染物排放总量显著减少，化学需氧量、二氧化硫排放分别减少8%，氨氮、氮氧化物排放分别减少10%。“十二五”节能减排综合性工作方案进一步细化了“十二五”规划《纲要》确定的节能减排目标。在节能方面，提出到2015年，全国万元国内生产总值能耗下降到0.869吨标准煤（按2005年价格计算），比2010年的1.034吨标准煤下降16%，比2005年的1.276吨标准煤下降32%；“十二五”期间，实现节约能源6.7亿吨标准煤。在减排方面，提出2015年，全国化学需氧量和二氧化硫排放总量分别控制在2347.6万吨、2086.4万吨，比2010年的2551.7万吨、2267.8万吨分别下降8%；氨氮和氮氧化物排放总量分别控制在238.0万吨、2046.2万吨，比2010年的264.4万吨、2273.6万吨分别下降10%。

为实现节能减排目标，“十二五”规划《纲要》把健全节能减排激励约束机制作为重要政策导向，明确提出要优化能源结构，合理控制能源消费总量，完善资源性产品价格形成机制和资源环境税费制度，健全节能减排法律法规和标准，强化节能减排目标责任考核，把资源节约和环境保护贯穿于生产、流通、消费、建设各领域各环节，提升可持续发展能力。

这一政策导向主要包括五个要点：（1）调整优化能源结构，推动传统能源清洁高效利用。安全高效发展核电，积极发展水电，提高新能源和可再生能源比重。（2）把合理控制能源消费总量放在更加突出重要的位置，严格用能管理，加快制定能源发展规划，明确总量控制目标和分解落实机制。（3）把单位国内生产总值能源消耗降低、单位国内生产总值二氧化碳排放降低、主要污染物排放总量减少等节能减排指标作为约束性指标，严格落实目标责任，强化政府责任，完善政府节能减排目标责任考核评价体系，健全法规制度，建立长效机制。（4）进一步发挥市场机制作用，健全激励和约束机制，运用价格、税收、排放权交易等经济手段，促使节能减排与企业自身利益相结合，增强企业和全社会节能减排的内生动力。（5）建立有利于节约、高效、清洁、安全发展的长效机制，加快发展绿色经

济、循环经济、低碳技术，大力推进节能环保技术改造，把节约和环保贯穿于生产、流通、消费、建设的全过程，加快建设资源节约型、环境友好型社会，提高生态文明水平，走可持续发展之路。

三、当前和今后一个时期节能减排的重点任务及政策措施

节能减排的关键是节约能源，提高能效，减少污染。“十二五”时期，要下大力气推进节能减排和环境保护，把节能减排和生态环境保护作为调整经济结构、保障改善民生的重要抓手，把解决好突出的环境问题作为促进社会和谐、推动可持续发展的重点任务，不断提高经济发展水平和人民生活质量。要坚持降低能源消耗强度、减少主要污染物排放总量、合理控制能源消费总量相结合，形成加快转变经济发展方式的倒逼机制；坚持强化责任、健全法制、完善政策、加强监管相结合，建立健全激励和约束机制；坚持优化产业结构、推动技术进步、强化工程措施、加强管理引导相结合，大幅度提高能源利用效率，显著减少污染物排放。根据“十二五”节能减排综合性工作方案和控制温室气体排放综合实施方案，当前和今后一个时期，我国将从七个方面强化相关政策措施，确保实现“十二五”节能减排约束性目标。

一是调整优化产业结构和能源结构，形成节能环保减碳循环的产业体系。（1）大力发展服务业和战略性新兴产业。到2015年，服务业增加值和战略性新兴产业增加值占国内生产总值的比重分别达到47%和8%左右。（2）推动传统产业改造升级。加快运用高新技术和先进适用技术改造提升传统产业，促进信息化和工业化深度融合，重点支持对产业升级带动作用大的重点项目和重污染企业搬迁改造。同时，加快淘汰落后产能。（3）控制高耗能、高排放行业过快增长。进一步提高高耗能、高排放项目节能环保准入门槛，强化节能、环保、土地、安全等指标约束。（4）调整能源消费结构。在做好生态保护和移民安置的基础上发展水电，在确保安全的基础上发展核电，加快发展天然气，因地制宜发展风能、太阳能、生物质能、地热能等可再生能源。到2015年，非化石能源占一次能源消费总量的比重达到11.4%。

二是强化节能减排目标责任，推广节能减排市场化机制。（1）合理分解节能减排指标。综合考虑经济发展水平、产业结构、节能潜力、环境容量及国家产业布局等因素，将全国节能减排目标合理分解到各地区。（2）抓紧制订出台合理控制能源消费总量工作方案，科学合理确定各地区“十二五”能源消费总量、单位GDP能耗和碳强度下降以及主要污染物排放总量减少的目标。（3）加强目标责任评价考核。健全节能减排统计、监测和考核体系，推进节能减排绩效管理，完善政府节能减排目标责任考核评价体系、节能减排评价考核机制和奖惩制度。对地方节能减排、降低碳强度目标和控制能源消费总量完成情况进行评价考核，考核结果向社会公告，纳入政府绩效管理，实行问责制。（4）充分发挥节能减排市场化机制作用。加大能效标识和节能环保产品认证实施力度，建立“领跑者”标准制度，加强节能发电调度和电力需求侧管理，加快推行合同能源管理，推进排污权和碳排放权交易试点，推行污染治理设施建设运行特许经营。

三是实施节能减排重点工程，推进主要污染物减排。（1）实施节能改造、节能产品惠

民、合同能源管理推广、节能技术产业化示范、城镇污水处理设施及配套管网建设、重点流域水污染防治、脱硫脱硝、规模化畜禽养殖污染防治、循环经济示范推广、节能减排能力建设等十大重点工程。(2) 强化主要污染物减排。加强电力、钢铁、水泥等行业污染物防治，控制机动车污染物排放。推进大气中细颗粒污染物治理，2012 年在京津冀、长三角、珠三角等重点区域以及直辖市和省会城市开展细颗粒物（PM2. 5）等项目监测，2015 年覆盖所有地级以上城市。(3) 加大重点流域水污染防治力度，实施水环境整治、重金属污染治理等重点工程。(4) 继续推进重点区域生态治理。建立健全生态补偿机制，促进生态保护和修复，巩固天然林保护、退耕还林还草、退牧还草成果，加强草原生态建设，大力开展植树造林，推进荒漠化、石漠化、坡耕地治理，严格保护江河源、湿地、湖泊等重要生态功能区。

四是加快节能减排技术开发和推广应用，加强重点领域节能减排管理。在技术开发和推广应用方面：(1) 加快节能减排技术研发。组织高效节能环保共性、关键和前沿技术攻关。(2) 加大节能减排技术产业化示范。重点支持节能减排关键技术与装备产业化，加快产业化基地建设。(3) 加快节能减排技术推广应用。建立技术遴选、评定及推广机制。重点推广一批先进适用技术。(4) 加强与有关国际组织、政府在节能环保领域的交流合作，积极引进、消化、吸收国外先进技术。在节能减排管理方面：(1) 合理控制能源消费总量。建立能源消费总量控制目标分解落实机制，制定实施方案。将固定资产投资项目节能评估审查作为控制地区能源消费增量和总量的重要措施。建立能源消费总量预测预警机制，对能源消费总量增长过快的地区及时预警调控。在工业、建筑、交通运输、公共机构以及城乡建设和消费领域全面加强用能管理。(2) 强化重点用能单位节能管理。依法加强年耗能万吨标准煤以上用能单位节能管理，开展万家企业节能低碳行动，实现节能 2. 5 亿吨标准煤。(3) 加强工业节能减排。重点推进电力、煤炭、钢铁、有色金属、石油石化、化工、建材、造纸、纺织、印染、食品加工等行业节能减排。(4) 推动建筑节能。制定实施绿色建筑行动方案，从规划、法规、技术、标准、设计等方面全面推进建筑节能。(5) 推进交通运输节能减排。积极发展城市公共交通，开展低碳交通运输专项行动，加速淘汰老旧交通运输工具。(6) 促进农业和农村节能减排。加快淘汰老旧农用机具，推广农用节能机械、设备和渔船。治理农业面源污染，加强农村环境综合整治，实施农村清洁工程。(7) 推动商业和民用节能。在零售业等商贸服务和旅游业开展节能减排行动，在居民中推广使用高效节能家电、照明产品，鼓励购买节能环保型汽车。减少一次性用品使用，限制过度包装。(8) 加强公共机构节能减排。新建建筑实行更加严格的建筑节能标准，加快办公区节能改造。国家机关供热实行按热量收费。推进公务用车制度改革。建立完善公共机构能源审计、能效公示和能耗定额管理制度。

五是加强节能减排基础能力建设，强化节能减排监督检查。在能力建设方面：(1) 加快节能环保标准体系建设。制（修）订重点行业单位产品能耗限额、产品能效和污染物排放等强制性国家标准，以及建筑节能标准和设计规范，提高准入门槛。建立满足氨氮、氮氧化物控制目标要求的排放标准。鼓励地方依法制定更加严格的节能环保地方标准。(2) 强化节能减排管理能力建设。建立健全节能管理、监察、服务“三位一体”的节能管理体系。继续推进能源统计能力建设。推动重点用能单位按要求配备计量器具，推行能源计量数据在线采集、实时监测。在监督检查方面：（1）健全节能环保法律法规。加快制定城镇排水和污水处理条例、排污许可证管理条例、畜禽养殖污染防治条例。（2）严格节能评估审查和环境影响评价制度。把污染物排放总量指标作为环评审批的前置条件，对年度减排目标未完成、重点减排项目未按目标责任书落实的地区和企业，实行阶段性环评限批。（3）加强重点污染源和治理设施运行监管。加强节能减排执法监督，开展节能减排专项检查和对重点用能单位、重点污染源的执法检查，实行节能减排执法责任制。

六是完善有利于节能减排的经济政策，建立健全节能减排长效机制。在价格和收费政策方面：（1）深化资源性产品价格改革，理顺煤、电、油、气、水、矿产等资源产品价格关系。推行居民用电、用水阶梯价格。完善电力峰谷分时电价办法。深化供热体制改革，全面推行供热计量收费。（2）对能源消耗超过国家和地区规定的单位产品能耗（电耗）限额标准的企业和产品，实行惩罚性电价。各地可在国家规定基础上，按程序加大差别电价、惩罚性电价实施力度。（3）严格落实脱硫电价，研究制定燃煤电厂烟气脱销电价政策。（4）进一步完善污水处理费政策，研究将污泥处理费用逐步纳入污水处理成本。（5）改革垃圾处理收费方式，加大征收力度，降低征收成本。在财政政策方面：（1）加大中央财政建设投资和中央财政节能减排专项资金的投入力度，加快重点工程实施和能力建设。地方财政也要加大节能减排投入。深化“以奖代补”、“以奖促治”以及采用财政补贴方式推广高效节能产品等支持机制，强化财政资金的引导作用。（2）国有资本经营预算要继续支持企业实施节能减排项目。（3）推行政府绿色采购，完善强制采购和优先采购制度，逐步提高节能环保产品比重，研究实行节能环保服务政府采购。在税收政策方面：（1）落实国家支持节能减排所得税、增值税等优惠政策。（2）积极推进资源税费改革，将原油、天然气和煤炭资源税计征办法由从量征收改为从价征收，并适当提高税负水平，依法清理取消涉及矿产资源的不合理收费基金项目。（3）积极推进环境税费改革，选择防治任务重、技术标准成熟的税目开征环境保护税。（4）完善和落实资源综合利用和可再生能源发展的税收优惠政策。（5）调整进出口税收政策，严格控制高耗能、高排放产品出口。在金融政策方面，（1）加大各类金融机构对节能减排项目的信贷支持力度，鼓励金融机构创新适合节能减排项目特点的信贷管理模式。（2）引导各类创业投资企业、股权投资企业、社会捐赠资金和国际援助资金加大对节能减排的投入。（3）提高高耗能高、排放行业贷款门槛，将企业环境违法信息纳入人民银行企业征信系统和银监会信息披露系统，与企业信用等级评定、贷款及证券融资联动。（4）推行环境污染责任保险。建立银行绿色评级制度。

七是落实控制温室气体排放行动方案，积极应对气候变化。（1）落实“十二五”控制温室气体排放工作方案，加快建立温室气体排放统计核算体系。（2）推进低碳发展试点。编制低碳试点省区和城市的低碳发展规划，积极探索具有本地区特色的低碳发展模式，建立有利于低碳发展的政策体系和市场机制，加快建立以低碳排放为特征的工业、建筑、交通体系，适时扩大低碳试点内容和范围。（3）开展碳排放交易试点。探索建立碳排放交易市场，研究建立低碳产品标识和认证制度。（4）支持重点领域低碳技术研究推广和低碳经济发展。组织开展节能减碳共性、关键和前沿技术攻关。实施节能减碳重大技术与装备产业化工程，重点支持电动汽车、稀土永磁无铁芯电机、半导体照明、低品位余热利用等关键低碳技术与设备产业化。(5) 增加森林碳汇。大力推进植树造林，继续实施三北防护林与长江中下游地区等重点防护林工程、退耕还林工程、天然林保护工程、京津风沙源治理工程以及速生林基地建设工程等生态建设项目。深入开展城市绿化造林，加快建设城市森林生态屏障。(6) 全面开展节能减排全民行动，倡导与我国国情相适应的文明、节约、绿色的生产方式和消费方式。与此同时，积极参与应对气候变化国际合作。

全球升温2℃目标下中国能源与排放情景研究

姜克隽[1]　庄　幸　贺晨旻

一、背景

2009年意大利G8峰会提出的2℃目标被写入《哥本哈根协议》，但另外一个指标，2050年全球温室气体排放相比1990年减半，未纳入该协议。虽然2℃目标与2050全球减半的目标密切相关，最终需要确定发达国家与发展中国家如何进行责任分担，由此产生附件一国家2050年将实现80%的减排目标，使得这两个数字并未同时放入协议文本。

值得注意的是，温升控制在2℃之内只是一个全球平均目标，在此水平上一些非洲国家的温升有可能达到3.5℃，可以预期将给非洲大陆带来大面积灾害。哥本哈根会议上，非洲国家和小岛国呼吁全球温升目标控制在1.5℃，希望缓解气候变化对本地区的影响。尽管协议指出将在2015年前对1.5℃进行评估，但文本绝大部分内容还是压倒性地突出了2℃目标，这也是许多非洲国家和小岛国拒绝接受哥本哈根协议的根本原因。基于2℃目标的协议不仅在国家间，也在支持不同温升指标的环境集团之间制造了鸿沟。

由于缺乏基于1.5℃目标进行的排放情景分析，我们这里只选用2℃目标进行分析。文献中常用的目标是稳定大气中的CO_2浓度，若研究的温室气体不止一种，可采取CO_2当量浓度或辐射强迫的形式，根据不同气体的辐射特性权衡其浓度。另一种方法是以稳定全球平均温度为目标。辐射强度指标优于温度指标之处在于计算时无需考虑气候敏感度，缺点在于统一辐射强迫水平可能对应着较大范围的温度冲击，而温度指标则与气候变化影响更直接相关。

2010年的坎昆气候变化大会和2011年的德班气候变化大会再次确认了全球2℃的气候变化控制目标，国际推动减排的合作已经在不断推进中，而且进程将越来越快。

但是未来如何实现全球2℃升温目标是目前各国研究机构需要答复的问题，也是IPCC第五次评估报告的重点。近期全球几个研究项目已经着重利用模型分析全球2℃目标排放途径。本文给出了我们利用模型分析中国在全球框架下实现2℃目标的排放情景的主要因素。

二、全球情景和排放分担

现有研究表明，2100年CO_2当量浓度（辐射强迫）与CO_2浓度之间存在着很强的相关

---

① 研究员，国家发展和改革委员会能源研究所学术委员会副主任。

性，因为 CO_2 是辐射强迫的最重要影响因素。正是基于这个原因，为简化情景对比和评估，稳定情景（既包括多种温室气体的研究，也包括仅对 CO_2 进行的研究）。这里我们利用 IPAC 模型的排放情景对目标进行分析，得到的排放路径如图 1 所示。

在进行未来气候变化减缓目标设置时，一般采用控制未来的温度上升。IPCC 报告中主要讨论到 2100 年的升温目标，目前大家所讨论的减排基本上是在 IPCC 报告中给出的升温目标下确定的。

如果目前可以以 2100 年控制在 2℃升温为目标，从 2℃升温到辐射强迫，再到浓度，再到排放，每一步都会存在不确定性，这就会导致最终确定排放途径的范围比较大。不同的模型组在同样实现 2100 年 2℃升温目标的情况下，给出的到 2100 年的排放途径会多种多样。目前欧盟提出的到 2050 年全球减排目标，实现 2100 年 2℃升温目标的可能性仅有 50%。在实现同样减排目标的情况下，欧洲研究人员和美国研究人员给出未来排放途径的区别，欧洲的研究结果是实现全球减排峰值较早，而美国的研究则是实现峰值较晚，但之后大规模下降，2050 年之后低于欧洲研究的结果。

这些说明实现未来减排的途径可以有多个。在本研究中如果要分析未来全球减排目标，也同样需要有一个全球减排情景。这里我们就利用能源研究所的 IPAC 模型中的气候模型，也即 NCAR 的简单气候模型 MAGGIC 来得到实现未来升温目标的全球排放途径。图 1 给出了一个结果。该结果设置的目标为 2100 年浓度控制在 450PPMe 的浓度目标。输入的温室气体排放利用了 IPAC – Emission 全球模型的多种温室气体排放途径。

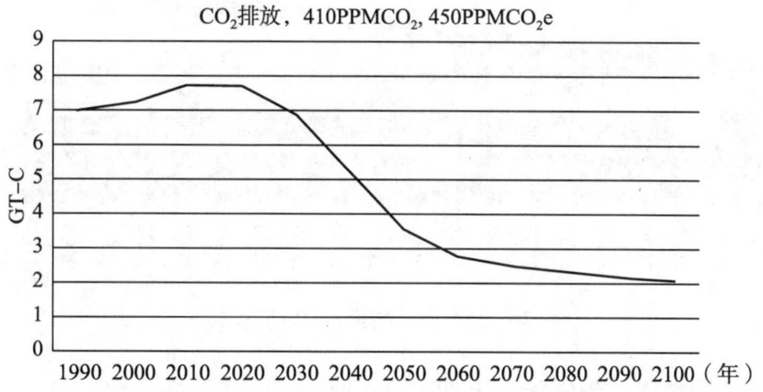

图 1　全球实现 450PPMe 浓度目标的 CO_2 排放途径

为模拟各个国家或地区的未来排放空间，应采取责任分担的形式。关于责任分担的一些主流观点包括：

➢ 人均排放趋同：是指每年人均 CO_2 或者温室气体排放在某一目标年趋同，以在排放上体现人权。一般常用 2020 年、2070 年，以及 2100 年作为人均排放趋同的目标年份。各个研究组有所区别。同时在达到最终人均排放趋同年份之前，各国和地区的排放途径也很重要，需要在分析人均排放趋同的时候进行分析。

➢ 人均累积排放：认为在目标年（如 2050 年、2075 年）人均累计排放应趋同，在起始年上则可以选取 1850、1900 年。

➢ 混合方式：综合考虑支付能力、人均排放和减排潜力，已得到能被大多数人接受的分担方式。

根据全球减排情景，以及世界银行的人口预测（见图 2），我们对人均排放趋同进行了分析。

在进行人均分配时，有几个主要的假定，这些假定的不同导致不同的分配。这些假定包括：

- 人均一致的时间：2050 年，2075 年。
- 中间时间段优先发达国家减排，发展中国家偏离基准线。
- 可以允许某一些时间发展中国家超过一些发达国家的人均排放。

图 3 给出了按照人均趋同进行分担分析的结果。

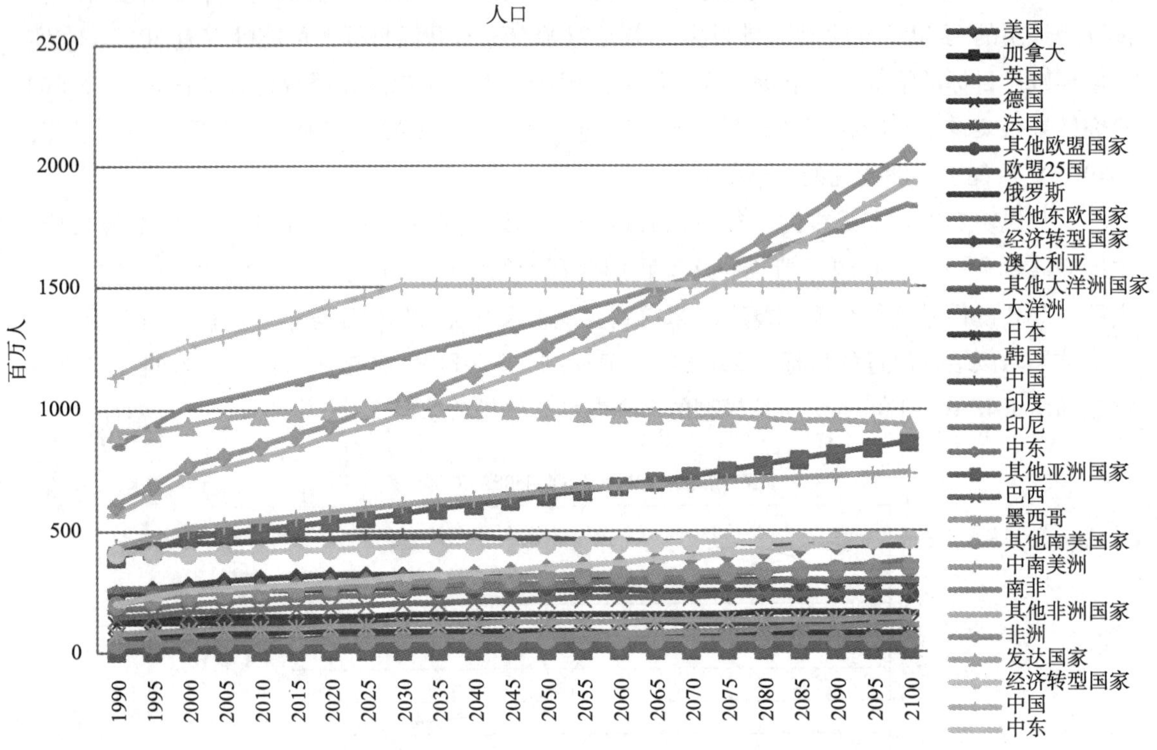

图 2　全球人口情景，IPAC 模型

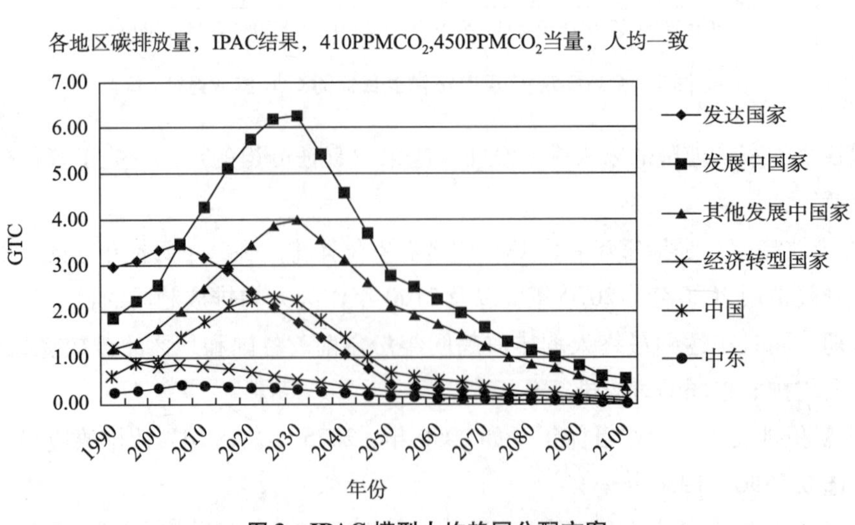

图 3　IPAC 模型人均趋同分配方案

发达国家必须尽早深度减排，以为发展中国家提供排放空间。在我们的研究中，仍假设其他发展中国家在可持续发展下，通过国际合作做出减排的努力。

根据上述责任分担的机理，表 1 给出各国和地区 2020 年相比 1990 年的减排幅度。利用 IPAC 模型组全球排放情景的研究，这里也考虑了技术进步的因素。

表 1　各地区相比 1990 年的减排幅度

	2020
美国	16.63%
加拿大	15.48%
英国	33.72%
德国	32.20%
法国	27.80%
其他欧盟国家	23.87%
欧盟 25 国	27.74%
俄罗斯	43.75%
其他东欧国家	47.63%
经济转型国家	45.80%
澳大利亚	13.57%
其他大洋洲国家	-18.72%
大洋洲	10.48%
日本	18.46%
韩国	-93.94%
中国	-228.99%
印度	-323.13%
印尼	-353.87%
中东	-75.25%
其他亚洲国家	-195.98%
亚洲（中东除外）	-206.76%
巴西	-138.92%
墨西哥	-88.99%
其他南美国家	-121.91%
中南美洲	-115.33%
南非	-97.34%
其他非洲国家	-165.47%
非洲	-151.89%
全球	-50.45%

注：正数为减排，负数为增排。

三、中国2℃能源和排放情景

根据以上分析，中国能源活动 CO_2 排放将在2025年左右达到峰值，约为85.6亿吨 CO_2e。但是这样的分析是在要求发达国家到2020年进行和1990年相比减排30%~35%左右，以及其他发展中国家也进行强有力的减排行动情况下得到的。这个前提的可能性存在，但似乎也很困难。这就是说，如果要实现全球2℃升温的控制目标，中国有可能要在2025年之前达到峰值。上面我们的分析，主要是考虑了要给中国减排留出空间，但这种空间看起来也很有限。此结论比IPAC强化低碳情景更为严峻。基于对GDP的不同假设，2025到2020年碳强度的降幅为49%~59%，高于政府公布的行动目标。

依据IPAC模型的研究，在2025年之前达到 CO_2 排放峰值是有其可行性的。为了进行这样的分析，我们利用IPAC-AIM/技术模型，在已有的强化低碳情景下，进行进一步的可再生能源利用、CCS、节能等因素，看是不是可以做到在强化低碳情景下，2025年之前达到 CO_2 排放峰值（见图4）。主要因素分析如下。

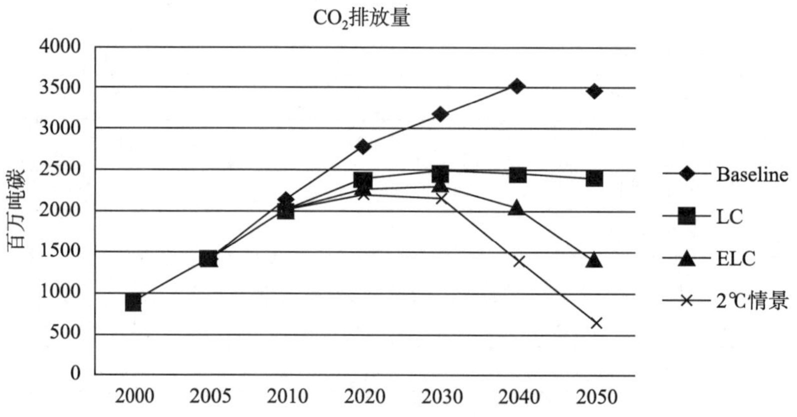

图4 中国能源活动 CO_2 排放情景

从政策环境上，我国发展低碳经济已经有了很好的社会环境和政策导向。我国政府宣布2020年单位GDP二氧化碳排放相比2005年下降40%~45%的国内行动目标。中国可以做得更好，一方面需要在今后两个五年计划内继续推行现有节能、可再生能源和核电政策，并努力推进低碳发展，提倡低碳交通和生活方式；另外，可以通过技术、碳金融、碳市场等国际合作，获得更多的外部支持。

近两年可再生能源技术的快速进步，为实现我国的2℃情景提供了强有力的支持。到2011年，风机成本下降到了3200~3500元/千瓦，光伏发电装机成本下降到了16000元/千瓦。使得在沿海地区一些风力发电成本已经可以和燃煤发电相竞争，在终端用户侧，一些光伏发电成本也已经具有成本竞争性。我国2020年可再生能源发展的目标不断被提高，如从2006年计划2020年风电装机3000万千瓦，到2008年8000万千瓦，2010年1.5亿千瓦，到目前，在讨论2亿千瓦以上的装机。根据目前风力发电的发展格局，尽管目前在风电入网遇到了一些困难，但根据工程院相关研究的结论，这些困难随着电网建设和纳入风电的规划进一步完善，会较快得到解决。因此到2020年，甚至有可能发展到2.5亿到3亿千瓦的装机。

对于光伏发电来说也是同样。近期2020年光伏发电的目标已经提高到了2000万千瓦，相关专家在讨论5000万千瓦的目标。做得好的话，有可能进一步超出。

因此在2℃情景中，进一步提高了2050年可再生能源的利用目标。模型考虑未来可再生能源和化石燃料发电技术的成本下降的学习曲线效应，到2020年之前，随着化石能源成本不断上升，以及对环境外部性的内部化，可再生能源已经全面对化石能源发电具有成本竞争性。这样在模型中，到2050年，风力发电装机达到8.6亿千瓦装机，光伏发电达到10.4亿千瓦装机。同时模型中还进一步加大了太阳能热水、采暖的应用。同时模型也考虑了大量分布式可再生能源利用技术，如太阳能空调、光伏发电采暖等技术。

模型中同时也进一步考虑了CCS技术。由于非化石能源的进一步扩大，在2℃情景中燃煤发电装机从强化低碳情景2020年的7.6亿千瓦和2050年6.3亿千瓦分别下降到7.1亿千瓦和5.7亿千瓦。在2℃情景中，到2050年有4.1亿千瓦的煤电使用CCS技术，那时燃煤发电已经以IGCC为主。

同时低碳发展的建设，由于国家经济实力的快速发展而得以全面实现。到2020年，2030年和2050年我国GDP总量会从2010年40.3万亿元，上升到130万亿元、290万亿元和520万亿元（按照现价计算）。由于技术成本的下降，即使按照现价计算也下降明显，因此未来可以用于低碳发展的投入，可以远远大于目前国内主要模型研究机构的模型中对低碳投入的需求。充足的资金投入可以在低碳交通、建筑方面全面实现低碳发展的需求，实现更低的CO_2排放量。

依据上面主要因素，利用IPAC－AIM/技术模型，可以看出，如果政策明确，投资充足，我国实现2℃情景的CO_2排放途径是可以的。但前提是要有很好的政策设计，以及资金投入。

四、结论

通过分析可以看出，实现2100年比1850年温度上升2℃的目标，全球的CO_2排放量需要在2020年之前达到峰值。虽然有多种全球分担的方式，对于中国而言，要支持全球实现2℃审问目标，我国的能源活动的CO_2排放需要最晚在2025年达到峰值，之后开始明显下降。

近两年可再生能源技术的快速进步，为实现我国的2℃情景提供了强有力的支持。考虑可再生能源和化石燃料发电技术的成本下降的学习曲线效应，到2020年之前，随着化石能源成本不断上升，以及对环境外部性的内部化，可再生能源已经全面对化石能源发电具有成本竞争性。这样在模型中，到2050年，风力发电装机达到8.6亿千瓦装机，光伏发电达到10.4亿千瓦装机。同时模型中还进一步加大了太阳能热水、采暖的应用。同时模型也考虑了大量分布式可再生能源利用技术，如太阳能空调、光伏发电采暖等技术。

模型中同时因一步考虑了CCS技术，使得2050年化石燃料发电低碳化。在2℃情景中，到2050年有4.1亿千瓦的煤电使用CCS技术，届时燃煤发电已经以IGCC为主。

同时低碳发展的建设，由于国家经济实力的快速发展而得以全面实现。由于技术成本的下降，即使按照现价计算也下降明显，因此未来可以用于低碳发展的投入可以远远大于目前国内主要模型研究机构的模型中对低碳投入的需求。充足的资金投入可以在低碳交通、建筑方面全面实现低碳发展的需求，实现更低的 CO_2 排放量。

利用 IPAC－AIM/技术模型，可以看出，如果政策明确，投资充足，我国实现 2℃情景的 CO_2 排放途径是可以的。但前提是要有很好的政策设计以及资金投入。

2012年节能服务公司百强研究报告

中国工业节能与清洁生产协会

节能服务公司对推进合同能源管理、促进经济发展方式转变具有重要意义，科学完善的评价考核体系则是推进节能服务公司健康发展的助力器。为建立健全节能服务公司评价考核机制，进一步规范节能服务行为，引导政府、社会更加关注节能服务公司成长，促进节能服务产业健康发展，中国工业节能与清洁生产协会开展了2012年度节能服务公司百强评选活动。

一、百强评选背景

此次活动的评选对象是从事节能服务业务的合法单位或组织，具体包括国家发改委备案的节能服务公司以及工业和信息化部推荐的节能服务公司。

评选活动共有三个主要步骤。首先，节能服务公司向中国工业节能与清洁生产协会提交评选年度上一年实施节能服务项目产生的节能量及相关证明材料；其次，中国工业节能与清洁生产协会对上报材料进行整理、分析，按照证明材料齐备的节能量进行排名和制订榜单；继而，中国工业节能与清洁生产协会发布年度节能服务公司百强榜。

为便于公平、公正评审，保证榜单的客观性和实效性，节能服务公司百强榜选取“节能量”作为单一排名指标。对符合条件的申报企业，依据企业上年度实际产生的节能量从高到低进行排序，发布前100家节能服务公司。

节能服务公司与用能单位之间按照节能效果契约，以节能服务为手段，以节能效果收益为盈利模式，能保证节能项目的节能效果。节能效果的评测问题是节能项目的核心问题，节能服务公司的所有收益实质上都来自于节能收益。因此，对于节能服务公司节能量的核准与评估，是考察企业综合实力及社会贡献的关键指标。

通过百强榜的评选活动，一是可以提高社会对合同能源管理的认识和重视，调动了耗能企业开展合同能源管理的积极性、主动性；二是初步建立了节能服务公司的能力评价机制，降低了用能单位选择节能服务公司的难度与风险，并为金融机构选择节能服务公司提供了重要参考；三是为政府部门向耗能企业推荐节能服务公司提供参考，为节能服务产业争取更好的政策环境打下基础，以支持节能服务产业做大做强。

二、百强企业研究

1. 百强企业整体节能贡献突出

近年来，我国节能服务产业持续快速发展，为实现节能减排目标、改良人民生活环境做出了积极的贡献（图 1）。从 2009 年到 2011 年，全国节能服务公司数量从 502 家增到 3500 家，增长了 6 倍；从业人员从 11. 3 万人递增到 37. 8 万人，增长了 2 倍；节能服务项目投资额从 195. 32 亿元递增到 412. 13 亿元，增长了 1 倍；年节能量从 952. 78 万吨标准煤递增到 1648. 39 万吨标准煤，增长了近 1 倍；二氧化碳减排量从 2381. 95 万吨递增到 4120. 98 万吨，增长了近 1 倍。

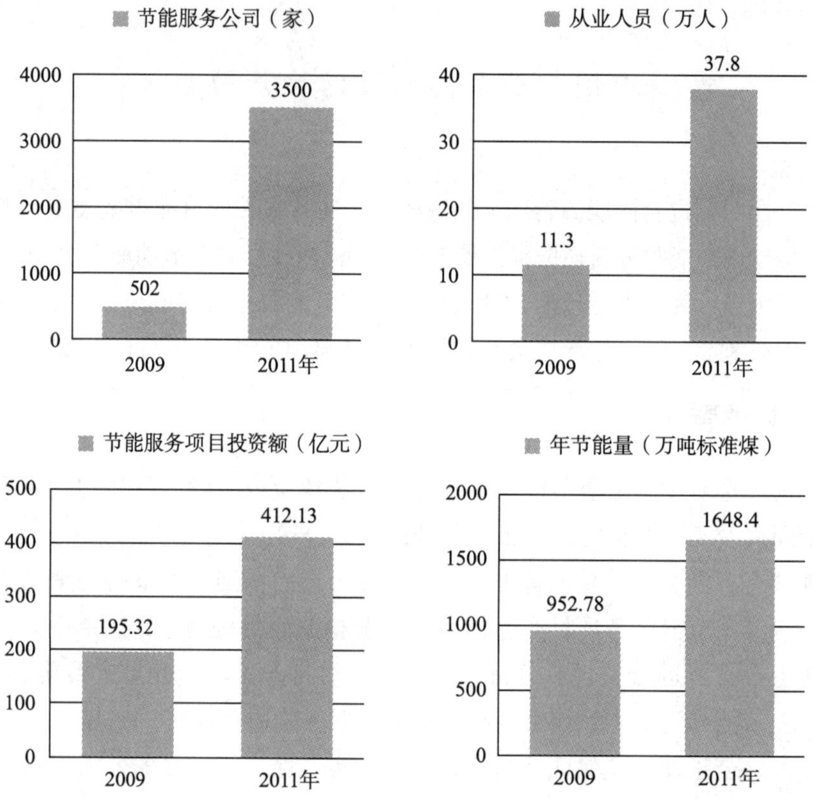

图 1　快速增长的节能服务业

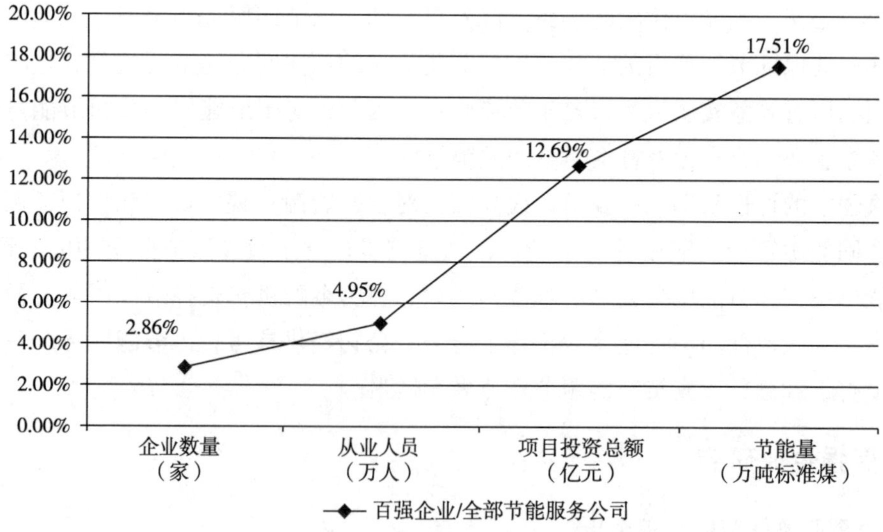

图 2　百强企业在我国节能服务产业的地位

此次入围的节能服务公司百强企业整体实力雄厚，节能贡献突出（图2）。其中，企业数量占全部节能服务公司数量的2.86%；从业人员总数1.87万人，占全部节能服务公司总人数的4.95%；项目投资总额为52.3亿元，占全部节能服务公司投资总额的12.69%；百强企业共计节能量288.57万吨标准煤，占全部节能服务公司节能总量的17.51%。百强榜企业的最高节能量达到58.7万吨，平均节能量为2.89万吨，远高于我国节能服务公司0.47万吨的平均节能量。

2. 百强企业更多聚集于我国东部地区

百强企业更多聚集在我国东部地区（图3），这与东部地区用能量较大、节能服务市场较为活跃的状况相符。东部地区占72家，节能235.35万吨标准煤，占入围公司节能总量的81.56%；中部地区21家，节能23.71万吨标准煤，占入围公司节能总量的8.21%；西部地区7家，节能29.51万吨标准煤，占入围公司节能总量的10.23%。

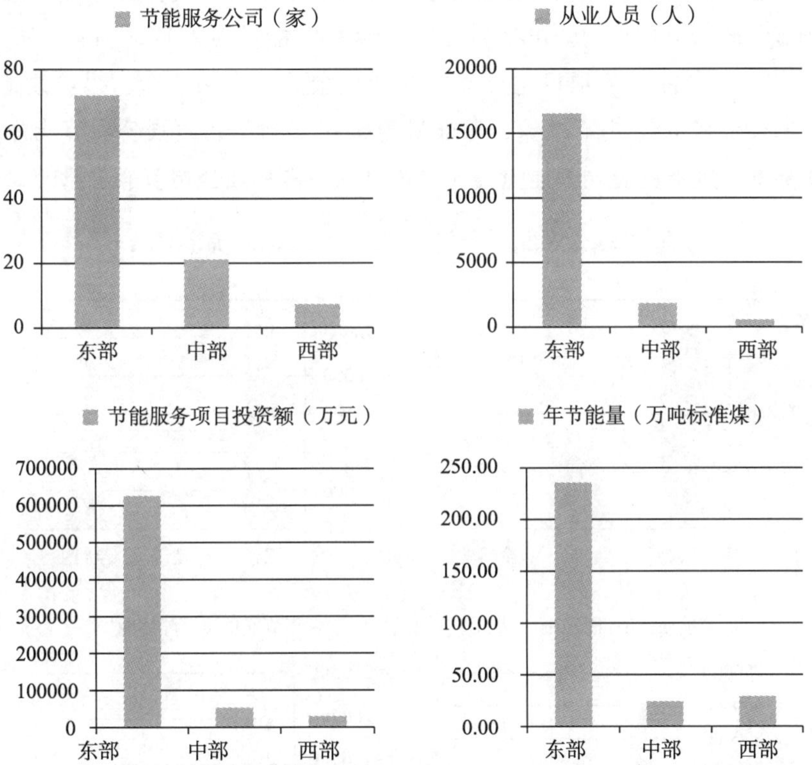

图3　百强企业的地域分布

在国家为节能服务产业发展出台一系列鼓励性政策的同时，各地区也纷纷出台适合本地区的财政奖励资金等配套政策。百强企业的地区分布并不均衡，这既与不同地区的产业结构有关系，也与不同地区的政策措施有关。

东部地区财政状况相对较好，用能量较大，对节能服务公司的扶持力度和奖励额度相对较高。国家要求的奖励底线是60元/吨标准煤，北京、上海等地的配套财政奖励大大高于中央财政安排的奖励标准，上海奖励标准600元/吨标准煤，北京奖励标准500元/吨标准煤。并通过颁布《北京市合同能源管理项目扶持办法》、《上海市合同能源管理项目专项扶持实施办法》，设立节能专项资金，加速淘汰高能耗设备，支持节能重点工程，推广节能新技术和新产品。

西部地区具有广阔的节能潜力和市场空间，节能服务公司数量相对较少、规模相对较小、技术相对落后。东部地区的节能服务公司已经开始到中西部地区开辟新的市场，寻找新的合作项目，业务开始辐射到全国各地，并日益成为全国性的节能服务公司。

3. 工业领域是百强企业节能服务业务主体

我国上世纪90年代末引进合同能源管理机制以来，通过示范、引导和推广，节能服务产业迅速发展，专业化的节能服务公司不断增多，服务范围已扩展到工业、建筑、交通、公共机构等多个领域。按照业务领域，百强企业被划分为三类：部分企业主要服务于工业领域节能，数据图表中简称“工业”；部分企业主要服务于建筑节能，数据图表中简称“建筑”；部分企业既有工业节能业务，也有建筑节能业务，数据图表中简称为“全行业”。

由图4可以看出，工业领域是百强企业业务主体。在百强企业中，从事冶金、建材、石化、电力等领域节能服务项目的公司有72家，产生的节能量为201.1万吨，占百强公司节能总量的70%，较大的节能服务项目主要集中在余压余热、变频改造、锅炉改造等节能工程中；从事建筑节能业务的公司有25家，节能量为6.14万吨，占百强公司节能总量的2%；为全行业提供服务的节能服务公司节能量为81.28万吨，占百强公司节能总量的28%。

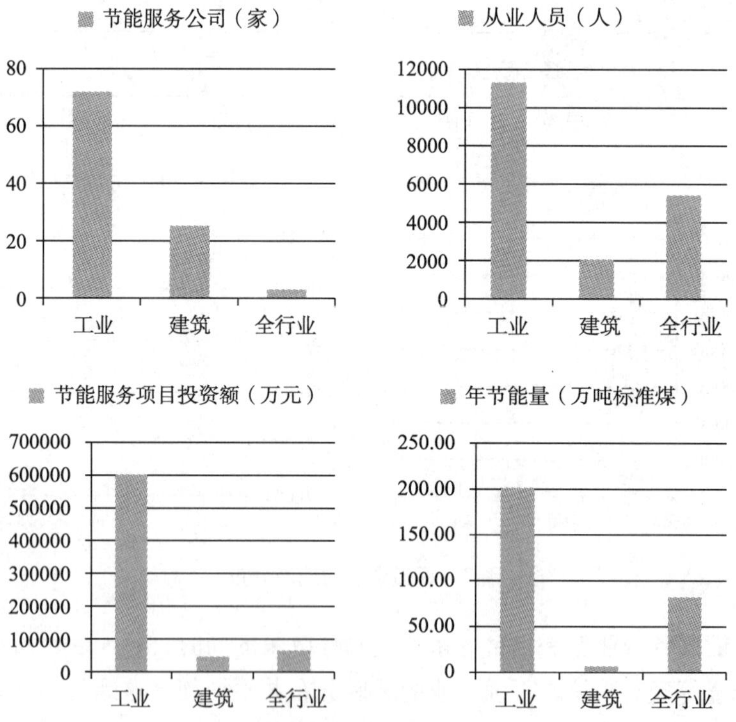

图4　百强企业的行业分布

4. 资产规模是节能服务企业占有市场的重要因素

在良好的政策和体制环境下，一些大型用能企业依托自身的资金、技术及市场优势，组建专业的节能服务公司。经过市场的磨砺和锤炼，现在已经发展成为规模较大、技术先进、服务优良、业绩突出的市场主力。如神华集团建立的北京神华中机能源环保科技有限公司、鄂尔多斯电力冶金公司建立的内蒙古鄂尔多斯循环经济研发有限公司、宝钢集团建立的上海宝钢节能技术有限公司等。

按照资产规模，可以将百强公司划分为四类：1000 万元以下；1000 万元～5000 万元；5000 万元～1 亿元；1 亿元以上。在百强公司中，资产规模在 1000 万元以下的公司有 17 家，产生节能量 25. 55 万吨，占百强公司节能总量的 8. 9%；资产规模在 1000 万元～5000 万元的公司有 41 家，产生节能量 49. 19 万吨，占百强公司节能总量的 17%；资产规模在 5000 万元～1 亿元的公司有 14 家，产生节能量 45. 53 万吨，占百强公司节能总量的 15. 8%；资产规模在 1 亿元以上的公司有 28 家，产生节能量 168. 31 万吨，占百强公司节能总量的 58. 32%。由以上数据可以看出，百强公司具有较强的产业集中度，资产规模成为企业获取节能业务的重要支撑。而与此同时，大量资产规模中下的企业，则仅能获取少量的节能业务。

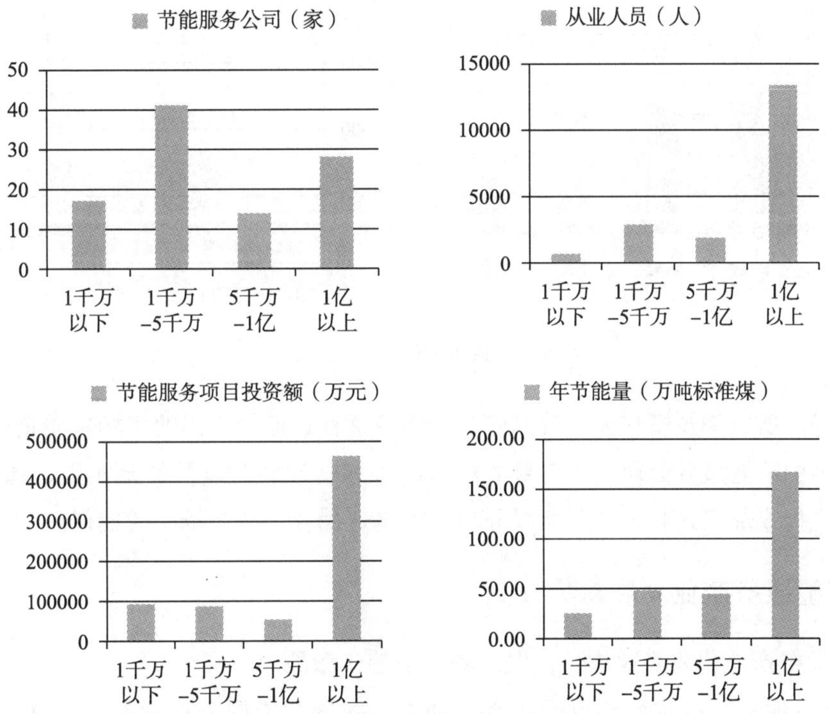

图 5　百强企业的资产规模分布

5. 民营企业仍是节能服务产业主体

在百强公司中，民营企业 80 家，节能量为 166. 75 万吨标准煤，占百强公司节能量的 57. 79%；国有公司 11 家，节能量为 85. 26 万吨标准煤，占百强公司节能量的 29. 54%；外资企业 5 家，节能量为 28. 4 万吨标准煤，占百强公司节能量的 9. 8%；合资公司 4 家，节能量为 8. 15 万吨标准煤，占百强公司节能量的 2. 8%。由此可见，就整体而言，民营企业的数量、节能量均是市场主力。

节能服务市场的巨大商机，吸引了不同性质节能服务公司的积极参与，国有企业、民营企业以及跨国公司入驻节能服务市场，在提高节能服务产业的整体实力和水平的同时，也加剧了节能服务市场的竞争程度。

就个体而言，大型国有企业依托自身的资金、技术及市场优势，组建专业的节能服务公

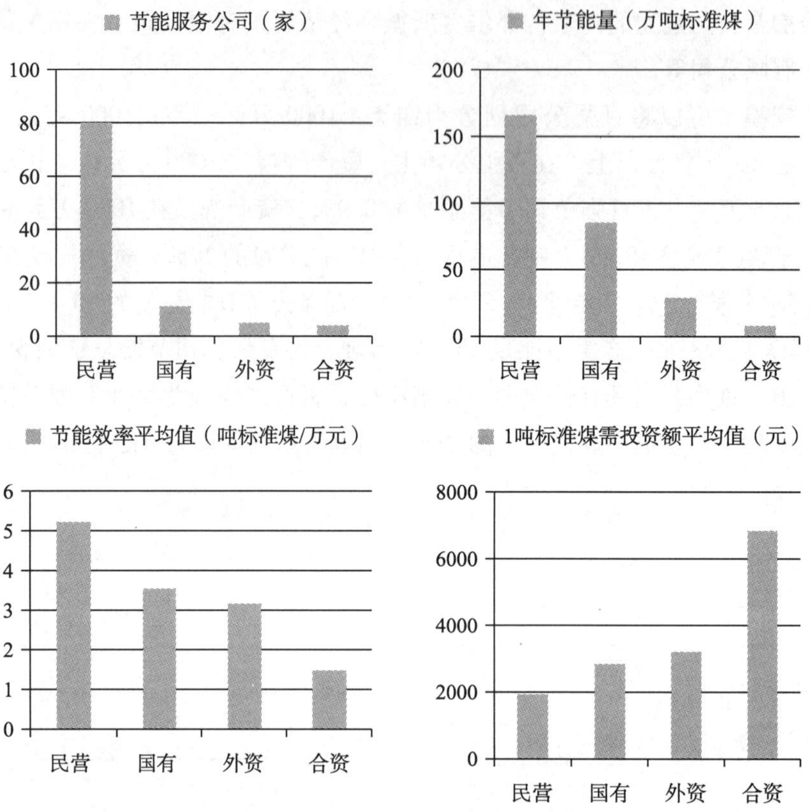

图6　百强企业的企业属性分布

司，现在已经发展成为规模较大、技术先进、服务优良、业绩突出的市场领先企业。

国际知名的节能服务公司凭借自身的技术优势和管理经验以及资金实力，通过组建专业的节能服务机构或部门入驻中国节能服务市场，迅速确立了在市场中的地位。

三、节能服务产业发展趋势

1. 节能服务产业仍将高速成长，但市场竞争趋于激烈

“十一五”期间，在政策及市场双重驱动下，我国节能服务产业经历了快速成长阶段。但是，在节能服务公司数量变“多”的同时，整体能力并未明显变“强”，比如节能服务公司的规模偏小，公司平均节能量偏低。

“十二五”期间，按《“十二五”节能环保产业发展规划》预计，节能服务业销售额年均增速保持30%，行业产值将由2010的830亿元达到2015年的3000亿元。随着产业发展，将形成一批大型节能服务公司。《“十二五”节能环保产业发展规划》指出到2015年将形成20个左右年产值在10亿元以上的专业化合同能源管理公司，《工业节能“十二五”规划》指出建立比较完善的节能服务产业体系，培育1000家具有较强实力的节能服务公司。

这些大型节能服务公司将来源于两个方面：一方面是重点用能企业依托自身优势组建专业化节能服务公司，大型用能企业具备全面的节能经验、强大的资金实力和品牌效应，依靠其母公司的品牌、实力和技术优势，可以迅速形成具有规模效应的节能服务公司；另一方面是在现有节能服务公司中通过重组和并购产生的大型节能服务公司。预计“十二五”后期，

随着市场竞争加剧及企业间整合行为出现，新成立的节能服务公司数量将变少，同时一些实力弱小的节能服务公司在市场竞争中将被淘汰。

2. 区域间节能服务产业发展差距有望缩小

根据节能服务产业委员会的统计，“十一五”期间中东、中、西部节能服务产业对全国节能服务产业总产值年均贡献率分别为48.7%、36.2%和15.1%，区域节能服务市场的开发存在明显的不平衡。随着中西部地区政府对节能服务公司、合同能源管理的认识加强，并推出合理配套措施，以及存在的巨大节能服务市场，中西部地区的节能服务产业将有望得到较快发展，东、中、西部节能服务产业发展差距有望缩小。

3. 服务对象仍以工业领域为主，但通信业、建筑业将有所加强

“十一五”期间，节能服务公司的业务活动主要集中在钢铁、建材、石化、电力等工业领域，其次是建筑领域。“十二五”期间，节能服务公司的业务活动仍将以工业领域为主，但是“十二五”是新一代移动通信和下一代互联网等新技术的引入期，视频、图像等新业务新应用带来数据业务快速增长，大规模数据中心的建设使得集成度高、能耗大的数据单架设备大量增加，能源消耗呈指数增长，通信业将有望成为节能服务业务增长较快领域。同时在建筑领域，特别是在公共和商业建筑较多的大中型城市，预期节能服务公司的业务活动将有所加强。

4. 加强能力建设，创新服务模式是节能服务公司变强的内生要素

自身能力建设是企业变强的必要条件，节能服务企业自身能力主要包括技术能力、融资能力、设计能力、施工能力、管理能力等。仅就技术能力而言，国际知名的节能公司无一不以技术创新占据产业链的高端，这类企业拥有自己的核心技术或者知识产权，多为轻资产、快增长的高科技企业。企业成立之初，规模较小，但凭借其技术优势能够迅速做大做强，占据产业链高端。

在能力建设基础之上，企业拓展市场空间则需要积极探索新型服务模式。目前，合同能源管理的商业模式主要包括节能利益分享型、节能量保证型、能源费用托管型、融资租赁型，大部分节能服务合同是四种方式之一或者几种方式的结合。随着节能服务产业竞争的加剧，服务创新模式不断提升，企业需要积极探索符合我国服务节能产业背景的新型服务模式，开辟节能服务专业市场，提供专业化服务，拓展企业更大的发展空间。

5. 加强行业自律，建设诚信体系是节能服务产业健康发展的关键

随着节能服务产业的快速发展，市场的竞争越来越激烈。一些节能服务公司为获得市场份额或政府补贴，串通用能单位或节能量审核机构弄虚作假，既给用能企业带来了严重的损失，也给节能服务市场的健康发展造成严重的破坏。节能服务市场的诚信体系建设需要政府引导、行业协会协助、企业重点参与。

行业自律是市场经济体制的必然要求，只有建立健全行业自律制度，节能服务产业才能有一个健康有序的市场。相对于市场调节和国家干预，行业协会担负着行业自我管理的职责，发挥着自律、协调、监督、维权的作用。制定和实施统一的节能服务行业自律公约，促进节能服务机构的沟通与合作，严肃查处违规企业，对有损行业信誉、破坏行业竞争秩序的企业予以惩罚，把行业引向公正、公平、公开、有序的轨道，维护行业整体利益，促进行业健康

发展。

总体而言，节能服务活动不仅为节能服务企业创造经济效益，更为用能企业、社会公众创造社会价值。专业化的节能服务公司肩负着将节能服务产业发展成为支柱产业的战略使命，充分发挥节能服务企业引领作用，对推广高效节能产品，推动节能技术进步，提高节能管理水平，加快产业结构调整和优化升级，促进节能减排，积极应对气候变化，确保实现“十二五”节能减排目标具有重要意义。与此同时，虽然节能服务公司数量和规模正在迅速增加，但受制于管理水平、融资环境等内外部制约因素，要把节能服务产业真正培育成大产业，仍任重而道远。

第1篇　综合篇

2011 年，我国节能减排的内外部形势已经发生了若干变化。

从国内看，随着工业化、城镇化进程加快和消费结构升级，我国能源需求呈刚性增长，受国内资源保障能力和环境容量制约，我国经济社会发展面临的资源环境瓶颈约束更加突出，节能减排工作难度不断加大。

与此同时，节能减排已经成为我国国家战略的重要组成部分。我国政府已经在各种场合及文件中宣告了明确、清晰的中长期节能减排目标，而且中短期目标已经层层分解到了各地区、各行业，并陆续出台了税收、补贴、价格等多项支持性政策。但是，不论是“十一五”完整的五年，还是“十二五”起步之初的头一年，大家已经意识到节能减排目标的实现十分困难，尤其是核心目标－能源强度目标，以及未来可能出台的能源消费总量目标。

从国际看，围绕能源安全和气候变化的博弈更加激烈。一方面，贸易保护主义抬头，部分发达国家凭借技术优势开征碳税并计划实施碳关税，绿色贸易壁垒日益突出。另一方面，全球范围内绿色经济、低碳技术正在兴起，不少发达国家大幅增加投入，支持节能环保、新能源和低碳技术等领域创新发展，抢占未来发展制高点的竞争日趋激烈。

2011 年底在德班达成的成果，启动了 2020 年后的国际气候机制谈判，标志着气候变化谈判进入了新阶段。但是，由于温室气体排放总量的快速增加和国际经济地位的快速提高，我国在气候变化问题上面临越来越大的国际压力，谈判形势日趋严峻。

上述内外部压力迫切要求我国加快经济发展方式的转变，坚定不移地走低碳发展道路。因此，我国需要在国内与国外，近期与长远，经济发展与保护气候，减缓与适应等多个问题上统筹安排、协调应对。

本篇我们侧重描述我国主要节能减排目标实现情况、可能趋向以及如何应对新形势下的国际碳排放制度安排。

1　中国节能减排的基本形势

我国节能减排的主要量化目标包括：到 2015 年，全国万元国内生产总值能耗下降到 0.869 吨标准煤（按 2005 年价格计算），比 2010 年的 1.034 吨标准煤下降 16%，比 2005 年的 1.276 吨标准煤下降 32%；“十二五”期间，实现节约能源 6.7 亿吨标准煤。2015 年，全国化学需氧量和二氧化硫排放总量分别控制在 2347.6 万吨、2086.4 万吨，比 2010 年的 2551.7 万吨、2267.8 万吨分别下降 8%；全国氨氮和氮氧化物排放总量分别控制在 238.0 万吨、2046.2 万吨，比 2010 年的 264.4 万吨、2273.6 万吨分别下降 10%。

但是，完成定量的节能减排目标不应成为国家绿色发展的根本目的。根本目的应是通过各行业向低能耗、高技术水平、高国际竞争力转型，促使国家的全面绿色转型，实现本质意义上的节能减排。因此，本章将对上述主要指标及相关虽未列入目标清单，但却十分重要指标的完成及进展情况进行简要描述与分析。

1.1　能源消费总量及碳排放

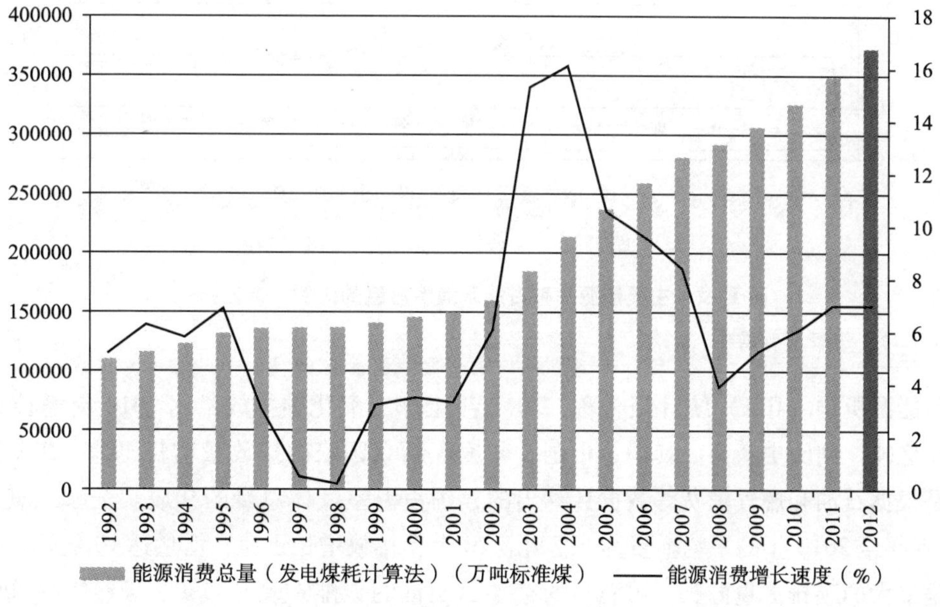

图 1－1　中国能源消费总量与增长率　单位：万吨标准煤

注：2012 年为估计值。

数据来源：中经网数据库

2011年，我国全年能源消费总量达到34.8亿吨标准煤，相比上年增加7%，增速连续四年有所提高（同年，全球一次能源消费增长2.5%，与过去十年的平均水平基本持平）。按此比例估算，则2012年的全年能源消费总量将达到37.3亿吨标准煤，2013年将极为接近40亿吨标准煤，2014年则将会超过能源局初步测算的2015年41亿吨标准煤全国能源消费总量（该指标按照5年单位生产总值（GDP）能耗下降16%，GDP年均增速8.5%计算）。目前，我国的人均能耗达到2.6吨标准煤/年，已经赶上了世界平均水平。另据BP2012能源年鉴数据，我国2011年的能源消费总量是2613.2百万吨油当量，美国是2269.3百万吨油当量，分别占全球能源消费总量的21.3%和18.5%。

与此同时，以煤为主的能源消费结构继续保持不变。2011年的能源消费中，煤炭占68.8%，天然气占4.6%，石油占18.6%，其他占8%。从全球的角度而言，能源消费也依然侧重于化石燃料，而化石燃料在能源消费中的份额高达87%。可再生能源的份额继续有所提高，但目前仅占全球能源消费量的2%。同时，化石燃料消费结构也在发生变化。尽管石油仍是主导性燃料，其所占份额已连续12年出现下降。煤炭再次成为增长最快的化石燃料，这对碳排放会产生可以预料的不利影响（BP，2012能源统计年鉴）。

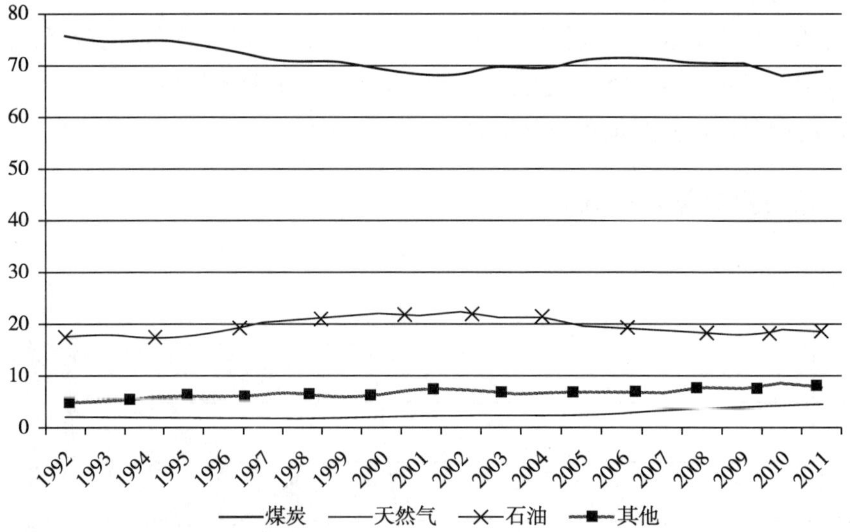

图1-2　主要能源品种占能源消费总量的比例　单位:%

数据来源：中经网数据库

国际能源机构（IEA）统计报告称，2011年全球二氧化碳排放量比2010年增长3.2%，达到316亿吨，创历史新高。其中，中国、印度等新兴国家的排放量增长迅速。IEA统计的排放量是根据石油和燃气消费等数据计算出的，约占温室气体总量的9成。全球二氧化碳排放量2006年至2010年的平均增量为6亿吨，2011年排放增长迅速，增量达10亿吨。煤炭的使用仍是最大的碳排放量源头，占总量的45%，石油的碳排放量占35%，天然气占20%。从地区来看，中国和印度等发展中国家由于经济发展和提高人民生活水平的需要在碳排量增长速度上超过发达国家。全球最大的排放国中国2011年排放量增加7亿吨以上，增幅达9.3%。印度排放量超过俄罗斯，排在中国、美国、欧盟之后位于第四。相反，先进国家排量普遍减少，美国和欧盟分别减少1.7%和1.9%，只有日本因增加火力发电排放量增长2.4%，达

11.8亿吨。

而根据欧盟联合研究中心（JRC）和荷兰环境评估局（PBL）于2012年7月20日公布的年度报告“全球二氧化碳排放的趋势”，来自经合组织国家的排放量目前仅占全球CO_2排放量1/3，中国和印度合计占有相同的份额，2011年它们的排放量分别增加了9%和6%。在中国，这个世界上人口最多的国家，平均CO_2排放量增加9%至人均7.2吨，在主要工业化国家人均排放量6～19吨的范围内。

根据中国科学院预测科学研究中心和中国经济网联合发布的《2011年我国分行业一次能源消费产生的二氧化碳排放量估算》表明，2011年，来源于煤炭消费产生的二氧化碳排放量为5636.3百万吨。

专栏1-1

2011年我国分行业一次能源消费产生的二氧化碳排放量估算

估算2011年我国分行业一次能源消费产生的二氧化碳排放量，对制定我国“十二五”分行业的节能减排目标和政策措施具有重要参考价值。预测科学研究中心应用投入占用产出分析和计量经济方法，估算了2011年我国分行业一次化石能源消费产生的二氧化碳排放量。主要结果为：

2011年，来源于煤炭消费产生的二氧化碳排放量为5636.3百万吨。分行业来看，行业煤炭消费产生的二氧化碳排放量占总煤炭消费产生的二氧化碳排放量的比例排在前五位的产业部门及其数值分别是：电力、热力的生产和供应业，48.64%；金属冶炼及压延加工业，9.76%；石油加工、炼焦及核燃料加工业，9.41%；非金属矿物制品业，8.20%；化学工业，6.16%。

来源于石油消费产生的二氧化碳排放量为1478.5百万吨。分行业来看，行业石油消费产生的二氧化碳排放量占总石油消费量产生的二氧化碳排放量的比例排在前五位的产业部门及其数值分别是：石油加工、炼焦及核燃料加工业，87.9%；化学工业，7.9%；石油和天然气开采业，3.65%；交通运输、仓储及邮电通讯业，0.47%；非金属矿物制品业，0.05%。

来源于天然气消费产生的二氧化碳排放量为343.1百万吨。分行业来看，行业天然气消费产生的二氧化碳排放量占总天然气消费产生的二氧化碳排放量的比例排在前五位的产业部门及其数值分别是：化学工业，25.09%；生活消费，20.93%；石油和天然气开采业，12.84%；电力、热力的生产和供应业，9.09%；交通运输、仓储及邮电通讯业，8.8%。

依据估算结果和分析，提出如下政策建议：

第一、优先发展低能耗、高附加值且具有国际竞争力的制造行业，积极发展第三产业，有效促进节能减排；

第二、加快淘汰发电、石油加工、钢铁、水泥、造纸、医药等行业的落后生产能力、工艺、技术和设备；

第三、根据我国的资源条件，调整优化能源结构，加快发展核能，积极发展水电、风电和沼气利用，提高天然气和可再生能源的消费占比；

第四、建议不要把完成定量的节能减排目标作为根本目的，而是通过节能减排，淘汰一些落后产能，进一步推动各行业向低能耗、高技术水平、高国际竞争力转型，实现真正意义上的节能减排；

第五、积极扩大森林面积，大力提高森林质量，提高森林碳汇能力，从固碳方面减少我国温室气体的排放量。

来源：中国经济网

1.2 能源强度目标完成情况

2011年，全国万元国内生产总值能耗为0.793吨标准煤/万元（按2010年价格计算），下降2.01%，没有完成年度下降3.5%的计划目标（2011年各省、自治区、直辖市万元地区生产总值能耗、万元工业增加值能耗、万元地区生产总值电耗具体数据参见本书附录1《2011年分省区市万元地区生产总值（GDP）能耗等指标公报》）。

年度节能目标之所以没有完成，主要的直接原因包括两个方面：

其一，2010年重点用能企业采取的限产措施导致2011年能耗出现一定程度反弹。“十一五”期间，重点用能企业的节能降耗一直是工业甚至全社会节能降耗的主要拉动力，其单位工业增加值能耗的下降率一般略高于其他企业。但从2010年上半年情况看，这一现象有所变化。例如，浙江省一季度，万吨以上用能企业单位工业增加值能耗降低率仅为2.3%，低于千吨以上用能企业3.1%的降低率。主要原因是2010年下半年对这些重点用能企业采取了限产等措施，其能耗在2011年上半年集中释放，直接影响了规模以上工业乃至全社会的节能成果；

其二，高耗能产品产量快速增长是另一主要的原因。2011年1~7月份，水泥、平板玻璃比去年同期增长接近20%，烧碱、乙烯、机制纸及纸板产量的同比增速都在15%以上，粗钢、10种有色金属产量的增速也达到10%。从7月份主要高耗能产品产量增速普遍出现回落，但2011年全年水泥产量比去年同期增长仍高达16.1%，其他大部分高耗能产品的产量增速维持在10%以上。

表1-1 主要耗能产品产量

指标	计量单位	累计比去年同期增长（%）	
		1—7月	1—12月
机制纸及纸板	万吨	15.6	13.2
氢氧化钠（烧碱）	万吨	17.6	15.2
碳酸钠（纯碱）	万吨	7.7	13.4
乙烯	万吨	16.9	7.4
水泥	万吨	19.2	16.1
平板玻璃	万重量箱	19.7	15.8
粗钢	万吨	10.3	8.9
十种有色金属	万吨	9.9	10.6

总体而言，工业能源消耗总量的上升是能源消费总量上升的主要原因。“十一五”期间，工业能源消耗总量逐年增加，由2005年的15.95亿吨标准煤增加到2010年的24亿吨标准煤左右，占全社会总能耗的比重由2005年的70.9%上升到2010年的73%左右，钢铁、有色金属、建材、石化、化工和电力六大高耗能行业的能源消耗量占工业总能耗的比重由2005年的71.3%上升到2010年的77%左右。

与此同时，工业增加值占GDP的比重由2005年的41.8%下降至2010年的40.2%，六大高耗能行业增加值占全部工业增加值的比重由2005年的32.7%下降至2010年的30.3%。这反映出产业结构调整进展缓慢，高耗能行业增长过快，工业能源消耗增速过高是节能指标没有完成的深层次原因（以耗能行业为角度的节能减排分析将在本书的第2篇展开）。

通过进一步的分析，则可归结为《节能减排“十二五”规划》中指出的下述问题：

一是一些地方对节能减排的紧迫性和艰巨性认识不足，片面追求经济增长，对调结构、转方式重视不够，不能正确处理经济发展与节能减排的关系，节能减排工作还存在思想认识不深入、政策措施不落实、监督检查不力、激励约束不强等问题（以区域为角度的节能减排分析将在本书的第3篇展开）。

二是产业结构调整进展缓慢。“十一五”期间，第三产业增加值占国内生产总值的比重低于预期目标，重工业占工业总产值比重由68.1%上升到70.9%，高耗能、高排放产业增长过快，结构节能目标没有实现。

三是能源利用效率总体偏低。我国国内生产总值约占世界的8.6%，但能源消耗占世界的19.3%，单位国内生产总值能耗仍是世界平均水平的2倍以上。2010年全国钢铁、建材、化工等行业单位产品能耗比国际先进水平高出10%~20%。

四是政策机制不完善。有利于节能减排的价格、财税、金融等经济政策还不完善，基于市场的激励和约束机制不健全，创新驱动不足，企业缺乏节能减排内生动力。

五是基础工作薄弱。节能减排标准不完善，能源消费和污染物排放计量、统计体系建设滞后，监测、监察能力亟待加强，节能减排管理能力还不能适应工作需要。

1.3 废水中主要污染物减排

2011年，全国废水排放总量为652.1亿吨，化学需氧量排放总量为2499.9万吨，比上年下降2.04%；氨氮排放总量为260.4万吨，比上年下降1.52%。

表1-2 2011年全国废水中主要污染物排放量

COD（万吨）					氨氮（万吨）				
排放总量	工业源	生活源	农业源	集中式	排放总量	工业源	生活源	农业源	集中式
2499.9	355.5	938.2	1186.1	20.1	260.4	28.2	147.6	82.6	2.0

根据《工业清洁生产推行“十二五”规划》，我国下一步将在工业领域以产生化学需氧量较大的造纸、制糖、发酵（含酿酒）、制药（抗生素与维生素）行业为重点，实施化学需氧量削减工程，推行化学需氧量削减技术：

- 在造纸行业，推广纸浆无元素氯漂白技术（包括中浓氧脱木素技术、中浓过氧化氢漂白技术、中浓二氧化氯漂白技术），到2015年实现技术普及率40%；

- 在制糖行业，废水循环利用与深化处理技术普及率到2015年达到90%；
- 在发酵（含酿酒）行业，推广高性能温敏型菌种发酵技术和连续等电转晶提取技术、新型色谱分离提取柠檬酸技术及废母液综合利用技术、酒精糟液废水全糟处理技术，到2015年技术普及率分别达到80%、70%、90%；
- 在制药（抗生素与维生素）行业，绿色酶法生产技术普及率到2015年达到60%。
- 通过推广以上技术，到2015年削减化学需氧量产生量65万吨/年。

以氨氮产生量较大的氮肥、ADC发泡剂和稀土行业为重点，实施氨氮削减工程，推行氨氮削减技术：

- 在氮肥行业，推广氮肥生产污水零排放技术，到2015年实现技术普及率30%；
- 在ADC发泡剂行业，推广无酸缩合生产工艺替代有酸缩合工艺、改进尿素法ADC发泡剂生产工艺（配套多效蒸发技术回收缩合母液中氨氮），到2015年技术普及率分别达到100%和40%；
- 在稀土行业，推广无氨皂化稀土萃取分离技术，到2015年实现技术普及率80%；
- 通过推广以上技术，到2015年削减氨氮产生量10.8万吨/年。

根据《国家环境保护“十二五”规划》，我们下一步在削减化学需氧量和氨氮排放量方面将侧重如下三个方面：

一是加大重点地区、行业水污染物减排力度。在已富营养化的湖泊水库和东海、渤海等易发生赤潮的沿海地区实施总氮或总磷排放总量控制。在重金属污染综合防治重点区域实施重点重金属污染物排放总量控制。推进造纸、印染和化工等行业化学需氧量和氨氮排放总量控制，削减比例较2010年不低于10%。严格控制长三角、珠三角等区域的造纸、印染、制革、农药、氮肥等行业新建单纯扩大产能项目。禁止在重点流域江河源头新建有色、造纸、印染、化工、制革等项目。

二是提升城镇污水处理水平。加大污水管网建设力度，推进雨、污分流改造，加快县城和重点建制镇污水处理厂建设，到2015年，全国新增城镇污水管网约16万公里，新增污水日处理能力4200万吨，基本实现所有县和重点建制镇具备污水处理能力，污水处理设施负荷率提高到80%以上，城市污水处理率达到85%。推进污泥无害化处理处置和污水再生利用。加强污水处理设施运行和污染物削减评估考核，推进城市污水处理厂监控平台建设。滇池、巢湖、太湖等重点流域和沿海地区城镇污水处理厂要提高脱氮除磷水平。

三是推动规模化畜禽养殖污染防治。优化养殖场布局，合理确定养殖规模，改进养殖方式，推行清洁养殖，推进养殖废弃物资源化利用。严格执行畜禽养殖业污染物排放标准，对养殖小区、散养密集区污染物实行统一收集和治理。到2015年，全国规模化畜禽养殖场和养殖小区配套建设固体废物和污水贮存处理设施的比例达到50%以上。

关于污水处理行业的相关进展情况，请读者阅读本书的第22章。

1.4 废气中主要污染物减排

2011年，全国二氧化硫排放总量为2217.9万吨，比上年下降2.21%；氮氧化物排放总量为2404.3万吨，比上年上升5.73%。

表1-3 2011年全国废气中主要污染物排放量

SO_2（万吨）				氮氧化物（万吨）				
排放总量	工业源	生活源	集中式	排放总量	工业源	生活源	机动车	集中式
2217.9	2016.5	201.1	0.3	2404.3	1729.5	37.0	637.5	0.3

氮氧化物之所以不降反升，主要包括火电厂排放、汽车尾气排放以及水泥等高污染行业排放三方面原因。

氮氧化物很大一部分来自于火电厂排放，根据中国环保产业协会《中国火电厂氮氧化物排放控制技术方案研究报告》统计分析，预计到2015年和2020年，我国火电装机容量将分别达到10亿千瓦和12亿千瓦。按照目前的排放控制水平，到2015年火电行业的氮氧化物排放量将达到1116万吨以上，到2020年将达到1234万吨以上。氮氧化物排放量不降反升，部分原因即在于，因没有脱硝电价补贴政策，火电厂对上马脱硝设备不积极。

2012年，新修订的国家标准《火电厂大气污染物排放标准》（下称火电新标准）正式实施。该标准之所以引发业界高度关注，是因为其对中国火电厂氮氧化物排放限值，比欧盟还严格一倍，业界称其“全球最严”。欧盟新建大型燃烧装置的氮氧化物排放限值为每立方米200毫克，美国约为每立方米135毫克。中国的火电新标准，其排放限值为每立方米100毫克。这项新标准的背后，是被称为“世界工厂”的中国终于在2012年正式开始治理氮氧化物。火电行业是氮氧化物排放的第一大户，因此，成为中国氮氧化物减排利刃的最早指向。持续推进电力行业污染减排的主要措施包括：

- 新建燃煤机组要同步建设脱硫脱硝设施，未安装脱硫设施的现役燃煤机组要加快淘汰或建设脱硫设施，烟气脱硫设施要按照规定取消烟气旁路。
- 加快燃煤机组低氮燃烧技术改造和烟气脱硝设施建设，单机容量30万千瓦以上（含）的燃煤机组要全部加装脱硝设施。
- 加强对脱硫脱硝设施运行的监管，对不能稳定达标排放的，要限期进行改造。

氮氧化物的一个重要排放源是汽车尾气，而汽车保有量还在持续增长，对如何控制机动车保有量的过快增长，目前国家并没有特别有效的手段。根据环保部2011年10月份发布的公报，2011年上半年，全国只有北京氮氧化物排放实现同比下降，降了3.18%。有分析认为，北京氮氧化物的下降主要是得力于奥运会前实施的一系列非常规措施，这是其他地方不能比的。因此，应持续开展机动车船氮氧化物控制。具体包括下述措施：

- 实施机动车环境保护标志管理。
- 加速淘汰老旧汽车、机车、船舶，到2015年，基本淘汰2005年以前注册运营的“黄标车”。
- 提高机动车环境准入要求，加强生产一致性检查，禁止不符合排放标准的车辆生产、销售和注册登记。
- 鼓励使用新能源车。全面实施国家第四阶段机动车排放标准，在有条件的地区实施更严格的排放标准。

• 提升车用燃油品质，鼓励使用新型清洁燃料，在全国范围供应符合国家第四阶段标准的车用燃油。

• 积极发展城市公共交通，探索调控特大型和大型城市机动车保有总量。

水泥行业、钢铁是继电力、机动车之后的氮氧化物重要排放源。目前我国新型干法水泥窑的氮氧化物排放普遍在800毫克/标准立方米。水泥行业属于窑炉行业，生产工艺上除了烧煤外，还要大量使用石灰石、铁粉、粘土。由于需要高温条件，水泥窑熟料烧成火焰温度高达1800℃，这也是水泥烧制过程中产生大量氮氧化物的主要原因。前文已经提到，2011年全年水泥产量比去年同期增长仍高达16.1%。因此，应加快水泥、钢铁等其他行业脱硫脱硝步伐，包括：

• 推进钢铁行业二氧化硫排放总量控制，全面实施烧结机烟气脱硫，新建烧结机应配套建设脱硫脱硝设施。

• 加强水泥、石油石化、煤化工等行业二氧化硫和氮氧化物治理。石油石化、有色、建材等行业的工业窑炉要进行脱硫改造。

• 新型干法水泥窑要进行低氮燃烧技术改造，新建水泥生产线要安装效率不低于60%的脱硝设施。

• 因地制宜开展燃煤锅炉烟气治理，新建燃煤锅炉要安装脱硫脱硝设施，现有燃煤锅炉要实施烟气脱硫，东部地区的现有燃煤锅炉还应安装低氮燃烧装置。

根据《工业清洁生产推行“十二五”规划》，我国下一步在水泥行业，针对水泥煅烧过程中窑炉烟气高粉尘、强碱性、中低温工况下的氮氧化物减排特点，在日产2500~5000吨新型干法水泥生产线上，重点推广水泥窑炉中低温催化还原氮氧化物减排技术、高温低成本非催化还原氮氧化物减排技术，到2015年普及率均达到80%，削减氮氧化物产生量120万吨/年。同时将在相关行业推行如下氮氧化物削减技术：

• 钢铁行业，研发低氮燃烧技术。

• 水泥行业，研发水泥窑炉低氮燃烧技术，推广中低温催化还原氮氧化物减排技术、高温低成本非催化还原氮氧化物减排等技术。

• 平板玻璃行业，推广零号喷枪的全氧助燃技术，逐步扩大富氧、全氧燃烧技术的应用范围。

关于大气污染治理行业的相关进展情况，请阅读本书的第20章。

1.5 固废利用及其他

2011年，全国工业固体废物产生量为325140.6万吨，综合利用量（含利用往年贮存量）为199757.4万吨，综合利用率为60.5%。

表1-4 2011年全国工业固体废物产生及利用情况

产生量（万吨）	综合利用量（万吨）	综合利用率（%）
325140.6	199757.4	60.5

同时，根据《大宗固体废物综合利用实施方案》，“十一五”时期，在各项政策措施推动

下，我国大宗固体废物综合利用取得积极进展，利用规模、水平均有较大提升。

表1－5 大宗固体废物“十一五”时期综合利用基本情况

大宗固废种类	2005 年		2010 年	
	产生量（亿吨）	利用率（%）	产生量（亿吨）	利用率（%）
尾矿	7.33	7	12.3	14
煤矸石	3.47	53	5.94	61.4
粉煤灰	3.02	66	4.8	68
工业副产石膏	0.55	—	1.37	42
冶炼渣	1.17	37	3.15	55
建筑废物	4	—	8	—
农作物秸秆	6	—	6.82	70.6
合计	25.54	—	42.38	37.2

根据《大宗固体废物综合利用实施方案》，我国下一步将加大工业固体废物污染防治力度：

- 完善鼓励工业固体废物利用和处置的优惠政策，强化工业固体废物综合利用和处置技术开发，加强煤矸石、粉煤灰、工业副产石膏、冶炼和化工废渣等大宗工业固体废物的污染防治，到2015年，工业固体废物综合利用率达到72%。
- 通过实施该方案中的重点工程，新增3亿吨的年利废能力。基本形成技术先进、集约高效、链条衔接、布局合理的大宗固体废物综合利用体系。
- 推行生产者责任延伸制度，规范废弃电器电子产品的回收处理活动，建设废旧物品回收体系和集中加工处理园区，推进资源综合利用。加强进口废物圈区管理。

表1－6 大宗固体废物综合利用目标（2015年）

大宗固废种类	产生量（亿吨）	利用率（%）
尾矿	13	20
煤矸石	7.76	75
粉煤灰	5.8	70
工业副产石膏	1.65	50
冶炼渣	4	70
建筑废物	8	30*
农作物秸秆	7	80
合计	47.21	50

注：*指大中城市综合利用率

进一步而言，我国将对尾矿、煤矸石、粉煤灰、工业副产石膏、冶炼渣、建筑废物、农作物秸秆采取不同的方式进行综合利用。

尾矿是目前我国产生量最大的固体废物，主要包括黑色金属尾矿、有色金属尾矿、稀贵金属尾矿和非金属尾矿。2010 年，我国尾矿产生量约 12.3 亿吨，其中主要为铁尾矿和铜尾矿，分别占到 40% 和 20% 左右。2010 年，尾矿综合利用量为 1.72 亿吨，利用率约 14%，利用途径主要有再选、生产建筑材料、回填、复垦等。受资源品位低、利用成本高、经济效益差、利用技术缺乏等问题制约，目前尾矿仍以堆存为主，尾矿库安全隐患问题突出。

• 目标。到 2015 年，尾矿综合利用率提高到 20%，通过实施重点工程新增 3000 万吨的年利用能力。

• 主要任务。推进绿色矿山建设，提高矿产资源综合利用率。开展铁矿、铜矿、铝土矿、铅锌矿、钨矿、锡矿、锑矿等尾矿再选、生产建材等资源化利用，重点推动有色金属尾矿资源的高效利用技术发展和工程示范。攻克铁尾矿伴生多金属及有色金属尾矿中残余有用组分的高效提取、非金属矿物高值利用、低成本高效胶结填充等一批尾矿综合利用重大共性关键技术，开发成套装备。完善尾矿整体利用技术的系统化、配套化和工程化。在资源枯竭矿区重点鼓励尾矿回填和尾矿库复垦。

• 重点工程。1. 在重点地区建设 10 个技术成熟、工艺装备先进的尾矿提取有价元素示范基地；2. 建设若干尾矿整体开发利用示范基地，支持一批技术创新工程及产业化推广。

煤矸石是煤炭开采和洗选加工过程中产生的固体废弃物，占当年煤炭产量的 18% 左右。2010 年，我国煤矸石产生量约 5.94 亿吨，综合利用率约 61.4%，年利用煤矸石近 3.65 亿吨，主要利用方式为煤矸石发电、生产建材产品、筑基铺路、土地复垦、塌陷区治理和井下充填换煤等，煤矸石井下充填置换煤技术实现了矸石不升井、不占地。目前，受运输、市场环境、发电装机容量限制等因素影响，部分地区煤矸石综合利用率仍不高，相关优惠政策在个别地区难以得到落实。

• 目标。到 2015 年，煤矸石综合利用率提高到 75%，通过实施重点工程新增 9000 万吨的年利用能力。

• 主要任务。在大中型矿区，稳步推进煤矸石综合利用发电。扩大煤矸石制砖、水泥等新型建材和筑基铺路的利用规模。探索煤矸石生产增白和超细高岭土、膨润土、聚合氧化铝、陶粒、无机复合肥、特种硅铝铁合金等高附加值利用途径。加大煤矸石用于采空区回填、土地复垦、沉陷区治理力度。鼓励引导大型矿业集团研发适合不同地质条件和矿井开拓方式的井下充填置换煤技术并推广应用。

• 重点工程。1. 在有条件的矿区建设 4 ~ 5 个煤矸石生产铝、硅系精细化工产品，增白和超细高岭土、无机复合肥等示范基地；2. 建设 15 ~ 20 个煤矸石生产砖、砌块等新型建筑材料示范基地；3. 在稀缺煤种矿区及资源枯竭矿区，扶持建设一批煤矸石井下充填绿色开采示范工程项目。

近年来，随着我国燃煤电厂快速发展，粉煤灰产生量逐年增加，2010 年产生量达到 4.8 亿吨，利用量达到 3.26 亿吨，综合利用率约 68%，主要利用方式有生产水泥、混凝土及其他建材产品和筑路回填、提取矿物高值化利用等，高铝粉煤灰提取氧化铝技术研发成功并逐步产业化，涌现出一批专业化粉煤灰综合利用企业，粉煤灰“以用为主”的格局基本形成。但从整体看，东西部发展不平衡的问题较为突出，中西部电力输出省份受市场和技术经济条件等因素限制，粉煤灰综合利用水平偏低。

• 目标。到2015年，粉煤灰综合利用率提高到70%，通过实施重点工程新增6000万吨的年利用能力。东部地区继续巩固现有成效，中西部地区扩大利用规模和水平。

• 主要任务。鼓励电厂完善除灰系统，基本实现粉煤灰干排。推广粉煤灰分选和粉磨等精细加工，提高粉煤灰利用附加值，开发大掺量粉煤灰混凝土技术，提升粉煤灰规模化利用能力。继续推进粉煤灰加气混凝土及其制品、陶粒等利废建材生产应用，大幅提高利用量和利用比例。有序推进高铝粉煤灰提取氧化铝及其配套项目建设。推动煤电基地将粉煤灰用于煤矿井下防治煤自燃、防治水患安全工程，鼓励粉煤灰复垦、回填造地和生态利用。

• 重点工程。1. 建设5~6个粉煤灰大掺量、高附加值综合利用基地，形成若干煤－电－建材梯级利用产业集群；2. 支持技术先进、经济实力强的大中型企业，建设一批利用粉煤灰生产加气混凝土制品、轻质墙板、陶粒等新型建材项目；3. 有序推进内蒙古、山西等地高铝粉煤灰综合利用示范项目建设，重点支持3~4条技术先进、副产物处理能力相配套的生产线；4. 扶持50家粉煤灰专业化综合利用骨干企业。

工业副产石膏包括脱硫石膏、磷石膏、氟石膏、钛石膏、盐石膏等，2010年产生量约1.37亿吨，其中脱硫石膏5200多万吨，磷石膏约6000万吨，综合利用率分别为69%和20%左右，主要利用途径是用作水泥缓凝剂和用于生产纸面石膏板、石膏砌块等石膏建材。随着工业副产石膏产生量的逐年增加，品质不稳定、标准体系不完善、关键技术缺乏、地区差异较大等因素成为影响其利用的主要障碍。

• 目标。到2015年，工业副产石膏综合利用率提高到50%以上，其中脱硫石膏、磷石膏综合利用率分别达到80%和30%，通过实施重点工程新增2000万吨的年利用能力。

• 主要任务。大力推进大掺量利用工业副产石膏技术产业化，鼓励水泥企业改造现有给料系统，推广脱硫石膏、磷石膏用作水泥缓凝剂以及生产纸面石膏板、石膏砌块、石膏商品砂浆等新型建筑材料。利用工业副产石膏开发混凝土复合材料，开展化学法处理磷石膏的技术攻关，推进磷石膏制硫酸联产水泥、磷石膏制硫铵、碳酸钙等先进技术产业化。推动工业副产石膏制备高强石膏及相关产品的研发和应用。进一步完善工业副产石膏综合利用标准体系，加快工业副产石膏及相关产品和应用标准的制修订。积极探索农业领域应用，加快利用工业副产石膏改良盐碱地技术研究。

• 重点工程。1. 在全国建设20~30个脱硫石膏、磷石膏替代天然石膏生产新型建筑材料综合利用基地；2. 建设一批利用工业副产石膏直接用作水泥缓凝剂示范项目；3. 在贵州、云南、湖北、四川等磷石膏产生量集中地区建设4~5个磷石膏化学法综合利用基地。4. 在宁夏、甘肃、云南、吉林等地建设4~5个脱硫石膏、磷石膏改良土壤试点示范项目；5. 组织工业副产石膏综合利用技术装备研发及产业化示范，形成一批具有自主知识产权的共性关键技术和装备。

冶炼渣主要包括钢铁冶金渣和有色金属冶金渣两大类。2010年，我国冶炼渣产生量约为3.15亿吨，其中钢渣0.8亿吨、铁渣1.9亿吨、赤泥3000万吨、铜渣850万吨、铅锌渣430万吨。目前，主要利用途径有再选回收有价元素、生产渣粉用于水泥和混凝土、建筑和道路材料等，综合利用率约55%，利用量约为1.74亿吨，由于资金投入和技术装备滞后等问题，利用率仍然偏低。

• 目标。到2015年，冶炼渣综合利用率提高到70%，通过实施重点工程新增4000万吨的年利用能力。

• 主要任务。鼓励钢厂推广应用钢渣“零排放”技术。推动建立技术创新体系，加大钢渣处理、渣钢提纯磁选等先进技术研发力度，突破制约冶炼渣利用的技术瓶颈，重点解决赤泥综合利用等技术难题。大力发展钢渣余热自解稳定化处理，提高金属回收率，推广生产钢铁渣复合粉作水泥和混凝土掺合料，鼓励有色金属冶炼渣在生产建筑、道路材料方面的利用。加快制定冶炼渣综合利用的技术、产品和应用标准，拓宽综合利用产品市场。

• 重点工程。1. 在重点地区建设10个冶炼渣提取有价元素联产新型建材示范基地；2. 建设一批钢渣预处理和“零排放”示范项目；3. 建设10个利用高炉渣、钢渣复合粉生产水泥和混凝土掺合料示范项目；4. 建设一批赤泥综合利用示范项目。

我国正处于城镇化加速发展阶段，城镇房屋年竣工面积约15亿平方米，城镇改造扩建所产生的建筑废物数量巨大，2010年，建筑废物产生量约为8亿吨。由于技术装备研发推广缓慢、激励政策措施不配套、产品和应用标准缺失等原因，导致资源化利用水平很低，仅有少量用作生产再生建筑骨料制备建材等，基本以填埋和堆放为主，大量占用土地，给周边环境造成很大危害。

• 目标。到2015年，全国大中城市建筑废物利用率提高到30%，通过实施重点工程新增4000万吨的年利用能力。

• 主要任务。推进建筑废物生产再生骨料并应用于道路基层、建筑基层，生产路面透水砖、再生混凝土、市政设施制品等建材产品。鼓励先进技术装备研发和工程化应用，重点研发再生骨料强化技术、再生骨料系列建材生产关键技术、再生细粉料活化技术、专用添加剂制备工艺技术等以及建筑废物破碎、分选、分类装备，推动建筑废物收集、清运、分拣、利用、市场推广的回收利用一体化及规模化发展。完善建筑废物及其综合利用产品标准和应用技术规范，扩大在工程建设领域的应用规模。

• 重点工程。1. 在全国大中城市建设5～10个百万吨以上的建筑废物生产再生骨料及资源化产品示范基地；2. 在有条件的地区建设5～10个建筑废物综合利用装备生产线示范项目。

我国农作物秸秆数量大、种类多、分布广。2010年秸秆可收集量约为7亿吨，综合利用率70.6%，其中十三个粮食主产区约为5亿吨，约占全国总量的73%。目前已基本形成了秸秆肥料化、饲料化、基料化、原料化、燃料化多元利用的格局，相关利用技术水平已经达到国际先进水平。但秸秆资源化程度低，综合利用企业规模小，缺乏骨干企业带动，产业化发展缓慢。

• 目标。到2015年，秸秆综合利用率力争超过80%，通过实施重点工程形成6000万吨的年利用能力。

• 主要任务。进一步扩大机械化秸秆还田和秸秆养畜规模，开展以秸秆综合利用为核心的循环型农业示范，继续推广企业加农户的基料化利用经营模式。科学利用秸秆制浆造纸，积极发展秸秆生产板材、木塑和制作工艺品等代木产品。积极发展秸秆沼气工程、有序发展秸秆固化成型燃料等能源化利用。开发适合农户应用的小型化、简单化装备。加快建立以企业为龙头，专业合作组织为骨干，农户参与，政府推动，市场化运作，多模式互为补充的秸秆收储运体系。

- 重点工程。1. 在十三个粮食主产省建设千个年利用万吨以上的秸秆循环农业生态工程；2. 推进秸秆固化成型、秸秆气化等可再生能源发展，加快秸秆纤维乙醇关键技术研发；3. 建立若干木塑产业示范基地，扶持4～5家秸秆人造板、木塑装备生产企业，100～150家秸秆人造板、木塑生产企业；4. 在棉花主产区组织开展棉秆综合利用产业化试点建设；5. 依托现有造纸生产企业，加快推进秸秆清洁制浆项目示范。

关于固体废物处理行业的相关进展情况，请阅读本书的第21章。

另外，2011年其他相关指标完成情况如下：万元工业增加值用水量82立方米，下降8.9%，完成计划目标；城市污水处理率和生活垃圾无害化处理率分别达到82.6%和78%，超额完成计划目标。

2 中国节能减排的趋向与挑战

节能减排已经成为我国国家战略的重要组成部分，我国政府已经在各种场合及文件中宣告了明确、清晰的中长期节能减排目标，而且中短期目标已经层层分解到了各地区、各行业，并陆续出台了税收、补贴、价格等多项支持性政策。但是，不论是“十一五”完整的五年，还是“十二五”起步之初的头一年，大家已经意识到节能减排目标的实现十分困难，尤其是核心目标－能源强度目标，以及未来可能出台的能源消费总量目标。就能源强度目标而言，“十一五”期间，该目标完成的十分艰难，“十二五”头一年没有完成。

对于微观的能源消耗碳排放、污染物排放主体而言，技术减排、工程减排、管理减排等手段的使用可以带来立竿见影的效果。但是对于国家整体而言，内在的结构性矛盾是制约节能减排进程的本质性力量，比如在某个时期、某个地方被淘汰的落后产能可以在另外一个地方复燃，污染可以迁移。总有一些内在根深蒂固的力量促使整个国家依旧踏在高能耗、高排放的高碳道路上。

内在的结构性调整包括产业结构性调整、能源结构性调整、区域结构性调整，本章将从这三方面入手，分析相关矛盾，提出观点。

2.1 产业结构调整

产业结构包括三方面含义：一、三次产业结构的调整，指第一产业、第二产业、第三产业的结构调整，重点在于提高服务业在国民经济中的比重。到 2015 年，服务业增加值占国内生产总值比重分别达到 47%；二、工业内部结构的调整；三、新兴产业和传统产业的结构性调整，到 2015 年，战略性新兴产业在国民经济中的比重达到 8% 左右。

2.1.1 三次产业结构调整需兼顾比例和内涵

	第一产业增加值占 GDP 比重（现价）（%）	第二产业增加值占 GDP 比重（现价）（%）	第三产业增加值占 GDP 比重（现价）（%）
2000	15.1	45.9	39
2001	14.4	45.1	40.5
2002	13.7	44.8	41.5
2003	12.8	46	41.2
2004	13.4	46.2	40.4

续表

	第一产业增加值占 GDP 比重（现价）（%）	第二产业增加值占 GDP 比重（现价）（%）	第三产业增加值占 GDP 比重（现价）（%）
2005	12.1	47.4	40.5
2006	11.1	48	40.9
2007	10.8	47.3	41.9
2008	10.7	47.5	41.8
2009	10.3	46.3	43.4
2010	10.1	46.8	43.1
2011	10.1	46.8	43.1

数据来源：中经网

从全国层面来讲，三次产业对能源消耗及碳排放强度的影响按其关联度大小依次为：第二产业、第三产业和第一产业。但是，第二产业并不是影响能源消耗及碳排放的绝对性因素。也就是说，一个地区二次产业在国民经济中占有较大的份额并不是就必然会产生较高的碳排放量。比如，在“十一五”期间，天津市的第二产业比重单位生产总值能耗从1.05吨标准煤/万元降至0.826吨标准煤/万元，累计下降21%，超额完成国家下达的“十一五”考核目标，完成进度位居全国第三。

按照三次产业产值结构来看，2010年第一产业增加值占国内生产总值的比重为10.2%，第二产业增加值比重为46.8%，第三产业增加值比重为43.0%。按可比价计算，如果第三产业比重提高一个百分点，同时第二产业比重下降一个百分点，则可以拉动单位GDP能耗下降一个百分点。那么，至2015年，如果确保比2010年第三产业比重提高4个百分点，第二产业比重下降4个百分点，则能拉动单位GDP能耗下降约4个百分点。但是，我们看到2011年第一产业增加值占国内生产总值的比重为10.1%，第二产业增加值比重为46.8%，第三产业增加值比重为43.1%。可以说，和2010年相比基本没有变化。

那么，我国目前的三次产业结构是否合理？第二产业相对第一产业和第三产业对碳排放强度的影响最大，但并不是影响地区碳排放量增大的绝对因素。

虽然如配第·克拉克定理所述，产业结构的升级大致会经历从“一、二、三”到“二、三、一”再到“三、二、一”的产业间比例关系的变化，但这并不意味着一个“三、二、一”的产业结构就是合理和高级的。判断产业结构合理化与高级化的标准，主要不是产业间比例而是产业内涵。因此，就中国当前的产业结构调整而言，主要是提升产业内涵。换言之，增强产业基于技术创新基础的核心竞争力比一味强调提高第三产业的比例更有意义。特别是在中国当前的经济发展阶段，参与国际竞争、获取国家竞争优势的主体还是制造业，而且就像日本的核心优势制造业遇到了问题一样，中国的制造业也面临着寻求超越低成本竞争优势的关键时期。因此，淡化三次产业的比例概念，注重提升产业内涵是中国产业结构调整亟须树立的观念。

比如，以日本而言，产业结构调整主要不是调整三次产业之间的比例，而是对产业质量特别是制造业的发展模式进行深入变革。日本经济产业省作为产业发展的指导部门，在一份研究报告中明确指出，未来的产业结构调整是要变传统的金字塔型产业结构为沙漏型产业结构。

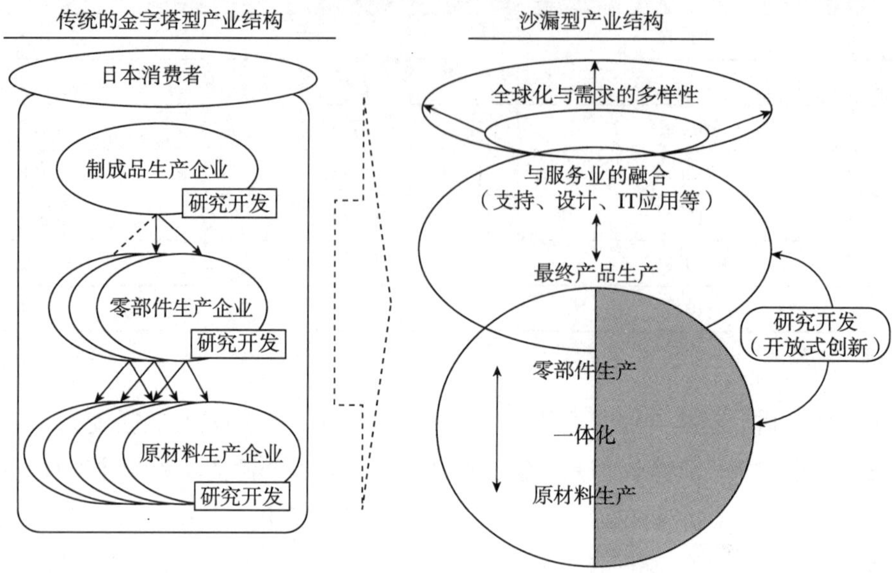

图 2－1　日本产业结构的变化趋势①

从图 2－1 中可以看出，所谓沙漏型产业结构是相对于传统的金字塔型产业结构而言的一种概念。在金字塔型产业结构中，少数制成品生产企业位于塔尖，越往下，零部件生产企业和原材料生产企业的数量越多，它们共同支撑起制成品生产企业。而在沙漏型产业结构中，制成品生产企业和零部件生产企业的融合度提高，制成品生产企业更注重与服务业的融合；零部件生产与原材料生产的垂直一体化程度有所加强；零部件生产企业不再处于附属于制成品生产企业的地位，两者的力量对比更趋均衡。简言之，金字塔型产业结构下制成品生产企业居于核心地位的格局被打破，关键零部件生产企业逐渐成为价值创造的核心，制成品生产企业则更多地向品牌经营、提供服务和系统解决方案等方面转型，制成品生产企业和零部件生产企业的关系形象地讲更似两端力量相当的沙漏。

我们再看欧美国家。在后危机时期，欧美国家实施“再工业化”战略正成为趋势。从“去工业化”转向“再工业化”，意味着欧美制造业的就业比重开始回升，也意味着部分资金从发展中国家回流发达国家。众所周知，西方发达国家是去工业化的始作俑者。由于土地和劳动力等生产成本不断提高，环境保护意识不断增强，加之资源渐趋枯竭，从上世纪六七十年代起，很多欧美国家企业开始将劳动密集型的加工装配环节，分散到国外工资成本相对低廉的地区。但是，“去工业化”也给就业和经济发展带来不少突出问题。在 2008 年金融危机爆发后，特别是欧债危机持续蔓延，美国家庭的“去债务化”和欧洲政府的“去债务化”，促使欧美国家开始对“去工业化”进行反思和渴望重归实体经济。

欧美重回制造业的内在含义在于抢占全球产业科技的制高点，掌握高端制造业的领导权。中国制造业总量已经是全球第一，但制造业产品的附加值很低，基本上处于国际产业的低端，

① 白雪洁．塑造沙漏型产业结构：日本新一轮产业结构调整的特征与趋势。

是大而不强、大而不优，而且为此付出的资源环境的代价非常大。“十二五”期间，中国高端制造业列为七大战略新兴产业之一，是产业转型升级的重中之重。此外，要借机加快海外并购步伐，在新一轮产业竞争中抢夺制高点。

同时，作为全球最大规模的“世界工厂”，“中国制造”的地位不但不能削弱而且应该加强。经过30年改革开放，中国已形成了巨大生产能力，而且是面向全球需求模式的。可是，“中国制造”长期依赖的低成本比较优势逐步削弱，新的竞争优势尚未形成。因此，一方面中国制造业要形成“新比较优势”，重在培育核心技术和新一代产业工人；另一方面，要全面发掘内生动力，向内需要发展是“中国制造”拥有的最大机遇之一。

2.1.2　工业内部结构调整的关键是产业升级

工业内部结构调整的核心是通过淘汰落后产能，推进产业升级来促使产业结构优化。自2009年国务院批转国家发展改革委等部门《关于抑制部分行业产能过剩和重复建设引导产业健康发展的若干意见》（国发［2009］38号）下发以来，一方面是已经淘汰大量落后产能，比如有数据指出“十一五”期间重点领域淘汰落后产能取得积极进展，其中淘汰炼铁产能1.2亿吨、水泥产能3.5亿吨、造纸产能1070万吨；但是同时，落后产能“屡限屡扩”。以水泥为例，当前我国水泥行业产能已经出现全局性、全方位的过剩，一部分水泥企业部分生产线已限产、停产，竞争加剧，企业效益明显下滑。但是，另一方面，新增产能却屡禁不止，目前仍在新建的新型干法水泥生产线210条，将新增熟料产能3亿吨。自2009年国务院文件下发以来，截止2011年底全国共新建了463条生产线，新增熟料产能5.47亿吨。

据中国水泥协会统计，2012年上半年我国新投产新型干法熟料生产线57条，设计熟料产能0.83亿吨。截至6月30日，全国累计投产新型干法水泥生产线1563条，设计熟料产能15.2亿吨。预计下半年新增新干法水泥熟料生产线60～75条，设计熟料产能0.90～1.1亿吨，预计全年新增熟料产能1.73～1.93亿吨，在2012年需求增长边际下降明显的情况下，新增产能冲击严重。

再以钢铁业为例，根据中钢协的统计，2010年末我国炼钢产能8亿吨，2011年新投产炼钢产能约8000万吨，考虑到淘汰落后产能约3000万吨，年末粗钢产能在8.5亿吨左右。而冶金工业规划研究院数据则显示，截至2011年底，我国粗钢产能已达9亿吨左右。但去年全年，我国粗钢产量为6.83亿吨，国内钢铁产能严重过剩。

根据与经济周期的关系，“产能过剩”可以划分为“周期性产能过剩”和“非周期性产能过剩”（主要是指“结构性产能过剩”）。周期性的产业过剩可能会随着经济新一轮复苏有所缓解，但结构性的产能过剩却难以得到有效缓解。目前，我国制造业平均有近28%的产能闲置，35.5%的制造业企业产能利用率在75%或以下。其中，钢铁、水泥、煤炭、有色金属（主要是铜）等的产量都已达到或超过全球产量的一半。现在大家都已明白，中国“过度工业化、过度出口依赖、过度投资驱动、过度粗放增长”的增长模式无法再持续，未来的经济增长将从由大量消耗资源的模式，转为由通过改善资源使用效率所推动，但由于产业结构调整滞后于需求结构升级，这部分结构性的产能过剩治理起来有相当大的难度。

其实，在市场经济条件下，市场一般均衡往往是短暂的、相对的，而不均衡则是长期的，绝对的，产能过剩时常与市场经济相伴而生。“产能过剩”也并非中国独有，巴塔耶六十多年前就在《消耗》一书中指出，任何增长都是有限制的，个体增长触及极限后，就不得不将原本用于增长的过剩能量消耗掉，以保持自身不致崩溃。当年，美国和日本正是依靠马歇尔计划和制造业的产能输出，保持了两国经济系统的平衡。

美日的经验给中国提供了很大的启示，促使我们在更为广阔的视野中探讨治理产能过剩的思路。从全球看，由于不同国家资源禀赋、经济发展阶段、生产力发展水平差别巨大，某些行业的产能在一国显着过剩，但从某一国际区域来看并不过剩。比如我国2009年产磷肥1386万吨，过剩无疑，但由于越南、菲律宾等产水稻的国家缺乏磷矿资源，而中国出口又存在成本优势，这样将中国及东南亚、南亚作为一个整体来看，磷肥产能并无过剩。

如果从上述视野来审视当前我国的产能过剩，就能将我们目前认定的产能过剩行业进一步细分，并能更客观、科学地寻求解决的新途径和可能性。毫无疑问，当前中国调整制造业结构、淘汰落后产能，加快产业整体升级势在必行。每次大危机都是一次重新“洗牌”的过程，未来在全球产业格局的调整过程中，势必按照国际分工价值链来重新分布优化产业布局。中国应争取实现在国际分工体系中“低位保持、中位扩张和高位渗透”的目标。

这个目标至少有这样几个方面：首先，对纺织、鞋帽等传统的产能过剩行业，可通过“走出去”的途径，在其他国家生产、当地销售或出口，这能绕过相关国家的贸易壁垒；其次，加快汽车业等行业的过剩产能输出，加快占领新兴市场迫在眉睫。目前，中国汽车产能“结构性过剩”严重，一方面自2011年以来，中国汽车业正在进入增速回落期，2011年的销售量仅增长2.5%，而汽车业产能却进入爆发式增长期，预计2015年中国汽车产能将达到3250万辆，也就是说，三年后我国汽车年销量要增长一倍。因此，加快汽车业“走出去”，占领非洲、亚洲和拉美等迅速成长的新兴市场，意义重大；最后，在产能过剩的风电设备、多晶硅、光伏太阳能电池等新兴行业，可以通过发展“技术追赶型”的对外直接投资，充分利用发达国家先进技术集聚地的反向技术外溢，促进企业技术升级和自主创新能力的提高，从而推动国内相关行业的结构升级。

2.1.3 依托战略新兴产业支撑新一轮经济增长

当今世界新技术、新产业迅猛发展，孕育着新一轮产业革命，新兴产业正在成为引领未来经济社会发展的重要力量，世界主要国家纷纷调整发展战略，大力培育新兴产业，抢占未来经济科技竞争的制高点。从长期而言，依托战略新兴产业支撑新一轮经济增长；就短期而言，可以适度缓解经济下行压力。

《“十二五”国家战略性新兴产业发展规划》列出了“十二五”期间重点支持的节能环保产业、新一代信息技术产业、生物产业、高端装备制造产业、新能源产业、新材料产业的具体发展目标、重大行动、重大政策等。到2015年，战略性新兴产业增加值要占国内生产总值比重的8%左右，到2020年占国内生产总值比重将达到15%。其中，节能环保产业进一步被细分为高效节能产业、先进环保产业、资源循环利用产业。

高效节能产业包括：

- 发展高效节能锅炉窑炉、电机及拖动设备、余热余压利用、高效储能、节能监测和能源计量等节能新技术和装备；

- 鼓励开发和推广应用高效节能电器、高效照明等产品；提高新建建筑节能标准，开展既有建筑节能改造，大力发展绿色建筑，推广绿色建筑材料；
- 加快发展节能交通工具；
- 积极开发和推广用能系统优化技术，促进能源的梯次利用和高效利用；
- 大力推行合同能源管理新业态。

先进环保产业包括：

- 以解决危害人民群众身体健康的突出环境问题为重点，加大技术创新和集成应用力度，推动水污染防治、大气污染防治、土壤污染防治、重金属污染防治、有毒有害污染物防控、垃圾和危险废物处理处置、减震降噪设备、环境监测仪器设备的开发和产业化；
- 推进高效膜材料及组件、生物环保技术工艺、控制温室气体排放技术及相关新材料和药剂的创新发展，提高环保产业整体技术装备水平和成套能力，提升污染防治水平；
- 大力推进环保服务业发展，促进环境保护设施建设运营专业化、市场化、社会化，探索新型环保服务模式。

资源循环利用产业包括：大力发展源头减量、资源化、再制造、零排放和产业链接等新技术，推进产业化，提高资源产出率。重点发展共伴生矿产资源、大宗固体废物综合利用，汽车零部件及机电产品再制造、资源再生利用，以先进技术支撑的废旧商品回收体系，餐厨废弃物、农林废弃物、废旧纺织品和废旧塑料制品资源化利用。

新能源产业进一步细分为核电技术产业、风能产业、太阳能产业、生物质能产业。

核电技术产业方向及主要任务包括：

- 加强核电安全、核燃料后处理和废物处置等技术研究，在确保安全的前提下，开展二代在运核电安全运行技术及延寿技术开发，加快第三代核电技术的消化吸收和再创新，统筹开展第三代核电站建设。实施大型先进压水堆及高温气冷堆核电站科技重大专项，建设示范工程；
- 研发快中子堆等第四代核反应堆和小型堆技术，适时启动示范工程。发展核电装备制造和核燃料产业链；
- 到2015年，掌握先进核电技术，提高成套装备制造能力，实现核电发展自主化；核电运行装机达到4000万千瓦，包括三代在内的核电装备制造能力稳定在1000万千瓦以上；
- 到2020年，形成具有国际竞争力的百万千瓦级核电先进技术开发、设计、装备制造能力；

风能产业方向及主要任务包括：

- 加强风电装备研发，增强大型风电机组整机和控制系统设计能力，提高发电机、齿轮箱、叶片以及轴承、变流器等关键零部件开发能力，在风电运行控制、大规模并网、储能技术方面取得重大突破；
- 建设东北、西北、华北北部和沿海地区的八大千万千瓦级风电基地。在内陆山地、河谷、湖泊等风能资源相对丰富的地区，发挥距离电力负荷中心近、电网接入条件好的优势，因地制宜开发中小型风电项目，积极推动海上风电项目建设；

太阳能产业方向及主要任务包括：

- 以提高太阳能电池转化效率、器件使用寿命和降低光伏发电系统成本为目标，大力发展太阳能光伏电池的生产制造新工艺和新装备；
- 积极推动多元化太阳能光伏光热发电技术新设备、新材料的产业化及其商业化发电示范；
- 建立大型并网光伏发电站，推进建筑一体化光伏发电应用，建立具有国际先进水平的太阳能发电产业体系；
- 大规模推广应用高效、多功能太阳能热水器，推动太阳能在供暖、制冷和中高温工业领域的应用；
- 建立促进光伏发电分布式应用的市场环境，推进以太阳能应用为主、综合利用各种可再生能源的新能源城市建设。

生物质能产业方向及主要任务进一步包括：

- 统筹生物质能源发展，有序发展生物质直燃发电，积极推进生物质气化及发电、生物质成型燃料、沼气等分布式生物质能应用；
- 加强下一代生物燃料技术开发，推进纤维素制乙醇、微藻生物柴油产业化；
- 开展重点地区生物质资源详查评价，鼓励利用边际性土地和近海海洋种植能源作物和能源植物。

2.2 能源结构调整

随着“十二五”节能减排的深入以及资源税、环境税改革的推进，中国的整体能源结构将发生深刻变化，传统化石能源份额将逐步降低，而以光伏、风电为代表的新能源以及以锂电池为代表的新能源汽车则将获得更有利的发展机会。同时，国家“十二五”规划纲要提出，调整优化能源结构，构建安全、稳定、经济、清洁的现代能源产业体系。“十二五”时期，非化石能源占一次能源消费比重年均增长3.1%，到2015年达到11.4%。

但是，2011年能源结构调整并未达标：非化石能源比重不升反降。最新行业统计数据显示，2011年我国非化石能源（水电、风电、太阳能、生物质能等）占一次能源消费总量的比重不升反降，由2010年的8.6%下降至8%左右。

2.2.1 以煤为主的一次能源生产和消费格局

从国家能源部门公布的数据看，2011年水电、风电、光伏发电等非化石能源均有较快发展，但非化石能源开发规模和利用总量依然偏低。

全国能源工作会议资料显示，2011年我国水电装机达到2.3亿千瓦，在建规模5500万千瓦；新开工糯扎渡等9个大型水电站，装机规模1260万千瓦。

2011年风电并网容量新增1600万千瓦，累计达到4700万千瓦，位居世界第一；年发电量800亿千瓦时，同比增长60%以上。光伏发电增长强劲，装机容量达到300万千瓦，比上年增加3倍以上。

全国电力工业统计数据显示，2011年底全国电力总装机达到10.5亿千瓦。其中，火电

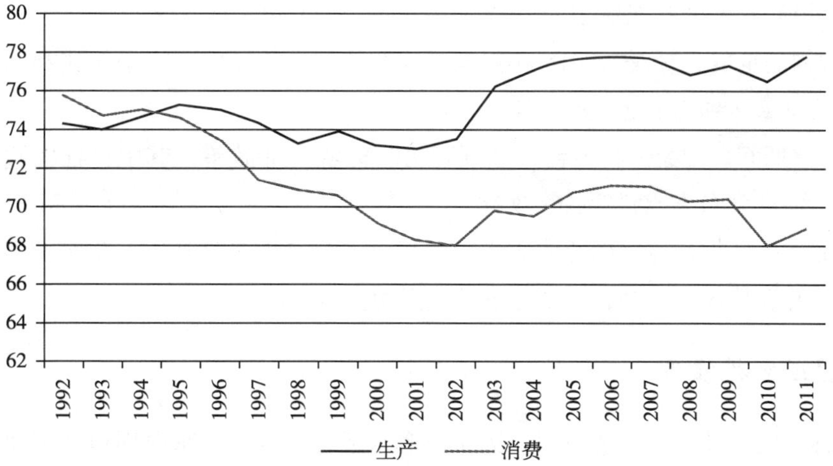

图2-2 历年煤炭的生产及消费占比

7.6亿千瓦，占装机总量72.4%；水电装机2.3亿千瓦，核电装机1191万千瓦，风电装机4700万千瓦，非化石能源发电装机占比为27.5%。

对比2010年，非化石能源在一次能源生产和消费总量所占的比重有所下降。

据行业统计，2011年非化石能源占我国一次能源生产和消费总量的比重约为8.7%和8%，分别比上年下降约0.5个百分点。反观煤炭，2011年煤炭占一次能源生产总量、消费总量的比重均有所上升。

煤炭生产和利用规模的扩大，在一定程度上稀释了非化石能源所占比重。

中国煤炭工业协会数据显示，2011年全行业新增产能9500万吨。主要产煤省区煤炭产量大幅增加，内蒙古、山西和陕西全年煤炭产量分别为9.79亿、8.72亿和4亿吨，同比分别增长24.4%、17.7%和11.1%。

在非清洁、高效的能源结构背后，是我国粗放的经济发展方式。体现在电力消费结构上，2011年钢铁、石化、建材等重工业耗电占全社会用电总量的61.4%。表现在煤炭消费上，煤炭行业协会初步测算，电力、钢铁、建材和化工行业耗煤占到煤炭消费量的80%以上。

有统计显示，我国能源消费约占世界总量的20%，GDP不到世界总量的10%。人均能源消费接近世界平均水平，人均GDP却只占世界平均水平的50%。当前，我国能源消费总量与美国相当，GDP仅为美国的37%；GDP与日本相当，而能源消费总量是日本的4.7倍。

2.2.2 能源结构调整关键在于新能源和可再生能源规模

国家能源局预计2012年新开工水电规模达到2000万千瓦；在风电开发建设领域，能源局对风电的定调是“积极有序发展风电”，组织实施“十二五”第二批规模为1500万—1800万千瓦的风电项目建设计划。国家对太阳能的定位是“积极发展”，组织实施“十二五”第一批规模为300万千瓦的开发计划。此外，核电、天然气、非常规天然气等均被纳入能源结构调整的范畴。

参与相关规划研究专家预计，2012年可再生能源和新能源利用量有望达到3.2亿吨标煤，同比有10%以上的增长，占一次能源生产总量在9%以上。

为实现2015年非化石能源占一次能源消费比重11.4%的目标，我国可再生能源发展“十二五”规划制定的目标是，2015年风电、太阳能、生物质能、太阳能热利用及核电等非化石能源开发总量达到4.8亿吨标准煤。

“十二五”期间，国家还将出台一系列可再生能源产业政策，其中包括实施可再生能源电力配额制、促进分布式能源发展等政策。

优化能源结构，推动传统能源清洁高效利用。安全高效发展核电，积极发展水电，加快页岩气勘查、开发攻关，提高新能源和可再生能源比重。

2.3 区域结构调整

区域结构调整也面临一些新问题。从经济增速来看，近年来东西部地区之间的差距有所缩小。2011年，我国中西部和东北地区主要经济指标增速高于全国平均水平，显示出区域发展协调性进一步增强（更深入的背景情况请参阅第14章第1节相关部分）。但在差距缩小的过程中，也出现了新问题：中西部地区的节能减排压力在增加。2011年我国部分节能减排指标任务没有如期完成，任务完成不太好的多数是中西部地区。

中西部地区现在都在高速发展，主要依靠资源优势在发展高耗能工业。但现在必须加大节能减排力度，这对中西部地区来说就是一个限制。中西部地区希望国家和东部地区给予保护生态的补偿，但现在国家财政收入大幅减少，东部地区经济增速下滑，补偿能力相应下降。

2.3.1 污染转移伴随产业转移

近年来我国东部沿海地区产业向中西部地区转移步伐加快，这将会使中西部地区的环境危机加剧。相比于东部先发达地区，西部地区的经济与生态有两个明显的特征：一是后发展，二是生态脆弱。数据显示，西北地区生态脆弱区面积占全国生态脆弱区面积超过50%。东部对西部的产业梯度转移，却实是实现地区经济雁阵发展的条件和途径，伴随着产业的转移，污染往往也跟随着转移。

以电解铝行业为例，多年来，高耗能、高污染的电解铝一直处于产能过剩的境遇中。我国铝工业从1990年以后进入快速发展时期，铝作为基础材料，广泛用于建筑、航空、交通等领域，在相关产业需求拉动下，产量直线上升。有数据显示，到2010年底产能达到了2300万吨，实际产量1560万吨，消费原铝1600多万吨，接近1986年—2010年。我国电解铝产能的平均增速高达20.44%，目前，我国是全球电解铝产能扩张最快的地区。

我国电解铝企业主要分布在山东、河南等省区。现如今，两大主产区竞争优势明显“丧失”，而一场电解铝产能“大迁徙”正在加速。数据表明，2010年青海、甘肃、内蒙古三地的电解铝产量分布已经直逼一直以来的电解铝大省——河南与山东，前者占全国总量的26.5%，河南与山东占到32.7%

据相关数据，新疆2011年电解铝产量为29.41万吨，已同比大幅增加345.92%，而在2012年1~4月份，新疆的电解铝产量又升至17.92吨，再次同比上涨176.06%。

《2011年上半年电解铝行业运行情况》报告显示，产能向西部地区无序转移严重，电解铝向青海、新疆、内蒙古等转移态势尤为显著，但缺乏规划和管理，中东部地区产能退出机制不健全，缺乏监督，这进一步加剧了国内电解铝产能过剩。

2.3.2 西部工业经济快速发展，节能减排压力激增。

目前，西部地区仍处于工业化加速发展的过程中，《西部大开发2011年进展情况和2012年工作安排》中强调以实施重大工程项目为抓手深入推进西部大开发，西部地区工业经济快速发展给节能减排带来巨大压力，当前工业节能形势不容乐观。1～5月份，西部12省工业增加值增速全部超过全国平均水平（10.7%），新疆、贵州、青海、宁夏的工业用电量增速均超过10%以上，远高于全国工业用电量增速（3.7%）的平均水平。今年上半年西部地区一大批工业重大项目投产，带动了能源消耗快速增长。

根据各省公布的2012年GDP预期增速，西部地区的GDP预期增速普遍高于中、东部，这就意味着，在全国节能减排形势趋紧的情况下，西部地区的节能减排形势将更加严峻。

目前，西部地区的节能减排工作存在一些特殊的困难，但也有自身的优势，因而需要中央政府的政策支持。西部节能减排的困难主要来自于国内高耗能产业由东部向西部的转移。由于经济发展的规律性，同时为了自身的经济增长，西部地区承接了高耗能产业的转移，原本就很大的节能减排压力也随之增加。

2.3.3 区域政策导向

我国东西部之间的收入和发展差异类似于发达国家和发展中国家之间的差距，从这个意义上说，遵循国际贸易的基本法则，东部高耗能产业和低端产业将逐步向西部转移。虽然中央政府有意抑制高耗能产业向西部转移，但是这种趋势较难阻挡。西部有广阔的经济发展空间、充足的资源、相对低廉的劳动力价格，而且西部的环境成本和人口密度要远低于东部。环境污染的成本与人口密度、收入水平呈正比，如果污染不可避免，那么相对于东部来说西部的环境污染成本比较低。当然，政府可以有意识地在政策上对高耗能转移进行抑制或者管理，但是发展大潮依然是无法阻挡的，因为资源配置是市场化的行为和后果，是经济发展的必然。

丰富的可再生能源是西部发展的优势。在节能减排的大背景下，资源丰富的西部省份通过大力发展可再生能源，带动产业发展，能源结构也趋于清洁化，从而实现减排，似乎是一条“光明大道”，但其中也存在困难。西部发展中，可再生能源发电的步伐迈得很大，尤其是大风电和太阳能项目。但西部省份本地区的市场有限，多余电量的市场出路在于长距离输电，否则就意味着设备闲置过剩。由于可再生能源发电的间歇性、不稳定性特点，其有效性还要考虑储能、备份的成本。并且当可再生能源发电的份额上升一定比例时，电网成本也将大幅度上升，可能超过发电成本。但目前缺乏政策来界定运输成本的分担。当前可再生能源发展基金只补贴发电侧，但对于西部清洁能源发电而言，发电端与最终消费端之间还有相当远的距离，因此，不考虑输配端成本的分担是不合理的。因而需要解决成本分担问题，充分调动电网积极性，尽快解决并网问题。

在经济增长比较快的阶段，太阳能和风能发电不可能成为保障电力供应的主力。保障电力供应主要还是依靠稳定的常规能源。即使是西部，也还是主要依靠煤来满足能源需求的增量。太阳能、风能等清洁能源发电比例是一个逐渐提高的过程。根据发达国家经验，只有在电力需求相当稳定、供给充足的情况下，大规模地发展新能源来满足能源需求，才成为可能。

因此，针对东西部产业转移和产业结构差异的问题，国家在节能减排指标中，应该给西部更大的空间。现阶段经济增长和能源需求还是刚性的比例（东西部可能存在差异，但基本相似），没有能源支撑，就没有经济的进一步发展。节能指标的分配是一个困难的过程，现在的指标对西部是否合理，指标的落实和反馈情况如何，都要慎重考虑。

对一个国家来说，总量控制是最重要的，但在固定的“十二五”节能减排指标的前提下，如何建立一个比较合理的分省指标体系，也值得深入研究。

西部大开发从某种意义上也是能源大开发，但是，过程中需要尽量照顾西部的发展，防止演变成东部对西部的资源掠夺。

首先，由西部的能源来支持东部的经济增长，能源价格必须合理。因为合理的能源价格一方面可以支撑西部当地的经济发展，另一方面还有利于抑制东部不合理的能源消费。其次，需要有两个反馈机制。第一个是针对西部当地的生态环境，需要一个有效的生态补偿机制。就是说，卖能源得来的钱，政府应该更多的回馈当地生态保护以降低由于能源开发所导致的环境影响。另一方面，西部大开发很大程度上是由西部往东部的能源资源流动，从西部可持续开发的角度讲，应该还有另一个反馈机制，就是不单单财富从东部往西部转移，应该还有一个财富向一般老百姓转移的过程。即西部一般老百姓的收入相应上升，他们可以更多的利用清洁低廉的能源，能够享受到一个可持续的环境。

总体而言，根据《中国环境保护“十二五”规划》，不同区域的环境保护应有所侧重。

西部地区要坚持生态优先，加强水能、矿产等资源能源开发活动的环境监管，保护和提高其生态服务功能，构筑国家生态安全屏障。

- 三江源地区要深入推进生态保护综合试验区建设。塔里木河流域要加强生态治理和荒漠化防治。

- 呼包鄂榆、关中－天水、兰州－西宁、宁夏沿黄、天山北坡等区域要严格限制高耗水行业发展，提高水资源利用水平，控制采暖期煤烟型大气污染。

- 成渝、黔中、滇中、藏中南等区域要强化酸雨污染防治，加强石漠化治理和高原湖泊保护。

东北地区要加强森林等生态系统保护，具体而言：

- 开展三江平原、松嫩平原湿地修复，强化黑土地水土流失和荒漠化综合治理，加强东北平原农产品产地土壤环境保护。

- 辽中南、长吉图、哈大齐和牡绥等区域要加强采暖期城市大气污染治理。

- 推进松花江、辽河流域和近岸海域污染防治。

- 加强采煤沉陷区综合治理和矿山环境修复，强化对石油等资源开发活动的生态环境监管。

中部地区要有效维护区域资源环境承载能力，提高城乡环境基础设施建设水平，维持环境质量总体稳定。

- 太原城市群、中原经济区要加强区域大气污染治理合作，严格限制高耗水行业发展，加强采煤沉陷区的生态恢复。

- 武汉城市圈、环长株潭城市群、皖江城市带等区域要把区域资源承载力和生态环境容量作为承接产业转移的重要依据，严格资源节约和环保准入门槛，统筹城乡环境保护，加快推进资源节约型、环境友好型社会建设。加强鄱阳湖生态经济区生态环境保护。

东部地区要大幅度削减污染物排放总量，加快推进经济发展方式转变，化解资源环境瓶颈制约。

- 京津冀、长三角、珠三角等区域要加快环境管理体制机制创新，有效控制区域性复合型大气污染。
- 河北沿海、江苏沿海、浙江舟山群岛新区、海峡西岸、山东半岛等区域要进一步提高资源能源利用效率，保护海岸带和生物多样性。
- 加快推进海南国际旅游岛环境基础设施建设。

3　国际碳排放制度安排与我国的应对①

经过20余年发展，国际碳排放制度已经成为国际制度安排的重要内容。2011年底在德班达成的成果，启动了2020年后的国际气候机制谈判，标志着气候变化谈判进入了新阶段。但是，由于温室气体排放总量的快速增加和国际经济地位的快速提高，我国在气候变化问题上面临越来越大的国际压力，谈判形势日趋严峻。同时，国内资源保障及环境容量的约束也迫切要求我国加快经济发展方式和社会消费方式的转变，坚定不移地走低碳发展道路。因此我国需要在国内与国外，近期与长远，经济发展与保护气候，减缓与适应等多个问题上统筹安排、协调应对，并将低碳发展作为重要战略目标纳入各级国民经济和社会发展规划。

3.1　国际碳排放制度

3.1.1　国际碳排放制度发展历程

迄今为止，国际碳排放制度已经经历了20余年的时间产生、发展及演变。

- 1990年的气候变化公约谈判为建立国际碳排放制度奠定了原则基础。
- 1992年《联合国气候变化框架公约》的生效标志着国际碳排放制度正式建立。
- 1997年通过的《京都议定书》使国际碳排放制度具有了法律约束力。
- 2007年的巴厘路线图确定了“双轨”的谈判制度。
- 2009年的哥本哈根协议、2010年的坎昆协议维护并完善了现存的国际碳排放制度。
- 2011年的德班会议开启了2020年后的国际碳排放制度的进程。

3.1.1.1　《联合国气候变化框架公约》(UNFCCC)

1990年的气候变化公约谈判为建立国际碳排放制度奠定了原则基础，但早在1898年，瑞典科学家斯万警告说，二氧化碳排放量可能会导致全球变暖。可是，直到20世纪70年代，随着科学家们逐渐深入了解地球大气系统才引起了大众的广泛关注。为了让决策者和一般公众更好地理解这些科研成果，联合国环境规划署（UNEP：United Nations Environment Programme）和世界气象组织（WMO：World Meteorological Organization）于1988年成立了气候变化政府间会议（IPCC：Intergovernmental Panel on Climate Change）。IPCC在1990年发布了第一份评估报告，该报告确定了气候变化的科学依据，对政策制定者和广大公众都产生了深远地影响，也影响了后续的气候变化公约的谈判。

① 本文由国家核电（北京）科学技术研究院助理研究员王苏礼撰写。

1990年，第二次世界气候大会呼吁建立一个气候变化框架条约。1990年12月，联合国常委会批准了气候变化公约的谈判。气候变化框架公约政府间谈判委员会（INC/FCCC：The Intergovernmental Negotiating Committee for a Framework Convention on Climate Change）在1991年2月至1992年5月期间进行了5次会议，参加谈判的150个国家的代表最终确定于1992年6月在巴西里约热内卢举行的联合国环境与发展大会签署公约，公约简称“UNFCCC”。1994年3月21日，该公约生效。

《联合国气候变化框架公约》的目标是减少温室气体排放，减少人为活动对气候系统的危害，减缓气候变化，增强生态系统对气候变化的适应性，确保粮食生产和经济可持续发展。为实现上述目标，公约确立了五个基本原则：

- “共同而区别”的原则，要求发达国家应率先采取措施，应对气候变化；
- 要考虑发展中国家的具体需要和国情；
- 各缔约国方应当采取必要措施，预测、防止和减少引起气候变化的因素；
- 尊重各缔约方的可持续发展权；
- 加强国际合作，应对气候变化的措施不能成为国际贸易的壁垒。

虽然，《联合国气候变化框架公约》确立了上述基本原则，但是该公约并没有法律效力。自UNFCCC生效以来，各缔约国每年都进行国际气候谈判。表3－1为UNFCCC大事时间表，简要介绍了历次公约缔约方会议的进程及事件。

表3－1 UNFCCC大事时间表

时间	地点	事件
1992	里约热内卢	UNFCCC在联合国大会上通过，并于1994年正式生效；中国成为UNFCCC缔约国之一
1995	柏林	UNFCCC第一次缔约方大会（COP1），通过了《柏林授权》，声明不给发展中国家增加新义务
1996	日内瓦	COP2，无实质性进展
1997	京都	COP3，通过了《京都议定书》，对2012年前主要发达国家减排温室气体的种类、减排时间表和额度等做出了具体规定
1998	布宜诺斯艾利斯	COP4，无实质性进展
1999	波恩	COP5，签署《波恩政治协议》
2000	海牙	COP6，美国坚持要大幅折扣其减排指标，会议陷入僵局
2001	马拉喀什	COP7，签署《马拉喀什协议》，指出发达国家通过清洁发展机制下造林活动实现的年减排量不得超过其1990年排放量的1%
2002	新德里	COP8，通过《德里宣言》，强调应对气候变化必须在可持续发展的框架内进行
2003	米兰	COP9，在森林碳汇标准上达成协议
2004	布依诺斯艾利斯	COP10，无实质性进展
2005	—	《京都议定书》正式生效
2005	蒙特利尔	COP11，无实质性进展
2006	内罗毕	COP12，旨在商讨“2012年之后”问题，对技术开发和转让等诸多问题难以形成统一意见，无实质性进展

续表

时间	地点	事件
2007	巴厘岛	COP13，着重讨论“京都”第一承诺期到期后问题，通过了巴厘岛路线图，确定了谈判“双轨制”
2008	波兹南	COP14，进一步推进巴厘行动计划
2009	哥本哈根	COP15，达成了不具有法律约束力的《哥本哈根协议》
2010	坎昆	COP16，通过了《坎昆协议》，推动了气候变化谈判进程继续向前
2011	德班	COP17，通过了“德班一揽子决议”，京都二期得以延续，建立“德班平台”，启动2020年后减排机制谈判

3.1.1.2 《京都议定书》①

由于《联合国气候变化框架公约》缺乏法律约束力，在其缔结后，还需要通过召开缔约方会议并制定议定书、附件等有法律约束力的文件等形式来促进执行。《京都议定书》改变了《联合国气候变化框架公约》中只对温室气体排放进行定性限制的作法，对其附件二所列缔约方（主要发达国家）温室气体排放量做出了具有法律约束力的定量限制，要求它们在2012年的温室气体排放量与1990年排放水平相比平均要减少5.2%，其中欧盟削减8%、美国削减7%、日本削减6%、加拿大削减6%，这是人类历史上首次以国际法的形式对特定国家的特定污染物排放量做出定量限制。

同时，为促进各国完成温室气体减排目标，《京都议定书》建立了三个灵活合作机制。

一是联合履约（Joint Implementation，JI）。《框架公约》附录1所列发达国家之间可以交易和转让减排单位（简称ERU）的灵活机制，最终实现整体排放的减少。

二是国际排放权交易（International Emission Trading，简称IET）。针对附录1所列发达国家之间针对配额排放单位的交易，保证达到《京都议定书》规定的排放标准。减排单位（ERU）具有可转让性，流通使得减排单位具有了价格，并形成固定的交易市场。当某企业排放的污染物量比它的允许排放量少时，该企业就可以把它实际排放量与允许排放量的差值出售给另一个企业或进行交易，从而使另一个企业获得比原先允许排放量更多的排放权利。

三是清洁发展机制（Clean Development Mechanism，CDM）。涉及附件1所列发达国家和发展中国家之间的交易，以获得核证减排单位。根据“共同但有区别责任”，实现发达国家和发展中国家进行项目级的减排量抵消额的转让与流通。

3.1.1.3 巴厘路线图

巴厘路线图（Bali Roadmap）是2007年联合国气候大会最重要的决议，是世界各国在

---

① 《京都议定书》（Kyoto Protocol，简称KP），全称《联合国气候变化框架公约的京都议定书》，是《联合国气候变化框架公约》的补充条款，1997年12月在日本京都由联合国气候变化框架公约参加国三次会议制定的，于2005年2月16日开始强制生效，到2009年2月，一共有183个国家通过了该条约（超过全球排放量的61%）。条约规定，它在“不少于55个参与国签署该条约，并且温室气体排放量达到附件中规定国家在1990年总排放量55%后的第90天”开始生效。这两个条件中，“55个国家”在2002年5月23日当冰岛通过后首先达到，2004年12月18日俄罗斯通过了该条约后达到了“55%”的条件，条约在90天后于2005年2月16日开始强制生效。美国曾于1998年签署了《京都议定书》。但2001年3月，布什政府以“减少温室气体排放将会影响美国经济发展”和“发展中国家也应该承担减排和限排温室气体的义务”为借口，宣布拒绝批准《京都议定书》。

《京都议定书》的基础上对《联合国气候变化框架公约》的进一步具体落实。总的方向是强调加强国际长期合作，提升履行气候公约的行动，从而在全球范围内减少温室气体排放，以实现气候公约制定的目标。为此，会议决定立刻启动一个全面谈判进程，以充分、有效和可持续地履行气候公约。这一谈判进程依照“共同但有区别的责任和各自能力”的原则，综合考虑社会、经济条件以及其他相关因素。主要内容有：

一是确定了《京都议定书》体系下发达国家第二承诺期谈判特设工作组的未来谈判时间表；

二是确定了《议定书》第9条下的审评目的、范围、内容和结论，督促《京都议定书》发达国家缔约方在第一承诺期切实履行其减排温室气体承诺；

三是通过了《巴厘行动计划》，要求加强国际合作执行气候变化适应行动，包括气候变化影响和脆弱性评估，帮助发展中国家加强适应气候变化能力建设，为发展中国家提供技术和资金，灾害和风险分析、管理，以及减灾行动等。要求加强减缓温室气体排放和适应气候变化的技术研发和转让，包括消除技术转让的障碍、建立有效的技术研发和转让机制，加强技术推广应用的途径、合作研发新的技术等。为减排温室气体、适应气候变化即技术转让提供资金和融资。发达国家应提供充足的、可预测的、可持续的新的和额外的资金资源，帮助发展中国家参与应对气候变化。

3.1.1.4 《哥本哈根协议》

2009年12月7～18日，来自192个国家和地区的谈判代表在丹麦首都哥本哈根召开哥本哈根世界气候大会，全称《联合国气候变化框架公约》第15次缔约方会议暨《京都议定书》第5次缔约方会议，商讨《京都议定书》一期承诺到期后的后续方案，即2012年至2020年的全球减排协议。如果在缔约方会议上，《哥本哈根议定书》不能达成共识并获得通过，那么在2012年《京都议定书》第一承诺期到期后，世界将没有一个共同文件来约束温室气体的排放，会导致遏制全球气候变暖的行动遭到重大挫折。因此，此次会议被认为是人类社会共同遏制全球变暖的重要行动，受到国际社会的高度关注。

哥本哈根会议是与会各国激烈博弈的场所，各国利益和诉求并不完全相同，主要分歧和挑战围绕发展中国家和发达国家之间的减排承诺展开。发达国家对2012—2020年间的温室气体减排承诺相对消极，同时，试图给发展中国家强加减排指标，而对发展中国家极为关心的转让环保技术和提供资金援助方面等避而不谈。最后通过的《哥本哈根议定书》是各方妥协的产物，虽然没有达成具有法律强制性的条款，但在一些关键问题上提出基本的指导原则，取得了一定的成果：

一是维护了“共同但有区别的责任”原则，坚持了“巴厘路线图”的授权，坚持并维护了《公约》和《议定书》“双轨制”的谈判进程，反映了各方自“巴厘路线图”谈判进程启动以来取得的共识。

二是在“共同但有区别的责任”原则下，最大范围地将各国纳入了应对气候变化的合作行动，在发达国家实行强制减排和发展中国家采取自主减缓行动方面取得了新进展。具体化了发达国家应对气候变化减排的目标，与会国就确认相关国家的减排责任达成一致，决定在2010年1月31日由附件一国家将这一要求提交到大会秘书处。

三是发展中国家有条件地进行可测量、可报告、可核证（Measurable，Reportable，Verifiable，MRV）的减排行动。协议要求，一方面，发展中国家在发达国家的支持下所进行的行动属于履行国际责任，应执行 MRV 原则；另一方面，由发展中国家政府实施或资助的行动应该根据已经确定的指导原则自行报告。

四是发达国家明确承诺提供应对气候变化的资金和技术支持。发达国家根据《公约》的规定，向发展中国家提供新的、额外的，可预测的、充足的资金，帮助和支持发展中国家的进一步减缓行动，包括大量针对降低毁林排放、适应、技术发展和转让以及能力建设的资金，以加强《公约》的实施。发达国家集体承诺在 2010—2012 年间提供 300 亿美元新的额外资金，到 2020 年每年向发展中国家提供 1000 亿美元，以满足发展中国家应对气候变化的需要。发展中国家则要采取实质性减排行动和保证实施透明度。

五是根据政府间气候变化专门委员会（IPCC）第四次评估报告的科学观点，提出了将全球平均温升控制在工业革命以前 2℃ 的长期行动目标。此外，减少毁林和森林退化造成的排放产生的减排指标获得承认。由于林业排放仍将保持在全球总排放量 20% 这一比重，考虑减少森林砍伐就显得非常重要。

3.1.1.5　坎昆会议

2010 年底的坎昆会议经过艰苦谈判，最终通过“坎昆协议”，包括在《公约》及《议定书》下分别就两个特设工作组的工作成果通过了两项决议，同时延长两个特设工作组的授权到 2011 年。

在《京都议定书》下作出的决定，一方面重申工作组应尽快完成谈判并将结果提交议定书缔约方会议通过，以确保在第一和第二承诺期之间没有空当；另一方面“注意到”发达国家承诺实施经济范围的量化减排指标，敦促其按照 IPCC 提出的 25% ~40% 的整体中期减排目标加大减排力度，并将有关减排指标变为减排承诺。

在《公约》下作出的决定内容更为丰富，几乎涵盖《巴厘路线图》规定的各个要素。除重申哥本哈根协议达成的基本共识之外，还以缔约方大会决议形式，在一系列关键议题上取得新的进展。

• 有关长期目标，肯定了控制全球升温不超过 2℃ 的目标，在 2013 年启动、2015 年完成基于科学认识的关于全球长期目标充分性的第一次评估，考虑包括 1.5℃ 的强化目标，并在德班会议上审议到 2050 年显著降低全球排放的长期减排目标及全球排放达到峰值的时间框架。

• 有关减缓，认可了发达国家提出的减排义务目标和发展中国家的自主减缓行动目标。

• 有关资金，启动建立“绿色气候基金”的进程，来讨论快速启动和长期资金问题，成立发达国家和发展中国家代表平等参与的常设委员会，以协调和帮助发展中国家增强应对气候变化的能力。

• 有关适应，建立“坎昆适应框架”，帮助发展中国家更好规划和执行适应气候变化项目。有关技术转让，建立“技术执行委员会”及“气候技术中心和网络”的技术机制，以促进技术合作和应对行动等。

“坎昆协议”是各方艰难妥协的产物，所谓“各方都不太满意，但各方都能接受”。发展中国家认为其核心是坚持了“双轨制”，坚持了“共同但有区别的责任”原则，是在哥本哈根会议结果基础上达成的重要阶段性成果。而国际社会普遍表示欢迎和积极的态度，认为“坎昆协议”能够获得除玻利维亚之外193个国家的支持，本身就是一个积极的信号，是向正确方向迈出的重要一步。

3.1.1.6 德班会议

2011年11月28日到12月9日，德班会议（COP17）在南非德班举行。190多个国家的谈判代表齐聚南非德班，就全球应对气候变化再次进行集体谈判。《京都议定书》第一承诺期（2008—2012年）期限将至，2012年之后或第二承诺期谈判成为德班会议的核心议题之一，包括中国在内的世界各国都认为谈判到了最关键、最紧迫的最后阶段。德班会议通过了“德班一揽子决议”，同意《京都议定书》第二承诺期在2013年生效，并决定《京都议定书》第二承诺期要在2012年卡塔尔举行的联合国气候变化大会上正式被批准，并于2013年开始实施。

德班气候大会在谈判上取得了一些进展：

一是坚持了《联合国气候变化框架公约》、《京都议定书》和“巴厘路线图”授权，坚持了双轨谈判机制，坚持了“共同但有区别的责任”原则。

二是就发展中国家最为关心的《京都议定书》第二承诺期问题作出了安排。

三是在资金问题上取得了重要进展，启动了绿色气候基金。

四是在《坎昆协议》基础上进一步明确和细化了适应、技术、能力建设和透明度的机制安排。

五是深入讨论了2020年后进一步加强公约实施的安排，并明确了相关进程，设立“德班增强行动平台”，向国际社会发出积极信号。

3.2 我国参与国际碳排放制度的进程

中国参与国际气候谈判的历程是同期中国整体外交的缩影，其立场演变经历了被动但努力参与、保守谨慎参与、活跃开放参与以及灵活、全面深入参与四个发展阶段，且每个阶段气候谈判立场的演变都有着内在的决定因素。气候外交作为中国整体外交的一部分，深刻反映了中国外交日趋成熟的发展进程。

3.2.1 被动但努力参与阶段（1990—1994年）

1990年12月，以“政府间谈判委员会”成立为标志，国际社会关于气候变化问题的谈判开启。从《公约》谈判到其生效这段时间，中国对国际气候谈判的立场总体上呈现虽被动但却积极参与的态势。这主要是因为，由于资金、技术、能力及政府关注重心等方面的原因，中国当时在技术层面上应对气候谈判的准备并不充分，绝大多数有关气候变化的监控数据和测评报告都是由发达国家的气象和科研部门提供的，中国缺乏自己监测和研究的数据。因此，参加国际谈判、开会，手中没有自己的科研资料，很被动，加上语言沟通及国际法运用等方面的劣势，中国对国际环境问题及相关文件资料研究还不够深入、透彻，与会准备不充分，有些对案和会议主题不衔接，发言次数少且针对性不强。

但是，技术上的被动并未影响态度上的积极。与会之前，中国代表团就积极参加联合国环发大会的历次筹委会，并与“七十七国集团”反复磋商，协调立场，起草议案和筹备会议文件。与会期间，中国代表团还广泛参与各个级别和层次的磋商与会谈。时任中国国家总理的李鹏先后与25国领导人及联合国秘书长、欧共体主席进行会晤并发表重要讲话。宋健国务委员率代表团参加了部长级会议，积极参加由美、欧、日、“七十七国集团”代表参加的小范围谈判。在文件签署和批准方面，中国也表现得比较积极和活跃。中国是安理会五大国中最先签署《公约》的国家，是《公约》最早的10个缔约方之一。

3.2.2 保守谨慎参与阶段（1995—2001年）

在这一阶段，中国虽然参加了国际气候会议的历次谈判，但远未融入到国际气候制度的构建之中，气候谈判态度渐趋保守和谨慎。具体表现如下：

从议定书的批准来看，中国批准《京都议定书》所需时间远远超过批准《公约》所需时间，前者是后者的8倍，其谨慎程度可见一斑。在履约机制上，中国也持高度警惕和怀疑态度，批评发达国家力图通过所谓排放贸易或联合履行来实现其减排指标，认为这种不顾他国人民的生存环境并转嫁责任的做法是难以接受的，要求严格界定“灵活三机制”的使用范围和利用幅度，防止国际社会在制定具体运行规则过程中出现背离议定书已确定的原则，混淆“三机制”的不同适用范围和本质区别的现象；与此同时，坚决反对发展中国家的“自愿减排承诺”，中国担心通过自愿承诺创立一种新的国家级别，从而打破公约体系已确立的发达国家和发展中国家的分类，打乱现有的谈判格局。

总体来说，中国在这一阶段更多是采用保守、怀疑的态度看待其他国家、尤其是西方国家提出的应对气候变化的方案和措施，中国强硬的、有时缺乏灵活性的立场在国际谈判中赢得了“强硬路线者”的声誉。

3.2.3 活跃、开放参与（2002—2009）

自2002年以来，中国参与气候谈判的态度较之前有了质的超越和提升，不仅提高了对《公约》、《京都议定书》及其他国际气候机制的认可度和参与度，而且把应对气候变化纳入到国家可持续发展战略框架和社会经济发展的总体规划之中，并注重对气候问题相关法律文件的制定、实施与完善。

国内方面，中国认真履行在《公约》和《京都议定书》下的义务，先后颁布《中华人民共和国气候变化初始国家信息通报》、《中国应对气候变化国家方案》、《中国应对气候变化科技专项行动》和《中国应对气候变化的政策与行动》等相关的法律法规文件。与此同时，切实加强应对气候变化工作的领导，成立国家应对气候变化领导小组，负责制定国家应对气候变化的重大战略、方针和对策，协调解决应对气候变化工作中的重大问题。此外，中国还通过制定和修订节约能源法、可再生能源法、循环经济促进法、清洁生产促进法等相关的法律法规来推进国民经济和产业结构的调整，推动新能源和可再生能源的发展，优化产业能源结构，鼓励节能，提高能效，加大减排力度，提高适应能力，将应对气候变化纳入到国家可持续发展战略框架和社会经济发展的总体规划之中。2009年12月25日，在哥本哈根会议开幕前两周，国务院总理温家宝主持召开了国务院常务会议，明确提出“到2020年我国单位国内生产总值二氧化碳排放比2005年下降40%～45%作为约束性指标纳入国民经济和社会发展中长期规划，并制定相应的国内统计、监测、考核办法”。

在国际上，中国在履约机制、谈判渠道以及发展中国家义务承担等问题上的态度日益灵活和开放。就履约机制来看，中国由原先的保守、怀疑转为积极支持和广泛参与。在气候谈判渠道上，中国政府也完成了由“沿着公约所确立的原则和目标、沿着议定书所开启的航程坚定地走下去，是我们唯一正确的选择”到“要坚持把《联合国气候变化框架公约》及其《京都议定书》作为气候变化国际谈判和合作的主渠道、其他倡议和机制作为有益补充的安排”的转变，日益重视其他倡议与合作机制的补充性作用。在发展中国家“自愿减排承诺”方面，中国由过去的坚决反对转变为积极支持，呼吁发展中国家根据自身情况采取减排行动，共同应对气候变化。2009年9月22日，胡锦涛主席在联合国气候变化峰会上首次明确提出中国的后京都气候目标，即要“加强节能、提高能效工作，争取到2020年单位国内生产总值二氧化碳排放比2005年有显著下降；大力发展可再生能源和核能，争取到2020年非化石能源占一次能源消费比重达到15%左右；大力增加森林碳汇，争取到2020年森林面积比2005年增加4000万公顷，森林蓄积量比2005年增加13亿立方米；大力发展绿色经济，积极发展低碳经济和循环经济，研发和推广气候友好技术”。2009年12月18日，温家宝总理在哥本哈根气候变化会议领导人会议上再次明确承诺中国的后京都温室气体减排目标，即到“2020年我国单位国内生产总值二氧化碳排放比2005年下降40%～45%”，并宣布中国的温室气体减排是自主减排，减排目标的实现“不附加任何条件，不与任何国家的减排目标挂钩”。

3.2.4 灵活、全面深入参与阶段（2010—）

2009年哥本哈根会议上，中国同意在“三可”问题上执行“国际磋商与分析”，2010年天津会议上，中国表态在“三可”问题谈判上中国持开放态度，2011年德班会议上，中国有条件同意加入欧盟提出的2020年后所有缔约方都要加入有法律约束力的减排协议，从坚决反对强制减排到自愿加入，中国的谈判态度发生了根本性变化。

在有关气候变化谈判的各种谈判场合及会议中，中国政府谈判代表全面参与。在有关气候变化各个议题谈判的过程中，中国代表广泛而深入地参与了所有的谈判，例如两个特设工作组、附属履行机构以及资金技术等各种技术小组的谈判。

3.3 我国在中长期谈判中与世界主要国家和集团的利益关系

3.3.1 中美气候变化谈判中的利益关系

中美在中长期气候谈判中利益不同，在气候谈判主要焦点问题上的立场存在重大差异（见表3-2）。

- 中国坚持“共同而有区别的责任”原则，美国对此原则表面认可，事实上予以否定。
- 在联合国气候治理框架上，中国主张对发达国家采取“自上而下”的量化减排，发展中国家实行“自下而上”的自主减排。美国反对《京都议定书》规定的对发达国家“自上而下”的减排机制。

● 中国一直坚持双轨，美国则一直主张单轨。中国认为，附件一国家先确定中期目标，再确定其长期目标；目前发达国家减排目标不充分，应提高减缓承诺。美国则认为当前重点是履行当前承诺，不愿提高减缓水平。

● 中国坚持发展中国家的自主减缓行动不受国际三可，美国则主张所有国家都要接受三可。

● 中国认为发达国家应向发展中国家提供充分的资金、技术和能力建设等支持，美国则一直逃避责任。

● 在航空航海问题上，中国强调必须坚持“共同但有区别的责任”原则，反对将航空航海作为气候融资来源。美国则反对在航空航海减排中执行共区原则，认为发达国家与发展中国家应执行统一的规则与标准，航空航海应作为气候融资来源。

● 在未来的“德班平台”议题上，美国主张，最终协议应该适用于2020年后的经济和排放现实，附件一或者非附件一的划分不应存在，试图抹杀“共区”原则。中国认为，德班平台的谈判目标是实现“公约”的最终目标，不是重新谈判或重写公约；谈判应完全符合公约的原则与规定，尤其是公平与共区原则，其结果是公约不可分割的一部分；德班平台是一个综合性的进程，覆盖了减缓、适应、资金、技术和能力建设，并包括与公平、贸易和IPRs相关技术相关的问题。

表3－2　2008—2011年期间双方对于主要气候变化谈判要点的立场对比一览表

	美国	中国	对比结果
共区原则	表面认可，事实上否认	坚持	冲突
治理框架与谈判轨道安排	“自下而上”自主减排；反对双轨	发达国家“自上而下”；发展中国家“自下而上”坚持双轨	冲突
全球中长期目标与全球峰值	支持2℃目标；支持确定一个长期的全球减排目标，这个目标应该是现实的并可以随时可以调整的。 全球峰值不明确。	附件一国家先确定中期目标，再确定其长期目标；目前应加强发达国家中期目标，并坚持《京都议定书》第二期；非附件一发达国家减排目标应具有可比性； 支持2℃目标，但是峰值不明确	长期目标相同；中期目标不同； 全球峰值相同
三可与ICA	所有国家的减缓行动，都应该三可	附件一国家的减缓行动执行三可；发展中国家的自主减缓行动，接受国际支持的行动接受国际三可，不受支助的行动接受ICA	冲突。但2011年后趋于一致
资金	来源应广泛化，私营部门应比公共部门所占比例大。 同意每年300亿美元的快速启动资金，每年1000亿的长期资金；尽快启动哥本哈根绿色气候基金	来自发达国家政府的公共资金应发挥主导性的作用，私营投资和全球碳市场可作为有益的补充。 对于资金的来源，强调发达国家应该做到提供新的、额外的、充足的和可预期的资金	主要冲突在资金来源方面

续表

碳市场、航空航海	主张以市场机制促进减排；支持京都下的市场机制，强烈支持部门路径，公约应该分类并且鼓励部门及行业减排合作。反对在航空航海减排中执行共区原则；将航空航海作为气候融资来源；反对未经协商的单边行动	认可基础项目的市场机制；积极加入CDM坚持公约确定的原则和条款，特别是"共同但有区别的责任"原则；反对将航空航海作为气候融资来源；反对未经协商的单边行动	碳市场趋同；部门减排冲突
2012 德班平台	此协议应该适用于2020年后的经济和排放现实。 附件一或者非附件一的划分不应存在。 未完成的两个工作组的工作应转移到平台下继续讨论	在公约下展开，并完全符合公约的原则与规定，尤其是公平与共区原则，其结果是公约不可分割的一部分； 是一个综合性的进程，覆盖了减缓、适应、资金、技术和能力建设，并包括与公平、贸易和IPRs相关技术相关的问题	冲突

3.3.2 中欧气候变化谈判中的利益关系

欧盟在气候变化谈判中角色的变化，从最初的积极参与者逐渐演变成为谈判的推动者，未来可能成为后京都时代的规则制度设计的引领者。欧盟内部的应对气候变化政策已经逐渐成为世界各国的共识，或者说成为世界各国应对气候变化行动的效仿对象。提高能效、进行经济结构调整、大力度开发可再生能源、CCS技术的研发、碳交易等，这些都说明欧盟气候变化政策对其他国家有着强烈的影响作用。因此欧盟依据内部气候政策所提出的世界性应对气候变化政策将能够获得更多的支持。欧盟被各国认为是减排的积极行动者。从中长期来讲，欧盟仍将继续沿着推行大力度减排、倡导低碳经济和市场手段的方式，而将排放大国一同纳入限制排放系统。

中国与欧盟分别是发展中国家与发达国家阵营的最核心利益捍卫者，在各自阵营的基本观点上始终把握最为根本的原则不变。欧盟虽然表面上遵守着公约的最基本原则，但在实际行动上与中国在一些焦点议题上存在较大差异。欧盟则运用明修栈道、暗渡陈仓的方式，既承认一切公约既定机制和原则，在实际行动中通过逐渐改变、调整规则中一些模棱两可的名词与解释，或者故意在条文设定时，使其具有较高的模糊性，在实际执行时，以凸现自身利益的方式进行，从而逐渐将机制设定调整到不利于发展中排放大国的方式上。

我国与欧盟的利益冲突主要体现在"共同而有区别"原则、未来碳空间的分配方面。欧盟虽然表面认可"共同而有区别"原则，但在行动上忽视，其推行的2020年后所有国家都参与有法律约束力的减排机制即是其意图的体现。在减排力度和排放空间上，欧盟提出，各国应尽快在2020年之前达到排放峰值，发展中国家应加强自主减缓行动，弥补与2℃目标的差距，2050年全球减排减半，试图重新建立自上而下的排放空间分配方式，并将发展中国家纳入新的空间分配方案中。在三可问题上，通过对不同机制间执行标准的模糊化处理，降低对发展中国家与发达国家衡量标准的差异，在实际行动中将共区原则弱化。同时借助德班新平台的搭建时机，大力推动合轨方式，模糊化处理公约机制与京都机制的双轨差异，力求重新搭建全新统一标准的法律化平台。

表3-3 欧盟在主要焦点问题上的立场

	欧盟			中国
	1992—2007	2008—2010	2011—	2008—2011
共区原则	认可	认可，但逐渐模糊	间接否定	坚持
治理框架与谈判轨道	“自上而下”认可双轨	“自上而下”有条件认可双轨	“自上而下”变双轨为单轨	发达国家“自上而下”；发展中国家“自下而上”坚持双轨
中长期目标	2℃450ppm	2℃450ppm 提出碳预算	2℃450ppm	发达国家应在1990年基础上总体减排40%； 非附件一发达国家减排目标应具有可比性；
全球峰值	最迟于2020年到来			支持2℃目标，反对欧盟时间表；
MRV	不重视“三可”原则的重要性	“三可”原则是达成一个具有法律约束力的国际条约的关键。所有国家减排行动都应循序“三可”原则		附件一国家执行三可； 发展中国家自主减缓行动 国际支持的行动接受三可 不受支助的行动接受ICA
ICA	——	ICA可看做MRV一部分，发展中国家接受ICA与发达国家的出资、技术及能力建设相挂钩	ICA可看做MRV一部分，发展中国家接受ICA与发达国家的出资、技术及能力建设相挂钩	逐渐接受；强调非侵入性与非惩罚性
资金技术	——	承诺300亿美元的“快速启动基金”及1000亿美元后续资金，并且决定建立一个新的技术机制以加速技术的研发和转让	承诺资金及技术转让，但无实际行动，缺乏诚意	建立绿色气候基金； 发达国家支持资金应接受三可 国家公共资金为主，私人投资和全球碳市场为辅。 每年以GDP一定比例（0.5—1%）作为资金支持。
市场机制	率先推动建立EU ETS 大力发展CDM机制	继续完善EU ETS 灵活使用CDM/JI机制	航空碳税 灵活使用CDM/JI机制 航海碳税	认可基础项目的市场机制；积极加入CDM； 支持部门减排合作；反对部门及行业减排机制安排取代公约框架；并反对部门与行业标准成为公约的统一标准 反对欧盟航空碳税

3.3.3 中国与巴印南气候变化谈判中的利益关系

3.3.3.1 2008—2011年关于气候变化谈判主要焦点问题的立场对比

从1992年联合国气候变化框架公约生效以来，中国、印度、巴西和南非四国作为发展中国家的代表，同属发展中国家阵营，国情基本相似，都处在快速工业化城市化的进程之中，并且碳排放呈持续增长趋势，同样受到发达国家强大的国际压力，所以在气候变化谈判的主要焦点问题上，一直都持有相似的立场。尤其在哥本哈根会议之前，四国在北京召开部长级气候变化会议，协调立场，最终以“基础四国”的气候变化同盟形式亮相国际气候变化谈判舞台。此后，基础四国在历次气候大会上都保持着密切的沟通与协调，基本上用同一个声音发声，在大会之下，四国也已形成每年保持召开四次部长级会议的固定措施与交流机制，基础四国已经成为气候变化国际格局中一支重要的不容忽视的力量，为推动国际气候变化谈判进展、维护广大发展中国家的国家利益做出了卓越的贡献。

表3-4　基础四国主要立场对比一览表 2008—2011

	中国	印度	巴西	南非
共区原则	坚持，印度更为强调公平			
治理框架与谈判轨道安排	发达国家自上而下，发展中国家自下而上双轨制			
中长期目标	要求发达国家2020年应当在1990年的水平上至少减排40%，各发达国家应承担的量化减排目标则依据1850—2005年间的历史排放责任原则来确定			
本国中期目标	2020年比2005年碳强度下降40%～45%	2020年CO_2排放比2005年水平降低20%～25%，本国峰值不明确	巴西碳排放目标是到2020年减排36.1%～38.9%，并且开始下降	2020年在正常水平上削减34%；2025年削减42%，并达到峰值
全球峰值	认可2℃目标，但不同意欧盟提出的2020年全球峰值时间表			
三可与ICA	1. 附件一国家的减缓行动执行三可； 2. 发展中国家的自主减缓行动： 1）接受国际支持的行动接受国际三可； 2）不受支助的行动接受ICA 3. 强调ICA的非侵犯性、非惩罚性与尊重主权原则			
资金	来源一致；出资规模相近（0.5%～1%）			
碳市场	认可基础项目的市场机制；积极加入CDM			
航空航海	支持部门减排合作；反对部门及行业减排机制安排取代公约框架，并反对部门与行业标准成为公约的统一标准；反对欧盟航空碳税			

3.3.3.2　从中长期来看，中国与印、巴、南非在气候变化谈判中的利益仍将基本一致

1. 从中长期来看，基础四国在公平性问题上的基本利益一致

随着德班平台的建立，一个关于2020年后的碳空间分配的国际气候治理机制将逐渐呈现，并存的体现发达国家与发展中国家“共同而有区别”的责任公约下谈判机制与京都谈判机制也将合二为一，可以预见，在新的气候制度下，怎样体现公平性原则与可持续发展原则将是基础四国共同关注的至关重要的议题，也是两大阵营斗争的主要焦点，这就为四国继续合作打下了又一个坚实的基础。在最近召开的波恩会议上，基础四国的中、印、巴三国已经对“公平获得可持续发展”议题亮明自身立场。印度主要强调了公平性问题，认为公平问题要比可持续发展问题宽泛，可持续发展只是及时的背景，公平是更广泛的概念，更是促进行动的一个激发器。号召在AWG-LCA与ADP下对此进行充分的讨论。中国认为公平与可持

续发展原则是公约的核心与支柱，也是气候变化长期国际合作行动的基础导向。发达国家通过累积排放，过度挤占了现存的大部分大气空间，并向发展中国家转嫁责任，制造了一种新形式的不公平，要求建立一个有关公平的工作计划，根据共同愿景和更广泛的谈判进一步定义“公平获得可持续发展”。巴西认为，根据公约原则，应通过 CBDR 取得公平，历史责任是可以量化的，应总体反映发展与能力的各个层次。对于德班平台的原则以及预期达到的结果，四国同样重视公平性问题。

2. 从中长期来看，四国的发展利益基本保持不变

四国国情相似度将不会发生大的变化（经济快速发展、排放量持续增长等），四国的基本利益以及诉求与之前相比并不会发生大的改变，对于谈判中其他的焦点问题，四国仍将保持基本一致的立场。

3. 从中长期来看，合作虽然是基础四国的主流，但是仍存在潜在分歧

在公平性方面，虽然四国基本利益一致，但是立场稍有差异。中印两国由于经济发展处于快速增长阶段，所需的碳排放空间也更大，需要更为宽松的碳排放环境，所以在公平获得可持续发展方面的立场更为接近，巴西由于需要发达国家的市场，南非由于需要发达国家的资金与技术支持，所以两国立场不太坚定，容易受到发达国家的争取。

在全球峰值方面，巴西提出在 2020 年达到峰值，南非提出到 2025 年达到峰值，所需排放空间基本确定，而中印由于本国的经济发展阶段与巴西和南非的不太一样，没有明确提出峰值时间表，将来四国在国际碳空间的分配方面进行合作具有不确定性。

在资金方面，虽然四国同样关注发达国家的出资方式与出资额，但是由于南非相比其他三国的国情以及还要代表非洲集团，所以更为关注适应资金。此外，由于中国的经济实力逐渐增强，在中国是否具有出资义务方面，南非的立场具有一定的不确定性。

3.3.3.3 关于德班平台（ADP）立场对比

基础四国在德班会议之后的第十次部长级会议的联合声明中，共同表达了对德班平台的立场与看法：部长们认识到，“德班平台”为建立一个公平、全面参与、有效和强有力的气候变化制度提供了明确的机遇。部长们强调，关于“德班平台”的协议是各缔约方之间“相互保证”的审慎平衡一揽子成果的组成部分。部长们重申，在德班启动的进程并不是重新谈判或改写公约，该进程及其成果必须在公约之下，并完全符合公约的原则和规定，特别是公平原则、“共同但有区别的责任”原则和各自能力的原则。部长们对德班会议于最后时刻就在公约下制定一个议定书、其他法律文书或经同意的具有法律效力的成果达成妥协表示欢迎。部长们认为，应当在两个特设工作组完成工作前确定“德班平台”的工作范围。

在 2012 年 5 月波恩会议之前，基础四国中的中、印、巴各自向公约秘书处提交了关于德班平台建议的提案，南非还没有提交。通过对比分析三国的立场，可以看出三国的立场在大的原则与方向上基本一致，都强调公平、共区、各自能力以及可持续发展的原则，只是提法稍有不同。虽然南非还没有明确的官方立场，但是可以预判，南非关于德班平台的看法不会与三国有大的差别。通过分析，可以判断，基础四国在德班平台下的合作仍有广阔的空间与基础。

表3-5 基础四国关于德班平台的立场对比

	中国	印度	巴西	南非
原则	ADP进程将在公约下展开，并完全符合公约的原则与规定，尤其是公平与共区原则，其结果是公约不可分割的一部分；缔约方在这些谈判中应建设性的合作，完全尊重他们的主权、国家具体国情和可持续发展的愿望			
目标	ADP的目标是弥补雄心差距，提高雄心勃勃的努力， 第二承诺期必须在2020前的时间框架内被考虑， 提高雄心水平不应是一个政治过程，应该基于科学的原因与对缔约方履行承诺的审评结果，应该根据ICA的结果、2014年两年期报告与更新报告IAR的结果，以及IPCC第五次评估报告的结果			
范围	ADP是一个综合性的进程，覆盖减缓、适应、资金、技术和能力建设，并包括与公平、贸易和IPRs相关技术相关的问题。 只有在AWGs的工作得出结论之后，才能进行确定ADP的定义和最终任务			
结果	ADP进程的结果应该完全反映发达国家缔约方的历史责任和发展中国家缔约方可持续发展的真正需要。 发达国家缔约方应该肩负起其历史排放和高人均排放的责任。应改变其不可持续的生活方式，承担更大经济范围的减排，向发展中国家缔约方提供资金、技术转移和能力建设支持	2020后的安排应类似与京都类型的安排，所有发达国家执行与京都相似的核查与遵约机制。 无论最终安排具有什么样的法律形式，如果基于公平的区别原则不被界定的话，发展中国家的目标将不具有约束力。 在最终安排中，发展中国家的目标将基于自愿的选择，并且被保证不能有惩罚性的结果，即使这些目标被写入国际文件。国内目标的核查应协商确定，并且目标只能是提高透明度与建立相互信任。 2020后的安排必须包括发达国家向发展中国家提供资金、技术支持承诺的具体条款	德班平台最终结果的所有方面都必须体现基于公平而产生的义务的特征	
2012年工作计划	各缔约方的工作应该集中于DP的原则、内容以及范围方面			

3.3.4 中国与小岛国及最不发达国家气候变化谈判的利益关系

在当前气候变化国际谈判的几股力量中，小岛屿国家联盟和最不发达国家集团由于其独特地理状况和特殊经济发展阶段，在全球气候谈判中的特殊角色也特别值得关注。中国作为世界排放量最大的新兴发展中大国，一方面要对于他们的立场需要时刻保持关注，充分考虑他们的利益诉求，积极发展与小岛屿国家联盟和最不发达国家集团的关系，尽量加强与其的团结和协调。另一方面也要对其保持必要的警惕，把握其立场变化和动向，审视其在新的时期与其他利益集团之间谈判关系的重新组合，因势利导，避免其被发达国家拉拢利用，造成中国被动和孤立，要更避免其在未来的谈判进程中损害我国的可持续发展以及在气候变化问题上的核心利益，在气候谈判中赢得主动权，促进气候谈判顺利进行。

3.3.4.1 小岛屿国家联盟与最不发达国家集团基本情况

小岛屿国家联盟成立于1991年，是一个由小岛屿国家和沿海低地国家组成的国家联盟。该联盟目前有45个成员，大部分国家为发展中国家，社会经济结构单一，经济发展水平落后。面积总和约为77万平方公里，领海面积总和占地球表面的1/5，人口总和5941多万，约占世界总人口的0.862%。根据世界银行数据库（1992—2010年）数据，以1992年为基数，至2010年，每年人口增速略高于世界平均增速，GDP增速略高于世界的整体水平。整体的CO_2排放相对非常小，增速和人均都接近世界平均水平，碳强度较低，也呈下降趋势。

最不发达国家①最早出现在1967年，截至2011年，最不发达国家已增至48个。这些国家整体的经济社会情况较差，这些国家总人口为9.5亿，占世界总人口的12%。以1992年为基数，至2010年，人口平均增速最大，每年增速在25%左右，高于世界平均水平13%。经济和社会发展处于极其脆弱的地位，其中人均GDP极低，增速略高于世界的平均水平；整体CO_2排放量和人均相对非常小，但增速与中国类似，速度较快，都远高于世界的整体水平，但人均水平远低于世界平均水平，碳强度较低，略有波动，但变化不大。一直以来，由于最不发达国家集团所面临的外部经济条件并没有明显改善，内部贫困状况仍在继续恶化。

图3-1　小岛屿国家联盟

来源 http://en.wikipedia.org/wiki/Image：AOSIS_ members.png

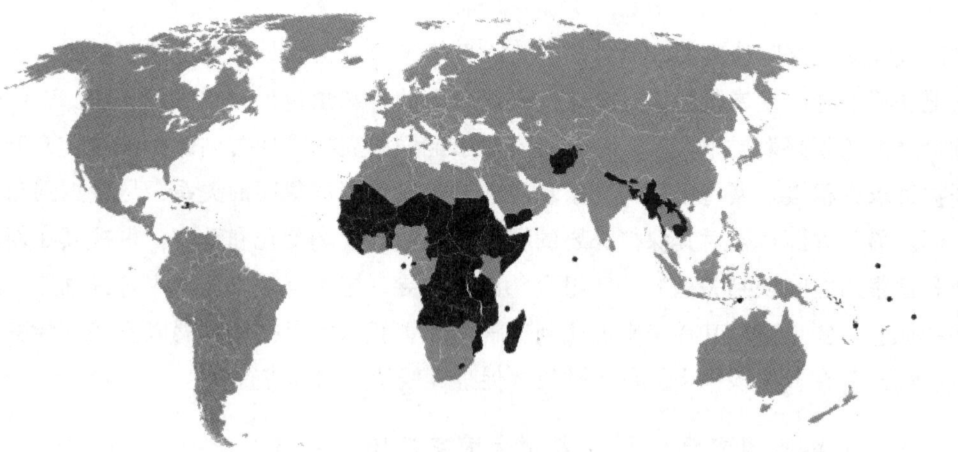

图3-2　最不发达国家

来源 English：Based on Image：BlankMap-World6，compact.svg with colour applied.

① 最不发达国家（英语：Least developed country，缩写：LDC、LDCs）是指那些社会、经济发展水平以及联合国所颁布的人类发展指数最低的一系列国家。最不发达国家的概念最初出现于1971年11月18日的联合国第2768号决议案。

3.3.4.2　小岛屿国家与最不发达国家集团的谈判立场分析

（一）在全球温室气体减排上的关键立场与中国分歧趋于加大。

近年来，小岛屿国家联盟高度关注全球气候变化对其环境变化的影响，特别是关注对其生存造成的重大不利影响。鉴于包括中国在内的新兴国家异军突起，小岛屿联盟和最不发达国家集团要求新兴发展中大国必须接受强制性减排，实际上是对共区原则的重新阐述或忽视，并提出更为严格的减排目标和全球峰值，对于资金安排，都希望对自己更多的帮助和支持，二者和中国立场分歧加大，尤其是小岛屿国家联盟借助对自己有利的科学认知，站在道义的高度，发音过于加大，甚至变成欧盟国家的代言人施压新兴发展中大国。2012 年的德班平台，小岛屿联盟和最不发达国家集团和与中国分歧明显，谈判形势不容乐观。

（二）更加关注短期利益，尤其是资金支持和技术援助等实际利益，希望获得更多的援助和份额。

由于二者的资源禀赋和特殊发展阶段，其更关注适应问题，尤其是短期利益，如资金支持和技术援助等实际利益，希望获得更多的援助和份额，而以往的在气候领域的国际援助不管是由市场机制和非市场机制等配给，发展中大国获得了大部分资金和技术援助，留给二者的仅是杯水车薪，寥寥可数，这必然会引起他们对包括中国等新兴发展中大国的不满。近年来，二者力图积极改变现状，呼吁建立新的机制以便自身获得更多实惠。

（三）附和或趋同欧盟施压包括中国在内的新兴发展中大国参与减排，部分国家“西化”倾向明显。

近年来小岛屿国家联盟和最不发达国家集团的立场较为激进，它们与欧盟传统对抗性谈判关系出现松动，二者长期立场趋于较多一致。尤其是小岛屿国家联盟也不时附和欧盟国家提出的主要发展中大国也应接受有约束力的减排主张，认为仅仅是发达国家行动并不能有效的应对气候变化，小岛屿国家联盟中的部分国家“西化”倾向明显，形势趋于复杂，中国谈判压力加大，未来谈判形势更为严峻。

表 3－6　中国与小岛屿国家联盟和最不发达国家在主要焦点问题上的立场对比

<table>
<tr><th>2008—2011</th><th>中国</th><th>小岛屿国家联盟</th><th>最不发达国家集团</th></tr>
<tr><td>共区原则</td><td>坚持</td><td colspan="2">虽然坚持，但是立场有变化的趋势，即未来新兴发展中大国应承担更多责任，可能需要重新理解和阐释共区原则</td></tr>
<tr><td>治理框架与谈判轨道安排</td><td colspan="3">自下而上
双轨</td></tr>
<tr><td>中长期目标</td><td>要求发达国家 2020 年应当在 1990 年的水平上至少减排 40%。
中国到 2020 年比 2005 年碳强度下降 40%～45%。</td><td>一直坚持 1.5℃/350ppm；</td><td>2009 年提出 2.0～2.4℃，2010 年，2.0℃/450ppm</td></tr>
<tr><td>全球峰值</td><td>认可 2℃目标，但不同意欧盟提出的 2020 年全球峰值时间表</td><td>2015 年</td><td>2020 年</td></tr>
<tr><td>三可与 ICA</td><td>1. 附件一国家的减缓行动执行三可；2. 发展中国家的自主减缓行动：接受国际支持的行动接受国际三可，不受支助的行动接受 ICA。3. 强调 ICA 的非侵犯性、非惩罚性与尊重主权原则</td><td colspan="2">发达国家必须接受三可要求，发展中国家接受与减排相应支持行动的三可；同意 ICA 程序。在 ICA 程序给予他们灵活性</td></tr>
</table>

续表

2008—2011	中国	小岛屿国家联盟	最不发达国家集团
资金	公共资金主导，私营投资和全球碳市场有益补充。发达国家每年应至少拿出其GDP一定比例（如0.5~1%）支持发展中国家	发达国家应提供新的、额外的、可预见的资金资助；规模须占其GDP的1.5%，并尽快落实启动资金，足额到位	发达国家能提供占其GDP1.5%的援助资金，70%要给予自己
市场机制	认可基于项目的市场机制；积极加入CDM	应保留现有市场机制元素。基于区域分派的非市场机制	倡议市场机制调整，非市场主导，基于对象分派资金
航空航海	坚持公约确定的原则和条款，反对将航空和航海作为气候融资来源，反对未经协商的单边行动	支持航空减排	

3.4 我国的应对

3.4.1 德班会议主要成果对我国未来节能减排形势的影响

中国近20年来的发展已使得全球排放格局和背景产生了变化。比如：中国1990年的人均排放相当于世界平均水平的1/4，2000年为1/2，2010年人均排放超过5吨二氧化碳当量，超过4.5吨的世界平均水平。据国际能源组织的统计，中国2010年排放总量超过70亿吨，约占世界总量的24%，比第二排放大国美国还多30%左右；从1990年至2008年，世界近50%的新增排放来自于中国，2010年，中国的新增排放占全球的近70%。如果中国仍按现在的趋势发展，至2020年之前，中国的排放总量将超过美国加欧盟的总和；中国的经济水平与日本接近，日本的能源利用效率高出中国4倍；中国与美国的排放水平接近，美国的GDP是中国的2.5倍。从美国、欧盟27国和中国的碳排放量看，2007年，中国的碳排放量超过60亿吨/年，超过美国成为全球最大的碳排放国家。据欧盟联合研究中心最新研究报告称，按照目前的排放趋势，2017年中国人均碳排放量有可能超过美国，高达16.9吨。

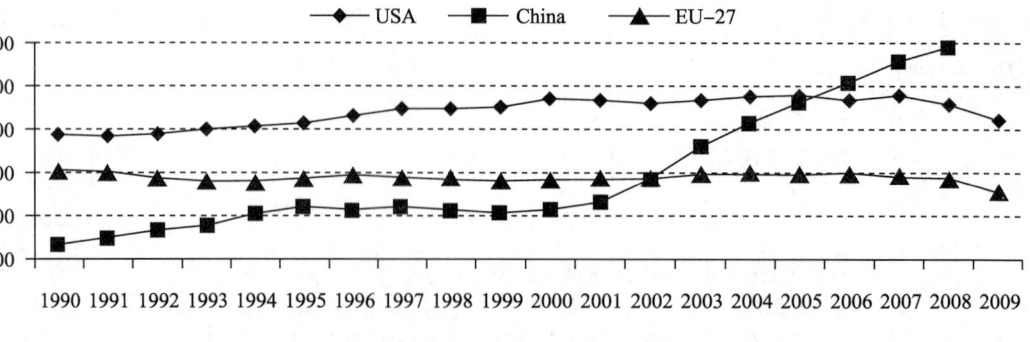

图3-3 1990—2009年美国、欧盟-27国、中国的碳排放量比较

数据来源：IEA，CO_2 emissions from fuel combustion，2011

据目前的排放趋势预测，中国碳排放总量将在2030年前后达到峰值。按德班会议的结果，2020年之后我们也必须开始承担有法律约束的减排任务。显然，在接下来的10年里，中国亟需完成从高碳发展到低碳发展的艰难转型。如果不是这样，中国的发展届时将会面临国内国外的严峻局面，陷于被动。德班会议的信息告诉我们，对中国来说，剩下的时间已经不多了。

中国改革开放以来取得的成绩来之不易。在日趋复杂的国际环境和竞争中，中国传统的、以资源环境为代价、以土地增值和廉价劳动力为主要经济发展要素的驱动优势已大幅减弱，以房地产开发和传统制造业为基础的经济模式也已出现了重大瓶颈，战略性新兴产业仍然举步维艰。改革开放以来，人民生活水平有了大幅度提高，但一些地方的环境恶化已到了非治理不可的地步，中国不能照搬西方国家曾走过的道路，不能让人们进入“挣钱——污染——得病——花钱治病”的恶性循环，让目前的一代人付出无谓的健康或生命代价。在能源利用和管理上，中国能源以煤炭为主，高能耗与环境污染同根、同源、同步。根据中国的发展阶段，能源需求还会增加，我们要清醒地认识到中国今后一个时期所面临的国际国内形势，加快中国的绿色转型步伐。

3.4.2 我国在未来气候谈判中面临的谈判压力

（一）我国中长期谈判中将面临着美国越来越大的压力。第一，中美在气候变化谈判的焦点问题上仍然存在利益冲突，尤其是在共同而有区别的责任方面，随着中美都最终同意加入未来有法律约束力的减排机制，美国未来将会更加强调“共同”而抛弃“区别”。第二，现阶段美国由于国内体制的原因，尚未在气候变化政策上形成统一的国内外政策，但是一旦美国扫除国内障碍之后，美国将在气候谈判中对发展中国家施加更大的减排压力，尤其是排放量位居世界第一的中国将是美国首先施压的对象。

（二）我国与印度、巴西、南非中近期的利益尽管一致，但是长期来看，四国之间的团结面临两个挑战。一是中印未来碳排放权的争夺。中印都是排放大国，并且排放量仍将持续增长，未来仍需很大的排放空间。未来碳排放的空间又是有限的，从而分配给发展中国家的碳空间也将是有限的，中印两国为了本国经济的持续发展将会对有限的排放空间展开争夺；中印之间存在的其他问题也为中印在气候谈判中开展长久合作埋下了隐患。二是基础四国在全球峰值上立场并不统一。巴西、南非已经确定本国峰值时间，并且都是在2020年前后达到峰值，与欧盟提出的2020年全球达到峰值时间基本一致，中印由于经济发展与二氧化碳排放都处于上升期，本国峰值不明确，所以坚决反对欧盟提出的全球峰值时间表。

（三）欧盟的气候政策给我国带来的减排压力与日俱增。欧盟内部的应对气候变化政策对其他国家有着强烈的影响作用，所提出的世界性应对气候变化政策获得了越来越多国家的支持，并且加强了对发展中国家阵营的分化行动，削弱了我国的统一战线阵营。我国是发展中大国，又是排放量大国，并且排放量将持续增长，支持欧盟的排放路线图势必对我经济发展造成严重的损害，不支持则给我负责任大国形象造成负面影响，并使我们在未来的谈判中陷入被动的局面。

（四）小岛国联盟的立场逐渐向发达国家靠拢，发展中国家阵营裂痕趋于扩大。小岛国联盟认为不论发达国家还是发展中国家，只要是减排大国就需大力减排，与我国坚持的共区原则相悖，加重了我国面临的国际减排压力。发达国家的拉拢与小岛国联盟减排立场的激进加速了发展中国家阵营的分化，削弱了我国的战略依托。

3.4.3 我国的应对

3.4.3.1 国内应对

中国未来的发展，肯定应该以能源消耗、二氧化碳为紧约束，倒逼发展模式转型。除了能源替代和二氧化碳吸收之外，要重点在提高能源效率上做工作。在产业结构上，应进一步加大服务经济的比重，加强工业中的去重化工业化；在低碳建筑上，人均建筑面积应该有合理的控制，要通过节能建筑大幅度降低单位面积的能耗，如空调、照明的节能；在低碳交通上，不仅要强调汽车大排量变小排量，发展新能源汽车，而且要强调发展公共交通替代私人交通，建设功能混合的紧凑城市。更本质的是，我们的生活方式，应该从注重物品拥有型转化为注重功能使用型。

坚持依法治国，推动绿色转型的法治化。我国已制定了一些法律法规，如《节约能源法》、《清洁生产促进法》、《可再生能源法》、《循环经济促进法》等，并建立了一系列有利于绿色转型的制度，如节能目标责任制、落后产能淘汰制度等。最近国内一些专家提出加快制定《低碳发展促进法》的建议，得到了广泛认可。该法将针对绿色、低碳道路，从更全面统筹的角度完善相关法规，实现绿色转型。中国的绿色发展道路不是因为国际的压力，而是中国的内在需求。立足国情，抓好节能减排，做好自己的事不仅有利于中国的可持续发展，也是对世界的重大贡献。《低碳发展促进法》的制定，将为中国建设性参与新一轮国际气候变化制度安排提供有力的“筹码”，增强“底气”，争取主动。抓住中国绿色转型的机遇期。中国目前的国内状况、国际背景已发生了许多变化。从气候变化谈判和国际能源利用格局的角度来判断，中国发展的关键机遇期在于今后 7 至 8 年，也是不可再现的 7 至 8 年。如果中国近期完成了根本的转型，可持续的道路可继续延伸；但如果传统的惰性继续维持或放大，则可能在 2020 年前后出现多重要素复合制约，进入长期低迷期或不稳定期。

加快转变发展方式，建立绿色转型的责任制和考核制度。实现中国的绿色转型，关键在各级政府的领导。传统发展模式的惯性还很大，需要制止“愚昧的疯狂”和“虚荣的膨胀”。建议把绿色转型内容纳入各级政府的干部培训，采取公众监督、考核结果公示制度。同时推动节能减排的政策引导和市场机制。加强系统管理，建议组建国家能源部。当前中国出现的矛盾和问题有些是因为自身发展阶段不可避免的，有些则是因为制度性因素造成的。在绿色转型过程中，“九龙治水”的方式已相形见绌。建议在下届政府组建国家能源部，统筹协调中国经济发展中能源动力的整合与高效。

建立合理的绿色生活、消费方式。所谓生态，就是生存的态度、生活的态度、生命的态度，只有将这“三生”融入到文明的、理智的生态观，才能培养出尊重自然，与自然和谐共处的新人类，实现真正的发展和真正的幸福。在生活层面，需要我们摒弃铺张型、攀比型、污染型等不合理的消费方式，倡导人们崇尚自然，追求经济、简单、实用、健康的绿色生活方式。同时，引导生产者进行绿色生产，大力开发绿色产品。通过构建资源节约、环境友好的生产方式和消费模式，在国内逐渐提高公众的资源节约意识、环境保护意识，在国际上逐渐树立中国在气候变化问题上负责任大国的形象。

3.4.3.2 国际应对

虽然随着我国碳排放的增加，面临的国际减排压力越来越大，但是我国在对外谈判时，需在充分考虑本国发展阶段、能力及历史责任的前提下，坚持“共同但有区别的责任”，确保在履行自身国际义务的同时，为本国发展留下足够的空间。

（一）加强对我国中长期谈判中核心利益的研究，明确我国谈判中的利益层次划分。气候变化谈判是各国为了维护本国国家利益的较量。维护国家利益的前提是谈判者需要明确本国的利益层次划分。国家利益可以分为很多种，比如核心利益、重要利益、一般利益、非重要利益等等。只有明确本国的利益层次，才能在谈判中知道哪些利益是应该坚持的，哪些利益是可以妥协的，才能在谈判中应对自如、进退自如。加快研究我国核心利益的研究，尽快划分清楚我国在气候变化谈判中的利益层次，才能在谈判中更好地维护我国的国家利益。

（二）在国内，做好低碳发展与经济社会发展的统筹，在对外政策上，做好气候外交政策与整体外交政策的统筹。低碳发展是世界未来趋势，我国应顺应世界潮流，努力实现低碳发展。结合国家五年计划，制定科学的低碳发展规划，同时，未来的国家发展计划也应明确低碳发展的地位，统筹好低碳发展与经济社会发展的关系，为我国在谈判中争取主动提供坚实的基础。气候变化谈判博弈既是国家经济利益的博弈也是国家政治利益的博弈，在国家整体外交战略中的地位越来越重要。明确气候外交在国家整体外交中的定位，统筹好气候外交与整体外交的关系，才能在中长期谈判中更好地维护我国的国家利益。

（三）针对具体不同国家与集团制定不同的应对策略。

针对美国对我国未来谈判中的影响，要提前谋划，积极应对。在事关国家核心利益的焦点问题上，要坚持立场，让对方明白我国不会妥协。积极推进国内低碳发展，加大减排力度，以实际行动回击美国未来的压力。提升气候外交在中美外交中的地位，在气候领域积极开展双边合作，在气候谈判中形成利益捆绑、互相制约。

维护基础四国的持久合作。继续强化基础四国高层合作机制，建立常设机构，开展日常性合作事务；加强基础四国之间的学术智囊交流；综合运用我方具有的优势与影响力，多管齐下，为我方与印、巴、南非三国在气候变化领域开展合作创造有利条件；在谈判的焦点问题上，求同存异，强调相同点，理解不同点。

针对欧盟的具体政策制定具体的应对政策。加强对欧盟提出的“德班路线图”计划，弄清其意图，制定应对政策。在欧盟提出的2050年全球碳排放减半方面，应采取模糊政策，不宜过早亮明自己立场，静观有可能反对此目标的部分发达国家的反应。在未来碳空间分配上，毫不动摇地坚持我方根本利益。利用欧盟与某些发达国家立场的差异，合纵连横。研究欧盟内部成员国之间的立场差异，争取最大程度的相互谅解。

维护与小岛国联盟的团结。加强对小岛国联盟的内部研究，区分小岛国联盟内部的不同诉求，分而治之。提前布局，在双边、多边领域开展合作，提高我国对小岛国联盟的影响力。

第2篇　行业篇

工业是能源资源消耗和污染物排放的重点领域。2010年，工业领域能源消耗占全社会70%以上，二氧化硫、化学需氧量、氨氮排放分别占85.3%、35.1%和22.7%。降低工业领域资源能源消耗、减少污染物产生，既是实现国家节能减排任务的需要，也是促进工业转型升级的紧迫任务，是新型工业化道路的本质要求。

“十二五”期间，我国正处于工业化、城镇化深入发展阶段。因此，我国工业化仍将继续快速推进。一方面，工业发展对能源的需求继续增加；另一方面，工业对国内生产总值的贡献率呈下降趋势。国家节能减排约束性指标要求工业加快转变发展方式，实施能源消耗总量控制也将对工业发展形成硬约束。另外，传统的能源资源高消耗的粗放型工业发展道路已难以为继，工业转型升级为节能降耗提供良好契机。加大节能降耗力度，进一步提高工业能源利用效率和能源生产率，改造提升传统制造业，是建立资源节约型、环境友好型产业结构和生产方式，破解能源资源环境制约，走中国特色新型工业化道路的必然选择。

越来越突出的环境风险和压力将影响经济发展和社会稳定，严重制约着工业可持续发展。为更好地统筹协调资源环境制约与工业化进程加快的矛盾，实现工业转型升级的战略任务，必须由高消耗、高排放的粗放方式向集约、高效、低排放的清洁生产方式转变。

本篇我们重点分析工业领域，尤其是电力、钢铁、有色金属、石化、煤炭、建材、纺织以及交通、建筑等行业的转型与节能减排之路。

4 行业节能减排概述

4.1 行业节能减排总结

4.1.1 行业能源消耗总量

“十一五”期间，工业能源消耗总量逐年增加，由2005年的16.87亿吨标准煤增加到2010年的23.11亿吨标准煤左右，占全社会总能耗的比重由2005年的70.9%上升到2010年的73%左右，钢铁、有色金属、建材、石化、化工和电力六大高耗能行业的能源消耗量占工业总能耗的比重由2005年的71.3%上升到2010年的77%左右。工业增加值占GDP的比重由2005年的41.8%下降至2010年的40.2%，六大高耗能行业增加值占全部工业增加值的比重由2005年的32.7%下降至2010年的30.3%。

建筑业能源消耗总量由2005年的0.34亿吨标准煤，增加到2010年的0.62亿吨标准煤。

交通运输、仓储和邮政业能源消耗总量由2005年的0.34亿吨标准煤增加到2010年的2.6亿吨标准煤。其中，2011年国家铁路能源消耗折算标准煤1772.5万吨，比上年增加35.2万吨、增长2.0%。

4.1.2 行业单位能耗

单位工业增加值能耗大幅下降。全国规模以上万元工业增加值能耗由2005年的2.59吨标准煤下降至2010年的1.91吨标准煤，5年累计下降26%，实现节能量6.3亿吨标准煤，以年均8.1%的能耗增长支撑了年均14.9%的工业增长。重点行业和主要用能产品单耗持续降低。2010年同2005年相比，钢铁、有色金属、石化和化工、建材等重点用能行业增加值能耗分别下降23.4%、15.1%、35.8%、37.9%，吨钢、铜冶炼、吨水泥综合能耗分别下降12.1%、35.9%、28.6%。

2011年，在高耗能行业快速发展、能源消费量明显增加的不利形势下，规模以上工业单位增加值能耗下降3.49%，未完成工信部内部确定的4%目标。

2010年底，全国营运车、船单位运输周转量能耗、港口生产综合单耗分别比上年下降了5%、7%和4%。2011年国家铁路单位运输工作量综合能耗4.76吨标准煤/百万换算吨公里，比上年减少0.25吨标准煤/百万换算吨公里、降低5.0%。单位运输工作量主营综合能耗3.90吨标准煤/百万换算吨公里，比上年减少0.22吨标准煤/百万换算吨公里、降低5.3%。

4.1.3 淘汰落后产能

“十一五”期间累计淘汰炼铁、炼钢、焦炭、水泥和造纸等落后产能分别为12000万吨、7200万吨、10700万吨、37000万吨和1130万吨，超额完成“十一五”计划任务。

2011年18个工业行业淘汰落后产能共涉及2255家企业。其中淘汰落后产能炼铁3122万吨、涉及96家企业，炼钢2794万吨、涉及58家企业，焦炭1975万吨、涉及87家企业，铁合金211万吨、涉及171家企业，电石152.9万吨、涉及48家企业，电解铝61.9万吨、涉及22家企业，铜冶炼42.5万吨、涉及24家企业，铅冶炼66.1万吨、涉及38家企业，锌冶炼33.8万吨、涉及32家企业，水泥15327万吨、涉及782家企业，平板玻璃2940.7万重量箱、涉及45家企业，造纸819.6万吨、涉及599家企业，酒精48.7万吨、涉及31家企业，味精8.38万吨、涉及4家企业，柠檬酸3.55万吨、涉及3家企业，制革487.9万张、涉及58家企业，印染19.9亿米、涉及144家企业，化纤34.98万吨、涉及13家企业。

4.1.4 污染物减排

2010年公路水路化学需氧量排放比上年减少1.6%，二氧化硫排放比上年减少3.0%。2011年国家铁路单位运输工作量综合能耗4.76吨标准煤/百万换算吨公里，比上年减少0.25吨标准煤/百万换算吨公里、降低5.0%。单位运输工作量主营综合能耗3.90吨标准煤/百万换算吨公里，比上年减少0.22吨标准煤/百万换算吨公里、降低5.3%。

4.2 行业节能减排存在的问题

工业节能降耗仍存在一些突出问题：一是产业结构调整进展缓慢，高耗能行业增长过快，工业能源消耗增速过高；二是行业间和企业间发展不平衡，先进生产能力和落后生产能力并存，总体技术装备水平不高，单位产品能耗水平参差不齐；三是企业技术创新能力不强，无法支撑节能发展需求；四是市场化节能机制尚待完善，企业节能内生动力不足；五是工业节能管理基础薄弱，节能服务能力与市场需求发展不相适应。

建筑业节能降耗存在问题：一是部分地方政府对建筑节能工作的认识不到位；二是建筑节能法规与经济支持政策仍不完善；三是新建建筑执行节能标准水平仍不平衡；四是北方地区既有建筑节能改造工作任重道远；五是可再生能源建筑应用推广任务依然繁重；六是大部分省市农村建筑节能工作尚未正式启动。

交通运输业节能降耗存在问题：一是交通运输结构性矛盾尚未根本解决，综合交通枢纽建设滞后，综合运输组合效率尚未充分显现；二是交通运输节能减排技术创新与服务体系仍需健全。节能减排科技研发投入不足，节能减排技术、产品推广应用进展较为缓慢，交通运输节能减排技术服务体系尚未建立；三是交通运输节能减排监管能力还有待提升。节能减排意识有待进一步增强，节能减排长效机制尚未形成，节能减排统计计量、检测监测与考核评价等基础性工作薄弱。

4.3 行业节能减排展望

4.3.1 节能减排目标

4.3.1.1 工业节能减排目标

1. 总体目标

到2015年，规模以上工业增加值能耗比2010年下降21%左右，“十二五”期间预计实现节能量6.7亿吨标准煤。2012年力争实现单位工业增加值能耗和二氧化碳排放量降低5%和5%以上，单位工业增加值用水量下降7%，大宗工业固体废物综合利用率提高2个百分点，为实现“十二五”节能减排约束性目标、推进工业转型升级打下坚实基础。

2. 主要行业目标

到2015年，钢铁、有色金属、石化、化工、建材、机械、轻工、纺织、电子信息等重点行业单位工业增加值能耗分别比2010年下降18%、18%、18%、20%、20%、22%、20%、20%、18%。

3. 主要产品单位能耗下降目标

主要产品单位能耗持续下降，与国际先进水平差距逐步缩小，能源利用效率明显提升。

4. 淘汰落后产能目标

加快淘汰炼铁、炼钢、焦炭、铁合金、电石、电解铝、铜冶炼、铅冶炼、锌冶炼、水泥（熟料及磨机）、平板玻璃、造纸、酒精、味精、柠檬酸、制革、印染、化纤、铅酸蓄电池等工业行业落后产能，促进产业结构调整和技术进步。具体淘汰任务按淘汰落后产能工作部际协调小组确定的“十二五”期间淘汰落后产能目标执行。

2012年19个工业行业淘汰落后产能目标任务为：炼铁1000万吨、炼钢780万吨、焦炭2070万吨、铁合金289万吨、电石112万吨、电解铝27万吨、铜冶炼70万吨、铅冶炼115万吨、锌冶炼32万吨、水泥（熟料及磨机）21900万吨、平板玻璃4700万重量箱、造纸970万吨、酒精64万吨、味精14.3万吨、柠檬酸7万吨、制革950万标张、印染28亿米、化纤22万吨、铅蓄电池2000万千伏安时。

4.3.1.2 建筑节能减排目标

到“十二五”期末，建筑节能形成1.16亿吨标准煤节能能力。其中发展绿色建筑，加强新建建筑节能工作，形成4500万吨标准煤节能能力；深化供热体制改革，全面推行供热计量收费，推进北方采暖地区既有建筑供热计量及节能改造，形成2700万吨标准煤节能能力；加强公共建筑节能监管体系建设，推动节能改造与运行管理，形成1400万吨标准煤节能能力。推动可再生能源与建筑一体化应用，形成常规能源替代能力3000万吨标准煤。

4.3.1.3 交通运输节能减排目标

公路、水路能源强度指标：与2005年相比，营运车辆单位运输周转量能耗下降10%，其中营运客车、营运货车分别下降6%和12%；营运船舶单位运输周转量能耗下降15%，其中海洋和内河船舶分别下降16%和14%；港口生产单位吞吐量综合能耗下降8%。CO_2排放强度指标：与2005年相比，营运车辆单位运输周转量CO_2排放下降11%，其中营运客车、营运货车分别下降7%和13%；营运船舶单位运输周转量CO_2排放下降16%，其中海洋和内河船舶分别下降17%和15%；港口生产单位吞吐量CO_2排放下降10%。

铁路指标：基本完善行业节能减排法规、政策和标准；建立完善行业节能监测体系；单位运输工作量综合能耗降低5%，从2010年的5.01吨标准煤/百万换算吨公里下降到2015年的4.76吨标准煤/百万换算吨公里。

4.3.2 行业节能途径与措施

钢铁行业

以工序优化和二次能源回收为重点，提高物料、燃料的品质，提高高炉喷煤比和球团矿使用比例，加大废钢回收和综合利用，降低铁钢比。大力发展绿色钢材产品，有效控制钢铁产量增长，淘汰90平方米以下烧结机、400立方米及以下高炉、30吨及以下转炉和电炉、炭化室高度小于4.3米（捣固焦炉3.8米）常规机焦炉、6300千伏安及以下铁合金矿热电炉、3000千伏安以下铁合金半封闭直流电炉和精炼电炉。

加大能源高效回收、转换和利用的技术改造力度，提高二次能源综合利用水平。到2015年，转炉负能炼钢、脱湿鼓风、烧结余热发电、煤调湿等技术的应用比例分别达到65%、20%、40%和50%。

有色金属行业

大力发展铜、铝深加工产品和新材料等高附加值产业，加快发展再生资源加工园区和再生金属资源综合利用产业，严格控制电解铝新增产能，引导电解铝生产向能源资源丰富的西部地区转移，淘汰100千安及以下电解铝预焙槽，密闭鼓风炉、电炉、反射炉炼铜工艺及设备和烧结锅、烧结盘、简易高炉、烧结-鼓风炉、未配套制酸及尾气吸收系统的烧结机等炼铅工艺及设备。

以电解铝、氧化铝、铜、铅、锌、镁等产品生产过程节能为重点，全面推广有色金属冶炼烟气余热发电、铜材料短流程生产、金属矿山高效选矿等技术和高效节能采矿、选矿设备；重点推广新型结构铝电解槽、低温高效铝电解、电解铝液合金化成形加工技术、氧气底吹熔炼液态高铅渣直接还原炼铅新工艺；研发推广闪速炼铅工艺等。

石化行业

以提高石化产品附加值为重点，大力发展聚碳酸酯、聚甲醛、聚对苯二甲酸丁二醇酯、高强度高模量碳纤维、高性能聚四氟乙烯、丁基橡胶、乙丙橡胶、异戊橡胶等高端或专用石化产品，加强可再生树脂的研发和废塑料的回收利用，努力增加节能环保型丁苯橡胶、丁二烯橡胶、丁腈橡胶、氯丁橡胶的新产品、新牌号，积极推进节能型溶聚丁苯橡胶的应用。

全面推广大型乙烯裂解炉等技术；重点推广裂解炉空气预热、优化换热流程、优化中段回流取热比、中低温余热利用、渗透汽化膜分离、气分装置深度热联合、高效加热炉、高效换热器等技术和装备；示范推广透平压缩机组优化控制技术、燃气轮机和裂解炉集成技术等；研发推广乙烯裂解炉温度与负荷先进控制技术、C2加氢反应过程优化运行技术等。

建材行业

以水泥、平板玻璃和新型墙体材料为重点，大力发展预拌混凝土、预拌砂浆、混凝土制品等水泥基材料制品和中空玻璃、夹层玻璃等节能型建材产品以及高性能防火保温材料、烧结空心制品和粉煤灰蒸压加气混凝土等轻质隔热墙体材料。淘汰直径3.0米及以下的水泥机械化立窑和直径3.0米以下球磨机（西部省份的边远地区除外）、平拉工艺平板玻璃生产线（含格法）等落后工艺设备，对综合能耗不达标的水泥熟料生产线、水泥粉磨站以及普通浮法玻璃生产线进行技术改造，对技术改造仍不能达标的，限期关停。

推广玻璃窑余热综合利用、全氧燃烧、配合料高温预分解等技术，以及陶瓷干法制粉、一次烧成等工艺；重点推广水泥纯低温余热发电、立磨、辊压机、变频调速及可燃废弃物利用等技术和设备；示范推广高固气比水泥悬浮煅烧工艺以及烧结砖隧道窑余热利用、窑炉风机节能变频等技术。

纺织行业

重点推进棉纺织、服装、印染和化纤等领域企业节能技术改造，淘汰高耗能、高耗水的印染、化纤落后生产工艺设备；推进企业向园区聚集，优化工艺路线，加强纺织、浆料和印染企业间在能源和资源综合利用方面的衔接，推进产业链协调发展；推行生态设计，提高纺织行业的能效水平。

全面推广太阳能集热器、绿色照明、蒸汽节能器、空压系统能源优化等产品及技术；重点推广空调和空压机节电、高中温废水废气热能回收利用、高效节能复洗等技术以及高效节能纺丝冷却、纺丝热媒循环供热等设备。“十二五”期间，建成太阳能集热装置500万平米，蒸汽节能器5000台（套）。

建筑行业

绿色化推进。促进建筑节能向绿色、低碳转型。根据不同建筑类型的特点，将绿色指标纳入城市规划和建筑的规划、设计、施工、运行和报废等全寿命期各阶段监管体系中，最大限度地节能、节地、节水、节材，保护环境和减少污染。

区域化推进。引导建筑节能工作区域推进，充分评估各地区建筑用能需求和资源环境特点，结合实际制定区域内建筑节能政策措施，因地制宜的推动建筑节能工作深入开展。

产业化推进。推动创新成果工程化应用，引导新材料、新能源等新兴产业的发展，限制和淘汰高能耗、高污染产品，培育节能服务产业，促进传统产业升级和结构调整，推进建筑节能的产业化发展。

市场化推进。引导建筑节能市场由政府主导逐步发展为市场推动，加大支持力度，完善政策措施，充分发挥市场配置资源的基础性作用，提升企业的发展活力，构建有效市场竞争机制，加大市场主体的融资力度。

统筹兼顾推进。控制增量，提高新建建筑能效水平，加强新建建筑节能标准执行的监管。改善存量，提高建筑管理水平，降低运行能耗，实施既有建筑节能改造。注重建筑节能的城乡统筹，农房建设和改造要考虑新能源应用和农房保温隔热性能的提高，鼓励应用可再生能源、生物质能，因地制宜地开发应用节能建筑材料，改进建造方式，保护农房特色。

交通行业

为保障节能减排目标的顺利实现，“十二五”期间交通运输行业应重点加快构建“三大体系”，组织开展“两项专项行动”，着力推进“十大重点工程”。

- 三大体系建设指节能型交通基础设施网络体系建设、节能环保型交通运输装备体系建设和节能高效运输组织体系建设。具体而言，是指：

首先，积极促进现代综合交通运输体系建设，优化交通布局，加强运输大通道和综合交通枢纽建设，实现客运的“零换乘”和货运的“无缝衔接”。通过不断提升交通基础设施的专业化、网络化水平和高效服务能力，加快形成节能型交通基础设施网络体系，为交通运输工具的安全、畅通、高效的营运创造良好的交通条件，促进交通运输系统能耗与排放水平的降低。

其次，大力调整优化车船运力结构，大力推广应用节能环保型运输车船，加快形成高能效、低碳化、环保型的交通运输装备体系，为交通运输行业节能减排奠定坚实的技术基础，最大限度地降低能耗和排放水平。

最后，通过加快构建节能高效运输组织体系，全面提升交通运输系统运行效率和能源利用效率。

- 两项专项行动指节能减排科技行动和重点企业节能减排专项行动。
- 十大重点工程指营运车船燃料消耗量准入与退出工程、节能与新能源车辆示范推广工程、甩挂运输节能减排推广工程、绿色驾驶与维修工程、智能交通节能减排工程、公路建设和运营节能减排技术推广工程、绿色港航建设工程、合同能源管理推广工程、船舶能效管理体系与数据库建设工程和节能减排监管能力建设工程。

5 电力行业的节能减排

5.1 电力行业运行综述

2011 年，电力工业保持平稳较快发展势头。电力供应方面，发电装机容量继续增加，电力运行总体平稳，供应能力稳步增强；电力消费方面，全社会用电量平稳较快增长；同时，电力结构调整加快，装备技术水平进一步提高，节能减排取得新进展。

5.1.1 供应能力进一步增强，清洁能源比重有所上升

2011 年，全年发电新增设备容量超过 9000 万千瓦（图 5－1），其中水电 1225 万千瓦，火电 5886 万千瓦，核电 109 万千瓦，风电 1600 万千瓦。截至 2011 年底，全口径发电装机容量达 10.5 亿千瓦，比上年增长 9.2%。其中，水电 2.3 亿千瓦，占全部装机容量的 21.83%；火电 7.6 亿千瓦（含煤电 70667 万千瓦、常规气电 3265 万千瓦），占全部装机容量的 72.5%；核电 1191 万千瓦，风电 4700 万千瓦；并网太阳能发电规模发展较快，达到 214 万千瓦。从历年电力新增装机容量来看，2011 年电力行业清洁能源比重上升，火电装机增长缓慢（2011 年全国电力工业统计数据见表 5－1）。

2011 年，全国全口径发电量 4.72 万亿千瓦时，比上年增长 11.7%；其中，水电发电量 6626 亿千瓦时，比上年降低 3.5%，占全部发电量的 14.0%，比上年降低 2.2 个百分点；火电发电量 38975 亿千瓦时，比上年增长 14.0%，占全国发电量的 82.5%，比上年提高 1.7 个百分点；核电、并网风电发电量分别为 874 亿千瓦时和 732 亿千瓦时，分别比上年增长 16.9% 和 48.2%，占全国发电量的比重分别比上年提高 0.1 和 0.4 个百分点。

2011 年，全年 6000 千瓦及以上电厂发电设备平均利用小时数为 4731 小时，比上年增加 81 小时。其中，水电设备平均利用小时 3028 小时，比上年降低 376 小时，是近二十年来的最低水平；火电设备平均利用小时 5294 小时，比上年提高 264 小时，是 2008 年以来的最高水平；核电 7772 小时，比上年降低 69 小时；风电 1903 小时，比上年降低 144 小时。

2011 年，全国基建新增 220 千伏及以上输电线路长度和变电设备容量分别为 35071 千米和 2.09 亿千伏安，分别比上年减少 9654 千米和 0.49 亿千伏安。截至 2011 年底，全国电网 220 千伏及以上输电线路回路长度、公用变电设备容量分别为 48.03 万千米、21.99 亿千伏安，分别比上年增长 7.88% 和 10.50%。

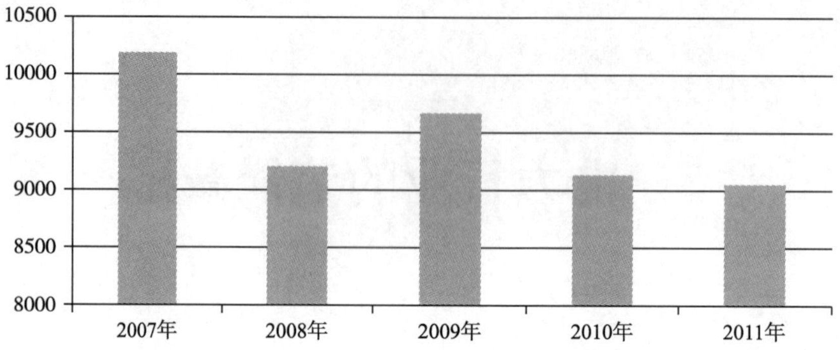

图5-1 2007—2011年全国基建新增发电设备容量

数据来源：中国电力企业联合会

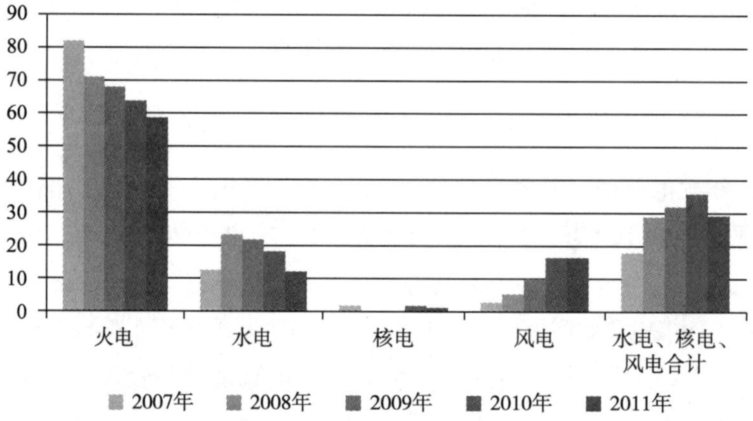

图5-2 2007—2011年全国电源分类型新增装机容量比重变化情况

数据来源：中国电力企业联合会

5.1.2 消费需求旺盛，地区用电增长差异大

2011年全国全社会用电量4.69万亿千瓦时，比上年增长11.7%，消费需求依然旺盛。人均用电量3483千瓦时，比上年增加351千瓦时，超过世界平均水平。其中，第一产业用电量1015亿千瓦时，比上年增长3.92%；第二产业35185亿千瓦时，比上年增长11.88%；第三产业5082亿千瓦时，比上年增长13.49%；城乡居民生活5646亿千瓦时，比上年增长10.84%。工业用电量34633亿千瓦时，比上年增长11.84%，其中，轻、重工业用电量分别为5830亿千瓦时和28803亿千瓦时，分别比上年增长9.25%和12.38%。

从各地区用电形势来看，东、中、西、东北地区用电分别增长9.6%、12.1%、17.2%和7.9%，中西部用电需求明显快于东部和东北地区，西部地区所有省份用电量增速均高于全国平均水平，东部用电大省对全国用电带动作用减弱。

5.1.3 电网及清洁能源投资比重提高，火电投资比重明显下降

2011年，全国电力工程建设完成投资7393亿元，与上年基本持平。其中，电源、电网

工程建设分别完成投资3712亿元和3682亿元，分别比上年下降6.5%和增长6.8%，电网投资占电力投资的比重比上年提高3.3个百分点（图5－3）。电源投资中，水电完成投资940亿元（其中抽水蓄能电站完成投资60.5亿元），火电1054亿元（其中煤电903亿元），核电740亿元，风电829亿元。

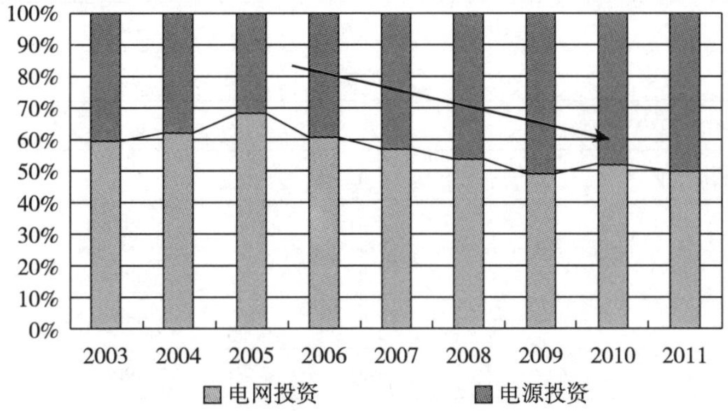

图5－3　2003—2011年我国电力投资结构

数据来源：中经网

5.1.4　自主电力技术有所创新

2011年我国电力行业在技术自主创新方面取得了新成绩，如自主设计制造的国家风光储输示范工程建成投产，是目前世界上规模最大，集风电、光伏发电、储能、智能输电于一体的新能源综合利用平台，可有效破解新能源并网的技术难题；亚洲首个柔性直流输电示范工程——上海南汇风电场柔性直流输电工程投入正式运行，是我国第一条拥有完全自主知识产权、具有世界一流水平的柔性直流输电线路，标志着我国在智能电网高端装备方面取得重大突破；国电江苏如东150MW海上（潮间带）示范风电场一期工程并网发电，成为我国已建成的规模最大海上风电场，为国家海上风电规模化开发建设积累经验。

表5－1　2011年全国电力工业统计数据一览表

指标名称	计算单位	2011年	同比增长（±、%、百分点）
全国全社会用电量	亿千瓦时	46928	11.7
第一产业	亿千瓦时	1015	3.9
第二产业	亿千瓦时	35185	11.9
轻工业	亿千瓦时	5830	9.3
重工业	亿千瓦时	28803	12.4
第三产业	亿千瓦时	5082	13.5
城乡居民生活	亿千瓦时	5646	10.8
全口径发电装机容量	亿千瓦	10.5	9.0
其中：水电	亿千瓦	2.3	6.7

续表

指标名称	计算单位	2011 年	同比增长 （±、%、百分点）
火电	亿千瓦	7.6	7.9
核电	万千瓦	1191	10.0
风电	万千瓦	4700	43.7
6000 千瓦及以上供电标准煤耗率	克/千瓦时	329	-4
全国线路损失率	%	6.37	-2.45
全国发电设备累计平均利用小时	小时	4731	81
其中：水电	小时	3028	-376
火电	小时	5294	264
核电	小时	7772	-69
风电	小时	1903	-144
电源基本建设投资完成额	亿元	3712	-258
其中：水电	亿元	940	121
火电	亿元	1054	-372
核电	亿元	740	93
风电	亿元	829	-208
电网基本建设投资完成额	亿元	3682	234
发电新增设备容量	万千瓦	9000	-124
其中：水电	万千瓦	1225	-418
火电	万千瓦	5886	55
核电	万千瓦	109	-65
风电	万千瓦	1600	143
新增 220 千伏及以上变电设备容量	万千伏安	20906	4907
新增 220 千伏及以上线路长度	千米	35071	-9654

5.2 电力行业节能减排现状

2011 年电力行业继续调整电源结构和布局，清洁能源比重有所上升，促进了电力节能减排，对国家节能减排做出了重要的贡献。

供电煤耗继续下降。2011 年全国 6000 千瓦及以上火电机组供电煤耗 329 克/千瓦时，比上年降低了 4 克，比 2005 年降低了 41 克，相当于发电效率比 2005 年提高了 4 个百分点，达到了 37.3%。从 2005 年开始，我国供电煤耗就已经好于美国的同年水平。

线路损失率继续减少。2011 年全国线损率是 6.37%，比 2010 年下降了 2.45%，比 2005 年下降了 11.65%，居同等供电负荷密度条件国家的先进水平。

2011 年全国电力二氧化硫排放总量约 913 万吨，比上年降低了 1.4%，比 2005 年降低了 29.8%。单位火电发电量二氧化硫排放 2.3 克，比 2010 年下降了 0.4 克，比 2005 年下降了 4.1 克，下降了 60% 以上。初步估算，2010 年电力二氧化硫排放的绩效比美国的同年低

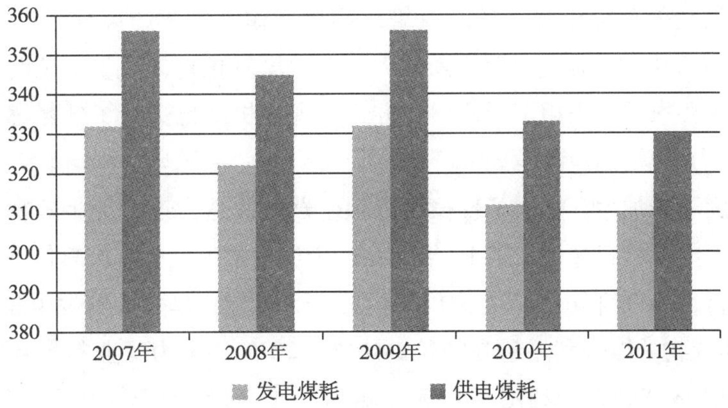

图 5－4 2007—2011 标准煤耗变化情况

数据来源：中国电力企业联合会

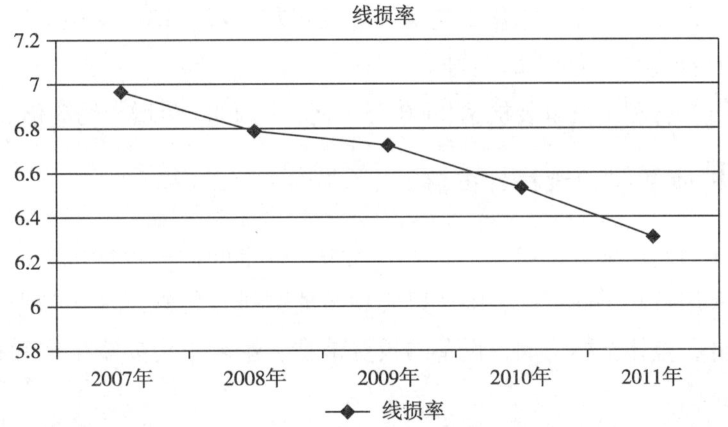

图 5－5 2007—2011 年中国电网线损变化情况

数据来源：中国电力企业联合会

0.2 克/千瓦时。2010 年度及“十一五”五大电力集团公司二氧化硫总量减排考核结果见表 5－2。

表 5－2 2010 年度及“十一五”五大电力集团公司二氧化硫总量减排考核结果

单位名称	火电装机容量（万千瓦）	脱硫装机容量（万千瓦）	火力发电量（亿千瓦时）	关闭小火电容量（万千瓦）	2010 年二氧化硫排放量（万吨）	比 2009 年下降比例%	比 2005 年下降比例%	目标责任书要求“十一五”下降比例%	“十一五”目标完成情况
华能集团公司	9258.20	8637.70	4719.90	111.80	95.60	4.20	37.17	27.60	完成
大唐集团公司	8371.00	8316.00	4308.80	47.00	87.10	5.54	45.05	36.90	完成
华电集团公司	7191.80	6401.40	3251.20	50.00	90.90	3.04	49.72	44.90	完成
国电集团公司	7527.20	7126.20	3824.20	104.90	99.90	4.17	46.19	42.80	完成
电力投资集团公司	5001.60	4890.00	2310.30	139.10	70.30	8.51	44.33	35.00	完成
合计	37349.80	35371.30	18414.40	452.80	443.80	4.93	44.76	38.10	完成

氮氧化物排放绩效逐年下降。随着氮氧化物控制作为主要约束性指标纳入国家"十二五"规划纲要，氮氧化物的控制力度不断加大，电力氮氧化物排放量增长明显放缓。新建的燃煤机组全部按照要求同步采用了低氮燃烧方式，现役机组也进行了低氮燃烧器的改造。烟气脱硝装置开始了大规模的建设。

烟尘控制力度不断加大。加大了现役机组除尘器的改造力度，除尘效率显著提高。改革开放以来我国的火电装机容量增长了18倍，在这个过程中烟气的排放总量下降了三倍。根据中电联的统计分析，2011年电力烟尘排放总量约155万吨，单位火电发电量烟尘排放量0.4克/千瓦时。固体废物的综合利用量在持续的增加，2011年电力行业粉煤灰产生量约5.4亿吨，是2005年的1.8倍，综合利用率68%，相当于比2005年多利用了1.7亿吨的粉煤灰。2011年当年产生的脱硫石膏就有6000多万吨，是2005年的10倍多，综合利用率在71%左右，比2005年提高了60%。

二氧化碳减排见成效。电力二氧化碳排放呈现排放总量上升，排放强度逐年下降的特点。我们初步分析电力行业通过发展非化石能源，降低煤耗和线损率等措施，以2005年为基准，2006—2011年累计减排二氧化碳25亿吨。

煤泥、煤矸石综合利用发电装机达2600万千瓦，比2005年增长约3倍。

5.3 电力行业节能减排存在问题

节能减排工作的协调性有待加强，法规、政策、标准间的一致性、操作性及其配套性有待进一步完善。采用行政手段停产、限产以实现节能减排目标缺乏法律依据，容易造成局部节能减排指标降低，整体指标增大，设备的投资浪费，影响电力安全生产和社会稳定等一系列问题。

节能与减排的要求不协调。2011年，我国已有89%的燃煤机组安装了燃气脱硫装置，存量部分的减排空间已经非常小，但是要达到新的火电厂大气污染物排放标准的要求，相当一部分现役机组脱硫装置需要进行二次改造，甚至要推倒重建。而这部分脱硫装置大部分是近五年才建成投产的。在电力行业已经普遍安装了脱硫装置，而且脱硫效率都很高的情况下，要求电力行业再进一步降低二氧化硫排放总量，这就需要消耗过高的资源、能源和付出更大的经济代价。比如说火电厂要采用典型的石灰石、石膏湿法的脱硫工艺，厂用电率增加1.2%，相当于我们发一度电煤耗增加了4~5克。如果电厂现在燃用的是特低硫煤，而且环境容量能够满足要求的时候，能耗增加就使二氧化硫控制率非常不合理，而且是得不偿失的。

对火电厂大气污染物排放过严的控制要求与环境管理设定的目的不一致。"十一五"期间电力行业二氧化硫排放总量降低了29%，实现了国家总体减排目标，而且对国家减排量贡献103%。可以说国家整体的二氧化硫减排是电力贡献的。但是从环境质量上没有得到相应的明显改善。在污染物控制、总量减排的目标设计中，缺少以改善环境质量为引导的不同污染源减排的综合考虑，更多的是体现了为减排而减排。我国的火电厂大气污染物排放标准是世界上最严格的标准。我国的排放限值低于发达国家，但是从环境质量上讲，我国和发达国家相差的还比较远。通过这个我们也可以想象，如果"十二五"期间还是以电力的二氧化硫和氮氧化物减排作为绝对主力的话，到"十二五"末，全国总量的削减目标能够实现，减排成本也增加了，但是环境质量依然得不到相应改善。

脱硫、脱硝电价等经济政策有待进一步完善。国家出台的1.5分的脱硫电价政策和部分地区部分机组0.8分脱硝电价的试点政策，对于提高发电企业安装、运行脱硫脱硝设施的积极性和减少二氧化硫与氮氧化物排放起到了一定的积极作用。但是总体上来看，现在随着成本总体上升，脱硫电价不能够完全弥补脱硫成本，尤其是对于高硫煤的地区，老电厂和30万千瓦以下的小机组成本会更高一些。供热机组在供热部分的脱硫电价长期不到位，这是脱硫方面的问题。从脱硝上看，目前试点的脱硝电价不能够满足大部分脱硝机组的成本要求，而且电价的试点范围比较小，仅涉及了14个地区里面的部分电厂，没有覆盖到全部的脱硝机组，影响了企业脱硝的主动性和积极性。

5.4 电力行业节能减排相关举措

2011年，我国政府加大了节能减排的管控力度，密集出台了一系列法规政策。

表5-3 2011年出台电力行业相关节能减排措施

时间	方案名称	出台机构	具体内容
5月	《关于做好当前工业领域电力需求侧管理工作的紧急通知》	工信部	大力推进工业领域电力需求侧管理工作，抑制不合理需求，确保全社会电力有序供应和工业经济平稳运行
7月	《关于完善太阳能光伏发电上网电价政策的通知》	发改委	明确了不同情况下全国太阳能光伏发电标杆上网电价，以规范太阳能光伏发电价格管理，促进太阳能光伏发电产业健康持续发展，完善太阳能光伏发电价格政策
9月	《"十二五"节能减排综合性工作方案》	国务院	关于价格和收费政策。一是推行居民用电、用水阶梯价格。完善电力峰谷分时电价办法。二是对能源消耗超过国家和地区规定的单位产品能耗（电耗）限额标准的企业和产品，实行惩罚性电价。三是严格落实脱硫电价，研究制定燃煤电厂烟气脱销电价政策。 强化节能减排监督检查。列入国家重点环境监控的电力、钢铁、造纸、印染等重点行业的企业要安装运行管理监控平台和污染物排放自动监控系统，定期报告运行情况及污染物排放信息，推动污染源自动监控数据联网共享。 重点推广的节能减排市场化机制。加强节能发电调度和电力需求侧管理要求新建燃煤机组全部安装脱硝设施，单机容量30万千瓦及以上燃煤机组全部加装脱硝设施
9月	《关于加强"十二五"电力行业节能减排监管工作的通知》	电监会	加强发电权交易监管，在提高高效环保机组发电利用小时数上取得明显成效。 加强可再生能源发电监管，在提高水电、风电、太阳能发电质量和非化石能源占比上取得明显成效。 加强发电市场准入监管，在提高发电机组装备水平和"上大压小"工作上取得明显成效。 加强信息报送和披露监管，在提高信息准确性、及时性、完整性上取得明显成效。 加强行政执法工作，在确保节能减排政策落实上取得明显成效。 推动节能减排技术改造和创新，在有效降低单位电量能耗上取得明显成效。 推动脱硫脱硝设施建设，在不断减少电力污染物排放上取得明显成效。 推动燃煤机组烟气自动在线监测系统建设，在建立节能减排常态监管机制上取得明显成效。 推动资源综合利用，在提高粉煤灰和脱硫石膏等综合利用上取得明显成效

续表

时间	方案名称	出台机构	具体内容
7月	《火电厂大气污染物排放标准》	环保部	号称"史上最严"的新标准大幅度提高了火电厂污染物排放要求，并对氮氧化物执行非常严格的排放标准，要求全国火电企业现役和新建火电机组在2014年前排放的氮氧化物上限值达到200毫克/立方米。
11月	《2010年及"十一五"电力行业节能减排情况通报》	电监会	总结"十一五"电力行业节能减排情况 说明"十二五"电力行业二氧化硫减排难度大 提出以电价倒逼节能减排
11月	试行脱硝电价政策	发改委	在部分地区对安装并正常运行脱硝装置的燃煤电厂，在上网电价外每千瓦时加价0.8分钱，以弥补脱硝成本增支。据有关专家测算，新标准意味着火电厂每年都要增加超过1000亿元的运行费用，0.8分钱/千瓦时的补贴又不足以弥补脱硝成本增支。不仅如此，新标准还增加了汞排放指标。并增加了重点区域排放限值，对开发密度较高，环境承载能力较弱的地区，还将采用更严格的排放限值
11月	电网企业实施电力需求侧管理 目标责任考核方案（试行）	发改委	推动电网企业充分发挥自身优势，广泛深入开展电力需求侧管理工作
12月	《全国火电燃煤机组能效水平对标管理办法》	中电联	将能效指标分成供电煤耗能效指标、厂用电率能效指标、油耗能效指标和发电综合耗水率指标，以期根据能效水平对标活动的实际情况，分析达标企业的先进管理方法、改造措施及技术创新成果，总结先进经验，指导企业节能工作

电力工业的重点建设项目越来越突出体现节能思想。2011年，电源重点建设项目投运进一步体现了结构调整的成效。全国共有三峡地下电站4台70万千瓦机组、云南汉能金安桥水电站2台60万千瓦机组、四川泸定水电站2台23万千瓦机组、云南功果桥水电站2台22.5万千瓦机组、四川大渡河深溪沟水电站2台16.5万千瓦机组等大中型水电厂机组相继投产；另有云南糯扎渡水电站、云南阿海水电站、四川黄金坪水电站、四川木里河卡基娃水电站等一批重点项目获准建设；火电又有宁夏灵武电厂二期工程、嘉兴发电厂三期工程等共计8台百万千瓦超超临界火电机组建成投产，年底全国在运百万千瓦超超临界火电机组达39台；全年新增风电并网容量1585万千瓦，其中内蒙古、甘肃新增风电装机超过300万千瓦；太阳能发电步伐加快，全年新增并网太阳能发电装机容量169万千瓦，中电投格尔木200兆瓦并网光伏电站顺利投产，成为世界上一次性投产并网规模最大的光伏电站。

电网建设成果显著。青藏直流联网工程投入试运行，结束了西藏电网长期孤网运行的历史，标志着我国内地电网全面互联；世界首个±660千伏电压等级的直流输电工程——宁东直流输电工程双极建成投运；特高压1000千伏交流试验示范工程扩容改造顺利完成，输送容量达到500万千瓦；中俄直流背靠背联网工程建成投产，有利于中俄两国之间的电力交流与优势互补；世界电压等级最高的智能变电站——国家电网750千伏陕西洛川变电站顺利建成投运。

5.5 电力行业节能减排趋势展望

根据中电联《电力工业“十二五”规划滚动研究综述报告》预计2015年全社会用电量将达到6.02～6.61万亿千瓦时，“十二五”期间年均增长7.5%～9.5%，通过发展非化石能源、降低供电煤耗和线损等途径，与2010年相比，2015年电力工业年节约标煤2.70亿吨，减排二氧化碳6.69亿吨，减排二氧化硫578万吨，减排氮氧化物254万吨。

与2010年相比，2015年电力行业单位GDP能耗降低0.061吨标煤/万元，为实现2015年单位国内生产总值能耗下降16%目标的贡献37.03%；碳减排量对实现单位国内生产总值碳排放下降17%目标的贡献率达到36.51%。

与2010年相比，在燃煤装机增加41.7%的情况下，2015年电力行业二氧化碳排放总量增加30.6%，排放强度下降12.5%；二氧化硫排放总量降低13.6%，排放强度降低40.7%；氮氧化物排放总量降低21.1%，排放强度下降46.4%。

电源发展要按照安全经济、绿色和谐的规划原则，重点解决好电源结构和电源布局问题。着眼未来十年和长远发展战略，统筹兼顾能源资源禀赋特点、降低发电成本、保护生态环境，促进节能减排等要求，坚持优先开发水电、优化发展煤电、安全高效发展核电、积极推进新能源发电、适度发展天然气集中发电、因地制宜发展分布式发电的方针。

优先开发水电。实行大中小开发相结合，推进水电流域梯级综合开发；促进绿色和谐开发，加快抽水蓄能电站发展，提高电力系统运行的经济性和灵活性，促进可再生能源发电的合理消纳。到2015年，全国常规水电装机预计达到3.0亿千瓦左右，水电开发程度达到58%左右（按技术可开发容量计算，下同），其中东部和中部水电基本开发完毕，西部水电开发程度在48%左右。抽水蓄能电站2015年规划装机4100万千瓦左右。

优化发展煤电。推行煤电一体化开发，加快建设大型煤电基地，贯彻落实国家西部大开发战略；鼓励发展热电联产，统一规划高参数、环保型机组、符合国家政策的热电联产项目；推进煤电绿色开发，大力推行洁净煤发电技术。

安全高效发展核电。高度重视核电安全，强化核安全文化理念；坚持以我为主，明晰技术发展路线；统一技术标准体系，加快实现核电设备制造国产化；理顺核电发展体制，加快推进市场化、专业化进程；建立立足国内、面向国际的核燃料循环体系。

积极发展风电等可再生能源发电。风电开发要实现大中小、分散与集中、陆地与海上开发相结合，通过风电开发和建设，促进风电技术进步和产业发展，实现风电设备制造自主化，尽快使风电具有市场竞争力，力争2020年我国风电技术达到世界领先水平。在西北、华北北部和东北等风资源富足地区，建设大型和特大型风电场，同步开展电力外送和市场消纳研究。发展海上风电坚持海洋规划先行，避免无序发展。坚持统一规划，加快制定相关政策措施，促进低风速地区资源开发，因地制宜地建设中小型风电场，采用低速风机，就近上网本地消纳。在偏远地区，因地制宜发展离网风电。规划2015年风电装机为1亿千瓦。

适度发展天然气集中发电。天然气（包括煤层气等）发电，要实行大中小相结合；结合引进国外管道天然气和液化天然气在受端地区规划建设大型燃气机组，主要解决核电、风电、水电季节性电能对电网的调峰压力。在气源地规划建设燃气机组解决当地用电问题。2015年大型天然气发电规划容量为4000万千瓦。

因地制宜发展分布式发电。结合城乡天然气管道布局规划建设分布式冷热电多联供机组。2015年天然气分布式发电装机分别达到100万千瓦左右。在电网延伸供电不经济的地区，发挥当地资源优势，建设分布式发电系统。推动分布式发电和储能设施结合的分布式能源供应系统发展。

5.6 典型电力企业节能减排动态

5.6.1 华能集团

2011年，华能集团以优化电源结构和推动技术创新为抓手，加快水电、风电、太阳能发电等低碳清洁能源的开发步伐，优化发展煤电，大力发展水电，积极发展风电，低碳清洁能源发电装机比重明显提升，2011年低碳清洁能源投产装机比重达到32%，年底低碳清洁能源装机接近2400万千瓦，装机比重同比提高1.4个百分点。通过不断优化电源结构，加强节能减排管理，华能集团的主要经济技术指标继续在国内保持领先，其中，公司供电煤耗2011年可达到318.68克/千瓦时，比全国平均水平低10克左右，按照华能集团全年火电发电量计算，相当于一年节约了550万吨标煤，减少二氧化碳排放1300万吨以上。

表5-4 华能集团主要环境指标完成情况

环境指标	单位	2007年	2008年	2009年	2010年	2011年
低碳清洁能源比重	%	9.06	12.40	15.01	17.70	19.12
供电煤耗	克/千瓦时	337.37	333.59	327.70	322.72	318.68
厂用电率	%	5.88	5.90	5.61	5.22	5.08
灰渣综合利用率	%	68.30	63.03	70.24	74.15	76.34

华能集团总经理曹培玺表示，作为发电装机容量世界第二、亚洲最大的发电集团，华能始终高度重视节能减排和低碳发展，以优化电源结构和科技创新为突破口，不断提高企业的节能减排水平。他介绍说，目前公司水电装机突破1100万千瓦，澜沧江等流域水电项目开发稳步推进，糯扎渡水电站获得核准并开工建设，功果桥水电站4号机组投产发电，藏木水电站建设有序开展；风电装机突破700万千瓦，阜新、酒泉等基地型风电规模进一步扩大，我国内陆首个单机容量3兆瓦的大庆风电场竣工投产；格尔木光伏一、二电站投产发电。

在大力发展清洁能源的同时，华能火电结构继续优化。到2011年底，大容量、高参数的机组比例进一步提高，60万千瓦等级及以上火电机组容量占火电装机比重达到46.9%，同比提高2个百分点。

靠科技创新提升节能减排水平是华能的又一特色。2011年，华能加快了科技创新平台建设，开工建设了北京人才创新创业基地，建立了碳捕集、利用与封存（CCUS）等三个国家级创新创业联盟，二氧化碳捕集技术不仅在华能两家电厂得以应用，年捕集二氧化碳能力达到12.3万吨，而且这项拥有华能自主知识产权的新技术还在挪威中标。

华能提出的以煤气化制氢、氢能发电为主，并对二氧化碳进行分离及处理的“绿色煤电”计划进展顺利，正在天津建设的我国首座 IGCC 电站即将建成，届时我国将成为继美、日等发达国家之后少数几个掌握 IGCC 发电技术的国家。

华能还集中优势力量，加快自主创新步伐，着力推进重大前沿技术研发计划实施。120 万千瓦大型机组、太阳能光热等先进发电技术研发取得新进展，国家重大科技专项依托项目、具有我国自主知识产权的石岛湾高温气冷堆核电站示范项目获国务院批准，700℃超超临界燃煤发电技术等 4 个国家级科技项目，以及国家能源高效清洁火力发电技术研发中心等 2 个国家级科研平台获得批复并正式启动。

5.6.2 南方电网

据南方电网公司测算，南方五省区电力从生产到消费各环节的年均节能减排潜力中，电力生产和消费各环节节能减排潜力如图 5－7：

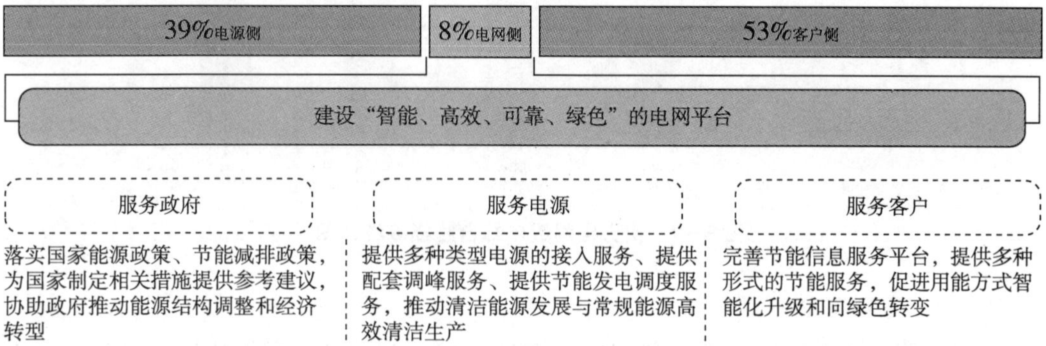

图 5－7 电力节能减排潜力

5.6.2.1 电源侧节能减排

促进电源侧装机结构优化。清洁能源装机比重为 45.20%，高于全国同类机组 27.62% 的装机比重。其中，水电装机比重为 38.3%，高于全国水电装机 21.35% 的装机比重。

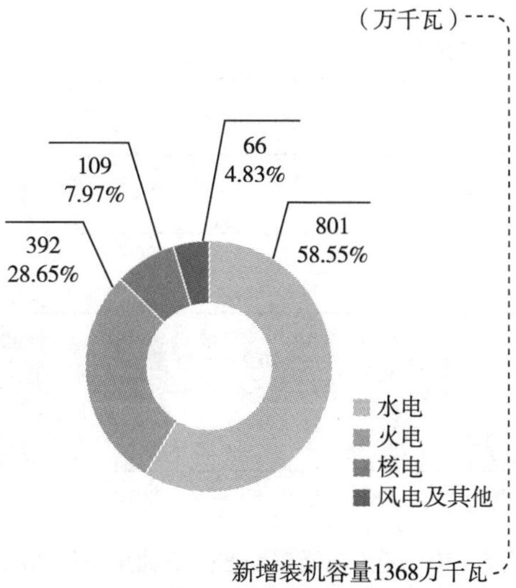

图 5－8 南方电网 2011 年新增装机容量

清洁火电发展：2011 年全网火电机组平均发电煤耗 305 克/千瓦时，同比下降 4 克/千瓦时；单位发售电量化石能耗 211 克/千瓦时标准煤，比全国平均水平低 42 克/千瓦时。公司全网脱硫实施监测机组 235 台，接入率 100%。全网脱硫装置平均投入率为 98.7%，平均脱硫效率为 95.1%，脱硫总量为 405.2 万吨。

5.6.2.2 电网侧节能减排

节能环保运行。2011 年，全网综合线损率为 5.35%，同比下降 0.93 个百分点，全年降低线损节约电量 66 亿千瓦时，相当于节约标准煤 200 万吨，减少二氧化碳排放 531 万吨。

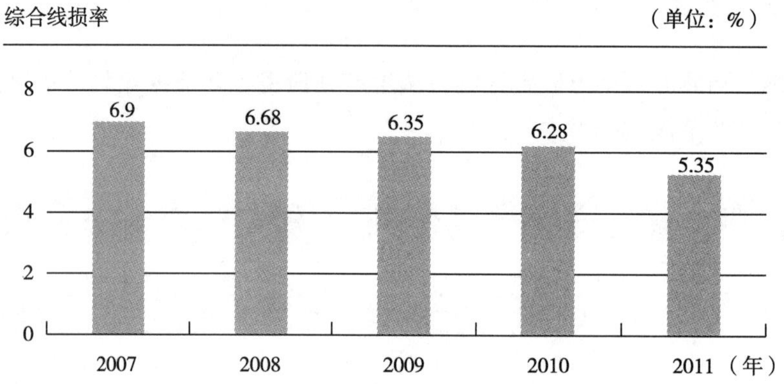

图 5-9 南方电网近年综合线损率统计图

5.6.2.3 需求侧节能减排

指导客户节能降耗。2011 年南方电网为广东、云南 300 家用电规模达 25 亿千瓦时的工商业客户实施了节能诊断（见图 5-10）。为 26 家客户实施合同能源管理项目，节约电量 2268 千瓦时，平均节电率 49.2%。

合同能源管理。2011 年，南方电网综合能源公司为沙角 C 电厂等 17 个电厂开展能效管理系统建设。实施云南曲靖大山煤矿瓦斯发电煤层气综合利用项目，每年可实现发电量 900 万千瓦时，折合节约标准煤 2745 吨。

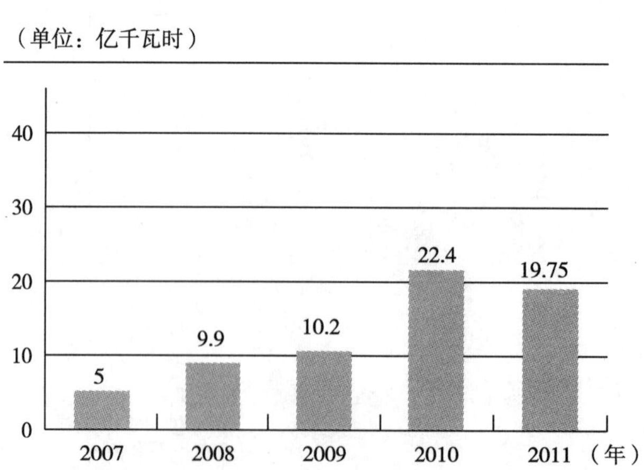

图 5-10 南方电网帮助客户节约用电量情况

（本章经中国电力企业联合会秘书长王志轩审核，特此感谢）

6 钢铁行业的节能减排

6.1 钢铁行业运行综述

2011 年，受国内宏观调控和欧美债务危机影响，钢铁工业运行呈现前高后低态势，上半年，钢铁产量保持较高增长，出口小幅增长。下半年，经济下行压力逐渐增大，生产运行各项指标逐月走低，行业运行困难加重。具体运行情况如下：

6.1.1 粗钢产量保持增长，前高后低逐月回落

2011 年，全国产粗钢 68388 万吨，比上年增长 7.3%，同期，全球粗钢产量 15.27 亿吨，同比增长 6.8%。2011 年，全国产生铁 62969 万吨，增长 8.4%；产钢材 88258（含重复材）万吨，增长 9.9%。分企业类型看，重点大中型钢铁企业粗钢产量同比增长 5%，低于全国平均增幅 3.9 个百分点，而其他中小企业则大幅增长。

表 6-1 2011 年我国主要钢铁产品产量及增速

单位：万吨

项目	累计产量	上年同期	同比增长
生铁	62968.93	69021.80	8.43
粗钢	68326.55	62665.40	8.89
钢材	88131.12	79627.40	12.30
焦炭	42779.12	38757.10	11.78
铁矿石原矿	132693.99	107155.50	27.15

数据来源：中国海关总署，中经网

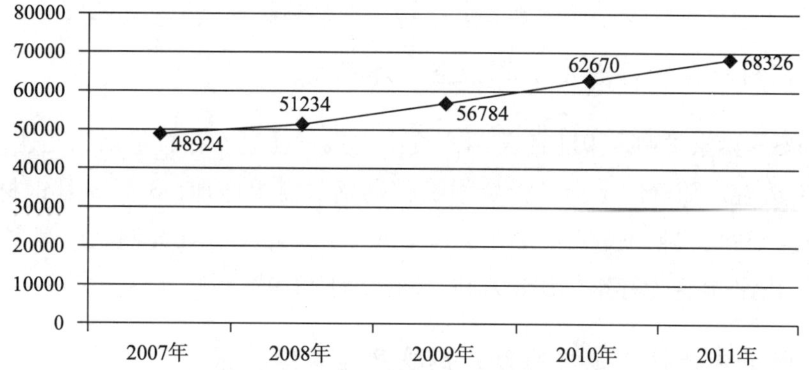

图 6-1 2007 年—2011 年我国粗钢产量情况

数据来源：中国钢铁工业协会

6.1.2 钢材出口小幅增长，进口略有下降

2011年全球钢材市场需求萎缩。我国钢材出口较上年小幅增长，总体呈逐月下滑走势。全年累计出口钢材4888万吨，同比增加643万吨，增长15.1%。进口钢材1558万吨，同比减少85万吨，下降5.2%。

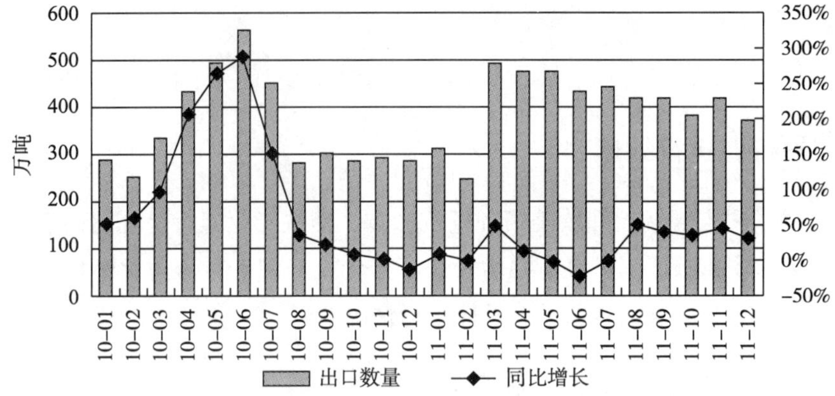

图6-2 2010—2011年我国钢材出口量及同比增长

数据来源：中国海关总署，中经网

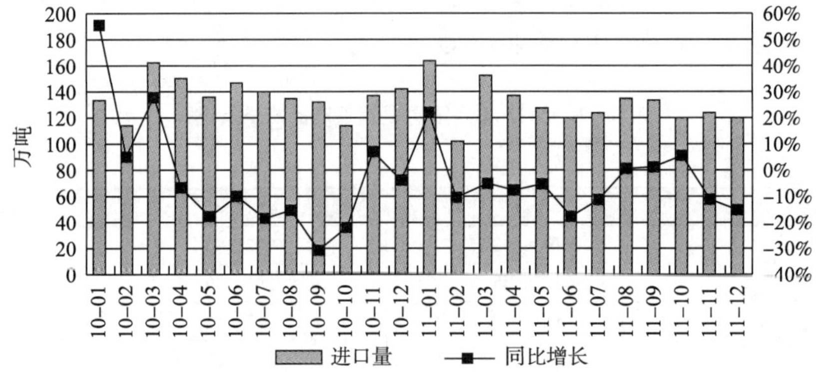

图6-3 2010—2011年我国钢材进口量及同比增长

数据来源：中国海关总署，中经网

6.1.3 钢材社会库存逐步下降，企业库存增加

受春节和冬季因素影响，2011年前两个月国内钢材社会库存总量增长迅速，2月底达到年内最高1890万吨。随着固定资产投资增长带动钢材需求增加，3至8月钢材库存逐月下降，8月末降至1384万吨，较年内最高点下降26.6%。年末，社会钢材库存1290万吨，同比下降4.6%。钢铁企业库存钢材978万吨，同比增长8.9%。

6.1.4 固定资产投资维持高位，钢铁产能继续扩张

2011年，我国钢铁行业固定资产投资呈快速增长态势，累计投资额达5111亿元，同比

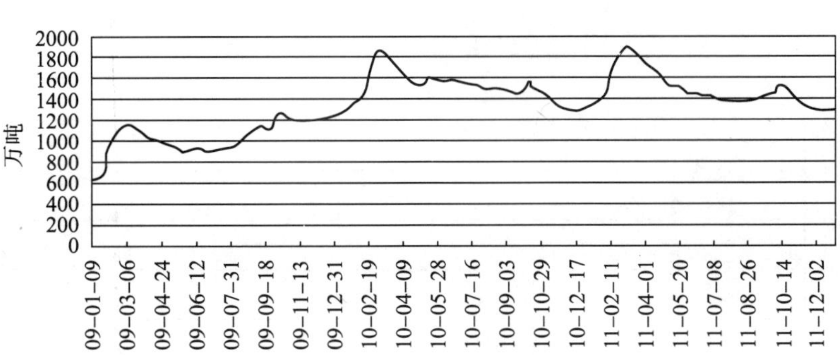

图 6-4　2009—2011 年 12 月我国钢材社会库存

数据来源：国家统计局，中经网

增长 15.5%，其中黑色金属矿采选投资 1251 亿元，同比增长 18.4%，占行业总投资的 24.5%，黑色金属冶炼及压延投资 3860 亿元，同比增长 14.6%，占行业总投资的 75.5%。重点钢铁企业累计完成投资 1564 亿元，比上年同期增长 17.6%，占全行业投资 30.6%。

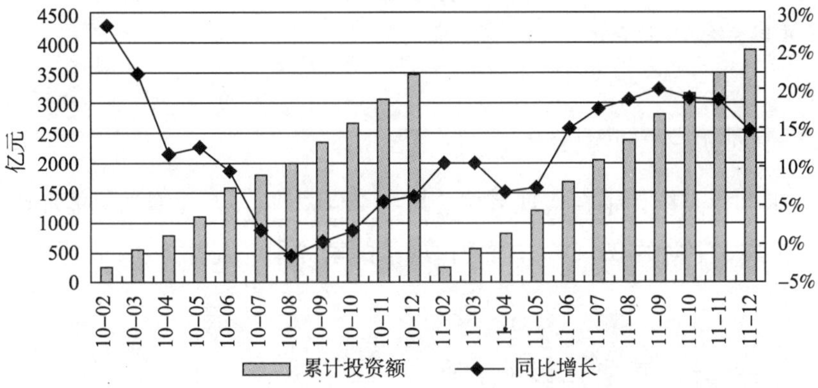

图 6-5　2010—2011 年钢铁行业固定资产投资及增长率

数据来源：国家统计局，中经网

行业固定资产高投资直接导致产能继续扩张。据钢铁协会统计，2010 年末我国炼钢产能 8 亿吨，2011 年新投产炼钢产能约 8000 万吨，考虑到淘汰落后产能约 3000 万吨，实际净增炼钢产能约 5000 万吨，年末粗钢产能达到 8.5 亿吨左右。

6.2　钢铁行业节能减排现状

我国是钢铁生产大国，粗钢产量连续 15 年居世界第一，但钢铁产能过剩矛盾突出，落后产能仍占相当大的比例，污染物排放不能得到有效控制。2010 年钢铁工业二氧化硫、氮氧化物、烟尘和粉尘的排放量分别占工业排放量的 9.5%、6.3%、9.3% 和 20.7%。

6.2.1　吨钢综合能耗下降显著

钢铁工业是大量消耗资源能源的行业，2011 年，钢铁工业通过技术改造，淘汰落后，节能减排取得了新进展。全国重点钢铁企业吨钢综合能耗，烧结、高炉、转炉、轧钢工序能耗均得到下降，部分钢铁企业的部分指标已经达到或接近国际先进水平。77 家重点大中型企业吨钢综合能耗601.7千克标煤，同比下降0.82%。

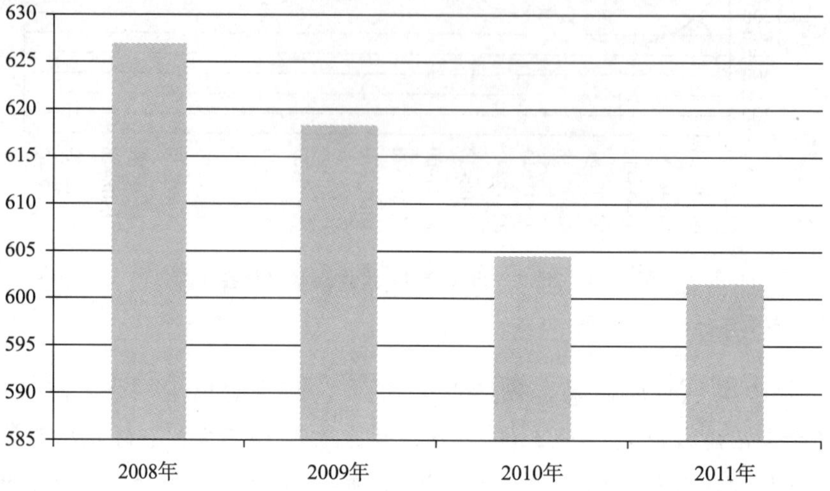

图6-6　重点统计钢铁吨钢综合能耗　单位：千克标准煤

资料来源：中国钢铁工业协会

6.2.2　综合能耗明显降低

“十一五”期间重点统计钢企实现节能总量约4800万吨，万元增加值能耗由6.78吨标煤降至约5.21吨标煤，下降约23.2%，有力保证了国家“十一五”提出的GDP能耗下降20%目标的实现。

6.2.3　主要生产工序能耗稳步下降

2010年，重点钢铁企业吨钢综合能耗为604.60kg标煤，同比下降13.66kg标煤；除电炉和轧钢能耗工序小幅回弹外，大多数工序能耗，特别是焦化、烧结和高炉等铁前耗能工序指标创历史最好成绩，行业整体节能水平又迈上一个新台阶。

2010年，烧结生产中，固体燃耗降低1.37千克标煤/吨（由2009年的54.16kg/t降为2010年的52.79kg/t），为烧结工序能耗降低起到关键作用，但烧结矿品位降低、焦炭质量不高等均会对高炉生产造成影响，即便如此，2010年高炉炼铁工序能耗还取得了降低2.79千克标煤/吨、燃料比下降1千克/吨的不俗成绩与进步，这充分反映了中国高炉生产工艺和节能水平整体较高。炼钢生产中，转炉钢铁料耗、废钢料耗和氧耗降低为转炉工序能耗进一步降低创造了条件。

6.2.4　吨钢耗新水量和主要污染物排放降低

根据重点钢铁企业环保月报统计，2011年，重点统计企业取新水量比上年同期减少0.58%；水重复利用率比上年同期提高0.16个百分点。吨钢耗新水量吨钢耗新水3.88立方米，降低5.02%。外排废水总量比上年同期减少14.87%。废水中主要污染物排放，化学需氧量COD排放2.67万吨，比上年同期减少11.44%；氨氮比上年同期减少3.02%；挥发酚比上年同期减少26.11%；氰化物比上年同期减少18.93%；悬浮物比上年同期减少30.27%；石油类比上年同期减少15.50%。重点统计企业废气中主要污染物排放量，二氧化硫同比增加2.15%；烟粉尘同比增加1.75%。

数据显示，2011年我国钢铁行业重点统计企业吨钢二氧化硫、吨钢烟粉尘、吨钢化学需氧量、吨钢氨氮分别为1.53kg、1.1kg、0.06kg、0.006kg，比2010年分别下降2.5%、2.7%、18.7%、8.9%，排放总量基本得到了控制。

6.2.5 淘汰落后产能加大

按照国家公告的淘汰落后产能名单，预计全年淘汰落后炼铁产能3122万吨，炼钢产能2794万吨。

6.2.6 资源利用率增加

在固体废弃物利用方面，2010年与2009年相比，钢渣利用率提高2.75%，其中转炉渣利用率为96.03%，电炉钢渣利用率为98.77%。

表6-2 重点统计钢铁企业副产煤气回收情况

	高炉煤气	转炉煤气	焦炉煤气
2010年	95.30	90.45	98.15
增减	0.06	3.84	0.02
2009年	95.24	86.61	98.13

资料来源：中国2011钢铁工业年鉴

6.2.7 节能减排新技术推广得力

2011年干熄焦、高炉喷煤、高炉煤气和转炉煤气干法回收、蓄热燃烧技术等一批节能减排技术得到大面积推广，企业能源管理水平不断提高，吨钢二氧化硫排放量从2.83千克下降到1.63千克；吨钢耗新水量由8.6吨下降到4.1吨。

总之，2011年，参加环保统计的重点钢铁企业粗钢产量比上年增长4.55%。在钢产量提高的同时，重点统计企业大部分主要污染物排放指标实现了总量减排，而个别排放量同比有所增加的指标，其增幅也低于钢产量的增幅。

6.3 钢铁行业节能减排存在问题

2011年，中国钢铁行业节能减排取得重大成绩，但还存在以下问题：

一是仍存在约7500万吨落后炼铁、4000万吨落后炼钢等产能。据调研统计，中国目前有1000立方米及以下高炉炼铁能力占炼铁总产能比重约48%，现有100吨级以下转炉、50吨级以下电炉炼钢能力占炼钢总产能比重约为49%。这些产能大多装备水平低下，能耗物质高，余热余能回收利用水平低除尘等环保配套设施不完善。这些低水平或落户产能需要从节能环保角度研究中小钢铁厂生产长条材的最佳工艺配置模式等问题；二是一些节能减排技术尚未推广应用，如，烧结脱硫技术应用仅20%；三是企业能源管理水平有待提高；四是钢材"减量化"应用亟需推进；五是还没有形成完善的各产业间循环经济体系。总体看，我国钢铁工业节能减排潜力仍有挖掘的空间。

6.4 钢铁行业节能减排形势

6.4.1 钢铁行业节能减排目标

《钢铁工业"十二五"规划》鉴于钢铁工业节能减排现状，结合国家提出"十二五"时期单位国内生产总值能源消耗、二氧化碳排放、主要污染物排放总量等约束性目标，提出了"十二五"时期我国钢铁工业节能减排目标。

6.4.1.1 淘汰落后产能指标

"十二五"期间继续维持原有标准，大力发展绿色钢材产品，有效控制钢铁产量增长，淘汰90平方米以下烧结机、淘汰400立方米及以下高炉（不含铸造高炉）、30吨及以下转炉和电炉。炭化室高度小于4.3米（捣固焦炉3.8米）常规机焦炉、6300千伏安及以下铁合金矿热电炉、3000千伏安以下铁合金半封闭直流电炉和精炼电炉。通过淘汰高能耗高污染的落后产能，推动钢铁工业结构调整，减少能源消耗和污染物排放。在淘汰落后产能工作中应注意以下问题：

首先，不再以容积大小为标准，主要依据能耗物耗和清洁生产标准。目前，以设备容积作为淘汰落后产能的标准主要是考虑到各地执行时比较容易判别，但也导致一些企业不断扩大炉容，使产量不降反升。因此，今后淘汰落后将主要依据能耗物耗和清洁生产标准，以免企业为躲避淘汰不断对落后装备实施扩容改造，导致实质上的产能扩张或谎报瞒报装备容量等负面效果。

第二，将上大与压小相结合，淘汰落后与新上项目相结合；根据各地区淘汰落后产能情况，优先核准淘汰落后任务完成较好地区和企业的技术改造项目。

第三，严格铸造高炉认定，关好淘汰落后炼铁产能的后门。为避免借铸造用铁躲避淘汰，又保证铸造行业发展需求，工业和信息化主管部门正在对铸造用生铁企业进行认定，并实施动态管理，在促进淘汰落后炼铁产能同时，推动铸造行业结构调整和转型。

表6-3 钢铁行业淘汰落后产能目标对比

行业	2012年4月目标	2011年7月指标	2011年5月指标	目标对比（7月）
炼铁	1000	3122	2653	-2122
炼钢	780	2794	2627	-2014
焦炭	2070	1975	1870	95
铁合金	289	211	185.7	78

据工信部消息，2012年淘汰落后产能目标任务为：炼铁1000万吨、炼钢780万吨、焦炭2070万吨。与去年两次的目标相比，今年钢铁行业出现明显下降，炼铁和炼钢比去年7月的目标减少均超过2000万吨，主要是考虑"十一五"期间，国内加大了钢铁落后产能的淘汰力度，炼铁和炼钢分别淘汰12272万吨和7224万吨。因此，钢铁落后产能开始减少，进入

"十二五"后，淘汰目标也有所下降。2011 年目标已经低于 2010 年。

6.4.1.2 推广节能减排技术目标

钢铁行业要加大能源高效回收、转换和利用的技术改造力度，提高二次能源综合利用水平。提高物料、燃料的品质，提高高炉喷煤比和球团矿使用比例，加大废钢回收和综合利用，降低铁钢比。重点统计钢铁企业焦炉干熄焦率达到 95% 以上。

全面推广焦炉干熄焦、转炉煤气干法除尘、高炉煤气干法除尘、煤调湿、连铸坯热装热送、转炉负能炼钢等技术；重点推广烧结球团低温废气余热利用、钢材在线热处理等技术；示范推广上升管余热回收利用、脱湿鼓风、利用焦炉消纳废弃塑料和废轮胎等技术；研发推广高温钢渣铁渣显热回收利用技术、直接还原铁生产工艺等；加快电机系统节电技术、节能变压器的应用。到 2015 年，转炉负能炼钢、脱湿鼓风、烧结余热发电、煤调湿等技术的应用比例分别达到 65%、20%、40% 和 50%。提出重点统计钢铁企业焦炉干熄焦率达到 95% 以上，并在重点任务中要求烧结机全部加装烟气脱硫和余热回收装置，高炉全部配备高效喷煤和余热余压回收装置。

6.4.1.3 大气污染物排放目标

2012 年新修订的《钢铁行业生产经营规范条件》、《钢铁工业水污染物排放标准》（GB13456）以及《钢铁工业大气污染物排放标准》等三个文件将钢铁行业能耗指标、资源综合利用指标、大气污染物排放指标和工艺装备利用方面都提高了标准。

到 2015 年，钢铁行业单位工业增加值能耗比 2010 年下降 18%，钢铁行业吨钢综合能耗力争下降到 580 千克标准煤，比 2010 年 604.6 千克标准煤下降 4.1%。单位工业增加值能耗和二氧化碳排放分别下降 18%，吨钢耗新水不超过 5 立方米，新修订改为不超过 4.1 立方米，较原来提高 0.9 立方米。

吨钢二氧化硫排放标准提高，原来是不超过 1.8kg，现修订为 1.63kg，提高 0.17kg；吨钢二氧化硫排放下降 39%，吨钢化学需氧量下降 7%，固体废弃物综合利用率 97% 以上，同时将吨钢烟（粉）尘排放量的标准降低，原来是不超过 1kg，现提高 0.19kg，达到 1.19kg。

在工艺与装备方面，增加了电炉公称容量（变压器容量 15000 千伏安以上）；球团竖炉 8 平方米以上两个指标。

"十二五"期间我国钢铁工业的重点任务之一就是继续深入推进节能减排，进一步降低钢铁企业单位增加值能源消耗、二氧化碳排放和用水量，减少二氧化硫排放总量。这次《生产经营管理规范》也是突出了这一点，通过标准的规范和实施，相关部门综合运用标准和相关法律等手段进行约束和控制，推动我国钢铁工业在节能减排方面取得更大进展，促进钢铁工业健康平稳发展，保障中国钢铁工业节能环保发展。

表 6-4 "十二五"时期钢铁工业发展主要指标

序号	指标	2005 年	2010 年	2015 年	"十二五"时期累计增长（%）
1	行业前十家产业集中度提高（%）	34.7	48.6	60	11.4 *

续表

序号	指标	2005年	2010年	2015年	“十二五”时期累计增长（%）
2	单位工业增加值能耗降低（%）				18
3	单位工业增加值二氧化碳排放降低（%）				18
4	企业平均吨钢综合能耗降低（千克标煤）	694	605	≤580	≥4
5	吨钢耗新水量降低（立方米）	8.6	4.1	≤4.0	≥2.4
6	吨钢二氧化硫排放量降低（千克）	2.83	1.63	≤1	≥39
7	吨钢化学需氧量降低（千克）	0.25	0.07	0.065	7
8	固体废弃物综合利用率提高（%）	90	94	≥97	≥3*
9	研究与实验发展经费占主营业务收入比重（%）	0.9	1.1	≥1.5	≥0.5*

注：*为2015年比2010年增加或减少的百分点。

6.4.2 “十二五”钢铁行业能源消费量预测

“十二五”期间，随着国家转变发展方式的经济结构调整和城市化进程的加速，在国民经济发展比例上，服务产业、高新技术产业、电子设备和汽车制造业、装备制造业等增加值比例将会有所上升，而具有高耗能特点的钢铁行业增加值比例将略有下降，并考虑到国家会进一步加大、加快淘汰落后产能力度和全行业能源利用效率进一步提高，按国家“十二五”7%经济发展增速计算，至2015年GDP总量由2010年的39.8万亿元增加到5.82万亿元；GDP能耗在“十一五”末基础上再下降16%，GDP能耗将由“十一五”末的1.034tce/万元GDP左右，下降到0.869tce/万元GDP。则“十二五”末全国能源消费总量约为41亿吨标准煤，能源消费的年均增速4%左右。按GDP预期性7%的增速，“十二五”国家预期性的能源弹性系数为4/7=0.571，比“十一五”下降0.571/0.59=3.15%。

6.5 钢铁行业节能减排对策分析

针对我国钢铁行业节能减排现状以及存在问题，综合分析钢铁行业节能减排目标，特提出以下行业节能减排对策：

6.5.1 政策层面

6.5.1.1 严格执行能源资源和环保准入条件

认真贯彻落实《钢铁产业发展政策》和《产业结构调整目录》，从严控制钢铁企业盲目扩张。严格执行钢铁行业能耗、排放强制性标准等有关要求，从源头上把好改扩建项目能耗和污染排放关。研究完善按照节能环保标准甄别落后产能的执行机制，把钢铁行业能耗、环保及清洁生产等相关标准确定的指标作为落后产能界定的主要标准。

6.5.1.2 尽快出台钢铁业脱硫标准

数据显示，2011年我国钢铁行业重点统计企业吨钢二氧化硫、吨钢烟粉尘、吨钢化学需氧量、吨钢氨氮分别为1.53kg、1.1kg、0.06kg、0.006kg，比2010年分别下降2.5%、2.7%、18.7%、8.9%，排放总量基本得到了控制。但目前仍然存在许多需要改善的方面，主要是烧结烟气脱硫的实施、废气无组织排放的治理、工业烟粉尘治理的改进、焦化废水零排放的实施、城市钢厂的环境综合整治、中小钢铁企业的环境查漏补缺等，其中烧结烟气脱硫作为“十二五”期间钢铁业环保治理的重点，存在以下主要问题：

一是缺乏成熟的烧结脱硫技术。很多企业的烧结烟气脱硫照搬照抄电力行业烟气脱硫的工艺、技术和方法，没有进行很好的消化、吸收和适应性改进，造成实际运行中出现问题较多，脱硫效果有待进一步验证和评估。

二是一些企业在政府的限期治理要求下，仓促实施烧结烟气脱硫装置，低价低质，难以长期稳定运行。

三是多种污染物综合防治未引起足够重视，大部分企业在实施烧结机烟气脱硫时，为考虑烧结烟气中二氧化硫、氮氧化物、重金属、二噁英等多种污染物的综合治理。

四是脱硫装置投资大、运行费用高。脱硫装置投资约占烧结机总投资的20%~50%，吨烧结矿脱硫运行成本5~15元。

五是副产物利用难度较大，存在二次污染隐患。

目前钢铁行业执行的大气排放相关标准主要依据综合排放标准、工业窑炉排放标准等，具体针对钢铁行业的排放标准一直在制定之中，其中有几项争议较大，比如烧结烟气脱硫排放浓度指标，据悉年内排放标准将出台，届时，钢铁企业在选择烧结脱硫技术和脱硫工艺时将“有法可依”。近年来钢铁业环境绩效大幅改善，应该和落实标准不无关系。

6.5.1.3 实施合同能源管理等节能新机制

选择认定一批在全国有影响力、具有钢铁行业节能成功业绩经验的专业性节能服务公司，支持其通过合同能源管理方式为钢铁企业开展节能技术改造服务。加强对节能服务公司的资金和政策扶持，引导金融信贷机构加强信贷支持。探索实施钢铁企业节能减排自愿协议，对开展清洁生产审核、实施节能减排自愿协议的钢铁企业，研究制定优先支持技术改造项目等具体激励措施。

6.5.2 管理层面

6.5.2.1 继续完善钢铁环保体系统计工作制度

环保统计是环保工作的基础，是企业环保工作效果和成绩的量化体现。中国钢铁工业协会已经基本建立钢铁行业环境保护统计工作体系。在各企业的支持和广大环保统计工作者的共同努力下，2011年钢铁行业环保统计月报、年报等各项统计工作顺利完成，并取得新进展。无论月报还是年报，报表的报送质量和及时性都较以往有所提高。在汇总2010年钢铁工业环保年报的过程中，还请有关研究院所和企业的专家对环保年报进行了审核，进一步提高了数据质量。

另外，中国钢铁工业协会编印了《中国钢铁工业环境保护统计（2010)》、《钢铁工业节能减排统计月报》、《钢铁工业节能减排月度简报》、《钢铁工业节能减排季报》、《中国钢铁工业环境保护统计月度简析》等统计资料，为国家和行业的环境决策和管理提供大量数据信息。

6.5.2.2 积极发挥能效中心的作用

国家钢铁生产能效优化工程技术研究中心，近日获国家科技部审批通过，中心以降低钢铁生产能耗、净化大气环境为目标，通过优化工艺、改进装备或研发新工艺、新装备，提升钢铁生产能源利用效率，最终达到节能减排、降低生产成本的目的，为全国钢铁企业提供有效技术支撑。中心可在钢铁生产的工艺、管理、技术三个环节减低能耗，初期预计可减低钢铁行业能耗约5%，全国钢铁行业一年能耗费用可降低300亿元。后期应该充分利用该中心在行业节能中能够发挥的作用，真正起到为行业节能减排工作提供支持的作用。

6.5.2.3 加强二噁英防治计划的展开

“十二五”期间，钢铁工业环保的主要工作将集中在淘汰落后、烧结脱硫脱硝、烧结高效除尘和二噁英污染防治等四大领域。

由于发展阶段的限制，我国钢铁行业在二噁英污染防治领域与发达国家相比起步较晚。近些年，环保部与中国钢铁工业协会也开展了一些二噁英污染防治工作，目前已经对我国烧结及电炉生产中产生、排放二噁英的情况进行了初步评估，并通过代表性生产线二噁英的排放情况，估算出了我国钢铁行业二噁英污染的总体情况。相关部门应尽快研究制订与钢铁行业整体发展相协调的二噁英减排计划，开展对资金需求和减排效果等的评估。

6.5.2.4 全面推行清洁生产

组织编制和实施钢铁行业清洁生产推行方案，加强非高炉冶炼－炼钢、精炼－直接轧制全新流程清洁工艺技术研发和试验，推广应用烧结烟气循环富集技术、高炉喷吹废塑料技术、洁净钢生产系统优化技术、转炉炼钢自动控制技术、转底炉处理含铁尘泥生产技术、废水膜处理回用技术等典型清洁生产工艺技术。积极支持钢铁企业编制清洁生产规划，组织钢铁企业对照钢铁行业清洁生产评价指标体系开展清洁生产审核，支持钢铁企业清洁生产中高费方案的实施。

6.5.2.5 加快淘汰落后产能

严格执行国家炼钢、炼铁、铁合金、焦炭等落后产能淘汰标准，分解制定和严格执行淘汰落后产能年度计划，积极研究制定以节能环保强制性标准淘汰落后产能的具体措施，加快推动规模优势企业兼并重组落后产能和低水平企业，促进产能改造和技术水平提升。

6.5.2.6 开展行业能效对标达标

积极督促钢铁企业对比《粗钢生产主要工序单位产品能源消耗限额》（GB21256—2007）、《焦炭单位产品能源消耗限额》（GB21342—2008）、《铁合金单位产品能源消耗限额》（GB21341—2008）确定的限值（见附件2）。组织行业协会和有关技术支撑机构建立和完善行业能效对标信息平台，定期发布主要工序能耗领先水平和“领跑”企业名单，引领钢铁企业结合自身能耗现状，开展对标达标活动，不断挖掘节能减排潜力。

6.5.2.7 加快构建钢铁工业循环经济模式

继续加强循环经济试点探索，总结提升钢铁工业十家国家级循环经济试点企业发展经验。积极支持和引导重点大中型企业加快建立以钢铁企业为中心，集钢铁生产与化工、建材、能源转化等行业为一体的循环经济发展模式，实现资源相互共享、废物互为利用。重点支持富余煤气发电、冶炼废渣制水泥、氧化铁皮生产粉末冶金等循环经济重点工程。推进钢铁生态工业园区建设，支持钢铁企业建立废物消纳中心，利用钢铁生产高炉、焦炉等高温冶炼环境条件，对工业废物、废橡胶、废塑料、城市污泥等社会废物尤其是有毒有害固体废物进行消纳处理，实现区域内物质循环利用，推进钢铁企业与社会环境和谐发展。

6.5.3 技术层面

6.5.3.1 提高能源资源利用效率

第一，可以进行流程创新。

当前，我国钢铁生产主要以高炉－转炉流程为主，预计在今后相当长一段时期内，高炉－转炉流程仍将占据主导地位。从整个流程的角度考虑，提高能源资源利用效率能带来资源节约、环境友好的效果。对钢铁生产流程的创新将给钢铁生产带来革命性变化。

第二，提高二次能源的高效利用和固体副产物的综合利用。

目前，我国钢铁行业二次能源利用水平参差不齐，各钢厂之间差距较大。副产煤气白白浪费的现象还很严重，钢铁流程中还有一些余热余能并未得到最佳利用，高能低用的现象还很严重。钢铁企业应依照按质用能、匹配得当、温度对口、梯级利用，高质高用、低质低用、热尽其用的原则来设计和改造。

另外，钢铁生产过程中会产生大量的固体副产物，比如高炉渣、钢渣等都是宝贵的资源，将之进行综合处理，不仅能作为含铁物料再利用，还可以制成高附加值产品，用于建材等行业。目前，日本已经试验成功将钢渣用于建造海底森林，大幅度降低二氧化碳排放。这对于我国钢铁企业，尤其是沿海钢铁企业，具有很好的借鉴意义。

第三、生产绿色钢铁产品。

钢可以实现100%的循环利用，而且循环利用不会造成特性损失，并可以显著降低钢铁生产成本，同时节约铁矿石、煤和石灰石等原料。面对日益激烈的市场环境，钢材产品只有满足下游需求，才能在竞争中取胜，才能为自己赢得立身之地。例如建筑用钢方面，应适应减量化用钢趋势，重点发展高强钢筋、抗震钢筋等；在汽车用钢方面，应重点发展轻量化汽车用钢；船舶用钢方面，应重点发展长寿命、耐腐蚀船板；为满足高端装备制造业需求，还应大力开发和生产高品质特殊钢等。

6.5.3.2 强化工序节能

焦化工序加强焦炉改造，重点发展高压干熄焦、煤调湿；烧结工序加强烧结余热利用；炼铁工序强化高炉喷煤、高炉干式TRT；转炉工序提升煤气回收利用水平，发展干法除尘、低压饱和蒸汽发电；热轧工序积极推广应用蓄热式加热炉。

6.5.3.3 加强水资源循环利用

建立各工序内部、厂内、厂际、多极用水循环；与主体技术改造配合，采用不用水或少用水工艺及大型装备，做到源头用水减量化；采用高效、安全、可靠的先进水处理技术工艺，提高水循环利用率，降低吨钢耗新水量；采用先进工艺对排放的废水进行有效处理，实现废水资源化，减少水循环系统的废水排放量。重点推广干熄焦、干法除尘、干式TRT（“三干”节水技术）、焦化废水深度处理回用、清污分流、循环串级供水技术等6项节水技术。

6.5.3.4 提升节能减排装备和配套设施水平

加快完善配套节能环保设施建设，对钢铁企业改扩建项目必须同步配套建设节能环保设施：高炉应配套余压发电装置和煤粉喷吹装置，烧结机配套烟气脱硫和余热回收利用装置，焦炉配套干熄焦及收尘、煤气脱硫装置，焦炉、高炉、转炉配套煤气回收装置，电炉配套除尘和余热回收装置，铁合金矿热电炉配套烟尘回收处理、余热和煤气回收装置等。

6.5.3.5 重点实施“三脱三集成”技术，最终实现钢铁生产“三低三高效”

通过以烧结烟气脱硫为重点的钢铁大气污染防治技术、以综合废水脱盐为重点的钢铁废水治理利用技术、以含铁尘泥脱锌为重点的钢铁固废处置利用技术、系统集成优化烧结生产工序节能减排技术；系统集成优化转炉、高炉烟气干法净化与余热余压综合利用技术；系统集成优化冶金渣处理利用与过程中也热利用技术等技术，实现低耗（低消耗）、低硫（低污染）、低碳（低排放）；能源的高效转换和利用、污染的高效处置与无害化、资源的高效利用与资源化。

6.6 典型企业

6.6.1 武钢

武钢2011年跃居世界500强企业第341位，比上年上升87位。武钢品牌位列中国500最具价值品牌排行第56位，比上年上升17位。

6.6.1.1 循环经济

武钢在水循环利用方面，采用先进工艺技术，如干熄焦，高、转炉干式除尘；各种汽化冷却等，节约用水，降低新水消耗；采用先进的水处理技术，如分质、串接供水，提高水循环利用率；采用污水综合处理，最大限度回收利用废水，减少排放。

在固体废弃物综合利用方面，武钢按《中国资源综合利用技术政策大纲》要求，采用国际先进的工业固体二次资源处理工艺和设施，实现固废“减量化、资源化、再利用”。通过转炉留渣操作、铸余渣冷热态再循环等技术的实施，实现了钢渣等固废减量化；120万吨矿渣微粉项目建成投产，实现了高炉矿渣高效利用。

在能源循环利用方面，武钢优化能源结构，用低价能源替代高价能源，充分回收利用副产煤气、余热、余能二次能源，减少能源购入量，实施清洁生产，从源头削减一次能源消耗。采用先进、高效、节能技术和大型工艺装备，降低铁钢比、焦比、能耗等。武钢股份余热余能发电量33.3亿千瓦时，比2010年多发电4.7亿千瓦时。

表 6－5 2011 年主要固体二次资源综合利用表

固废名称		产生量 万吨	利用量 万吨	利用率 %	主要利用方式
高炉渣	粒化矿渣	499.52	499.52	100	矿渣水泥和水泥掺合料
	干渣	10.13	10.13	100	混凝土骨料
钢渣	渣钢	17.80	17.80	100	炼钢原料
	尾渣	222.68	222.68	100	生产钢渣粉，道路基层用料
含铁尘泥	烧结除尘灰	19.20	19.20	100	返回烧结代矿
	瓦斯灰	25.29	25.29	100	提取铁精粉和炭粉用于烧结和高炉
	瓦斯泥	6.25	6.25	100	提取铁精粉用于烧结
	高炉除尘灰	11.90	11.90	100	提取铁精粉用于烧结
	转炉污泥	25.57	25.57	100	提取铁精粉用于烧结或制球供炼钢
	炼钢粗颗粒	10.64	10.64	100	制取铁粉
	连铸铁皮	4.39	4.39	100	供烧结或炼钢
	轧钢铁皮	22.54	22.54	100	制取铁粉或磁性材料
	轧钢油泥	2.13	2.13	100	制取还原铁块供炼钢
	酸再生铁红	3.43	3.43	100	制取磁性材料或球团供炼钢
其他固废	石灰除尘粉	6.80	6.80	100	供烧结使用
	焦化尘泥	1.52	1.52	100	配煤回用
	粉煤灰	24.33	24.33	100	混凝土搅拌站原料或制砖
工业垃圾		72.00	43.00	59.72	分类回收可利用材料，渣土用于回填
合计		986.12	957.12	97.06	

6.6.1.2 节能管理

武钢制定节能减排指标体系，完成节能减排数据统计工作。2011 年节能绩效如下：

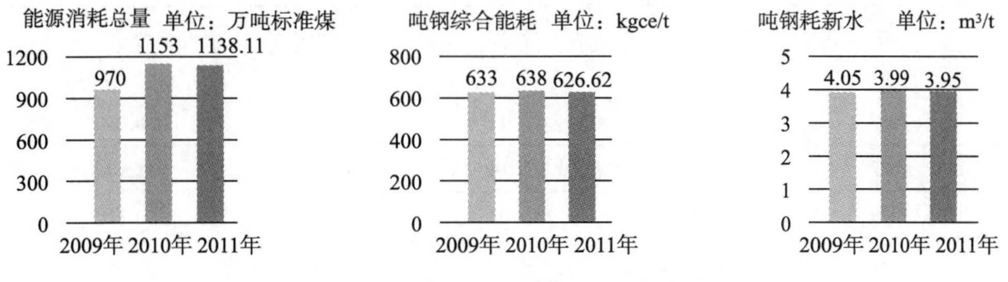

图 6－7 2009 年—2011 年武钢青山本部主要能耗指标

6.6.1.3 环境保护

武钢严格监控氮氧化物排放量，摸查氮氧化物的主要污染物来源，核清排放底数，确定氮氧化物减排重点环节。在“三废”治理管理方面，按减量化、无害化、资源化的原则，将大部分工业废物重新回原料系统进行利用，并对生产过程中无法利用的危废进行严格规范管理，2011 年，武钢（青山本部）环保总投资为 87247.6 万元。

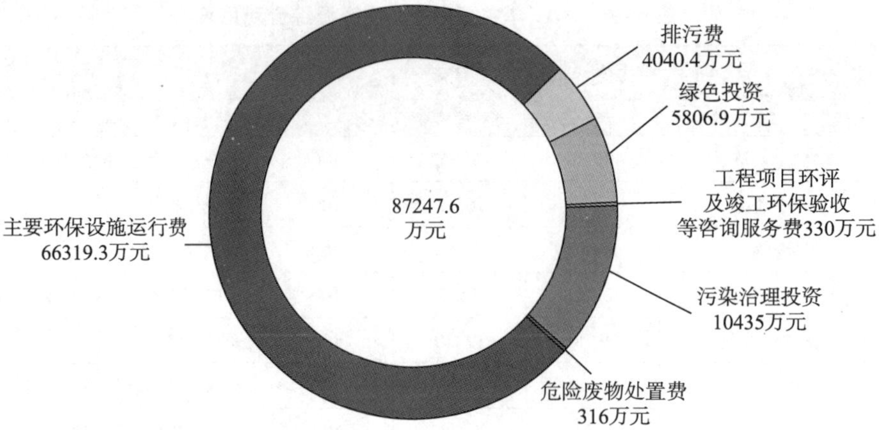

图 6－8　2011 年武钢青山本部环保总投资

武钢建立完善污染源人工监测和自动在线监测相结合的环境监测体系，加强在线监测设备的运行管理，提高在线监测数据的准确性和有效性，顺利通过国家环保部对武钢污染减排的现场核查。2011 年污染物排放情况如下：

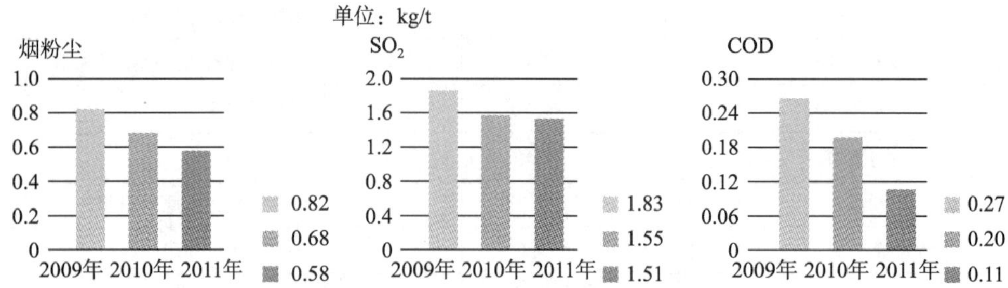

图 6－9　2009 年—2011 年武钢青山本部吨钢排放量

表 6－6　2011 年污染物吨钢排放量

单位：kg/t

SO_2	COD	烟粉尘
1.51	0.11	0.58
1.45	0.11	0.51
1.32	0.10	1.01
1.79	0.08	0.65
1.78	0.07	0.46

6.6.2　太钢

太钢坚持绿色发展，以科技创新和技术进步为支撑，大力倡导节约、环保、文明、低碳的生产和生活方式，坚持走新型工业化道路，实施了一系列具有国际先进水平的节能环保项目，建立起包括固体、液体和气体废弃物在内的循环经济产业链，节能环保主要指标居行业领先水平。

太钢公司确立了“1124”绿色发展模式，即树立“一个理念”（钢厂与城市是和谐发展的“共同体”理念)、确立“一个目标”(建设冶金行业节能减排和循环经济的示范工厂)、依靠“两个创新”(技术创新和管理创新)、拓展“四大功能”(产品制造、能源转换、废弃物消纳处理、绿化美化),走出一条内陆型钢厂与中心城市和谐发展的新路子。

太钢以国内外优秀钢厂为标杆,完善绿色发展对标体系,实施四级(公司、厂、工序、设备)节能环保指标管理。严格执行公司《能源经济责任制》和《环境保护经济责任制》,实施能源环保绩效考核。2011 年,用于节能环保奖惩金额 3648 万元。

太钢建设能源环境监控中心。能源环境监控管理系统上线运行,实现了环保数据自动采集、在线监控和环境管理等功能,实现了能源管网、能源站所、能耗单元产耗数据的实时在线监视和能源调度多调合一。公司通过环境监控系统与政府环保部门环境监控平台联网,实现了重点污染源的实时监控数据上传,主动接受政府监督。

公司依托环境监控系统,全过程、全方位开展污染物排放和厂区环境质量自动监测、环境污染事件举报受理等工作,对发现的问题,及时通报并督促责任单位迅速整改。2011 年,公司完成了能源管理体系的内审、管理评审、外审,环境管理体系的内审和年度监督审核,并通过了第三方认证。

6.6.2.1 能源环境绩效

表 6-7 2007—2011 年太钢能源环境绩效统计表

项目	2007 年	2008 年	2009 年	2010 年	2011 年
吨钢综合能耗(kgce)	572	564	559	554	542
吨钢新水消耗(m^3)	4.16	3.27	2.25	1.91	1.80

2011 年,公司吨钢综合能耗比上年下降 2.17%,吨钢新水消耗比上年下降 5.76%,工业水循环利用率达到 98%。

6.6.2.2 污染物排放指标

表 6-8 2007—2011 年太钢污染物排放统计表

项目	2007 年	2008 年	2009 年	2010 年	2011 年
吨钢烟粉尘排放量(kg)	0.61	0.55	0.49	0.44	0.42
吨钢化学需氧量排放量(kg)	0.04	0.033	0.030	0.030	0.030
吨钢二氧化硫排放量(kg)	1.93	1.4	1.07	0.82	0.572

2011 年,公司吨钢烟粉尘排放量、二氧化硫排放量分别比上年下降 4.55%、30.24%。吨钢氮氧化物排放量、氨氮排放量分别比上年下降 10.23% 和 11.11%。

6.6.2.3 副产品综合利用指标

表 6-9 2011 年各类固体次生资源产生量

项目	工业固废	高炉渣	钢渣	含铁尘泥
产生量(万吨)	18.25	235.44	212.09	49.25

表6－10　2011年次生资源综合利用指标水平

项目	2007年	2008年	2009年	2010年	2011年
综合利用率（%）	92.09	90.79	92.17	92.2	92.55
返回生产利用率（%）	10.66	12.3	19.81	22.1	23.2
危险废物安全处置率（%）	100	100	100	100	100

7　有色金属行业的节能减排

7.1　有色金属行业运行综述

2011 年是我国“十二五”开局之年，有色金属行业总体保持平稳发展态势。规模以上（主营业务收入 2000 万元以上的工业企业）有色金属企业工业增加值按可比价格计算比上年增长 14.0%，增幅比“十一五”期间的平均增幅低 2.2 个百分点。

7.1.1　十种有色金属产量平稳增长，但增幅放缓

2011 年以来，我国政府继续加大了对有色金属产量的控制。在严格控制总量、加快淘汰落后产能相关政策的引导下，有色金属生产扩张态势较上年同期明显回落。十种有色金属产量 3438.29 万吨，同比增长 9.82%（如图 7－1），增幅比 2010 年回落 10.60 个百分点，比“十一五”平均增幅低 4.01 个百分点。其中，精炼铜 519.69 万吨，同比增长 14.63%；原铝 1806.17 万吨，同比增长 11.53%；铅 464.77 万吨，同比增长 10.68%；锌 522.19 万吨，同比增长 1.12%；镍 18.52 万吨，同比增长 8.10%；锡 15.61 万吨，同比增长 4.49%；锑 19.01 万吨，同比增长 1.42%；镁 66.06 万吨，同比增长 1.04%；海绵钛 6.11 万吨，同比增长 11.87%（详见表 7－1）。

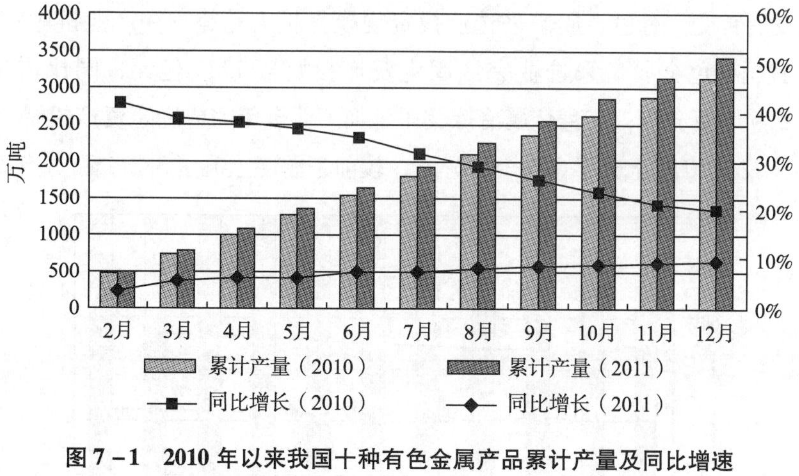

图 7－1　2010 年以来我国十种有色金属产品累计产量及同比增速

数据来源：中国有色金属工业协会，中经网

表7-1　2011年十种有色金属产量汇总

指标名称	2011年累计（吨）	同比（%）
十种有色金属	34382903	9.82
其中：矿产	30955311	10.24
精炼铜	5196900	14.63
其中：矿产	3385553	18.97
原铝（电解铝）	18061725	11.53
铅	4647680	10.68
其中：矿产	3219307	13.50
锌	5221933	1.12
其中：矿产	5034061	1.00
镍	185208	8.10
锡	156117	4.49
锑	190098	1.42
汞	1493	-5.80
镁	660603	1.04
海绵钛	61146	11.87

7.1.2　固定资产投资完成情况

2011年，有色金属工业（不包括独立黄金企业）累计完成固定资产投资4773.47亿元，比上年增长34.64%，完成固定资产投资占全国（不含农户）固定资产投资总额比例为1.58%，增幅比全国固定资产投资高10.84个百分点。

2011年以来，有色金属行业产业结构调整步伐逐步加快，从依靠冶炼产量扩张的粗放发展，向产业链均衡发展转变，有色金属矿采选业投资规模呈扩大趋势，在产业链中占比小幅提高。2011年全年，我国有色金属矿采选业完成固定资产投资额1275亿元，同比增长24.2%，较2010年上升了2.5个百分点；有色金属冶炼及压延加工业全年完成固定资产投资3861亿元，同比增长36.4%，较2010年上升了0.6个百分点，较前三季度上升了3.2个百分点（见图7-2）。

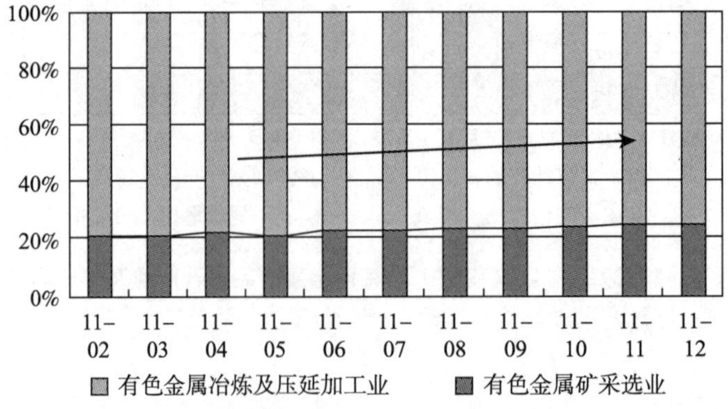

图7-2　2011年以来我国有色金属采矿业及冶炼加工业投资占比

资料来源：国家统计局，中经网

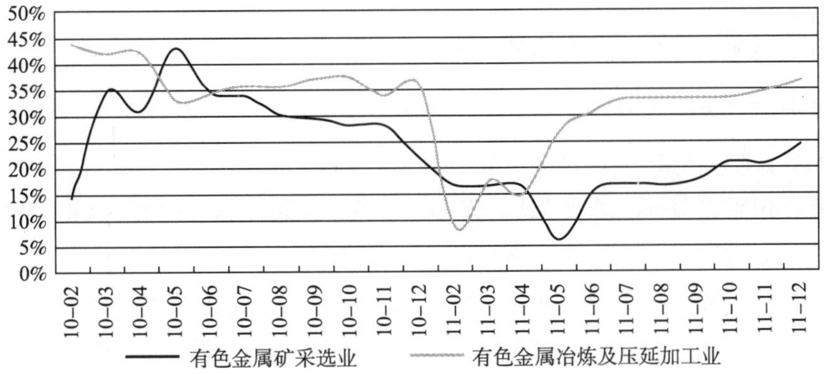

图7-3 2010年以来我国有色金属行业固定资产投资累计同比增速

资料来源：国家统计局，中经网

7.1.3 有色金属贸易额情况

2011年我国有色金属进出口贸易总额创历史新高，达到1606.77亿美元，比上年增加352.17亿美元，增长28.07%。其中：进口额1175.15亿美元，比上年增加203.21亿美元，增长20.91%；出口额431.62亿美元，比上年增加148.96亿美元，增长52.7%，见图7-4。

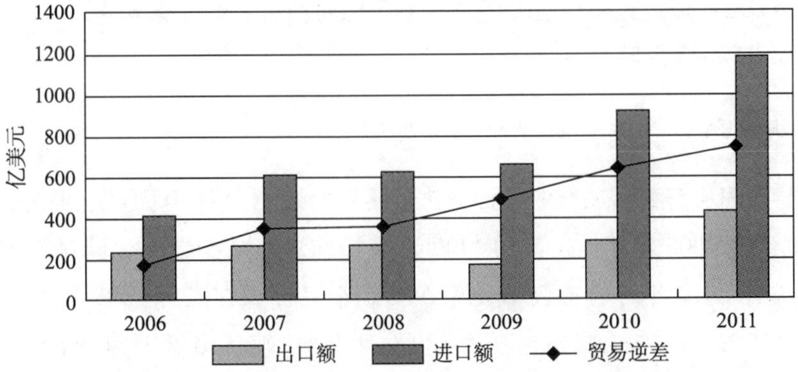

图7-4 2006—2011年我国有色金属产品进出口贸易额

7.1.4 技术创新取得了重大突破

世界最大容量的500千安大型预焙铝电解槽已顺利投产，高铝粉煤灰提取氧化铝生产工艺已取得工业化试验成果。自主研发具有自主知识产权的“旋浮炼铜工艺”和“旋浮铜冶炼生产过程在线控制系统”达到世界领先水平，正在国内外推广应用。

作为“十二五”的第一年，2011年十种有色金属产品总产量增速明显超过了规划中8%的水平，预计2012年压缩产量、推动结构调整将是有色金属行业发展的重点。目前我国氧化铝产量居世界第二位、电解铝产量跃升到世界第一位，铝加工材产量也基本接近世界第一水平，成为世界铝工业大国。随着有色企业的快速发展，一些矛盾也越发明显：一方面，全国有色金属行业总体国际竞争能力较弱，与国际先进水平相比落后15~20年；另一方面，有色金属行业是原材料产业，是以资源为基本原材料的，行业快速发展的同时消耗了大量资源。

7.2 有色金属行业节能减排现状

我国有色金属工业能源消耗主要集中在矿山、冶炼和加工三大领域，其中能源消费主要集中在冶炼环节，约占产业能源消耗总量的80%左右，加工占11%，矿山占5%。在冶炼环节中，铝冶炼占61%，铅锌冶炼占7%，镁冶炼占6%，铜冶炼占2%。其中，电解铝行业的电力消费占有色金属工业电力消费总量的80%，占全国电力消费的5%。

近年来，通过政策引导、技术改造、结构调整，有色金属行业主要产品单位能耗大幅下降，一些主要的技术经济指标接近或达到世界先进水平，大大提高了我国有色金属工业的国际竞争力。但整体能耗目前仍在较高基数下保持增长。

7.2.1 节能减排技术取得显著成效

我国电解铝工业节能减排取得重大突破。2012年3月16日，国家科技支撑计划重点项目“低温低电压铝电解新技术”通过科技部验收，吨铝直流电耗由立项前的13235千瓦时降至11819千瓦时，降幅达10.7%。这项技术也破解了世界铝工业生产的重大技术难题。中国有色金属工业协会有关专家表示，该技术的全行业推广，将产生巨大经济效益和社会效益。按2012年国内电解铝产量2000万吨计算，我国电解铝工业可实现年节电275亿千瓦时，按每千瓦时电0.53元计算，直接创造经济效益145亿元，折合标准煤880万吨，减少二氧化碳等温室气体排放1500多万吨。

7.2.2 淘汰落后产能明显，能耗指标明显大幅降低

“十一五”期间，有色金属行业累计淘汰了落后冶炼能力铜50万吨、电解铝84万吨和铅40万吨。2010年与2005年相比，节约1400万吨标准煤，减少二氧化碳排放3800万吨，节能率达到14.1%。2010年综合能耗氧化铝590.6千克标煤/吨、铜398.8千克标煤/吨、铅421.1千克标煤/吨，铝锭综合交流电耗为13979千瓦时/吨，比2005年下降718千瓦时，整个“十一五”期间节电116亿千瓦时。二氧化硫回收率由2005年的90%提高到2010年的95%。

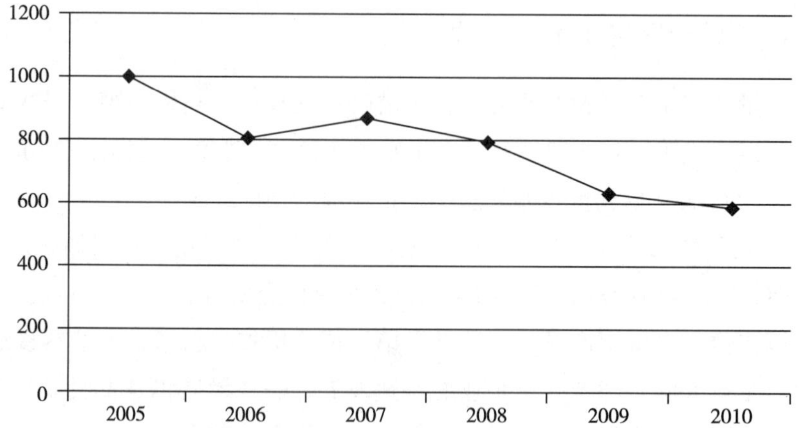

图7-5 2005—2010年氧化铝综合能耗变化（千克/吨）

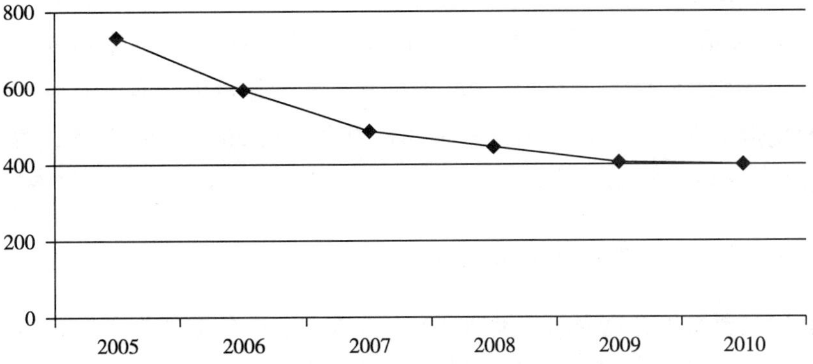

图 7-6 2005—2010 年铜冶炼综合能耗变化（千克/吨）

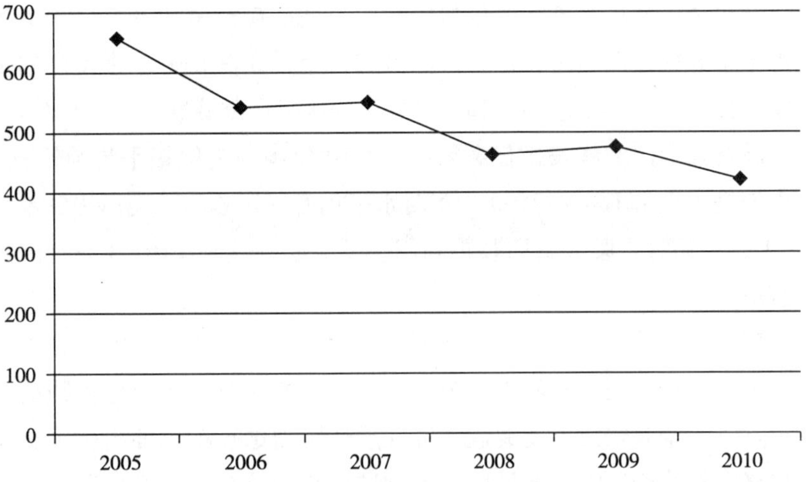

图 7-7 2005—2010 年铅冶炼综合能耗变化（千克/吨）

资料来源：中国有色金属工业年鉴 2011

7.2.3 循环经济实现较快发展

2010 年再生铜、再生铝及再生铅产量分别达到 240 万吨、400 万吨和 135 万吨，“十一五”期间年均分别增长 11.1%、15.6% 和 37%。高铝粉煤灰提取氧化铝进入了产业化应用阶段，赤泥回收铁、铝电解槽废内衬回收、镁渣回收等综合利用技术开发取得初步成果。

“十一五”期间，有色金属行业在发展循环经济方面，坚持与结构调整相结合，按照国家要求优化产业布局，依法关闭严重浪费资源、污染环境的企业，2010 年淘汰了电解铝 33 万吨小型预焙槽产能。并形成一批发展循环经济典型企业。建设了一批以有色金属企业为主体的产业园区和再生金属回收拆解示范园区，为形成发展循环经济的有效模式进行了积极的探索与实践。

因此，“十一五”期间有色金属工业基本实现了发展循环经济的 3 个目标：一是大幅度提高资源利用效率。在矿产资源开采方面，到 2010 年全国矿产资源总回收率和共伴生矿综合利用率分别提高 5 个百分点，10 种有色金属单位产品综合能耗和水资源消耗要有较大幅度的降低；重点企业粗铜、氧化铝、铅等主要有色金属冶炼综合能耗、水资源消耗接近或达到国际先进水平。二是降低废物排放。水的重复利用率提高10个百分点，有更多的企业实现废水"零"排放；固体废物综合利用大幅度提高，固体废物堆存对环境的影响减少；硫的利用率有明显提高，有更多的企业接近或达到国际先进水平。三是再生金属资源循环利用率明显提高，2010年再生铜、再生铝、再生铅占产量的比重分别由2004年的24%，22.2%，21%提高到35%，25%，30%。

7.2.4 再生有色金属节能减排现状

2011年我国主要再生有色金属产量达到835万吨，占有色金属总产量的27%，相当于节能1878万吨标煤、节水14.4亿立方米、减少固废排放12.4亿吨、减少二氧化硫排放40万吨。再生有色金属产业为有色金属工业的节能减排做出重大贡献。

但是，再生有色金属环境污染问题依然突出。长期的矿产资源开采、冶炼生产累积的重金属污染问题近年来开始逐渐显露，污染事件时有发生，尤其是近年来发生的重金属环境污染事件以及血铅污染事件，对生态环境和人民健康构成了严重威胁。

再生有色金属行业依然节能减排任务繁重。2010年国内电解铝平均吨铝直流电耗13084千瓦时，距国内先进水平12100~12500千瓦时水平仍有一定差距；吨海绵钛电耗比国外先进水平高约0.7~1万千瓦时。废金属回收再利用率低。此外，到2010年底，国内尚有部分落后冶炼产能没有淘汰。

再生有色金属行业开始实施能源管理项目。2011年11月8日，中国有色金属工业协会再生金属分会与中国质量认证中心就再生金属行业开展能源管理项目签署战略合作协议，同日，以浙江省重点骨干企业宁波世茂铜业股份有限公司为试点单位的再生铜企业能源管理项目启动。此次战略合作及能源管理项目启动，对进一步深化合作，充分利用各自的资源与优势，共同推动再生有色金属领域的节能减排，提高再生有色金属产业整体的能源利用率，促进产业健康发展具有重要意义，也标志着从能效管理入手、积极推动我国再生有色金属产业升级新的开端。

7.2.5 2011年有色金属行业节能减排相关政策措施

表7-2 2011年出台有色金属行业相关节能减排措施

时间	方案名称	出台机构	主要内容
3月	《关于2011年深入开展整治违法排污企业保障群众健康环保专项行动的通知》	国务院9部门	将铅蓄电池企业的整治作为2011年环保专项行动的首要任务，对铅蓄电池行业企业彻底排查，全面整治环境违法问题。
4月	《固体废物进口管理办法》	环境保护部、商务部、国家发展改革委、海关总署、国家质检总局五部委	对进口固体废物国外供货、装运前检验、国内收货、口岸检验检疫、海关监管、进口许可、利用企业监管等环节均提出了具体要求，完善了我国进口固体废物多部门全过程监管体系。明确规定九项禁止，自2011年8月1日起施行。

续表

时间	名称	出台机构	主要内容
4月	《关于遏制电解铝行业产能过剩和重复建设引导产业健康发展的紧急通知》	工信部、发改委、监察部等9部委	严格控制电解铝项目；加大执法力度，形成政策合力；取消地方出台的各项优惠政策；严禁以各种方式扩大产能、认真清理电解铝拟建项目；加强市场引导和社会监督。
5月	关于促进稀土行业持续健康发展若干意见	国务院	提出行业发展目标，从行业监管体系、行业专项整治、行业产业结构优化和行业资源储备以及组织领导等方面促进行业健康发展。
5月	再生金属产业发展推进计划	环保部、工信部等9部委	全面整治铅酸蓄电池生产、组装和回收（再生铅）企业。截至2011年11月30日，各地共排查铅酸蓄电池生产、组装及回收（再生铅）企业1962家，其中，被取缔关闭735家、停产整治555家、停产314家，关停比例达81.6%；有293家企业在生产，约占公布总数的14.9%；还有60家企业处于在建状态，4家企业处于在建停建状态。
5月	《关于加强铅蓄电池及再生铅行业污染防治工作的通知》	环保部	对企业污染物稳定达标排放、落实500米的卫生防护距离、建立重金属污染责任终身追究制等做出重点要求。 通知发布后环保整治在全国涉铅行业迅速开展起来，再生铅行业受到严重影响，多个再生铅企业停产整顿。
8月	《再生铅行业准入条件(征求意见稿)》	工业部	对落实"推进计划"，规范和引导再生铅行业健康发展，进一步提高准入门槛，坚决抑制行业低水平重复建设，规范行业秩序，促进优化升级，提升资源综合利用率和节能环保水平具有重要意义。带动相关政策措施的落实，是加速一批规模小、资源利用率低、能耗高、污染重点落后产能退出市场的有力推手，有利于提高产业集中度，有利于提升优势企业的自我发展能力，实现再生金属行业及上下游相关行业的可持续发展。
11月	"十二五"产业技术创新规划	工信部	明确有色技术工艺未来重点领域技术发展方向，重点开发： 铝、镁冶炼重大节能技术，铜、铅、锌短流程连续化节能环保冶金技术； 废弃物资源综合利用技术，有色金属资源循环与再生金属回收利用技术，有色金属污染防控及有色金属工业环境保护技术，有利于加快企业技术改造，产业技术升级换代，促进生产过程节能减排
11月	关于开展稀土专项整治行动联合检查的通知	工信部等	各地贯彻落实国务院稀土文件和部门专项整治文件的工作部署、工作进展、主要成效及存在问题和下一步工作安排； 各专项整治行动主要做法、存在的问题和整改措施； 有利于打击违法开采行为，鼓励企业加大节能减排力度，引导中国稀土行业健康发展。

7.2.6 “十一五”有色金属工业节能降耗效果分析

7.2.6.1 整体节能降耗效果

如表7-3所示，除2007年之外，2005年—2009年有色金属工业万元增加值能耗均呈现下降趋势，特别是2008年和2009年，万元增加值能耗分别下降了7.82%和14.99%，2005年—2009年累计下降22.34%。2010年上半年有色金属行业单位增加值能耗再次上升了8.11%。

表7-3 2005年—2009年有色金属工业能源强度

	增加值（亿元）	能源消耗（万吨标煤）	万元增加值能耗（吨标煤/万元）	万元增加值能耗逐年变化率（%）	相对于2005年万元增加值能耗累计变化率（%）
2005	2175	8084	3.72	—	—
2006	2675	9600	3.59	-3.46	-3.46
2007	3175	11697	3.68	2.65	-0.91
2008	3579	12151	3.40	-7.82	-8.65
2009	4083	11787	2.89	-14.99	-22.34

注：（1）增加值为规模以上有色金属工业企业增加值，2006年—2009年增加值依照可比价格年增长率推算，均为2005年不变价格增加值。（2）资料来源：2005年—2008年能耗数据来自《中国能源统计年鉴2009》；2005年增加值及2006年—2008年增加值增速来自相关年份《中国有色金属工业年鉴》；2009年增加值增长率和能源消耗下降率来自王炜，《我国有色金属工业能耗去年下降3%》①，人民网，2010年3月18日。

7.2.6.2 能源技术水平的提高

主要产品单产能耗的降低既是行业整体能源效率提高的基础，也是有色金属工业节能降耗的重要目标。如表7-4所示，除2007年部分指标有所波动外，“十一五”以来有色金属工业主要产品单产能耗下降趋势明显。2005年—2009年，铜冶炼综合能耗下降56%，氧化铝综合能耗下降了64%，铝锭综合交流电耗下降97%，铅冶炼综合能耗下降69%，电解锌综合能耗下降51%。《有色金属工业节能减排方案》确定的“十一五”节能目标均提前超额完成。

表7-4 2005年—2009年主要有色金属单产综合能耗

指标	2005年	2006年	2007年	2008年	2009年
铜冶炼	733.07	594.75	485.80	444.27	412.28
氧化铝	998.23	802.66	868.11	794.41	641.17

① 该报道称“2009年有色金属工业能耗为8314万吨标煤”，与能源统计年鉴中近年来有色金属工业能耗很难匹配，可能统计口径存在差别。本文中2009年有色金属工业能耗是依据该报道中“能耗下降3%”的数据推算，进一步计算的结果也印证了该报道关于有色金属工业“2009年万元工业增加值能耗同比下降15%”的数据。

续表

指标	2005 年	2006 年	2007 年	2008 年	2009 年
铝锭综合交流电耗	14574.74	14697.23	14441.29	14283.45	14131.45
铅冶炼	654.60	542.27	551.30	463.31	450.24
电解锌	1953.05	1247.49	1063.27	1027.60	994.92
锡冶炼	2444.57	2380.72	1813.03	1654.97	—
锑冶炼	1646.30	2071.70	2080.30	2021.86	—
铜加工材	719.88	531.39	565.10	314.47	—
铝加工材	746.16	538.78	450.56	371.40	—
镁冶炼	—	—	—	5320.46	—

资料来源：2005 年—2008 年数据来自相关年份《中国有色金属工业年鉴》；2009 年数据依据变化率推算，变化率来自《2009 年有色金属行业回顾和展望》（工信部网站）

7.3 有色金属行业节能减排目标

2012 年，我国有色金属工业发展面临的国际经济环境更加复杂，国内经济发展中不平衡、不协调、不可持续的矛盾和问题仍很突出。2012 年又是“十二五”规划承上启下的重要一年，国内市场对有色金属的需求仍保持增长态势。有色金属行业治理环保的力度进一步加大。

7.3.1 总目标

从 2011 年到 2012 年上半年，国家陆续出台了一系列跟金属行业相关的政策措施，《工业节能十二五规划》、《有色金属工业“十二五”发展规划》等提出，“十二五”期间，有色金属工业增加值年均增速达到 10%，单位工业增加值能耗降低 18%，单位工业增加值二氧化碳排放量降低 18%。

总节能目标：以 2005 年为基数，2015 年当年节能量约为 2124 万吨标煤，节能率 17.4%；与 2010 年预计比，节能量为 895 万吨，节能率 7.1%，到 2015 年全国有色金属冶炼的主要产品综合能耗指标要达到世界先进水平。

7.3.2 主要目标

《有色金属工业“十二五”发展规划》提出主要目标是，“十二五”期间，有色金属工业结构调整和产业转型升级取得明显进展，工业增加值年均增长 10% 以上，产业发展质量和效益取得明显改善。

表 7－5 “十二五”时期有色金属工业发展主要目标

指标	2010 年	2015 年
工业增加值年均增速（%）	15.8	10
新材料增加值占工业增加值比重（%）	8	15

续表

指标	2010 年	2015 年
规模以上企业研发支出占主营业务收入比重（%）	0.65	>1.5
10 种有色金属产量（万吨）	3121	4600
淘汰落后		
淘汰落后铜冶炼产能（万吨）	[50]	[30]
淘汰落后电解铝产能（万吨）	[84]	[80]
淘汰落后铅冶炼产能（万吨）	[40]	[120]
淘汰落后锌冶炼产能（万吨）	[20]	[40]
节能减排		
单位工业增加值能耗降低（%）		[18]
单位工业增加值二氧化碳排放量降低（%）		[18]
二氧化硫排放总量减少（%）		[10]

注：[ ] 内为五年累计数

7.3.2.1　产量目标

十种有色金属产量控制在 4600 万吨左右，年均增长率为 8%，其中精炼铜、电解铝、铅、锌产量分别控制在 650 万吨、2400 万吨、550 万吨和 720 万吨，年均增长率分别为 7.3%、8.8%、5.2% 和 6.9%。

7.3.2.2　淘汰落后产能目标及单位能耗目标

《工业节能“十二五”规划》提出，有色金属行业淘汰落后产能目标任务：电解铝 27 万吨，电解铝行业淘汰力度比“十一五”期间大幅增加 39%、铜冶炼 70 万吨、铅冶炼 115 万吨、锌冶炼 32 万吨、铅蓄电池 2000 万千伏安时。淘汰 100 千安及以下电解铝预焙槽，密闭鼓风炉、电炉、反射炉炼铜工艺及设备等。

按期淘汰落后冶炼生产能力，万元工业增加值能源消耗、单位产品能耗进一步降低。铜、铅、镁、电锌冶炼综合能耗分别降到 300 千克标煤/吨、320 千克标煤/吨、4 吨标煤/吨和 900 千克标煤/吨及以下，电解铝直流电耗、全流程海绵钛电耗分别降到 12500 千瓦时/吨和 25000 千瓦时/吨及以下。

表 7-6　“十二五”主要有色金属产品单位能耗下降目标

品种	2010 年	2015 年	降幅
铜千克标准煤/吨	350	300	14.3%
铝锭千瓦时/吨	14013	13300	5.1%
多晶硅（高温氢化）千克标准煤/吨	39000	33000	15.4%
多晶硅（低温氢化）千克标准煤/吨	36000	30000	16.7%

到 2015 年，力争完成 1500 万吨及以上电解铝技术改造，电解铝直流电耗降到 12500 千瓦时/吨以下，年节约电力 100 亿千瓦时。完成 120 万吨落后铅熔炼以及 300 万吨铅鼓风炉还原能力改造，年节约标煤 80 万吨；完成骨干镁冶炼企业技术改造，力争年节约标煤 100 万

吨。铜冶炼、电解铝、铅冶炼、钛冶炼等主要行业技术指标居世界领先。

7.3.2.3 环境治理目标

重金属污染将得到有效防控，2015 年重点区域重金属污染排放量比 2007 年减少 15%。在资源保障上，资源综合利用水平明显提高，国际合作取得明显进展，主要有色金属资源保障程度进一步增强。

7.3.2.4 节能技术推广目标

《工业节能“十二五”规划》提出，全面推广金属矿山高效选矿等技术及高效节能采矿、选矿设备。

在节能方面，“十二五”期间我国将以电解铝、氧化铝、铜、铅、锌、镁等产品生产过程节能为重点，全面推广有色金属冶炼烟气余热发电和铜材料短流程生产。同时，重点推广新型结构铝电解槽、低温高效铝电解、电解铝液合金化成形加工技术、氧气底吹熔炼液态高铅渣直接还原炼铅新工艺，并研发推广闪速炼铅工艺等。

做好高效节能铝制挂车产业化及示范应用，采用铝合金作为载重挂车结构材料，是实现轻量化节能的最有效途径，节能减排潜力巨大。实现高效节能铝制挂车产业化，也有利于扩大铝在交通领域的消费。

7.3.2.5 循环经济与产业布局目标

大力发展铜铝深加工产品和新材料等高附加值产业，加快发展再生资源加工园区和再生金属综合利用产业，严格控制电解铝新增产能，引导电解铝生产向能源资源丰富的西部地区转移。

到 2015 年，再生铜熔炼（杂铜 - 阴极铜）能耗低于 290 千克标煤/吨，再生铜熔炼金属回收率达到 96% 以上；再生铝熔炼能耗低于 140 千克标煤/吨，再生铝熔炼金属回收率达到 95% 以上；再生铅熔炼能耗低于 130 千克标煤/吨，废铅渣 100% 无害化处置，再生铅熔炼金属回收率达到 95% 以上。

在高值化利用方面，应显著提高废旧资源的高值化利用水平。应进一步拓展废旧资源的精深加工能力，提高再生铜、铝直接制杆水平，开发再生铜和再生铝各种新型合金材料等，丰富产品结构，拓宽使用范围，提升产业的附加值。

7.3.3 节能措施及实现目标

“十二五”有色金属行业节能减排的具体任务是采用先进适用技术，对现有生产能力进行技术改造，提高产业技术装备水平，淘汰落后，增加品种，改善质量，降低物耗、水耗和能耗等。

表 7-7 有色金属行业重点产品节能措施与目标

产品	节能措施	2015 年目标
电解铝	推广新型阴极结构铝电解槽、新型导流结构铝电解槽、高阳极电流密度超大型铝电解槽	新型结构铝电解槽普及率达到 80% 以上
氧化铝	推广低品位铝土矿高效节能生产氧化铝技术、拜耳法高浓度溶出浆液高效分离技术、串联法生产氧化铝工艺技术等	

续表

产品	节能措施	2015年目标
铜	研发推广氧气底吹炉连续炼铜、闪速炉短流程一步炼铜等技术	
铅锌	加快短流程连续炼铅节能技术、液态高铅渣直接还原炼铅工艺与装备的研发和推广	氧气底吹（顶吹）先进工艺占铅冶炼总产能的比重达到80%
镁冶炼	以焦炉煤气、半焦煤气、发生炉煤气、天然气或水煤浆等清洁能源为燃料，全面改造落后的镁冶炼生产工艺，支持内电阻加热硅热法还原技术及装备的研发和产业化示范，推广蓄热高温空气燃烧技术。另外，还将推广中频炉双联溶化技术，示范应用高精密近净成型、铝镁合金挤压铸造等技术及装备。提高节能机电产品设计、制造水平和加工能力，重点发展变频电机、稀土永磁电机等	2级以上能效电机应用比例达到80%

7.4 有色金属行业节能减排展望

7.4.1 有色金属行业节能减排潜力预测

由前可知，“十一五”以来有色金属工业节能降耗成效显著，而与此同时，节能降耗工作的基础仍不稳固。2008年和2009年，能源效率大幅提高主要是由于节能减排工作的不断深入，但国际金融危机对能源利用技术水平较低的企业造成更大冲击也是重要原因，2010年上半年，随着国际金融危机的影响减弱有色金属工业能源效率大幅下降，在一定程度上反映了行业内部依然存在相当数量的相对落后产能。目前我国处于工业化中期阶段，作为工业体系中的基础性行业，有色金属工业在未来一段时期仍将保持较快增长。

据中国有色金属工业协会预测，2015年我国10种有色金属表观消费量达4380万吨，为2008年消费量的1.74倍。在这种情况下，有色金属工业节能降耗的压力仍十分突出。

7.4.1.1 能源技术升级仍将是节能的重要内容

在各级政府和有关企业的共同努力下，“十一五”期间有色金属工业能源技术水平大幅提高，部分产品单产能耗已经达到国际先进水平，为行业节能降耗做出了重要贡献。但整体而言，有色金属工业能源技术水平仍有一定的提高空间。2008年至2010年国家发改委先后推出了三批《国家重点节能技术推广目录》，第二批和第三批目录预计了到2015年相关技术的节能效果，其中直接应用于有色金属工业的节能技术共5项，预计到2015年共实现节能能力340万吨标准煤。

根据有色金属工业协会“十二五”节能减排前期研究显示，如果2015年全国有色金属冶炼的主要产品综合能耗指标达到国际先进水平，2015年相对2005年当年节能量约为2124万吨标煤，与2010年预计相比节能量达到895万吨，节能率7.1%，减少二氧化碳排放2404万吨。

由此可见，能源技术进步仍将是有色金属工业“十二五”期间节能降耗的主要途径，但另一方面，随着我国有色金属工业能源技术水平逐渐与国际先进水平接近，单纯依靠引进国际先进技术的能源技术升级模式的节能潜力将不断缩小。从长远来看，在引进国外先进能源技术的同时，积极开展有色金属工业节能技术的研发，提高我国相关技术的原始创新能力将成为我国有色金属工业能源技术升级和技术节能的根本保障。

7.4.1.2 再生有色金属在节能中的作用更加突出

我国有色金属资源相对较为匮乏，就目前的生产规模而言我国有色金属资源可供开采年限十分有限，根据中国有色金属工业协会再生金属分会公布的《有色金属行业实施循环经济试点单位进展及措施建议》，即使按照2005年生产规模计算，铜保有储量的静态保证年限约9年，铝土矿静态保证年限不足18年，铅静态保证年限仅为5年，锌的静态保证年限仅为8年。充分利用废旧有色金属资源，实现有色金属再生利用是解决我国资源不足的重要途径。除此之外，由于不需要采矿、选矿以及冶炼等环节，再生有色金属相对于原生金属能耗大幅下降，具有很强节能效果。

表7-8 原生有色金属与再生有色金属能耗指标

	采矿综合能耗	选矿综合能耗	冶炼综合能耗	原生金属生产能耗	再生金属生产能耗	再生金属节能量	再生金属能耗占原生金属能耗的比重
铜	334.0	623.0	485.8	1444.0	390.0	1054.0	27.0
铝	36.0	1997.0	1881.0	3916.0	150.0	3443.0	4.0
铅	175.6	117.1	551.3	844.0	185.0	659.0	22.0

近年来依赖废旧有色金属的进口，我国再生金属行业发展迅速，但相比而言，我国再生有色金属发展依然较为落后，2008年，我国再生铝占铝（包括原铝和再生铝）产量的比重为17.27%，而世界平均水平为20.41%，美国再生铝的比重为56.42%，日本再生铝的比重更是高达99.38%。

“十二五”期间随着我国废旧有色金属量的增加，加之相关政策的完善，再生有色金属将进入快速发展阶段。目前《2009—2015年再生有色金属利用专项规划》初稿已经完成，根据规划，2015年我国再生有色金属总产量将达到1100万吨，再生精炼铜、再生铝和再生铅产量分别达到当年精炼铜、电解铝、精铅产量比例的40%、30%和30%以上。按照2009年的水平，届时再生有色金属相比原生金属年节能量将超过2000万吨标准煤，即使考虑到原生金属能耗降低因素，2015年再生有色金属年贡献节能量也应在1500万吨标准煤左右。可见，再生有色金属将成为“十二五”乃至更长时期有色金属工业节能降耗的重要力量，其整体贡献随着我国废旧金属大量进入循环阶段而日益突出。

7.4.1.3 循环经济节能潜力巨大

近年来，我国有色金属行业循环经济发展迅速，尽管受矿产资源品质下降的影响，我国资源利用效率和综合利用率仍明显提高。2007年公布的《有色金属行业实施循环经济试点单位进展及措施建议》有色金属工业协会再生金属分会的数据显示，国内有色金属矿山回采率平均达到79%，选矿回收率平均达到87%，冶炼回收率平均达到95%；10%的黄金、90%的白银是在有色金属冶炼过程中综合回收的，有色金属工业综合回收的金属量已占年产量的15%左右。在多年的发展过程中，许多企业也创造了多种循环经济的模式，通过余能的回收再利用、废弃物的综合利用以及与相关产业的协作发展，在降低单产能耗的同时增加了企业的经济效益，综合能源效率大幅提高。目前，我国有色金属工业循环经济仍处于发展初期，循环经济发展主要集中于大型企业和试点企业，循环经济技术路线还有待优化，企业间和产业间的循环尚不健全。“十二五”期间，根据相关规划，有色金属工业循环经济将进入快速发展阶段，鉴于循环经济在降低能源和资源消耗的同时增加本产业和相关产业经济效益的特点，循环经济将成为未来有色金属工业节能降耗的重要支持。

7.4.2 有色金属行业节能减排途径分析

7.4.2.1 行业科技进步是节能减排的关键

有色金属行业要想在今后的节能减排工作中取得突破，依靠科技创新始终是一个关键。

一要加大节能减排共性和关键技术的突破力度，争取突破一批能够全面提升有色金属工业能源利用效率，有利于保护环境的突破性重大科技成果，从根本上改变有色金属生产能耗高、污染重的现状；

二要加大节能减排成熟技术的推广力度，鼓励和支持先进工艺和技术的开发和应用，如发展余热利用与节能技术，过程控制与优化技术等，推广低温低电压铝电解技术、曲面阴极铝电解技术、曲面阴极磷生铁浇铸技术等先进工艺和技术的运用，采用高效节能工艺和设备，电解铝液直接连续制备合金铸造坯、铸轧板坯、有色金属加工节能技术等；

三要加大清洁生产技术和装备的研究开发力度，将资源综合利用与“三废”减排有机结合，使减排工作重心由末端治理向源头减量控制转移，形成生产全过程“减排”技术系统；

四要加大科技支撑平台的建设力度，努力建成以企业为主体、市场为导向、产学研相结合的节能减排技术创新体系，在工程技术研究中心、企业技术中心等技术创新平台建设上要取得突破性进展；

五要加大自主创新型企业的培育力度，大力培育拥有自主知识产权、自主品牌和持续创新能力的创新型企业，引导企业实施“品牌战略”和“名牌战略”；

六要进一步提高科技创新项目的层次。鼓励支持自主创新型企业成为科技计划项目实施的载体，成为行业优化经济结构、转变增长方式的主力，成为行业技术攻关、自主研发的骨干。

专栏7-1

富氧技术应用与推广

富氧技术及时采用比空气中氧含量高的空气来代替普通空气进行操作，以提高反应效率，是节能降污的一项有力措施。比如，炼铜用空气熔炼烟气带走的热量占总热量的50%~60%，用42%的富氧空气烟气带走的就只占总热量的25%~30%。富氧浓度越高，烟气热损失越少。密闭鼓用空气炼铜，一般要消耗0.8~1.1t焦炭才能生产1t粗铜。随着我国制氧技术的不断进步，铜冶炼企业利用富氧熔炼已经普遍，2009年全国平均每吨粗铜的综合能耗已降至366kg标煤。因为有些工艺对富氧浓度有限制，难以超过50%，熔炼需要外供燃料。近年，山东东营方圆铜厂采用氧气底吹炼铜、氧气浓度高达70%~80%，熔炼过程不需要补充任何燃料，每吨粗铜能耗在180~220kg标煤（据精矿品位不同），处世界最好水平，足以说明富氧技术对节能减排的效果。

专栏7－2

技术改造重点

铝冶炼。重点推广新型结构铝电解槽、低温低电压铝电解等高效节能技术；低品位铝土矿高效节能生产氧化铝技术、氧化铝生产过程余热回收利用技术。

铜冶炼。推广氧气底吹炉炼铜等技术。

铅冶炼。推广富氧底吹熔炼、液态铅渣直接还原炼铅工艺等先进技术，加快对落后熔炼、鼓风炉还原等进行技术升级改造。

镁冶炼。推广套筒竖窑及蓄热式竖式还原炉技术。

钛冶炼。重点推广植物油除钒技术、铝粉除钒技术、新型节能还蒸炉、多极槽镁电解等技术。

铜铝加工。推广铜铝加工短流程生产技术，积极开发引进大断面、复杂截面铝合金型材制造技术、大型高性能铝合金预拉伸板制造技术及装备，高强高导新型铜合金制造技术及装备。

稀有金属。推广微量杂质低成本高效分离技术、高纯金属制备新技术、高功率电子束熔炼炉及难熔金属的提纯技术及装备等，生产高档硬质合金、高纯化合物、高纯金属细粉、大卷重丝材、大规格高性能板、棒材及特种钨、钼制品等精深加工产品。

7.4.2.2　加大重金属污染防治力度，全面推进重金属污染防治，遏制重金属污染事件高发态势

近年来重金属污染事件连续发生，严重威胁人民群众的身心健康，影响社会稳定。在2011年1到8月，全国发生了11起重金属污染事件，对周边生态环境的影响范围之广、对民众生命健康的危害之大，引发了社会的高度关注。云南曲靖铬污染事故尚未平息，广西柳州的龙江河镉污染事故再一次令人触目惊心。

国家对此高度重视，出台了一系列的政策措施对重金属污染进行综合整治。

一是积极推进重金属污染防治规划的实施。从2012年起将开展对各省的重金属污染防治规划的考核，考核结果将向社会公布，考核不合格且问题突出的地区将严格实施涉重项目区域限批。二是严格新增重金属污染物排放总量。所有新建涉重建设项目必须有明确的重金属污染物排放总量来源。实现重点重金属污染物新增排放量零增长。三是将规划考核结果作为重金属污染防治专项资金支持的重要依据。中央财政安排重金属污染防治专项资金将以规划实施考核结果为依据，优先支持重金属污染物削减量较大的重点区域、综合整治基础好、地方政府重视程度高、整治力度大、预期环境效益显著以及社会关注度高的重点示范区域。凡是规划实施考核不合格、重金属污染防治工作重视度不高、整治效果不显著的地区，中央财政将不予资金支持。

2011年，全国81%的铅蓄电池企业因不能达标排放而被取缔关停，只有315家企业正常生产。

环保部将联合国家发改委、监察部等9部门，用最严厉的措施整治重金属污染，特别是

要对铅蓄电池行业，以及涉镉、汞、铬、砷行业进行整治。这已经是9部门连续3年联手整治重金属污染。

引用环保部部长周生贤的话，对重金属企业将采取“六个一律”和“双否决”的高压手段：对不符合国家产业政策、应淘汰的落后生产工艺，一律取缔；对未经环境影响评价或达不到环境影响评价要求的，一律停产整治；对环境保护、安全设施、职业健康“三同时”执行不到位的，一律停止生产；对无污染治理设施、污染治理设施不正常运行或超标排放的，一律停产整治；对不能依法达到防护距离要求的，一律停产整治；对排查整治工作不到位，发生重大环境污染事件的，一律追究责任。“双否决”即：对重金属整治工作不力，发生重大环境污染事件的地区实行一律否决各种环保荣誉称号（包括环保模范城、生态建设示范区等），一律否决重金属污染防治目标任务的考核，并对该地区实施涉重金属行业区域限批。

以重有色金属污染防治为重点，按照《重金属污染综合防治“十二五”规划》和《重点区域大气污染联防联控“十二五”规划》要求，遵循源头预防、过程阻断、清洁生产、末端治理的全过程综合防控原则，加快重点区域重金属污染防治。

1. 限制重金属污染排放项目

严格准入条件，优化产业布局，禁止在自然保护区、饮用水水源保护区等需要特殊保护的地区，大中城市及其近郊，居民集中区等对环境条件要求高的区域内新建、改建、扩建增加重金属污染物排放的项目。到“十二五”末，仅保留少数符合环保排放要求的原生汞冶炼企业，取缔其他原生汞冶炼企业。汞触媒回收企业应配套有汞蒸汽回收装置，严格控制其他地区新建的汞触媒回收企业。

2. 积极推行清洁生产

大力推广安全高效、能耗物耗低、环保达标、资源综合利用效果好的先进生产工艺，强化从源头防控重金属污染。依法实施强制性清洁生产审核。加强重金属污染治理设施建设，鼓励企业在达标排放的基础上进行深度处理。实施区域综合整治，以湘江流域为重点，推进污染产业密集、历史遗留污染问题突出、风险隐患较大的重金属污染区域综合整治。

3. 强化监管能力建设

加强重金属污染环境监测能力，推行污染源自动监控，重金属废气、废水排放企业要安装相应的重金属污染物在线监控装置，并与环保部门联网。

专栏7-3

重金属污染治理重点工程

污染源综合治理工程。包括治污设施升级改造、污染源环境风险防控设施建设、工业园区重金属“三废”集中处理处置、工业企业污染治理项目等。

落后产能淘汰工程。包括列入产业结构调整指导目录、区域产业政策中处于淘汰类别的生产工艺和生产能力；符合产业政策但经过限期治理难以稳定达标的项目。

技术示范工程。对采选冶炼清洁生产技术、含重金属污染综合处理处置、废铅蓄电池资源化利用、污染源治理技术、污染修复等技术开展示范试点。

清洁生产工程。主要是以通过加大清洁生产技术改造力度，减少生产工艺过程中重金属副产物或污染物产生，从源头降低环境风险的项目。

基础能力建设工程。按照重金属污染特征和监测的实际需要，逐级配置重金属实验室监测仪器、在线监测仪器、应急监测仪器、重金属采样和前期处理设备以及监察执法设备。

解决历史遗留污染问题试点工程。包括污染隐患严重的尾矿库、废弃物堆存场地、废渣、受重金属污染农田、矿区生态环境修复工程项目。

7.4.2.3 控制高耗能产业过快增长，加快淘汰落后产能

提高节能环保市场准入门槛，严把土地、信贷两个闸门，严格控制新建高耗能、高污染项目。建立高耗能产业新上项目与地方节能减排指标完成进度挂钩、与淘汰落后产能相结合的机制。继续运用提高资源税、调整出口退税、将部分产品列入加工贸易禁止类目录等措施，控制高耗能、高污染产品出口。加大差别电价实施力度，提高高耗能产品差别电价标准。

依靠法律、经济和必要的行政手段以及技术进步，按期淘汰落后产能。

专栏7－4

有色金属行业落后产能淘汰目录

铜：鼓风炉、电炉、反射炉炼铜工艺及设备（2011年），铜线杆（黑杆）生产工艺，无烟气治理措施的再生铜焚烧工艺及设备，50吨以下传统固定式反射炉再生铜生产工艺及设备。

铝：铝自焙电解槽及100KA及以下预焙槽（2011年），利用坩埚炉熔炼再生铝合金、再生铅的工艺及设备，铝用湿法氟化盐项目，1万吨/年以下的再生铝，4吨以下反射炉再生铝生产工艺及设备。

铅：采用烧结锅、烧结盘、简易高炉等落后方式炼铅工艺及设备，1万吨/年以下的再生铅项目，未配套制酸及尾气吸收系统的烧结机炼铅工艺，烧结－鼓风炉炼铅工艺。

锌：采用马弗炉、马槽炉、横罐、小竖罐等进行焙烧、简易冷凝设施进行收尘等落后方式炼锌或生产氧化锌工艺装备。

锑：采用地坑炉、坩埚炉、赫氏炉等落后方式炼锑。

汞：采用铁锅和土灶、蒸馏罐、坩埚炉及简易冷凝收尘设施等落后方式炼汞。

其他有色金属：采用土坑炉或坩埚炉焙烧、简易冷凝设施收尘等落后方式炼制氧化砷或金属砷工艺装备，烟气制酸干法净化和热浓酸洗涤技术，再生有色金属生产中采用直接燃煤的反射炉项目。

7.4.2.4 加大节能力度

严格执行《节约能源法》，按照国家节能减排总体要求，降低有色金属工业单位增加值能源消耗。积极推进有色金属行业电力需求侧管理试点示范。大力推广高效节能采选工艺和设备、自热强化熔炼工艺、低温低电压铝电解节能技术、湿法冶金节能先进技术等。积极开展节能技术和项目示范，推进能源转换和梯级利用，加强企业能源管理中心建设，提高能源利用效率。

7.4.2.5 着手发展循环经济

目标：按照减量化、再利用、资源化的原则，建设以提高资源产出效率和提高资源保障为目标的有色金属工业循环经济项目。到2015年，主要再生有色金属产量达到1200万吨，其中再生铜、再生铝、再生铅占当年铜、铝、铅产量的比例分别达到40%、30%、40%左右。

主要内容：遵循循环经济理念，建设和改造各类产业园区。推行清洁生产，从源头和全过程控制污染物产生和排放，降低资源消耗。加强共伴生矿产、尾矿及冶炼渣综合利用，提高资源综合利用水平。完善再生资源回收体系，推进再生资源规模化高效利用。

按照循环经济发展模式，支持建设若干资源基础雄厚、产业链完整、特色鲜明、资源高效利用、环境友好的有色金属新型工业化示范基地。支持建设优势互补、合作双赢的东、中、西部产业转移合作示范区。

这就要求把建设资源节约型、环境友好型工业作为有色金属工业发展的着力点。大力发展循环经济，提高能源资源综合利用水平，推广绿色、节能、低碳技术，实现可持续发展。并且还要鼓励低品位矿、共伴生矿、难选冶矿、尾矿和熔炼渣等资源开发利用。促进铜冶炼企业原料中各种有价元素的回收，冶炼渣综合利用，以及冶炼余热利用。建立完善再生铜资源利用体系，规范回收、拆解，建设一批规模化再生利用示范工程。

专栏7-5

有色金属行业循环经济重点工程

资源综合利用工程。支持在有产业基础的地区改扩建形成一批利用废渣回收有价金属综合利用示范工程，在氧化铝产区建设赤泥综合利用示范工程。

高铝粉煤灰综合利用工程。按照国家统一规划要求，在内蒙古、山西等高铝煤炭资源丰富地区，依托有技术基础和实力的骨干企业建设高铝粉煤灰综合利用工程。

再生金属回收利用工程。在珠江三角洲、长江三角洲、环渤海和成渝经济区等具备一定产业基础的区域，改扩建形成若干规模化再生铜和再生铝等示范工程。

7.4.2.6 开展铝行业能效对标

开展能效对标检测是了解电解铝企业能效的重要手段。但要实现真正的节能减排，则需要实现中间过程对标，对重点工序、重点工艺技术指标对标。进而针对各企业能效水平现状，对标生产中间过程，制定节能减排的针对性措施及方案，可以为各电解铝企业实现大幅度节能减排提供强有力的保证。因此电解铝行业开展能效对标工作是电解铝企业促进节能管理，提高能源效率水平的有效手段。开展能效对标活动也将充分挖掘企业节能潜力，增强企业竞争力。

7.4.3 有色金属行业节能减排保障措施

7.4.3.1 完善产业节能减排政策

严格执行《产业结构调整指导目录（2011 年本）》、《部分工业行业淘汰落后生产工艺装备和产品指导目录》、行业准入条件及相关产业发展政策。进一步提高行业准入门槛，严格行业准入管理。加强有色金属产业政策与财税、金融、贸易、土地、环境保护和安全生产等政策的衔接。进一步规范废金属进口通关秩序，完善废金属进口通关的检测场地、设备和标准。

严格执行节能减排淘汰落后产能问责制，对未完成节能减排、淘汰落后产能任务的地区和企业，暂停投资项目核准和技术改造政策支持。对按期完成节能减排任务的企业给予奖励。地方各级政府要对限期淘汰的落后装备严格监管，禁止落后产能异地转移。

7.4.3.2 完善行业管理

各级工业主管部门要加强有色金属行业政策、规划、标准的制订和实施，及时解决行业发展中出现的重大问题。建立健全有色金属工业运行监测网络和指标体系，强化行业信息统计和信息发布。积极发挥协会在信息交流、行业自律、企业维权、科技创新、节能减排、诚信建设等方面的作用。

7.4.3.3 加快废旧有色金属回收利用体系建设

制定《再生有色金属回收利用管理办法》，鼓励各地结合实际出台促进再生有色金属回收利用体系建设的规章制度。以国内再生资源回收体系试点建设为基础，结合我国废旧有色金属资源回收特点，充分利用、规范和整合现有废旧有色金属回收渠道，统一规划、合理布局，选择具有一定规模和实力的企业建设再生有色金属回收示范工程，加快废旧有色金属规范化交易和集中处理，引导和支持再生有色金属利用企业建立长期稳定的原料来源渠道，在全国逐步形成覆盖全社会的再生有色金属回收利用体系。

7.4.3.4 加大有色金属行业环保核查力度

环保部门正考虑与证监部门研究建立上市环保核查的信息共享和部际联席机制。由于重点行业环保核查和上市环保核查标准一致，两部门有望建立“白名单”和“黑名单”对于通过行业核查的企业免于上市核查；对于行业核查中发现严重污染或弄虚作假的企业，则在上市核查中不予受理或终止核查。

另外，环保核查过程中，中央和地方的核查门槛也存在着很大的差异，地方政府为了保护地方企业往往放轻了对企业的环保核查力度。有媒体报道称，今后环保部将严肃处理地方环保部门“越权”出具意见等违规行为，并向社会通报；各地可与同级证券监管部门建立合作联动机制，督促企业提前着手解决环保问题；各省级环保部门要督促上市公司及时、完整、真实、准确地披露环境信息，定期开展上市公司环保后督察，结果要及时上报环保部，由环保部统一发布。

7.4.3.5 发展再生有色金属产业

近年来，在有色金属巨大的市场需求和一系列政策支持之下，我国再生有色金属产业获得了迅猛发展，并产生出巨大的经济效益、环境效益和社会效益。我国有色金属矿产资源相对短缺，资源消耗量持续增加，重要资源对外依存度逐年攀升，目前铜原料约65%、铝原料约55%、铅锌原料约30%需要进口，并且还有进一步扩大的趋势。随着我国经济的持续发展，对资源的需求加剧，大力发展再生有色金属产业有利于解决国内自然矿产资源不足与有色金属需求增长之间的矛盾。

发展再生有色金属产业已成为我国有色金属工业节能减排的重要举措。有色金属具有多次循环利用的性能，发展再生有色金属产业，既保护了原生矿产资源，又节约能源、减少污染。据测算，与原生金属生产相比，每吨再生铜、再生铝、再生铅分别相当于节能1054千克、3443千克、659千克标煤，节水395立方米、22立方米、235立方米，减少固体废物排放380吨、20吨、128吨，每吨再生铜、再生铅分别相当于少排放二氧化硫0.137吨、0.03吨。而本身有色金属作为传统的高耗能行业，面临着节能减排的巨大压力。发展再生有色金属产业无疑是实现节能减排目标的重要举措。

7.4.3.6 大力发展精深加工产品

《“十二五”资源综合利用指导意见》提出：到2015年，主要再生资源回收利用率提高到70%，其中再生铜、铝、铅占当年总产量的比例分别达到40%、30%和70%。

虽然目前中国有色金属加工业已经形成一定的规模，但是中国有色金属工业整体还处在国际产业链分工的低端环节，全球资源配置能力尚未形成，大多数企业实际上仅仅是有色金属某一环节的生产者。上下游行业的结构失衡日趋严重。一些技术含量高、附加价值大的有色金属精深加工产品还不能实现国产化，满足高端制造业的有色金属加工产能仍然不足。因此，在优化传统产业结构的同时，大力发展精深加工产品具有重大意义。

由于有色金属“深加工”符合当前“节能减排”大趋势，因此在未来“深加工”很有可能将成为行业投资的重点，但由于“深加工”对资金投入、工艺设备、工艺参数、员工技能等很多方面都有较高的要求，目前在“深加工”领域发展较早的企业将相对更受益于国家的扶持政策。

《规划》指出，以发展精深加工、提升品种质量为重点，以轻质、高强、大规格、耐高温、耐腐蚀、低成本为发展方向，大力发展铝、镁、钛等高强轻合金材料，以提高性能、降低成本为方向，加快发展高性能铜合金材料、铅锌镍各种合金及其他功能材料，满足战略性新兴产业化以及国家重大工程的需求，形成若干布局合理、特色鲜明、产业聚集的有色金属精深加工产业生产基地。

7.4.4 推进有色金属工业节能降耗工作的若干建议

7.4.4.1 积极构建产业技术升级机制

“十一五”期间我国有色金属工业淘汰落后产能工作取得了良好的效果，但总体上看主要是依靠政府的行政手段。淘汰落后产能属于产业技术升级的范畴，具有长期性和动态性的特点，从长远来看需要完善的机制加以保障。未来一段时期内，在继续完善行业准入、产品能耗限额、出口退税、能源价格及相关税收政策同时，还应着力完善市场竞争机制，优化产业组织结构、打破行政性垄断，形成公平竞争的的市场环境，充分发挥市场的基础性作用，逐步形成由法律手段和市场机制共同作用的产业技术自发升级机制。

7.4.4.2 积极开发和支持高附加值产品

就效率目标而言，增强行业整体价值创造能力是提高能源利用效率的重要途径。未来有色金属工业应立足我国产业升级和新兴产业发展需要，重点发展高精、精密、高档有色金属加工材，加快研制高纯、轻质、高强度的有色金属新材料，积极推进高端产品产业化，全面优化有色金属工业产品结构，提高行业整体资源和能源产出率。

7.4.4.3 重点培育产业节能技术创新环境

充分调动有色金属科技型企业、大型有色金属生产企业、有色金属设备制造企业以及相关科研院校的积极性和主动性，建立多个专门的有色金属节能技术研究基地，加强自主创新，积极开展国际合作，重点突破矿物采选、有色金属冶炼、有色金属加工、废弃金属回收等领域的节能新技术和新工艺，全面提升我国有色金属工业节能技术创新能力，为行业能源技术的持续发展奠定坚实的基础；创新技术应用推广模式，鼓励设立专门性的能源服务公司，积极拓展节能新技术的应用渠道。

7.5 典型企业

7.5.1 中国五矿集团

7.5.1.1 环境保护绩效

2011 年，中国五矿集团公司坚持绿色运营，认真开展节能减排，大力加强生态保护，取得了良好的环保绩效。集团公司 2011 年万元营业收入综合能耗、二氧化碳排放量和化学需氧量排放量与 2009 年相比分别降低 65.5%，23.8% 和 24.3%，完成了 2011 年年度目标值。

表 7-9 五矿集团 2011 年环保绩效表（主要工业企业）

指标	单位	2009 年	2010 年	2011 年
综合能耗	万吨标煤	157.89	181.53	315.45
万元产值综合能耗	吨标煤/万元	1.121	0.707	0.37
SO_2 排放量	吨	4583.83	4685.36	19993.90
COD 排放量	吨	1124.22	1067.00	3214.59

7.5.1.2 争做绿色先锋企业

从 2011 年 7 月开始，中国五矿参加了联合国全球契约“可持续发展能源全民运动（Sustainable Energy for All）战略”任务小组，就相关议题展开讨论并提出建议。该战略由联合国秘书长潘基文倡导发出，旨在促使政府、企业和社会共同在 2030 年前实现三大目标：

1. 保证现代能源服务的普及；
2. 将全球能源强度减少 40%；
3. 将全球可再生能源的利用提供 30%。

集团下属企业锡矿山闪星锑业以技术创新为手段，推进低碳发展。公司锑冶炼厂在全国锑行业率先实现了废渣全部综合利用、废水和废气达标排放。年综合利用废渣 10 万吨，减少废水排放 120 万吨，减少二氧化硫排放 1 万吨。公司能耗由 2006 年的 1.23 吨标准煤/万元，下降到 2011 年的 0.8 吨标准煤/万元。

废渣年综合利用量（万吨）	10
废水排放年减少量（万吨）	120
二氧化硫排放年减少量（万吨）	1

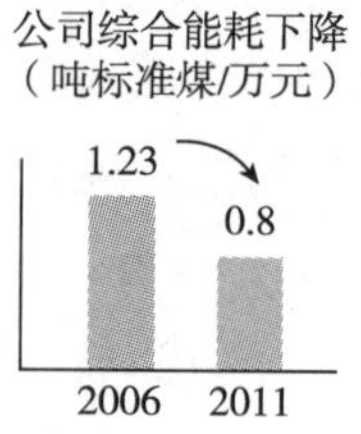

图 7－8　锡矿山闪星锑业环境绩效及能耗下降水平

7.5.1.3　推行清洁生产战略

2011 年鲁中矿业力推清洁生产审核工作，并通过环保主管部门的清洁生产审核验收，通过清洁生产审核，创造了良好的经济效益、环境效益和社会效益。

表 7－10　2011 年鲁中矿业清洁生产审核效果

绩效指标	无/低费方案（个）	中/高费方案（个）	投资额（万元）	经济效益（万元）	二氧化碳排放减少量（吨）	烟尘排放减少量（吨）	COD 排放减少量（吨）
2011 年	140	3	1534.97	3138.7	178.24	1643.4	94.95

7.5.2 中国铝业

2011 年，公司大力推进低碳经济，探索低能耗、低污染、低排放的绿色矿业发展模式，努力降低生产运营对环境的影响，加强对自然资源的可持续性开发与综合利用，不断提升环境绩效，取得显著成绩。

从数字看中铝公司 2011 年环境绩效：

- 环保投资支出 6.25 亿元
- 氧化铝综合能耗同比下降 3.06%
- 铝锭综合交流电耗同比下降 0.28%
- 钢材综合能耗同比下降 6.46%
- 碳素综合能耗同比下降 1.05%
- 精炼铜综合能耗同比下降 0.32%
- 按产品单耗计算，累计同比节能 32.45 万吨标煤
- COD 排放量同比下降 30.16%
- SO_2 排放量同比下降 1.61%
- 重复用水率 94.23%，同比提高了 0.96%
- 固体废物综合利用率 19.81%，同比提高了 1.37%
- 当年矿山复垦率 90%，累计矿山复垦土地面积 27394 亩

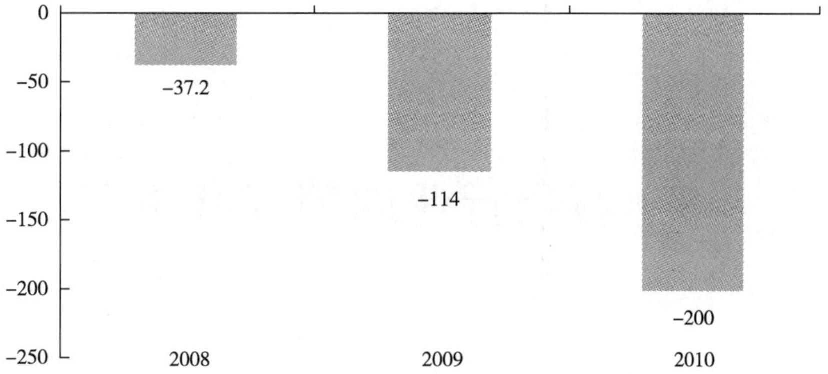

图 7-9 中国铝业电解铝综合交流电耗变化（千瓦时/吨）

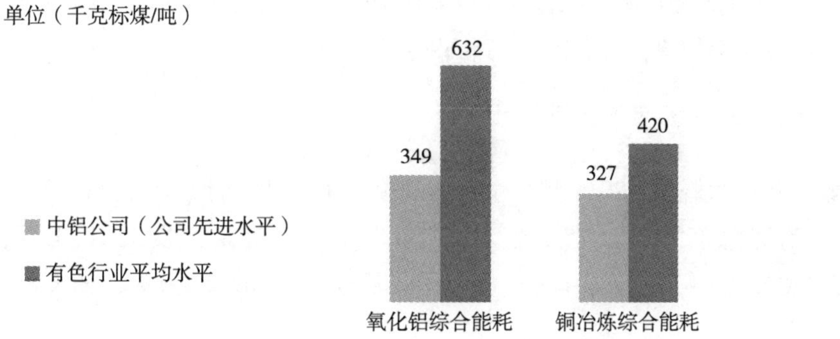

图 7-10 中铝公司能耗对比行业水平

8 石化行业的节能减排

8.1 石化行业运行综述

2011 年，石油和化学工业产业结构升级步伐加快，产品技术向高端领域延伸，进出口继续快速增长，投资稳中加快，市场供需基本平稳。

8.1.1 经济运行总体平稳

资产、收入及利润概况。2011 年，全行业规模以上企业累计总产值 11.28 万亿元，同比增长 31.5%；利润总额 8070.1 亿元，增长 18.83%；主营业务收入 10.8 万亿元，增长 30.44%；资产总计 7.74 万亿元，增长 18.73%；从业人员 669.53 万人，增长 8.59%。

8.1.2 主要产品产量稳步增长

2011 年，主要石油和化工产品产量总体保持较快增长。其中，烧碱、电石、甲醇、纯苯、农用化学品、石油钻井设备、化学试剂、轮胎等产品产量增幅较大。全国原油产量 2.04 亿吨，增长 0.3%；天然气产量 1025.3 亿立方米，增长 6.9%，原油加工量 4.48 亿吨，增长 4.9%；成品油产量 2.67 亿吨，增长 5.9%；化肥总产量（折纯，下同）6027.2 万吨，增长 12.1%；农药原药产量（折 100%）264.8 万吨，增长 21.4%；乙烯产量 1527.5 万吨，增长 7.4%；甲醇产量 2226.9 万吨，增长 36.3%；硫酸产量 7416.8 万吨，增长 12.2%；烧碱产量 2466.2 万吨，增长 15.2%；纯碱产量 2303.2 万吨，增长 13.4%；合成树脂 4798.3 万吨，增长 9.3%；轮胎外胎产量 8.32 亿条，增长 8.5%。

表 8－1 石化产品生产总量

序号	产品	2010 年	2011 年	增幅%
1	原油（亿吨）	2.03	2.04	0.3
2	天然气（亿立方米）	944.8	1025.3	6.9
3	原油加工量（亿吨）	4.2	4.48	4.9
4	成品油（亿吨）	2.53	2.67	5.9
5	化肥	6619.8	6027.2（折纯）	12.1
6	氮肥	4521.1		
7	磷肥	1701.4		
8	钾肥	396.8		

续表

序号	产品	2010 年	2011 年	增幅%
9	硫酸（万吨）	7060.1	7416.8	12.2
10	纯碱（万吨）	2029.3	2303.2	13.4
11	烧碱（万吨）	2086.7	2466.2	15.2
12	甲醇（万吨）	1574.3	2226.9	36.3
13	乙烯（万吨）	1418.9	1527.5	7.4
14	PTA	1455.4		
15	合成橡胶	310		
16	合成树脂（万吨）	4360.9	4798.3	9.3
17	PVC	1130.1		
18	电石	1462.3		
19	农药（万吨）	234.2	264.8	21.4
20	轮胎（亿条）	7.76	8.32	8.5

8.1.3 产业结构调整步伐加快

近几年来，随着产业结构调整和发展方式转变，专用化学产品、合成材料等高技术高附加值产品在化学工业利润增长中的比重不断攀升，成为提高行业经济增长质量的主要动力。2011 年，专用化学品利润占化学工业利润总额的比重约达 31.5%，较上年上升约 1.5 个百分点；合成材料占比 16%，较上年同期上升约 1 个百分点；有机化学原料占比 13.5%，较上年上升约 0.7 个百分点。专用化学品、合成材料、有机化学原料三大领域在化学工业产值增长中的贡献率达到 59%。

8.1.4 中西部地区石化化工产业发展提速

2011 年，中、西部地区投资增速同比分别达 34% 和 24.1%，快于东部地区增速 17.2 和 7.3 个百分点，比 2010 年分别加快 26.7 个和 16.3 个百分点；中西部地区投资占行业比重达 51.8%，较上年同期提高 2.5 个百分点。在投资较快增长的同时，西部地区新开工项目增长也相对较快，增长 5.13%，产业转移有所加快。

8.2 石化行业节能减排现状

我国石油和化学工业能耗占全国能耗总量的 13% 左右，占工业能耗总量的 18% 左右，位居所有工业部门的第二位，其中，化工行业约占工业能耗的 9%。2010 年全行业实现总产值 8.88 万亿元，跃居世界第二；全行业综合能源消耗 4.14 亿吨标煤，能耗增幅比全国平均水平低 32.7 个百分点，比工业平均水平低 26.4 个百分点。2010 年，全行业排放二氧化碳 8.63 亿吨，排放量仅次于电力和钢铁行业，位居工业部门第三位。据《中国石油和化工行业节能进展报告 2011》统计数据显示，“十一五”期间石油和化工行业的能源消耗年均递增 6.18%，支持了行业总产值年均增长 22% 的发展，能源消费弹性系数为 0.28。

8.2.1 主要产品综合能耗下降明显

2010年，吨原油加工综合能耗为99.3kg标煤，比2005年下降27.6%；吨乙烯综合能耗为880.7kg标煤，下降11.6%；吨合成氨综合能耗1356.4kg标煤，下降14.3%；电石、30%离子膜烧碱和纯碱的综合能耗也分别下降了14.8%、26.3%和29.1%。石化行业主要耗能产品的综合能耗已经接近或缩小了与国外的差距，以上成绩的取得与企业持续推进科技进步是分不开的。

8.2.2 行业单位增加值能耗下降显著，排放量明显降低

2010年化学工业单位工业增加值能耗比2005年累计降低35.8%，年均降低8.5%。“十一五”期间化学工业污染物减排扎实推进，成果显著。

表8-2 化学工业污染物减排成效

	SO_2 排放量	烟尘排放量	粉尘排放量	废水排放总量	固废排放总量
2005年	116.8	53.6	17.5	339052	70
2010年	104.0	43.6	14.1	309006	12.1
同比下降	11.0%	18.7%	19.4%	8.9%	82.7%

注：以上为化学原料及化学制品制造业数据。

8.2.3 行业综合能耗下降趋势放缓，部分产品综合能耗上升

2011年，石油和化工行业能源消耗量达4.45亿吨标准煤，同比增长8%，约占全国能源消耗总量的12.9%，能耗下降趋势放缓，电石、30%离子膜烧碱等重点产品的单位综合能耗不降反升。

8.2.4 循环经济初见成效

氮肥企业的废气、废渣综合利用水平不断提高，约50%的企业建设了综合利用的热电联产装置，二氧化硫回收利用，冷却水、中水循环利用等逐步得到推广。湿法磷酸精制、硫酸低温位热能回收、磷石膏制石膏板、制砖等大规模综合利用技术取得突破。钾盐伴生资源综合利用水平逐步提高。

8.2.5 大量淘汰落后产能

“十一五”期间，全行业企业淘汰落后产能取得重要进展。中石化5年累计淘汰落后炼油能力1700万吨；云天化集团关停了8套黄磷装置，淘汰产能2.2万吨；全行业累计淘汰电石落后产能305万吨，超额完成了国家下达的淘汰任务。

8.3 石化行业节能减排存在问题

尽管石油和化工行业在“十一五”期间节能减排取得较大进展，但从2011年数据明显看出，行业能耗下降趋势已经开始放缓，因此完成“十二五”节能减排任务依然十分艰巨。

一方面，我国石油和化工行业目前仍以生产基础原材料产品为主，精细化工产业比重不大，能源消耗较高、污染物排放量较大的特点一时还难以彻底改变。根据测算，目前我国原油加工、乙烯、合成氨、烧碱、纯碱、电石、黄磷等产品的平均能耗与国际先进水平的差距约5%～15%。另一方面，近几年石油和化工产业年均增长率均在20%以上，这相当于几年就再造一个同等规模的石化产业。国内石油化工行业大部分都是中小企业，技术工艺水平较为落后，生产的主要产品大都是属于“两高一资”产品，与世界石油化工强国的距离还比较大。

面对节能减排的空间趋小、难度加大的形势，为实现“十二五”节能减排目标，必须将发展方式转变到内生增长、创新驱动上来，控制能源使用总量，大力提高能效水平，坚决淘汰落后产能，积极推行清洁生产。

8.3.1 石化行业面临资源环境及公众形象的制约

2010年我国石油和化学工业能源消费4.14亿吨标煤，位居所有工业部门第二位；废水、废气、废固等污染物排放在全国工业领域分别居第1、第4和第5位。目前，我国原油、天然气、钾资源、天然橡胶、硫资源等大宗原料对外依存度较高，石油对外依存度已经超过50%，天然胶对外依存度超过70%，硫资源对外依存度达60%，钾肥对外依存度也在50%左右。

各种污染事件时有发生。松花江水污染、云南曲靖镉污染、渤海湾漏油污染等在社会上产生了很大影响。

高资源能源消耗、高污染的发展模式导致资源、环境已难以承载，资源短缺、环境污染成为制约石油和化学工业继续发展的重要瓶颈，“谈化色变”的现象普遍存在，石化行业的形象亟待改善和澄清。

8.3.2 石化行业节能减排面临的重大压力

一是推进资源节约、减少碳的排放成为国际社会的强烈要求，我国政府已经承诺，到2020年实现单位GDP二氧化碳排放下降40%～45%的目标，节能减排的任务艰巨。

二是发达国家为刺激经济复苏，实行宽松的货币政策，推高能源、原材料等大宗商品的价格，增加了石油和化工企业的成本。

三是发达经济体正在进行产业结构的深度调整，抢占科技和产业竞争的制高点，我国石油和化工企业面临着更加激烈的国际竞争。

四是发达国家以绿色标签、安全标准等新的方式，频繁发起贸易保护，针对我国石油和化工产品的贸易摩擦呈上升趋势，对行业发展形成了倒逼机制。

8.3.3 石化行业节能减排工作面临的难度

8.3.3.1 高耗能、高污染产品产能过剩

近几年来，我国氮肥、纯碱、烧碱、电石、黄磷等传统产业的投资增长速度过快，导致传统大宗石化产品的产能过剩、装置开工率低、资源浪费严重等问题。以我国“十一五”期

间跃升至全球产量第一的甲醇、烧碱、聚氯乙烯为例，2010年这3种产品的开工率分别不足45%、72%和54%。由于“十一五”期间石化行业大多数产品产能大幅增长，产品供给已经由“整体数量短缺”变为“结构性过剩”，因此，调结构、淘汰落后产能的任务十分严峻。同时调控机制不力和地方保护，使国家产业政策不能得到贯彻落实，抑制高耗能、高污染、高消耗产品产能过快增长的势头难度很大。

8.3.3.2 企业节能减排的基础工作薄弱

化工企业能源消耗和污染物排放的统计办法很不健全，有的是十多年前制订的，已明显不适应当前行业发展的需要；有的根本没有标准，需要立即研究制订。即使是国家统计局的统计数据，也有很多需要各行业协会帮助核实。与此同时，化工企业节能减排能源计量和管理队伍薄弱，许多企业没有专职的能源和环保管理机构、人员。

8.3.3.3 节能减排技术的开发力度不够

化工企业节能减排工作技术支撑不足。这些年化工企业在扩大规模上投入较多，而用于节能减排的技术开发投入不足，在新设备、新技术、新工艺研发上投资力度不够。即使有一些企业开发了好的节能减排技术，出于自身利益的考虑，也不愿意在行业内共享。

8.3.3.4 员工节能减排意识不强，技能不高

化工企业职工还没有真正养成良好的节能减排习惯，如物料使用大手大脚、宁多不少，不按标准恰到好处地使用，没有养成从点滴做起、自觉节约的习惯。化工企业特别是大型企业，生产装置都已采用DCS控制，人为因素对装置运行的影响相对较小，造成员工对自动化控制系统依赖性增强，如果对设备性能、产品特点、工艺标准、生产流程不能完全掌握，不懂、不会操作，不能及时排除故障和隐患，不但会造成产品质量问题，还会带来更大的资源和能源浪费，甚至会造成严重的安全事故。

此外，对于已经具有成套节能减排成熟技术的行业，国家在技术、设立专项支持方面，也显得力度不够。

8.4 石化行业节能减排展望

8.4.1 石化行业“十二五”节能减排目标

《工业节能“十二五”规划》提出，截至2015年，石化行业的单位工业增加值能耗比2010年下降20%。万元GDP能耗降低幅度将会在15%左右，即2015年达到0.85万吨标煤。

《石化和化学工业“十二五”发展规划》提出了石化和化学工业“十二”节能减排目标，包括水耗、能耗、二氧化硫及主要污染物减排的总体目标，炼油、乙烯、合成氨的降耗指标等。具体是：全行业单位工业增加值用水量降低30%、能源消耗降低18%、二氧化碳排放降低17%，化学需氧量（COD）、二氧化硫、氨氮、氮氧化物等主要污染物排放总量分别减少8%、8%、10%、10%，挥发性有机物得到有效控制。炼油装置原油加工能耗低于86千克标准煤/吨，乙烯燃动能耗低于857千克标准煤/吨，煤制合成氨装置综合能耗低于1350千克标准煤/吨。

化工行业节能减排目标：合成氨综合能耗降至1350千克标准煤/吨，其中以天然气和焦

炉气、无烟块煤、非无烟煤为原料的合成氨单位产品综合能耗分别降至1150千克标准煤/吨、1300千克标准煤/吨及1650千克标准煤/吨以下；磷石膏综合利用率提高到40%。

农药“十二五”规划环境资源目标：到2015年，特殊污染物处理技术进一步提高和完善，“三废”排放量进一步减少，主要污染物排放总量减少10%以上。农药产品收率提高2%~5%，副产物资源化利用率提高30%。

烯烃“十二五”规划节能减排目标：到2015年石脑油路线制乙烯装置燃动能耗降到857千克标煤/吨。主要污染物排放大幅下降。

“十二五”期间石化行业实施低碳经济的战略，首先必须严格禁止低能效项目的上马，积极鼓励高能效项目的建设。其次要淘汰落后的高能耗工艺和装置，积极推动低能效设备（系统）的节能改造以及能量梯度利用优化。

8.4.2 节能减排潜力及途径

石化行业完成节能减排目标任务的主要途径有：一是从源头上控制高耗能、高耗水、高排放等行业发展，淘汰高耗能的黄磷、电石、氮肥、烧碱等行业的落后产能，从严布局高耗水、高耗能、高排放的煤化工项目。二是利用技术进步推动节能减排，包括油品质量升级、推广清洁生产与节能节水工艺、探寻温室气体减排路径，开发二氧化碳捕捉、封存、综合利用技术和装备，并推广应用等；三是通过完善管理促进节能减排，包括建立和完善石化化工行业节能减排指标体系、检测体系和考核体系，推动化工园区按照产业集聚、能源梯次利用、排放集中治理的标准规范进行建设等。

石化、化工产业以主要代表性产品作为技术节能减排的对象，即燃料油、乙烯、合成氨和烧碱四大产品。2005年，4种代表性产品能耗与国际先进水平比较尚有较大差距，加之这部分产品的原料品质无法控制，就技术节能减排的绝对规模而言，总体上不大。预计到2020年的技术节能减排潜力大约在20%左右。

表8-3 我国2020年石化、化工节能减排潜力估算

	节能/10^4tec	减排 CO_2/10^4t
炼油工业技术节能减排	630	1537
乙烯加工业技术节能减排	204	498
合成氨制造业技术节能减排	1160	2830
烧碱制造业技术节能减排	360	878
石化、化工技术节能减排（合计）	2354	5744

其中，炼油业受国内油气资源品质劣质化趋势影响，即使通过更新改造，进一步提高炼油工业集中度等，炼油工业仍将在总体上与国际水平存在一定差距，技术节能减排潜力到2020年将不会超过10%。综合能耗技术节能减排潜力不大。设炼油工业因技术节能的综合能耗在2020年达到90kgce/t（预测2020年国内炼油工业产量为4.5×10^8t）。

乙烯的技术节能减排主要是通过裂解炉的改造和大型化，高效热换器的改造和配套，全面回收烟气余热和低温热能及热电联产，在线烧焦技术和低耗分离技术，装备点火自动化控制等举措，使国内乙烯装置平均综合能耗下降。设乙烯平均综合能耗到2020年下降到850kgce/t（预计2020年到国内乙烯产量为1500×10^4t）。

合成氨的技术节能减排仍主要是装置的大型化和集成化，烟气余热回收，新型催化剂应用，自动化控制能力提高，对烟煤、褐煤合成应用等。力争在2020年使合成氨装置平均综合能耗较2005年下降200kgce/t（预计2020年全国合成氨产量5800×10^4t）。

烧碱的技术节能减排措施主要是大规模采用离子膜法应用，改造隔膜电解槽，装置大型化等。力争在2020年较2005年的平均综合能耗下降150kgce/t（预测2020年全国烧碱产量约2400×10^4t）。

8.4.3 石化行业重点产品节能措施

面对当前节能减排的严峻形势，为实现行业“十二五”节能减排目标，有关行业专家指出，要进一步淘汰落后产能，对高耗能、大宗化学品要控制总量，淘汰或改造其中的落后产能和装置，提高新建项目的能耗和环保门槛。促进传统产业优化升级，实施“差别化”发展战略，通过技术、工艺和装备的升级改造，提高传统产业的节能降耗、安全环保、产品质量水平。加强技术创新和技术改造，突破一批节能减排关键、共性技术。同时，做好重要能耗限额标准制修订，建立主要耗能设备和用能产品“能效领跑者”制度。

8.4.3.1 加快淘汰落后产能

按照《国务院关于进一步加强淘汰落后产能工作的通知》（国发〔2010〕7号）、产业结构调整指导目录、部分工业行业淘汰落后生产工艺装备和产品指导目录、禁限用高毒农药管理措施公告等相关产业政策的要求和履行国际公约淘汰部分消耗臭氧层物质（ODS）及持久性有机污染物（POPs）等的承诺，充分发挥市场的作用，综合运用法律、经济、技术及必要的行政手段，加快淘汰危及生产和人身安全、严重污染环境、资源消耗高、安全隐患多的落后生产工艺装备和产品，推进石化化工产业结构调整和优化升级。新增产能要严格执行产业准入条件，严格控制主要污染物排放总量。

8.4.3.2 加大工业废水处理和循环利用力度，节约水资源

全面贯彻落实环境保护相关法律法规和国家有关节能减排的政策措施，建立和完善石化化工行业节能减排指标体系、检测体系和考核体系。鼓励企业采用先进的节能、环保技术和装备，实施余热余压利用、节约和替代石油、能量系统优化项目，严格控制新建高耗能、高污染项目，提高企业能源利用效率、减少污染物排放。

减少化学需氧量（COD）、粉尘、二氧化硫、氨氮、氮氧化合物、挥发性有机物等污染物及二氧化碳排放。重点做好煤化工、农药、染料等排放量较大行业的污染防治；做好基础化学原料制造和涂料、油墨、颜料等行业重金属污染防治，减少重金属排放；推进磷矿石等化学矿产资源综合利用；加强与钢铁、建材企业合作，联合处置铬渣。

8.4.3.3 发展循环经济及资源再利用

推广化工园区产业集聚、能源有效利用、排放集中治理等先进生产方式，实现废弃物减量化和资源化，构建循环经济产业链。

加强重点用能企业的节能管理，推进企业能源管理中心建设。完善主要耗能产品能源

消耗限额标准体系。推广先进节能技术和设备，做好炼油、乙烯、氮肥、氯碱、纯碱、电石、黄磷等高耗能行业的节能技术改造工作。全面推行清洁生产，建立主要行业清洁生产指标体系、清洁生产评价标准体系、污染物排放标准体系、环境保护管理体系，做好农药、染料、涂料等行业的清洁生产示范项目，创建一批“化工清洁生产绿色园区”。抓好农药、染料、铬盐等高污染行业的结构调整，采用先进环保技术，加快改造落后生产装置。

支持企业清洁生产技术改造，加强有毒有害原料（产品）替代，提升清洁生产水平。加大石化化工废弃物和副产品回收再利用。

提高炼厂轻烃回收利用率，优化乙烯裂解原料；提高氢气、乙烯、丙烯、丁二烯、苯等产品的总收率；优化配置、集中利用碳四、碳五、碳九等裂解副产物资源。加强煤炭资源的综合利用，在有条件的地方利用高硫煤和低阶煤发展煤化工产业，鼓励利用焦炉气和电石炉气生产高价值产品，提高资源综合利用水平。探寻温室气体减排路径，开发二氧化碳捕捉、封存、综合利用技术和装备并推广应用。积极开展硫化物回收利用、炉渣综合利用等工作。加强化肥、农药副产物和废旧轮胎的回收再利用，初步建立农药包装瓶回收、处理、再利用体系。

专栏8－1

石化行业节能减排和资源综合利用要点

1. 石化

进一步提高重质原油的综合加工和利用水平，扩大加氢裂化、加氢精制的规模水平，推广各项节能技术，降低能耗和污染物排放量。采用国内外先进适用技术对乙烯生产装置进行节能降耗改造。综合利用炼油乙烯副产资源。

2. 化肥

在化肥生产中推广先进煤气化和煤基多联产技术、推广清洁节能生产工艺，加大测土配方施肥等科学施肥工作，提高肥料利用率，减少资源浪费和环境污染。

3. 现代煤化工

提高现代煤化工能效水平。鼓励采用节水型工艺，充分利用再生水、矿井水发展煤化工。开发二氧化碳捕捉、封存、综合利用技术和装备并推广应用。探索建设燃气蒸汽联合循环发电（IGCC）热电化一体化可行性。

4. 精细化工

采用新技术，提高对农药、染料等精细化工生产特征污染物的处理能力，加大环境友好型涂料、胶粘剂、水处理剂等产品的开发力度。

5. 提高资源综合利用率

提高低品位矿产资源综合利用水平。提高废胶粉沥青、翻旧沥青的利用率。推进固体废弃物的资源化综合利用。综合利用磷矿伴生和电解铝副产氟资源，减少萤石资源消耗；

重点抓好磷石膏、碱渣、电石渣、铬渣等固体废物无害化科学治理和综合利用；推广磷石膏制建材、碱渣脱硫、电石渣制水泥、多种氯产品联产工艺技术，构建循环经济产业链。推广大型密闭电石炉、零极距电解槽、氧阴极电解技术、低汞触媒的应用，实现电石炉和黄磷炉尾气的回收利用。选择有条件的地方改造氯碱－异氰酸酯联合生产工艺。

8.4.3.4 大力发展可再生资源和过程排放控制技术

强化源头和过程管理，减少“三废”和二氧化碳排放。鼓励发展二氧化碳的捕集、封存和综合利用新产品、新技术和新设备。

1. 加强技术创新和技术改造，为核心技术创新建设平台。

加大节能减排的监管力度，不断提升管理水平。将增产不增污或增产少增污作为可持续发展的第一要义。力争通过对资源的有效利用、循环利用和清洁利用，实现工业发展的经济效益、环境效益、社会效益相统一。

2. 大力发展循环经济，积极推动低碳经济的发展。

构建从原材料采购、运输、存储、生产至包装、流通加工、配送、销售、废弃物回收利用全过程的循环经济体系。低碳经济产业涉及环保、节能、减排和清洁能源等产业，其中还涉及污水及固态废弃物处理、余热回收发电、混合动力汽车、清洁燃煤、新能源开发利用、智能电网业务等。

3. 构建节能减排的长效机制、管理机制，完善行业标准体系。

要以控制能耗总量、优化能源利用率、减少污染物排放为重点，分行业提高平均标准和先进标准。

在我国节能减排的压力之下，要完成“十二五”的节能目标，石化企业需从多方面加强部署和创新，构建节能减排的长效机制，为国家节能减排目标的完成做出努力。

8.5 典型企业

8.5.1 中国石化

中国石化是最早加入联合国全球契约的中国企业之一，作为全球契约 LEAD 成员，中国石化一贯支持全球契约十项原则，高度重视环境保护，积极关注气候变化，多年来坚持发布可持续发展报告。

中国石化长期坚持开发与节约并举、节约优先的方针，把节能作为现阶段减少二氧化碳排放的最直接、最有效的手段，努力形成“低消耗、低排放、高效率”的发展模式。2005 年以来，累计节约能源消耗 1580 万吨标煤，可减排二氧化碳 3887 万吨，相当于 1100 万辆经济型轿车停开 1 年的减排量。

2011 年，公司通过进一步完善环保制度并加强监督考核，认真执行建设项目环境影响评价和环保“三同时”制度，积极推行清洁生产和资源综合利用，大力开展污染治理，基本实现了外排污染物稳定达标排放，进一步提升了整体环保水平。与上年同期相比，工业废水排放量下降了 8.7%，外排污水达标率提高了 0.4 个百分点，外排废水 COD 量下降了 16.9%，二氧化硫排放量下降了9.8%，氮氧化物排放量下降了3.4%，氨氮排放量下降34.9%。

8.5.1.1 开展清洁生产，从源头减少污染物排放

中国石化高度重视生产过程的清洁化，力争从源头上控制污染物的产生。2011年公司安排环保隐患治理项目125个，完成治理项目投资4.25亿元。重点项目包括油泥砂治理、采油气污水治理、大气污染治理、污水治理（含地下水污染防治和清污分流等）、三泥减排、水体风险防范、环境监测系统等。

创建清洁生产企业活动进一步深入。2011年，公司全面启动了新一轮清洁生产工作，并组织了对青岛炼化等6家二级单位的评估验收工作。截至2011年底，共有21家炼化企业通过了清洁生产企业验收工作，占炼化企业总数的52.5%。

8.5.1.2 调整产业结构，提高能源资源利用效率

一方面，通过新建、扩能改造、技术改造等手段实现装置大型化、一体化。2011年，长岭油品质量升级改扩建工程建成投产，千万吨炼厂达11个，大型乙烯生产基地达10个。另一方面，通过淘汰小型低效落后产能，实现平均规模大幅提升，大幅降低能耗物耗。2006—2011年间，共关停和淘汰落后炼油能力1620万吨/年，关停几十套小炼油、小化工装置及小型燃油锅炉，优化调减油库500多座，进一步精干了主业，降低了综合能耗。通过上述“上大压小”等措施，从2006年到2011年，中国石化炼厂平均规模提高了25.7%，乙烯装置平均规模提高了13.2%。

8.5.1.3 大力节约能源资源，减少二氧化碳排放

多年来，中国石化通过加强管理、应用节能新技术和设备、强化过程节能等手段，在生产经营规模不断扩大的前提下，节能降耗工作仍取得了良好成效。2011年，万元产值综合能耗下降1.54%，炼油综合能耗下降2.0%，乙烯综合能耗下降4.3%，当年公司节约136万吨标准煤，相当于减排二氧化碳335万吨，相当于植树3000万棵（一棵生长30年的冷杉吸收111kg的CO_2）。

8.5.1.4 节水取得显著成效

2011年，中国石化持续推进节水减排工作，将主要指标纳入年度经济责任制进行考核；落实查漏堵漏、凝结水回收、低温位余热利用、污水回用等措施，节水减排水平进一步提高。与上年同比，工业取水量下降1.95%，加工吨原油取水量降低7.69%。全年共节水1995万吨，相当于1.4个西湖（西湖库容1429万立方米）。

8.5.1.5 发展低碳能源，优化能源结构

中国石化积极开发低碳能源，优化和完善能源结构，已基本形成包括技术开发、工业生产和产品销售在内的较为完整的低碳能源业务产业链。计划到2020年，低碳能源形成规模化产业，成为主营业务的有益补充，为公司的长远可持续发展做出贡献。积极发展煤层气和页岩气。2011年，页岩气取得初步成效，煤层气落实了产能建设阵地。

地热资源开发向规模化发展。截至2011年底，中国石化拥有300多平方公里的排他性开发区块，实现地热供暖面积600万平方米，供暖规模已占全国常规地热资源供暖面积的15%。中国石化在河北雄县、陕西咸阳的供暖能力已分别占当地集中供暖能力的90%和25%。通过规模化利用地热资源，中国石化每年可节约标煤36万吨，减排二氧化碳96万吨。

9　煤炭行业的节能减排

9.1　煤炭行业运行综述

煤炭是我国的主体能源，在一次能源结构中占70%左右。在未来相当长时期内，煤炭作为主体能源的地位不会改变。煤炭工业是关系国家经济命脉和能源安全的重要基础产业。

9.1.1　煤炭产量平稳增长

据国家统计局2011年国民经济和社会发展统计公报中显示：2011年全国原煤产量为35.2亿吨，比上年增长8.7%。另据中国煤炭工业协会统计数据，2011年全国大型企业煤炭产量21.8亿吨，同比增长10.9%（协会统计直报口径），主要产煤省区煤炭产量较快增长，山西省全年产量8.72亿吨、内蒙古9.79亿吨、陕西省4亿吨，三省区合计产量约22.5亿吨。

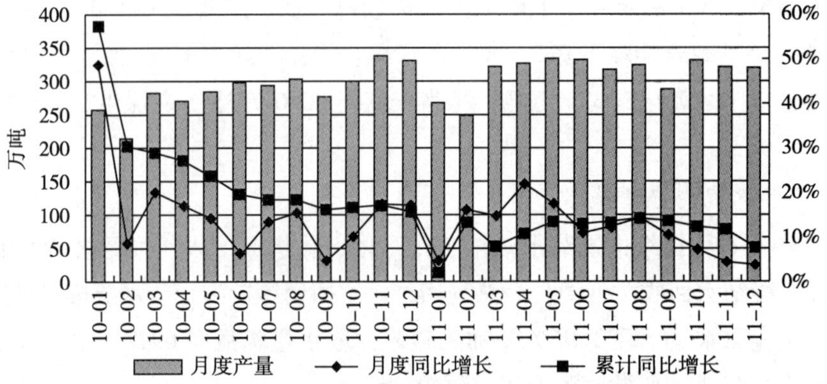

图9-1　2010—2011我国原煤月度产量及同比增速

资料来源：国家统计局，中经网

9.1.2　煤炭运量增加

2011年全年全国铁路发运煤炭22.69亿吨，同比增长13.4%。煤炭运量占货运总量的57.9%，比上年提高3.3个百分点。主要煤运通道中，大秦线完成运量4.4亿吨，增长8.7%；侯月线完成1.84亿吨，增长3%。主要港口煤炭发运6.6亿吨，增长19%。

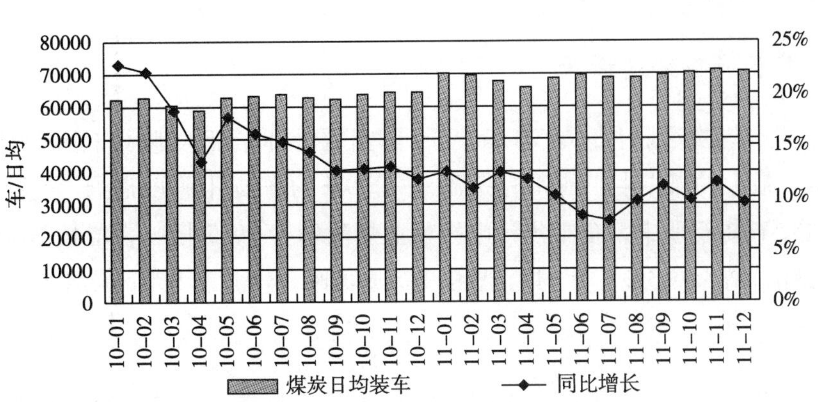

图9－2 2010—2011年我国铁路日均煤炭装车及同比增速

数据来源：煤炭运销协会，中经网

9.1.3 煤炭净进口增加

2011年中国煤炭进口增长11%，达到1.824亿吨，超越日本成为全球最大的煤炭进口国。前11个月累计出口煤炭1385万吨，同比下降21.2%。全年预计净进口1.6亿吨左右（不含褐煤预计近4000万吨）。

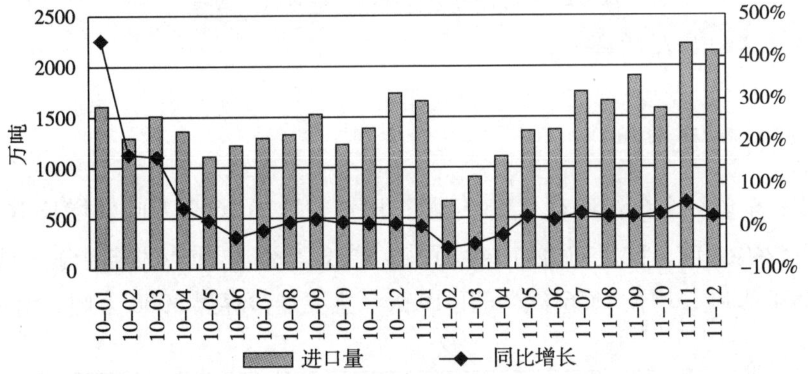

图9－3 我国煤炭月度进口数量及同比增速

资料来源：海关总署，中经网

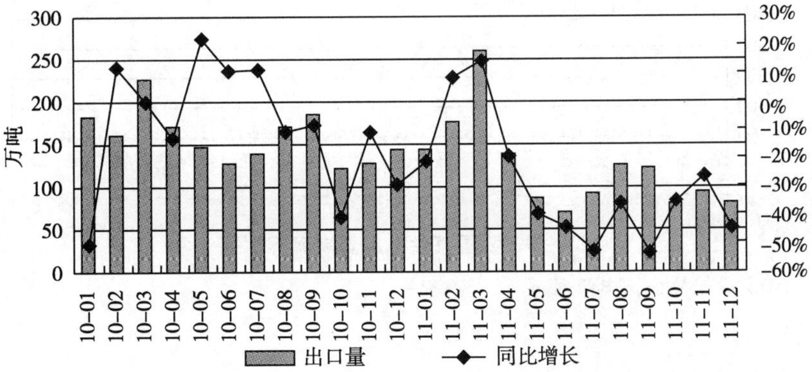

图9－4 2010—2011年我国煤炭月度出口数量及同比增速

数据来源：海关总署，中经网

9.1.4 煤炭消费继续增长

2010年，世界煤炭产量上升6.3%，高于历史平均水平。亚太地区占全球增长的88.6%，中国——世界上最大的煤炭生产国和消费国——以9%的增幅引领亚洲增长。

2011年主要耗煤行业中，全年预计电力行业煤炭消费19.5亿吨，增长10.8%；钢铁行业消费5.7亿吨，增长6.3%；建材行业消费5.1亿吨，增长7.9%；化工行业消费1.6亿吨，增长13.5%。

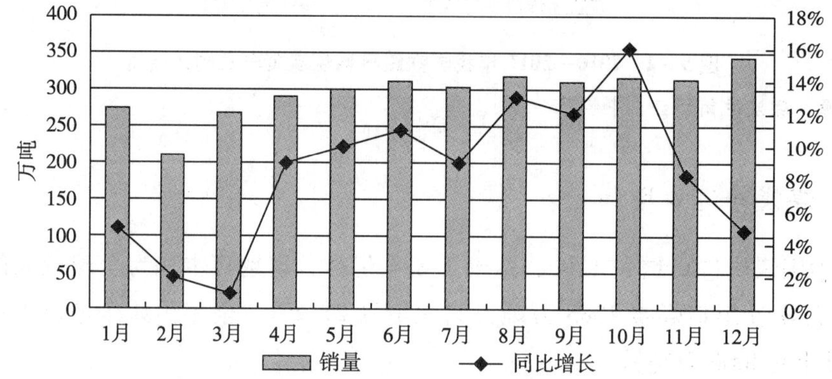

图9-5 我国煤炭月度销售量及同比增速

数据来源：国家统计局，中经网

9.1.5 煤炭库存增加

2011年末，全国社会煤炭库存2.53亿吨，比年初增加3609万吨，增长16.6%。其中，煤炭企业库存5240万吨，比年初增加140万吨，增长2.8%。重点发电企业存煤8165万吨，比年初增加2558万吨，增长45.6%，可用19天。主要港口存煤3008万吨，增长26.8%。

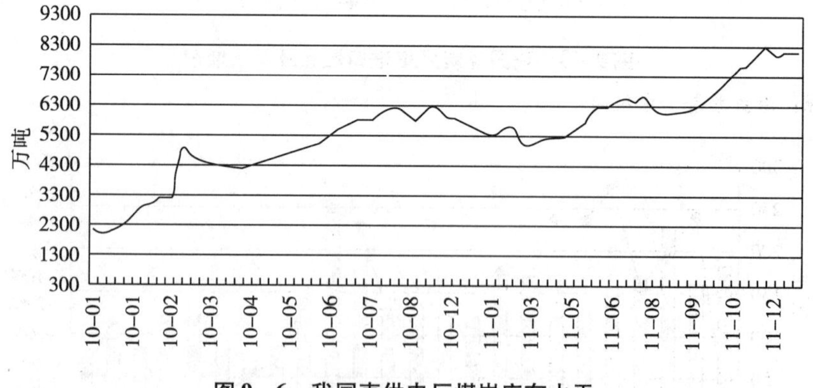

图9-6 我国直供电厂煤炭库存水平

数据来源：煤炭运销协会，中经网

9.1.6 固定资产投资保持较快增长

“十一五”期间煤炭行业完成固定资产投资1.25万亿元，2011年前11个月累计完成

4281亿元，同比增长25.6%，全年预计完成4700亿元。六年来煤炭行业累计完成投资接近1.7万亿元。

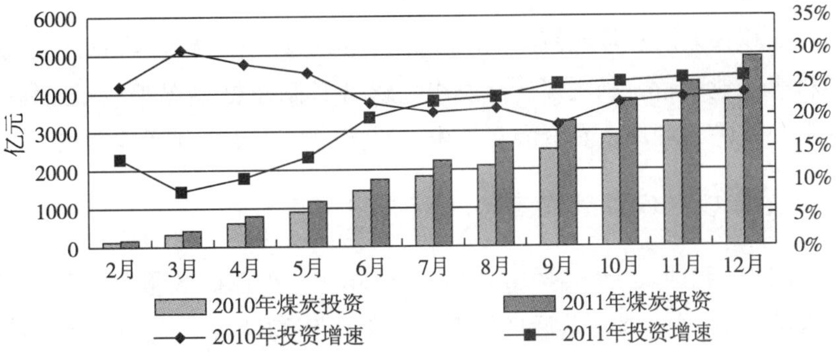

图9－7 我国煤炭行业固定资产投资及同比增速

数据来源：国家统计局，中经网

综合分析，全年煤炭产能较快增长，净进口增加，供应总量充足，全国煤炭市场供需基本平衡，价格波动，区域发展不平衡和企业发展不平衡的问题依然突出，并呈扩大态势。

9.2 煤炭行业节能减排现状

从国际看，世界煤炭需求总量增加，发达经济体煤炭需求平稳，新兴经济体煤炭需求增长。2010年世界煤炭产量53.3亿吨标准煤，比2005年增加9.5亿吨标准煤，其中我国占增量的74.7%；2010年世界煤炭消费量50.8亿吨标准煤，比2005年增加7.8亿吨标准煤，其中我国占增量的91%。但受世界经济发展不确定性影响，以及应对气候变化减少温室气体排放的要求，煤炭需求增速放缓。主要煤炭资源大国为促进经济发展，将进一步扩大国际合作，为我国煤炭工业实施“走出去”战略，利用“两种资源、两个市场”创造了条件。煤炭开发利用领域广泛采用高新技术，世界煤炭工业向集团化、集约化、多元化、洁净化方向发展。

从国内看，国民经济继续保持平稳较快发展，工业化和城镇化进程加快，煤炭消费量还将持续增加。考虑到调整能源结构、保护环境、控制PM2.5污染等因素的影响，煤炭在一次能源结构中的比重将明显下降。合理控制煤炭消费总量，限制粗放型经济对煤炭的不合理需求，降低煤炭消费增速，也是煤炭工业可持续发展的客观需要，2015年消费总量宜控制在39亿吨左右。瓦斯、水害、地温、地压等自然灾害日趋严重，煤矿安全生产和生态环境保护要求更加严格，生产成本不断增加。东中部煤矿转产和资源型城市转型难度大，西部生态环境脆弱，实现安全发展、节约发展、清洁发展任务艰巨。

近年来，煤炭行业大力发展循环经济，提高资源综合利用率，依靠管理创新、科技创新促节能减排，效果明显。2009年，全国煤矿吨原煤生产综合能耗为8.51千克标煤/吨，同比下降9.02%。煤矸石综合利用率为62.5%，其中，已建成煤矸石及煤矿瓦斯综合电厂总装机容量2500万千瓦，矿井水复用率为61.67%；煤矿瓦斯抽采量为64.5亿立方米，利用19.3亿立方米。同比分别增长21.7%和20.6%。其中地面煤层气抽采10.1亿立方米，利用量5.8亿立方米，同比分别增长102%和57%。

根据对煤炭行业国有重点煤矿耗能情况的统计，原煤生产综合能耗2005年平均为19.50千克标准煤/吨，2009年降为14千克标准煤/吨，2010年降为13.96千克标准煤/吨，即“十一五”期间降幅约28.4%，平均每年降幅为7.1%。

我国煤炭行业积极发展循环经济，延长以原煤和共伴生矿物为基础的产业链，通过与电力、化工、建材等产业联营，利用煤矸石发电、煤矸石制建材等方式，充分利用煤矸石中的热能。同时取消小锅炉，利用余热资源，产生了巨大的社会效益和环境效益。

9.2.1 淘汰落后产能成效显著

“十一五”期间，我国煤炭行业淘汰落后产能显著，小煤矿数量和产量大幅度减少。全国累计关闭小煤矿9616处，淘汰落后产能5.4亿吨。仅2011年，全国关闭落后煤矿407个，完成计划的133%；淘汰落后年产能2463万吨，完成计划的155%。年产30万吨以下的小煤矿在全国总产量中的比重下降到20%。

9.2.2 资源综合利用取得新进展

2010年，煤矸石、煤泥发电装机容量达到2600万千瓦，煤矸石发电节约标准煤4200万吨，减少土地占压300公顷，11家煤炭企业列入国家循环经济试点，形成了各具特色的矿区循环经济典型模式。2010年，全国煤层气（煤矿瓦斯）抽采量90亿立方米，利用量35亿立方米；洗矸、煤泥和中煤综合利用发电装机容量2600万千瓦，利用低热值资源1.3亿吨，相当于回收4200万吨标准煤，少占压土地300公顷；矿井水利用率59%；土地复垦率40%。

9.2.3 煤炭企业节能减排完成情况

2010年全国煤炭企业5强节能减排完成情况见表9－1。

表9－1 2010年全国煤炭企业与强节能减排完成情况

名次	企业简称	节能减排完成情况
1	神华集团	万元产值综合能耗为1.84吨标煤，比2005年下降20.3%。所属8家重点企业共节能76.94万吨标煤。SO_2、COD排放量分别同比下降33%和36.6%，均超额完成“十一五”节能减排考核指标
2	河南煤化集团	实现节能量37.52万吨标煤，减排CO_2量34.73万吨，SO_2量68.32吨，完成了节能目标
3	中平能化集团	实现万元产值综合能耗0.8吨标煤，同比降低11.69%。实现节能量17.2万吨标煤，SO_2排放量12190.8t，比计划减少2338.7t，COD排放1870.2t，比计划减少875.2t
4	山西焦煤集团	实现节能25.5万吨标煤，超额完成38%；万元产值综合能耗4.9吨标煤，同比下降7.37%；SO_2排放量为12747.22t，比年度考核指标降低23.14%；COD排放量为1142.48t，比年度考核指标降低44.54%
5	冀中能源集团	完成节能量7.76万吨标煤，完成计划的161%。累计完成“十一五”节能目标的111.3%，提前完成“十一五”期间节能总量；COD，SO_2计划排放量分别为808t、14446t，实际排放量为553.45t，13312.95t，分别比计划降低31.5%和7.8%

9.2.4 煤炭行业节能减排经验

9.2.4.1 管理促节能减排

• 煤炭企业5强中的神华集团强化了节能减排组织管理体系、统计监测体系和考核奖惩体系“三个体系”的建设，健全了统计监测数据定期报送制度；

• 河南煤化集团以提高能源利用效率、保护环境为核心，以强化管理、调整结构、技术进步为根本，以建立有效的激励约束机制为手段，强化了节能减排的主体责任，实行节能减排目标责任制尤其是“一票否决”制和问责制；

• 山西焦煤集团加强了对“三堆”（煤堆、料堆、渣堆）的封闭处置。主要污染物排放量呈明显回落趋势，放射源全部达标。

9.2.4.2 依靠科技创新，推广先进技术，促节能减排

• 煤炭企业5强中的神华集团加强与美国能源部合作，完成了10万t/aCCS前沿减排技术可行性研究报告。2010年9月已开工建设我国首个，也是世界第一个把CO_2封存在咸水层的全流程CCS项目，包括“碳捕获”和“碳封存”；

• 河南煤化集团先后投资211亿元，积极推广了煤炭高效、安全绿色开采技术，煤炭洗选、煤矸石、煤泥循环硫化床燃烧发电、粉煤灰、煤渣制水泥等技术，年创造经济效益80亿元。还进行了瓦斯发电余热利用研究试验，在25台煤层气发电机组烟气管道上加装余热回收装置，回收发电余热制取热水供矿井冬季取暖和职工洗浴用，年减少自用煤消耗5000t。

9.2.4.3 发展循环经济，实施清洁生产，促节能减排

5强企业拉长循环经济产业链条，积极实施清洁生产，经济增长方式更加科学合理，主要污染物达标排放，污染物排放总量符合当地下达的控制指标，一些企业的循环经济产业已经成为企业经济效益增长的重要支撑之一。

• 河南煤化集团上马建设了煤矸砖生产线和年产10万立方米砌块、2亿块粉煤灰蒸压砖生产线。充分利用煤层气发电，2009年纯瓦斯利用量2307万立方米，其中瓦斯发电利用1333万立方米，瓦斯发电量3332.33万度。利用瓦斯量折合标煤12200多吨，节约资金793万元，减排二氧化碳34.73万吨，二氧化硫68.32吨、废气9760万标准立方米。

• 中煤集团目前已经形成大屯公司煤炭开采、洗选、矸石发电、建材、电解铝和煤气化公司煤炭开采、洗选、煤化工、矸石发电等循环经济产业链。

9.2.4.4 淘汰高耗能设备，优化生产工艺，促节能减排

• 5强中的河南煤化集团投入资金15585万元，淘汰高耗能、高污染和工艺落后的设备，对效率低于65%、负荷率低于60%的26台工业锅炉进行节能改造，锅炉改造后的热效率达到了70%～77%，年节煤约5000t。节能减排工程获得国家财政补贴4.3亿多元，《电机系统节能工程》等项目申请到国家财政奖励1800多万元、《锅炉节能技术改造》申请到河南省节能减排技术改造补助金180万元；

• 中煤集团以系统管理促进节能降耗，全面推进采掘、供电、运输、通风、排水系统优化工程，淘汰高耗低效设备。先后优化设备配置90台（套），35个采掘工作面实现1140V单一升压供电，广泛应用无功补偿等技术，做到自动化、智能化运行。

9.3 煤炭行业节能减排政策措施

表9-2 2011年出台煤炭行业相关节能减排措施

时间	方案名称	出台机构	主要内容
4月	关于规范煤化工产业有序发展的通知	发改委	严格项目准入，加强项目准入审批管理，对新建煤经甲醇制烯烃项目、煤制甲醇项目、煤制二甲醚项目、煤制油项目、煤制天然气项目及煤制乙二醇项目明确规定
4月	《产业结构调整指导目录（2011年本）》	发改委	目录细分为鼓励类、限制类和淘汰类三类，不属于上述三类者，但符合国家法律、法规和政策规定的，为允许类，允许类不列入目录。新《目录》规定，2011年底前，淘汰单井井型低于3万吨/年的煤矿矿井
10月	《当前优先发展的高技术产业化重点领域指南（2011年度）》	发改委、科技部、工信部、商务部、知识产权局	指出煤炭高效安全生产、开发与转化利用领域：煤矿地质与资源条件适用型成套生产装备，大型矿井支护、采掘设备及自动化控制，短壁采煤技术，高效分选、配煤装备，水煤浆专用设备及高性能添加剂，大型微泡浮选柱、煤泥水高效澄清及控制技术，型煤加工及利用设备，煤矿瓦斯高效抽采技术及设备，煤矿用高性能抢险救灾装备，煤矿全矿井安全监控与预警系统，高精度煤田地质地球物理探测设备和煤矿地质灾害勘探技术装备，高效益、低成本的煤层气勘探技术，煤层气规模开发与采煤一体化技术，煤层气井上、井下联合抽采技术与装备，大型煤炭气化及煤基多联产系统装备技术，煤整体汽化联合循环技术（IGCC），高参数超超临界发电技术，煤炭（直接、间接）液化技术，煤制天然气技术，合成气制甲醇、制乙二醇技术，甲醇制低碳烯烃技术
11月	《矿产资源节约与综合利用"十二五"规划》	国土资源部	未来五年，我国矿产资源节约与综合利用工作将围绕全面调查资源节约与综合利用现状及潜力、开展先进适用关键技术研发和推广、建设综合利用示范基地和示范工程以及构建资源节约与综合利用长效机制四大任务展开。"十二五"期间将重点在油气资源、煤炭与煤层气资源、铀矿资源、金属矿产、化工及非金属矿产、矿山尾矿和固体废弃物等六大领域开展矿产资源节约与综合利用工作
12月	关于促进低热值煤发电产业健康发展的通知	国家能源局	为实现到2015年，全国低热值煤发电装机容量达到7600万千瓦，年消耗低热值煤资源3亿吨左右的目标，提出4项基本原则，促进低热值煤发电产业健康发展

9.4 煤炭行业节能减排趋势展望

9.4.1 煤炭行业发展目标

目前中国煤炭行业的年度投资超过5000亿元，"十二五"时期，中国将新建年产能500万吨以上的煤矿60处，1000万吨以上的十多处。发展目标如下：

到2015年，煤炭调整布局和规范开发秩序取得明显成效，生产进一步向大基地、大集团集中，现代化煤矿建设取得新进展，安全生产状况显著好转，资源回采率明显提高，循环经济园区建设取得重大进展，矿区生态环境得到改善，企业“走出去”取得新成效，矿工生活水平明显提高，基本建成资源利用率高、安全有保障、经济效益好、环境污染少和可持续发展的新型煤炭工业体系。

煤炭生产：生产能力41亿吨/年。其中：大型煤矿26亿吨/年，占总能力的63%；年产能30万吨及以上中小型煤矿9亿吨/年，占总能力的22%；年产能30万吨以下小煤矿控制在6亿吨/年以内，占总能力的15%。煤炭产量控制在39亿吨左右。原煤入选率65%以上。

煤矿建设：“十一五”结转建设规模3.6亿吨/年，“十二五”新开工建设规模7.4亿吨/年，建成投产规模7.5亿吨/年，结转“十三五”建设规模3.5亿吨/年。

企业发展：形成10个亿吨级、10个5000万吨级大型煤炭企业，煤炭产量占全国的60%以上。

技术进步：全国煤矿采煤机械化程度达到75%以上。其中：大型煤矿达到95%以上；30万吨及以上中小型煤矿达到70%以上；30万吨以下小煤矿达到55%以上。千万吨级矿井（露天）达到60处，生产能力8亿吨/年。安全高效煤矿达到800处，产量25亿吨。

综合利用：到2015年，煤层气产量要达到300亿立方米。为此，投资1200亿元将用于煤层气的勘探开发和利用。新增煤层气探明储量10000亿立方米。煤层气（煤矿瓦斯）产量300亿立方米。其中：地面开发160亿立方米，基本得到利用；井下抽采140亿立方米，利用率60%以上。煤层气（煤矿瓦斯）发电装机容量超过285万千瓦。低热值煤炭资源综合利用发电装机容量达到7600万千瓦。煤矸石综合利用率75%，矿井水利用率75%。

生态环境保护：土地复垦率超过60%；煤田火区治理任务基本完成；主要污染物达标排放。

资源节约：节约能源9500万吨标准煤。其中：煤矸石发电节约8500万吨标准煤；煤矸石和粉煤灰制建材节约1000万吨标准煤。

“十二五”时期是煤炭行业转方式、调结构，实现从量的增长到质的转变的重要时期，煤炭工业发展面临着机遇与挑战，重点在于优化结构调整，宏观调控煤炭总量，发展“三大战略”，即建设大型煤炭基地、培育大型煤炭企业集团、建设大型煤矿，增强企业竞争力。要科学引导煤炭工业的发展。坚持科学布局、集约开发、安全生产、清洁利用、保护环境的发展方针，以加快转变发展方式为主线，以改革开放为动力，以科技进步为支撑，建设大型煤炭企业集团、大型煤炭基地、大型现代化煤矿，保障煤炭稳定供应，提高资源综合利用水平，提高矿区环境质量，提高矿工生活水平，促进煤炭工业可持续发展。确定煤层气开发与利用作为我国能源发展的重大战略，将煤矿安全生产的最大“杀手”“变害为宝”，并有利于保护环境，增加清洁能源供给。

国家能源局发布的《煤层气（煤矿瓦斯到2015年，煤层气产量要达到300亿立方米。为此，投资1200亿元将用于煤层气的勘探开发和利用。）开发利用“十二五”规划》，提出，

9.4.2 煤炭行业节能建议及保障措施

9.4.2.1 淘汰落后产能

根据《煤炭工业发展“十二五”规划》，到2015年，我国将通过淘汰落后产能、兼并重

组等方式，全国煤矿企业数量控制在4000家以内，平均规模提高到100万吨/年以上。

国家能源局印发的《关于做好2012年煤炭行业淘汰落后产能工作的通知》，对2012年煤炭行业淘汰落后产能工作进行了全面部署，全年计划淘汰落后煤矿625处，淘汰落后产能2347万吨/年。

《通知》强调要坚持分类指导，通过改造升级、兼并重组、关闭退出等途径淘汰煤炭落后产能；对非法违法开采的煤矿，坚决予以关闭；对安全基础条件差且难以改造的小煤矿，要加强监管，积极引导其退出煤炭生产领域；对具备资源优势和改造提升条件的小煤矿，鼓励其参与煤矿企业兼并重组，实施改造升级。

9.4.2.2 大力发展洁净煤技术

《洁净煤技术科技发展“十二五”专项规划》中提出，在煤炭提质与资源综合利用、高效洁净燃煤发电、煤基洁净燃料、高效燃煤与工业节能、队伍建设和平台建设等方面，突破重点基础和核心关键，开发出一批具有国际领先水平的新工艺、新技术，实现重大系统技术集成，为煤电、煤转化等重点示范工程和建设洁净煤技术战略性新兴产业提供技术支持，达到世界先进、领先水平。

1. 洁净煤重点方向

高效洁净燃煤发电、先进煤转化、先进节能技术、污染物控制及二氧化碳捕集与封存和资源化利用技术。

2. 洁净煤重点任务

重点任务划分为重点基础研究、关键核心技术研发、重大技术集成及工业示范等三类，每一类根据技术方向分为“煤提质及资源综合利用”“高效洁净燃煤发电”“煤基清洁燃料”“高效燃煤及工业节能”等部分，“污染物控制”“二氧化碳分离、存储、利用”“重大能源装备”等结合其应用划分至上述几个方向。

9.4.2.3 发展循环经济，保护矿区生态环境

按照减量化、资源化、再利用的原则，发展循环经济，扩大资源综合利用规模，建设资源节约型、环境友好型矿区。

大力发展循环经济。在大中型矿区内，以煤矸石发电为龙头，利用矿井水等资源，发展电力、建材、化工等资源综合利用产业，建设煤－焦－电－建材、煤－电－化－建材等多种模式的循环经济园区。合理利用内蒙古中西部和山西北部高铝煤炭资源，推行定点集中利用，建设煤－电－铝－建材一体化循环经济园区。扩大煤矸石井下充填、复垦和筑路利用量。在大型选煤厂周边地区建设洗矸、煤泥和中煤综合利用电厂，新增装机容量5000万千瓦。2015年，煤矸石综合利用量6.1亿吨，利用率达到75%以上。其中，电厂利用3亿吨，煤矸石制建材利用1亿吨，煤矸石井下充填、复垦和筑路利用2.1亿吨以上。力争利用含铝粉煤灰约1080万吨，形成氧化铝年生产规模360万吨。

加强环境治理，减轻矿区环境影响。治理对策如下：

第一，制定规划，减少污染源点。推进资源整合和兼并重组，建设大型现代化煤矿，提高生产集约化水平，集中排放，集中治理，减少污染源点，降低排放强度。

第二，优化设计，减轻环境影响程度。依靠技术进步，采用井下充填、以矸换煤、保水

开采等新工艺和新技术，优化设计，减轻对地表水和地下水的破坏，减少煤矸石和矿井水产生量以及采煤引起的地表沉陷等。

第三，加强治理，改善矿区生态环境。新矿区、新矿井建设要严格执行环境影响评价制度，落实“三同时”和环境保护措施。生产矿区、生产煤矿要按照《清洁生产促进法》的规定，补建环保设施，做到当年排放当年治理，并逐步偿还历史欠账。加强采煤沉陷区土地复垦利用，发展生物复垦和生态复垦。

通过实施以上措施，可以实现如下预期效果：

到 2015 年基本实现规划提出的环境保护目标，煤炭生产对环境的影响减弱，矿区生态环境恶化的趋势得到有效遏制。2015 年，全国煤矸石产生量 8 亿吨，利用量 6. 1 亿吨，综合利用率 75% 以上；矿井水产生量 70. 92 亿立方米，利用量 54 亿立方米左右，利用率 75%，达标排放率 100%；煤层气产量 160 亿立方米，基本全部利用；煤矿瓦斯抽采量 140 亿立方米，利用率 60%；采煤沉陷面积 7. 8 万公顷，复垦面积 4. 7 万公顷。

9. 4. 2. 4　控制煤炭开发总量，绿色开发煤炭资源

2010 年我国共 361 个矿井实现或基本实现科学开采，科学产能约为 10 亿吨，仅占全国煤炭总产量的 30% 左右。乐观估计，2030 年，我国可建成科学产能近 40 亿吨，但需要大幅度加大煤炭开发投入力度，预计累计需要投入 2. 5 万亿元，代价过大。如果通过加强管理、加大投入、改进技术与装备，2030 年科学产能有望达到 33 亿吨，占总产能的比重达到 70% 左右。

提高科学产能比重，有效控制煤炭开发对环境的影响和破坏，需要采取以下三个方面的举措：

第一，设定科学产能标准，控制煤炭开发总量。针对煤炭生产中的资源浪费、环境破坏等问题，对煤炭开采的资源、安全、装备、环境等条件加以限定，设定科学产能标准，符合条件的准予开采，达不到国家规定科学产能标准的企业强制退出煤炭生产，对资源浪费严重、安全生产条件不达标、瓦斯防治能力不足的煤矿坚决予以关闭。

第二，完善煤炭完全成本体系，改革煤炭价格形成机制。煤炭安全、高效、绿色开采必然导致开采成本上升，要使开采成本得到合理补偿，必须消除煤炭价格市场化的体制障碍。应建立“以煤炭成本为基础，完全市场化”的价格形成机制，逐步建立煤炭期货交易市场和煤炭价格指数，取消行业性建设基金和不合理收费。

第三，加快制定煤炭安全、高效、绿色开采的财税优惠政策。应加快制定具体的财税优惠政策（包括增值税、所得税和资源税等），为形成煤炭安全、高效、绿色开采的成本补偿提供法律制度保证。

9. 4. 2. 5　强化污染物控制，实施环境友好的煤炭利用战略

首先，在重点区域推进煤炭总量控制和多污染物联防联控。

我国煤炭消费区域分布不平衡。东部地区单位面积煤炭消费量和单位面积污染物排放量均高于中部地区、远高于西部地区，空气污染问题也最为严重。在城市群地区，燃煤和污染物排放集中的现象更为突出，直接导致了严重的灰霾，光化学烟雾等污染问题。对于这些重点区域，应实行特殊的综合控制对策，包括煤炭总量控制和多污染物联防联控。根据空气质

量的目标制定各污染物总量控制的目标，进而根据多污染物总量控制倒逼燃煤总量控制。大气污染联防联控的重点污染物是二氧化硫、氮氧化物、颗粒物、挥发性有机物等，重点行业是火电、钢铁、有色、石化、水泥、化工等，重点企业是对区域空气质量影响较大的企业。

其次，在重点行业推进煤炭总量控制和清洁燃烧技术。

受环境污染和气候变化的双重约束，需要对重点行业实施煤炭利用总量控制。要使燃煤消费量逐渐向燃烧效率高，易于进行污染控制的大型燃煤设备倾斜，同时配以先进的经济有效的污染控制技术。电力行业实施“清洁燃烧－协同减排－综合利用”三元一体化的污染控制技术路线。炼焦行业实施“大型化－资源化－清洁化”的污染控制技术路线。工业炉窑实施“先进工艺－多污染物协同控制－副产品回收利用”的污染控制技术路线。

再次，充分利用市场机制和经济政策，建立排污交易制度。

实施排放权交易制度，实际是给予污染排放企业充分的灵活性来选择减排方式，激发企业污染控制的积极性。在总量控制方案和排放许可证制度相继推出以后，实施排放权交易，以市场手段促进二氧化硫减排就有了可行性。我国目前的排污权交易尚处于起步和试点阶段，需要不断突破机制体制障碍，完善相关的法规标准，推进排污权交易规范、高效的实施。

9.4.2.6 开展煤炭清洁高效发展战略研究及相关技术攻关

煤在作为主要能源的同时，也是环境的主要污染源，对生态的破坏与安全的威胁不容忽视。在新的历史时期，科学发展、安全发展、节约发展是煤炭工业发展的方向，如何清洁、高效、可持续地利用好煤，是当前我们面临的最大课题。通过对煤炭从开采、运输、发电、转化等全产业链的各环节进行深入调查、研究和分析，提出具有前瞻性、科学性、可行性的我国煤炭清洁高效开发利用的战略目标及措施建议是首要的。

与此同时，还要加强煤炭开发利用科学技术研究和攻关，努力依靠科技进步，改进技术、设备和工艺，实现煤炭清洁生产。相关企业应坚决克服短期效益行为，推进洁净煤技术的开发与应用，利用生态环境技术实现废弃物的循环利用。通过废弃物的循环利用，实现煤炭污染物的最低排放。煤矿必须充分考虑到对生态环境的影响，采取科学合理的防治措施，把环境保护提升到技术、经济的高度来考虑，从源头上预测，边开采边治理，将煤矿开发利用对环境的破坏降低到最低限度。

9.5 典型企业

9.5.1 神华集团

2011年神华集团在《财富》世界500强排名上升至293位，连续六年成为我国最大的煤炭企业和全球最大的煤炭经销商，向“具有国际竞争力的世界一流大型综合能源企业”宏伟目标迈出坚实步伐。2011年，公司在水土保持与生态建设方面共投入2.46亿元，新增绿化面积326.41万平方米，公司缴纳排污费4.11亿元，建成世界最大、亚洲首套全流程二氧化碳捕集和封存示范项目。粉煤灰制取氧化铝中试装置启动成功，2011年共生产氧化铝21.6吨。主要矿区植被覆盖率由开发初的3%～11%提高到60%。荣膺“中国低碳榜样”奖，获国务院国资委“中央企业‘十一五’节能减排优秀企业”。2011年，电力总装机容量4283万千瓦，发电2098.93亿千瓦时，同比增长31.05%，火电及综合利用电厂装机容量4026.4万千瓦，风电装机容量256.29万千瓦；10万千瓦以上燃煤机组脱硫装置配置率100%，国华电力公司燃煤机组平均供电煤耗317.4克/千瓦时，远低于国内电力行业的平均水平。

9.5.1.1 围绕资源禀赋，发展循环经济

神华集团以优化产业、产品结构为目标，以科技创新、技术改造为动力，以提高煤炭和水资源综合利用率为突破，形成“资源-产品-废弃物-再生资源”、煤电化一体化的闭合循环模式，探索煤炭资源循环利用的神华绿色发展模式。

煤制油化工资源回收利用。以煤炭为原料，生产石脑油、柴油、甲醇、烯烃以及天然气等能源化工产品。2011年，煤制油化工公司在煤直接液化和煤制烯烃两个项目的生产期间，共计回收油渣13.24万吨、煤泥36.51万吨、液氨10.58千吨、粗酚3.05千吨以及硫磺14.11千吨。

资源综合利用发电。综合利用煤矸石、粉煤灰、瓦斯、焦炉煤气及余热发电。2011年，公司洗煤吨煤电耗2.70千瓦时/吨；选洗加工原煤3.29亿吨，可去除煤矸石约0.4亿吨，按平均运距600公里计算，约铁路货运周转量257亿吨公里。公司煤矸石运营发电机组共计623.4万千瓦，占全部运营燃煤机组总容量的14.59%，节约标准煤923万吨；瓦斯发电机组共计0.3万千瓦，节约标准煤0.45万吨；焦炉煤气发电机组共计1.2万千瓦，年可利用焦炉煤气1.4亿立方米，节约标准煤1.86万吨；余热发电机组共计2.4万千瓦，节约标准煤4.29万吨。

焦炉煤气制甲醇。2011年，乌海能源公司10万吨/年和30万吨/年的焦炉煤气制甲醇项目，年利用焦炉煤气5.37亿立方米，生产甲醇23.09万吨，节约标准煤44.4万吨。

水资源综合利用。优化废水处理、中水回用方案，建立针对性的废水处理装置，2011年，公司综合利用废水量约1.6亿吨，单位产值水耗9.73吨/万元，洗煤吨煤补水量17立方米/万吨；利用海水淡化技术，国华沧电公司万吨级海水淡化装置年淡化海水500万吨。

9.5.1.2 厉行清洁生产，降低污染物排放

神华集团致力于建设绿色矿山、环保电厂、现代煤化工厂遵循“源头预防、过程控制、末端治理”原则，通过技术改造、重点节能减排工程建设、污染物综合利用，厉行清洁生产，实现污染物“资源化、无害化、减量化”。

固体废弃物。煤炭生产固体废弃物主要是煤矸石和粉煤灰。公司利用煤矸石发电或制作建筑材料，利用粉煤灰制取氧化铝和水泥，减少污染排放。2011年，神东电力煤矸石电厂发电量同比增长72.72%，公司发电业务粉煤灰产生量约为17.08百万吨，综合利用率约为71.68%。

废水。对废水进行净化处理和综合利用。公司产生废水总量约273.24百万吨，综合利用率约58.66%，其中工业废水综合利用率84.53%。2011年，废水经处理后，化学需氧量（COD）平均去除率达77.66%，公司全年化学需氧量（COD）排放量约为0.78万吨，同比下降5.38%。

废气。公司产生的废气主要包括二氧化硫、氮氧化物和烟粉尘。公司通过装备脱硫、脱硝装置、除尘设备和锅炉技术改造，减少废气排放量；生产中使用快速装车系统和封闭筒仓

储煤，实现“采煤不见煤”。截至2011年底，公司脱硫机组总装机容量3619万千瓦，占公司燃煤机组装机容量的99.07%。国华电力分公司所属64台燃煤机组装机容量3401万千瓦，全部安装除尘脱硫设施，脱硫装机比例达100%，显著高于全国平均水平。

其他排放物。公司其他排放物主要是噪音，主要来自矿井通风机、洗煤厂、铁路等，公司对矿井通风机等设备设置消音器、隔音装置，对矿井皮带、主扇等设备应用变频调节技术。朔黄铁路在人口居住密集村庄设立隔音屏障20.495千米。

二氧化碳捕集与封存。2011年，中国首个、全球最大的CO_2捕获和封存示范项目（CCS）取得重大进展，对应对全球气候变暖和节能减排具有里程碑意义。

9.5.2 中煤集团

9.5.2.1 中煤集团“十二五”节能环保规划

总体思路：贯彻落实科学发展观，坚持“四化”方向和“五高”原则，按照绿色发展纲要和“十二五”节能环保规划总体部署，践行“绿色中煤、厚德自然”核心理念，加快推进“绿色中煤”建设，为打造具有国际竞争力的世界一流能源企业提供坚强保障。

总体目标：到2015年，集团公司主要产品单位能耗达到国内先进水平，新建项目二氧化硫、化学需氧量和氮氧化物排放严于国家标准10%，循环经济综合效益明显提升，节能环保管理体系进一步完善，激励约束机制基本健全，节能环保技术创新取得突破，引领煤炭行业绿色发展的地位基本确立。

9.5.2.2 节约能源资源

中煤集团采用国际国内节能减排技术成果，实施了一批系统节能优化改造、余热发电、废水处理、锅炉（焦炉）烟气脱硫改造、资源综合利用等工程项目。对煤矿、选煤厂的电气设备进行无功补偿，提高了功率因数，改善了电网品质；选煤厂采用煤泥加压回收工艺，煤泥得以全部回收并配装外运，不仅提高了煤炭资源回收率，还彻底解决了煤泥污染环境的问题；实施生产工艺工程的余热余压利用，节约了资源能源，有效降低了碳排放；加大矿区废水分级处理、梯级利用，做到闭路循环不外排。装备公司成功研发矿用低压隔爆变频器、节能型刨煤机、超高效防爆永磁电机等一批节能机电产品，在煤炭行业积极推广。

9.5.2.3 强化“三废”治理

针对煤炭开采、运输过程中产生的废气、废水和固体废弃物（“三废”），中煤集团坚持“资源回收，变废为宝，综合利用”的方针，“三废治理”工作取得明显成效，减轻了“三废”对环境的压力。

为切实做好“三废”治理工作，中煤集团建立并初步规范了环境监测统计体系，增强了环境监测能力；强化了环保监督和指导工作，环境保护力度进一步提高。

焦化公司淘汰落后产能，关停龙泉公司，划转牡丹江公司，共淘汰焦炭生产能力80万吨/年。目前正在启动中煤九鑫公司周边村民的搬迁工作，力争将对环境的影响降至最低。焦化公司高度重视焦炉煤气的利用，减少排放，加快焦炉煤气制尿素项目建设，建成后年利用焦炉气达3亿立方米。

9.5.2.4 建设生态矿区

中煤集团遵循“合理布局、分类治理、因势利导、地企和谐”原则，创建具有中煤特色的生态模式。按照五大基地所在区域生态环境特征，结合社会主义新农村建设，有重点、分步骤开展沉陷区、排土场生态修复与治理等工作。全面复垦矿山压占、损毁土地，积极发展生态农业，实现产业与生态协调发展。有效保护自然景观、地下水资源和生物多样性。

9.5.2.5 环境绩效

2011 年，中煤集团万元产值综合能耗（2010 年可比价）0.496 吨标准煤、同比降低 19.6%，二氧化硫排放 16847 吨、同比降低 12.6%，化学需氧量排放 6103 吨、同比降低 15.4%，未发生重大环境污染事故；露天矿资源回收率 95% 以上，多数井工矿采区回采率 80% 以上，矿井水回用率 86.0%，原煤生产综合能耗 3.43 千克标准煤/吨，继续保持行业先进水平。

平朔公司成功入围第七届中华宝钢环境奖，该公司的发展循环经济被评为 2011 年中央企业社会责任实践优秀案例。中煤集团被评为 2011 年节能中国十大贡献单位和“十一五”中央企业节能减排优秀企业。

2011 年，国家发展改革委公布了千家企业“十一五”节能目标完成情况。平朔公司、大屯公司、中煤龙化哈尔滨煤化工有限公司、中煤金海洋洁净煤集团有限公司参加了此次考核，并超额完成“十一五”节能考核任务。其中，平朔公司“十一五”节能目标 10.00 万吨标煤，实现节能量 15.83 万吨标煤；大屯公司“十一五”节能目标 10.50 万吨标煤，实现节能量 18.47 万吨标煤；中煤龙化哈尔滨煤化工有限公司“十一五”节能目标 2.25 万吨标煤，实现节能量 23.99 万吨标煤，中煤金海洋洁净煤集团有限公司“十一五”节能目标 7.00 万吨标煤，实现节能量 10.15 万吨标煤。

9.5.3 冀中能源集团

2011 年冀中能源集团跻身美国《财富》500 强名单，组建仅三年的冀中能源集团位列榜上第 458 位。这是国内煤炭企业通过转方式、调结构、促升级、增效益，实施多元发展最终入围的成功案例。

9.5.3.1 优化产业链，低碳循环化

冀中能源运用低碳循环经济模式优化产业链，将传统的单向直线式经济发展模式变为反馈式循环经济发展模式，利用各个产业链内部消解工业废弃品，通过近几年的尝试，章村矿走出了一条“煤 - 电 - 建材”的新型工业化道路，基本形成了自己独特的低碳循环经济圈，做到了无废物生产。章村矿将矿井生产的原煤首先进入洗煤厂洗选，优质的洗精煤作为工业用煤，主要作为炼钢、化工产品的原料；劣质煤以及煤矸石作为坑口电厂的燃料。采矿产生的矿井水经过净化处理后，一部分作为电厂的冷却循环水，一部分作为洗煤厂的生产用水，还有一部分作为厂区内生产及生活用水。

9.5.3.2 煤矿废气不外排，低碳工作上水平

冀中能源把煤矿瓦斯抽采与综合利用技术研究当作低碳重点任务，在保证地面瓦斯抽放系统正常运行的基础上，加大对瓦斯地质构造的研究，掌握瓦斯涌出规律，成功开发并研究

推广了瓦斯可控抽采技术，实现了资源的综合利用和低碳最大化，瓦斯发电已经在张矿集团宣东矿运行达五年。

云驾岭矿属于低瓦斯矿井，在煤炭工作面生产过程中采取了抽放、煤层注水、引排等多种措施治理瓦斯。首先，通过运、付巷本煤层深孔抽放、工作面浅孔抽放、顶板高位抽放、上隅角抽放等，使工作面瓦斯抽放量达到 $2m^3/min$，瓦斯抽放率达 28.7%；其次，通过工作面煤层浅孔注水，使工作面瓦斯涌出量降低了 $0.5m^3/min$，工作面瓦斯不均衡系数由原来的 2.5 降低到了 1.8。

9.5.3.3 煤矿产煤不烧煤，利用风源、水源热能取代锅炉

冀中能源煤矿产煤不烧煤，利用风源、水源热能取代锅炉，在全国煤炭行业是第一家，是具有示范、导向作用的科技创新项目。

东庞矿北井为取消燃煤锅炉，解决职工冬季取暖夏季制冷问题，利用矿井独具的回风源、水源特点，研制了高效矿井回风热交换器，利用矿井回风温差作为能源，通过热交换器提取热量，带动压缩机做功实现机组冬季采暖夏季制冷的目的。另外还研制出了低温、低噪音井筒防冻散热器，以适应进水温度45℃和环境温度 -15℃的要求；保证进风井筒中混合空气温度2℃以上，解决了井筒防冻等问题。利用热泵技术回收矿井总回风中、电厂冷却水中的热量，成功地为煤矿建筑供暖，井筒防冻水平大幅提升，另外还能为生活区提供生活热水，东庞矿取缔了所有燃煤锅炉，实现了“产煤不烧煤”。

10　建材行业的节能减排

10.1　建材行业运行综述

2011年，建材工业积极应对要素价格上涨、财务成本增加、环境约束加大等新挑战，加大节能减排、技术进步和管理创新力度，行业经济运行总体保持平稳态势。水泥等多数主导产品量价齐升、产销两旺、效益增长较快。

总量保持较快增长。2011年，建材规模以上企业完成工业总产值3.5万亿元，同比增长34.2%，增速比2010年增加1.6个百分点。水泥生产20.9亿吨，同比增长11.7%。平板玻璃生产7.9亿重量箱，同比增长14%。建筑、卫生陶瓷产量分别是92亿平方米、1.7万件，分别增长14.54%、10.44%。建筑卫生陶瓷工业总产值3861亿元，同比增长32.2%。

经济运行质量显著提高。建材行业全年产销率为97.8%，同比提高0.03个百分点。工业增加值同比增长28%，增幅比2010年回落2个百分点。实现销售收入33780亿元，同比增长38.5%；实现利润4225亿元，同比增长43.2%；实现利润总额2798亿元，同比增长45.3%。其中，水泥销售产值近9400亿元，同比增长了36.7%。

固定资产投资增速加快。2011年，建材工业固定资产投资完成9578亿元，同比增长31.9%，增速比2010年提高8个百分点。其中，水泥制造业下降8.3%，混凝土与水泥制品行业固定资产投资完成额为1515.9亿元，同比增长49.3%，投资规模已经超过水泥制造业成为建材工业最大投资行业。玻纤增强塑料制品、防水材料、石材等新兴建材产品增速也明显高于行业平均值。

进出口同步增长。1—12月，建材工业产品进出口总额411亿美元，同比增长30.2%，其中：进口额169亿美元，同比增长38.3%，出口额242亿美元，同比增长25.1%，作为建材出口的两大门类，2011年，全国陶瓷和玻璃出口占出口总额的1/3以上，其中陶瓷占23.2%，玻璃占12.5%。专用机械、特种玻璃、玻璃纤维、建筑陶瓷、石材制品等较高附加值产品出口增加，出口产品出口额增长明显快于出口量增长。陶瓷出口总额达56.1亿美元，比2010年的40亿美元增长了40.3%。其中，建筑陶瓷出口额达47.6亿美元，同比增长23.7%；卫生陶瓷出口额达8.5亿美元，同比增长8.5%。玻璃出口总额达30.2亿美元。

2011年，我国平板玻璃累计产量为73788.84万重量箱，同比增长15.84%，增速较前3季度下降2.08个百分点。4季度，受国家房地产调控政策和抑制平板玻璃产能过剩等影响，我国平板玻璃月度产量增速逐月下滑。10月份，平板玻璃月度同比增速环比有所回升，但是为抑制平板玻璃领域产能过剩和重复建设问题，国家发改委在10月出台了《关于开展平板玻璃建设项目专项清理的通知》，在全国范围内采取一系列措施对平板玻璃生产线项目进行全面清理，不少平板玻璃厂家开始采取放水或冷修或停产的策略，同时下游房地产及汽车市场需求不旺盛，11、12月平板玻璃月度同比增速逐月下降。12月，平板玻璃月度产量降至全年最低值（5580.43万重量箱），创两年以来的最低增速记录。

2011年，在国家进一步抑制产能过快增长的政策作用下，我国水泥制造业完成固定资产投资1439亿元，同比下降8.3%，低于建材工业固定资产投资平均增速40个百分点，5年来首度出现负增长，投资额在建材工业各行业中首度退居次席。

2011年，我国水泥工业出口量跌价涨。全年出口水泥879.8万吨，同比降低10.5%，实现出口额5.3亿美元，同比增长6.7%. 出口水泥制品217.5万吨，同比增长7.3%，实现出口额8.7亿美元，同比增长67%。出口额增长明显快于出口量增长，水泥制品出口增速明显高于水泥，产业链加快延伸，出口产品结构优化。

10.2 建材行业节能减排现状

2011年，我国建材行业进一步优化产业结构，有效降低综合能耗，节能减排取得显著成绩。

10.2.1 结构调整取得重大进展

优化产业结构，淘汰落后产能。“十一五”期间，水泥、平板玻璃分别累计淘汰落后产能3.4亿吨、6000万重量箱。2011年水泥行业重点淘汰3.0米以下水泥机械化立窑，小型水泥回转窑，水泥粉磨站直径3.0米以下的球磨机等产能，淘汰落后水泥产能1.5亿吨。玻璃行业重点淘汰平拉工艺平板玻璃生产线。

技术和产品结构不断优化。水泥行业新型干法工艺和玻璃行业浮法玻璃工艺的比重进一步提高，能源消耗大幅下降。在水泥生产中，新型干法工艺吨水泥熟料烧成标准煤耗比立窑低20%，2010年新型干法水泥熟料产量比重达到81%，比2005年提高41个百分点，吨水泥熟料烧成标准煤耗下降20%；浮法玻璃产量比重达到87%，比2005年提高8个百分点，单线最大规模达到日熔化量1000吨，每重量箱熔化标准煤耗比普通玻璃低12%。2005年平板玻璃生产浮法工艺比例为79%，2010年提高到86%，“十一五”期间每重量箱平板玻璃熔化标准煤耗下降24%；池窑玻璃纤维产量比重达到85%，比2005年提高16个百分点；新型墙体材料比重达到55%，比2005年提高13个百分点。2011年全年生产新型干法熟料11.28亿吨，同比增长16.7%，新型干法比重达86.3%，比上年提高4.9个百分点。其中日产4000吨以上生产线占新型干法线的37.8%，产能占新型干法产能的59%。淘汰落后产能1.33亿吨。

产业生产集中度进一步提高。2010年，60家年生产能力在500万吨以上的水泥企业集团熟料产量已经占总产量的半数以上，前20家年生产能力千万吨的企业集团则控制了熟料产量的45%。2011年前十家企业水泥产量达5.53亿吨，占水泥总产量的26.5%，比上年提高1.2个百分点；前20家企业的熟料产量约6.35亿吨，占熟料总产量的53%。大企业熟料产量增速明显快于行业平均增速①。

产业结构比例进一步优化。传统的能耗高的产业增加值比重下降是"十一五"时期建材工业结构发生变化的又一个显著特征。2005年高耗能行业工业增加值占建材工业的58.5%，2010年下降到51.7%。特别是水泥制造业，其工业增加值占建材工业增加值总量的比重从2002年的43%下降为2005年的34%，2010年下降到24%；玻璃纤维增强塑料、建筑用石、云母和石棉制品、隔热隔音材料、防水材料、土砂石开采、技术玻璃、水泥制品等行业的发展速度远超过了传统的能耗高的行业增长速度。2010年低能耗产业工业增加值比重已经达到建材工业增加值总量的43%，其对建材工业增长的贡献率，已接近传统的能耗高的建材产业。

10.2.2 节能减排、综合利废成效显著

2010年建材工业万元增加值综合能耗为3吨标煤，比2005年下降了52.6%。"十一五"期间建材工业累计节约能源1.5亿吨标准煤，因排放强度下降，累计减排二氧化碳8亿吨。同时，建材主要产品节能降耗也取得显著进展②。其中：

- 2010年吨水泥综合能耗为115千克标准煤，较2005年下降了24.6%。
- 2010年每重量箱平板玻璃综合能耗为17千克标准煤，较2005年下降了26%。
- 2010年每万块砖综合能耗较2005年上升4%。
- 2010年每平方米陶瓷砖综合能耗较2005年下降16.4%。
- 2010年每平方米石膏板综合能耗较2005年下降7.1%。

2010年，建材工业利用各类工业固体废弃物6亿吨，其中粉煤灰的综合利用量占到全国利用总量的30%以上，煤矸石的利用量占全国利用总量的50%以上。工业副产石膏也得到有效利用。

建材工业生产工艺和规模结构的进一步优化，以及大型企业集团的发展，促进了余热发电等一批节能降耗技术在建材工业中的推广应用。2010年年末，水泥行业累计约有700条生产线建成余热发电站，总装机容量达到4800兆瓦；平板玻璃行业将有20台套发电机组投入运行，装机容量142兆瓦。2010年建材工业纯低温余热发电量达到80亿千瓦时。"十一五"时期建材工业利用纯低温余热发电技术累计发电177亿千瓦时，按各年火力发电平均煤耗计算，建材工业纯低温余热发电量相当于为社会节约能源580万吨标准煤，减排二氧化碳1600万吨。截至2011年，新型干法生产线65%以上配套建成余热发电装置。水泥窑脱硝技术开始在生产线试验示范，利用水泥窑无害化最终协同处置城市生活垃圾、污泥和固体废弃物的示范线陆续投入试运行。脱硫石膏、窑炉飞灰无害化吸纳利用日趋成熟。

产品单位能耗显著下降。水泥熟料单位煤耗2010年下降到120千克标准煤，比2005年下降17.7%，"十一五"期间水泥工业因熟料单位煤耗的下降，共节约煤炭消耗1.16亿吨。"十一五"后期，1/4的日产4000吨及以上生产线吨水泥熟料标准煤耗在103千克标准煤以内，在大型水泥企业中，冀东、同力、亚东、海螺、华润、华新、山水、越堡的部分生产线

---

① 工信部.2011年水泥工业运行情况和2012年发展预测.2012.02.09。
② 中国建材报.建材工业节能降耗取得显著进展.2011.01.05。

吨熟料标准煤耗已低于100千克，亚东、华润、海螺、冀东、塔牌等企业的吨熟料标准煤耗整体水平已低于110千克标准煤。

水泥行业已基本掌握了利用水泥窑无害化处置工业废弃物的关键技术。利用水泥窑协同处置工业废弃物、危险废弃物、城市生活垃圾、污泥等综合利用工程陆续启动。同时，以可燃性废弃物替代燃料的研究与实施也在积极推进之中。

10.2.3 提升生产工艺，发展循环经济

2005年我国新型干法水泥生产中，日产规模4000吨及以上生产线能力占新型干法能力的38%，2009年比重超过50%，2010年更是达到60%以上，4000吨及以上水泥新型干法工艺生产线吨熟料标准煤耗下降到107千克以内。2005年，浮法玻璃生产能力中400吨级及以下熔窑占46%，600吨级及以上熔窑只占32%；2009年以后600吨级及以上熔窑比重超过50%。2005年浮法玻璃每千克玻璃液熔化热耗8160千焦耳，2010年下降到6520千焦耳。台玻、华尔润和南玻的部分生产线每千克玻璃液熔化热耗已经达到5300千焦耳，集团整体水平低于5800千焦耳。利用粉煤灰、煤矸石等固体废弃物大力发展新型墙体材料，目前占墙体材料的比例已超过50%。浮法玻璃比重超过80%，水泥和玻璃生产技术和装备水平都已经接近或者达到国际先进水平。水泥、玻璃行业低温余热发电得到推广；水泥行业处置城市污泥、工业危废物、生活垃圾技术得到逐渐普及。

10.3 建材行业节能减排政策措施

2011年，我国陆续出台了一系列加强建材行业节能减排的政策及文件，以下进行简要解读。

表10-1 2011年建材行业出台相关节能减排措施

出台时间	政策名称	出台机构	主要内容
2011年11月	《建材工业“十二五”发展规划》	工信部	优化产业结构，加快技术进步，提升发展质量和效益，进一步加大节能减排、联合重组、淘汰落后、技术改造和两化融合力度，促进建材工业长期平稳较快发展。
2011年12月	《工业转型升级规划（2011—2015)》	国务院	提升自主创新能力，推进信息化与工业化深度融合，改造提升传统产业，培育壮大战略性新兴产业，加快发展生产性服务业，调整和优化产业结构。

《建材工业“十二五”发展规划》。2011年11月8日，工信部发布《建材工业“十二五”发展规划》，以加快新时期建材工业的转型升级，同时发布的还有《水泥工业“十二五”发展规划》、《平板玻璃工业“十二五”发展规划》、《建筑卫生陶瓷工业“十二五”发展规划》、《新型建筑材料工业“十二五”发展规划》、《非金属矿工业“十二五”发展规划》等5个子规划。“十一五”时期，我国建材工业实施“由大变强、靠新出强”的发展战略，在产业结构调整、方式转变、节能减排等方面取得了长足进步，为国民经济和城乡建设的快速发展提供了重要的原材料保障。但是当前我国建材行业还是存在着总体能耗高、排放多，落

后产能规模大，节能减排任务艰巨。技术创新不足，安全环保节能的绿色建材和无机非金属新材料发展滞后等问题。《建材工业“十二五”发展规划》的制定有助于加快转变建材工业发展方式，立足国内需求，严格控制总量，优化产业结构，加快技术进步，发展循环经济，提升发展质量和效益，进一步加大节能减排、联合重组、淘汰落后、技术改造和两化融合力度，促进建材工业长期平稳较快发展。

《工业转型升级规划（2011—2015)》。2011 年 12 月 30 日，国务院发布《工业转型升级规划（2011—2015)》，以推进我国特色新型工业化，进一步调整和优化经济结构、促进工业转型升级。“十一五”期间，我国工业持续快速增长，产业结构不断优化，技术创新能力不断增强，节能减排和安全生产取得积极成效，尤其是建材工业，万元增加值综合能耗下降了 52.6%。累计节约能源 1.5 亿吨标准煤，水泥、平板玻璃分别累计淘汰落后产能 3.4 亿吨、6000 万重量箱。然而，当前我国工业仍然存在资源能源消耗高，污染排放强度大，行业产能过剩问题突出等问题。《工业转型升级规划（2011—2015)》的制定和实施有助于加快转变经济发展方式，提升自主创新能力，调整和优化产业结构，把工业发展建立在创新驱动、集约高效、环境友好、惠及民生、内生增长的基础上，不断增强我国工业核心竞争力和可持续发展能力。

《工业节能“十二五”规划》。2012 年 1 月 4 日，工信部发布《工业节能“十二五”规划》，以促进工业转型升级，实现工业可持续发展，确保完成节能减排约束性目标。“十一五”期间，工业系统围绕国家节能减排目标任务，狠抓工业节能降耗，工业节能取得显著成效。单位工业增加值能耗大幅下降。全国规模以上万元工业增加值能耗由 2005 年的 2.59 吨标准煤下降至 2010 年的 1.91 吨标准煤，5 年累计下降 26%，实现节能量 6.3 亿吨标准煤，其中，建材行业增加值能耗下降了 37.9%。然而当前，我国工业依然存在工业能源消耗量大，产业结构调整进展缓慢，企业技术创新能力不强，无法支撑节能发展需求，企业节能内生动力不足等问题。而规划的实施有助于工业系统进一步采取有效措施，大幅提高能源利用效率，突破资源环境瓶颈制约，促进工业发展方式实现根本性转变，加快构建资源节约型、环境友好型工业体系，提高工业绿色发展水平。

10.4 建材行业节能减排形势

虽然 2011 年，我国建材工业通过加快产业技术结构调整、推广节能新技术、新工艺和新装备，取得了明显的节能效果，然而，与发达国家相比，在产业结构和主要产品能耗等方面仍然存在突出的问题，成为制约行业节能发展的重要因素。主要问题分析如下：

建材行业能耗量继续加大。资料显示，我国单位 GDP 能耗是发达国家的 3~6 倍，重点产品单位能耗比国际先进水平普遍高 20%~40%，建筑能耗仅相当于发达国家上世纪 90 年代水平。根据住建部统计，我国建筑能耗在能源消耗总量中的比例很大，占比达到 28% 以上。2011 年，我国建材行业耗煤同比增长 7.4%。按照国际经验和我国目前建筑用能水平发展预测，到 2020 年，我国建筑能耗占全社会总能耗的比例将达到 35%，成为用能的第一领域。

环保治理压力加大。当前我国水泥工业经济适用的工业化脱硝技术尚不成熟、还处于试验示范阶段，即使企业加大投入，短期内难以对上千条熟料生产线全面进行改造。利用水泥窑开展无害化最终协同处置的政策环境亟待改善。开展协同处置是水泥产业向绿色功能产业转型的重要途径，但受配套的政策影响，协同处置还难以与焚烧、填埋等行业享受平等竞争。同时先进产能置换落后产能难度大。新建项目与节能减排、等量或减量置换落后产能相衔接的制度亟待落实。

产业结构不合理。当前，我国建材行业产业结构不合理的状况仍然较为突出，虽然新型干法水泥的比重不断提高，但水泥产量的45%左右仍采用落后的立窑等生产工艺，产业集中度较低，大企业比较少，而分散的小企业仍然很多，导致资源能源消耗高，污染物排放高。目前，全国水泥企业数量高达3800家左右。

重复建设出现加剧和扩大趋势。2011年我国又新投产114条熟料生产线，新增产能1.65亿吨，剔除淘汰的落后产能后，熟料产能利用率降到77.2%，水泥产能利用率仅有73%。自2009年国家发布《关于抑制部分行业产能过剩和重复建设引导产业健康发展的若干意见》以来，截止2011年底全国共新建了463条生产线，新增熟料产能5.47亿吨。2011年，平板玻璃的出厂价格持续10个月下降，全行业亏损，在此市场背景下，仅上半年又建成投产了13条生产线。据不完全统计，目前仍然有30条在建和拟建的平板玻璃生产线。

产能过剩现象日益突出。随着近几年固定资产投资的快速发展，水泥行业投资也达到高峰，产能扩张速度大大高于需求的增速，导致产能过剩问题越来越突出。尤其是前两年高投资带来的新增产能集中释放，全局性的、全国性的过剩开始显现。2011年中国水泥产量近20.63亿吨，重点建材企业水泥库存也达到了1042万吨，同比上升达20.3%。水泥在建生产线虽然逐步减少，但在需求不足的情况下，2012年产能过剩仍将加剧，预计2012年水泥供给能力将达25亿吨。到2012年年末我国新型干法生产线预计将达到1600多条。

水泥制品、玻璃制品等后期污染轻、附加值高的行业比重仍非常低，造成整个建材行业产业结构的不合理。另外，水泥产品的质量不高，目前主要是低标号水泥，而高标号水泥的产量较少，导致水泥需求量增大，间接造成能源消耗与污染排放的增加。

主要能耗指标与国际先进水平存在较大差距。我国大型水泥企业新型干法工艺的热耗指标已接近世界先进水平，但水泥电耗与世界先进水平尚存在较大差距。如世界先进水平水泥综合电耗仅为80千瓦时/吨，而我国平均水平90千瓦时/吨左右。现有的平板玻璃生产工艺已与国际接轨，但能耗与国际水平仍存在一定差距。就浮法生产而言，我国现有生产线平均能耗比发达国家平均水平高20%，600t/d和800t/d浮法玻璃生产线平均熔化能耗发达国家分别为6500kj/kg玻璃液和5700kj/kg玻璃液。

能源综合利用未得到广泛推广和应用。工业能源综合利用与发达国家存在较大差距。如发达国家在水泥窑处置工业废弃物、城市垃圾和污泥等方面已积累了丰富的经验，并得到了广泛的推广和应用，而我国尚处于探索和试验阶段，我国吨水泥废弃物利用率（不含商品砼用量）仅为日本的一半左右。这不仅存在技术方面的原因，政策体系的不健全以及政府的推广力度不足也影响了行业能源综合利用的进展。

10.5 建材行业节能减排展望

“十二五”期间，建材行业的节能减排及循环经济发展目标如下：

• 随着城镇化、工业化和农业现代化持续推进，预计 2012 年建材工业将继续保持产销平稳、较快增长势头，工业增加值同比增长 15% 以上。主要产品产量继续保持增长，预计 2012 年水泥产量增速有望降到 10% 以内，平板玻璃产量增速有望降到 10% 左右。但随着一批新改建项目投产，平板玻璃等产品产能过剩恐将加剧。

• 到“十二五”末，建材主要行业能耗、二氧化碳和污染物排放量均达到国家规定，万元增加值能耗比 2010 年降低 20%，万元增加值二氧化碳排放比 2010 年降低 18%（表 10－2），主要污染物排放总量减少 8% 至 10%，实现稳定达标排放。

• 主要产品的综合单耗有较大幅度下降。具体如下：

◇ 水泥：平均每千克熟料烧成热耗小于 740kcal，吨水泥综合电耗小于 85kWh。

◇ 平板玻璃：综合能耗下降至 15kgce/重箱，比 2010 年下降 11.8%。

◇ 建筑陶瓷：单位产品综合能耗为 4.59kgce/m^2

◇ 卫生陶瓷：单位产品综合能耗为 655kgce/t

◇ 墙体材料：单位产品能耗为 800kgce/万块标砖

• 淘汰落后水泥产能 2.5 亿吨、落后平板玻璃产能 5000 万重量箱。推进企业兼并重组，2015 年末力争水泥企业户数比 2010 年减少 1/3，前 10 家企业生产集中度提高 10 个百分点；前 10 家浮法玻璃企业生产集中度提高 18 个百分点。

• 水泥工业大力发展生态水泥以及水泥深加工产品，继续推广水泥窑纯低温余热发电技术，开展以粉磨节电为重点的设备节能改造，到 2015 年，水泥窑纯低温余热发电比例提高到 65% 以上。

• 平板玻璃工业加快发展玻璃深加工，提高玻璃深加工率，推广原料优化、玻璃窑纯低温余热发电等技术，到 2015 年，玻璃窑纯低温余热发电应用比例达到 30% 以上。

• 建筑卫生陶瓷工业推广瓷砖薄型化和洁具轻型化技术，提升大型化、智能化、节能化生产装备的使用率，单位工业增加值能耗降低 20%，生产过程产生的固体废弃物利用率达到 70%。根据目前中国建筑卫生陶瓷协会公布的“三新”工作目标和措施，鼓励高附加值、高新技术和自主品牌产品的出口，保护环境和资源；在保证产品使用功能的前提下，达到建筑陶瓷薄型（减量）化 10% 以上的目标；大力支持研发陶瓷生产节能减排新技术、新装备，在粉尘、噪音、减碳、SO_2、NOx 等排放指标达到国家标准要求。

• 墙体材料工业推广煤矸石烧结砖隧道窑余热发电技术和烧结砖内燃工艺，提升墙体材料能效水平，大力发展承重类新型墙体材料，替代粘土实心砖，到 2015 年，新型墙体材料产量比重达到 65% 以上。

表 10－2 “十二五”时期建材工业主要发展目标

类别	指标	2010 年	2015 年	年均增长（%）
经济发展目标	工业增加值年均增长（%）	26		>10
	利润总额年均增长（%）	44		>10
	总资产贡献率（%）	17	>20	

续表

类别		指标	2010 年	2015 年	年均增长（%）
结构调整目标	产业结构调整目标	低能耗产业增加值比重（%）	43	>50	
	技术结构调整目标	新型干法熟料比重（%）	81	>95	
		浮法玻璃的比重（%）	87	>90	
		平板玻璃深加工率（%）	35	45	[10]
		新型墙体材料产量比重（%）	55	65	[10]
	组织结构调整目标	前 10 家水泥企业生产集中度（%）	25	35	
		前 10 家玻璃企业生产集中度（%）	57	75	
		进入世界 500 强企业数（家）		1 - 2	
	淘汰落后目标	淘汰落后水泥产能（亿吨）			[2.5]
		淘汰落后平板玻璃产能（万重量箱）			[5000]
节能减排和循环经济目标		万元工业增加值能耗降低（%）	3 吨标煤		[18 - 20]
		万元工业增加值 CO_2 排放量降低（%）			[18]
		氮氧化物排放总量减少（%）			[10]
		二氧化硫排放总量减少（%）			[8]
		综合利用和协同处置废弃物总量比 2010 年增加（%）	6 亿吨		[20]
技术进步目标		规模以上企业科技投入占企业销售收入的比重（%）		1.5	

注：1. [ ] 内为五年累计数；2. 低能耗产业：建材低能耗产业指万元增加值能耗低于万元国内生产总值能耗的产业；3. 前 10 家企业生产集中度：均指产量占比。

“十二五”建材行业节能减排发展的重点如下：

- 提高生产节能水平。推广先进节能技术与装备，加快对现有生产线实施以节能为中心的技术改造，强化能耗管理，全面提高建材产品生产的能效水平。以降低万元工业增加值能源消耗、二氧化碳排放和削减污染物排放总量为出发点和落脚点，研究制定相关配套政策，引导行业围绕熟料做精做优，大力延伸产业链，推进节能减排，淘汰落后产能，增强核心竞争力。预计 2012 年全年我国将淘汰水泥产能 2.19 亿吨。

- 实施清洁生产。推广应用高效除尘技术，进一步降低建材产品生产过程中的烟粉尘排放量。推广应用先进、实用的烟气脱硫脱硝技术、降低噪声污染的技术。加强生产过程中粉尘无组织排放的控制，积极开展清洁生产审核，进一步完善清洁生产评价体系。

- 发展循环经济。以水泥、墙体材料、水泥混凝土及其制品、石材等行业为重点，继续鼓励企业对矿渣、煤矸石、粉煤灰、尾矿、工业副产石膏、建筑垃圾、碎石粉等大宗工业废弃物的综合利用，发展循环经济。鼓励水泥企业利用废弃物、生物质燃料替代原燃料，推广利用水泥窑协同处置城市生活垃圾、城市污泥和工业废弃物。推广应用包括纯低温余热发电在内的建材工业窑炉余热梯级利用技术。

- 加快建筑节能改造。对北方地区的既有建筑进行节能改造，升级供暖供热系统，充分利用地源地热能，改变当前围护结构保温隔热性能差、用能系统效率低等问题。根据住建部的统计数据显示，如果对目前城市中不符合节能标准的既有建筑实行节能改造，每年可节约3500万吨左右的标煤，如果仅对既有建筑中近20亿平方米的大型公共建筑进行全面的节能改造，可形成近4000亿元的建筑节能产业链。

- 发展新型节能建材。重点发展适用于不同气候条件的新型高效节能墙体材料以及保温隔热防火材料、复合保温砌块、轻质复合保温板材、光伏一体化建筑用玻璃幕墙等新型墙体材料；大力推广节能建筑门窗、隔热和安全性能高的节能膜和屋面防水保温系统、预拌混凝土和预拌砂浆。

- 优化行业组织结构。水泥、平板玻璃等规模效益明显的行业加快联合重组、淘汰落后、技术改造的步伐。支持优势骨干企业进行横向产业联合和纵向产业重组，提高产业集中度，增强行业综合竞争力，使水泥行业前10强企业年销售额所占比例由25%提升至35%，平板玻璃行业前10强企业年销售额所占比例由57%提升至75%。

- 技术进步和技术改造

◇ 关于重点关键技术的研发，应该重点突破制约建材工业节能减排的脱硫脱硝一体化、二氧化碳减排关键技术以及无机非金属新材料加工制造核心技术、产业升级的新工艺、新技术、新装备。水泥行业开发新型低碳水泥熟料品种，推广低氮燃烧器、分级燃烧和SNCR等NOx减排技术。浮法玻璃领域，新型节能窑炉能耗降低15%以上，推广全氧燃烧技术，脱硫脱销余热发电一体化技术。建筑陶瓷砖产品向薄型化方向发展，实现单位产品平均节约资源15%以上，卫生陶瓷洁具向节水型和轻型化方向发展，实现单位产品平均减少资源消耗15%以上。玻璃纤维领域，在实现池窖拉丝规模化生产的基础上，开发纯氧燃烧（窖炉和通路）和烟气脱硫技术。

◇ 在推进企业技术改造方面，应充分发挥科技对产业升级的支撑作用，支持符合国家产业政策和规划布局的企业，运用高新技术和先进适用技术，推进“两化”融合，以提高质量、发展高端产品、推进节能降耗、环境保护和改善装备、安全生产等为重点，进行技术改造，实现产业升级。

◇ 着重建材标准制修订和创新提升。围绕自主创新、节能减排、安全生产、战略性新兴产业等行业发展急需或缺失的领域，加强建材标准的制修订，进一步完善建材标准体系，加强与国际标准对标及参与或主持国际标准制定工作。大力推进水泥窖协同处理废弃物、水泥生产企业二氧化碳排放量计算方法、水泥窖余热发电评价方法等方面标准的研究和制定工作。加快推进新能源玻璃、外墙外保温材料、石材复合板标准的制修订。完善陶瓷产品节材、节水标准的制修订，重点推进薄化陶瓷砖、工业陶瓷新光源、新能源用工业陶瓷产品相关标准的制定。积极开展具有节能环保、保温隔热、隔音、防水、防火、抗震等功能的新型墙体材料和装饰装修材料标准制修订，重点关注节能标准，如烧结墙体屋面材料企业能源计量器具配备和管理导则；烧结砖瓦能耗等级限额；烧结砖瓦产品当量导热系数的测试方法等标准制修订。

- 工程重点

◇ 节能改造工程。通过技术改造降低单位产品能耗水平，推动行业节能减排。到2015

年水泥、平板玻璃、建筑卫生陶瓷、玻璃纤维等行业能耗水平接近或达到世界同期先进水平。

◇ 协同处置示范工程。通过适应性改造城市周边现有新型干法水泥生产线、开展城市固体垃圾废弃物无害化处理，最终以协同处置推进城市垃圾、污泥和固体废弃物试点示范和推广应用，推动水泥工业向绿色功能产业转变。

◇ 落后产能淘汰工程。通过严格行业准入、监督执行行业结构调整指导目录、加大技术改造力度、完善落后产能压缩和疏导机制，及时淘汰水泥、平板玻璃落后产能。2015 年，基本淘汰水泥、平板玻璃和建筑卫生陶瓷等落后产能，新型干法水泥比重达到95%以上、浮法玻璃比重达到90%以上。

◇ 环保产业工程。利用水泥窑协同处置城市生活垃圾、污泥和工业危废物，改善城市生态环境，使城市周边水泥企业成为保护生态环境，促进工业化和城镇化发展不可或缺的环保企业。

◇ 新材料工程。开发新型高性能、多功能和结构材料及制品，为战略性新兴产业和其他相关产业的发展提供支撑，发展无机非金属新材料及其制品业。

◇ 绿色节能建材工程。结合绿色建筑、建筑节能、旧城改造、安居工程、新农村建设以及灾后重建等转型工程，推动绿色建筑材料及制品产业化发展，为绿色建筑发展提供安全环保节能的新型建筑材料支撑。

10.6 典型企业

10.6.1 中国建筑材料集团有限公司①

2011 年，中国建筑材料集团有限公司（以下简称“集团”）继续推进行业技术进步，加快结构调整，推进战略区域的联合重组和管理整合，行业领先优势进一步巩固。2011 年集团实现营业收入 1940.9 亿元，同比增长 43%；利润总额 158.5 亿元。水泥产能规模达到 2.6 亿吨/年；石膏板产能达 12 亿平方米/年；风机叶片产能规模达 15000 片/年。

2011 年，集团加快产业联合重组。重组整合行业是集团扩大产能的主要方式，通过大规模重组和资源整合，以存量优化提高产业集中度，以增量投入提升技术和产业升级，以管理整合创造效益。过去五年时间里，集团重组整合了 250 多家水泥企业，水泥产能从 2006 年初的 1100 万吨增加到目前的 2.6 亿吨，迅速跃升全球第一。此外，重组也使集团成为世界最大的玻璃纤维生产商、亚洲最大的石膏板生产商和中国最大的风机叶片制造商。2011 年集团在四川成都成立了自己的第四家水泥公司——西南水泥公司。借助西南水泥公司，集团欲用两、三年的时间，在四川、重庆、云南、贵州重组整合 100 多家水泥企业，迅速控制 1 亿吨产能、占据中国西南 20% ~25% 的市场份额。同时，让西南市场带动整个集团的水泥产能在明年底达到 3 亿吨，占全国总产能的比例提高至 25% ~30%。2011 年末已形成水泥产能 2500 万吨/年。此外，集团于 2011 年 7 月收购了黑龙江省宾州水泥有限公，未来将进一步拓展东北市场。

① 资料来源于中国建筑材料集团有限公司 2011 年社会责任报告。

表 10－3 2011 年中国建筑材料集团节能环保数据

指标	单位	数值
年万元工业产值综合能耗同比下降值	%	8
年万元工业产值 SO_2 排放量同比下降值	%	31
煤炭消费占综合能源消费量	%	86
已建和在建余热发电装机容量	兆瓦	1210.5
节能减排资金投入	亿元	7.2
消纳固体废弃物	万吨	6500
自产固体废弃物循环利用率	%	100

集团通过多种途径、采取多种形式努力营造浓厚的节能减排文化氛围。集团鼓励企业员工自主开展技术革新，组织开展节能减排小发明、小革新、小改造、小设计、小建议评选，搭建节能环保管理创新成果分享平台，相关活动成果得到了国家工信部和中华全国总工会的肯定，2011 年集团成员企业巨石集团有限公司因在“我为节能减排献一策”活动中表现突出，被授予“全国五一劳动奖状”荣誉。

集团重视环境治理和污染物减排，严格执行国家环境保护相关法律法规、政策和标准，努力减少生产过程中废水、废气和废渣的排放，集团绝大部分企业各项污染物监测指标远低于国家排放限制标准，基本实现自产固体废弃物 100% 回收利用。集团通过采购清洁能源，提高燃烧系统中氧气含量，减少废气中的 SO_2 和 NOx 等污染物的形成和排放；通过使用袋除尘等除尘技术，有效降低废气中的粉尘排放量；通过建设污水处理和循环使用系统，努力实现废水“零”排放。

集团努力提高能源利用效率和水平，通过保证节能环保资金投入，积极实施有效的节能环保技术改造，努力实现每一单位产品的消耗和排放水平不断降低。及时淘汰落后的生产设备，不断提高燃烧效率和用电效率。努力减少生产过程中化石能源的使用量，充分利用低品位能源和资源，生产质量可靠的建材产品；实现生产线综合利用煤矸石、污泥、城市垃圾等可燃废物替代煤炭等化石能源；在符合条件的水泥和玻璃生产线上全部配套建设余热发电系统，回收利用生产过程中的废热转化为电能，回供到生产线上使用，减少外购电力的使用量。

集团重视水资源的循环利用，将水泥产品制造过程中取用的水资源主要用于循环系统的冷却，其他制造板块中的水资源用做冲洗或喷淋等用途。通过循环利用系统、沉降系统和污水处置系统等，基本实现了水资源有效的循环利用。

集团发挥工艺优势，循环利用工业废弃资源。通过技术革新，在确保质量和安全的前提下，不断提高工业废弃资源在原材料中的使用比重，提高脱硫石膏、矿渣、钢渣的消纳和利用能力，协助其他工业减少环境影响。2011 年，集团水泥和轻质板材制造板块消纳脱硫石膏、矿渣、粉煤灰等工业副产品和固体废弃物约为 6500 万吨。集团实施水泥窑炉处置城市垃圾、污泥和污染土技术，集团多家水泥成员企业积极开展资源分析、技术论证，通过试点推进，探索有效的运行机制和运营模式，与政府共同协同推动城市垃圾和污泥的有效处置途径，减少土地资源的浪费和环境污染。

表 10－4 中国建筑材料集团 2011 年能源消费情况

指标	单位	消费量
能源消耗总量	万吨标煤	1685.31
其中：煤炭	万吨标煤	1454.49
电力	万千瓦时	1289167.05
天燃气	万标准立方米	19966.43
其他能源	万吨标煤	45.83

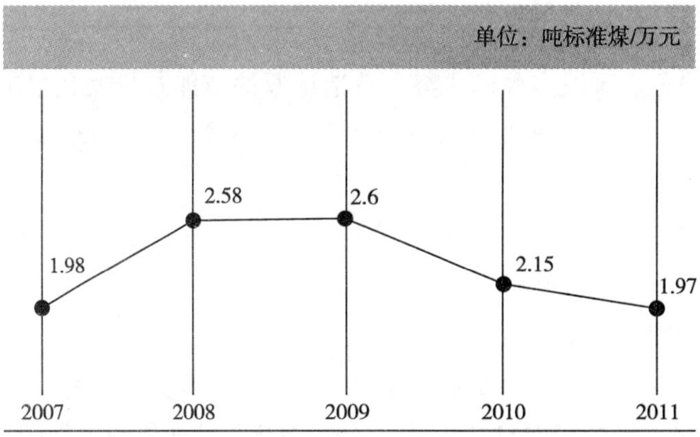

图 10－1 中国建筑材料集团 2007—2011 年万元产值综合能耗

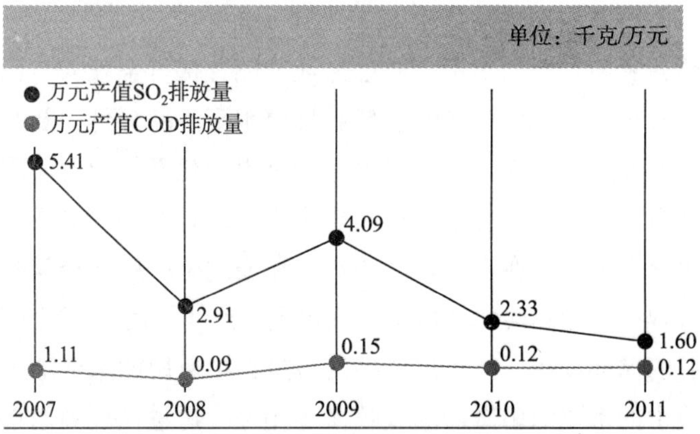

图 10－2 中国建筑材料集团 2007—2011 年万元产值 SO_2 和 COD 排放量

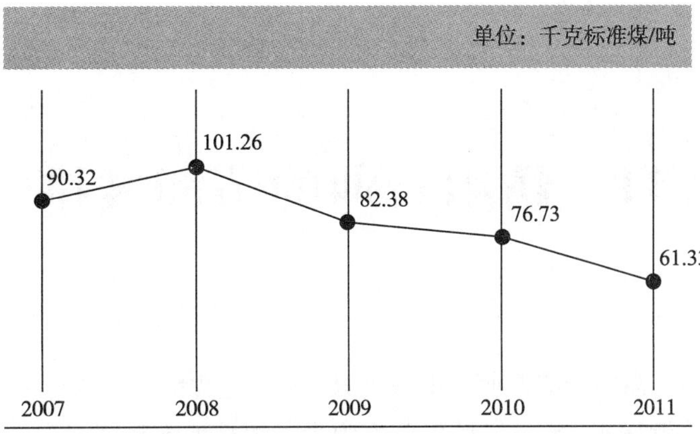

图 10－3　中国建筑材料集团 2007—2011 年水泥产品单耗

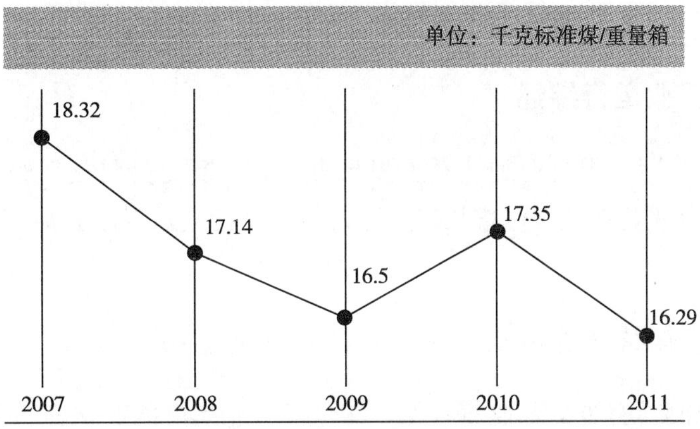

图 10－4　中国建筑材料集团 2007—2011 年玻璃产品单耗

11 纺织行业的节能减排

纺织业是高能耗、高污染的产业，中国纺织行业全过程能耗大致为4.84吨标煤/吨纤维，总能耗占全国工业总能耗4.3%。能源以蒸汽为主，50%为饱和蒸汽，高温排液量大，热能利用率只有35%左右。纺织业也是一个水耗大、污染密集度高的产业，尤其是印染行业，排污远远高于行业平均水平；据统计，规模以上纺织企业用水量占全国工业企业8.5%，废水排放量占全国的10%，其中80%为印染废水，平均回用率仅为10%左右。

11.1 纺织行业运行综述

2011年全年，我国纺织行业加快转变发展方式，不断提升科技、管理和营销水平，生产、出口及利润实现平稳增长，但增长速度逐月下滑，行业运行压力加大，部分中小纺织企业经营困难。

11.1.1 生产保持平稳增长，主要产品产量增速回落

2011年全国规模以上纺织企业累计实现工业总产值54786.5亿元，同比增长26.84%，增速持续放缓。分产品来看，2011年，我国规模以上纺织企业纱产量2894.47万吨，同比增长12.43%；布产量619.82亿米，同比增长11.6%；服装产量254.20亿件，同比增长8.14%；化纤产量3362.36万吨，同比增长13.87%（见图11-1）。

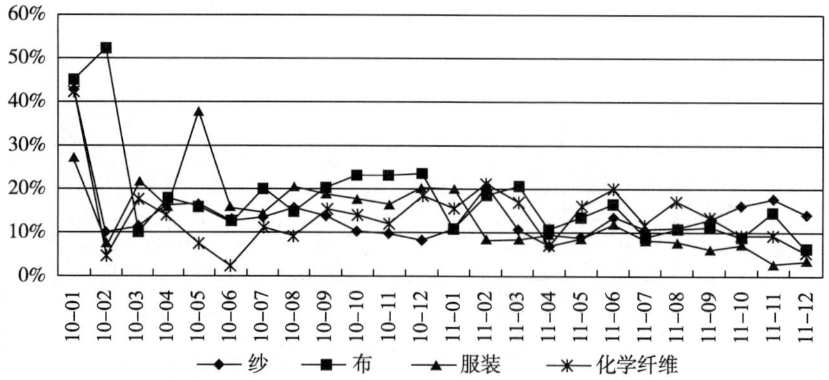

图11-1 纺织行业主要产品产量月度增速

数据来源：国家统计局，中经网

11.1.2 投资保持较快增长，区域结构进一步优化

2011 年，我国纺织行业总投资保持平稳增长态势。500 万元以上项目固定投资总额 6799.06 亿元，同比增长 36.33%。纺织行业新开工项目仅增长 2.27%（见图 11-2）。纺织行业投资增速放缓、新开工项目减速反映出纺织企业市场信心和投资意愿的下降。

从新增投资区域分布方面来看，纺织行业中西部地区投资实现较快增长，占比进一步提高。2011 年 1~11 月，中西部纺织企业固定资产投资额分别增长 55.7% 和 51.8%，明显高于东部地区 23% 的增速。中西部新增投资占全国的比重分别达到 30.6% 和 8.1%，较上年同期提高 4.1 和 0.9 个百分点，纺织产业向中西部转移的步伐继续加快。

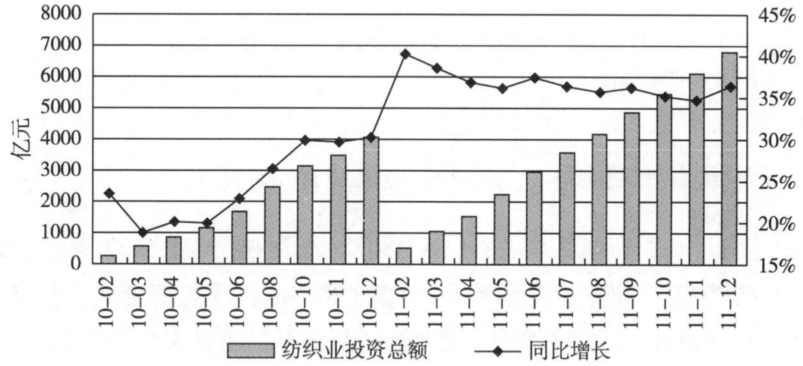

图 11-2 纺织行业固定资产投资完成额及增速

数据来源：中国纺织工业协会，中经网

11.1.3 进口规模不断扩大，出口平稳增长

2011 年，我国纺织原料及纺织制品共进口 375.89 亿美元，同比增长 27.1%，进口规模继续扩大（见图 11-3）。其中，纺织品进口 191.47 亿美元，同比增长 7.54%；服装进口 40.1 亿美元，同比增长 59.44%。服装进口增速远远高于纺织品进口增速。

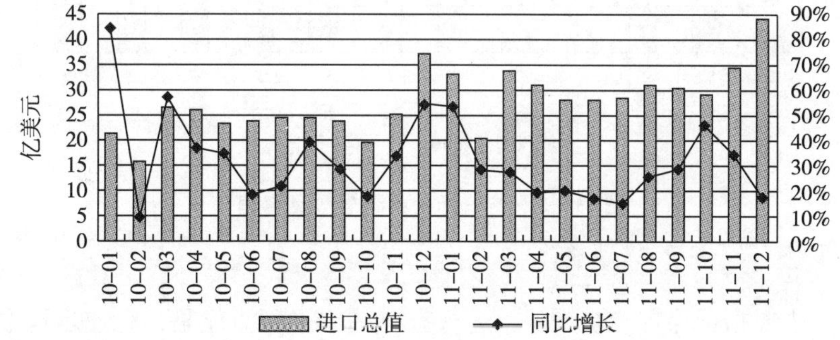

图 11-3 纺织原料及纺织制品进口总值及增速

数据来源：中国海关，中经网

2011 年，我国纺织原料及纺织制品共出口 2405.54 亿美元，同比增长 20.6%（见图 11-4）。其中，纺织品出口 1009.03 亿美元，同比增长 22.27%；服装出口 1532.2 亿美元，同比

增长 18.34%。

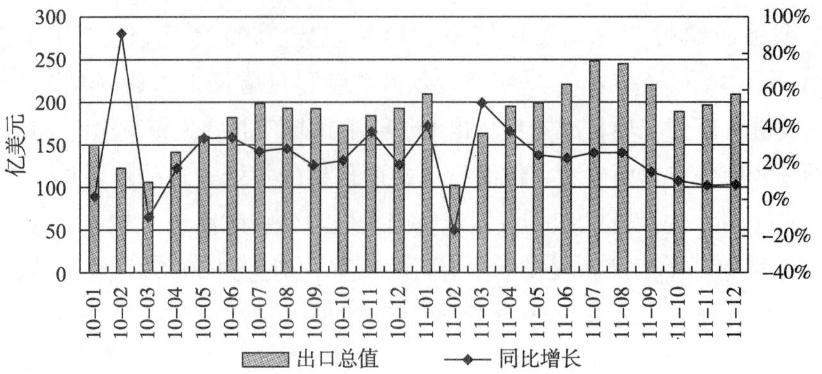

图 11-4 纺织原料及纺织制品出口总值及增速

数据来源：中国海关，中经网

11.1.4 经济效益平稳增长，企业亏损较快增加

2011 年 1~11 月，纺织行业主营业务收入 48072 亿元，同比增长 27.4%，较同期全国工业低 0.8 个百分点。纺织行业亏损企业数同比增加 28.7%，较同期全国工业高 11.5 个百分点。亏损企业亏损总额同比增长 75.9%，增速较同期全国工业高 8.5 个百分点。

2011 年以来，纺织行业劳动力平均成本上涨了 20% 左右，纺织服装企业的生产成本也因此上升 3%~6%。1~12 月，纺织行业累计实现利润总额 2596.42 亿元，同比增长 25.94%。

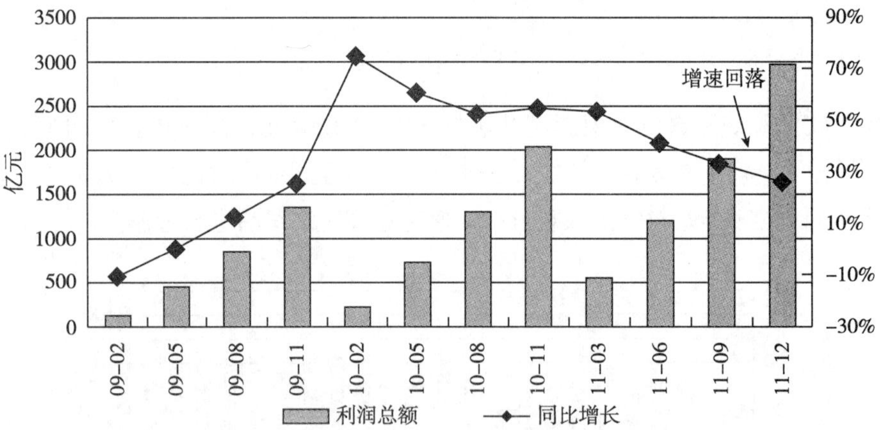

图 11-5 纺织行业利润总额及增速

数据来源：中国纺织工业协会，中经网

2011 年行业主要指标保持较快增长，运行态势基本平稳。但是，行业运行中面临的各类风险较上年明显增多，国际市场持续低迷、原料价格大起大落、生产成本持续上涨、融资环境紧缩等因素增加了运行压力，主要经济指标增速均呈现放缓势头，出口数量和行业利润增速下滑。

11.2 纺织行业节能减排现状

“十一五”期间，纺织工业把加快科技进步作为推进产业结构调整和升级的重要支撑，一系列节能减排新技术取得研发突破，并在行业中推广应用，取得明显成效。“十一五”节能减排的目标任务全面完成。纺织行业单位增加值综合能耗累计下降约32%，百米印染布新鲜水取水量由4.0吨下降到2.5吨，印染行业水回用率由7%提高到15%，纺织行业单位增加值污水排放量累计下降幅度超过40%。2011年上半年，主要耗能行业单位增加值综合能耗看，纺织下降0.73%。

11.2.1 淘汰落后产能明显

“十一五”期间，化纤行业共淘汰落后产能三百多万吨，到2010年，聚酯涤纶行业国际先进水平的装备比重达到75%，为行业节能减排工作提供了保障。与2005年相比，化纤吨纤维综合能耗下降30.4%，聚酯聚合、粘胶短纤、锦纶聚合、锦纶长丝能耗水平基本达到国际先进水平；吨化学纤维取水量下降25.7%，废水排放量下降25%，COD排放量下降20%，SO_2排放量下降25%；粘胶行业水重复利用水平平均提高20个百分点；聚酯行业水重复利用率已达95%以上。

11.2.2 节水工作取得进展

“十一五”期间，用水量最大的印染行业百米印染布新鲜水用水量由4吨下降到2.5吨，累计减少37.5%，印染布生产用水回用率由7%提高到15%，提高8个百分点。高效短流程前处理和连续染色设备、新型间歇式染色机、冷轧堆染色、生物酶退浆等先进装备及工艺技术的推广应用，可实现节水20%以上。

11.2.3 污染物减排及治理取得成效

印染行业开发了对废水分质分流进行深度处理及回用的新技术，实现废水处理稳定达标，大幅减少了污水排放。丝绸行业研发的缫丝生产废水深度净化循环技术，已在大中型缫丝企业中推广应用，可使缫丝废水循环使用率达90%以上，基本实现污水零排放。化纤行业采用膜过滤、活性碳吸附、废气制硫酸等工艺技术治理粘胶废水、废气，有效减少了污染物排放，提高了行业的清洁生产水平。

11.2.4 资源循环利用不断提高

目前，国内再生纤维生产能力达到700万吨，产量达到400万吨。废旧聚酯瓶回收利用再生纤维技术得到广泛推广，且技术不断升级；再生纺丝技术不仅开发出用于家纺填充料的三维中空纤维，还在长短型差别化纤维、中等强度工业丝等方面实现突破，正在加强推广应用。纺织工业利用天然速生林材开发纺织纤维材料的能力不断提高，竹浆纤维和麻浆纤维开发已实现产业化。冷凝水及冷却水回用、废水余热回收、中水回用、丝光淡碱回收等资源综合利用新技术在行业中均已得到大力推广应用，极大地提高了水、热等资源的使用效率。

11.2.5 节能减排和资源循环利用新技术得到广泛应用

差别化直纺和新型纺丝冷却技术在化纤行业开始推广，高效短流程印染前处理技术在棉及棉混纺织物上得到普遍应用，废水余热回收、中水回用、丝光淡碱回收等资源综合利用技术在行业中推广应用比例已达到50%。纺织纤维再利用开发技术不断升级，2010年再利用纺织纤维产量突破400万吨，以可再生、可降解的竹浆粕、麻秆浆粕为原料的粘胶纤维实现产业化生产。

11.2.6 绿色环保装备研发和制造能力的提高为纺织工业实现节能降耗创造了良好基础条件

棉纺行业节能电机的开发推广使吨纱能耗进一步降低，空调自动控制技术的应用可使空调能耗降低10~15%。化纤行业推广差别化直纺等实用节能型加工技术，其中，新型熔体直纺热媒加热系统的应用减少燃料消耗近1/3。印染行业高效短流程前处理技术已经应用于各类织物染色，可减少电、汽及水消耗30%以上；冷轧堆染色已在中厚型织物上应用，可节约蒸汽40%。

专栏11-1

节能减排倒逼绍兴印染企业升级

节能设备成为诸多印染企业技改升级的重要工程，以实现节能减排的可持续发展。

2011年以来，在环境压力下，浙江绍兴绝大部分印染企业的生态环保意识明显提高，不少印染企业不惜斥资千万元，进行大手笔节能技改。

绍兴本土节能设备生产商“精宝机械”自主开发的节能环保定型机和烘干机在这种大环境下得到市场认可。“比普通设备节电48.2%、节煤56%，产量是普通设备的两倍，产品附加值每米增加2元多，这就是节能设备成为‘香饽饽’的魅力所在。”该企业负责人介绍说。

除本土节能设备畅销印染企业外，不少外来新设备也受到绍兴印染企业青睐。来自江苏无锡的“东宝机械”通过绍兴县印染协会牵线搭桥，去年底首次与该县印染企业接触。如今，“东宝机械”的主打产品超低浴比、高温雾化气流染色机已经进入了“海通印染”、“新宇印染”、“盛鑫印染”等绍兴当地大型印染企业的生产车间。据介绍，该染色机较好地解决了溢流染色机所存在的浴比大、能耗高、排污量大等问题。与传统染色机相比，节水50%，而且大幅减少了化学物质及辅料的消耗，节约20%至30%的染料。

来源：中国纺织报/2011年/5月/4日/第007版

11.3 纺织行业节能减排目标

11.3.1 “十二五”时期纺织工业发展的主要指标

总目标：十二五期间单位工业增加值能源消耗比2010年降低20%，工业二氧化碳排放强度比 2010 年降低 20%，单位工业增加值用水量比 2010 年降低 30%，主要污染物排放比 2010 年下降 10%。初步建立纺织纤维循环再利用体系，再利用纺织纤维总量达到 800 万吨左右。

表 11 - 1　"十二五"时期纺织工业发展的主要指标

类别	指标	2010 年	2015 年	年均增长（%）
行业增长	工业增加值（规模以上）	—	—	8
	出口总额（亿美元）	2065	3000	7.5
	纤维加工总量（万吨）	4130	5150	4.5
结构调整	服装、家纺、产业用纺织品纤维消费量的比重（%） 其中： 服装纤维消费量年均增长 家纺纤维消费量年均增长 产业用纺织品纤维消费量年均增长	51:29:20	48:27:25	— 3.0 3.0 10.0
	规模以上企业出口交货值占销售产值的比重（%）	18.6	14	[-4.6]
	中西部地区纺织工业总产值占全国的比重（%）	17	28	[11]
技术进步	劳动生产率（规模以上）	—	—	10
	研究与试验发展经费支出占主营业务收入比重（规模以上，%）	<1	>1	—
可持续发展	单位工业增加值能耗降低	—	—	[20]
	工业二氧化碳排放强度降低	—	—	[20]
	单位工业增加值用水量降低	—	—	[30]
	主要污染物排放降低			[10]
	再利用纺织纤维总量（万吨）	400	800	14.9

注：1. [ ] 号内为五年累计数
2. 主要污染物指化学需氧量和氨氮

11.3.2　"十二五"时期化纤工业发展的主要指标

表 11 - 2　"十二五"时期化纤工业发展的主要指标

类别	指标	2010 年	2015 年	年均增长（%）	累计提高或下降
工业增长	化纤产能（万吨）	3450	4600	5.9	
	化纤产量（万吨）	3090	4100	5.8	
	化纤加工量（万吨）	2987	3900	5.5	
	化纤占纺织纤维加工总量（%）	70	76		[6]
	工业增加值增长率			8	

续表

类别	指标	2010年	2015年	年均增长（%）	累计提高或下降
结构调整	化纤原料自给率（%）	59	70		[11]
	化纤差别化率（%）	46	60		[14]
	高档面料及制品原料自给率（%）	70	85		[15]
	高性能纤维产能（万吨）	5.5	16	23.8	
	生物质纤维产能（万吨）	0.6	20	100	
技术进步	研发投入比例（%）	1	1.5		[0.5]
	劳动生产率（万元/人·年）	20.1	32.3	10	
	新产品产值比重（%）	14	20		[6]
可持续发展	万元工业增加值能耗下降（%）				[15]
	万元工业增加值用水量下降（%）				[20]
	主要污染物排放总量下降（%）				[10]
	其中：COD排放总量下降（%）				[12]
	SO_2 排放总量下降（%）				[10]

注：1. 带［］的为五年累计提高或下降百分点。2. 工业增长、技术进步各项指标为规模以上企业指标。3. 可持续发展各项指标为约束性指标。

11.4 纺织行业节能减排展望

我国纺织服装行业的减排压力远远大于节能，行业的工业废水、工业化学需氧量占比的数字并不乐观，而单位能耗等指标是在持续下降。废水排放、化学需氧量方面是全行业需要引起注意的问题，企业应把节能降耗减排的重点放在减排这个层面。

从平衡产业发展与资源环境可持续发展来说，三个关键的转换尤为重要：宏观层面，政策的稳定性、可持续性非常重要，政策稳定是行业可持续发展是最大的利好；行业层面，特别是针对环境保护这个角度来说，要针对整个的社会发展、社会需求、环境资源可承受力方面制定适度标准，而不是过高的标准，过高标准意味着难以承受的成本；企业层面则应避免投机行为。

11.4.1 纺织行业整体展望

中国纺织工业联合会产业部主任孙淮滨认为，未来五年中国纺织行业要在加强管理、大力推进技术改造、资源循环利用及废旧纺织品的循环再利用4个方面推进环境保护和绿色纺织。从长远看，如何设计出一套市场化机制，使用价格杠杆，让低耗能低污染企业获得更多市场激励，让高耗能高污染企业面临更大的经济压力，才是解决节能减排难题的长久之计。

2011年纺织行业在高速发展的同时，清洁生产和节能减排工作也取得了一定成效。然而，在水资源日益短缺、环境污染不断恶化的情况下，资源和环境仍然制约着纺织行业的健康、可持续发展。我国纺织业的水耗居高不下，污染问题较为突出，污染物超标排放现象依然严峻。

当前国际纺织技术的发展趋势是以生产生态纺织品和绿色制造技术为引导，从工艺、助剂、设备多渠道着手，抓住源头，注重生产过程中每一环节的生态问题，努力优化纺织工艺。纺织行业要实现节能降耗首先是科技要先行。科技成果的产业化是产业升级最重要的环节，科技成果的产业化不仅带动了纺织产品的研发创新，也促进了纺织行业产业链的整合。

11.4.1.1 提高节能减排管理水平

大力推进企业能源三级计量管理，建立纺织行业能源监控和服务机构，加强企业能源合同管理，加强行业能效的对标达标，制定行业碳排放核算指南，组织开展绿色企业评价活动。推进印染、粘胶等重点行业的清洁生产审核，组织对企业进行可持续发展能力诊断。

11.4.1.2 推广节能降耗减排新技术

加快绿色环保、资源循环利用及节能减排等先进适用技术和装备的研发和推广应用。组织实施节能、降耗、减排的共性、关键技术开发和产业化应用示范。推进重点行业和重点企业实施节能减排改造，运用信息技术对生产过程中的能源消耗、废物排放进行实时监控，提高智能化管理水平。

11.4.1.3 加强资源再生循环及利用

按照“减量化、再利用、资源化”理念，逐步建立健全纺织制品回收再利用循环体系，制定相关法规和标准，设立纺织制品回收再利用管理和监控体系。组织制定纺织制品回收再利用的循环经济发展规划和技术路线图。鼓励企业加快高效、低成本纺织制品回收再利用技术的开发和推广。加强对纺织制品再生循环利用的宣传教育。

11.4.1.4 加快淘汰落后产能和污染减排治理

完善行业准入条件或产业政策，严格新建项目环境评价、节能评估和土地审批，遏制生产能力的盲目扩张。严格执行《产业结构调整指导目录》、《部分工业行业淘汰落后生产工艺装备和产品指导目录（2010年本)》，在重点地区和重点行业按照等量置换或减量置换原则，建立健全新建项目与淘汰落后、污染减排相衔接的项目管理机制，完善淘汰落后产能和污染减排的监督审核制度，加快推进棉纺织、化纤、印染等行业落后产能退出，“十二五”期间淘汰落后的印染产能60亿米。加大《印染行业准入条件》和《粘胶纤维行业准入条件》的贯彻实施，加强污染综合治理，“十二五”末，纺织工业主要水污染物排放总量削减比例不低于10%。

11.4.2 化纤行业展望

11.4.2.1 加强行业低碳技术经济研究

加快节能减排新技术、新装备的产业化研发和应用，推广棉浆粕黑液治理和废旧瓶片清洗废水回用等技术，加大对粘胶废水和废气治理、回收等技术应用与设施建设的力度。强化由终端治埋向过程监控、清洁生产技术的转变，推进粘胶、再利用纤维的清洁生产。适时修订粘胶纤维行业准入条件。加快淘汰和替代高能耗、高污染、低效率的落后生产工艺和设备，以及壬基酚等有毒有害化学物质生产和使用，“十二五”期间淘汰落后产能150万吨。加快对氨纶、腈纶工业的生产工艺改造，推广使用DMAC等新型溶剂。积极推动行业能源合同管理、清洁生产审核、企业碳足迹认证研究等工作。

11.4.2.2 大力推动资源的循环利用

鼓励和规范再利用纤维行业发展，重点强化废旧聚酯、废丝、废旧化纤制品等回用技术以及产品和成套装备的集成升级与推广使用。加强废物资源化过程中的污染控制和环境风险研究。组织制定纺织制品回收再利用的循环经济发展规划和技术路线图，推动化纤尤其是纯涤纶面料和服装的回收利用技术产业化。加快生物质可再生、可降解原料研发，积极推进清洁生产，加强资源综合利用，减少污染物排放量，建立化纤工业循环经济发展模式引导社会绿色消费。

11.4.3 针织行业展望

11.4.3.1 “十二五”对针织企业提出的要求

原料方面。扩大非棉纤维在针织生产中的应用，如各种麻类等天然纤维，采用仿棉化纤，采用甲壳素、海藻纤维等各种新型纤维推动产品开发，采用高强涤纶长丝等推动产业用经编产品的发展。原料的多元化使行业对棉纤维的依赖度逐步降低。

技术方面。针织物平幅水洗技术、气流染色技术、数字化连续丝光技术、冷轧堆前处理加工技术、生物酶精炼技术、数码印花等。例如：

- 一是冷扎堆前处理加工技术：通常可使产能提高30%，耗汽量降低85%，耗水量降低65%，排放COD降低50%。

- 二是气流染色技术：采用高温高压气流染色技术与传统溢流喷射染色技术相对比，加工同样的织物，通常可节电约30%，节省助剂（盐、碱）60%。浴比较小，节省水量50%以上，节省蒸汽50%，染色时间缩短15%。

- 三是针织物平幅水洗技术：与传统工艺相比通常节水67%，节约蒸汽40%，节约助剂30%。

- 四是生物酶制剂在染整中的应用：降低能耗和水耗，提高废水的清洁度。仅在一个工艺步骤（漂白）中采用酶制剂替代化学品制剂，就使每吨针织物生产耗水量降低20吨以上，同时使织物的手感柔软。

- 五是数码印花：通常可使耗电量减少50%，耗水量减少30%，染料用量减少60%。无制网调浆，无花回与套色限制，适于多品种、小批量的要求。

11.4.3.2 总体措施

从低碳节能、绿色环保等方面看，针织行业要严格按照《印染行业准入条件》、《针织印染产品取水计量办法及单耗基本定额》等有关法规、标准的要求，改进设备和技术，推广节能减排、清洁生产、资源循环利用的新技术，实施节能低碳工程，实现可持续发展。

结合行业特点，完善可持续发展的标准和规范体系。研制指定产品能耗标准，健全清洁生产标准体系，完善取水定额标准，推广环境管理体系、能源管理体系标准等相关国内外标准，使企业加强能耗控制，在生产全过程中以污染预防为主。

鼓励针织企业采用先进技术和管理，在编织、前处理、染色印花、定型后整理、废水废气处理，在线监测与自动控制等环节大幅度提高能源利用效率，做好绿色环保。通过综合性、专业性会议，专家现场指导等多种形式，推广先进技术和管理模式。对产业集群进行重点分类指导，加强节能、环保、循环经济公共服务体系建设。开展达标示范活动，宣传表彰环境优化、节能减排优秀企业和清洁生产先进企业，全面推广先进的经验。倡导可持续发展的生产方式和生活方式。

11.4.3.3 节能方面措施和推荐项目

主要措施有实施推广节能灯工程，太阳能集热工程，地源热泵，以及在动力、蒸汽、空调和建筑进行系统性节能改造等。

推荐项目有：

- 首先是地源热泵，地源热泵中央空调系统比传统空调系统节能50%~75%。不排放废弃物，噪音低，节约用水；一机多用，可供暖、供热、制冷；使用安全，性能可靠，机组寿命长，运行和维护费用低；
- 其次是太阳能，太阳能是人类可以利用的最丰富的清洁能源。利用太阳能对生产、生活用水进行升温，减少蒸汽用量，达到减低碳排放；运行费用低，机组噪音低，对环境无污染，对大气环境无影响，经济和社会效益好；
- 最后是“LED”节能灯，在行业内推广“LED”节能灯，光效高、耗电少，寿命长、易维护，达到低碳减排的目的。

11.4.3.4 资源循环再利用举措

首先，再生纤维纱线在针织生产中的应用。坚持使用再生资源的环保生产节约资源的理念，扩大再生纤维在针织产品开发中的应用，开发新产品，推动纤维资源的循环利用。

其次，染整余热回收。针织染整过程中产生废气、废水，大量热能随废气、废水散失到大气和水源中，余热回收势在必行。余热回收设备将高温废气、废水通过换热器与新鲜空气、清水进行热交换，形成热气、热水用于生产。

第三，印染废水的处理回用。运用物理、化学、生物综合治理技术，复合功能树脂吸附技术，生物接触氧化法，膜技术等技术进行废水处理，使处理达标后的再生水回用。

12 交通行业的节能减排

交通运输是国家节能减排的三大重点行业之一。从全球范围来看，交通运输业也是能耗重点领域，能源消耗占全社会能源消耗的8%，在石油制品的消耗中，交通运输占1/3以上。在世界能源消费和温室气体排放中所占比重均超过20%，且仍呈较快上升态势，节能减排责任重大，世界各国纷纷将发展绿色、低碳交通作为战略重点。

交通运输行业作为重点能源消耗大户，合理优化能源消耗结构，转变交通运输发展方式，加快综合运输体系建设，发挥各种交通运输方式比较优势，加大节能减排工作力度，完成“十二五”期间公路、水路节能减排的指标，是当前我们工作的重要任务和目标，也是列入国务院年度和“十二五”期间对交通运输主要任务考核的重点工作之一。

12.1 交通运输行业运行情况综述

2011年全行业客货运输总体保持平稳较快增长。

12.1.1 公路、铁路、水路旅客运输量稳步增长

1至11月份，累计完成公路客运量和旅客周转量分别为299.9亿人和15286亿人公里，同比增长7.8%和11.3%。完成水路客运量和旅客周转量分别为22376万人和68.0亿人公里，增长8.2%和3.8%。累计完成铁路旅客发送量171934人，比上年同期增长10.9%，旅客周转量8873.50亿人公里，比上年同期增长8.5%，民航旅客运输量累计增长9.1%。

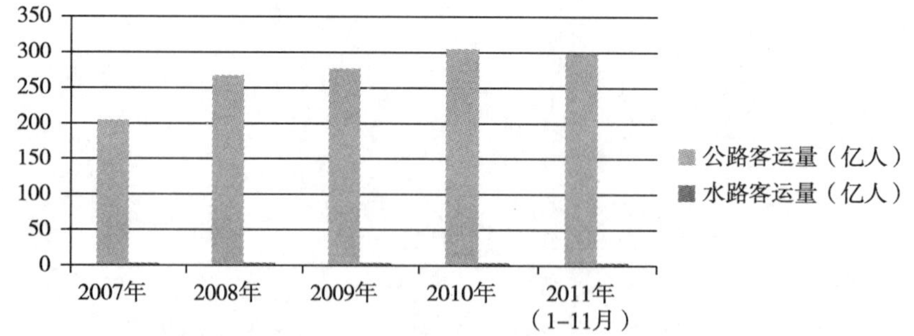

图12-1 2007—2011年全国公路、水路客运量

数据来源：2011年公路水路交通运输行业发展统计报告

各种运输方式完成旅客运输量情况见下表。

表 12-1 2011 年各种运输方式完成旅客运输量及其增长速度

指标	单位	绝对数	比上年增长%
旅客运输总量	亿人	351.8	7.6
铁路	亿人	18.6	11.1
公路	亿人	327.9	7.4
水运	亿人	2.4	8.6
民航	亿人	2.9	9.2
旅客运输周转量	亿人公里	30935.8	10.9
铁路	亿人公里	9612.3	9.7
公路	亿人公里	16732.6	11.4
水运	亿人公里	74.2	2.6
民航	亿人公里	4516.7	11.8

资料来源：国家统计局

12.1.2 公路、铁路、水路货物运输量仍保持快速增长

1 至 11 月份，累计完成公路货运量和货物周转量分别为 255.5 亿吨和 46401 亿吨公里，同比增长 15.1% 和 18.3%。完成水路货运量和货物周转量分别为 38.7 亿吨和 68574 亿吨公里，增长 15.1% 和 15.8%。累计完成铁路货运发送量 359746 万吨，比上年增长 8.0%，完成铁路货运总周转量 26895.74 亿吨公里，比上年增长 6.5%。民航货邮运输量累计增长 -1.7%，货邮运输量同期累计增速为近 20 年来最低。

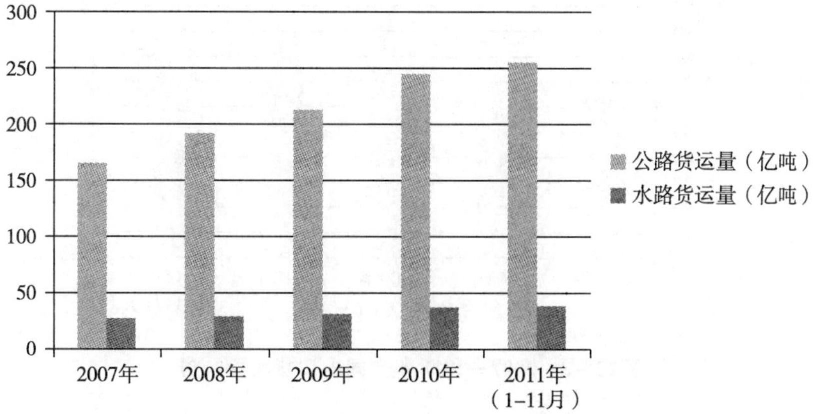

图 12-2 2007—2011 年全国公路、水路货运量

全年货物运输总量 369 亿吨，比上年增长 13.7%。货物运输周转量 159014 亿吨公里，增长 12.1%。各种运输方式完成货物运输情况见下表。

表 12-2 2011 年各种运输方式完成货物运输量及其增长速度

指标	单位	绝对数	比上年增长%
货物运输总量	亿吨	368.5	13.7

续表

指标	单位	绝对数	比上年增长%
铁路	亿吨	39.3	8.0
公路	亿吨	281.3	14.9
水运	亿吨	42.3	11.7
民航	万吨	552.8	-1.8
管道	亿吨	5.4	9.0
货物运输周转量	亿吨公里	159014.1	12.1
铁路	亿吨公里	29465.8	6.6
公路	亿吨公里	51333.2	18.3
水运	亿吨公里	75196.2	9.9
民航	亿吨公里	171.7	-4.0
管道	亿吨公里	2847.2	29.6

资料来源：国家统计局

12.1.3 港口生产增长总体放缓，主要货类表现各异

1至11月份，规模以上港口累计完成货物吞吐量83.2亿吨，同比增长13.0%。其中，外贸和内贸货物吞吐量分别为25.3亿吨和58.0亿吨，增长11.6%和13.7%。

全年规模以上港口完成货物吞吐量90.7亿吨，比上年增长11.9%，其中外贸货物吞吐量27.5亿吨，增长10.8%。规模以上港口集装箱吞吐量16231万标准箱，增长11.4%。

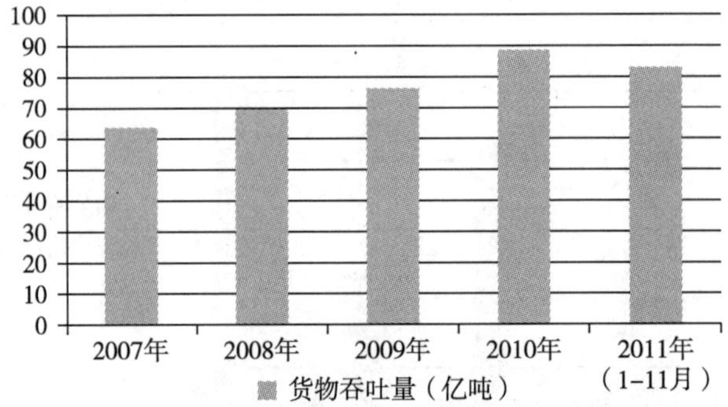

图12-3 2007—2011年全国港口货物吞吐量

12.1.4 交通固定资产投资小幅增长

1至11月份，公路水路累计完成固定资产投资12944亿元，同比增长11.0%，与去年同期相比增速放慢7.8个百分点。公路、内河、沿海建设分别完成投资11409亿元、335亿元和941亿元，增长9.7%、19.3%和31.0%。铁路固定资产投资5863亿元，比上年下降25%。

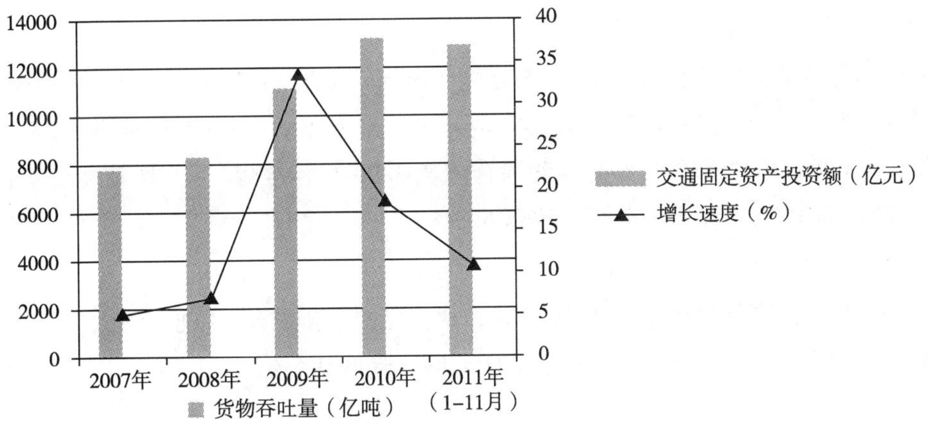

图 12－4 2007—2011 年公路、水路交通固定资产投资额及增长速度

数据来源：2011 年公路、水路交通运输行业发展统计公报。

12.2 交通运输行业节能减排现状

2011 年交通运输行业深入贯彻落实科学发展观，全面贯彻落实国务院节能减排工作战略部署，坚持理论创新与行业实践相结合，坚持示范试点与推广应用相结合，坚持政府引导与企业自主相结合，科学规划，统筹安排，突出重点，明确责任，扎实推进，行业节能减排取得新成果。

2010 年底，全国营运车、船单位运输周转量能耗、港口生产综合单耗分别比上年下降了 5%、7% 和 4%。环境保护基础工作进一步加强，污染物排放总量消减，节能减排成效显著，污染事故的应急处理能力进一步提高，环境监测水平逐步提升，环境保护管理落实到实处。公路水路主要污染物排放总量继续保持下降的良好态势，化学需氧量排放比上年减少 1.6%，二氧化硫排放比上年减少 3.0%。公路水路生态保护与节能减排等方面的工作成效显著。

12.2.1 铁路节能减排情况

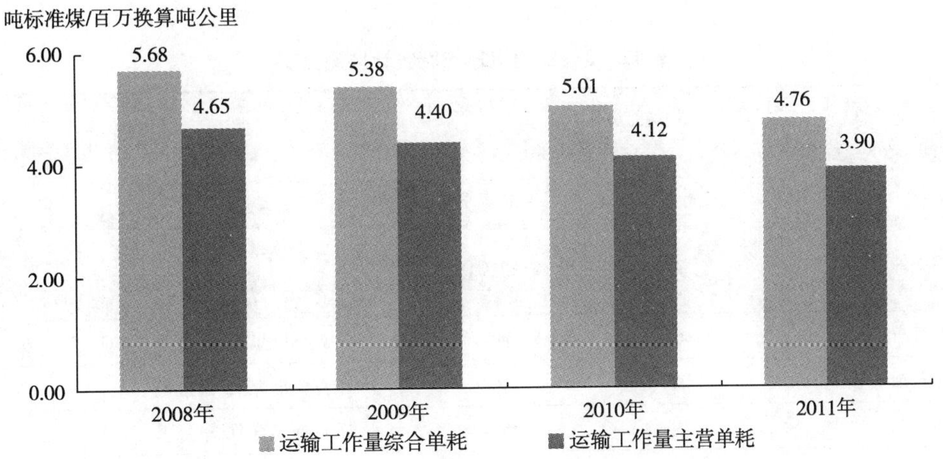

图 12－5 2008—2011 年国家铁路运输工作量综合单耗、主营单耗

数据来源：2011 年铁道统计公报

12.2.1.1　综合能耗

国家铁路能源消耗折算标准煤1772.5万吨，比上年增加35.2万吨、增长2.0%。单位运输工作量综合能耗4.76吨标准煤/百万换算吨公里，比上年减少0.25吨标准煤/百万换算吨公里、降低5.0%。单位运输工作量主营综合能耗3.90吨标准煤/百万换算吨公里，比上年减少0.22吨标准煤/百万换算吨公里、降低5.3%。

12.2.1.2　主要污染物排放量

国家铁路化学需氧量排放量为2195.9吨，比上年减少排放83.8吨、降低3.7%。二氧化硫排放量为4.01万吨，比上年减少排放0.02万吨、降低0.5%。

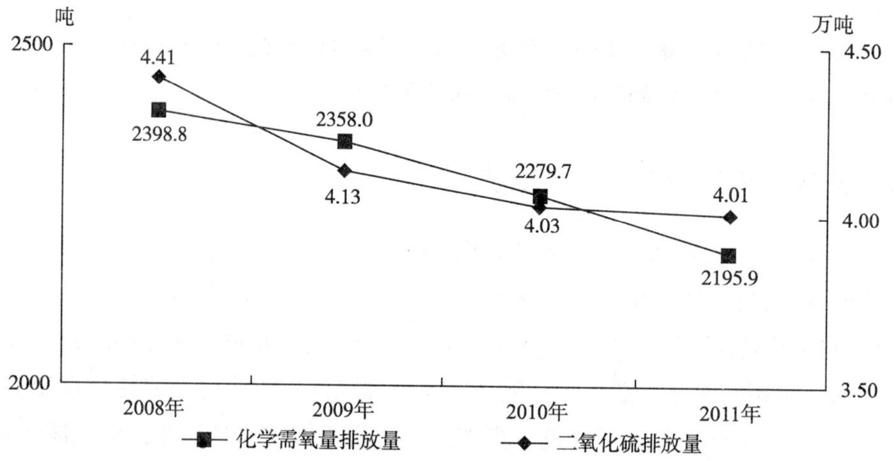

图12-6　2008—2011年国家铁路化学需氧量、二氧化硫排放量

数据来源：2011年铁道统计公报

12.2.2　公路水路2011能源消耗

2011年起，正式执行交通运输能耗统计监测报表制度，共有监测企业86家。监测结果如下：

表12-3　交通运输能耗统计监测情况

监测对象分类	月均监测车（船）数、全年吞吐量		单耗	
	计算单位	实绩	计算单位	实绩
城市公交企业	辆	32390	吨标准煤/万人次	1.40
			千克标准煤/百车公里	48.8
天然气车	辆	3454	千克标准煤/百车公里	68.4
液化石油气车	辆	1459	千克标准煤/百车公里	57.9
柴油车	辆	26277	千克标准煤/百车公里	47.0
双燃料车	辆	472	千克标准煤/百车公里	42.6
汽油车	辆	225	千克标准煤/百车公里	39.4

续表

监测对象分类	月均监测车（船）数、全年吞吐量		单耗	
	计算单位	实绩	计算单位	实绩
电车	辆	1044	千克标准煤/百车公里	20.5
班线客运企业	辆	946	千克标准煤/千人公里	11.3
15—30（含）客位	辆	101	千克标准煤/千人公里	13.7
30 客位以上	辆	845	千克标准煤/千人公里	11.2
专业货运企业	辆	679	千克标准煤/百吨公里	2.2
集装箱车	辆	16	千克标准煤/百吨公里	4.8
牵引车	辆	417	千克标准煤/百吨公里	2.0
厢式车	辆	246	千克标准煤/百吨公里	2.8
远洋和沿海货运企业	艘	453	千克标准煤/千吨海里	7.0
其中：液化气船	艘	4	千克标准煤/千吨海里	46.8
多用途船	艘	24	千克标准煤/千吨海里	9.5
集装箱船	艘	194	千克标准煤/千吨海里	9.0
千散货船	艘	141	千克标准煤/千吨海里	5.4
油船	艘	72	千克标准煤/千吨海里	4.3
港口企业	亿吨	43.5	吨标准煤/万吨	3.16
沿海港口企业	亿吨	39.0	吨标准煤/万吨	3.27
内河港口企业	亿吨	4.5	吨标准煤/万吨	2.15

12.2.3 交通运输行业环境保护工作进一步加强

环境保护投入继续维持在较高水平。2011 年交通运输行业公路水路环境保护投入 151 亿元，与上年基本持平。2011 年，交通运输行业公路水路污染防治设施运行投入 2.25 亿元。污水处理设施正常运行率为 93%，达标排放率为 59%；锅炉除尘设备达标排放率为 93%，锅炉脱硫设备达标排放率为 98%，港区作业粉尘处理设备正常运行率为 93%。

交通运输行业公路水路建设与发展的同时，主要污染物排放总量呈下降趋势。2011 年，交通运输行业公路水路化学需氧量排放量 5300 吨，比上年减少 1.6%；二氧化硫排放量 6500 吨，比上年减少 3.0%。

专栏 12－1

2011 年交通行业典型节能减排项目成果

1. LED 灯在高速公路隧道、服务区、收费站的使用

LED 灯与传统的照明灯具相比，具有光指向性好、寿命长、体积小、重量轻、低电压、响应快、无红外幅射且无汞污染等优点，在同样亮度下，耗电仅为普遍白炽灯的 1/10，寿命却可以延长百倍。LED灯已经在很多行业中得到广泛应用，节能效果得到充分的认可，在交通基础设施运营领域，LED灯也已应用在公路隧道、服务区和港口堆场等场所，取得了不错的效果，为交通运输节能减排做出了贡献。以某公路隧道数据为例，相比高压钠灯而言，使用LED灯照明每公里隧道每年可以节省约7万度电，如果全国开通的隧道有一半使用LED灯，每年将节约4亿度电，折合约13万吨标准煤。随着LED灯的价格进一步降低、技术更加完善，LED灯用于交通运输基础设施运营领域的前景良好。

陕西省交通建设集团公司“秦岭终南山隧道通风照明节能减排技术”项目。该项目起止时间为2009年至2012年，项目总投资额为1000万元。根据终南山隧道实际运营情况，结合隧道内外光线照度，合理选用灯光开启模式，将隧道基本照明开启方式划分为三种：加强照明（灯具全部开启，只在大型活动或检修时采用）、白天模式（灯具开启5/8，只在白天使用）、夜晚模式（灯具开启2/8，只在夜间使用），其中白天与夜晚的切换时间点参照西安地区日出、日落时间，每10天修改一次。

2. 地源热泵技术在高速公路的应用

地源热泵利用的是清洁的可再生能源，地表土壤和水体收集的太阳辐射能量比人类每年利用的500倍还多，地源热泵技术的成功使得利用储存于其中能量成为现实。与锅炉（电、燃料）供热系统相比，地源热泵要比电锅炉加热节省2/3以上的电能，比燃料锅炉节省约1/2的能量；由于地源热泵的热源温度全年较为稳定，一般为10~25℃，其制冷、制热系数可达3.5~4.4，与传统的空气源热泵相比，要高出40%左右。通常地源热泵消耗1千瓦时的能量，用户可以得到4千瓦时以上的热量或冷量。

目前，地源热泵也已在交通运输系统得到应用，如：高速公路服务区和收费站、港口业务用房等的取暖和制冷。以北方某港口的使用效果为例，使用地源热泵进行冬季供热和夏季制冷，每万平方米用房可节省常规能源约250吨标准煤，如果该技术得到更多的应用其节能潜力非常可观。

承德市交通运输局基建管理处“承德市交通指挥调度中心及京承、承朝、承唐高速公路收费站、服务区地源热泵工程”项目。该项目共投资6487万元，分别位于承德市开发西区闫营子地块，京承、承朝、承唐高速公路沿线位置，总建筑面积105690平方米。承德市交通指挥调度中心于2011年6月份投入使用，京承高速公路收费站及服务区于2006年8月份投入使用，承朝、承唐高速公路收费站及服务区于2011年6月份投入使用，目前各设备运行良好，每年节约取暖费用190万元。该项目的实施，不但可以供暖，制冷，供应生活用水，更主要的是可以节省能源，减少污染物的排放，有利于保护环境，同时还属于可再生能源利用。

3. 天然气车辆在道路运输中的应用

天然气是一种低污染燃料，用作汽车燃料替代传统的汽油和柴油可大大减少温室气体和有害气体排放，以天然气作为汽车燃料与燃油相比为例，根据有关测试表明，二氧化碳减少约20%、一氧化碳减少约90%、碳氢化合物减少约70%、氮氧化合物减少约10%，固体颗粒物也有明显减少。目前，在道路运输与城市客运中，天然气汽车已有相当数量的应用，取得了良好的效果，在交通运输节能减排方面发挥的重要作用。以货运企业测试数据为例，使用天然气汽车后与使用柴油相比，年单车减少二氧化碳排放约23吨。我国拥有公路营运汽车1100多万辆，如果使用天然气的汽车的比例进一步提高，就公路营运汽车这一项的减排潜力就十分巨大，随着加气站点等配套设施建设更加完善，天然气汽车应用前景十分广阔。

无锡市公共交通股份有限公司“天然气公交车扩大应用”项目。该项目所涉及的87辆天然气客车，于2010年1月至2011年6月，累计项目总投资1.137亿元。公交2011年购置的221辆CNG空调车均配置了一汽锡柴CA6SF2系列天然气发动机，该发动机继承了CA6DF2柴油机的优点，采用先进的电控节气门、氧传感器和电控排气放气阀组成的空燃比闭环控制系统，实现了天然气燃料的精确控制；采用高能点火技术，各缸独立点火，最优点火提前角控制，提高燃烧效率，实现了稀薄燃烧稳定运行；同时，通过精确标定和采用排气后处理技术，使排放达国Ⅳ标准。

4. 靠港船舶使用岸电技术的应用

靠港船舶使用岸电是指船舶靠港期间停用船舶上的发电机电源供电，通过（港区）码头的岸上电网为船舶上的电气设备供电。船舶靠港时，通常在没有接岸电的情况下，主机停止工作，柴油发电机会继续工作以满足船舶电气设备的用电需求。因此船舶在靠港状态下，也要排放大量发动机尾气，主要有二氧化碳、氮氧化物、硫化物和可吸入颗粒物等，对港口环境造成污染。靠港船舶使用岸电对于港口的实际意义在于可以减少港区废气的排放，具有较好减排效益，能够有效降低船舶靠港期间硫化物、氮氧化以及噪声等污染物和温室气体的排放。根据某主要停靠内支线船舶的码头的测算，使用岸电后每年将在港区减少约900吨二氧化碳的排放，氮氧化物、硫氧化物等污染物减少约20吨，对港区环境改善将起到重要作用。如果在全国范围内有更多的使用，港区船舶在港期间每年将减排量将十分可观。同时，按某前能源的价格计算，靠港船舶使用岸电也能为船方减少一些成本。

连云港港口集团有限公司“高压变频数字化船用岸电系统”项目。港口排放约占当地排放25%，该项目的实施，使船舶在靠港期间关闭用来发电的辅机，通过和陆上电源的联接使用岸电来满足船舶在靠港期间的生产、生活用电，从而减少船舶的振动和噪音，并实现船舶在港期间的零排放，有效改善空气质量。该项目第一套产品于2010年10月“中韩之星”轮靠泊连云港59泊位试用取得成功。2011年6月第二套产品已改造完毕准备投入运行。目前，连云港港岸电技术已取得CCS、KR认可，申请了四项专利技术，相关规范标准正在制定中。

5. 车辆智能化运营管理系统

“车辆智能化运营管理系统”综合运用了GPS定位、GPRS无线通信、GIS地理信息、自动控制等信息技术，结合车辆调度生产管理实际，开发智能调度管理系统，实现车辆生产运营调度信息化、自动化和智能化管理。通过车辆智能化运营管理系统，可以规范驾驶习惯、控制车速、实时智能调度、建立运输信息反馈、管理自动化、提高车辆利用率、降低事故发生、减少运营成本等多种效益，从而节省了燃油消耗，减少污染和二氧化碳排放，保护环境，对于采用网络化经营的运输企业节能减排效果尤为突出。

厦门公交集团有限公司“车辆智能化运营管理系统”项目。该项目截止时间为2008

年至2011年，智能公交系统通过速度限制和监控，规范驾驶员行车习惯，有效提高了企业安全管理水平，行车事故频率明显降低。通过智能公交系统实现监管车辆是否超速，能够将限速制度落实到位，促使驾驶员逐步养成平稳行车的良好习惯，匀速行驶降低油耗，减少排放，既环保又节约经营成本。

12.3 交通运输行业节能减排展望

12.3.1 铁路规划节能减排目标

根据《铁路十二五节能规划》指出，作为节能型的交通运输方式，“十二五”期间，铁路将以节能与发展相结合、发挥政府作用与引入市场机制相结合、重点突破和协同推进相结合、强化约束与源头控制相结合、技术节能与管理节能相结合为基本原则，确保实现国家下达的节能约束性指标，为降低交通运输社会成本，加快建设资源节约型、环境友好型社会做出更大贡献。

《规划》明确，“十二五”时期铁路行业节能规划主要目标是：基本完善行业节能减排法规、政策和标准；建立完善行业节能监测体系；单位运输工作量综合能耗降低5%，从2010年的5.01吨标准煤/百万换算吨公里下降到2015年的4.76吨标准煤/百万换算吨公里。

《规划》提出了“十二五”铁路节能减排的6项主要任务，即完善铁路节能管理体系，加快构建节能型铁路运输结构，加大铁路重点领域节能力度，大力推进铁路节能机制创新，加强铁路节能管理基础工作，加快淘汰落后产能。

为完成上述任务，铁路部门将加强既有线电气化改造，淘汰技术落后的高能耗设备设施，推广应用新能源和可再生能源。同时，铁路部门将在铁路局设立节能监测单位，在铁道部设立节能监测中心，建立铁路能耗监控网络系统，统筹管理全路节能工作。

12.3.2 公路水路环保主要目标

“十二五”期间，交通运输行业将全面体现“绿色发展”理念，进一步加大行业环境保护的监管力度、建设力度和科研力度，到2015年，实现公路水路交通环境污染得到有效控制，资源集约利用与生态保护取得实质性突破，污染事故应急处置能力进一步提升，行业环境保护管理体系基本健全，行业环保科技支撑能力显著增强。

——交通环境污染得到有效控制，主要污染物排放强度显著下降。高等级公路和沿海、内河主要港口的污水、废气等污染物基本实现达标排放，噪声污染得到有效控制；营运车辆单位运输周转量的碳排放量比2005年降低11%，营运船舶单位运输周转量的碳排放量比2005年降低16%；化学需氧量（COD）、总悬浮颗粒物（TSP）等主要污染物排放强度比“十一五”末降低20%；交通基础设施施工污水、内河港口生产污水、散货码头粉尘等行业环保的薄弱环节得到有效改善，港区和路域环境质量明显好转。

——交通资源集约利用和生态保护取得实质性突破，行业自然资源利用效率明显提升。相比“十一五”末，交通基础设施建设、养护及运营过程中产生的污水、废旧沥青、疏浚土等的回收利用率显著提高；形成生态型公路和港口工程规范，并逐步得到推广；初步形成统筹协调、科学安排的区域性重大基础设施生态修复计划并开始推进实施。

——交通污染事故应急处置能力进一步提升，建成覆盖全国沿海和主要内河水域的船舶溢油及危化品泄漏应急设备物资储备体系。沿海重点水域形成应对1000吨以上水上溢油事故的应急能力，一般港口水域形成200吨到500吨水上溢油事故的应急处置能力。

——交通行业环境保护管理体系基本健全。政策法规体系进一步完善，行业环保监管涵盖交通规划、基础设施建设与养护管理、客货运输等所有环节；全国沿海和内河主要港口、国家高速公路重点路段的环境状况得到有效监控；初步形成科学规范的全国交通运输环保统计和公报制度。

——交通环保科技支撑能力显著增强。在生态保护理论和技术、碳减排理论和技术、废弃物循环利用技术等领域取得突破，科研成果推广力度进一步提高，初步建成适应行业需求、创新能力强的交通环保科研体系。

12.4 交通运输行业节能减排应对举措

2012年是贯彻落实国务院节能减排工作战略部署和完成“十二五”期节能减排工作任务的关键一年。交通运输行业应贯彻落实国家和行业各项节能减排政策措施，依据《公路水路交通运输节能减排“十二五”规划》，着力打造交通运输节能减排“十百千”工程（十个低碳交通运输体系建设城市试点，一百个交通运输行业节能减排示范项目，一千家“车、船、路、港”千家企业低碳交通运输专项行动参与企业），确保取得实效。为实现国家和行业“十二五”节能减排目标奠定基础。

12.4.1 贯彻落实国务院“十二五”节能减排与应对气候变化工作部署

贯彻落实国务院《“十二五”节能减排综合性工作方案》和《“十二五”控制温室气体排放工作方案》对交通运输行业的具体要求，组织落实交通部发布的《关于公路水路交通运输行业落实国务院“十二五”节能减排综合性工作方案的实施意见》及部门分工方案，抓紧抓好年度重点工作任务的实施，确保国家和行业节能减排与应对气候变化工作部署落到实处。继续深入组织开展交通运输行业应对气候变化研究工作，适时发布《交通运输行业应对气候变化行动方案》。

12.4.2 深入推进低碳交通运输体系建设，扩大试点城市范围

在“建设低碳交通运输体系研究”课题的基础上，完成“交通运输行业碳排放统计监测及低碳政策研究”，进一步深化研究内容，丰富研究成果，充实低碳交通运输体系建设理论经验。继续组织做好低碳交通运输体系建设城市试点工作。

12.4.3 继续深入开展“车、船、路、港”千家企业低碳交通运输专项行动，组织做好万家企业节能低碳行动

切实发挥“车、船、路、港”千家企业低碳交通运输专项行动参与企业对交通运输节能

减排工作的示范作用，加强对专项行动参与企业的支持与引导，逐步建立有利于发挥专项行动示范作用的长效工作机制。2012 年专项行动的重点是："车"——严格实行营运车辆燃料消耗量准入制度；组织实施甩挂运输试点工作；在道路运输和港区推广使用天然气车辆；推广节能驾驶技术。"船"——研究提出内河船型标准化工作总体思路和实施方案；发布营运船舶燃料消耗量限值标准；在内河运输试点应用天然气船舶；推广内河船舶免停靠报港信息服务系统；推进靠港船舶使用岸电技术的应用。"路"——进一步推进 ETC 联网工程；开展高速公路运营节能技术应用与示范工程；推进路面材料循环利用技术和可再生能源的应用。"港"——推进为靠港船舶提供岸电技术的应用；推广轮胎式集装箱门式起重机"油改电"技术的应用；推广带式输送机系统及其他港口机械节能运行控制技术。

12.4.4 完善交通运输节能减排专项资金激励机制

组织开展交通运输节能减排专项资金激励机制研究，探索建立专项资金绩效评价制度，组织实施专项资金绩效调查工作，充分发挥专项资金"以奖代补"政策对交通运输节能减排的引导作用。根据《交通运输节能减排专项资金申请指南（2012 年度）》，指导交通运输企事业单位申报 2012 年度交通运输节能减排专项资金，确保项目审核过程的"公平、公正、公开"。进一步完善专项资金申请项目节能减排量核算办法，做到标准统一，核算科学，保证项目申请与审核工作顺利进行。组织开展专项资金申请项目第三方审核试点，研究建立第三方审核程序，组织实施对 2012 年度部分申请项目节能减排量的第三方审核。进一步加强交通运输节能减排项目管理制度化、规范化和信息化建设，建立健全项目管理规章制度，推进专项资金申请项目网上申报系统的建设和运行。

12.4.5 创新交通运输节能减排专项资金项目管理模式

组织开展交通运输节能减排专项资金项目区域性管理和主题性管理试点工作，为逐步形成具体项目管理与区域性管理、主题性管理相结合的管理模式积累经验。指导武汉、厦门等试点城市交通运输主管部门编制区域性交通运输节能减排实施方案；选定港口 RTG"油改电"技术应用进行主题性管理试点，集中时间、加大力度，在 1—2 年内基本完成港口 RTG"油改电"技术应用项目的实施；选定天津港、青岛港、连云港港和蛇口集装箱码头有限公司开展"低碳港口建设"主题性管理试点，指导试点港口编制节能减排综合性实施方案。探索建立"立项评审、资金使用、过程跟踪、项目验收"的项目管理模式，切实推进试点低碳交通运输体系建设持续深入。

12.4.6 加强并完善交通运输节能减排统计监测考核体系，推进能源利用在线监测工作

组织开展交通运输能源利用统计监测研究，健全指标体系，依靠科技创新，扩充监测手段。继续完善交通运输能耗统计监测报表制度，巩固并适度扩大监测范围，不断提高监测数据质量。继续组织做好港口、远洋船舶、营运客车等能源利用状况监测工作。针对目前交通运输节能减排统计监测体系薄弱环节，组织开展普通营运货车、内河船舶能源利用状况远程

监测试点工作，深入开展前期政策研究，做好在线监测系统的设计。结合国家发展改革委等部门推进重点用能单位能源利用在线监测系统建设的要求，开发、建设在线监测信息管理平台，加快推进相关监测设备的研发和应用。力争通过一年的试点，在2013年正式启动普通营运货车、内河船舶能源利用状况远程监测，逐步科学准确地掌握全行业各领域的能源利用状况，不断提高能源利用监测水平。进一步研究完善交通运输节能减排考核体系方案。

12.4.7 组织开展交通运输节能减排示范活动

在总结前四批交通运输行业节能减排示范项目推选过程的基础上，不断提高推选过程的规范化和科学化水平，突出示范项目的示范性和引领性。提高交通运输企事业单位开展节能减排工作的积极性，扩大示范项目对行业节能减排工作的影响力。形成覆盖公路水路交通运输全领域、反映全行业节能减排先进水平、体现交通运输节能减排引领方向的百个示范项目，并组织开展集中宣传和经验交流活动。从政策、资金等方面加大对交通运输节能减排示范项目的支持力度，研究并建立支持示范项目开展的长效机制。与国家发展改革委等部门继续组织做好隧道半导体照明产品应用示范工程，加强监督指导、过程跟踪和效果评价，确保示范工程按计划完成。

12.4.8 继续推进交通运输节能减排重点工作

一是继续实施营运车辆燃料消耗量限值标准，研究修订行业标准《营运客车燃料消耗量限值及测量方法》和《营运货车燃料消耗量限值及测量方法》，并积极推进标准升级。开展达标车型统计推优，遴选一批低能耗、高品质车型。进一步加强燃料消耗量检测机构管理规范化建设，对检测试验过程进行实时监控。

二是继续执行对客车实载率低于70%的线路不投放新运力，发布道路客运实载率调查与测算技术规范，严格执行客运实载率两个“70%”的规定，提高客车实载率和能源利用效率。

三是继续推行公路甩挂运输，深入组织实施甩挂运输试点工程，完善相关法律、政策和标准规范，评选并发布甩挂运输推荐车型，制定出台公路甩挂运输试点专项资金管理办法。

四是因地制宜推进天然气汽车在道路运输、城市公交、出租汽车及港口中的应用，建立健全相关标准规范，促进天然气汽车技术升级和天然气供应及配套设施建设，继续给予必要的政策支持和资金引导。

五是深入开展绿色汽车维修工程，组织编制绿色汽车维修指导意见和绿色维修作业指导书，开展绿色汽车维修技术交流和绿色汽车维修企业评选。

六是在出租汽车行业开展电话预约服务模式（“电招”）试点。

七是从政策、资金等方面加大对天然气船舶试点工作的支持力度，研究制定天然气船舶及相关加气设施的技术标准。

八是制定并发布靠港船舶使用岸电技术相关标准，研究制定促进靠港船舶使用岸电技术推广应用的相关政策。

12.4.9 组织实施节能减排科技专项行动

依据《公路水路交通运输节能减排“十二五”规划》和《公路水路交通运输“十二五”

科技发展规划》，组织实施节能减排科技专项行动，促进交通运输节能减排科技研发、成果转化和标准化工作。大力推进“黄金水道通过能力提升技术”、“公路甩挂运输关键技术与示范”等部重大科技专项的组织实施，组织开展“交通运输节能减排专项资金激励机制研究”、“公路交通运输节能减排法律法规制度体系研究”和“交通运输业推广使用新能源和清洁燃料汽车的问题与对策”等软科学研究。开展节能减排科技成果推广应用，启动“温拌沥青技术在寒区公路建设中的推广应用”、“低碳环保技术在农村公路建设中的推广应用”等科技成果推广项目，深入推进京珠复线长沙至湘潭高速公路资源节约型和环境友好型科技示范工程、江西庐山西海高速公路安全绿色交通科技示范工程、云南昆龙高速公路运营节能科技示范工程等的组织实施，组织实施城市智能交通和长三角航道网及京杭运河水系智能航运服务国家物联网应用示范工程。组织开展2012年度交通运输建设科技成果推广目录发布工作，为推广节能减排技术搭建有效平台。继续推进节能减排国家和行业标准的制修订工作，组织开展“营运车辆油耗检测设备技术要求研究”和“天然气汽车替代燃料量评价方法研究”等标准的项目研究。

加快推进《内河运输船舶标准船型指标体系》。以柴油机作为主推进动力的适用船舶，其燃料消耗指数应满足交通运输部公布的《营运船舶燃料消耗限值及验证方法》中的燃料消耗量限值要求，燃料消耗指数的计算和验证按《营运船舶燃料消耗限值及验证方法》执行。CO_2 排放指标：

（1）以柴油机、气体燃料发动机作为主推进动力的适用船舶，其 CO_2 排放指标应满足交通运输部公布的《营运船舶 CO_2 排放限值及验证方法》中的 CO_2 排放指标限值要求，船舶 CO_2 排放指标的计算和验证按中国船级社《内河船舶能效设计指数（EEDI）评估指南》执行。

（2）船舶应配有能效管理手册 SEEMP。

12.4.10　继续做好气候变化谈判和对外交流合作工作

继续深入开展国际海运温室气体减排特别是市场机制措施方案的专题研究，为对外谈判和对内决策提供技术支持。继续积极参与 UNFCCC 和 IMO 框架下的谈判，参加多哈会议和第63届、第64届海上环境保护委员会会议，主动开展外交工作，发挥建设性作用，维护国家气候变化谈判的整体利益，为行业的发展创造良好外部环境。深入开展船舶能效履约研究，建立健全船舶节能减排监督管理制度，研究完善船舶排放统计监测体系，为实施国际公约做好准备。

12.4.11　积极开展交通运输节能减排宣传培训

多渠道、多种形式大力宣传交通运输节能减排政策措施、先进经验和社会贡献，坚定全行业做好交通运输节能减排工作的决心和信心，加强交通运输节能减排先进产品技术和管理经验的推广与交流，为做好交通运输节能减排工作营造良好的舆论氛围。大力推广交通运输节能低碳发展理念，促进公众节能低碳出行生活习惯和方式的养成，形成低碳出行、节能光荣的社会新风尚。

13 建筑行业的节能减排

13.1 建筑行业运行综述

2011 年，我国加快推进转变发展方式和产业结构调整，基本建设规模持续增长，建筑行业平稳较快发展。但同时，建筑业也面临高、大、难、新工程增加，各类业主对设计、建造水平和服务品质的要求不断提高，节能减排外部约束加大，国际市场环境日趋复杂的严峻挑战。

- 建筑业产业规模持续扩大

◇ 2011 年，全国建筑业总产值第一次突破 10 万亿大关，达到 117734 亿元，较上年增长 22.6%；完成竣工产值 62024 亿元，增长 8.6%。

◇ 全年房屋建筑施工面积 84.62 亿平方米，较上年增加 13.82 亿平方米，同比增长 19.5%；房屋竣工面积 29.2 亿平方米，同比增长 5.3%。

- 建筑业支柱产业地位凸显

◇ 全年全社会建筑业增加值 32020 亿元，同比增长 10.0%，增速较 GDP 增速高 0.8%；建筑业增加值占 GDP 比重为 6.8%，创历史新高。

◇ 全国具有资质等级的建筑企业实现利润 4241 亿元，增长 24.4%，其中国有及国有控股企业实现利润 1172 亿元，增长 36.0%。

◇ 截至 2011 年底，全国共有建筑业企业 70414 家，较上年减少 2%；从业人员 4311.1 万人，较上年增加 150.7 万人，同比增长 3.6%。

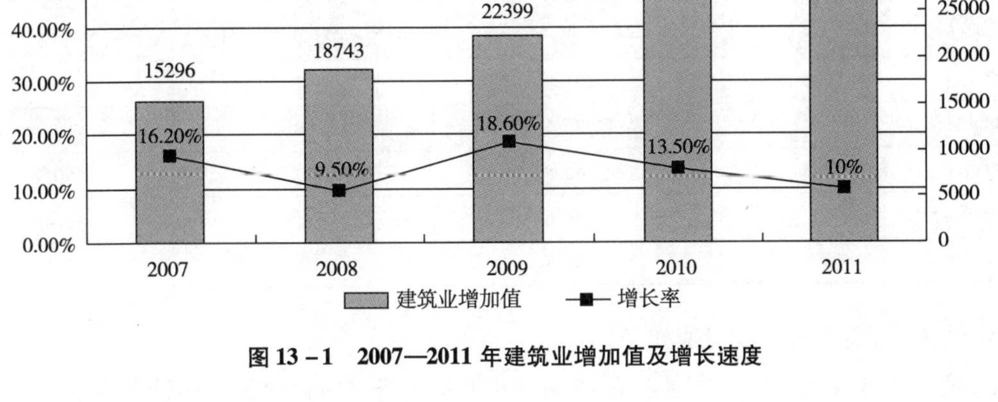

图 13－1　2007—2011 年建筑业增加值及增长速度

- 保障性安居工程进展顺利

◇ 中央及地方出台了一系列关于保障性安居工程建设和管理的指导意见，完善相关政策，以提高规划建设和工程质量水平。

◇ 全年新开工建设城镇保障性安居工程住房1043万套（户），基本建成城镇保障性安居工程住房432万套。

- 国际市场增长放缓

◇ 全球经济形势不容乐观，特别是欧债危机日趋蔓延，部分地区政治动荡，建筑业的国际市场环境面临较大的挑战。

◇ 全年完成对外承包工程营业额1034.2亿美元，同比增长12.2%；新签合同额1423.3亿美元，同比增长5.9%。

◇ 对外劳务合作派出各类劳务人员45.2万人，较上年同期增加4.1万人。其中，承包工程派出劳务人员24.3万人，劳务合作派出劳务人员20.9万人。

13.2 建筑行业节能减排现状

建筑业节能减排指标完成情况是评价建筑节能工作的关键，能够清晰地反映建筑的能耗状况及对周围环境的影响，为决策者提供决策依据。2011年，各级建筑节能主管部门深入贯彻《节约能源法》和《民用建筑节能条例》，进一步加大了工作力度，创新体制机制建设，强化监督管理，实现了建筑节能工作整体提升。

- 新建建筑执行节能强制性标准成绩显著

◇ 2011年，全国城镇新建建筑设计阶段执行节能50%强制性标准基本达到100%，施工阶段的执行比例为95.5%，完成了国务院“新建建筑施工阶段执行节能强制性标准的比例达到95%以上”的目标。

◇ 2011年新增节能建筑面积13.9亿平方米，实现节能1300万吨标准煤；截至2011年底，累计建成节能建筑面积62.47亿平方米，共形成5900万吨标准煤的节能能力。

◇ 全国城镇节能建筑占既有建筑面积的比例达到24.6%，其中北京、上海、天津、河北、吉林、宁夏、新疆等省市区比例已经超过40%。

表13－1　2007—2011年新建建筑节能强制性标准执行情况

年度	新增节能建筑面积（亿米）	累计建成节能建筑面积（亿米）	设计阶段执行节能强制性标准比例（%）	施工阶段执行节能强制性标准比例（%）
2007	10.6	21.2	97	71
2008	7.3	28.5	98	82
2009	12.3	40.8	99	90
2010	7.8	48.6	99.5	95.4
2011	13.9	62.5	100	95.5

- 供热计量体制改革初见成效

◇ 截止2011年底，北方采暖地区15省区市共完成既有居住建筑供热计量及节能改造面积1.32亿平方米，已开工但未完成改造面积2400万平方米。

◇ 与财政部、住房和城乡建设部签约的重点省市北京、天津、内蒙古、吉林、山东五省共计完成改造面积7400万平方米。

◇ 河北、吉林、青海、天津、黑龙江五省的累计实施供热计量改造面积占城镇居住建筑面积比例超过10%。

● 公共建筑节能监管体系建设继续深入

◇ 截止2011年底，全国共完成公共建筑能耗统计34000栋，能源审计5300栋，能耗公示6700栋，实现2100栋建筑的能耗动态监测。

◇ 新增黑龙江、山东、广西、青岛、厦门5省市为第四批能耗动态监测平台建设试点，确定天津、重庆、深圳3个城市为第一批公共建筑节能改造重点城市示范，并拨付中央财政补贴资金2.4亿元，改造公共建筑面积1200万多平方米。

◇ 确定了南开大学等42所高等院校为节约型校园建设试点，选定浙江大学等4所高校作为节能改造示范校园。

表13-2 2008—2011年全国公共建筑节能监管体系建设情况表

年度	累计能耗统计（栋）	累计能耗审计（栋）	累计能耗公示（栋）	累计能耗监测（栋）	新增节约型校园建设试点（所）	新增能耗动态监测平台建设试点
2008	11607	827	827	324	12	北京、天津、深圳
2009	17752	2175	2441	434	18	江苏、内蒙古、重庆
2010	33133	4848	5949	1563	42	上海、浙江、贵州
2011	34000	5300	6700	2100	42	黑龙江、山东、广西、青岛、厦门

● 可再生能源建筑应用快速发展

◇ 截止2011年底，全国城镇太阳能光热应用面积21.5亿平方米，浅层地能应用面积2.4亿平方米，光电建筑装机容量535.6兆瓦。

◇ 2010年批准的可再生能源建筑应用示范城市的项目平均开工率50%，示范县的项目平均开工率超过55%。

表13-3 2007—2011年可再生能源建筑应用面积（装机容量）

年份	太阳能光热建筑累计应用面积（亿米）	浅层地能累计应用面积（亿米）	光电建筑累计装机容量（兆瓦）
2007	7	0.8	—
2008	10.3	1	—
2009	11.79	1.39	420.9
2010	14.8	2.27	850.6
2011	21.5	2.4	

● 绿色建筑与绿色生态城区建设稳步推进

◇ 截止2011年底，全国共评出353项绿色建筑评价标识项目，总建筑面积3488万平方米。其中2011年增速最为明显，当年评出241项绿色建筑评价标识项目，总建筑面积2500万平方米。

◇ 目前，各省拥有的绿色建筑项目数量不一，差距较大。名列前十名的省份有江苏、广东、上海、浙江、天津、北京、河北、四川、湖北、山东。

◇ 天津滨海新区、深圳光明新区、唐山曹妃甸新区、苏州工业园区、无锡太湖新城等绿色生态城区建设稳步推进，已经取得喜人的成绩。

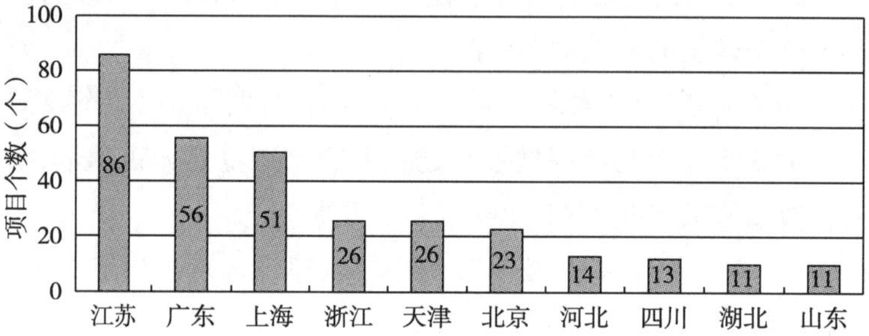

图13－2　绿色建筑项目个数分布前十名

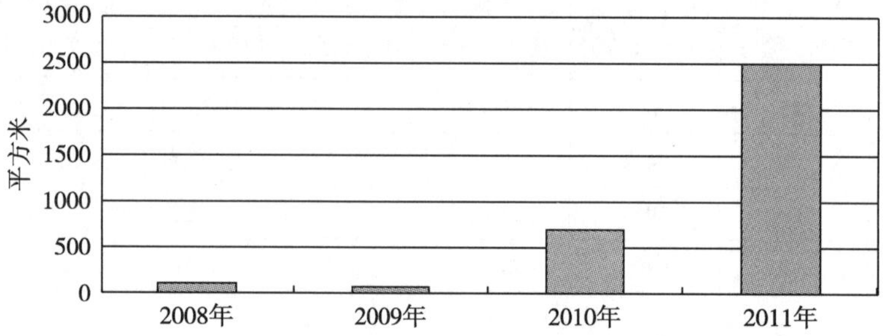

图13－3　中国每年新建绿色建筑面积图

13.3　建筑行业节能减排工作主要措施

● 完善相关政策法规，促进建筑节能规范发展

◇ 住房和城乡建设部出台《建筑业发展“十二五”规划》和《关于落实国务院关于印发“十二五”节能减排综合性工作方案的通知》的实施方案，提出了“十二五”期间建筑节能的目标和任务，以及实现目标的具体措施。

◇ 河北、山西、上海、湖北、湖南、广东、海南、重庆、陕西、青岛、深圳等地制定了专门的建筑节能条例，深化建筑节能法制化建设；

◇ 住房和城乡建设部公布《节能建筑评价标准》针对住宅建筑和公共建筑中的办公建筑、商业建筑和旅馆建筑，以建筑群或建筑单体为评价对象，对低碳建筑设计、竣工等方面进行评价。每一类评价由低到高依次划为银级、金级和铂金级三个等级。

◇ 财政部、住房和城乡建设部出台《关于进一步推进公共建筑节能工作的通知》，为开展国家机关办公建筑和大型公共建筑节能工作提出了具体的措施。

● 健全标准规范，提升建筑节能技术水平

◇ 在设计、施工、验收、测评标识、节能性能评价、运行管理的全过程，建筑节能的标准从节能50%提高到节能65%。北京、天津等城市已经开始研究节能75%的强制性标准，范围从新建建筑逐步扩大到既有建筑节能改造、公共建筑、可再生能源应用、绿色建筑等。

◇ 加大关键技术的研发，在新型建筑节能保温产品、绿色建筑及绿色生态城区指标体系建设、可再生能源建筑应用等方面加大科研力度，进一步提升建筑节能的技术水平和产业水平。

◇ 绿色建筑评价标准陆续编制，有14个省市颁布实施了地方标准，进一步补充和完善了我国绿色建筑评价标准体系。

- 采用经济手段和市场机制，激发节能改造需求

◇ 资金投入方面，在北方既有建筑供热计量及节能改造、可再生能源建筑应用、绿色建筑方面，安排中央财政资金、各地配套专项资金，投入力度较大。

◇ 制定节能服务的支持政策，鼓励采用合同能源管理的方式，营造有利于建筑节能发展的政策环境和市场环境，引导建筑节能科学发展。

- 严格监督管理，强化目标责任考核

◇ 在建筑节能的质量管理方面，突出工程建设的过程控制和产品的流通使用环节监管两个重点，完善规划阶段节能审查、施工图专项设计与审查、节能产品质量认定与备案、节能施工专项资格认证、节能工程专项验收、节能建筑测评标识与信息公示制度。

◇ 各级建设主管部门层层签订目标责任状，按年度进行考核，督促任务落实。

- 健全管理机构，理顺工作机制

◇ 全国范围内基本形成省市县三级建筑节能管理机制，主管部门内相应地设立了建筑节能处室。山西、内蒙古、上海还成立了专门的建筑节能监管监察机构。

◇ 各省区市成立建筑节能领导小组，北京、天津、山西、内蒙古、吉林、黑龙江、上海、江苏、浙江、山东、广东、广西等省市建立了建筑节能议事协调机制；

◇ 全国21个省市、222个地级及副省级城市墙体材料革新和建筑节能都统一到住房和城乡建设部部门负责。

- 加强培训宣传的力度，营造全社会关注建筑节能的氛围

◇ 各级主管部门对相关管理人员和技术人员进行业务培训，讲授建筑节能相关的政策法规和技术标准，提高从业人员对相关知识的理解能力和执行能力。

◇ 加强教育，通过节能宣传周、论坛、展会等各种形式在公众中普及建筑节能法律法规及相关政策，营造全社会关注、支持、参与建筑节能的氛围。

13.4 建筑行业节能减排主要问题与障碍

- 部分地区对建筑节能工作重视不够

◇ 部分地区没有把建筑节能工作纳入政府单位地区生产总值节能目标考核体系。

◇ 部分地区缺少专门的管理和执行机构，政策落实不到位。

◇ 部分地区对建筑节能的经济支持力度不够，对中央财政大力投入的既有居住建筑节能改造、可再生能源建筑应用等工作，没有安排相应的配套资金，影响中央财政政策的实施

效果。

- 既有建筑节能改造任务艰巨

◇ 北方地区既有居住建筑需要改造的面积超过20亿平方米，改造任务较重。

◇ 围护结构、供热计量、管网热平衡、热源改造需要投入较多的资金，但北方多数地方政府财力有限，市场融资能力较弱。

◇ 供热计量收费改革进展缓慢，只有约1/3左右的城市出台了供热计量管理办法，严重影响了企业居民投资节能改造的积极性。

- 新建建筑节能强制性标准执行不力，监管缺位

◇ 施工图审查机构节能审查能力不足。

◇ 执行节能标准不平衡，施工阶段较设计阶段差，中小城市较大城市差，欠发达地区较发达地区差。

◇ 建筑节能施工过程中，存在以次充好、偷工减料现象，存在质量与火险隐患。

◇ 产品质量方面存在监管漏洞，部分地区特别是中小城市缺乏对保温材料、门窗、采暖设备等关键材料产品的性能检测能力。

- 绿色建筑发展能力有待提高

◇ 绿色建筑标准体系不健全。缺乏标准规范的约束和引导，缺乏针对不同地区、不同气候条件、不同经济条件的绿色建筑规划、设计、评价标准；

◇ 绿色建筑评价体系缺失，缺乏对社会环境效益的正确认识。仅仅注意到了绿色建筑成本增加的一面，而忽视了绿色建筑产生的环境效益和社会效益。绿色建筑的发展急需科学的投入产出评价体系。

◇ 绿色建筑规划设计及技术集成能力，学科交叉与融合有待提高。

◇ 政策引导机制缺失，绿色建筑的财政补贴、税收优惠、金融支持等相关配套政策不到位。

- 可再生能源建筑应用推广任务艰巨

◇ 可再生能源建筑应用量占建筑用能比重较低，与快速增长的建筑用能需求相比，差距较大。

◇ 可再生能源建筑应用技术标准体系不完善，产业支撑力度不够，系统集成、工程咨询、运行管理能力不强，缺少长效机制。

- 农村建筑节能工作有待推进

◇ 农村建筑使用初级生物质能源的利用效率较低，能源消耗结构不合理。

◇ 随着农村生活水平的不断提高，使用商品能源的总量将不断增加，需要采取措施提高农村建筑用能水平和室内热舒适性。

13.5 建筑行业节能减排展望

建筑节能是全社会节能的重要组成部分，是节能减排工作的重点。“十二五”建筑节能专项规划的总体目标是：在“十二五”末实现建筑节能1.16亿吨标准煤，提高新建建筑能效水平，扩大既有居住建筑节能改造规模，加强公共建筑节能监管体系建设，开展可再生能

源与建筑一体化应用，推进绿色建筑规模化发展，开发推广新型节能墙体和屋面体系等等。

- 建筑节能市场的发展空间将进一步提升

◇“十二五”期间，全国城镇累计新建建筑面积将达到40~50亿平方米，确保符合建筑节能标准；全国新建保障房建筑面积将占新建新住宅建筑面积的30%以上；直辖市、计划单列市及省会城市在2014年新建保障房将全部达到绿色建筑标准。

◇引导农村建筑按照节能建筑标准设计和建造，农村地区每年新增住宅面积超过8亿平方米；25万农户结合农村危房改造开展建筑节能示范。

◇“十二五”期间完成北方采暖地区既有居住建筑供热计量及节能改造面积4亿平方米，启动和实施夏热冬冷地区既有建筑节能改造面积5000万平方米，完成公共建筑节能改造6000万平方米。

- 市场为建筑节能行业发展提出了更高的要求

◇城镇化的发展直接导致对能源和资源需求的增加，对既有建筑、可再生能源、绿色建筑和绿色生态城区建设的需求急剧增加。

◇公众生活质量的提高对建筑服务品质提出了新要求，既要保证合理的舒适度，又要降低建筑能耗、提高建筑能源利用效率。

- 进一步建立健全建筑节能监管体系建设

◇完善省市县三位一体的建筑节能监管体制建设，形成统一标准、上下联动、监管有效的运行机制，将监管重心下移，提高各地建设主管部门的监管能力、理解能力和执行能力。

◇加强新建建筑节能标准的监管，扩大能耗动态监测平台监测范围，重点做好施工阶段等薄弱环节和中小城市等薄弱地区建筑节能的监管，做好北方采暖地区和夏热冬冷地区新颁布建筑节能的标准执行，指导有条件的地方执行更高水平的节能标准。

◇在节能改造工程设计、施工、选材、验收等环节，加强建筑节能材料、设备、产品、技术等方面的质量监管。

◇建立建筑节能的统计、监测和考核体系，严格落实建筑节能目标考核问责制，督促落实节能减排综合性工作方案，开展建筑节能和供热体制改革的专项检查。

- 进一步完善建筑节能配套措施

◇针对住宅、农村建筑、公共建筑、工业建筑等不同类型的建筑，分别制定修订相关节能标准。

◇启动节能建筑认定工作，全面推行民用建筑节能信息公示、民用建筑能效测评标识等制度。

◇将建筑节能纳入当地单位地区生产总值能耗下降的总体目标，建立目标责任制，并进行相关的考核评价。

◇加强建筑节能的技术研发，建设综合性技术服务平台，为建筑节能的设计、建造、评价和改造提供全方位的服务。

◇研究制定建筑节能领域的财政税收优惠政策，鼓励绿色建筑、既有建筑节能改造、可再生能源建筑一体化应用等项目的实施。

- 加快“走出去”步伐，进一步开展国际合作

◇ 广泛开展建筑节能领域的国际合作，积极引进先进的理念、技术、产品和服务，帮助提升我国建筑节能的技术水平和管理水平。

◇ 积极参与国际合作项目的策划和申请，扩大合作对象，拓宽合作领域，多渠道筹措资金，提升我国在国际建筑节能市场上的话语权。

第3篇　区域篇①

我们在2011年度报告中指出："十一五"期间，我国的节能减排是以各级政府推进为主导模式。"十二五"时期，预计这种模式会向市场力量推进的模式来演化。但是，其政府为主导的基本工作格局不会改变。因此，从行政区域的角度来分析中国的节能减排具有现实意义。

2011年作为我国国民经济和社会发展"十二五"规划实施的开局之年，节能减排工作的成效对实现"十二五"期间节能减排目标至关重要。根据本报告研究测算，2011年，东部地区单位GDP能耗最低，能源利用效率最高，单位GDP能耗平均值为0.7029吨标准煤；中部地区平均单位GDP能耗为0.978吨标准煤，在全国四大经济区域中排名第二位；东北地区平均单位GDP能耗为1.02吨标准煤，在四大区域中排名第三，但是较中部地区差别并不是特别大；西部地区2011年能耗最高，平均单位GDP能耗为1.388吨标准煤。

本篇报告在对我国2011年各区域②及其相关省、市、自治区经济发展与环境状况进行了分析的基础上，对当年各区域节能减排工作取得的成就进行了评述，就各地区2011年节能减排指标的完成情况与"十二五"规划确定的整体目标进行了比较分析，并对其问题原因和相应对策进行了初步探讨。

① 本篇报告的编制单位为青岛科技大学城市可持续发展研究中心，主持人：雷仲敏，编制人员：杨涵、胡顺路、眭强。

② 本篇报告所论述的区域为东部地区、中部地区、西部地区和东北地区，其具体划分为：东部地区包括北京、天津、河北、上海、江苏、浙江、福建、山东、广东和海南；中部地区包括山西、安徽、江西、河南、湖北和湖南；西部地区包括内蒙古、广西、重庆、四川、贵州、云南、西藏、陕西、甘肃、青海、宁夏和新疆；东北地区包括辽宁、吉林和黑龙江。

14 区域节能减排概述

14.1 区域经济发展与能源环境综述

14.1.1 区域经济与社会发展概述

14.1.1.1 国家关于区域经济发展战略规划的推出

我国国民经济和社会发展“十二五”规划纲要指出，要“实施区域发展总体战略和主体功能区战略，构筑区域经济优势互补、主体功能定位清晰、国土空间高效利用、人与自然和谐相处的区域发展格局，逐步实现不同区域基本公共服务均等化。坚持走中国特色城镇化道路，科学制定城镇化发展规划，促进城镇化健康发展。”在区域发展总体战略方面“推进新一轮西部大开发；全面振兴东北地区等老工业基地；大力促进中部地区崛起；积极支持东部地区率先发展；加大对革命老区、民族地区、边疆地区和贫困地区扶持力度。”根据上述战略部署，2011 年，国家在促进区域协调发展上先后制定了《西部大开发“十二五”规划》和《东北振兴“十二五”规划》，出台实施了促进西藏、新疆等地区跨越式发展的一系列优惠政策，制定实施新 10 年农村扶贫开发纲要和兴边富民行动规划等。

围绕积极支持东部地区率先发展，国务院相继批复了《山东半岛蓝色经济区发展规划》、《浙江海洋经济发展示范区规划》、《海峡西岸经济区发展规划》、《广东海洋经济综合试验区发展规划》、《河北沿海地区发展规划》和《平潭综合实验区总体发展规划》，下发了《国务院关于横琴开发有关政策的批复》，批准设立浙江舟山群岛新区。

围绕大力促进中部地区崛起，国务院出台了《关于支持河南省加快建设中原经济区的指导意见》，认真落实促进中部地区城市群发展的指导意见，支持皖江城市带承接产业转移示范区、鄱阳湖生态经济区建设，支持山西开展资源型经济转型综合配套改革试点工作，促进中部地区崛起战略向纵深层次积极推进。

为积极推进新一轮西部大开发，国务院先后出台了《支持云南省加快建设我国向西南开放桥头堡的若干意见》、《关于进一步促进内蒙古经济社会又好又快发展的若干意见》、《关于支持喀什霍尔果斯经济开发区建设的若干意见》等，批复了《成渝经济区区域规划》，宁夏沿黄经济区上升为国家战略。

为全面振兴东北地区等老工业基地，积极推动资源型城市和地区转型，组织实施了东北地区老工业基地调整改造专项，编制了《东北振兴“十二五”规划》。

14.1.1.2 区域发展协调性进一步增强

2011 年我国中西部和东北地区主要经济指标增速高于全国平均水平，区域发展协调性进一步增强。东部地区生产总值为269259亿元，占全国GDP比重52.0%，比2010年的53.1%减少1.2百分点；中部地区生产总值为104256亿元，占全国比重20.1%，比2010年的19.7%提升0.4个百分点；西部地区生产总值为99619亿元，占全国比重的19.2%，比2010年的18.6%提升0.6个百分点；东北地区生产总值为45060亿元，占全国比重8.7%，比2010年的8.6%提升0.1个百分点。2011年与2010年各区域地区生产总值占全国GDP比重对比情况见图14-1。

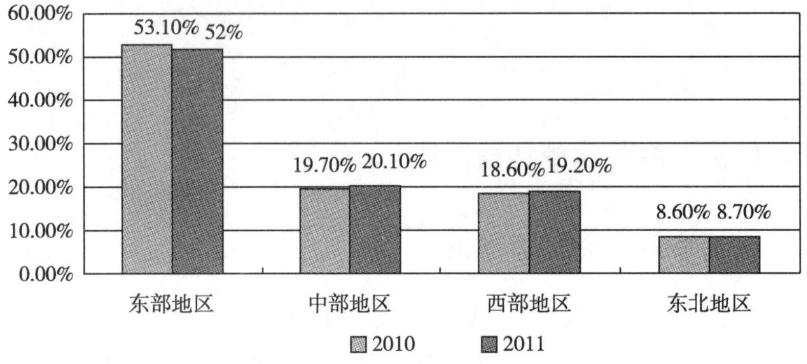

图14-1　2011年与2010年各区域地区生产总值占全国GDP比重对比情况

数据来源：《中国统计年鉴2011》、《中国统计摘要2012》

14.1.1.3　产业结构进一步优化

国民经济和社会发展"十二五"规划纲要指出，要大力"推动服务业大发展作为产业结构优化升级的战略重点，营造有利于服务业发展的政策和体制环境，拓展新领域，发展新业态，培育新热点，推进服务业规模化、品牌化、网络化经营，不断提高服务业比重和水平。"2011年，国家发改委发布了《产业结构调整指导目录（2011年本）》，以促进加快转变经济发展方式，推动产业结构调整和优化升级，完善和发展现代产业体系。

2011年，我国第一产业增加值为47712亿元，增长4.5%；第二产业增加值220592亿元，增长10.6%；第三产业增加值203260亿元，增长8.9%。全国三次产业结构比为

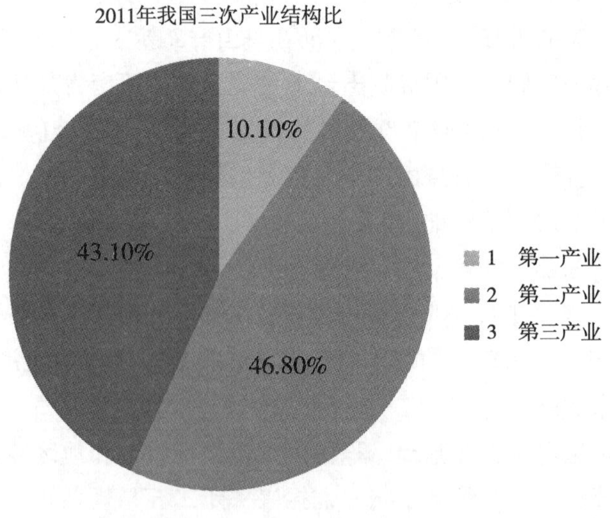

图14-2　2011年我国三次产业结构比

数据来源：《中华人民共和国2011年国民经济和社会发展统计公报》

10.1%：46.8%：43.1%。见图14－2。

东部地区第一产业国内生产总值[①]为16874.7亿元，第二产业国内生产总值为132232.87亿元，第三产业国内生产总值为120151.38亿元，三次产业结构比为6.3%：49.1%：44.6%。

中部地区第一产业国内生产总值为12867.79亿元，第二产业国内生产总值为56427.34亿元，第三产业国内生产总值为34960.58亿元，三次产业结构比为12.4%：54.1%：33.5%。

西部地区第一产业国内生产总值为12766.27亿元，第二产业国内生产总值为51599.58亿元，第三产业国内生产总值为35252.86亿元，三次产业结构比为12.8%：51.8%：35.4%。

东北地区第一产业国内生产总值为4898.58亿元，第二产业国内生产总值为24069.22亿元，第三产业国内生产总值为16092.66亿元，三次产业结构比为10.9%：53.4%：35.7%。2011年我国各地区第一、二、三产业生产总值见表14－1。

表14－1　2011年各地区第一、二、三产业生产总值（亿元）

地区＼产业	第一产业	第二产业	第三产业	合计
全国	47712	220592	203260	471564
东部地区	16874.7	132232.87	120151.38	269259
中部地区	12867.79	56427.34	34960.58	104255.7
西部地区	12766.27	51599.58	35252.86	99618.71
东北地区	4898.58	24069.22	16092.66	45060.46

数据来源：《中国统计摘要2012》

14.1.1.4　区域投资结构继续改善

2011年我国全社会固定资产投资[②]311022亿元，同比增长23.6%，扣除价格因素，实际增长15.9%。其中，固定资产投资（不含农户）301933亿元，增长23.8%；农户投资9089亿元，增长15.3%。

在固定资产投资（不含农户）中，第一产业投资6792亿元，比上年增长25.0%；第二产业投资132263亿元，增长27.3%；第三产业投资162877亿元，增长21.1%。2006至2011年全社会固定资产投资及增长速度见图14－3。

2011年东部地区固定资产投资[③]130319亿元，同比增长20.1%；中部地区固定资产投资

① 目前我国各省在计算GDP时，实行分级核算，分级负责，其计算口径、核算范围、核算方法、核算依据尚不够规范和统一，因而各地相加后，一般不等于全国的GDP总和。

② 从2011年开始，月度投资统计制度将统计范围从城镇扩大到城镇和农村企事业组织，并定义为“固定资产投资（不含农户）”。

③ 固定资产投资按东部、中部、西部和东北地区计算的合计数据小于全国数据，是因为有部分跨地区的投资未计算在地区数据中。

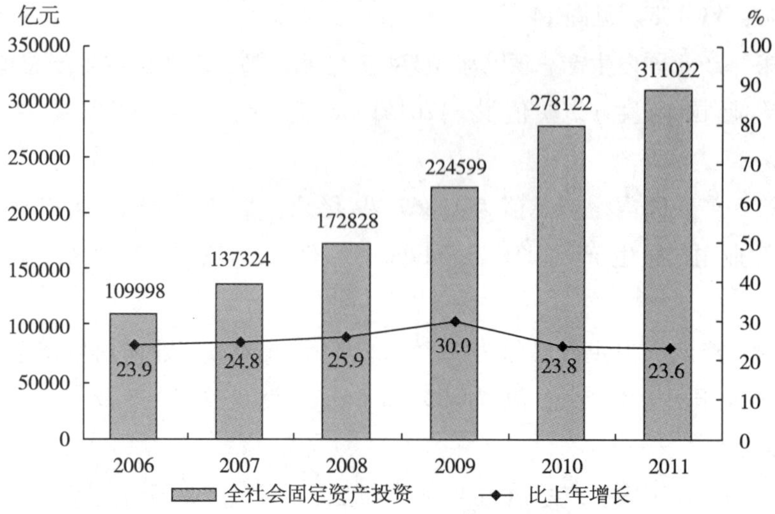

图 14－3　2006—2011 年全社会固定资产投资及增长速度

资料来源：《中华人民共和国2011年国民经济和社会发展统计公报》

70783 亿元，同比增长 27.5%；西部地区固定资产投资 71849 亿元，同比增长 28.7%；东北地区固定资产投资 32687 亿元，同比增长 30.4%。2011 年，西部与东北地区固定资产投资增速超越东部与中部地区。

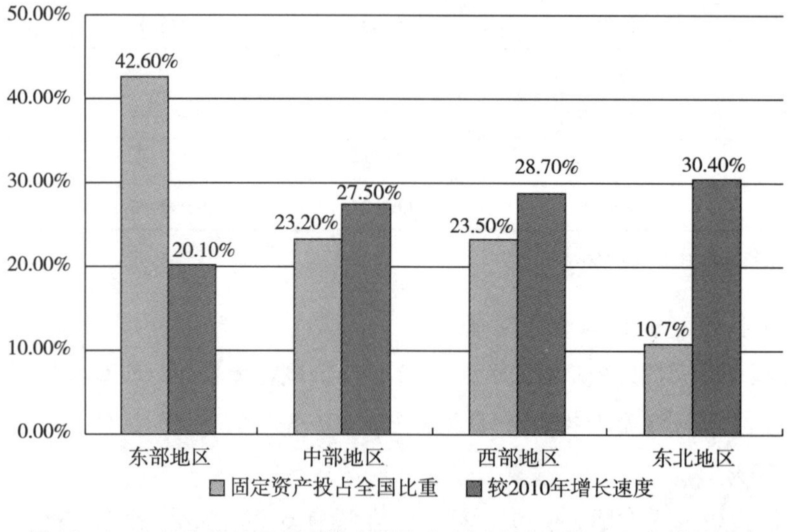

图 14－4　2011 年各地区固定资产投资占全国比重及较 2010 年增长速度

数据来源：根据《中华人民共和国2011年国民经济和社会发展统计公报》相关数据计算得出

14.1.1.5　开放型经济水平全面提升

2011 年我国坚持出口和进口并重，利用外资和对外投资并举，全面提升开放型经济水平，积极推进市场多元化战略，努力优化贸易结构。2011 年我国货物进出口总额 36421 亿美元，比上年增长 22.5%。其中，出口 18986 亿美元，增长 20.3%；进口 17435 亿美元，增长 24.9%。进出口差额为 1551 亿美元，较 2010 年减少 264 亿美元。

其中，东部地区货物进出口总额为 31387.4 亿美元，占全国比重 86.2%；中部地区货物进出口总额为1628.1亿美元，占全国比重4.5%；西部地区货物进出口总额为1839.8亿美元，占全国比重5.1%；东北地区货物进出口总额为1565.2亿美元，占全国比重4.2%。东部地区较西部地区而言进出口贸易增速相对缓慢。

14.1.1.6　战略性新兴产业[①]发展开局良好

战略性新兴产业是引导未来经济社会发展的重要力量，发展战略性新兴产业已成为世界主要国家抢占新一轮经济和科技发展制高点的重大战略，2010年10月18日国务院正式颁布了《国务院关于加快培育和发展战略性新兴产业的决定》。2011年是实施《决定》的第一年，在这一年里，中央和地方政府把发展战略性新兴产业作为经济社会发展的重大战略任务，在编制发展规划、强化政策措施、加大资金投入、加强国内外合作等方面取得了初步成效，实现了战略性新兴产业发展的良好开局。战略性新兴产业创新能力明显增强，一大批核心关键技术的研发和产业化取得重大突破。

专栏14-1

我国7大战略性新兴产业

《国务院关于加快培育和发展战略性新兴产业的决定》指出要根据战略性新兴产业的发展阶段和特点，进一步明确发展的重点方向和主要任务，统筹部署，集中力量，加快推进：

（一）节能环保产业。重点开发推广高效节能技术装备及产品，实现重点领域关键技术突破，带动能效整体水平的提高。加快资源循环利用关键共性技术研发和产业化示范，提高资源综合利用水平和再制造产业化水平。示范推广先进环保技术装备及产品，提升污染防治水平。推进市场化节能环保服务体系建设。加快建立以先进技术为支撑的废旧商品回收利用体系，积极推进煤炭清洁利用、海水综合利用。

（二）新一代信息技术产业。加快建设宽带、泛在、融合、安全的信息网络基础设施，推动新一代移动通信、下一代互联网核心设备和智能终端的研发及产业化，加快推进三网融合，促进物联网、云计算的研发和示范应用。着力发展集成电路、新型显示、高端软件、高端服务器等核心基础产业。提升软件服务、网络增值服务等信息服务能力，加快重要基础设施智能化改造。大力发展数字虚拟等技术，促进文化创意产业发展。

（三）生物产业。大力发展用于重大疾病防治的生物技术药物、新型疫苗和诊断试剂、化学药物、现代中药等创新药物大品种，提升生物医药产业水平。加快先进医疗设备、医用材料等生物医学工程产品的研发和产业化，促进规模化发展。着力培育生物育种产业，积极推广绿色农用生物产品，促进生物农业加快发展。推进生物制造关键技术开发、示范与应用。加快海洋生物技术及产品的研发和产业化。

（四）高端装备制造产业。重点发展以干支线飞机和通用飞机为主的航空装备，做大做

① 战略性新兴产业是以重大技术突破和重大发展需求为基础，对经济社会全局和长远发展具有重大引领带动作用，知识技术密集、物质资源消耗少、成长潜力大、综合效益好的产业。

强航空产业。积极推进空间基础设施建设，促进卫星及其应用产业发展。依托客运专线和城市轨道交通等重点工程建设，大力发展轨道交通装备。面向海洋资源开发，大力发展海洋工程装备。强化基础配套能力，积极发展以数字化、柔性化及系统集成技术为核心的智能制造装备。

（五）新能源产业。积极研发新一代核能技术和先进反应堆，发展核能产业。加快太阳能热利用技术推广应用，开拓多元化的太阳能光伏光热发电市场。提高风电技术装备水平，有序推进风电规模化发展，加快适应新能源发展的智能电网及运行体系建设。因地制宜开发利用生物质能。

（六）新材料产业。大力发展稀土功能材料、高性能膜材料、特种玻璃、功能陶瓷、半导体照明材料等新型功能材料。积极发展高品质特殊钢、新型合金材料、工程塑料等先进结构材料。提升碳纤维、芳纶、超高分子量聚乙烯纤维等高性能纤维及其复合材料发展水平。开展纳米、超导、智能等共性基础材料研究。

（七）新能源汽车产业。着力突破动力电池、驱动电机和电子控制领域关键核心技术，推进插电式混合动力汽车、纯电动汽车推广应用和产业化。同时，开展燃料电池汽车相关前沿技术研发，大力推进高能效、低排放节能汽车发展。

资料来源：http://www.gov.cn/zwgk/2010-10/18/content_1724848.htm

14.1.2 区域能源供给与消费

14.1.2.1 区域能源生产与供给结构

据《BP世界能源统计年鉴2012》显示，2011年底我国煤炭探明储量为114500百万吨，占世界总量比例的13.3%；石油探明储量为147亿桶，占世界总量比例的0.9%；天然气探明储量为3.1万亿立方米，占世界总量比例的1.5%。2010年我国主要能源石油、天然气、煤炭基础储量①分别为317435.27万吨、37793.20亿立方米、2793.93亿吨，2010年我国各地区主要能源基础储量见表14-2。

表14-2 2010年各地区主要能源基础储量

地区	石油（万吨）	天然气（亿立方米）	煤炭（亿吨）
北京	0	0	3.79
天津	3415.91	288.64	2.97
河北	27780.8	359.32	60.59
山西	0	0	844.01
内蒙古	7643.8	7149.44	769.86
辽宁	18799.01	209.43	46.63
吉林	18861.77	681.26	12.4
黑龙江	54516.41	1454.98	68.17

① 石油和天然气的数据为剩余技术可采储量。

续表

地区	石油（万吨）	天然气（亿立方米）	煤炭（亿吨）
上海	0	0	0
江苏	2689.35	23.66	14.23
浙江	0	0	0.49
安徽	186.73	0.06	81.93
福建	0	0	4.06
江西	0	0	6.74
山东	34310.68	366.99	77.56
河南	5051.21	99.21	113.49
湖北	1307.97	4.68	3.3
湖南	0	0	18.76
广东	8.16	0.31	1.89
广西	146.41	3.39	7.74
海南	-17.27	0.7	0.9
重庆	160.44	1921.02	22.49
四川	514.74	6763.11	54.37
贵州	0	10.61	118.46
云南	12.21	2.41	62.47
西藏	0	0	0.12
陕西	24947.67	5628.11	119.89
甘肃	16085.39	191.8	58.05
青海	5635.18	1321.89	16.22
宁夏	202.77	2.75	54.03
新疆	51163.47	8616.43	148.31
全国总计	317435.3	37793.2	2793.93

资料来源：《中国区域经济统计年鉴2011》

《国民经济和社会发展第十二个五年规划纲要》着重强调，在推动能源生产和利用方式变革的背景下，我国能源战略将从保供给向控制消费总量转变。但由于我国产业结构现状以及粗放式发展模式，2011年我国能源生产仍然在持续增高，清洁能源所占比重仍然偏低。

2011年我国能源生产总量为317800万吨标准煤，较2010年增加20884万吨标准煤，能源生产弹性系数为0.76，较2010年降低0.02。其中原煤生产246930.6万吨标准煤，占生产总量的77.7%，较2010年的76.6%高出1.1个百分点；原油生产29237.6万吨标准煤，占生产总量的9.2%，较2010年的9.8%降低0.6个百分点；天然气生产13665.4万吨标准煤，占生产总量的4.3%，较2010年的4.2%高出0.1个百分点；水电、核电、风电合计生产27966.4万吨标准煤，占能源生产总量的8.8%，较2010年的9.4%降低0.6个百分点。我国2011年与2010年能源生产量对比情况见表14-3。

表 14 -3　2010 年与 2011 年能源生产量对比情况（万吨标准煤）

年份	能源生产总量	原煤	原油	天然气	水电、核电、风电	能源生产弹性系数
2010	296916	227437.66	29097.77	12470.47	27910.1	0.78
2011	317800	246930.6	29237.6	13665.4	27966.4	0.76

数据来源：《中国统计摘要 2012》

14.1.2.2　区域能源消费结构

“十二五”开局之年，我国经济高速发展态势继续保持，全国能源消费总量继续增长，能源消费弹性系数从 2010 年的 0.58 提高至 2011 年的 0.76。2011 年我国能源消费总量为 34.8 亿吨标准煤，较 2010 年增长 7.0%，其中，煤炭消费增长 9.7%；原油消费增长 2.7%；天然气消费增长 12.0%；电力消费增长 11.7%。2010 年与 2011 年能源消费对比情况见表 14 -4。

表 14 -4　2010 年与 2011 年能源消费量对比情况（万吨标准煤）

年份	能源消费总量	原　煤	原油	天然气	水电、核电、风电	能源消费弹性系数
2010	324939	220958.5	61738.4	14297.3	27944.8	0.58
2011	347800	239286.4	64690.8	15998.8	27824	0.76

数据来源：《中国统计摘要 2012》

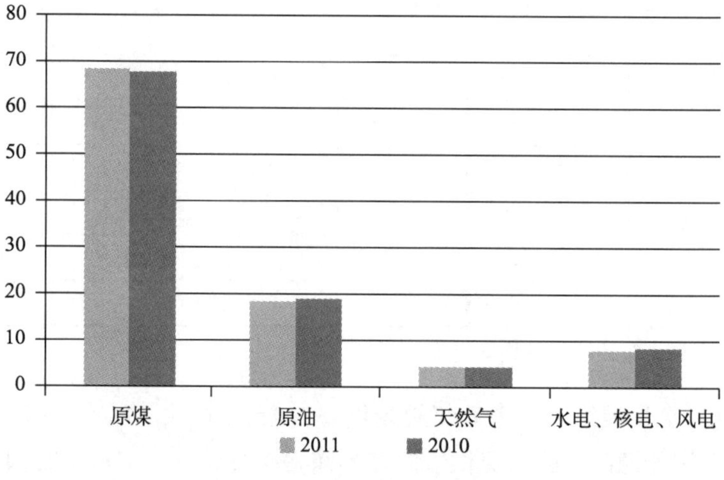

图 14 -5　2011 年与 2010 年我国能源消费结构比较图（%）

数据来源：根据表 14 -4 相关数据计算得出

由于我国区域间经济发展的不平衡，各地区能源消费情况也存在着较大差异，主要表现在各地区的能源消费总量与能源消费结构层面。

（1）东部地区。2010 年东部地区能源消费总量为 168027 万吨标准煤，比 2009 年提高 13298 万吨标准煤，同比增长 8.6%。其中煤炭消费总量为 138818 万吨，较 2009 年提高 9845 万吨，同比增长 7.6%；原油消费总量为 24089.81 万吨，较 2009 年提高 3204.67 万吨，同比增长 15.3%；天然气消费为 442.97 亿立方米，较 2009 年提高 29.56 亿立方米，同比增长 7.2%；电力消费为 21009 亿千瓦小时，较 2009 年提高 2491 亿立方米，同比增长 13.5%。

（2）中部地区。2010 年中部地区能源消费总量为 84326 万吨标准煤，比 2009 年提高 7251 万吨标准煤，同比增长 9.5%。其中煤炭消费总量为 100330 万吨，较 2009 年提高 8250 万吨，同比增长 9.0%；原油消费总量为 3404.02 万吨，较 2009 年提高 200.02 万吨，同比增长 6.2%；天然气消费为 123.22 亿立方米，较 2009 年提高 28.86 亿立方米，同比增长 30.6%；电力消费为 8474 亿千瓦小时，较 2009 年提高 955 亿立方米，同比增长 12.8%。

（3）西部地区。2010 年西部地区能源消费总量为 96680 万吨标准煤，比 2009 年提高了 8523 万吨标准煤，同比增长 9.7%。其中煤炭消费总量为 103556 万吨，较 2009 年提高 9098 万吨，同比增长为 9.6%；原油消费总量为 7005.56 万吨，较 2009 年提高 761.54 万吨，同比增长 12.2%；天然气消费为 479.21 亿立方米，较 2009 年提高 81.64 亿立方米，同比增长 20.5%；电力消费为 9881 亿千瓦小时，较 2009 年提高了 1401 亿立方米，同比增长 16.5%。

（4）东北地区。2010 年东北地区能源消费总量为 40478 万吨标准煤，比 2009 年提高 3201 万吨标准煤，同比增长 8.6%。其中煤炭消费总量为 38710 万吨，较 2010 年提高 3038 万吨，同比增长 8.5%；原油消费总量为 9605.41 万吨，较 2010 年提高 815.34 万吨，同比增长 9.3%；天然气消费为 70.93 亿立方米，较 2010 年提高 7.83 亿立方米，同比增长 12.4%；电力消费为 3055 亿千瓦小时，较 2010 年提高 363 亿立方米，同比增长 13.5%。

表 14－5 2010 年我国各地区能源消费情况

	总量（万吨标准煤）	煤炭（万吨）	原油（万吨）	天然气（亿立方米）	电力（亿千瓦小时）
东部地区	168027	138818	24089.81	442.97	21010
中部地区	84326	100330	3404.02	123.22	8474
西部地区	96680	103556	7005.56	479.21	9881
东北地区	40478	38710	9605.41	70.93	3055

数据来源：《中国能源统计年鉴 2011》

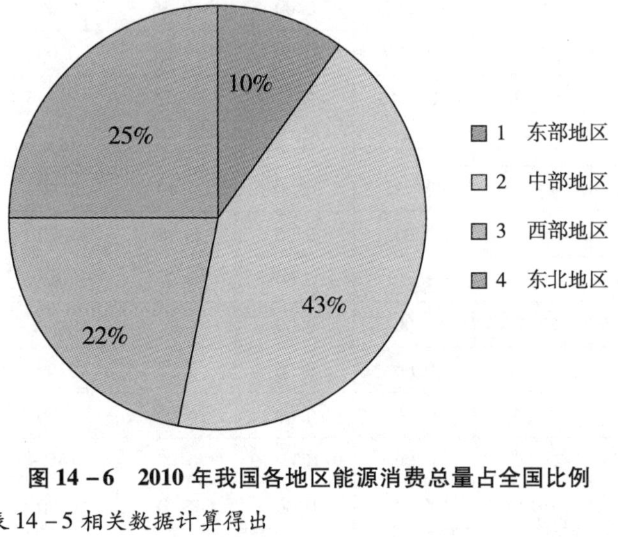

图 14－6 2010 年我国各地区能源消费总量占全国比例

数据来源：根据表 14－5 相关数据计算得出

14.1.2.3 区域间能源供需平衡性分析

2011年我国能源消费继续保持增长，能源供需形势总体平稳，局部地区、部分时段存在供需偏紧。随着东部地区劳动力成本的提高、经济结构的调整，东部地区制造业向中西部转移，我国能源资源主要集中在西部地区，能源基础设施建设主要服务于东部发达地区用能需求的格局将会逐步改观。2010年中国各地区主要能源调入、调出情况见表14－6。

表14－6 各地区主要能源调入调出情况

地区	省份	原煤（万吨）		原油（万吨）		天然气（亿立方米）		电力（亿千瓦小时）	
		调入量	调出量（－）	调入量	调出量（－）	调入量	调出量（－）	调入量	调出量（－）
东部地区	北京	2455.45	－299.10	377.67	0.00	75.03	0.00	565.64	－10.76
	天津	4486.10	0	0	－2862.73	12.22	－23.63	109.78	－0.86
	河北	18454.30	－1888.88	493.95	－176.64	19.88	－3.09	668.50	0.00
	上海	6673.05	－1867.12	214.82	－5.32	25.45	0.00	399.20	－47.22
	江苏	19878.94	－539.68	1175.04	－19.06	71.01	0.00	161.51	0.00
	浙江	13065.63	0.00	830.89	0.00	31.80	0.00	278.98	－25.56
	福建	3068.46	－671.29	1121.27	0.00	0.00	0.00	1.71	－42.95
	山东	27674.88	－4775.97	925.47	－929.25	37.30	0.00	207.61	0.00
	广东	10859.87	0.00	1969.43	0.00	0.00	0.00	457.82	0.00
	海南	349.51	0.00	31.71	0.00	54.00	0.00	0.06	－2.11
	地区合计	106966.19	－10042.04	7140.25	－3993.00	326.69	－26.72	2850.80	－129.46
中部地区	山西	4850.14	－44433.95	0	0.00	10.95	－3.52	45.33	－735.84
	安徽	3851.00	－3445.49	254.54	0.00	12.04	0.00	1.71	－387.11
	江西	3013.00	－124.96	240.67	0.00	3.51	0.00	136.91	0.00
	河南	11039.99	－5786.62	187.21	－205.92	42.44	－2.04	196.53	－46.41
	湖北	10525.22	0.00	918.85	0.00	19.56	0.00	262.53	－861.72
	湖南	3668.01	－1151.58	588.89	0.00	11.25	0.00	257.57	－123.46
	地区合计	36947.36	－54942.60	2190.16	－205.92	99.75	－5.56	900.58	－2154.54
西部地区	内蒙古	571.84	－47155.16	0.00	－46.63	0.00	－157.57	0.00	－1064.46
	广西	4877.16	－1258.00	434.85	0.00	1.70	0.00	46.00	－85.00
	重庆	2986.73	－1090.74	0.00	0.00	33.42	－44.01	216.77	－75.32
	四川	2451.93	－207.70	340.51	0.00	0.00	－58.90	46.60	－201.46
	贵州	0.00	－2724.48	0.00	0.00	4.14	0.00	0.28	－550.40
	云南	402.60	－909.60	0.00	0.00	3.58	0.00	4.02	－325.71
	西藏	0.00	0.00	0.00	0.00	0.00	0.00	0.00	0.00
	陕西	1240.69	－24050.62	0.00	－1032.19	0.00	－165.99	164.68	－260.00
	甘肃	2064.37	－1610.87	1008.98	0.00	13.18	0.00	119.73	－189.81
	青海	353.18	－875.07	0.00	－61.34	0.00	－32.36	50.21	－56.95

续表

地区	省份	原煤（万吨）		原油（万吨）		天然气（亿立方米）		电力（亿千瓦小时）	
		调入量	调出量（-）	调入量	调出量（-）	调入量	调出量（-）	调入量	调出量（-）
西部地区	宁夏	2676.40	-1569.00	169.92	0.00	15.48	0.00	30.08	-87.07
	新疆	91.09	-1908.20	0.00	-1241.20	0.00	-169.76	0.00	-3.10
	地区合计	17715.99	-83359.44	1954.26	-2381.36	71.50	-628.59	678.37	-2899.28
东北地区	辽宁	7309.65	-232.26	4008.43	-9.99	11.00	0.00	463.64	-88.63
	吉林	5938.60	-1073.54	243.19	0.00	4.51	0.00	0.00	-81.25
	黑龙江	5056.64	0.00	0.00	-2382.25	0.00	0.00	137.15	-170.08
	地区合计	18304.89	-1305.80	4251.62	-2392.24	15.51	0.00	600.79	-339.96

数据来源：《中国能源统计年鉴2011》

从表14-6可以看出，我国东部地区经济社会发展能源需求量大，本地区自身能源生产远远不能满足该地区经济社会发展需要，须从其他地区调入大量的能源，2010年东部地区共从其他地区调入原煤106966.19万吨、原油7140.25万吨、天然气326.69亿立方米、电力2850.80亿千瓦小时，这四种能源净调入量分别为96924.15万吨、3147.25万吨、299.97亿立方米、2721.34亿千瓦小时。东部地区中，原煤调入量最多的省份为山东省，为27674.88万吨；原油调入量最多的为广东省，为1969.43万吨；天然气调入量最多的为北京市，为75.03亿立方米；电力调入量最多的为河北省，为668.50亿千瓦小时。

中部地区为原煤和电力净调出地区，2010年中部地区原煤净调出量为17995.2万吨，电力净调出量为1253.96亿千瓦小时。同时中部地区又是原油和天然气净调入区域，2010年中部地区净调入原油1984.24万吨、天然气94.19亿立方米，中部地区石油、天然气资源相对缺乏。

西部地区是我国的能源净调出地区，2010年西部地区原煤、原油、天然气和电力的净调出量分别为65643.5万吨、427.1万吨、557.09亿立方米和2220.91亿千瓦小时。随着我国新一轮西部大开发战略的推进，西部地区的能源消费将日益提高，但由于资源禀赋的差异，西部地区作为我国的能源净调出区域的格局将不会改变。

东北地区是我国传统的老工业基地，产业结构中第二产业比重较高，能源消耗强度大，表现在能源调出、调入来看，2010年该地区从其他地区净调入原煤、原油、天然气和电力分别为16999.09万吨、1859.38万吨、15.51亿立方米和260.83亿千瓦小时。

14.1.3 区域环境污染现状

我们在第1章已经介绍了2011年主要减排指标的完成情况，大致包括：化学需氧量排放总量为2499.9万吨，比上年下降2.04%；氨氮排放总量为260.4万吨，比上年下降1.52%；二氧化硫排放总量为2217.9万吨，比上年下降2.21%；氮氧化物排放总量为2404.3万吨，比上年上升5.73%。

在本节，从区域的角度对我国水环境、海洋环境、大气环境的基本情况进行介绍。

14.1.3.1 水环境

2011年，全国地表水总体为轻度污染。湖泊（水库）富营养化问题仍突出。长江、黄河、珠江、松花江、淮河、海河、辽河、浙闽片河流、西南诸河和内陆诸河十大水系监测的469个国控断面中，Ⅰ—Ⅲ类、Ⅳ—Ⅴ类和劣Ⅴ类水质断面比例分别为61.0%、25.3%和13.7%。主要污染指标为化学需氧量、五日生化需氧量和总磷。2011年，监测的26个国控重点湖泊（水库）中，Ⅰ—Ⅲ类、Ⅳ—Ⅴ类和劣Ⅴ类水质的湖泊（水库）比例分别为42.3%、50.0%和7.7%。主要污染指标为总磷和化学需氧量。2011年重点湖泊（水库）富营养化状态见图14－7。

2011年，全国113个环保重点城市共监测389个集中式饮用水源地，其中地表水源地238个、地下水源地151个。环保重点城市年取水总量为227.3亿吨，服务人口1.63亿人。达标水量为206.0亿吨，占90.6%；不达标水量为21.3亿吨，占9.4%。

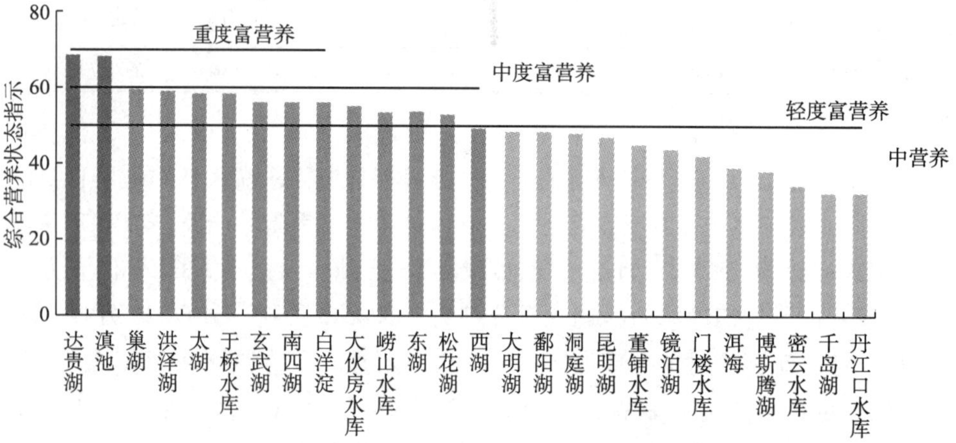

图14－7　2011年重点湖泊（水库）富营养化状态

资料来源：《2011年中国环境状况公报》

2011年，全国渔业生态环境监测网对渤海、黄海、东海、南海、黑龙江流域、黄河流域、长江流域和珠江流域及其他重点区域的120个重要渔业水域和43个国家级水产种质资源保护区的水质、沉积物、生物等18项指标进行了监测，监测总面积1920.7万公顷。结果表明：中国渔业水域生态环境状况总体保持稳定，局部渔业水域污染仍较重，主要污染指标为氮、磷、石油类和铜。

2011年，全国废水排放总量为652.1亿吨，化学需氧量排放总量为2499.9万吨，比上年下降2.04%；氨氮排放总量为260.4万吨，比上年下降1.52%。2011年全国废水中主要污染物排放量见表14－7。

表14－7　2011年全国废水中主要污染物排放量①（万吨）

污染物	排放总量	工业源	生活源	农业源	集中式
化学需氧量排放量	2499.9	355.5	938.2	1186.1	20.1
氨氮排放量	260.4	28.2	147.6	82.6	2

资料来源：《2011年中国环境状况公报》

① 2010年及以前中国环境状况公报中发布的主要污染物排放总量统计范围为工业源和生活源，自2011年度公报开始，主要污染物排放总量统计范围包括工业源、生活源、农业源和集中式污染治理设施。

14.1.3.2　海洋环境

2011 年，据全海海域海水中无机氮、活性磷酸盐、化学需氧量和石油类等指标的综合评价结果显示：中国管辖海域海水水质状况总体较好，符合第一类海水水质标准的海域面积约占中国管辖海域面积的95%。

全国近岸海域水质总体一般。其中，一类、二类、三类、四类和劣四类海水面积分别为64809 平方千米、120739 平方千米、39127 平方千米、18008 平方千米以及 38329 平方千米。2011 年全国近岸海域水质类别比例见图 14-8。

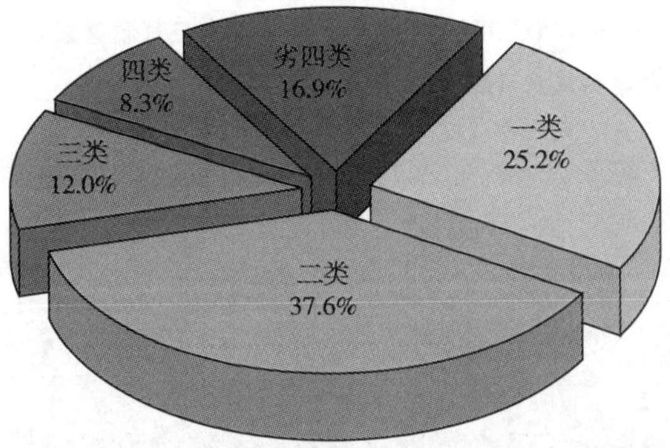

图 14-8　2011 年全国近岸海域水质类别比例图

资料来源：《2011 年中国环境状况公报》

表 14-8　2011 年四大海区受纳直排海污染源污染物情况

海区	废水量（亿吨）	化学需氧量（万吨）	氨氮（万吨）	石油类（吨）	总磷（吨）
渤海	1.66	1.0	0.1	59.0	134.1
黄海	9.09	4.3	0.4	58.0	640.1
东海	27.02	12.3	1.1	537.6	1273.9
南海	9.58	3.5	0.4	252.6	999.4

资料来源：《2011 年中国环境状况公报》

14.1.3.3　大气环境

2011 年，全国城市环境空气质量总体稳定，325 个地级及以上城市（含部分地、州、盟所在地和省辖市）中，环境空气质量达标城市比例为 89.0%，超标城市比例为 11.0%。2011 年地级及以上城市环境空气质量级别比例见图 14-9。

2011 年我国酸雨分布区域无明显变化，分布区域主要集中在长江沿线及以南－青藏高原以东地区。主要包括浙江、江西、福建、湖南、重庆的大部分地区，以及长江三角洲、珠江三角洲、湖北西部、四川东南部、广西北部地区，酸雨区面积约占国土面积的 12.9%。

2011 年，在废气中主要污染物的排放量中，二氧化硫排放总量为 2217.9 万吨，同比下降 2.21%；氮氧化物排放总量为 2404.3 万吨，同比增长 5.73%。

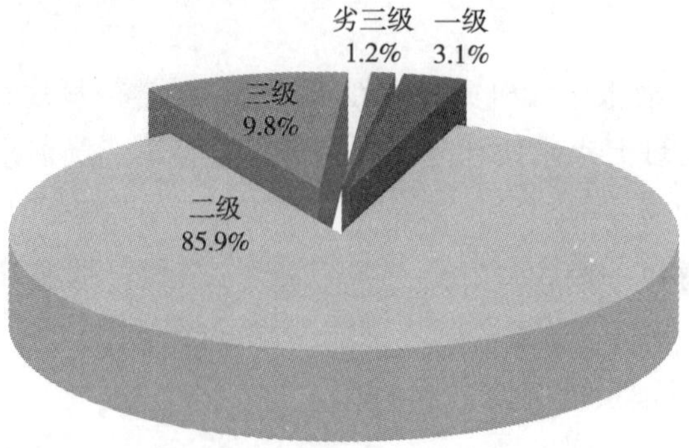

图 14－9　2011 年地级及以上城市环境空气质量级别比例

资料来源：《2011 年中国环境状况公报》

专栏 14－2

“十二五”环境保护重点工程

主要污染物减排工程。包括城镇生活污水处理设施及配套管网、污泥处理处置、工业水污染防治、畜禽养殖污染防治等水污染物减排工程，电力行业脱硫脱硝、钢铁烧结机脱硫脱硝、其他非电力重点行业脱硫、水泥行业与工业锅炉脱硝等大气污染物减排工程。

改善民生环境保障工程。包括重点流域水污染防治及水生态修复、地下水污染防治、重点区域大气污染联防联控、受污染场地和土壤污染治理与修复等工程。

农村环保惠民工程。包括农村环境综合整治、农业面源污染防治等工程。

生态环境保护工程。包括重点生态功能区和自然保护区建设、生物多样性保护等工程。

重点领域环境风险防范工程。包括重金属污染防治、持久性有机污染物和危险化学品污染防治、危险废物和医疗废物无害化处置等工程。

核与辐射安全保障工程。包括核安全与放射性污染防治法规标准体系建设、核与辐射安全监管技术研发基地建设以及辐射环境监测、执法能力建设、人才培养等工程。

环境基础设施公共服务工程。包括城镇生活污染、危险废物处理处置设施建设，城乡饮用水水源地安全保障等工程。

环境监管能力基础保障及人才队伍建设工程。包括环境监测、监察、预警、应急和评估能力建设，污染源在线自动监控设施建设与运行，人才、宣教、信息、科技和基础调查等工程建设，建立健全省市县三级环境监管体系。

资料来源：http://www.gov.cn/zwgk/2011－12/20/content_ 2024895.htm

14.2　区域节能减排成就

14.2.1　区域节能减排形势

14.2.1.1　“十二五”期间节能减排面临的挑战

在本书第 3 章讲到，当前国际社会围绕能源安全和气候变化的博弈日趋激烈。一方面，贸易保护主义抬头，部分发达国家凭借技术优势开征碳税并计划实施碳关税，绿色贸易壁垒日益突出；另一方面，全球范围内绿色经济、低碳技术正在兴起，不少发达国家大幅增加投入，支持节能环保、新能源和低碳技术等领域创新发展，抢占未来发展制高点的竞争日趋激烈。

我国随着工业化、城镇化进程加快和消费结构升级，能源需求呈刚性增长，受国内资源保障能力和环境容量制约，经济社会发展面临的资源环境瓶颈约束更加突出，节能减排工作难度不断加大，“十二五”时期我国面临的资源环境约束将日益强化。

根据国家《“十二五”节能减排综合性工作方案》对每个地区“十二五”节能减排目标的分解情况，我国有 21 个省份“十二五”期间单位 GDP 能耗降低幅度要达到大于等于 16%；有 12 省份化学需氧量排放总量减排目标大于 8%；有 13 个省份氨氮排放量减排目标大于 10%；有 10 个省份硫排放量减排目标大于 10%；有 10 个省份氮氧化物排放量目标大于 12%。“十二五”时期我国各省、市、自治区面临的节能减排任务艰巨。

14.2.1.2 “十二五”期间节能减排面临的机遇

虽然“十二五”期间我国节能减排面临巨大挑战，但也面临难得的历史机遇。科学发展观深入人心，随着生活水平的不断提高，公众的环保意识显著提高，在自觉保护环境、减少资源浪费的同时，主动发挥社会监督作用，逐步形成全社会关心、参与环境保护的良好氛围，各方面对节能减排的重视程度明显增强。

“十二五”时期，节能环保产业将迎来快速发展时期，随着高效节能环保装备的不断普及、环境污染防治技术的不断提高和节能环保服务体系的不断完善，环保科技支撑能力将得到不断提升，为解决复杂环境问题带来新的机遇。

近年来，我国产业结构调整力度不断加大，科技创新能力不断提升，节能减排激励约束机制不断完善，这些都为“十二五”推进节能减排创造了有利条件。

14.2.2 “十二五”时期区域节能减排总体要求

14.2.2.1 调整优化产业结构，强化节能减排目标责任

抑制高耗能、高排放行业过快增长。严格控制高耗能、高排放和产能过剩行业新上项目，进一步提高行业准入门槛，强化节能、环保、土地、安全等指标约束，依法严格节能评估审查、环境影响评价、建设用地审查，严格贷款审批。建立健全项目审批、核准、备案责任制，严肃查处越权审批、分拆审批、未批先建、边批边建等行为，依法追究有关人员责任。严格控制高耗能、高排放产品出口。中西部地区承接产业转移必须坚持高标准，严禁污染产业和落后生产能力转入。

调整能源结构。在做好生态保护和移民安置的基础上发展水电，在确保安全的基础上发展核电，加快发展天然气，因地制宜大力发展风能、太阳能、生物质能、地热能等可再生能源。到 2015 年，全国非化石能源占一次能源消费总量比重达到 11.4%。

健全节能减排统计、监测和考核体系。加强能源生产、流通、消费统计，建立和完善建筑、交通运输、公共机构能耗统计制度以及分地区单位国内生产总值能耗指标季度统计制度，完善统计核算与监测方法，提高能源统计的准确性和及时性。完善节能减排考核办法，继续

做好全国和各地区单位国内生产总值能耗、主要污染物排放指标公报工作。加强目标责任评价考核。把地区目标考核与行业目标评价相结合，把落实五年目标与完成年度目标相结合，把年度目标考核与进度跟踪相结合。

14.2.2.2 实施节能减排重点工程，加强节能减排管理

实施节能重点工程。实施锅炉窑炉改造、电机系统节能、能量系统优化、余热余压利用、节约替代石油、建筑节能、绿色照明等节能改造工程，以及节能技术产业化示范工程、节能产品惠民工程、合同能源管理推广工程和节能能力建设工程。

合理控制能源消费总量。建立能源消费总量控制目标分解落实机制，制定实施方案，把总量控制目标分解落实到地方政府，实行目标责任管理，加大考核和监督力度。将固定资产投资项目节能评估审查作为控制地区能源消费增量和总量的重要措施。在工业、建筑、交通运输、公共机构以及城乡建设和消费领域全面加强用能管理，切实改变敞开口子供应能源、无节制使用能源的现象。

加强工业节能减排。重点推进电力、煤炭、钢铁、有色金属、石油石化、化工、建材、造纸、纺织、印染、食品加工等行业节能减排，明确目标任务，加强行业指导，推动技术进步，强化监督管理。发展热电联产，推广分布式能源。开展智能电网试点。推广煤炭清洁利用，提高原煤入洗比例，加快煤层气开发利用。实施工业和信息产业能效提升计划。实行电力、钢铁、造纸、印染等行业主要污染物排放总量控制。

14.2.2.3 大力发展循环经济，加快节能减排技术开发和推广应用

全面推行清洁生产。重点围绕主要污染物减排和重金属污染治理，全面推进农业、工业、建筑、商贸服务等领域清洁生产示范，从源头和全过程控制污染物产生和排放，降低资源消耗。实施清洁生产示范工程，推广应用清洁生产技术。推进资源综合利用。加快资源再生利用产业化。促进垃圾资源化利用。推进节水型社会建设。

加快节能减排共性和关键技术研发。在国家、部门和地方相关科技计划和专项中，加大对节能减排科技研发的支持力度，完善技术创新体系。继续推进节能减排科技专项行动，组织高效节能、废物资源化以及小型分散污水处理、农业面源污染治理等共性、关键和前沿技术攻关。

加快节能减排技术推广应用。继续发布国家重点节能技术推广目录、国家鼓励发展的重大环保技术装备目录。加强与有关国际组织、政府在节能环保领域的交流与合作，积极引进、消化、吸收国外先进节能环保技术，加大推广力度。

14.2.2.4 完善节能减排经济政策，强化节能减排监督检查

推进价格和环保收费改革。深化资源性产品价格改革，理顺煤、电、油、气、水、矿产等资源性产品价格关系。推行居民用电、用水阶梯价格。完善电力峰谷分时电价政策。深化供热体制改革，全面推行供热计量收费。

健全税收支持政策。落实国家支持节能减排所得税、增值税等优惠政策。积极推进资源税费改革，将原油、天然气和煤炭资源税计征办法由从量征收改为从价征收并适当提高税负水平，依法清理取消涉及矿产资源的不合理收费基金项目。加大各类金融机构对节能减排项目的信贷支持力度，鼓励金融机构创新适合节能减排项目特点的信贷管理模式。

严格节能评估审查和环境影响评价制度。把污染物排放总量指标作为环评审批的前置条件，对年度减排目标未完成、重点减排项目未按目标责任书落实的地区和企业，实行阶段性环评限批。加强节能减排执法监督。各级人民政府要组织开展节能减排专项检查，督促各项措施落实，严肃查处违法违规行为。

14.2.2.5 推广节能减排市场化机制，加强节能减排基础工作和能力建设

加大能效标识和节能环保产品认证实施力度。扩大终端用能产品能效标识实施范围，加强宣传和政策激励，引导消费者购买高效节能产品。继续推进节能产品、环境标志产品、环保装备认证，规范认证行为，扩展认证范围，建立有效的国际协调互认机制。加强标识、认证质量的监管。

推进排污权和碳排放权交易试点。完善主要污染物排污权有偿使用和交易试点，建立健全排污权交易市场，研究制定排污权有偿使用和交易试点的指导意见。开展碳排放交易试点，建立自愿减排机制，推进碳排放权交易市场建设。

加快节能环保标准体系建设。制定和完善环保产品及装备标准。完善机动车燃油消耗量限值标准、低速汽车排放标准。建立满足氨氮、氮氧化物控制目标要求的排放标准。鼓励地方依法制定更加严格的节能环保地方标准。强化节能减排管理能力建设。

14.2.3 区域节能减排目标

14.2.3.1 “十二五”期间节能减排目标

《国民经济和社会发展第十二个五年规划纲要》提出了我国“十二五”期间的节能减排目标：非化石能源占一次能源消费比重达到11.4%，单位国内生产总值能源消耗降低16%，单位国内生产总值二氧化碳排放降低17%，主要污染物排放总量显著减少，化学需氧量、二氧化硫排放分别减少8%，氨氮、氮氧化物排放分别减少10%。

专栏14－3

“十二五”时期我国减排四大约束性指标

“十二五”时期，国家污染减排约束性指标增至四项，即主要大气污染物二氧化硫和氮氧化物，主要水污染物化学需氧量和氨氮。

1. 二氧化硫（SO_2）

二氧化硫主要由燃煤及燃料油等含硫物质燃烧产生，其次来自自然界，如火山爆发、森林起火等产生。二氧化硫对人体结膜和上呼吸道黏膜有强烈刺激性，可损伤呼吸器官导致支气管炎、肺炎，甚至肺水肿呼吸麻痹。二氧化硫可在特定气象条件下形成硫酸盐颗粒。

2. 氮氧化物（NOx）

空气中的氮氧化物主要为一氧化氮和二氧化氮，以二氧化氮为主。城市大气中的氮氧化物大多来自于燃料燃烧，如汽车、锅炉、工业窑炉等。氮氧化物可刺激肺部，长期吸入可能会导致肺部构造改变。氮氧化物是形成光化学烟雾和酸雨的重要因子，并可在特定气

象条件下形成硝酸盐颗粒。

3. 化学需氧量（COD）

化学需氧量又称化学耗氧量，是利用化学氧化剂（如高锰酸钾、重铬酸钾）将废水中可氧化物质（如有机物、亚硝酸盐、亚铁盐、硫化物等）氧化分解，然后根据残留的氧化剂的量计算出氧的消耗量，以粗略地表示废水中有机物含量，反映水体有机物污染程度。化学需氧量越高，表明水体的有机污染越重。

4. 氨氮（NH3 - N）

氨氮是指水中以游离氨（NH3）和铵离子（NH4）形式存在的氮。氨氮主要来源于人和动物的排泄物及化工、冶金等工业废水排放，雨水径流以及农用化肥流失也是重要来源。氨氮是水体中的营养素，可导致水体富营养化现象产生。氨氮是水体中的主要耗氧污染物之一，氧化分解时大量消耗水中的溶解氧，使水体中各种水生动植物死亡腐烂，水体发黑发臭。在氧气充足的情况下，氨氮可被微生物氧化为亚硝酸盐氮，进而生成亚硝胺，具有致癌和致畸作用。

资料来源：http://www.bjepb.gov.cn/Portals/0/fujian/zwgk/十二五环保规划。

为了更好完成“十二五”规划提出的节能减排目标，国务院于2011年印发了《“十二五”节能减排综合性工作方案》，进一步明确了“十二五”期间的节能减排主要目标：“到2015年，全国万元国内生产总值能耗下降到0.869吨标准煤（按2005年价格计算），比2010年的1.034吨标准煤下降16%，比2005年的1.276吨标准煤下降32%；‘十二五’期间，实现节约能源6.7亿吨标准煤。2015年，全国化学需氧量和二氧化硫排放总量分别控制在2347.6万吨、2086.4万吨，比2010年的2551.7万吨、2267.8万吨分别下降8%；全国氨氮和氮氧化物排放总量分别控制在238.0万吨、2046.2万吨，比2010年的264.4万吨、2273.6万吨分别下降10%。”

国家在对各个地区进行节能减排目标分解时，综合考虑了每个地区的经济发展水平、产业结构、节能潜力、环境容量及国家产业布局等因素。“十二五”期间各地节能减排目标见表14-9。

表14-9 “十二五”期间各地区节能减排目标

地区	单位国内生产总值能耗降低率（%）		化学需氧量排放总量		氨氮排放总量		二氧化硫排放总量		氮氧化物	
	“十二五”期间	2006年—2015年累计	2015年控制量（万吨）	较2010年增减（%）	2015年控制量（万吨）	较2010年增减（%）	2015年控制量（万吨）	较2010年增减（%）	2015年控制量（万吨）	较2010年增减（%）
北京	-17	-39.07	18.3	-8.7	1.98	-10.1	9	-13.4	17.4	-12.3
天津	-18	-35.22	21.8	-8.6	2.5	-10.5	21.6	-9.4	28.8	-15.2
河北	-17	-33.69	128.3	-9.8	10.14	-12.7	125.5	-12.7	147.5	-13.9
山西	-16	-35.03	45.8	-9.6	5.21	-12.2	127.6	-11.3	106.9	-13.9

续表

地区	单位国内生产总值能耗降低率（%）		化学需氧量排放总量		氨氮排放总量		二氧化硫排放总量		氮氧化物	
	"十二五"期间	2006年—2015年累计	2015年控制量（万吨）	较2010年增减（%）	2015年控制量（万吨）	较2010年增减（%）	2015年控制量（万吨）	较2010年增减（%）	2015年控制量（万吨）	较2010年增减（%）
内蒙古	-15	-34.23	85.9	-6.7	4.92	-9.7	134.4	-3.8	123.8	-5.8
辽宁	-17	-33.61	124.7	-9.2	10.01	-11	104.7	-10.7	88	-13.7
吉林	-16	-34.51	76.1	-8.8	5.25	-10.5	40.6	-2.7	54.2	-6.9
黑龙江	-16	-33.46	147.3	-8.6	8.47	-10.4	50.3	-2	73	-3.1
上海	-18	-34.4	23.9	-10	4.54	-12.9	22	-13.7	36.5	-17.5
江苏	-18	-34.77	112.8	-11.9	14.04	-12.9	92.5	-14.8	121.4	-17.5
浙江	-18	-34.41	74.6	-11.4	10.36	-12.5	59.3	-13.3	69.9	-18
安徽	-16	-33.1	90.3	-7.2	10.09	-9.9	50.5	-6.1	82	-9.8
福建	-16	-29.82	65.2	-6.3	8.9	-8.4	36.5	-7	40.9	-8.6
江西	-16	-32.83	73.2	-5.8	8.52	-9.8	54.9	-7.5	54.2	-6.9
山东	-17	-35.33	177.4	-12	15.29	-13.3	160.1	-14.9	146	-16.1
河南	-16	-32.9	133.5	-9.9	13.61	-12.6	126.9	-11.9	135.6	-14.7
湖北	-16	-34.2	104.1	-7.4	12	-9.7	63.7	-8.3	58.6	-7.2
湖南	-16	-33.16	124.4	-7.2	15.29	-9.8	65.1	-8.3	55	-9
广东	-18	-31.46	170.1	-12	20.39	-13.3	71.5	-14.8	109.9	-16.9
广西	-15	-27.94	74.6	-7.6	7.71	-8.7	52.7	-7.9	41.1	-8.8
海南	-10	-20.93	20.4	0	2.29	0	4.2	34.9	9.8	22.3
重庆	-16	-33.6	39.5	-7.2	5.1	-8.8	56.6	-7.1	35.6	-6.9
四川	-16	-33.06	123.1	-7	13.31	-8.6	84.4	-9	57.7	-6.9
贵州	-15	-32.05	32.7	-6	3.72	-7.7	106.2	-8.6	44.5	-9.8
云南	-15	-29.8	52.9	-6.2	5.51	-8.1	67.6	-4	49	-5.8
西藏	-10	-20.8	2.7	0	0.33	0	0.4	0	3.8	0
陕西	-16	-33.01	52.7	-7.6	5.81	-9.8	87.3	-7.9	69	-9.9
甘肃	-15	-32.22	37.6	-6.4	3.94	-8.9	63.4	2	40.7	-3.1
青海	-10	-25.34	12.3	18	1.1	15	18.3	16.7	13.4	15.3
宁夏	-15	-32.08	22.6	-6	1.67	-8	36.9	-3.6	39.8	-4.9
新疆	-10	-18.02	56.9	0	4.06	0	63.1	0	58.8	0

数据来源：http://www.gov.cn/zwgk/2011-09/07/content_1941731.htm

14.2.3.2　"十二五"开局之年节能减排目标完成情况

2011年作为"十二五"开局之年，本年度节能减排目标的实现对于整个"十二五"节能减排目标的完成有着至关重要的影响。在这一年中，我国充分了发挥节能减排市场化机制作用，坚持降低能源消耗强度、减少主要污染物排放总量、合理控制能源消费总量相结合，形成加快转变经济发展方式的倒逼机制；坚持强化责任、健全法制、完善政策、加强监管相结合，建立健全激励和约束机制；坚持优化产业结构、推动技术进步、强化工程措施、加强管理引导相结合，大幅度提高能源利用效率，显著减少污染物排放；进一步形成了政府为主导、企业为主体、市场有效驱动、全社会共同参与的推进节能减排工作格局。

2011年全国节能减排目标完成情况。节能方面，国家发改委设定的本年度节能目标是：与2010年相比，2011年全国万元国内生产总值能耗下降3.5%。2011年实际完成情况为，全国万元国内生产总值能耗下降2.01%，未完成既定目标；在减排方面，环保部设定的本年度主要污染物总量减排目标为：与2010年相比，包括化学需氧量、二氧化硫、氨氮、氮氧化物在内的四项污染物排放总量分别下降1.5%。实际情况为，2011年，化学需氧量排放总量为2499.9万吨，比上年下降2.04%；氨氮排放总量为260.4万吨，比上年下降1.52%；二氧化硫排放总量为2217.9万吨，比上年下降2.21%；氮氧化物排放总量为2404.3万吨，比上年上升5.73%。2011年全国节能减排目标完成情况见表14－10。

表14－10　2011年我国节能减排目标完成情况（%）

	单位国内生产总值能耗增加或减少	化学需氧量排放总量增加或减少	氨氮排放总量增加或减少	二氧化硫排放总量增加或减少	氮氧化物增加或减少
目标	-3.5	-1.5	-1.5	-1.5	-1.5
实际	-2.01	-2.04	-1.52	-2.21	5.73

数据来源：《2011年中国环境状况公报》、《2012年政府工作报告》

从表14－10可以看出，在2011年我国节能减排主要目标中，完成目标的分别有化学需氧量排放量、氨氮排放总量以及二氧化硫排放量，其中化学需氧量排放量与二氧化硫排放量目标均超额完成，并超出既定目标幅度较大。单位国内生产总值能耗以及氮氧化物指标完成的不够理想，特别是氮氧化物指标，与预定的目标相比，没减反增，大大增加了"十二五"后续几年此项指标完成的难度。2011年氮氧化物这项指标，除北京市、上海市呈下降趋势外，其余省份均较2010年有不同幅度的上升。2011年我国节能减排任务部分目标未完成有多方面的原因，其中最主要的是我国经济发展方式依然落后，特别是重化工业所占的比重仍比较大等方面原因。

（1）各区域节能情况分析。

①东部地区。2011年东部地区单位GDP能耗最低，能源利用效率最高，单位GDP能耗平均值为0.7029吨标准煤。在东部地区中单位GDP能耗最低的为北京市，为0.459吨标准煤，在全国排名第一位，其次为广东、浙江、江苏、上海、福建，能源利用率全部在全国排名前列。单位GDP能耗降低率幅度最大的为北京市，其次是上海市和天津市，降幅均超过4%。2011年东部地区万元工业增加值能耗较2010年降幅最为明显的为北京市，其次为山东、天津和上海，降幅均超过7%。东部地区万元地区生产总值电耗较2010年下降幅度最大的是天津市，为7.48%，海南、福建、浙江呈现上升趋势。

②中部地区。2011年中部地区平均单位GDP能耗为0.978吨标准煤，在全国四大经济区域中排名第二位。能耗最低的为江西省，能耗最高的是山西省，单位GDP能耗为1.762吨标

准煤，超过了全国平均水平。在单位GDP能耗下降幅度方面，安徽省做的最为出色，其2011年较2010年单位GDP能耗降低了4.06%。中部地区万元工业增加值能耗较2010年降低率在四大区域中最高，其中安徽、湖南和河南降幅都超过了8%。万元地区生产总值电耗方面，湖北、湖南、安徽呈下降趋势，其余省份均较2010年均有不同幅度的提升。

③西部地区。西部地区2011年能耗最高，平均单位GDP能耗为1.388吨标准煤。西部地区所有省份单位GDP能耗均超过了0.8吨标准煤，宁夏和青海单位GDP能耗都突破了2吨标准煤。较2010年相比，2011年西部地区在单位GDP能耗、万元工业增加值能耗、单位GDP电耗下降幅度在全国四大区域中排名最后，特别是在单位GDP电耗方面，2011年西部地区除了个别省份较2010年有小幅度下降外，其余省份均呈上升态势，上升幅度最大的为宁夏，幅度为18.36%。

④东北地区。2011年东北地区平均单位GDP能耗为1.02吨标准煤，在四大区域中排名第三，但是较中部地区差别并不是特别大。辽宁、吉林、黑龙江2011年单位GDP能耗分别为1.096吨标准煤、0.923吨标准煤、1.042吨标准煤，较2010年分别下降3.4%、3.59%、3.5%。在万元工业增加值能耗方面，2011年东北地区降幅明显，辽宁和黑龙江降幅均超过5%。东北地区在控制单位GDP电耗降低方面在4个区域中排名前列，3个省份降幅都超过了3%。

表14－11 2011年各区域节能指标实现情况①

地区	万元地区生产总值能耗			2011年万元工业增加值能耗降低率（%）	2011年万元GDP电耗降低率（%）
	2011年万元GDP能耗值（吨标准煤/万元）	节能目标完成情况			
		“十二五”万元GDP能耗降低率（%）	2011年万元GDP能耗实际降低率（%）		
东部地区					
北京	0.459	－17	－6.94	－18.5	－6.1
天津	0.708	－18	－4.28	－7.48	－7.48
河北	1.3	－17	－3.69	－6.68	－0.36
上海	0.618	－18	－5.32	－7.33	－4.42
江苏	0.6	－18	－3.52	－5.41	－0.14
浙江	0.59	－18	－3.07	－2.4	1.41
福建	0.644	－16	－3.29	－1.16	2.73
山东	0.855	－17	－3.77	－7.67	－0.58
广东	0.563	－18	－3.78	－5.13	－1.46
海南	0.692	－10	5.23	12.53	3.94
中部地区					
山西	1.762	－16	－3.55	－5.82	0.03
安徽	0.754	－16	－4.06	－9.54	－0.15

① 西藏自治区的节能数据暂缺。

续表

地区	万元地区生产总值能耗			2011 年万元工业增加值能耗降低率（%）	2011 年万元GDP电耗降低率（%）
	2011 年万元GDP能耗值（吨标准煤/万元）	节能目标完成情况			
		“十二五”万元GDP能耗降低率（%）	2011 年万元GDP能耗实际降低率（%）		
江西	0.651	-16	-3.08	-6.87	2.3
河南	0.895	-16	-3.57	-8.6	1.27
湖北	0.912	-16	-3.79	-6.88	-4.2
湖南	0.894	-16	-3.68	-8.61	-2.1
西部地区					
内蒙古	1.405	-15	-2.51	-4.39	4.38
广西	0.8	-15	-3.36	-6.13	-0.28
重庆	0.953	-16	-3.81	-5.31	-1.63
四川	0.997	-16	-4.23	-7.78	-1.87
贵州	1.714	-15	-3.51	-8.02	-1.7
云南	1.162	-15	-3.22	-9.92	5.47
西藏		-10			
陕西	0.846	-16	-3.56	-5.6	0.38
甘肃	1.402	-15	-2.51	-1.96	2.07
青海	2.081	-10	9.44	9.62	6.24
宁夏	2.279	-15	4.6	14.72	18.36
新疆	1.631	-10	6.96	9.28	14.69
东北地区					
辽宁	1.096	-17	-3.4	-5.02	-3.15
吉林	0.923	-16	-3.59	-4.19	-3.9
黑龙江	1.042	-16	-3.5	-5.17	-4.43

数据来源：http://www.gov.cn/gzdt/2012-08/16/content_2205174.htm、http://www.gov.cn/zwgk/2011-09/07/content_1941731.htm

（2）各区域减排情况分析。

①东部地区。2011 年，东部地区总体减排情况最好，优于其他地区。东部地区化学需氧量排放量、氨氮排放量分别为 887.76 万吨、100.69 万吨，同比分别下降 2.41%、2.2%，降幅均高于其他 3 个地区。东部地区化学需氧量降幅最大的为上海市，同比下降 6.26%；氨氮排放量降幅最大为天津市，同比下降 5.34%。在二氧化硫减排方面，2011 年，东部地区二氧化硫排放量为 679.33 万吨，较 2010 年下降 2.24%，降幅低于中部地区，高于西部和东北地区，其中北京市二氧化硫降幅最大，为 6.22%。在氮氧化物排放量方面，2011 年东部地区氮氧化物排放量为 894.64 万吨，同比增加 3.91%，增幅低于全国平均水平，在东部地区各省份中，只有北京与上海分别同比下降 4.75%、1.66%，其余省份均有不同幅度的增加，增幅最大的是海南省，其 2011 年氮氧化物排放量同比增加 18.81%，为 2011 年全国氮氧化物增幅最

高的省份。

②中部地区。2011 年，中部地区化学需氧量排放量、氨氮排放量、二氧化硫排放量分别为 605.73 万吨、71.23 万吨、523.41 万吨，分别较 2010 年下降 2.39%、1.63%、3.34%。在化学需氧量以及氨氮排放量方面，中部地区降幅均低于东部地区，高于西部、东北地区，中部地区化学需氧量、氨氮排放量降幅最大的省份分别为山西省、湖南省，降幅分别为 3.49% 和 2.68%。在二氧化硫减排方面，中部地区在 2011 年取得的效果最好，降幅高于其余三个地区，其中河南省在 2011 年二氧化硫排放量降幅最大，为 4.85%。2011 年中部地区氮氧化物排放量为 585.87 万吨，同比上升 5.41%，增幅高于东部地区，低于西部地区及东北地区。

③西部地区。2011 年西部地区减排工作完成不甚理想，其各种污染物排放减排指标均低于全国平均水平，其化学需氧量排放量、氨氮排放量、二氧化硫排放量分别为 631.88 万吨、61.93 万吨和 808.99 万吨，分别同比下降 1.25%、0.97%、1.49%，降幅均高于全国同期平均水平。在西部地区中，2011 年化学需氧量下降幅度最大的省份为宁夏，为 2.67%；氨氮排放量下降幅度最大的为陕西，降幅为 1.64%；二氧化硫下降幅度最大的是广西，降幅为 8.95%。2011 年西部地区氮氧化物排放量为 678.63 万吨，同比上升 9.21%，增幅高于其余三个地区。

④东北地区。2011 年东北地区减排工作取得的效果在四大地区中排在中等水平，其 2011 年化学需氧量排放量、二氧化硫排放量分别为 374.46 万吨、206.12 万吨，同比下降幅度都为 1.96%。2011 年东北地区氨氮排放量为 26.58 万吨，较 2010 年略有增加；氮氧化物排放量为 245.11 万吨，同比增加 4.07%，增幅高于东部地区，低于中部及西部地区。

表 14－12　2011 年各地区主要污染物排放情况（万吨）

地区	化学需氧量			氨氮			二氧化硫			氮氧化物		
	2010 年排放量	2011 年排放量	同比上升或下降（%）	2010 年排放量	2011 年排放量	同比上升或下降（%）	2010 年排放量	2011 年排放量	同比上升或下降（%）	2010 年排放量	2011 年排放量	同比上升或下降（%）
北京	20.03	19.32	－3.53	2.2	2.13	－2.98	10.44	9.79	－6.22	19.77	18.83	－4.75
天津	23.84	23.58	－1.09	2.79	2.64	－5.34	23.81	23.09	－3	34.02	35.89	5.49
河北	142.2	138.88	－2.33	11.61	11.43	－1.53	143.78	141.19	－1.8	171.29	180.06	5.12
上海	26.56	24.9	－6.26	5.21	5.04	－3.4	25.51	24.01	－5.9	44.27	43.54	－1.66
江苏	128.02	124.62	－2.66	16.12	15.72	－2.48	108.55	105.37	－2.93	147.19	153.57	4.34
浙江	84.19	81.83	－2.81	11.85	11.54	－2.55	68.36	66.2	－3.15	85.33	85.91	0.68
福建	69.58	67.94	－2.36	9.72	9.54	－1.91	39.33	38.92	－1.05	44.75	49.45	10.5
山东	201.63	198.24	－1.68	17.64	17.29	－1.98	188.11	182.73	－2.86	174	179.03	2.89
广东	193.26	188.45	－2.48	23.52	23.09	－1.82	83.91	84.77	1.03	132.34	138.82	4.9
海南	20.41	20	－2.01	2.29	2.27	－0.94	3.11	3.26	4.67	8.03	9.54	18.81
东部地区合计	909.72	887.76	－2.41	102.95	100.69	－2.2	694.91	679.33	－2.24	860.99	894.64	3.91

续表

地区	化学需氧量			氨氮			二氧化硫			氮氧化物		
	2010年排放量	2011年排放量	同比上升或下降（%）	2010年排放量	2011年排放量	同比上升或下降（%）	2010年排放量	2011年排放量	同比上升或下降（%）	2010年排放量	2011年排放量	同比上升或下降（%）
山西	50.73	48.96	-3.49	5.94	5.91	-0.5	143.81	139.9	-2.72	124.15	128.6	3.59
安徽	97.33	95.33	-2.05	11.2	10.98	-1.99	53.82	52.95	-1.63	90.92	95.91	5.49
江西	77.71	76.79	-1.18	9.45	9.34	-1.13	59.43	58.41	-1.72	58.22	61.23	5.17
河南	148.24	143.67	-3.08	15.58	15.38	-1.27	144.03	137.05	-4.85	158.97	166.54	4.76
湖北	112.38	110.47	-1.7	13.29	13.12	-1.23	69.45	66.56	-4.17	63.13	66.96	6.08
湖南	134.14	130.51	-2.7	16.95	16.5	-2.68	70.96	68.54	-3.41	60.43	66.63	10.26
中部地区合计	620.53	605.73	-2.39	72.41	71.23	-1.63	541.5	523.41	-3.34	555.82	585.87	5.41
内蒙古	92.13	91.9	-0.25	5.45	5.38	-1.12	139.74	140.94	0.86	131.41	142.19	8.2
广西	80.73	79.33	-1.74	8.45	8.39	-0.73	57.22	52.1	-8.95	45.11	49.4	9.52
重庆	42.61	41.68	-2.18	5.59	5.5	-1.58	60.87	58.69	-3.58	38.22	40.26	5.33
四川	132.44	130.22	-1.67	14.56	14.37	-1.28	92.7	90.2	-2.7	62.04	67.48	8.78
贵州	34.83	34.22	-1.77	4.03	3.98	-1.33	116.18	110.42	-4.95	49.29	55.32	12.24
云南	56.36	55.47	-1.58	6	5.93	-1.06	70.38	69.13	-1.78	51.98	54.85	5.54
西藏	2.75	2.68	-2.36	0.331	0.334	0.94	0.42	0.42	0	3.83	4.11	7.36
陕西	56.98	55.77	-2.13	6.44	6.34	-1.64	94.77	91.69	-3.25	76.58	83.19	8.64
甘肃	40.24	39.66	-1.44	4.33	4.26	-1.62	62.24	62.39	0.25	42.04	48.09	14.39
青海	10.45	10.32	-1.19	0.962	0.964	0.17	15.7	15.66	-0.25	11.57	12.41	7.25
宁夏	24.01	23.37	-2.67	1.82	1.8	-1.14	38.29	41.04	7.18	41.76	45.82	9.71
新疆	56.86	57.38	0.92	4.06	4.16	2.56	63.14	65.82	4.24	58.82	65.59	11.5
西部地区合计	639.85	631.88	-1.25	62.533	61.928	-0.97	821.24	808.99	-1.49	621.42	678.63	9.21
辽宁	137.34	134.34	-2.19	11.25	11.11	-1.21	117.2	112.61	-3.91	102.02	106.28	4.17
吉林	83.43	82.47	-1.15	5.87	5.82	-0.91	41.69	41.32	-0.88	58.24	60.47	3.84
黑龙江	161.17	157.65	-2.18	9.45	9.65	2.03	51.34	52.19	1.65	75.27	78.36	4.1
东北地区合计	381.94	374.46	-1.96	26.57	26.58	0	210.23	206.12	-1.96	235.53	245.11	4.07

数据来源：http://www.zhb.gov.cn/gkml/hbb/qt/201209/t20120907_ 235881.htm

14.2.3.3 “十二五”开局之年节能减排指标完成情况原因分析

2011年我国节能减排目标完成情况并不理想，部分指标完成情况未达到2011年国家预定目标值，其中氮氧化物排放量不减反增，且增幅达到了5.73%，对“十二五”节能减排整体目标的实现造成了很大的压力。究其原因，主要有以下几点：

（1）产业结构调整滞后。近年来，国家一直强调调整优化产业结构，但由于国情及经济发展方式的限制，我国的产业结构转型成效有限。2011 年在固定资产投资中，第二产业投资增长 27.3%。我国高耗能产业增长势头迅猛。据统计，2011 年，我国六大高耗能行业①增加值比上年增长 12.3%，严重影响了我国“十二五”开局之年节能减排目标的实现。进一步严格控制高耗能、高排放和产能过剩行业新上项目，推动传统产业改造升级，任务艰巨。

（2）能源消费增长过快。2011 年我国能源消费总量为 34.8 亿吨标准煤，比 2010 年增长 7.0%，增长速度为近几年最高值。其中，煤炭消费量增长 9.7%；原油消费量增长 2.7%；天然气消费量增长 12.0%；电力消费量增长 11.7%。2011 年非化石能源占我国一次能源生产和消费总量的比重约为 8.7% 和 8%，分别比 2010 年下降了 0.5 个百分点，而煤炭占一次能源生产总量、消费总量的比重均有所上升。

（3）经济发展方式粗放。2011 年我国 GDP 较 2010 年增长了 9.2%，但全社会固定资产投资比上年增长 23.6%，扣除价格因素，实际增长 15.9%。我国能源消费总量占世界能源消费的 20% 左右，而同期我国 GDP 占世界的比重不到 10%。据统计，目前我国单位 GDP 能耗约为日本的 4.5 倍、美国的 2.9 倍，世界平均水平的 2.5 倍。尽快改变当前粗放的发展方式，由“投资和要素驱动型”发展向“技术进步和效率提高驱动型”发展转变。

（4）政策措施落实不足。“十二五”期间我国节能减排形势非常严峻，国家提出了相关的配套措施，并制定了《“十二五”节能减排综合性工作方案》，将全国目标与地区目标相结合。但是在政策的具体落实上，还显现出许多不足之处，并且在监管机制上也存在一定缺陷。

（5）节能减排目标考核机制不完善。我国“十一五”节能减排目标完成情况的考核，参照整个“十一五”期间总体完成状况，导致在“十一五”后期，部分地区为了完成任务，采取了拉闸限电、项目后移等一系列的强制性措施，导致 2011 年出现了大幅度的反弹，如不尽快做出相应调整，区域节能减排前松后紧的情况可能还会在“十二五”期间继续延续。

① 六大高耗能行业分别为：化学原料及化学制品制造业、非金属矿物制品业、黑色金属冶炼及压延加工业、有色金属冶炼及压延加工业、石油加工炼焦及核燃料加工业、电力热力的生产和供应业。

15 东部地区的节能减排

15.1 东部地区经济发展与节能减排综述

15.1.1 经济与社会发展概述

2011 年东部地区继续发挥着对全国经济发展的引领和支撑作用，并且在转方式、调结构和自主创新上走在了全国的前列，经济运行平稳发展，经济增长速度放缓。

（1）经济发展。2011 年东部地区生产总值 269258.95 亿元，较 2010 年提高 37228.25 亿元，占全国 GDP 总值的 52.0%，较 2010 年占全国比重降低了 1.1%。在地区生产总值增长速度方面，除北京市、上海市及浙江省以外，其余七省市 GDP 增长速度均高于全国平均增速，增长速度最高的为天津市，为 16.4%。2011 年东部地区各省份地区生产总值及增长速度见图 15－1。

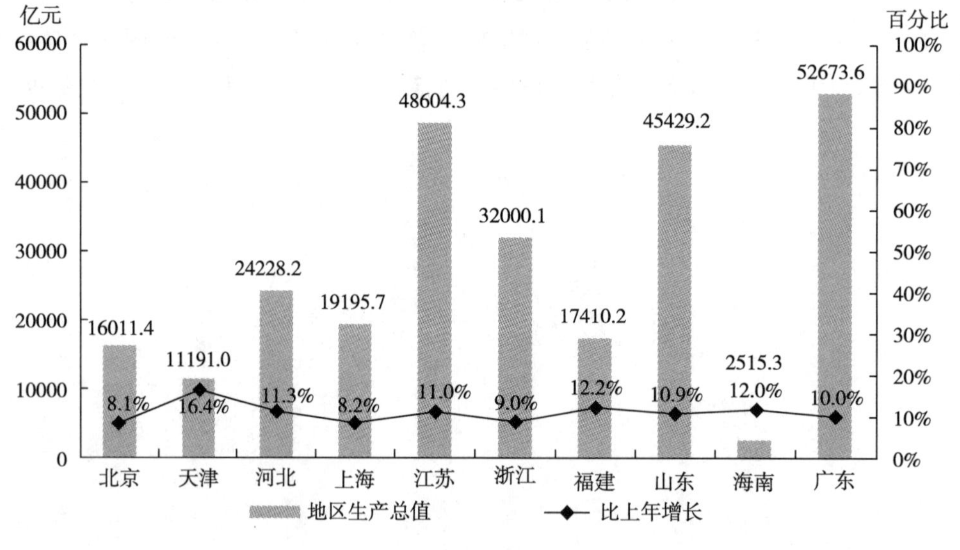

图 15－1　2011 年东部地区各省份地区生产总值及增长速度

数据来源：《中国统计摘要 2012》

（2）产业结构。2011 年东部地区大力发展服务产业和新兴产业，在转方式、调结构方面做出了积极努力，在经济稳步增长的同时注重转变发展方式、调整投资结构。2011 年东部地区第一产业国内生产总值为 16874.7 亿元，第二产业国内生产总值为 132232.87 亿元，第三产业国内生产总值为 120151.38 亿元，三次产业结构比为 6.3%：49.1%：44.6%。2010 年与 2011 年东部地区三次产业结构比分别见图 15－2、图 15－3。

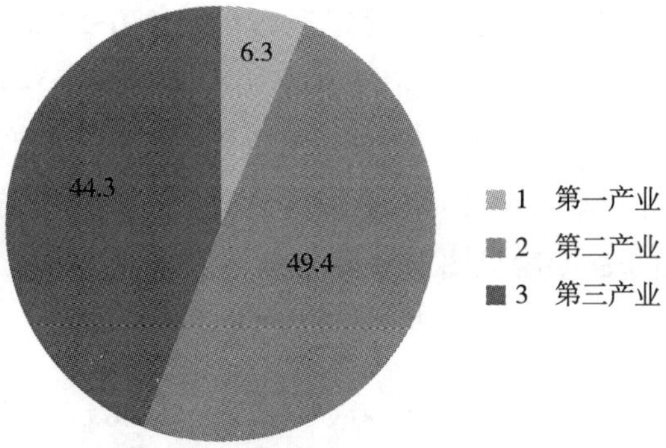

图 15－2　2010 年东部地区三次产业结构比（%）

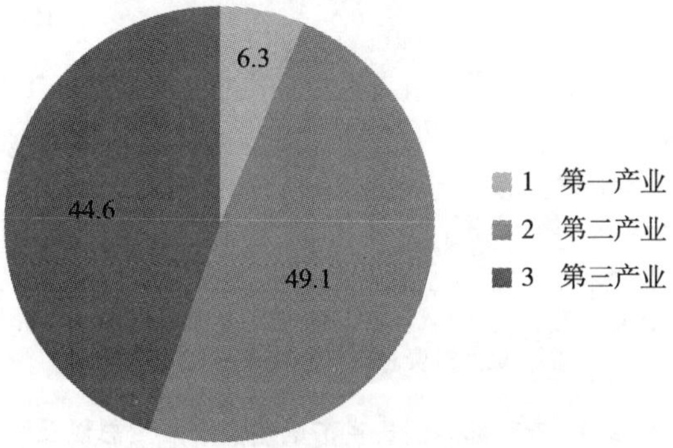

图 15－3　2011 年东部地区三次产业结构比（%）

数据来源：《中国统计年鉴 2011》、《中国统计摘要 2012》

从以上两图可以看出，2011 年东部地区第一产业所占比重与 2010 年持平，第二产业所占比重下降 0.3 个百分点，第三产业所占比重较 2010 年提高 0.3 个百分点。

2011 年东部地区各省份地区生产总值构成中，北京市第三产业占比重最高，为 75.8%，比 2010 年提高 0.7 个百分点，其次上海市为 57.9%。海南省第一产业比重依然很高，为 26.2%。表 15－1 为 2011 年东部地区各省份三次产业结构比。

表 15－1　2011 年东部地区各省份三次产业结构比（%）

地区	第一产业	第二产业	第三产业
北京	0.9	23.4	75.8
天津	1.4	52.5	46.1
河北	12.0	54.1	33.9
上海	0.7	41.5	57.9
江苏	6.3	51.5	42.2
浙江	4.9	51.3	43.8
福建	9.3	52.7	38.1
山东	8.7	52.9	38.3
广东	5.0	49.8	45.2
海南	26.2	28.4	45.4

数据来源：《中国统计摘要 2012》

（3）固定资产投资。2011 年东部地区固定资产投资 130319 亿元，比上年增长 20.1%，占全国固定资产投资总额的 41.9%。除上海市有小幅度降低外，其余各省市均保持了快速增长，为东部地区的经济增长奠定了基础。其中，山东省完成固定资产投资总额 26770.7 亿元，在全国排名第一，江苏省为 26678.6 亿元，全国排名第二。2011 年东部地区各省市固定资产投资总额以及较 2010 年增长的幅度见图 15－4。

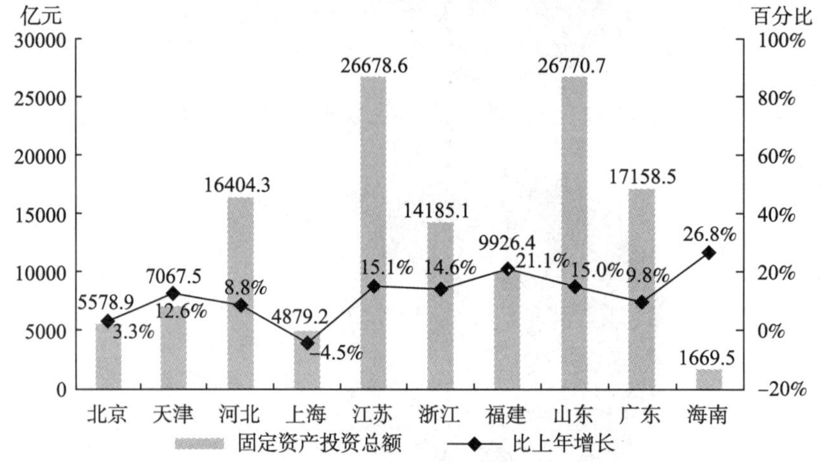

图 15－4　2011 年东部地区各省市固定资产投资总额及增长幅度

数据来源：《中国统计摘要 2012》

（4）对外贸易。2011 年东部地区进出口总额快速增长，货物进出口总额为 31387.4 亿美元，占全国比重 86.2%。除了上海市、江苏省、广东省及浙江省外，其余 6 省市进出口总额增长速度均高于全国平均水平。

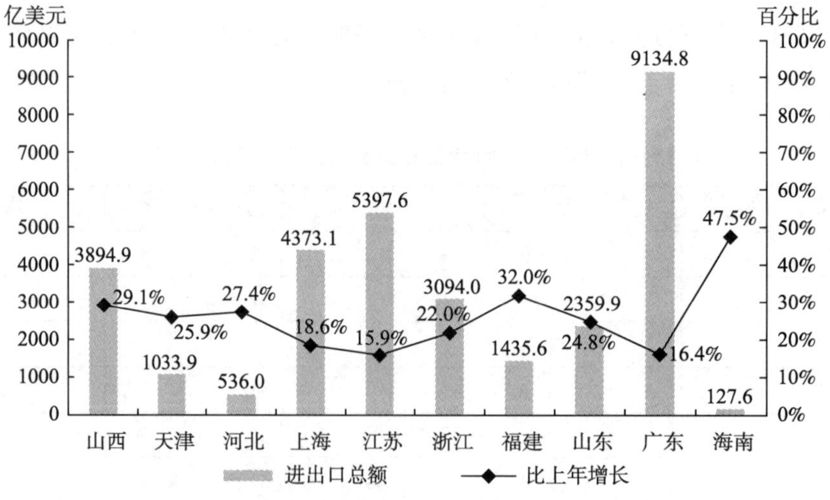

图 15－5　2011 年东部地区各省市进出口总额及增长速度

数据来源：《中国统计摘要 2012》

（5）城镇居民人均可支配收入。2011 年东部地区城镇居民可支配收入保持着高速的增长，除了河北省与海南省以外，其余各省市均超过全国平均水平，上海市、北京市以及浙江省依然与2010年一样，分列收入的前三位，其中，海南省城镇居民恩格尔系数[①]还是居高不下，为44.9%。2011年东部地区各省市城镇居民可支配收入情况及恩格尔系数见表15-2。

表15-2 2011年东部各省城镇居民人均可支配收入情况及恩格尔系数

地区	城镇居民家庭人均可支配收入（元）	较2010年增加（%）	恩格尔系数（%）
北京	32903.0	13.17	31.4
天津	26920.9	10.82	36.2
河北	18292.2	12.47	33.8
上海	36230.5	13.80	35.5
江苏	26340.7	14.80	36.1
浙江	30970.7	13.20	34.6
福建	24907.4	14.35	39.2
山东	22791.8	14.27	33.2
广东	26897.5	12.55	36.9
海南	18369.0	17.89	44.9

数据来源：《中国统计摘要2012》

15.1.2 节能情况评述

2011年东部地区在保证经济稳定增长的同时，在节能方面抑制高耗能、高排放行业过快增长，加快淘汰落后产能，提高服务业和战略性新兴产业在国民经济中的比重，节能效果良好，万元地区生产总值能耗在我国各区域中最低，能源利用效率最高。

2011年东部地区万元地区生产总值能耗0.703吨标准煤，较2010年降低了3.22%。节能效果最好的为北京市，2011年北京市单位GDP能耗为0.459标准煤，全国排名第一，较2010年降低了6.94%，降低幅度在全国排名第一。2011年东部地区万元工业增加值能耗降低幅度最大的也为北京市，为18.5%，在万元地区生产总值电耗降低方面，天津市降低幅度最大，为7.48%。海南省2011年万元地区生产总值能耗较2010年上升5.23%，万元工业增加值能耗上升12.53%，万元地区生产总值电耗上升3.94，节能工作完成的不理想。

总体来说，2011年，东部地区节能工作取得了很大进步，除海南省外，其余9个省单位GDP能耗降低幅度均高于全国平均水平。2011年东部地区各省份单位能耗情况见表15-3。

表15-3 2011年东部地区各省份单位能耗情况

地区	万元地区生产总值能耗		万元工业增加值能耗较2010年上升或降低（±%）	万元地区生产总值电耗较2010年上升或降低（±%）
	2011年万元GDP能耗值（吨标准煤/万元）	较2010年上升或降低（±%）		
北京	0.459	-6.94	-18.5	-6.1

① 恩格尔系数（Engel's Coefficient）指食品支出总额占个人消费支出总额的比重，是表示生活水平高低的一个指标。恩格尔系数越大说明一个国家或家庭生活越贫困；反之，恩格尔系数就越小，生活越富裕。

续表

地区	万元地区生产总值能耗		万元工业增加值能耗较2010年上升或降低（±%）	万元地区生产总值电耗较2010年上升或降低（±%）
	2011年万元GDP能耗值（吨标准煤/万元）	较2010年上升或降低（±%）		
天津	0.708	-4.28	-7.48	-7.48
河北	1.3	-3.69	-6.68	-0.36
上海	0.618	-5.32	-7.33	-4.42
江苏	0.6	-3.52	-5.41	-0.14
浙江	0.59	-3.07	-2.4	1.41
福建	0.644	-3.29	-1.16	2.73
山东	0.855	-3.77	-7.67	-0.58
广东	0.563	-3.78	-5.13	-1.46
海南	0.692	5.23	12.53	3.94

数据来源：http://www.gov.cn/gzdt/2012-08/16/content_2205174.htm

在单位GDP能耗方面，东部10省份只有河北省单位GDP能耗1.3吨标准煤，其余9个省份均降低至1吨标准煤以下，其中北京市更是降低至单位GDP能耗0.459吨标准煤。

工业节能方面，除了海南省2011年万元工业增加值能耗较2010年上升12.53%以外，其余9省份均呈现下降趋势，其中北京市降幅最大，降幅为18.5%。

在电力节能方面，2011年东部地区有三个省份较2010年万元地区生产总值电耗呈上升趋势，分别为浙江省、福建省和海南省，其余省份均较2010年呈下降趋势，下降幅度最大的为天津市，降幅为7.48%。

15.1.3 减排情况评述

2011年东部地区在保证经济发展水平稳定增长的同时，注重优化调整产业结构和能源结构、大力发展循环经济，主要污染物排放量得到了有效控制。

表15-4 2011年东部地区各省份主要污染物排放情况（万吨）

省份	化学需氧量			氨氮			二氧化硫			氮氧化物		
	2010年排放量	2011年排放量	同比上升或下降（%）	2010年排放量	2011年排放量	同比上升或下降（%）	2010年排放量	2011年排放量	同比上升或下降（%）	2010年排放量	2011年排放量	同比上升或下降（%）
北京	20.03	19.32	-3.53	2.2	2.13	-2.98	10.44	9.79	-6.22	19.77	18.83	-4.75
天津	23.84	23.58	-1.09	2.79	2.64	-5.34	23.81	23.09	-3	34.02	35.89	5.49
河北	142.2	138.88	-2.33	11.61	11.43	-1.53	143.78	141.19	-1.8	171.29	180.06	5.12
上海	26.56	24.9	-6.26	5.21	5.04	-3.4	25.51	24.01	-5.9	44.27	43.54	-1.66
江苏	128.02	124.62	-2.66	16.12	15.72	-2.48	108.55	105.37	-2.93	147.19	153.57	4.34
浙江	84.19	81.83	-2.81	11.85	11.54	-2.55	68.36	66.2	-3.15	85.33	85.91	0.68
福建	69.58	67.94	-2.36	9.72	9.54	-1.91	39.33	38.92	-1.05	44.75	49.45	10.5

续表

省份	化学需氧量			氨氮			二氧化硫			氮氧化物		
	2010年排放量	2011年排放量	同比上升或下降（%）	2010年排放量	2011年排放量	同比上升或下降（%）	2010年排放量	2011年排放量	同比上升或下降（%）	2010年排放量	2011年排放量	同比上升或下降（%）
山东	201.63	198.24	-1.68	17.64	17.29	-1.98	188.11	182.73	-2.86	174	179.03	2.89
广东	193.26	188.45	-2.48	23.52	23.09	-1.82	83.91	84.77	1.03	132.34	138.82	4.9
海南	20.41	20	-2.01	2.29	2.27	-0.94	3.11	3.26	4.67	8.03	9.54	18.81
合计	909.72	887.76	-2.41	102.95	100.69	-2.2	694.91	679.33	-2.24	860.99	894.64	3.91

数据来源：http://www.zhb.gov.cn/gkml/hbb/qt/201209/t20120907_ 235881.htm

从化学需氧量排放量来看，2011年，东部地区化学需氧量排放量为887.76万吨，同比降低2.41%，降幅高于全国同期平均下降水平，北京、河北、上海、江苏、浙江、福建、广东和海南化学需氧量排放量均同比下降超过2%，其中下降幅度最大的是上海市，降幅为3.47%，天津市下降幅度最小，为1.09%；从氨氮排放量来看，2011年东部地区氨氮排放量为100.69万吨，同比下降2.2%，高于全国同期下降水平，其中天津市下降幅度最大，降幅为5.34%，其次为上海市，降低幅度最小的省份是海南省，其2011年氨氮排放量同比下降0.94%；从二氧化硫排放量的情况来看，2011年东部地区二氧化硫排放量为679.33万吨，同比下降2.24%，高于全国同期平均水平，其中北京下降幅度最大，为6.22%，广东省和海南省不降反增，增幅最大的为海南省，其2011年二氧化硫排放量同比上升4.67%。从氮氧化物排放量方面来看，2011年东部地区只有北京和上海呈下降态势，降幅分别为4.75%和1.66%，其余省份均比2010年有不同程度的上升，一方面说明了此项污染物减排的艰难，另一方面也说明我国在制定某些减排指标方面存在着一些问题。

15.2 东部地区节能减排指标完成情况

15.2.1 节能目标实现情况

根据国务院《"十二五"节能减排综合性工作方案》，"十二五"时期东部地区各个省份除要求海南省降低10%的目标以外，其余9个省份单位GDP能耗降低率均要求超过16%。其中天津市、上海市、江苏省、浙江省以及广东省要达到降低18%的目标。2011年经过各省的努力，东部地区在节能方面取得了很大的进步，超过了其他地区。其中北京市单位GDP能耗下降幅度最大，降幅为6.94%，海南省在2011年GDP能耗不降反增，增长幅度为5.23%。东部地区各省市"十二五"时期节能目标及2011年完成情况见表15-5。

表15-5 东部地区各省份"十二五"时期节能目标及2011年完成情况

地区	"十二五"期间单位国内生产总值能耗降低率（%）	2011年单位国内生产总值能耗实际降低率（%）	目标完成进度比（%）
北京	-17	-6.94	40.82%
天津	-18	-4.28	23.78%

续表

地区	"十二五"期间单位国内生产总值能耗降低率（%）	2011 年单位国内生产总值能耗实际降低率（%）	目标完成进度比（%）
河北	-17	-3.69	21.71%
上海	-18	-5.32	29.56%
江苏	-18	-3.52	19.56%
浙江	-18	-3.07	17.06%
福建	-16	-3.29	20.56%
山东	-17	-3.77	22.18%
广东	-18	-3.78	21.00%
海南	-10	5.23	-52.30%

数据来源：http://www.gov.cn/zwgk/2011-09/07/content_1941731.htm、http://www.gov.cn/gzdt/2012-08/16/content_2205174.htm

从表 15-5 中可以看出，东部地区大部分省份 2011 年节能指标完成情况较好，为"十二五"节能目标的实现创造了良好的开局。根据 2011 年东部地区各省份节能目标完成值占整个"十二五"节能目标的平均进度比来看，北京、天津、河北、上海、福建、山东、广东 2011 年单位 GDP 能耗均较 2010 年下降 20% 以上，超额完成了 2011 年节能目标。江苏、浙江以及海南 2011 年单位 GDP 能耗较 2010 年下降幅度小于 20%，没能完成年平均目标，其中海南省 2011 年单位 GDP 能耗较 2010 年更是上升了 5.23%，对其"十二五"节能目标的实现造成了极大压力。

15.2.2 减排目标实现情况

根据国务院《"十二五"节能减排综合性工作方案》及东部地区各省份环境保护"十二五"规划，对比 2011 年东部地区主要污染物减排情况，东部地区各省份"十二五"时期减排目标及 2011 年实现情况见表 15-6。

表 15-6 "十二五"东部地区各省份减排目标及 2011 年减排目标实现情况（%）

省份	化学需氧量排放总量			氨氮排放总量			二氧化硫排放总量			氮氧化物		
	2015 较 2010 年增加或减少	年平均降低目标	2011 年实际降低	2015 较 2010 年增加或减少	年平均降低目标	2011 年实际降低	2015 较 2010 年增加或减少	年平均降低目标	2011 年实际降低	2015 较 2010 年增加或减少	年平均降低目标	2011 年实际降低目标
北京	-8.7	-1.74	-3.53	-10.1	-2.02	-2.98	-13.4	-2.68	-6.22	-12.3	-2.46	-4.75
天津	-8.6	-1.72	-1.09	-10.5	-2.1	-5.34	-9.4	-1.88	-3	-15.2	-3.04	5.49
河北	-9.8	-1.96	-2.33	-12.7	-2.54	-1.53	-12.7	-2.54	-1.8	-13.9	-2.78	5.12
上海	-10	-2	-6.26	-12.9	-2.58	-3.4	-13.7	-2.74	-5.9	-17.5	-3.5	-1.66
江苏	-11.9	-2.38	-2.66	-12.9	-2.58	-2.48	-14.8	-2.96	-2.93	-17.5	-3.5	4.34
浙江	-11.4	-2.28	-2.81	-12.5	-2.5	-2.55	-13.3	-2.66	-3.15	-18	-3.6	0.68

续表

省份	化学需氧量排放总量			氨氮排放总量			二氧化硫排放总量			氮氧化物		
	2015较2010年增加或减少	年平均降低目标	2011年实际降低	2015较2010年增加或减少	年平均降低目标	2011年实际降低	2015较2010年增加或减少	年平均降低目标	2011年实际降低	2015较2010年增加或减少	年平均降低目标	2011年实际降低目标
福建	-6.3	-1.26	-2.36	-8.4	-1.68	-1.91	-7	-1.4	-1.05	-8.6	-1.72	10.5
山东	-12	-2.4	-1.68	-13.3	-2.66	-1.98	-14.9	-2.98	-2.86	-16.1	-3.22	2.89
广东	-12	-2.4	-2.48	-13.3	-2.66	-1.82	-14.8	-2.96	1.03	-16.9	-3.38	4.9
海南	0	0	-2.01	0	0	-0.94	34.9	6.98	4.67	22.3	4.46	18.81

数据来源：http://www.gov.cn/zwgk/2011-09/07/content_1941731.htm、http://www.zhb.gov.cn/gkml/hbb/qt/201209/t20120907_235881.htm

北京市：到2015年，主要污染物排放总量持续削减，环境质量进一步改善，整体生态状况保持良好，环境安全得到有效保障，为建设“宜居城市”奠定环境基础。污染物排放总量指标为：与2010年相比，2015年全市二氧化硫和氮氧化物排放总量分别减少13.4%和12.3%；化学需氧量和氨氮排放总量分别减少8.7%和10.1%。2011年北京市化学需氧量排放量、氨氮排放量、二氧化硫排放量以及氮氧化物排放量分别比2010年下降3.53%、2.98%、6.22%、4.75%，4项主要污染物减排指标的完成情况均在全国排名前列，特别是在氮氧化物减排方面，在全国氮氧化物排放总体上升5.73%的情况下，北京市下降了4.75%。根据北京市“十二五”期间减排目标年均降低率来看，2011北京市四项减排约束性指标均超额完成，“十二五”节能减排工作取得了良好开局。

天津市：强化减排目标责任制，严格环境准入，控制污染物排放总量。2015年化学需氧量排放量、氨氮排放量、二氧化硫排放量、氮氧化物排放量分别较2010年下降8.6%、10.5%、9.4%、15.2%。2011年天津市减排完成实际情况为：化学需氧量排放量、氨氮排放量、二氧化硫排放量分别较2010年降低1.09%、5.34%、3%，氮氧化物排放量增加5.49%，与“十二五”减排年平均降低目标相比，氨氮排放量、二氧化硫排放量2011年减排目标超额实现，化学需氧量排放量减排目标没有实现，氮氧化物排放量同全国大部分省份情况一样，排放量不减反增，并且增加幅度较大。

河北省：到2015年，主要污染物排放总量显著减少，全省化学需氧量、氨氮、二氧化硫、氮氧化物排放总量分别减少10.4%、13.8%、14.3%、15.5%。2011年河北省减排实际情况为：化学需氧量排放量、氨氮排放量、二氧化硫排放量分别较2010年下降2.33%、1.53%、1.80%，与“十二五”年平均降低目标相比，化学需氧量排放量指标超额实现。氮氧化物同比上升5.12%，上升幅度较大。

上海市：主要污染物排放总量进一步削减。完成国家下达的化学需氧量、氨氮、二氧化硫、氮氧化物等四项污染物减排的约束性指标，即2015年这四项指标分别较2010年下降10%、12.9%、13.7%、17.5%。2011年上海市实际减排情况为：化学需氧量排放量、氨氮排放量、二氧化硫排放量分别较2010年下降6.26%、3.4%、5.9%，与其“十二五”减排年平均降低目标对比，这三项污染物减排指标均超而完成，氮氧化物同比下降1.66%，未达到年平均降低标准，但根据2011年全国此项污染物的减排情况来看，上海市取得这种结果已实属不易。

江苏省：到2015年，主要污染物减排任务全面完成，2015年化学需氧量排放量、氨氮排放量、二氧化硫排放量、氮氧化物排放量分别不高于112.80万吨、14.04万吨、92.50万吨、121.40万吨，分别较2010年减少11.9%、12.9%、14.8%、17.5%。2011年实际完成情况为，化学需氧量排放量、氨氮排放量、二氧化硫排放量分别较2010年下降2.65%、2.48%、2.95%，与“十二五”年平均降低目标相比，只有化学需氧量这项指标实现，氮氧化物排放量较2010年增加4.35%。

浙江省：到2015年，全省主要污染物排放总量显著减少，国家下达的“十二五”污染减排任务全面完成。具体为2015年较2010年化学需氧量排放量减少11.4%、氨氮排放量减少12.5%、二氧化硫排放量13.3%、氮氧化物排放量18%。2011年实际完成情况为，化学需氧量排放量、氨氮排放量、二氧化硫排放量分别较2010年下降2.81%、2.53%、3.15%，与“十二五”年平均降低目标相比，三项指标均超额实现，氮氧化物排放量较2010年增加0.68%，在全国绝大部分省份动辄上升5%的情况下，取得这种成果实属不易。

福建省：到2015年化学需氧量、氨氮排放量、二氧化硫、氮氧化物排放量控制在国家下达的指标内，即这四项指标分别较2010年下降6.3%、8.4%、7%、8.6%。2011年实际完成情况为，化学需氧量排放量、氨氮排放量、二氧化硫排放量分别较2010年下降2.36%、1.91%、1.06%，对比“十二五”年平均降低目标，化学需氧量排放量和氨氮排放量减排目标均超额实现，二氧化硫减排工作仍需加强，氮氧化物排放量较2010年增加10.5%，增加幅度大大高于全国平均水平。

山东省：到2015年，完成国家下达的主要污染物排放总量减排指标。在全省GDP年均增长9%，单位GDP能耗比2010年降低17%的前提下，化学需氧量排放量比2010年下降12.0%；氨氮排放量比2010年下降13.3%；二氧化硫排放量比2010年下降14.9%；氮氧化物排放量比2010年下降16.1%。2011年山东省实际减排情况为化学需氧量排放量、氨氮排放量、二氧化硫排放量分别较2010年下降1.68%、1.98%、2.86%，与山东省“十二五”减排年平均目标相比，这三项指标完成实际情况均低于目标值，减排工作尚需加强，2011年山东省氮氧化物排放量同比增加2.89%，低于全国平均水平。

广东省：到2015年，主要污染物排放得到持续有效控制，主要污染物排放总量持续削减。全省二氧化硫、化学需氧量、氮氧化物、氨氮排放总量控制在国家下达指标之内。即2015年化学需氧量、氨氮排放量、二氧化硫、氮氧化物排放量分别较2010年下降12%、13.3%、14.8%、16.9%。2011年实际完成情况为，化学需氧量排放量、氨氮排放量、二氧化硫排放量分别较2010年下降2.48%、1.82%、1.03%，对比“十二五”年平均降低目标，只有化学需氧量减排目标完成，其余污染物减排目标均未完成，氮氧化物排放量较2010年增加4.90%。

海南省：到2015年主要污染物排放得到有效控制，环境基础设施进一步完善。主要污染物排放总量控制在国家下达的指标内，其中化学需氧量和氨氮排放总量分别控制在20.4万吨、2.29万吨以内，二氧化硫和氮氧化物排放总量分别控制在4.2万吨、9.8万吨以内。即与2010年相比，2015年海南省化学需氧量和氨氮排放量不超过2010年，二氧化硫和氮氧化物排放总量控制增长幅度分别为34.9%以内和22.3以内%。2011年海南省实际情况为：化学需氧量排放量、氨氮排放量分别较2010年减少2.01%、0.94%，二氧化硫同比增加4.67%，与海南省“十二五”减排情况比较来看，海南省2011年以上三项指标完成情况良好。氮氧化物排放较2010年增加18.81%，超过其年平均控制值，并且几乎达到了整个“十二五”期间的控制目标，此项污染物的减排形势严峻。

2011年东部地区根据《“十二五”节能减排综合性工作方案》下达的减排具体要求，东部地区各省在这一年里加强综合治理，完善污染物减排体系，严格控制污染物的排放，“十二五”开局之年减排取得了一定成效，优于其他三大地区，但是仍有部分省份及部分指标减排工作完成的不够理想。

15.3 东部地区节能减排存在的问题与不足

（1）经济发展与环境资源压力仍存冲突。2011年东部地区在经济稳定增长的同时，注重产业结构调整，但是经济发展的方式仍然相对落后，工业比重依旧不平衡，高耗能、高污染行业占比重较大，高耗能产业增速迅猛，能源消费日益增加，并且能源消费结构不尽合理，非化石能源的消费比例占比重较低，煤炭在能源消费比重中比例依旧很高。

（2）工业节能减排存在突出问题。产业结构调整进展缓慢，高耗能行业增长过快，工业能源消耗增速过高；总体技术装备水平不高，单位产品能耗水平参差不齐；工业节能管理基础薄弱，节能服务能力与市场需求发展不相适应；市场化节能机制尚待完善，企业节能内生动力不足。

（3）节能减排市场化机制不健全。目前，政府主导模式的节能减排主要是靠政府来推动，缺乏市场化的自我调节，容易出现“一刀切”、“先松后紧”“治标不治本”等一系列的问题。

（4）各省市之间发展的不平衡。部分省市，在追求GDP增长的同时，不够注意节能减排工作的进展，导致经济增长与节能减排目标之间的对立，片面的追求经济的单方面增长，盲目投资高耗能、高污染的产业。

16　中部地区的节能减排

16.1　中部地区经济发展与节能减排综述

16.1.1　经济与社会发展概述

近年来，随着国家一系列支持中部崛起政策的出台，为中部地区经济发展开拓了更为广阔的空间，产业基础得到进一步巩固，传统资源性产业加大了改造升级力度，产业竞争力明显增强。中部六省整体增长势头强劲，投资增速大大高于东部。2011 年中部六省全部跻身“万亿元俱乐部”，我国区域经济发展已由过去单极发展向多极发展，区域发展协调性进一步增强。

（1）经济发展。2011 年中部地区经济迅速增长，地区生产总值为 104256 亿元，占全国比重 20.1%，比 2010 年的 19.7% 提升 0.4 个百分点。中部 6 省地区生产总值全部过万亿，河南省更是达到了 27232 亿元，在全国排名前列。2011 年中部地区生产总值较 2010 年增长 12.9%，高于全国平均水平，其中增长速度最快的是湖北省，其地区生产总值增长速度为 13.8%。中部地区 2011 年各省份地区生产总值及增长速度见图 16－1。

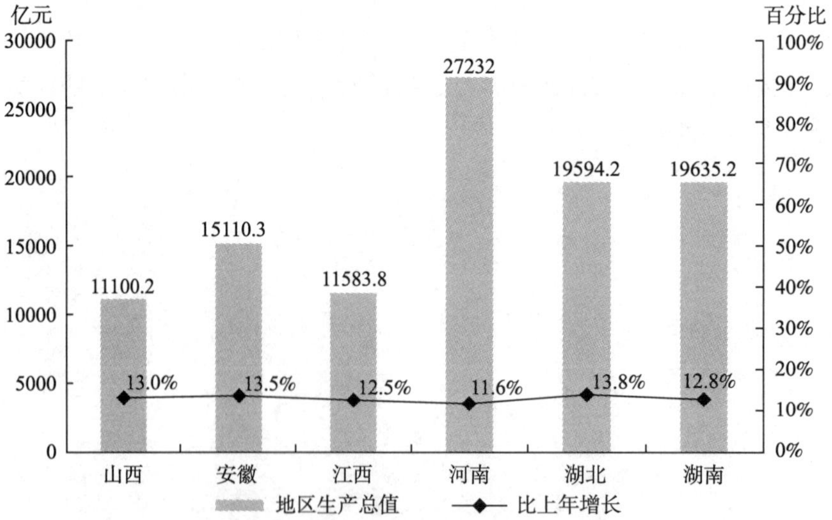

图 16－1　2011 年中部地区各省份地区生产总值及增长速度

数据来源：《中国统计摘要 2012》

（2）产业结构。2011 年中部地区在保证地区生产总值增长的同时，注重调整产业结构，第一产业国内生产总值为 12867. 79 亿元，第二产业国内生产总值为 56427. 34 亿元，第三产业国内生产总值为 34960. 58 亿元，三次产业结构比为 12. 4%：54. 1%：33. 5%。2010 年与 2011 年中部地区三次产业结构比分别见图 16－2、图 16－3。

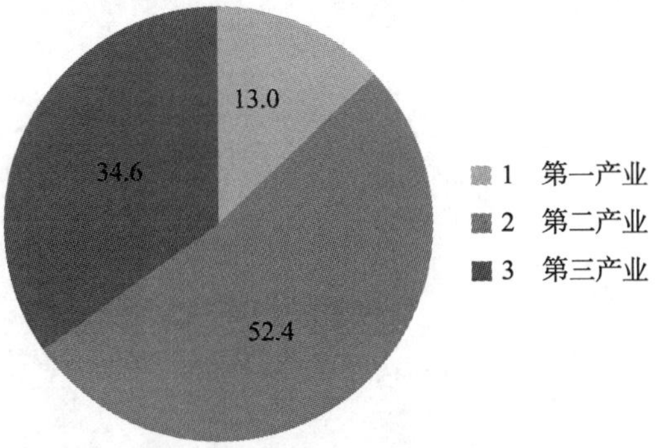

16－2　2010 年中部地区三次产业结构比（%）

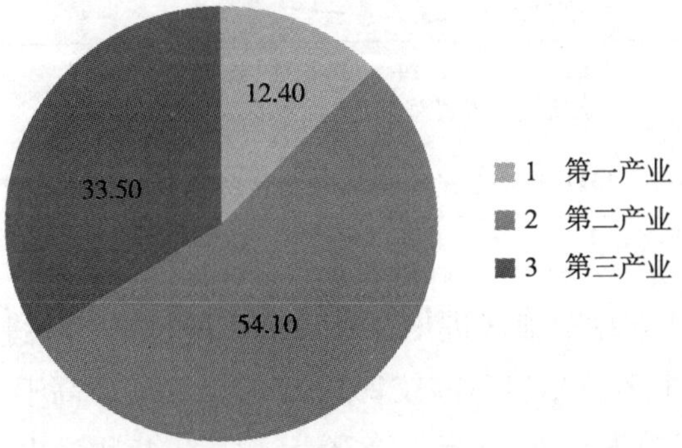

图 16－3　2011 年中部地区三次产业结构比（%）

数据来源：《中国统计年鉴 2011》、《中国统计摘要 2012》

在中部 6 省中，山西省第一产业所占比例最低，为 5. 8%，最高为湖南省 13. 9%。山西省第二产业所占比重最大，中部地区 6 个省份第三产业所占比重都相对较低。2011 年中部地区各省份三次产业结构比见表 16－1。

表 16－1　2011 年中部地区各省份三次产业结构比（%）

地区	第一产业	第二产业	第三产业
河北	12. 0	54. 1	33. 9
山西	5. 8	59. 3	35. 0
江西	12. 0	56. 9	31. 1
河南	12. 9	58. 3	28. 8
湖北	13. 1	50. 1	36. 8
湖南	13. 9	47. 5	38. 6

数据来源：《中国统计摘要 2012》

（3）固定资产投资。2011年，中部地区固定资产投资70783亿元，占全国固定投资总额的22.76%。固定资产投资速度较2010年增长27.5%，高于东部地区增速。中部六省中，河南省完成固定资产投资额最高，为17766.8亿元，在全国排名第三位，为其经济增长奠定了基础；山西省固定资产投资额最低，为7072.8亿元。2011年中部地区各省份固定资产投资总额以及较2010年增长的幅度见图16－4。

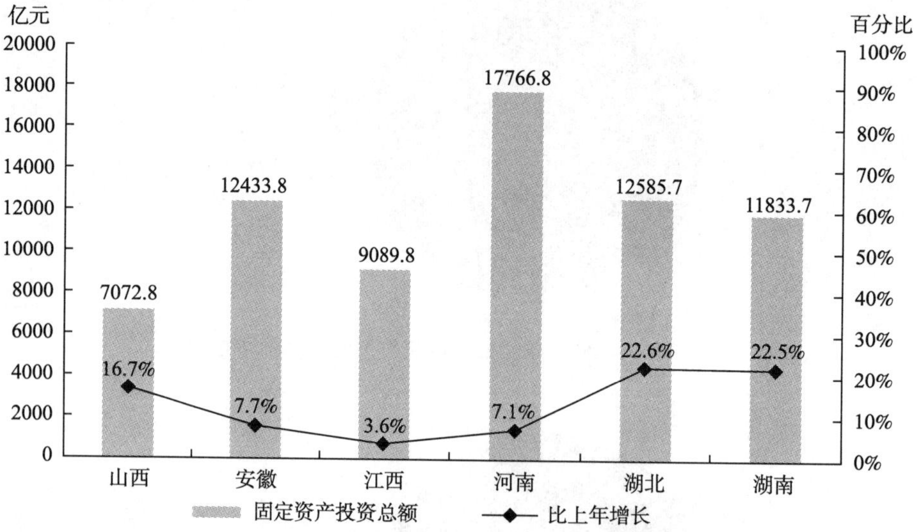

图16－4　2011年中部地区各省份固定资产投资总额及增长幅度

数据来源：《中国统计摘要2012》

（4）对外贸易。2011年中部地区进出口贸易迅速增长，货物进出口总额为1628.1亿美元，占全国比重4.5%。货物进出口总额较2010年增长39%，高于全国平均水平。其中，河南省货物进出口总额增长速度最快，达到了83%，山西省货物进出口总额增速在中部6省最慢，为17%。2011年中部地区各省进出口总额及增长速度见图16－5。

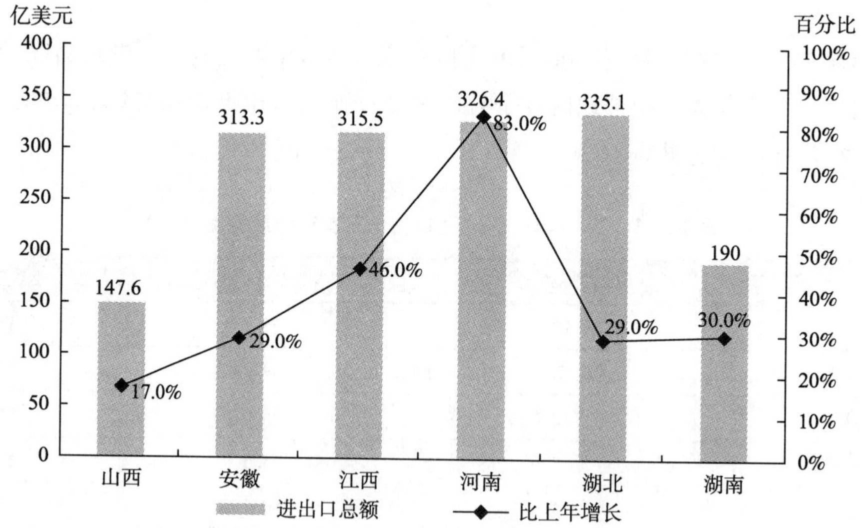

图16－5　2011年中部地区各省市进出口总额及增长速度

数据来源：《中国统计摘要2012》

（5）城镇居民人均可支配收入。虽然中部地区经济增速高于东部地区，但是因为基数差距过大，中部地区的经济发展距东部地区还有很大差距。在人民生活水平方面，2011 年中部地区城镇居民可支配收入为 18272.9 元，依然低于全国平均值，人均可支配收入有待提升。2011 年中部各省城镇居民人均可支配收入及恩格尔系数见表 16－2。

表 16－2 2011 年中部各省城镇居民人均可支配收入情况及恩格尔系数

地区	城镇居民家庭人均可支配收入（单位：元）	较 2010 年增加（%）	恩格尔系数（%）
山西	18123.9	15.82%	31.3
安徽	18606.1	17.85%	39.8
江西	17494.9	13.01%	39.8
河南	18194.8	14.22%	34.1
湖北	18373.9	14.42%	40.7
湖南	18844.1	13.75%	36.9

数据来源：《中国统计摘要 2012》

16.1.2 节能情况评述

2011 年，中部地区万元地区生产总值能耗 0.978 吨标准煤，较 2010 年降低了 3.622%。节能效果最好的为江西省，为 0.651 标准煤，较 2010 年降低了 3.08%，中部地区单位 GDP 能耗最高的为陕西省，为 1.762 吨标准煤。万元工业增加值能耗降低幅度最大为安徽省，较 2010 年降低 9.54%。2011 年中部地区万元地区生产总值电耗降低幅度最大的为湖北省，较 2010 年降低 4.2%。2011 年中部地区各省份单位能耗以及与 2010 年对比情况见表 16－3。

表 16－3 2011 年中部地区各省份单位能耗情况

地区	万元地区生产总值能耗		万元工业增加值能耗较 2010 年上升或降低（±%）	万元地区生产总值电耗较 2010 年上升或降低（±%）
	2011 年万元 GDP 能耗值（吨标准煤/万元）	较 2010 年上升或降低（±%）		
山西	1.762	－3.55	－5.82	0.03
安徽	0.754	－4.06	－9.54	－0.15
江西	0.651	－3.08	－6.87	2.3
河南	0.895	－3.57	－8.6	1.27
湖北	0.912	－3.79	－6.88	－4.2
湖南	0.894	－3.68	－8.61	－2.1

资料来源：http://www.gov.cn/gzdt/2012－08/16/content_ 2205174.htm

在总体节能方面，2011 年中部地区除了山西省以外，其余各省份单位 GDP 能耗均小于 1 吨标准煤，其中，江西省单位 GDP 能耗为 0.651 吨标准煤，节能效果良好。在万元工业增加值能耗方面，安徽省降低幅度最大，为 9.54%；山西省降低幅度最小，为 5.82%。在万元地区生产总值电耗方面，2011 年中部地区降低幅度最大的为湖北省，降低 4.2%，山西省、江西省和河南省 2011 年不降反升，上升幅度最大的为江西省，2011 年江西省万元地区生产总值电耗较2010年上升2.3%。

16.1.3 减排情况评述

2011年中部地区减排效果取得明显成效，除去氮氧化物排放量这一指标以外，其余三项主要污染物排放量，中部地区各省份均同比有不同程度的下降。2010年中部地区化学需氧量排放量、氨氮排放量、二氧化硫排放量分别为605.73万吨、71.23万吨、523.41万吨，分别同比下降2.39%、1.63%、3.34%，降幅均超过全国同期下降水平；氮氧化物排放量为585.87吨，同比上升5.41%，增幅低于全国此项污染物同期下降水平。

2011年中部地区各省份中，减排工作完成相对较好的省份为河南省，其化学需氧量排放量、氨氮排放量、二氧化硫排放量分别较2010年降低3.08%、1.27%、4.85%，氮氧化物排放量较2010年增减4.76%。减排工作完成较差的省份是江西省，其化学需氧量排放量、氨氮排放量、二氧化硫排放量分别较2010年降低1.18%、1.13%、1.72%，降幅均低于全国同期下降水平，氮氧化物排放量较2010年增减5.17%。

表16-4 2011年中部地区各省份主要污染物排放情况（万吨）

省份	化学需氧量			氨氮			二氧化硫			氮氧化物		
	2010年排放量	2011年排放量	同比上升或下降（%）	2010年排放量	2011年排放量	同比上升或下降（%）	2010年排放量	2011年排放量	同比上升或下降（%）	2010年排放量	2011年排放量	同比上升或下降（%）
山西	50.73	48.96	-3.49	5.94	5.91	-0.5	143.81	139.9	-2.72	124.15	128.6	3.59
安徽	97.33	95.33	-2.05	11.2	10.98	-1.99	53.82	52.95	-1.63	90.92	95.91	5.49
江西	77.71	76.79	-1.18	9.45	9.34	-1.13	59.43	58.41	-1.72	58.22	61.23	5.17
河南	148.24	143.67	-3.08	15.58	15.38	-1.27	144.03	137.05	-4.85	158.97	166.54	4.76
湖北	112.38	110.47	-1.7	13.29	13.12	-1.23	69.45	66.56	-4.17	63.13	66.96	6.08
湖南	134.14	130.51	-2.7	16.95	16.5	-2.68	70.96	68.54	-3.41	60.43	66.63	10.26
合计	620.53	605.73	-2.39	72.41	71.23	-1.63	541.5	523.41	-3.34	555.82	585.87	5.41

数据来源：http://www.zhb.gov.cn/gkml/hbb/qt/201209/t20120907_ 235881.htm

16.2 中部地区节能减排指标完成情况

16.2.1 节能目标实现情况

根据国务院《"十二五"节能减排综合性工作方案》对于中部地区各省份的节能指标安排，"十二五"时期，中部6省单位GDP能耗降低相同，即到2015年，单位GDP能耗较2010年降低16%。2011年，中部地区各省通过优化调整产业结构、拟制高耗能产业的发展、淘汰落后产能等一系列措施，中部地区各省节能目标均得到实现，其中安徽省2011年单位GDP能耗较2010年降低幅度最大，比2010年下降了4.06%，下降幅度最小的为江西省，单位GDP能耗较2010年下降3.08%，但都已超出国家的平均水平，中部地区"十二五"期间节能指标完成取得了良好的开局。"十二五"时期中部地区各省市节能目标及2011年实际完成情况见表16-5。

表16-5 “十二五”时期中部地区各省市节能目标及2011年完成情况

地区	“十二五”期间单位国内生产总值能耗降低率（%）	2011年较2010年单位国内生产总值能耗实际降低率（%）	目标完成进度比（%）
山西	-16	-3.55	22.19%
安徽	-16	-4.06	25.38%
江西	-16	-3.08	19.25%
河南	-16	-3.57	22.31%
湖北	-16	-3.79	23.69%
湖南	-16	-3.68	23.00%

数据来源：http://www.gov.cn/zwgk/2011-09/07/content_1941731.htm、http://www.gov.cn/gzdt/2012-08/16/content_2205174.htm

从表16-5可以看出，根据2011年中部地区各省份节能目标完成值占整个“十二五”节能目标的平均进度比情况，中部地区各省份2011年节能指标除江西省以外，其余5个省份单位GDP能耗均降幅超过20%，超额完成2011年节能任务，其中安徽省完成效果最好，2011年安徽省单位GDP能耗较2010年减少4.06%，“十二五”节能工作取得了良好开局。

16.2.2 减排目标实现情况

根据国务院《“十二五”节能减排综合性工作方案》及中部地区各省份环境保护“十二五”规划，中部地区各省份“十二五”时期减排的目标及2011年实际完成情况见表16-6。

表16-6 “十二五”中部地区各省份减排目标及2011年减排目标实现情况（%）

地区	化学需氧量排放总量			氨氮排放总量			二氧化硫排放总量			氮氧化物		
	2015较2010年增加或减少	年平均降低目标	2011年实际降低	2015较2010年增加或减少	年平均降低目标	2011年实际降低	2015较2010年增加或减少	年平均降低目标	2011年实际降低	2015较2010年增加或减少	年平均降低目标	2011年实际降低
山西	-9.6	-1.92	-3.49	-12.2	-2.44	-0.5	-11.3	-2.26	-2.72	-13.9	-2.78	3.59
安徽	-7.2	-1.44	-2.05	-9.9	-1.98	-1.99	-6.1	-1.22	-1.63	-9.8	-1.96	5.49
江西	-5.8	-1.16	-1.18	-9.8	-1.96	-1.13	-7.5	-1.5	-1.72	-6.9	-1.38	5.17
河南	-9.9	-1.98	-3.08	-12.6	-2.52	-1.27	-11.9	-2.38	-4.85	-14.7	-2.94	4.76
湖北	-7.4	-1.48	-1.7	-9.7	-1.94	-1.23	-8.3	-1.66	-4.17	-7.2	-1.44	6.08
湖南	-7.2	-1.44	-2.7	-9.8	-1.96	-2.68	-8.3	-1.66	-3.41	-9	-1.8	10.26

数据来源：http://www.gov.cn/zwgk/2011-09/07/content_1941731.htm、http://www.zhb.gov.cn/gkml/hbb/qt/201209/t20120907_235881.htm

山西省：到2015年，主要污染物排放总量显著减少。化学需氧量、氨氮排放量比2010年分别减少9.6%和12.2%；二氧化硫、氮氧化物排放量比2010年分别减少11.3%和13.9%。2011年实际情况为：化学需氧量排放量、氨氮排放量、二氧化硫排放量分别较2010

年下降3.49%、0.5%、2.72%，对比山西省“十二五”期间减排年平均降低目标，2011年山西省化学需氧量、二氧化硫排放量减排目标均超额完成，氨氮排放量减排完成情况不好，未达到年平均下降值，氮氧化物排放较2010年增加3.59%，低于同期全国增长水平。

安徽省：污染减排目标全面完成。到2015年，化学需氧量、氨氮、二氧化硫、氮氧化物排放总量比2010年分别减少7.2%、9.9%、6.1%、9.8%。2011实际情况为：化学需氧量排放量、氨氮排放量、二氧化硫排放量分别较2010年下降2.05%、1.99%、1.63%，对比安徽省“十二五”期间减排年平均降低目标，以上三项指标均超额完成，氮氧化物排放较2010年增加5.49%。

江西省：到2015年，全省主要污染物排放总量得到有效控制，主要污染物排放总量显著减少。化学需要量、氨氮、二氧化硫、氮氧化物排放总量较2010年下降5.8%、9.8%、7.5%和6.9%。2011实际减排情况为：化学需氧量排放量、氨氮排放量、二氧化硫排放量分别较2010年下降1.18%、1.13%、1.72%，对比山西省“十二五”减排年平均降低目标，化学需氧量排放量和二氧化硫排放量降幅达到年平均值，其余指标均未完成，氮氧化物排放较2010年增加5.17%。

河南省：全省主要污染物排放总量持续减少，2015年较2010年相比，化学需氧量排放量削减9.9%；氨氮排放总量削减12.6%；二氧化硫排放总量削减11.9%；氮氧化物排放总量削减14.7%。2011年实际减排情况为：化学需氧量排放量、氨氮排放量、二氧化硫排放量分别较2010年下降3.08%、1.27%、4.85%，对比河南省“十二五”减排年平均降低目标值，其化学需氧量排放量、二氧化硫排放量减排目标均超额完成，氨氮排放量减排工作成效果不佳，氮氧化物排放较2010年增加4.76%。

湖北省：到2015年，主要污染物排放总量持续削减。化学需氧量、二氧化硫排放总量比2010年分别减少7.4%、8.3%，氨氮、氮氧化物排放总量比2010年分别减少9.7%和7.2%。2011年湖北省减排实际情况为：化学需氧量排放量、氨氮排放量、二氧化硫排放量分别较2010年下降1.7%、1.23%、4.17%，对比其“十二五”减排年平均降低目标值，除氨氮排放量指标外，其余二项污染物减排目标均超额完成，2011年湖北省氮氧化物排放量同比增加6.08%，高于全国同期水平。

湖南省：到2015年，主要污染物排放得到有效控制，环境质量得到明显改善。2015年化学需氧量排放总量、二氧化硫排放总量、氨氮排放总量和氮氧化物排放总量分别较2010年减少7.2%、8.3%、9.8%和9.0%。2011实际减排情况为，化学需氧量排放量、氨氮排放量、二氧化硫排放量分别较2010年下降2.7%、2.68%、3.41%，对比“十二五”期间减排年平均降低目标，这三项指标均超额完成，氮氧化物排放较2010年增加10.26%，上升幅度较大。

16.3 中部地区节能减排存在的问题与不足

经济发展方式落后。中部地区经济发展的主要推动力还是在于工业企业，第三产业特别是新兴服务业占比重仍相对较小，经济的发展主要是靠投资的拉动，高污染、高能耗的企业为中部地区创造了大量的GDP。如何在保证GDP稳步增长的同时，调整优化产业结构，节约资源、控制污染，调整好经济发展与环境保护之间的平衡性是今后中部地区必须要面对的问题。

产业结构不合理。中部地区第二产业比重偏高，产业结构特别是工业结构偏重，能源节约与污染排放问题一直比较突出，工业结构偏重，第三产业所占比重过少，导致了能源消费的居高不下，节能效率更是亟须提升，由于相关节能减排技术的落后，工业增长必然导致了节能减排问题的突出。

节能减排观念需要增强。一些地方政府为了本地 GDP 的增加，片面追求经济增长，增加投资力度，盲目投资高耗能、高污染企业，造成了经济增长与节能减排的对立。

节能减排技术相对落后。中部地区资源消耗型产业占比较大，单位能耗较高，如山西等省份，工业企业节能减排技术的落后，使得节能减排存在瓶颈。

17　西部地区的节能减排

17.1　西部地区经济发展与节能减排综述

17.1.1　经济与社会发展概述

随着国家的新一轮的西部大开发，2011 年西部地区整体经济运行平稳，经济增速高于全国平均水平，主要表现在：固定资产投资保持快速增长、对外贸易增势平稳。人民生活水平继续提高等方面。

（1）经济发展。2011 年，西部地区各省、市、自治区经济发展起步稳健、开局良好，经济增长保持了平稳较快发展。西部地区生产总值为 99619 亿元，占全国比重 19.2%，比 2010 年的 18.6% 提升 0.6 个百分点。与全国生产总值增速的平均水平 9.2% 相比，西部各省、市、自治区增速均高过全国平均线，其中，重庆市增速最高，增长 16.4%，四川省和贵州省紧随其后，增长均为 15%。西部地区生产总值过万亿的省份有：内蒙古、广西、重庆、四川和陕西。其中四川最高，为 21026.68 亿元。2011 年西部地区各省份地区生产总值及增长速度见图 17－1。

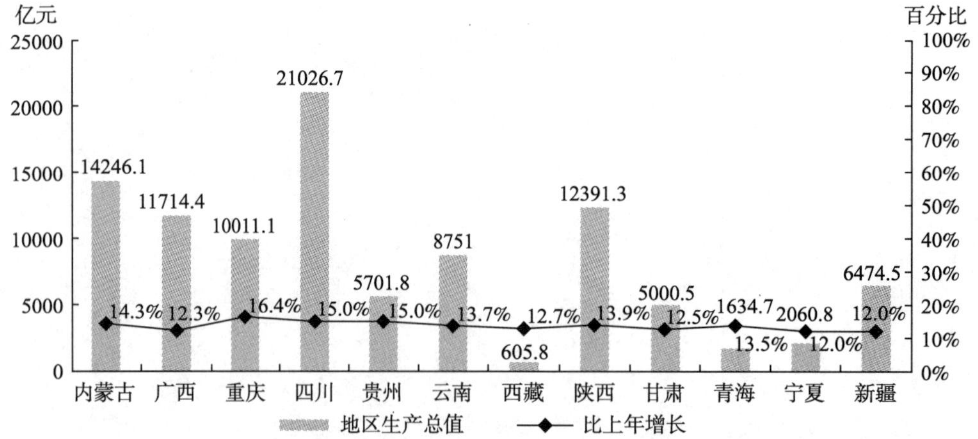

图 17－1　2011 年西部地区各省份地区生产总值及增长速度

数据来源：《中国统计摘要 2012》

（2）产业结构。2011 年西部地区第一产业国内生产总值为 12766.27 亿元，第二产业国内生产总值为 51599.58 亿元，第三产业国内生产总值为 35252.86 亿元，三次产业结构比为 12.8%：51.8%：35.4%，第三产业占比重较小。2011 年西部地区第一产业较 2010 年减少 0.3 个百分点，第二产业较 2010 年增加 1.8 个百分点，第三产业所占比重较 2010 年减少 1.5

个百分点。2010 年与 2011 年东部地区三次产业结构比分别见图 17－2、图 17－3。

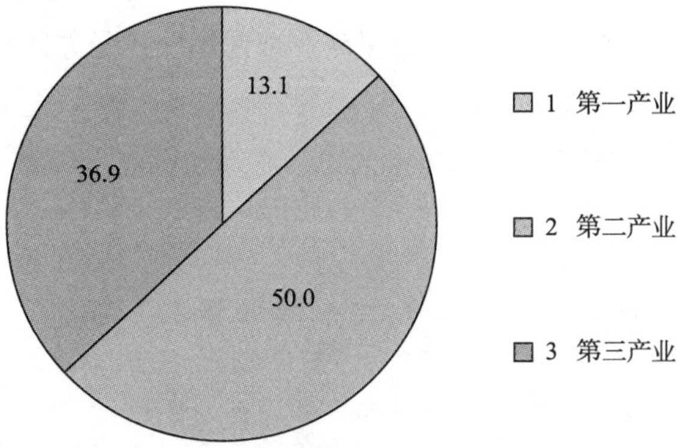

图 17－2　2010 年西部地区三次产业结构比（%）

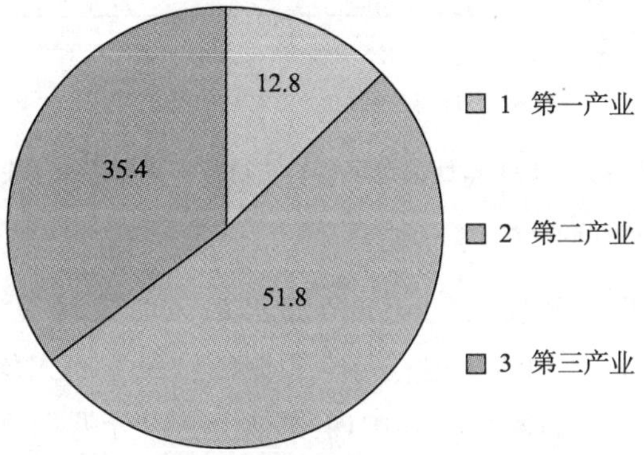

图 17－3　2011 西部地区三次产业结构比（%）

数据来源：《中国统计摘要 2012》

（3）固定资产投资。2011 年，西部地区在民生、基础设施和生态领域投资力度不断加大，投资综合实力不断增强，固定资产投资整体保持稳定较快增长。全年西部地区完成固定资产投资 71849 亿元，较 2010 年增长 28.7%。增速高于全国平均水平。2011 年西部地区各省份固定资产投资总额及增长速度见图 17－4。

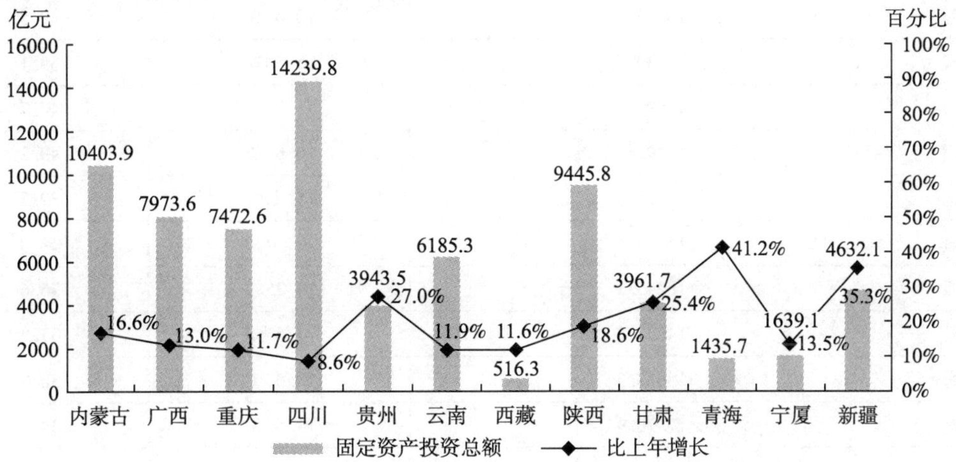

图 17－4　2011 年西部地区各省市固定资产投资总额及增长幅度

数据来源：《中国统计摘要 2012》

（4）对外贸易。2011 年，西部地区各省、市、自治区外贸进出口增长保持平稳增长态势，货物进出口总额为 1839.8 亿美元，占全国比重 5.1%。在增长速度方面，有 7 个省份增速高于全国的平均水平，但是进出口贸易总量较东部来说，还是差距很大。2011 年西部地区各省份进出口额及增长速度见图 17－5。

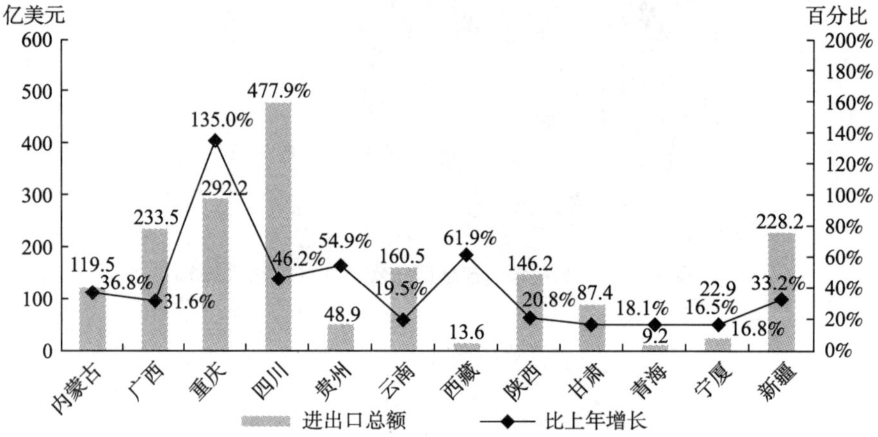

图 17－5　2011 年西部地区各省市进出口总额及增长速度

数据来源：《中国统计摘要 2012》

（5）城镇居民人均可支配收入。2011 年西部地区城镇居民家庭人均可支配收入为 17550.5 元，较 2010 年提高了 14%，但是与全国城镇居民家庭人均可支配收入的平均水平 21809.8 元相比，还是有一定的差距。其中内蒙古和重庆分列西部地区一、二位，均超过 2 万元，甘肃水平最低，为 14988.7 元。2011 年西部地区各省份城镇居民人均可支配收入及恩格尔系数见表 17－1。

表 17－1　2011 年西部各省城镇居民人均可支配收入情况及恩格尔系数

地区	城镇居民家庭人均可支配收入（元）	较 2010 年增加（%）	恩格尔系数（%）
内蒙古	20407.6	15.31%	31.3
广西	18854.1	10.49%	39.5
重庆	20249.7	15.50%	39.1
四川	17899.1	15.77%	40.7
贵州	16495.0	16.63%	40.2
云南	18575.6	15.63%	39.2
西藏	16195.6	8.11%	49.9
陕西	18245.2	16.25%	36.6
甘肃	14988.7	13.65%	37.4
青海	15603.3	12.62%	38.9
宁夏	17578.9	14.56%	34.8
新疆	15513.6	13.70%	38.3

数据来源：《中国统计摘要 2012》

17.1.2 节能情况评述

2011 年西部地区在节能工作方面不甚理想，各项节能指标均不如其余三个地区，特别是在万元地区生产总值电耗方面，2011 年西部地区有 4 个省份同比增长均超过 5 个百分点，在“十二五”接下来几年，节能工作压力很大。

在总体节能情况方面，2011 年西部地区万元地区生产总值能耗为 1.33 吨标准煤，较 2010 年上升了 0.47%。在西部地区各省份中，单位 GDP 能耗突破 1 吨标准煤的省份有：内蒙古、贵州、云南、甘肃、青海、宁夏以及新疆，其中，青海和宁夏单位 GDP 能耗突破 2 吨标准煤，分别为 2.081 吨标准煤、2.279 吨标准煤，西部地区单位 GDP 能耗最低的为广西，2011 年广西单位 GDP 能耗为 0.8 吨标准煤，较 2010 年下降 3.36%，单位 GDP 能耗最高的省份为宁夏省，为 2.279 吨标准煤，较 2010 年上升 4.6%。2011 年西部地区各省份单位能耗情况见表 17-2。

表 17-2 2011 年西部地区各省份单位能耗情况

地区	万元地区生产总值能耗		万元工业增加值能耗较2010 年上升或降低（±%）	万元地区生产总值电耗较 2010 年上升或降低（±%）
	指标值（吨标准煤/万元）	较 2010 年上升或降低（±%）		
内蒙古	1.405	-2.51	-4.39	4.38
广西	0.8	-3.36	-6.13	-0.28
重庆	0.953	-3.81	-5.31	-1.63
四川	0.997	-4.23	-7.78	-1.87
贵州	1.714	-3.51	-8.02	-1.7
云南	1.162	-3.22	-9.92	5.47
西藏				
陕西	0.846	-3.56	-5.6	0.38
甘肃	1.402	-2.51	-1.96	2.07
青海	2.081	9.44	9.62	6.24
宁夏	2.279	4.6	14.72	18.36
新疆	1.631	6.96	9.28	14.69

数据来源：http://www.gov.cn/gzdt/2012-08/16/content_ 2205174.htm

从万元工业增加值能耗来看，2011 年西部地区青海、宁夏以及新疆不降反升，上升幅度最大的为宁夏，2011 年宁夏万元工业增加值能耗较 2010 年上升 14.72%，内蒙古、广西、重庆、四川、贵州、云南、陕西及甘肃均有不同幅度下降，下降幅度最大的为云南，2011 年云南省万元工业增加值能耗较 2010 年下降 9.92%。

从万元地区生产总值电耗来看，2011 年西部地区仅有 4 个省份较 2010 年呈下降趋势，其余省份均呈上升态势，上升幅度最大的为宁夏，2011 年宁夏万元地区生产总值电耗较 2010 年上升 18.36%，排在第二位的是新疆，上升幅度为 14.69%。

17.1.3 减排情况评述

由于经济发展水平、经济增长方式以及发展环境的约束，2011 年西部地区减排工作完成不理想，除个别省份以外，大部分省份减排任务完成的水平均低于全国同期平均水平。

表 17－3 2011 年西部地区各省份主要污染物排放情况（万吨）

省份	化学需氧量			氨氮			二氧化硫			氮氧化物		
	2010 年排放量	2011 年排放量	同比上升或下降（%）	2010 年排放量	2011 年排放量	同比上升或下降（%）	2010 年排放量	2011 年排放量	同比上升或下降（%）	2010 年排放量	2011 年排放量	同比上升或下降（%）
内蒙古	92.13	91.9	－0.25	5.45	5.38	－1.12	139.74	140.94	0.86	131.41	142.19	8.2
广西	80.73	79.33	－1.74	8.45	8.39	－0.73	57.22	52.1	－8.95	45.11	49.4	9.52
重庆	42.61	41.68	－2.18	5.59	5.5	－1.58	60.87	58.69	－3.58	38.22	40.26	5.33
四川	132.44	130.22	－1.67	14.56	14.37	－1.28	92.7	90.2	－2.7	62.04	67.48	8.78
贵州	34.83	34.22	－1.77	4.03	3.98	－1.33	116.18	110.42	－4.95	49.29	55.32	12.24
云南	56.36	55.47	－1.58	6	5.93	－1.06	70.38	69.13	－1.78	51.98	54.85	5.54
西藏	2.75	2.68	－2.36	0.331	0.334	0.94	0.42	0.42	0	3.83	4.11	7.36
陕西	56.98	55.77	－2.13	6.44	6.34	－1.64	94.77	91.69	－3.25	76.58	83.19	8.64
甘肃	40.24	39.66	－1.44	4.33	4.26	－1.62	62.24	62.39	0.25	42.04	48.09	14.39
青海	10.45	10.32	－1.19	0.962	0.964	0.17	15.7	15.66	－0.25	11.57	12.41	7.25
宁夏	24.01	23.37	－2.67	1.82	1.8	－1.14	38.29	41.04	7.18	41.76	45.82	9.71
新疆	56.86	57.38	0.92	4.06	4.16	2.56	63.14	65.82	4.24	58.82	65.59	11.5
西部地区合计	639.85	631.88	－1.25	62.533	61.928	－0.97	821.24	808.99	－1.49	621.42	678.63	9.21

数据来源：http://www.zhb.gov.cn/gkml/hbb/qt/201209/t20120907_ 235881.htm

2011 年西部地区化学需氧量排放量为 631.88 万吨，同比下降 1.25%；氨氮排放量为 61.928 万吨，同比下降 0.97%；二氧化硫排放量为 808.99 万吨，同比下降 1.49%；氮氧化物排放量为 678.63 万吨，同比上升 9.21%。在化学需氧量排放量方面，2011 年西部地区排放量最低的为西藏，为 2.68 万吨，同比下降幅度最大的是宁夏，降幅为 2.67%；在氨氮排放量方面，西部地区同比降幅最大的为陕西，降幅为 1.64%；在二氧化硫排放量方面，西部地区同比下降幅度最大的省份是广西，降幅为 8.95%；在氮氧化物排放量方面，甘肃 2011 年上升幅度最大，增幅为 14.39%。

17.2 西部地区节能减排指标完成情况

17.2.1 节能目标实现情况

根据国务院《“十二五”节能减排综合性工作方案》对西部地区各省份的节能指标安排，重庆、四川和陕西在“十二五”期间单位 GDP 能耗下降幅度为 16%；内蒙古、广西、贵州、云南、甘肃和宁夏“十二五”期间节能目标为单位 GDP 能耗降低 15%；西藏、青海和新疆节能目标为 2015 年较 2011 年单位 GDP 能耗下降 10%。

2011 年作为“十二五”的开局之年，西部地区节能工作喜忧参半，部分省份节能目标完成良好，为“十二五”时期节能目标的完成打下了良好基础，但还有几个省份，2011 年单位 GDP 能耗不降反增，并且增幅较大，大大增加了“十二五”节能目标实现的压力。

表 17－4 “十二五”时期西部地区各省份节能目标及 2011 年完成情况

地区	“十二五”期间单位国内生产总值能耗降低率（%）	2011 年较 2010 年单位国内生产总值能耗实际降低率（%）	目标完成进度比（%）
内蒙古	－15	－2.51	16.73%
广西	－15	－3.36	22.40%
重庆	－16	－3.81	23.81%
四川	－16	－4.23	26.44%
贵州	－15	－3.51	23.40%
云南	－15	－3.22	21.47%
西藏	－10		
陕西	－16	－3.56	22.25%
甘肃	－15	－2.51	16.73%
青海	－10	9.44	－94.40%
宁夏	－15	4.6	－30.67%
新疆	－10	6.96	－69.60%

数据来源：http://www.gov.cn/zwgk/2011－09/07/content_1941731.htm、http://www.gov.cn/gzdt/2012－08/16/content_2205174.htm

从表 17－4 可以看出，西部地区 2011 年节能工作完成较好的省份有广西、重庆、四川、贵州、云南和陕西，根据 2011 年西部地区各个省份节能目标完成值占整个“十二五”节能目标的平均进度比来看，这 6 个省份 2011 年单位 GDP 能耗下降率占“十二五”节能目标比例均超过了 20%，超额完成了“十二五”年均节能目标，其余省份均未完成年均降幅 20% 的目标，其中青海、宁夏和新疆在 2011 年能耗不降反增，其中增幅最大的是青海，其在 2011 年单位 GDP 能耗增加了 9.44%。

17.2.2 减排目标实现情况

根据国务院《“十二五”节能减排综合性工作方案》及西部地区各省份环境保护“十二五”规划，西部地区各省份“十二五”时期减排目标及 2011 年实现情况见表 17－5。

内蒙古：到 2015 年，化学需氧量、氨氮、二氧化硫、氮氧化物排放总量较 2010 年分别下降 6.7%、9.7%、3.8%、5.8%。2011 年内蒙古减排工作实际完成情况为：化学需氧量排放量、氨氮排放量分别同比下降 0.25%、1.12%，二氧化硫排放量同比上升 0.86%，氨氮排放同比上升 8.2%，对比其“十二五”减排年均目标，2011 以上四项减排指标均未达到年平均降低值，减排工作完成不够理想。

表 17 -5　“十二五”西部地区各省份减排目标及 2011 年减排目标实现情况（%）

地区	化学需氧量排放总量			氨氮排放总量			二氧化硫排放总量			氮氧化物		
	2015 较 2010 年增加或减少	年平均降低目标	2011 年实际降低	2015 较 2010 年增加或减少	年平均降低目标	2011 年实际降低	2015 较 2010 年增加或减少	年平均降低目标	2011 年实际降低	2015 较 2010 年增加或减少	年平均降低目标	2011 年实际降低
内蒙古	-6.7	-1.34	-0.25	-9.7	-1.94	-1.12	-3.8	-0.76	0.86	-5.8	-1.16	8.2
广西	-7.6	-1.52	-1.74	-8.7	-1.74	-0.73	-7.9	-1.58	-8.95	-8.8	-1.76	9.52
重庆	-7.2	-1.44	-2.18	-8.8	-1.76	-1.58	-7.1	-1.42	-3.58	-6.9	-1.38	5.33
四川	-7	-1.4	-1.67	-8.6	-1.72	-1.28	-9	-1.8	-2.7	-6.9	-1.38	8.78
贵州	-6	-1.2	-1.77	-7.7	-1.54	-1.33	-8.6	-1.72	-4.95	-9.8	-1.96	12.24
云南	-6.2	-1.24	-1.58	-8.1	-1.62	-1.06	-4	-0.8	-1.78	-5.8	-1.16	5.54
西藏	0	0	-2.36	0	0	0.94	0	0	0	0	0	7.36
陕西	-7.6	-1.52	-2.13	-9.8	-1.96	-1.64	-7.9	-1.58	-3.25	-9.9	-1.98	8.64
甘肃	-6.4	-1.28	-1.44	-8.9	-1.78	-1.62	2	0.4	0.25	-3.1	-0.62	14.39
青海	18	3.6	-1.19	15	3	0.17	16.7	3.34	-0.25	15.3	3.06	7.25
宁夏	-6	-1.2	-2.67	-8	-1.6	-1.14	-3.6	-0.72	7.18	-4.9	-0.98	9.71
新疆	0	0	0.92	0	0	2.56	0	0	4.24	0	0	11.5

数据来源：http://www.gov.cn/zwgk/2011-09/07/content_1941731.htm、http://www.zhb.gov.cn/gkml/hbb/qt/201209/t20120907_235881.htm

广西：主要污染物排放总量显著减少并控制在国家下达的指标内，全区化学需氧量和氨氮排放总量分别控制在 74.6 万吨、7.71 万吨以内，二氧化硫和氮氧化物排放总量分别控制在 52.7 万吨、41.1 万吨以内，到 2015 年，化学需氧量、氨氮、二氧化硫、氮氧化物排放总量较 2010 年分别下降 7.6%、8.7%、7.9%、8.8%。2011 年实际情况为，化学需氧量排放量、氨氮排放量、二氧化硫排放量分别较 2010 年下降 1.74%、0.73%、8.95%，根据广西“十二五”期间减排年平均降低目标值，2011 年广西化学需氧量排放降低幅度及二氧化硫排放降低幅度均超过“十二五”年平均降低值，其中二氧化硫排放已经超额完成“十二五”规划减排的总体目标，氨氮排放总量未达到平均年降低目标，氮氧化物排放量较 2010 年增加 9.52%，增幅较大。

重庆：主要污染物排放总量进一步下降，全市化学需氧量和氨氮排放量分别控制在 39.5 万吨、5.1 万吨以内，在 2010 年的基础上分别减少 7.2% 和 8.8%；二氧化硫和氮氧化物排放量分别控制在 56.6 万吨、35.6 万吨以内，在 2010 年的基础上分别减少 7.1% 和 6.9%。2011 减排实际情况为，化学需氧量排放量、氨氮排放量、二氧化硫排放量分别较 2010 年下降 2.2%、1.6%、3.6%，对比其“十二五”期间减排年平均降低目标值，化学需氧量及二氧化硫排放量均已完成年均目标，氮氧化物排放量较 2010 年增加 5.3%。

四川：到 2015 年，化学需氧量、氨氮、二氧化硫、氮氧化物排放总量较 2010 年分别下降 7%、8.6%、9%、6.9%。2011 年四川省减排实际完成情况为：化学需氧量排放量、氨氮排放量、二氧化硫排放量分别较 2010 年下降 1.67%、1.28%、2.7%，对比其“十二五”年平均减排目标，化学需氧量、二氧化硫排放量这两项减排指标均超额完成年均目标，氨氮排放量未完成年度任务，氮氧化物较2010年上升8.78%。

贵州：到2015年，化学需氧量、氨氮、二氧化硫、氮氧化物排放总量较2010年分别下降6%、7.7%、8.6%、9.8%。2011减排实际情况为，化学需氧量排放量、氨氮排放量、二氧化硫排放量分别较2010年下降1.77%、1.33%、4.95%，对比其“十二五”期间减排年平均降低目标值，化学需氧量排放量、二氧化硫排放量均超额完成，并且二氧化硫排放量降低幅度较大。氮氧化物排放量较2010年增加12.24%，增幅较大。

云南：主要污染物排放总量持续削减，到2015年，全省化学需氧量、氨氮排放总量分别比2010年减少6.2%、8.1%，二氧化硫、氮氧化物排放总量分别比2010年减少4%、5.8%。2011减排实际情况为，化学需氧量排放量、氨氮排放量、二氧化硫排放量分别较2010年下降1.58%、1.06%、1.78%，对比其“十二五”期间减排年平均降低目标值，除了氨氮排放量降低幅度未达标外，其余二项均超额完成，氮氧化物排放量较2010年增加5.54%。

西藏：至2015年主要污染物排放达到国家要求，即2015化学需氧量、氨氮、二氧化硫、氮氧化物排放总量分别控制在2.7万吨、0.33万吨、0.4万吨、3.8万吨以内，即2015年各项污染物排放量均与2010年持平。2011年西藏自治区减排情况为：化学需氧量排放量较2010年下降2.36%；氨氮排放较2010年上升0.94%；二氧化硫排放量与2010年持平；氮氧化物排放较2010年上升7.36%。对比其“十二五”减排要求，化学需氧量与二氧化硫排放量均完成年均目标，其余两项指标未完成。

陕西：到2015年，化学需氧量、二氧化硫分别较2010年静态削减7.6%和7.9%；氨氮、氮氧化物分别较2010年静态削减9.8%和9.9%。2011年陕西减排实际情况为：化学需氧量排放量、氨氮排放量、二氧化硫排放量分别较2010年下降2.13%、1.64%、3.25%，对比其“十二五”减排年平均降低目标，化学需氧量与二氧化硫这两项指标均超额完成年均目标，氨氮排放未完成年均目标值，2011年陕西氮氧化物同比上升8.64%。

甘肃：到2015年，全省化学需氧量、氨氮、二氧化硫、氮氧化物排放量分别控制在37.6万吨、3.94万吨、63.4万吨、40.7万吨以内。2011减排实际情况为：化学需氧量排放量、氨氮排放量、二氧化硫排放量分别较2010年下降1.44%、1.62%、0.15%，对比其“十二五”期间减排年平均降低目标值，只有化学需氧量排放量年均目标值均超额完成，其余两项指标指标完成较不理想，氮氧化物排放量较2010年增加14.39%，增幅较大。

青海：到2015年，化学需氧量、氨氮、二氧化硫、氮氧化物排放总量分别控制在12.3万吨、1.13万吨、18.33万吨、13.43万吨以内。2011减排实际情况为，化学需氧量排放量、二氧化硫排放量分别较2010年下降1.2%、0.3%，氨氮排放总量较2010年上升0.2%，对比其“十二五”期间减排年平均降低目标值，以上三项指标均在年均目标值以内，氮氧化物排放量较2010年增加7.3%。

宁夏：主要污染物排放总量持续削减。全区化学需氧量、氨氮排放总量分别控制在22.6万吨、1.7万吨以内；二氧化硫、氮氧化物分别控制在36.9万吨、39.8万吨以内，确保完成国家下达的“十二五”污染物排放总量控制任务。2011年宁夏减排工作完成实际情况为：化学需氧量、氨氮排放量分别同比下降2.67%、1.14%，二氧化硫排放量同比上升7.18%，对比其“十二五”减排年均降低目标，只有化学需氧量排放量完成年均目标，氮氧化物同比上升9.71%。

新疆：全区化学需氧量、氨氮、二氧化硫、氮氧化物四项主要污染物排放总量控制在国家下达的指标范围内，到2015年化学需要量、氨氮、二氧化硫、氮氧化物排放总量分别控制在56.9万吨、4.06万吨、63.1万吨、58.8万吨以内，即2015年这四项污染物排放量均与2010年持平。2011年新疆减排工作完成实际情况为：化学需氧量排放量、氨氮排放量、二氧化硫排放量、氮氧化物排放量分别较2010年上升0.92%、2.56%、4.24%、11.5%，对比其“十二五”减排目标，2011年新疆减排工作完成情况较不理想，“十二五”后续几年减排压力巨大。

17.3 西部地区节能减排存在的问题与不足

节能减排观念有待提高。西部地区一些地方政府为追求经济增长而忽视节能消减，片面认为经济增长必须靠投资拉动，盲目投资高耗能产业。

经济发展方式较为落后。西部地区经济发展主要是靠投资的拉动，高污染、高能耗企业在创收的同时造成了大量的环境污染与资源浪费。如何在保证GDP增长的同时，节约资源、控制污染，是以后西部地区经济发展过程中必须思考的问题。

节能减排市场化机制不健全。目前，政府主导模式的节能减排主要是靠政府来推动，缺乏市场化的自我调节，容易出现“一刀切”、“先松后紧”“治标不治本”等一些列的问题。

节能减排配套政策仍待完善。虽然西部地区各省均出台了大量支持节能减排的相关配套政策，但落到实处的并不多，而且与其他政策之间缺乏协调性，在一定程度上影响着节能减排工作的顺利推进。

18　东北地区的节能减排

18.1　东北地区经济发展与节能减排综述

18.1.1　经济与社会发展概述

（1）经济发展。2011 年东北地区 GDP 为 45060 亿元，同比增长 12.7%，保持了较快的发展速度。东北地区 GDP 总量占全国比重 8.7%，比 2010 年的 8.6% 提升 0.1 个百分点。东北三省中，GDP 总量最高的为辽宁省的 22025.9 亿元，GDP 增长速度最快的吉林省，较 2010 年提高 13.7%。2011 年东北地区各省份地区生产总值及增长速度见图 18－1。

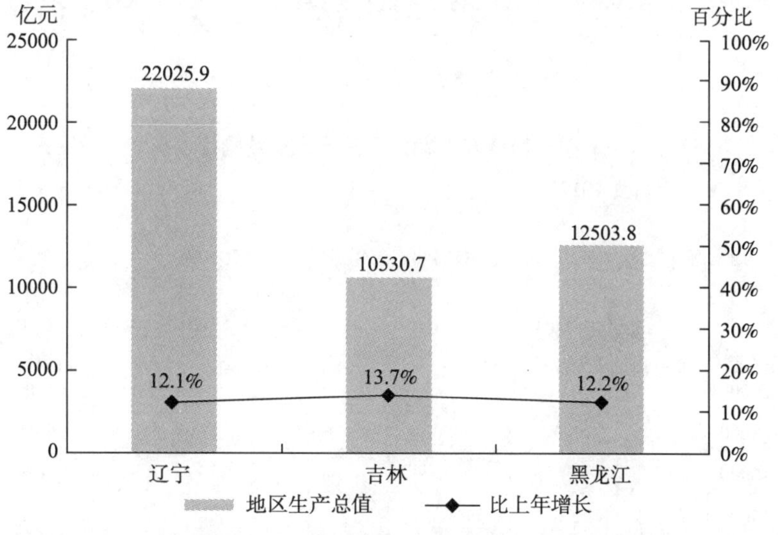

图 18－1　2011 年东北地区各省份地区生产总值及增长速度

数据来源：《中国统计摘要 2012》

（2）产业结构。2011 年东北地区第一产业国内生产总值为 4898.58 亿元，第二产业国内生产总值为 24069.22 亿元，第三产业国内生产总值为 16092.66 亿元，三次产业结构比为 10.9%：53.4%：35.7%，第三产业所占比重较低。2011 年东北地区较 2010 年第一产业所占比重增加 0.3%；第二产业所占比重增加 0.9%；第三产业所占比重降低 1.2%。2010 年与 2011 年东北地区三次产业结构比分别见图 18－2、图 18－3。

（3）固定资产投资。2011 年，东北地区完成全社会固定资产投资 32691 亿元，同比增长 30.5%，增幅高于全国平均水平，其中辽宁省、吉林省和黑龙江省分别为 17726.3 亿元、

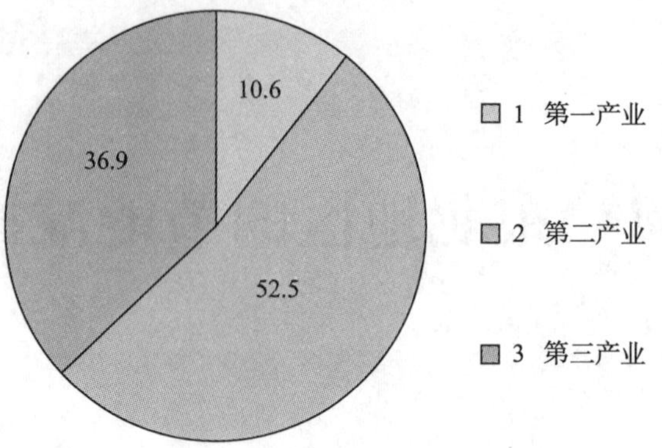

图 18－2　2010 年东北地区三次产业结构比（%）

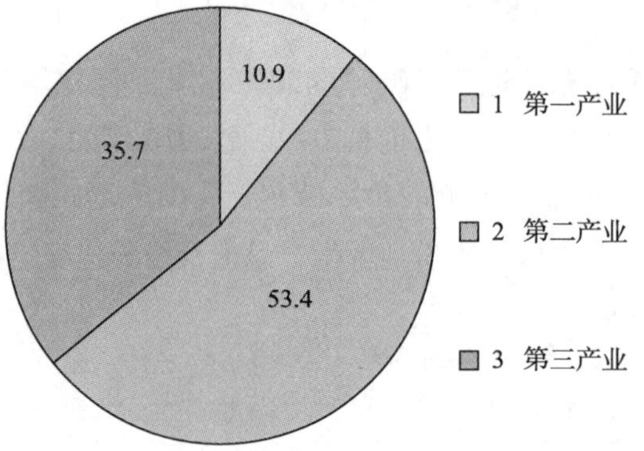

图 18－3　2011 年东北地区三次产业结构比（%）

数据来源：《中国统计摘要 2012》

7436.7 亿元和 7523.8 亿元，同比增长 30.1%、30.3%和 31.8%。

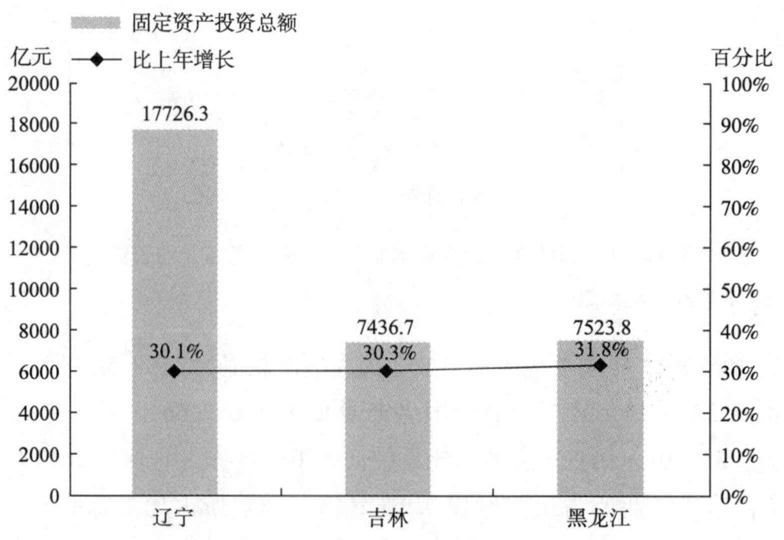

图 18－4　2011 年东北地区各省市固定资产投资总额及增长幅度

数据来源：《中国统计摘要 2012》

(4) 对外贸易。2011 年，东北地区货物进出口总额为 1565.2 亿美元，同比增长 25.1%，高于同期全国平均水平，进出口额总量占全国比重由 2010 年的 4.1% 提高到 2011 年的 4.2%。辽宁、吉林、黑龙江三省进出口总额分别完成 959.6 亿美元、220.5 亿美元和 385.1 亿美元，同比增长 19.1%、30.9% 和 50.9%。

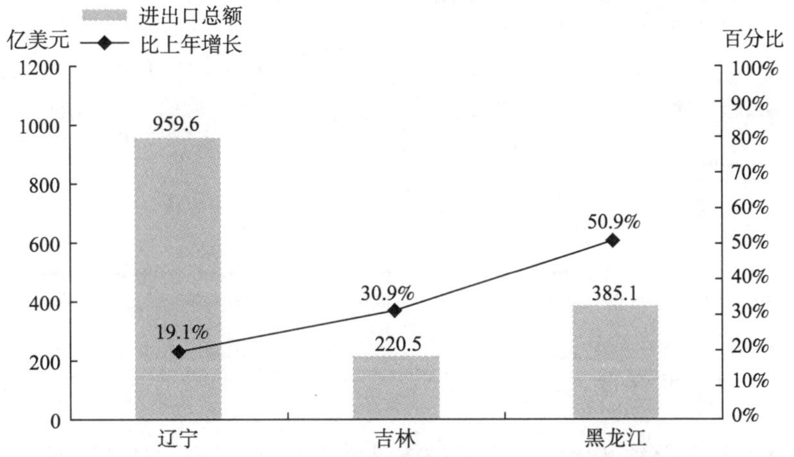

图 18－5 2011 年东北地区各省市进出口总额及增长速度

数据来源：《中国统计摘要 2012》

(5) 城镇居民人均可支配收入。2011 年东北地区城镇居民人均可支配收入稳步提升，辽宁、吉林、黑龙江分别为 20466.8 元、17796.6 元、15696.2 元，均比 2010 年有不同幅度的提升，分别增长 15.5%、15.5% 和 13.3%。2011 年东北三省城镇居民人均可支配收入及恩格尔系数见表 18－1。

表 18－1 2011 年东北地区城镇居民人均可支配收入情况及恩格尔系数

地区	城镇居民家庭人均可支配收入（元）	较 2010 年增加（%）	恩格尔系数（%）
辽宁	20466.8	15.55%	35.5
吉林	17796.6	15.48%	32.7
黑龙江	15696.2	13.28%	36.1

数据来源：《中国统计摘要 2012》

18.1.2 节能情况评述

2011 年，东北地区在节能方面抑制高耗能、高排放行业过快增长，加快淘汰落后产能，取得了良好的效果，在万元地区生产总值能耗、万元工业增加值能耗以及万元地区生产总值电耗方面均有不同程度地下降。

2011 年辽宁省单位 GDP 能耗为 1.096 吨标准煤，较 2010 年下降 3.4%；吉林省单位 GDP 能耗为 0.923 吨标准煤，较 2010 年下降 3.59%；黑龙江省单位 GDP 能耗为 1.042 吨标准煤，较 2010 年下降 3.5%。

在万元工业增加值方面，辽宁省、吉林省和黑龙江省 2011 年分别比 2010 年下降了

5.02%、4.19%和5.17%。万元地区生产总值电耗，辽宁省、吉林省和黑龙江省2011年分别比2010年下降了3.15%、3.9%和4.43%。2011年东北地区各省份单位能耗以及与2010年对比情况见表18-2。

表18-2 2011年东北地区各省份单位能耗情况

地区	万元地区生产总值能耗		万元工业增加值能耗较2010年上升或降低（±%）	万元地区生产总值电耗较2010年上升或降低（±%）
	2011年万元GDP能耗值（吨标准煤/万元）	较2010年上升或降低（±%）		
辽宁	1.096	-3.4	-5.02	-3.15
吉林	0.923	-3.59	-4.19	-3.9
黑龙江	1.042	-3.5	-5.17	-4.43

数据来源：http://www.gov.cn/gzdt/2012-08/16/content_2205174.htm

18.1.3 减排情况评述

2011年上半年，东北地区化学需氧量排放量为374.46万吨，同比降低1.96%；氨氮排放量为26.58万吨，较2010年增减0.01万吨；二氧化硫排放量为206.12万吨，同比降低1.96%；氮氧化物排放量为245.11万吨，同比上升4.07%。2011年辽宁省减排工作完成最好，其化学需氧量排放量、氨氮排放量、二氧化硫排放量分别同比下降2.19%、1.21%、3.91%，以上三项指标在东北地区均完成最好。

表18-3 2011年东北地区各省份主要污染物排放情况（万吨）

省份	化学需氧量			氨氮			二氧化硫			氮氧化物		
	2010年排放量	2011年排放量	同比上升或下降（%）	2010年排放量	2011年排放量	同比上升或下降（%）	2010年排放量	2011年排放量	同比上升或下降（%）	2010年排放量	2011年排放量	同比上升或下降（%）
辽宁	137.34	134.34	-2.19	11.25	11.11	-1.21	117.2	112.61	-3.91	102.02	106.28	4.17
吉林	83.43	82.47	-1.15	5.87	5.82	-0.91	41.69	41.32	-0.88	58.24	60.47	3.84
黑龙江	161.17	157.65	-2.18	9.45	9.65	2.03	51.34	52.19	1.65	75.27	78.36	4.1
合计	381.94	374.46	-1.96	26.57	26.58	0	210.23	206.12	-1.96	235.53	245.11	4.07

数据来源：http://www.zhb.gov.cn/gkml/hbb/qt/201209/t20120907_235881.htm

18.2 东北地区节能减排指标完成情况

18.2.1 节能目标实现情况

根据国务院《"十二五"节能减排综合性工作方案》要求，"十二五"时期辽宁、吉林、黑龙江在单位GDP能耗方面分别要达到降低17%、16%、16%的目标。2011年东北地区单位GDP能耗为1.02吨标准煤，较2010年下降3.5%，高于全国平均水平。其中辽宁单位GDP能耗为1.096吨标准煤，同比下降3.4%；吉林单位GDP能耗为0.923吨标准煤，同比下降3.6%，在东北地区节能效率最高；黑龙江单位GDP能耗为1.04吨标准煤，同比下降幅度为3.5%。根据2011年东北地区各省份节能目标完成整个“十二五”目标进度情况，东北地区2011年节能目标超额完成，为东北地区“十二五”节能目标的顺利完成奠定了良好的基础。东北地区各省份“十二五”时期节能目标及2011年完成情况见表18-4。

表18-4 东北地区各省份“十二五”时期节能目标及2011年完成情况

地区	“十二五”期间单位国内生产总值能耗降低率（%）	2011年较2010年单位国内生产总值能耗实际降低率（%）	目标完成进度比（%）
辽宁	-17	-3.4	20.00%
吉林	-16	-3.59	22.44%
黑龙江	-16	-3.5	21.88%

数据来源：http://www.gov.cn/zwgk/2011-09/07/content_1941731.htm、http://www.gov.cn/gzdt/2012-08/16/content_2205174.htm

18.2.2 减排目标实现情况

根据国务院《“十二五”节能减排综合性工作方案》及东北地区各省份环境保护“十二五”规划，对比2011年东北地区各省份实际减排情况，各省份“十二五”时期减排的目标及2011年实现情况为：

表18-5 “十二五”东北地区各省份减排目标及2011年减排目标实现情况（%）

地区	化学需氧量排放总量			氨氮排放总量			二氧化硫排放总量			氮氧化物		
	较2010年增加或减少	年平均降低目标	2011年实际降低	较2010年增加或减少	年平均降低目标	2011年实际降低	较2010年增加或减少	年平均降低目标	2011年实际降低	较2010年增加或减少	年平均降低目标	2011年实际降低
辽宁	-9.2	-1.84	-2.19	-11	-2.2	-1.21	-10.7	-2.14	-3.91	-13.7	-2.74	4.17
吉林	-8.8	-1.76	-1.15	-10.5	-2.1	-0.91	-2.7	-0.54	-0.88	-6.9	-1.38	3.84
黑龙江	-8.6	-1.72	-2.18	-10.4	-2.08	2.03	-2	-0.4	-1.65	-3.1	-0.62	4.1

数据来源：http://www.gov.cn/zwgk/2011-09/07/content_1941731.htm、http://www.zhb.gov.cn/gkml/hbb/qt/201209/t20120907_235881.htm

辽宁省：至2015年，化学需氧量排放量、氨氮排放量、二氧化硫排放量、氮氧化物排放总量分别比2010年降低9.2%、11%、10.7%、13.7%。2011减排实际情况为：化学需氧量排放量、氨氮排放量、二氧化硫排放量分别较2010年下降2.19%、1.21%、3.91%。与辽宁省“十二五”年减排平均降低目标相比，其2011年化学需氧量排放量和二氧化硫排放量指标均已达到年平均降低值，为“十二五”减排目标的实现打下良好基础，氨氮排放量降低率未达标，氮氧化物排放量较2010年增加4.17%，低于全国平均水平。

吉林省：至2015年，化学需氧量排放量、氨氮排放量、二氧化硫排放量、氮氧化物排放总量分别比2010年降低8.8%、10.5%、2.7%、6.9%。2011减排实际情况为：化学需氧量排放量、氨氮排放量、二氧化硫排放量分别较2010年下降1.15%、0.91%、0.88%，对比其

"十二五"年平均减排目标，除二氧化硫排放量以外，其余二项指标完成情况不好，为"十二五"后续几年减排目标的实现造成了压力。氮氧化物排放量较2010年上升3.84%，对比全国此项污染物同期排放情况，完成效果相对较好。

黑龙江省：到2015年化学需氧量、氨氮、二氧化硫、氮氧化物排放总量分别比2010年减少8.6%、10.4%、2%和3.1%。2011年黑龙江减排工作实际情况为：化学需氧量排放量、二氧化硫排放量分别较2010年下降2.18%、1.65%，对比其"十二五"减排年平均目标，这两项指标均超额完成年度任务，氨氮排放量与氮氧化物排放量分别较2010年上升2.03%、4.1%，完成效果不理想。

18.3 东北地区节能减排存在的问题与不足

东北地区作为我国的老工业生产基地，第二产业特别是工业所占比重较大，能源消耗高，能源消费结构依然是化石能源所占比重较高，污染排放量大。

东北地区产业结构调整进展缓慢，高耗能行业增长过快，工业能源消耗增速过高；市场化节能机制尚待完善，企业节能内生动力不足。

部分地方政府不够注重环保工作的进展，只强调GDP的增长，片面追求GDP增长的发展模式，导致许多地方高污染、高能耗企业所占比重仍然较大。

节能减排技术水平不高，推广力度不大，节能减排共性和关键技术研发力度不足。税收支持政策不足，节能减排市场化机制尚需完善。

第4篇　环保篇

节能环保产业是指为节约能源资源、发展循环经济、保护生态环境提供物质基础和技术保障的产业，是国家加快培育和发展的7个战略性新兴产业之一。节能环保产业涉及节能环保技术装备、产品和服务等，产业链长，关联度大，吸纳就业能力强，对经济增长拉动作用明显。加快发展节能环保产业，是调整经济结构、转变经济发展方式的内在要求，是推动节能减排，发展绿色经济和循环经济，建设资源节约型环境友好型社会，积极应对气候变化，抢占未来竞争制高点的战略选择。

从国际看，在应对国际金融危机和全球气候变化的挑战中，世界主要经济体都把实施绿色新政、发展绿色经济作为刺激经济增长和转型的重要内容。一些发达国家利用节能环保方面的技术优势，在国际贸易中制造绿色壁垒。为使我国在新一轮经济竞争中占据有利地位，必须大力发展节能环保产业。从国内看，面对日趋强化的资源环境约束，加快转变经济发展方式，实现“十二五”规划纲要确定的节能减排约束性指标，必须加快提升我国节能环保技术装备和服务水平。我国节能环保产业发展前景广阔。

本章我们重点介绍以大气污染防治、污水处理、固体废物利用为主体的环保产业动态。

19　环保产业概述

19.1　环保产业运行综述

2011年，我国环保产业实现了飞速发展，大气污染治理、污水处理和固体废物处理三大环保子行业，环保设备生产业、资源利用业和环保服务业均取得了显著成绩。

环保产业产品丰富，产业收入快速增长。我国环保产品已达三千多个品种，覆盖了污染治理和生态保护的各个领域。据测算，2010年全国环保产业从业单位3.5万家，从业人员三百多万人，产业收入达到了1.1万亿元，与2000年相比，产值增长了近5倍。2011年上半年，污水处理行业、废弃资源回收利用行业、环保设备制造行业的收入均实现了30%以上的增长速度。国家主席胡锦涛日前在亚太经合组织（APEC）工商领导人峰会上指出，预计"十二五"时期，中国环保产业将继续快速增长。2015年环保产业总产值有望超过2万亿元人民币。

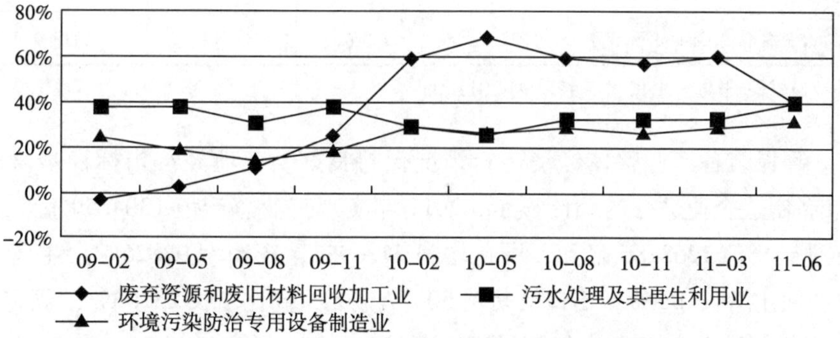

图19-1　2009—2011年6月我国环保产业主要子行业销售收入增长情况

数据来源：中国信息经济网2011.08

环保投资额持续增加。2010年，全国环境污染治理投资总额已达6654.2亿元，占当年GDP的比重为1.66%，其中，园林绿化、"三同时"环保投资和集中供热位居前三位，分别占投资总额的34.5%、30.55%和6.51%。"十二五"期间，我国将进一步加大环保投资力度，环保投资将达3.1万亿，较"十一五"上升121%，其中脱硫脱硝、城市污水和垃圾处理设施建设投资将达6000亿元，环境污染治理设施运行费用在1万亿左右。

环保装备产业发展成效显著。截至2010年底，全国从事环保装备制造的企业单位5000家左右，工业总产值近2000亿元，是2005年的3.5倍。从业人数50万人以上。环保装备的产品种类达到10000种以上，形成了包括大气污染治理、水污染治理、固体废物处理、噪声与振动控制、资源综合利用装备、环境监测专用仪器仪表以及环境污染治理配套材料和药剂等门类相对齐全的产品体系，基本满足国内市场对常规环保装备的需求。一批拥有自主知识产权的成套环保技术装备取得突破。炉排炉垃圾焚烧发电、污泥干化发电、城市污水处理厂成套设备等部分关键共性技术已经实现产业化；工业废水治理和消烟除尘技术已达到国际先进水平，并在环境污染治理领域得到推广应用；脱硫等技术装备逐步占据国内脱硫市场的主体地位；电除尘及袋式除尘的技术水平位居世界前列，不仅可满足国内需求，还出口到三十多个国家和地区。

表 19－1　2006—2010 年以来我国环境污染治理投资额

指标	2006	2007	2008	2009	2010
环境污染治理投资总额	2566.0	3387.3	4490.3	4525.3	6654.2
城市环境基础设施建设投资	1314.9	1467.5	1801.0	2521.0	4224.2
燃气	155.0	160.1	163.5	182.2	290.8
集中供热	223.6	230.0	269.7	368.7	433.2
排水	331.5	410.0	496.0	729.8	901.6
园林绿化	429.0	525.6	649.8	914.9	2297.0
市容环境卫生	175.8	141.8	222.0	316.5	301.6
工业污染源治理投资	483.9	552.4	542.6	442.6	397.0
“三同时”环保投资	767.2	1367.4	2146.7	1570.7	2033.0
环境污染治理投资总额占 GDP 比重	1.22	1.36	1.49	1.33	1.66

数据来源：国家统计局、中国信息经济网 2011.05

2011 年，环保装备产业整体经济运行情况保持良好，各项经济指标稳步增长。根据对 779 家环保装备制造企业进行的统计显示，2011 年实现工业总产值 1304.59 亿元，同比增长 31.64%；工业销售值 1268.86 亿元，同比增长 31.09%，产销率 97.26%。主营业务收入利润率 7.53%，同比增长 0.3%。出口交货值 50.77 亿元，同比增长 25.66%。固定资产计划投资 746 亿，同比增长 33.34%，本年新增固定资产 239 亿，同比增长 36.68%。本年企事业资金投入 359 亿，同比增长 48.41%。亏损企业 68 家，亏损面 8.72%，同比增长 1.67%。受宏观层面国家政策等因素影响，我国环保装备市场需求旺盛，发展潜力巨大。国民经济和社会发展第十二个五年规划纲要对环境保护提出了新的要求，节能降耗、减排治污的新任务为环保装备产业发展提供了新的驱动力。据估算，2012 年环保装备产业产值有望增长 20% 以上，相比 2011 年 1304.59 亿元的产值，今年有望达到 1565.51 亿元。其中，污水处理、垃圾处理、污泥处置和脱硝四大设备领域将有较大增长空间，受 PM2.5 以及环境约束指标提标的影响，大气污染领域的环境监测仪器仪表也将快速增长。“十二五”期间，环境污染治理投资总额将达到 3.1 万亿，这必将推动环保装备产业的发展。

资源综合利用业稳定发展。2011 年 1—3 月，我国资源利用业销售收入和利润总额快速增长的势头得到延续，废弃资源和废旧材料回收加工业的销售收入达到 575.39 元，同比增长

60.07%，销售成本532.05亿元，同比增速61.68%，实现利润总额18.18亿元，较去年同期增加7.3亿元。其中，金属废料和碎屑加工处理业实现销售收入523.13亿元，同比增长61.20%，占到资源综合利用业的91%，销售成本487.40亿元，同比增长63.31%，实现利润14.98亿元，同比增加5.81亿元；非金属废料和碎屑的加工处理业销售收入所占比例相对较小，为9%，实现销售收入49.56亿元，同比增长50%。行业总体亏损面有所缩小。2011年1—3月，废弃资源和废旧材料回收加工业亏损面为16.30%，较2010年四季度收窄了0.91个百分点。

环保服务业比重总体偏低。我国的环境产业发展尚处于产业化初期，由环境设施建设带动的设备制造和工程服务在产业中占主导位置，服务业比重相对偏低。我国目前的环境服务业所占比重仅为15%左右，与发达国家相比仍有很大差距。据中国水网统计，2010年末，我国环保服务业年收入总额约1500亿元，从业单位约12000个，从业人数达270万人。未来我国环保产业整体将逐渐进入由装备制造向服务业转变的结构调整阶段，环保服务业将快速发展。环境保护部科技标准司司长赵英民表示，“十二五”期间，我国环保产业年均增长速度将保持在15%以上，而其中环境服务业增长速度将达到40%左右，预计我国环保产业总收入将超过2万亿元，其中环境服务业产值占环保产业的比重将达到35%以上。

环保产业各细分行业发展水平参差不齐。大气污染治理一直以来是国家投资的重点。随着火电排放新标准的实施、火电脱硝电价补偿政策等一系列国家政策的出台，未来大气污染治理依然是环保工作的重中之重。污水处理行业作为典型的政策驱动型行业，近些年在相关行业政策的指引下，取得了快速发展，污水处理设施数稳步增加，处理能力持续提高。当前，我国生活污水处理行业正进入发展成熟期，而工业污水处理已步入高速成长期。受环境意识、政策法规、管理体制、运行机制、资金投入、技术装备、设施配套等诸多因素的影响与制约，目前，我国固体废物处理行业尤其是生活垃圾处理业仍处在起步阶段，已建处理设施运营情况不甚理想。而随着社会对固体废物关注的提高，政府对固废处理的日益重视，“十二五”将是固废投资水平由低向高迈进的一个拐点，固废投资将以30%的复合增速领先环保行业。预计未来，我国固体废物处理行业将迎来爆发性增长。

表19－2 我国环保细分行业发展现状

行 业	细分行业	发展阶段	行业壁垒	竞争程度	长期增长动力
污水处理	生活污水处理	成长期	低	激烈	排放量增加； 处理率提高； 排放标准提高。
	工业污水处理	成长期	高	一般	
固废处理	生活垃圾处理	初期	高	一般	
	污泥处理	初期	高	一般	
	医疗电子等危废处理	初期	高	一般	
大气污染治理	除尘	成长期	低	激烈	
	脱硫	成长期	低	激烈	
	脱硝	初期	高	一般	

资料来源：中国信息经济网2011.08

专栏19-1

环保服务业

环境设施运营服务产业是环境服务业的核心内容。随着国家减排战略的深入，建成的环境治理设施迅速增加，运营服务在实施减排战略中的重要性逐年加强，运营服务已经成为环境产业实现服务业转型的风标。而发展现代服务业，是中国经济战略升级与转型的主要方向，现代服务业是转变经济增长方式的载体。目前，环境服务业已经成为中国环境产业中增长最快的产业领域，是产业发展获得突破的关键点。同时，随着环境服务需求日益综合和深化，对环境产出要求日益明确，为环境产业的升级和转型带来良机。综合环境服务业正在成为环保产业的主流业态。

2009年5月，4万平方米的上海虹口区花园坊节能环保产业园正式开园。这里打造集展示、集成、交易、服务四大功能为一体的服务平台，力争形成节能环保市场领域的国际型展示、发布、交流、推广的示范展示交易基地。目前，上海环境能源交易所、上海市能效中心、上海科学节能展示馆等一批国家级、市级节能环保功能性机构已入驻。2010年上半年，虹口区节能环保产业销售收入达14亿元。虹口区将节能环保服务业作为发展“潜力股”，力争3至5年内形成产业链完善的节能环保服务体系。

19.2 环保产业主要政策措施

2011年以来，我国陆续出台了涵盖大气污染治理、污水处理和固体废物处理的一系列加强环保产业管理及行业发展的政策及文件，以下进行简要解读。

表19-3 2011年以来我国出台的环保产业主要政策

出台时间	政策名称	出台机构	主要内容
2011年4月5日	关于环保系统进一步推动环保产业发展的指导意见	国家环境保护部	明确环保部门推动环保产业发展的指导思想、基本原则与重点发展方向
2011年10月17日	关于加强环境保护重点工作的意见	国务院	全面提高环境保护监督管理水平，着力解决影响科学发展和损害群众健康的突出环境问题
2011年12月15日	国家环境保护“十二五”规划	国务院	为我国“十二五”的环保事业提出更严苛的标准
2012年3月2日	环保装备“十二五”发展规划	国家工业和信息化部、财政部	支持和鼓励研发大气污染治理装备、水污染治理装备、固体废物处理装备等7大类96项产品和技术，用于燃煤电厂、冶金企业除尘等环保和资源综合利用。

资料来源：本文整理

环保系统进一步推动环保产业发展的指导意见。2011年4月5日，国家环境保护部出台了《关于环保系统进一步推动环保产业发展的指导意见》，针对环保产业发展现存的薄弱环节，指出环保部门推动环保产业发展的指导思想、基本原则与重点发展方向；要求各环保部门充分认识环保产业的战略性、基础性地位，进一步发挥环保系统在推动环保产业发展中的作用；科学规划，提前发布环保要求，扩大环保产业有效需求；协调环境监管与环保市场监管，形成环保产业现实需求；大力推进环境服务体系建设，推动环保需求的产业化；突破自主创新瓶颈，提升环保产业技术装备水平；协调配合，创新实践，促进环保产业健康有序发展。《意见》系统地阐述了环保产业如何定位、环保产业不同时期的阶段性变化和需求，并提出要大力推进环境保护设备制造业、环境咨询服务业，推动环保部门结合自身职能、利用现代手段促进产业发展，提升产业水平和竞争力，深入贯彻落实《国务院关于加快培育和发展战略性新兴产业的决定》，积极推进我国环保产业发展。环保部门抓环保产业，有利于更好地履行自身职能、参与综合决策以及环境管理工作的不断创新。同时，作为环境管理的重要手段和产业支撑，环保产业发展水平和质量的提高具有积极意义。

加强环境保护重点工作的意见。2011 年 10 月 17 日，国务院公布《关于加强环境保护重点工作的意见》，要求全面提高环境保护监督管理水平，着力解决影响科学发展和损害群众健康的突出环境问题，改革创新环境保护体制机制，强调加大对电力行业二氧化硫和氮氧化物排放总量的控制，全面推行燃煤电厂脱硝，新建燃煤机组同步建设脱硫脱硝设施。对钢铁行业实行二氧化硫排放总量控制，强化水泥、石化、煤化工等行业二氧化硫和氮氧化物治理。多年来，我国积极实施可持续发展战略，将环境保护放在重要的战略位置，不断加大解决环境问题的力度，取得了明显成效。但由于产业结构和布局仍不尽合理，污染防治水平仍然较低，环境监管制度尚不完善等原因，环境保护形势依然十分严峻。该意见的出台有助于深入贯彻落实科学发展观，加快推动经济发展方式转变，提高生态文明建设水平。

国家环境保护“十二五”规划。2011 年 12 月 15 日，国务院印发了《国家环境保护“十二五”规划》，要求到 2015 年，主要污染物排放总量显著减少；城乡饮用水水源地环境安全得到有效保障，水质大幅提高；重金属污染得到有效控制，持久性有机污染物、危险化学品、危险废物等污染防治成效明显；城镇环境基础设施建设和运行水平得到提升；生态环境恶化趋势得到扭转；核与辐射安全监管能力明显增强，核与辐射安全水平进一步提高；环境监管体系得到健全。全面推进“十二五”期间环境保护事业的科学发展，加快资源节约型、环境友好型社会建设。“十一五”期间，国家将主要污染物排放总量显著减少作为经济社会发展的约束性指标，着力解决突出环境问题，在认识、政策、体制和能力等方面取得重要进展。超额完成了化学需氧量、二氧化硫排放量的减排任务，污染治理设施快速发展，环境执法监管力度不断加大，生态保护切实加强，人民群众参与程度进一步提高，“十一五”环境保护目标和重点任务全面完成。然而当前，我国环境状况总体恶化的趋势尚未得到根本遏制，环境矛盾凸显，压力继续加大。国家环境保护“十二五”规划为我国未来的环保事业提出了更严苛的标准，对于控制主要污染物排放总量、提高水质、空气质量、提升城镇基础设施建设和运行水平，扭转生态环境恶化趋势具有重要意义。

表 19-4 "十二五"我国环境保护主要指标

序号	指 标	2010 年	2015 年	2015 年比 2010 年增长
1	化学需氧量排放总量（万吨）	2551.7	2347.6	-8%
2	氨氮排放总量（万吨）	264.4	238.0	-10%
3	二氧化硫排放总量（万吨）	2267.8	2086.4	-8%
4	氮氧化物排放总量（万吨）	2273.6	2046.2	-10%
5	地表水国控断面劣Ⅴ类水质的比例（%）	17.7	<15	-2.7 个百分点
	七大水系国控断面水质好于Ⅲ类的比例（%）	55	>60	5 个百分点
6	地级以上城市空气质量达到二级标准以上的比例（%）	72	≥80	8 个百分点

数据来源：国务院 2011.12.15

环保装备"十二五"发展规划。2012 年 3 月 2 日，国家工业和信息化部、财政部公布了《环保装备"十二五"发展规划》，支持和鼓励研发大气污染治理装备、水污染治理装备、固体废物处理装备、资源综合利用装备、环境监测专用仪器仪表、环境污染治理配套材料和药剂以及环境应急装备等 7 大类 96 项产品和技术，用于燃煤电厂、冶金企业除尘、转炉烟气净化及煤气回收、电力行业脱硫脱硝、重型柴油机尾气净化、海上溢油应急处理等环保和资源综合利用。要求在"十二五"期间环保装备产业总产值年均增长 20%，2015 年达到 5000 亿元。环保装备出口额年均增长 30% 以上，2015 年突破 100 亿元。形成 10 个以上区位优势突出、集中度高的环保装备产业基地，10~20 个在行业具有领军作用的大型龙头环保装备企业集团，培育一批拥有著名品牌的优势环保装备企业。"十一五"期间，我国继续加大环境保护工作力度，主要污染物减排任务超额完成，治污设施建设快速发展，为环保装备创造了良好的市场空间，环保装备产业发展取得了显著成效。然而当前，我国的环保装备产业还存在产业规模较小，集中度偏低、技术创新能力不强，关键成套装备依赖进口、标准体系不完善，缺乏产品质量认证、引导产业健康发展的政策环境不健全等问题。该规划的提出旨在落实《国民经济和社会发展第十二个五年规划纲要》和《工业转型升级规划（2011—2015 年）》，全面提升环保装备产业水平，为建设资源节约型、环境友好型社会提供有效支撑和保障。

专栏 19-2

环保装备产业

环保装备是环境保护的重要物质技术基础，是实现污染物减排，建设资源节约型、环境友好型社会，确保环境安全的重要保障。根据工信部对全国 779 家主营业务收入在 2000 万以上的环保装备企业统计中显示，在 2011 年完成工业总产值达 1304 亿元。环保装备产业在过去几年的快速发展，最主要的原因来自于国家政策的驱动。从 2007 年《国家环境保护"十一五"规划》中指出要大力发展环保装备制造业，到 2012 年 3 月工信部发布的《环保装备“十二五”规划》。在5年的时间中，环保装备产业通过会议，政策，规划等方式被逐渐壮大起来。同时随着一系列密集的政策出台，环保装备产业的市场规模也在逐渐成熟。根据三星经济研究院研究报告显示：2007年国内环保装备市场的规模为529亿元，而到了2011年便增长为1545亿元。4年时间增长了192%。而2015年，预计我国环保装备市场规模将达4018亿元。

19.3　环保产业面临的主要问题与障碍

2011年，我国环保产业产品丰富，就业人口众多，产业收入快速增长，环保投资额持续增加，环保设备生产业、资源利用业和环保服务业三大环保环节均取得了阶段性进展。但是，环保产业仍存在如下问题：

一是环保服务业比重偏低。环保服务业比重增大是环境产业走向成熟的标志。发达国家环境产业中，服务业比重占到50%～60%，我国的环境产业发展尚处于产业化初期，由环境设施建设带动的设备制造和工程服务在产业中占主导位置，服务业比重相对偏低。我国目前的环境服务业所占比重仅为15%左右，与发达国家相比仍有很大差距。

二是污染防治水平较低。我国的环保产业结构和布局仍不尽合理，环保监管制度尚不完善，污染防治水平仍然较低，环境保护形势依然十分严峻，环境状况总体恶化的趋势尚未得到根本遏制，环境矛盾凸显，压力继续加大。

三是环保装备产业规模较小。我国的环保装备产业存在产业规模较小，集中度偏低、技术创新能力不强，关键成套装备依赖进口、标准体系不完善，缺乏产品质量认证、引导产业健康发展的政策环境不健全等问题。

专栏19－3

环保企业规模小，技术开发能力弱

统计资料显示，到2010年底，我国从事环保装备制造的企事业单位已有5000余家，但90%是中小民营企业。从企业规模上看，国内从事环保装备制造的企业平均产值仅有4000万元，环保设备的技术水平比西方发达国家落后20年，整体实力相当薄弱。环保企业规模小，必然造成产业综合供应能力、供给水平相对较低，与我国庞大的市场需求不相适应。这就要求，为迅速做大做强环保产业，宜采取重组、兼并、上市、联合等方式，走专业化、集团化、社会化、规模化集约经营的道路，造就一支环保产业的主力军、生力军。

根据《环保装备“十二五”发展规划》，“十二五”期间我国将会形成10～20个在行业具有领军作用的大型龙头环保装备企业，目的就是要解决装备行业技术能力不强，关键成套装备依赖进口的问题。

19.4　环保产业发展趋势

我国环保产业取得了阶段性成就，产业收入快速增长，环保投资额持续增加，但同时也存在产业结构和布局不尽合理，环境服务业比重偏低等典型问题，未来环保产业发展将呈现以下趋势：

（一）环保投资力度将进一步加大。“十二五”期间，我国将进一步加大环保投资力度，环保投资将达3.1万亿，较“十一五”上升121%，其中脱硫脱硝、城市污水和垃圾处理设施建设投资将达6000亿元，环境污染治理设施运行费用在1万亿左右。

（二）环保产业将获得更广泛的政策支持。《节能环保产业“十二五”发展规划》、《国家环境保护标准“十二五”发展规划》有望近期出台。规划拟对节能产业、环保产业和循环利用产业提供技术、产品和服务等支持，促进绿色经济产业链的形成与发展，提出到“十二五”末，国内节能环保产业总产值要达到4.5万亿元，增加值占GDP比重达到2%左右，产值年均增长15%以上。其中，核心领域的环保装备产业和环境服务业产值分别各达5000亿元。鼓励有实力的节能环保类公司做大做强，“十二五”期间，要形成100家左右年产值在10亿元以上的环保企业，其中包括50家环境服务型企业。同时，解决污染物削减与环境质量“两张皮”的问题，实现环境管理重心由污染控制向质量控制升级，加快完善五大环保科技标准体系，即环境科技创新体系、环保标准体系、环境技术管理体系、环保产业培育体系和科技环保体系。

（三）环境保护成为国际竞争的重要组成部分。目前，全球环保产业开始步入快速发展阶段，逐渐成为支撑产业经济效益增长的重要力量，并正在成为许多国家革新和调整产业结构的重要目标和关键。当前国际政治、经济一体化背景下，国际竞争的内涵和外延更加广泛，已经从传统的经济、技术、军事等领域延伸到环境领域。

截至2011年底，在全球环保市场份额中，美国占据36%，位居第一；欧洲排名第二；日本排名第三。

美国是世界最大环境技术生产者与消费者，其环保产业大致分为14个领域，目前已呈现出成熟工业的特征：增长速度减缓、同行竞争激烈、客户需求多样、价格竞争激烈、利润减少、企业兼并频繁。美国环保产业在环境服务业、环保设备等多数领域具有较强的竞争力。创造了环保产业多数的出口产值和大型建设项目的管理权。在固体废弃物管理、有害废弃物管理、环境工程、补救措施、分析领域、信息系统等方面遥遥领先于世界平均水平。近年来，美国环保产业正转向迅速崛起的污染防治领域，这一领域仅创造了1%的产值。

欧洲在环保领域始终处于世界领先地位。在德国，节能环保产业已成为一大支柱产业，其节能环保理念深入身心，政策面面俱到，措施渗透到生产、生活各个环节。在德国工商会注册的环保企业达1.1万多家，从业人数近200万人，约占总就业人数的4%。全球市场近1/5的环保产品来自德国，该国环保技术贸易额占世界总贸易额的1/6。2012年1月31日，德国环境部发布的《德国环保产业报告》显示，德国环保产业已成长为年产值760亿欧元，占世界环保产业贸易额的15.4%，近80%的环保产业生产领域为研究和知识密集型的产业。

在日本，环保技术和产品出口已成为日本出口的主要支柱之一，日本的环保技术领先世界水准。2010年3月31日，日本政府提出中长期温室气体削减路线图，即到2020年减少25%，2050年减少80%，这一承诺强有力促进了日本企业对环保技术和产品的投入。

专栏 19 -4

环保产业的国际竞争

环境问题是一个涉及经济、政治、社会、文化、科技等多层次多维度的复杂体。环境性质决定了环境保护对国际竞争正在产生重大影响。环保产业和技术直接成为国际经济科技竞争的新领域。在世界科技和产业调整变革中，绿色经济、环境技术扮演着越来越重要的角色。谁在有利于环境保护的产品设计、技术创新方面占据优势，谁就会在新的国际竞争中占据主动。为此，世界各国纷纷出台优惠和倾斜政策，投入巨额资金，加大对节能环保技术的支持力度，努力抢占未来经济科技竞争制高点。英国制定《英国低碳转型计划》国家战略白皮书、《低碳工业战略》等文件，大力提高相关技术，2002—2008 年间，政府每年提供 5 亿英镑用于可再生能源开发。日本 2007 年内阁会议制定“21 世纪环境立国战略”，2009 年公布《绿色经济与社会变革》。美国 2010 年年度预算中，仅对清洁燃煤技术的研究就提供了 150 亿美元的拨款。

20 大气污染治理

根据2011年中国环境状况公报（中国环境保护部）显示，我国大气质量有一定好转。在全国325个地级及以上城市的空气质量监测中，3.1%城市达到一级标准，85.9%的城市达到二级标准，9.8%城市达到三级标准，1.2%的城市劣于三级标准。与2010年相比，城市空气质量达标（达到或优于二级标准）的城市比例增加了6.2%。全国二氧化硫排放总量为2217.9万吨，比上年下降2.21%；氮氧化物排放总量为2404.3万吨，比上年上升5.73%。化学需氧量排放总量为2499.9万吨，比上年下降2.04%；氨氮排放总量为260.4万吨，比上年下降1.52%。其中，农业源化学需氧量排放量为1185.6万吨，比上年下降1.52%；氨氮排放量为82.6万吨，比上年下降0.41%。

20.1 大气污染治理业运行综述

虽然大气质量有所好转，但是大气污染状况依然严峻。根据中经网的中国环保行业分析报告显示，2011年，国内氮氧化物排放量不降反升，上升幅度达到7.2%。美国大使馆公布的北京地区PM2.5数据更是引起了国内的巨大反响，为我国的环境监测问题敲响警钟。虽然近几年我国的空气质量已经得到了很大改善，但空气状况恶化的趋势仍未得到根本遏制，环境矛盾突出，一些重点城市大气灰霾现象仍十分突出，人民群众对环境的诉求不断提高。

表20-1 全国近年废气中主要污染物排放量 单位：万吨

年度	二氧化硫			烟尘			工业粉尘	氮氧化物		
	合计	工业	生活	合计	工业	生活		合计	工业	生活
2001	1947.8	1566.6	381.2	1069.8	851.9	217.9	990.6	—	—	—
2002	1926.6	1562	364.6	1012.7	804.2	208.5	941	—	—	—
2003	2158.7	1791.4	367.3	1048.7	846.2	202.5	1021	—	—	—
2004	2254.9	1891.4	363.5	1094.9	886.5	208.4	904.8	—	—	—
2005	2549.3	2168.4	380.9	1182.5	948.9	233.6	911.2	—	—	—
2006	2588.8	2237.6	351.2	1088.8	864.5	224.3	808.4	1523.8	1136	387.8
2007	2468.1	2140	328.1	986.6	771.1	215.5	698.7	1643.4	1261.3	382
2008	2321.2	1991.3	329.9	901.6	670.7	230.9	584.9	1624.5	1250.5	374
2009	2214.4	1865.9	348.5	847.7	604.4	243.3	523.6	1692.7	1284.8	407.9
2010	2185.1	1864.4	320.7	829.1	603.2	225.9	448.7	1852.4	1465.6	386.8
增长率（%）	-1.3	-0.1	-7.9	-2.2	-0.1	-7.2	-14.3	9.4	14.1	-5.2

数据来源：中国环保部2011年

专栏 20－1

PM2.5 简介

PM2.5 是指大气中直径小于或等于 2.5 微米的颗粒物，也称为可入肺颗粒物。PM2.5 产生的主要来源是日常发电、工业生产、汽车尾气排放等过程中经过燃烧而排放的残留物，与较粗的大气颗粒物相比，PM2.5 粒径小，富含大量的有毒、有害物质且在大气中的停留时间长、输送距离远，因而对人体健康和大气环境质量的影响更大。2011 年 11 月 1 日，国家一批新的环保法规、标准开始实施，其中包括《环境空气 PM10 和 PM2.5 的测定重量法》。国务院总理温家宝在十一届全国人大五次会议上所作的政府工作报告中强调，“今年在京津冀、长三角、珠三角等重点区域以及直辖市和省会城市开展细颗粒物（PM2.5）等项目监测，2015 年覆盖所有地级以上城市。”

一度被认为是中国 PM2.5 污染最严重的城市之一的深圳很早就开始部署 PM2.5 监测，目前全市已有 18 个监测点完全具备 PM2.5 监测的能力。深圳市 PM2.5 占 PM10 质量浓度比约为 70%，这表明目前空气质量监测的 PM10 指标中，七成为 PM2.5。从 2005 年至 2011 年 12 月，深圳市主要站点自动监测的 PM2.5 年均浓度在 $33\mu g/m^3$ 至 $62\mu g/m^3$ 之间。深圳 PM2.5 日均浓度超标率呈逐年下降趋势。

也正是因为严峻的内外部压力，作为环保产业的重要分支，大气污染治理仍是国家投资的重点，远高于污水治理和固体废弃物处理的投入力度，基本形成了大气污染治理行业的完整产业链。

（一）大气污染治理投资力度加大。2005—2010 年，废气治理投资约占当期工业源污染治理投资的 43%。而 2010 年工业污染治理项目完成投资额中，治理废气达到 188.8 亿元，更是占到总投资额的 47.56%。“十一五”期间，我国实现二氧化硫、化学需氧量排放总量分别下降 14.29% 和 12.45%，圆满完成了“十一五”规划纲要的要求。“十二五”期间，我国将继续加大对大气污染的治理力度，加强对“电力、钢铁、造纸、印染”等行业实行主要污染物排放总量的严格控制。

（二）大气污染治理设施建设发展显著。根据《2011 中国统计年鉴》显示，2010 年全国共有废气治理设施 187401 套，比 2009 年的 176489 套增加了 6.2%。在脱硫行业，“十一五”期间我国累计建成 5.78 亿千瓦燃煤电厂脱硫设施，其中 2010 年新增燃煤脱硫机组装机容量 1.07 亿千瓦；火电脱硫机组装机容量达到 5.78 亿千瓦，占全部火电机组的比例从 2005 年的 12% 提高到 82.6%。2011 年，又新建成投运脱硫机组装机容量 6800 万千瓦，钢铁烧结机烟气脱硫设施 93 台，烧结总面积 1.58 万平方米。

（三）大气污染治理产业链逐渐形成。我国大气污染治理产业链包括上游的脱硫脱硝、除尘设备产业和下游的脱硫脱硝、除尘运营产业。上游的脱硫脱硝、除尘设备产业是大气污染治理产业链的核心产业。在上市的脱硫脱硝设备企业中主要有凯迪电力、龙净环保、浙大网新、菲达环保、环保股份几家公司。除去以上几家以环保作为主业的上市公司外，还有 22 家左右的公司也介入到环保行业中。以上企业基本集中在电力行业的脱硫除尘的领域，事实上在这个领域也集中了五大发电集团下属环保公司：国电科技环保集团、远达环保、华电工程、大唐环境、苏源环保等。除尘设备企业获得大气污染行业中国名牌产品称号的环保产品有：福建龙净环保股份有限公司生产的龙净牌电除尘器、浙江菲达环保科技股份有限公司生产的菲达牌电除尘器、江苏科林集团有限公司生产的宝带牌袋式除尘器、浙江洁华环保科技股份有限公司生产的洁华牌袋除尘器、江苏牧羊集团有限公司生产的牧羊牌袋式除尘器和河南中材环保有限公司生产的中利环保牌袋式除尘器。获中国名牌产品的这 6 家企业，产值约占全国大气污染治理行业总产值的 8%。这 6 家企业的产品在钢铁、水泥、电厂等行业有着比较强的市场影响力。下游的脱硫脱硝、除尘运营企业包括燃煤发电企业、纯工医药企业、水泥企业、陶瓷企业、钢铁机械企业等。

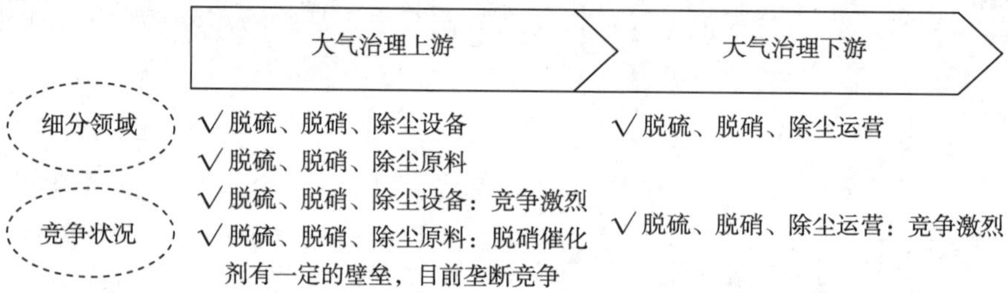

图 20－1　大气污染治理产业链概况

资料来源：全球节能环保网 2012 年 03 月 21 日

20.2　大气污染治理工作主要政策措施

2011 年以来，我国陆续出台了涵盖脱硫、脱硝和除尘的一系列加强大气污染治理行业管理及行业发展的政策及文件，以下进行简要解读。

表 20－2　2011 年以来我国出台的大气污染治理业工作主要政策

出台时间	政策名称	出台机构	主要内容
2011 年 9 月	火电厂大气污染物排放标准	环保部	防治火电厂大气污染物排放造成的污染，促进火力发电行业的技术进步和可持续发展。
2011 年 11 月	脱硝电价补偿政策	国家发改委	对安装并正常运行脱硝装置的燃煤电厂每千瓦时加价 0.8 分钱。
2011 年 12 月	环境空气质量标准	环保部	调整了污染物项目及限值，增设了 PM2.5 平均浓度限值和臭氧 8 小时平均浓度限值，收紧了 PM10、二氧化氮等污染物的浓度限值。
2012 年 3 月	关于加强环境空气质量监测能力建设的意见	环境保护部	要求到 2015 年建成国家环境空气质量监测网络。

资料来源：本文整理

火电厂大气污染物排放标准。2011 年 9 月环保部发布了新的《火电厂大气污染物排放标准》，并于 2012 年 1 月 1 日起实施，以进一步贯彻《中华人民共和国环境保护法》、《中华人民共和国大气污染防治法》等法律法规，保护环境，改善环境质量，防治火电厂大气污染物排放造成的污染，促进火力发电行业的技术进步和可持续发展。长期以来，火电行业一直是大气污染的主要排放源。新标准的制定相较2003年第二次修订的限值更为严苛，其中100mg/m^{3}的脱硝指标超过了欧美各国，堪称世界“史上最严”标准，充分体现我国政府治理火电尾气污染物排放的决心。新标准的出台将带给脱硝行业巨大的市场。环保部预测，新标准实施后，到2015年，需要新增烟气脱硝容量8.17亿千瓦，共需脱硝投资1950亿元，2015年需运行费用612亿元。

脱硝电价补偿政策。2011年11月30日，国家发改委出台脱硝电价补偿政策，对安装并正常运行脱硝装置的燃煤电厂每千瓦时加价0.8分钱。按照国家节能减排工作总体部署，“十二五”期间，我国要完成全国氮氧化物排放量削减10%的目标。2011年9月，国家环保部发布了新的《火电厂大气污染物排放标准》，大幅提高火电厂污染物排放要求，其中氮氧化物排放执行“史上最严”标准。据预测，火电厂大气污染物排放新标准实施后，到2015年，火电烟气脱硝容量将达到7.2亿千瓦，需要上千亿的脱硝投资和大量的运行费用。但由于目前火电企业因电煤价格持续上涨，行业大面积亏损，生产经营困难，环保排放标准的提高所需要大量的资金和成本将难以消化。脱硝电价补偿政策的出台有助于提高火电企业脱硝的积极性，通过加价弥补脱硝成本增支。

环境空气质量标准。2011年12月30日，环保部常务会议审议并原则通过新修订的《环境空气质量标准》。该标准调整了污染物项目及限值，增设了PM2.5平均浓度限值和臭氧8小时平均浓度限值，收紧了PM10、二氧化氮等污染物的浓度限值。实施《环境空气质量标准》是新时期加强大气环境治理的客观需求。随着我国经济社会的快速发展，以煤炭为主的能源消耗大幅攀升，机动车保有量急剧增加，经济发达地区氮氧化物（NOx）和挥发性有机物（VOCs）排放量显著增长，臭氧（O_3）和细颗粒物（PM2.5）污染加剧，在可吸入颗粒物（PM10）和总悬浮颗粒物（TSP）污染还未全面解决的情况下，京津冀、长江三角洲、珠江三角洲等区域PM2.5和O_3污染加重，灰霾现象频繁发生，能见度降低，迫切需要实施新的《环境空气质量标准》，增加污染物监测项目，加严部分污染物限值，以客观反映我国环境空气质量状况，更好地推进大气污染治理工作的进程。

加强环境空气质量监测能力建设的意见。2012年3月23日，国家环境保护部发布《关于加强环境空气质量监测能力建设的意见》，要求到2015年建成国家环境空气质量监测网络。各地环保部门要积极协调同级财政部门，将环境空气质量监测能力建设和运行保障费用纳入各级公共财政预算。按照新颁布的《环境空气质量标准》，对细颗粒物（PM2.5）、臭氧（O_3）、一氧化碳（CO）等监测指标，2012年在京津冀、长三角、珠三角等重点区域以及直辖市、省会城市和计划单列市开展监测（所有国控点位，下同），2013年在113个环境保护重点城市和环保模范城市开展监测，2015年在所有地级以上城市开展监测。自2016年1月1日起，以上各地均按照新标准监测和评价环境空气质量状况，并向社会逐点实时发布监测结果。意见提出，“十二五”期间，环境空气质量监测能力建设的总体目标是：整合国家大气背景监测网、农村监测网、酸沉降监测网、沙尘天气对大气环境影响监测网、温室气体试验监测等信息资源，增加监测指标，建立健全统一的质量管理体系和点位管理制度，完善空气质量评价技术方法与信息发布机制。该意见的提出有助于全面实施环境空气质量新标准，提高环境监测公共服务水平，使环境空气质量评价结果更加符合实际状况，更加接近人民群众切身感受。

专栏 20 -2

脱硝电价补偿

2011 年 11 月 30 日，国家发改委宣布，为提高火电企业脱硝的积极性，对安装并正常运行脱硝装置的燃煤电厂，每千瓦时加价 0.8 分钱，以弥补脱硝成本增支。这次发改委的脱硝电价补偿，可以看做是确保早前国家环保部发布的新《火电厂大气污染物排放标准》贯彻实施的有力举措。

目前，火电厂应用的脱硝手段有 3 种：低氮燃烧脱硝、选择性催化还原法（SCR）脱硝和选择性非催化还原法（SNCR）脱硝。低氮燃烧脱硝是在燃烧过程中控制氮氧化物的产生，也称前端脱硝；SCR 和 SNCR 是对燃烧锅炉排放的尾气进行脱硝，净化尾气中的氮氧化物，也称后端脱硝。国内的脱硝机组 70% 采用了 SCR 尾气脱硝技术，低氮燃烧脱硝目前在 300MW 以上新建机组都有应用，但为了进一步提升脱硫效率，需要跟 SCR 系统联合使用。就 SCR 脱硝而言，催化剂是烟气脱硝的核心物质，其质量的优劣将直接决定烟气脱硝率的高低。SCR 脱硝催化剂的组成、结构、寿命等直接决定烟气脱硝系统的效率，是 SCR 脱硝系统中最关键的环节。SCR 催化剂约占脱硝工程总造价的 40% 左右。之前，国内尚无完全自主研发的催化剂生产工艺，技术多从日本和美国引进，使得火电脱硝成本长期居高不下。

20.3 大气污染治理面临的主要问题与障碍

2011 年，我国空气质量明显好转，大气污染治理投资力度加大，大气污染治理设施建设取得显著发展，大气污染治理产业链逐渐形成。但是，大气污染治理行业仍存在如下问题：

一是大气污染依然严重。随着我国经济社会的快速发展，以煤炭为主的能源消耗大幅攀升，机动车保有量急剧增加，经济发达地区氮氧化物（NOx）和挥发性有机物（VOCs）排放量显著增长，臭氧（O_3）和细颗粒物（PM2.5）污染加剧，在可吸入颗粒物（PM10）和总悬浮颗粒物（TSP）污染还未全面解决的情况下，京津冀、长江三角洲、珠江三角洲等区域 PM2.5 和 O_3 污染加重，灰霾现象频繁发生，能见度降低。

二是区域性大气污染严重。近年来，我国一些地区酸雨、灰霾和光化学烟雾等区域性大气污染问题日益突出，京津冀、长三角、珠三角等区域每年出现灰霾污染的天数更是达到 100 天以上，严重威胁群众健康，影响环境安全。导致区域性大气污染的原因，与我国一些地方长期以来经济发展方式粗放、产业结构不合理密切相关。同时，因大气环流造成城市间污染物相互影响，仅仅依靠各个城市“各自为战”，没有形成区域性治污合力，很难解决目前酸雨、灰霾和光化学烟雾污染的问题。

专栏 20 - 3

区域性大气污染

我国大气污染的区域性特征日趋明显，一些地区酸雨、灰霾和光化学烟雾等大气污染问题频繁发生，严重威胁人民群众身体健康。而城市间大气污染又相互影响，使大气污染问题更加复杂，单独依靠一个城市的力量很难彻底解决大气污染问题。为此，2010 年 5 月，国务院办公厅转发了环境保护部、国家发改委等 9 部门共同制定的《关于推进大气污染联防联控工作改善区域空气质量的指导意见》。实际上，早在“指导意见”出台之前，我国一些地区已经开始探索大气污染联防联控机制，比如京津冀、长三角、珠三角等地，都在大气污染联防联控方面进行积极探索，并取得了一定的成效。不过，目前我国已经开展的大气污染联防联控大都是为保障一项重大活动举办期间的空气质量而展开的。比如，为了确保奥运会期间的空气质量，京津冀等地开展了联防联控；为保障世博会的顺利举办，位于长三角的上海、江苏、浙江 3 个省（市）采取区域联防联控措施，改善区域环境质量；为确保亚运会期间能拥有一片蓝天，广东省采取积极措施，推进珠三角各地开展大气污染联防联控。由于联防联控措施是围绕一项重大活动而制定实施的，具有临时性的特点，活动结束后，一些措施得不到坚持，造成了区域大气污染反弹。因此，建立大气污染联防联控的长效机制已成为当务之急。

欧盟的大气污染联防联控一直走在世界前列。在加强区域大气环境保护工作中，欧盟定期制定包括区域联防联控目标和措施在内的欧共体环境行动规划，还建立了欧盟及其成员国的协调保护机制、区域保护管理协调机制、环境空气质量目标机制、跨境污染防治合作机制、信息通告与报告机制等大气污染联防联控机制，加强欧盟各国之间的环境信息沟通，协调各国的立场，确保大气污染联防联控取得实效。

20.4 大气污染治理业发展趋势

从上文我们可以看出，我国大气污染治理行业取得了显著成就，行业投资力度加大，大气污染治理设施建设迅速发展，大气污染治理产业链逐渐形成，同时也存在大气污染依然严重，尤其是区域性大气污染严重等典型问题。

大气污染治理业的发展将呈现以下趋势：

（一）各行业脱硫脱硝步伐将加快。未来我国将持续推进电力行业污染减排，同时加快其他行业脱硫脱硝步伐。新建燃煤机组同步建设脱硫脱硝设施，加快未安装脱硫设施的现役燃煤机组的淘汰或建设脱硫设施，烟气脱硫设施取消烟气旁路。加快燃煤机组低氮燃烧技术改造和烟气脱硝设施建设，加强对脱硫脱硝设施运行的监管，对不能稳定达标排放的设施限期进行改造。推进钢铁行业二氧化硫排放总量控制，全面实施烧结机烟气脱硫，新建烧结机应配套建设脱硫脱硝设施。加强水泥、石油石化、煤化工等行业二氧化硫和氮氧化物治理。石油石化、有色、建材等行业的工业窑炉进行脱硫改造。新型干法水泥窑进行低氮燃烧技术改造，新建水泥生产线安装高效的脱硝设施。因地制宜开展燃煤锅炉烟气治理，新建燃煤锅炉安装脱硫脱硝设施，现有燃煤锅炉实施烟气脱硫，东部地区的现有燃煤锅炉安装低氮燃烧装置。

（二）钢铁行业脱硫治理是未来脱硫市场的焦点。在“十二五”期间，国家非火电脱硫治理的重点将在钢铁行业，尤其是钢铁行业的烧结机烟气脱硫，工业和信息化部已经发布《钢铁行业烧结烟气脱硫实施方案》，钢铁行业脱硫规划正式启动。

（三）袋式除尘将受宠。由于国家烟尘排放标准越来越严格，除尘行业的前景看好。在除尘技术中，袋式除尘器具有收尘效率高、运转稳定、适应性强、操作技术简单、能捕集电除尘难以捕集的粉尘等优点，使袋式除尘器的应用将越来越广泛。预计“十二五”期间，袋式除尘市场规模将达到600亿元以上。

（四）大气污染领域的环境监测仪器仪表市场将快速发展。受环境约束指标提标的影响，以及PM2.5和臭氧参数纳入监测体系，我国大气污染领域的环境监测仪器仪表市场将快速发展。据国都证券预计，以2015年前我国388个地级以上城市监测点为基础，可以监测PM2.5参数的产品市场规模可能达到8亿到16亿元之间。

（五）大气污染联防联控工作将展开。随着2010年5月《关于推进大气污染联防联控工作改善区域空气质量的指导意见》的提出，采取区域联防联控措施解决区域大气污染问题被正式提上议程。开展大气污染联防联控工作的重点区域是京津冀、长三角和珠三角地区，重点污染物是SO_2、NOx、PM、VOCs等，重点行业是火电、钢铁、有色、石化、水泥、化工等，重点企业是对区域空气质量影响较大的企业，需解决的重点问题是酸雨、灰霾和光化学烟雾污染等。以环境优化经济为基本思想，建立区域大气污染联防联控机制，统筹区域环境容量资源，打破大气污染防治属地管理的局限，实施多污染物协同控制，区域联动共同提升大气污染防治水平，将在破解大气复合型污染问题上取得突破。

（六）PM2.5监测国家技术标准将出台。自2012年初，PM2.5监测指标正式纳入环境空气质量标准体系，PM2.5的监测便受到广泛争议，除了选址的争议，监测设备和监测方法也颇受异议。初步估算，全国388个地级以上城市大概要布设1500个PM2.5监测点，这个过程前期需要的投入将超过二十多亿元，每年新增的费用也将超过1个亿。在监测方法方面，目前PM2.5的自动监测，国际常用方法为称重法、β射线法和光散射法。仪器不同、方法不同都可造成数据上的差异，即使一种仪器，厂家不同，也会形成差异。因此，PM2.5监测也被视作“世界性的难题”。而PM2.5监测技术规范的出台将有助于我国监测设备适应性检测体系的建立，指导PM2.5监测在全国的开展，规范监测技术、设备选型等工作。

专栏20-4

钢铁行业脱硫

钢铁行业烟气脱硫一直以来都是环保治理的重点，十一五、十二五已经将其提上日程。据统计2011年我国钢铁行业重点统计企业吨钢二氧化硫、吨钢烟粉尘、吨钢化学需氧量、吨钢氨氮分别为1.53kg、1.1kg、0.06kg、0.006kg，比2010年分别下降2.5%、2.7%、18.7%、8.9%，排放总量基本得到了控制。“十二五”期间我国已明确要求，钢铁业实现全脱硫。钢铁行业烧结烟气脱硫已经列为十二五钢铁业环境治理的重点。目前钢铁行业执行的大气排放相关标准主要依据综合排放标准、工业窑炉排放标准等，具体针对钢铁行业的排放标准一直在制定之中，其中有几项争议较大，比如烧结烟气脱硫排放浓度指标。预计2012年年内将推出钢铁二氧化硫排放浓度标准，钢铁企业在选择烧结脱硫技术上将有新的依据标准。

20.5 典型大气污染治理企业动态

20.5.1 菲达环保

浙江菲达环保是全国大气污染治理行业的龙头企业，环保产业中唯一的国家重大技术装备国产化基地。2010年公司总资产21.58亿元，实现销售收入15.62亿元，签订合同21亿元，其中海外订单13亿元。

公司在大气污染治理领域具有较强的科技开发、成果转化能力和丰富的工程经验，具备60万千瓦以上大型燃煤电站除尘、输灰、脱硫系统环保装备成套能力。主导产品为电除尘器、布袋除尘器、电-袋复合除尘器、烟气脱硫设备、垃圾焚烧尾气处理设备等。公司已承担国家高技术研究（863计划）项目、国家重大技术装备创新研制项目等四十多项，省部科技攻关项目五十多项，组织制、修订国家及行业标准49项。其研制的科技成果为推动我国环保装备技术的快速发展和赶超世界先进水平做出了显著贡献。

旋转电极式电除尘器就是菲达的创新成果之一。对于中国大多数煤种，使用常规电除尘器就可以达到30mg/Nm^{3}的火电厂烟尘排放新标准。但高比电阻粉尘引起的反电晕、振打引起的二次扬尘等常规电除尘器固有的技术瓶颈，在很大程度上影响了其除尘效率。为了突破电除尘器的技术瓶颈，菲达环保成立了以电除尘器研究所为核心的攻关组，专门进行旋转电极电除尘技术的立项研究。通过建立每小时可处理烟气量为25000立方米的热态旋转电极式电除尘器中试装置，和电场有效高度达15米、有效长度达4米的旋转电极电场结构可靠性验证实体试验装置，并通过大量的试验和验证，菲达终于全面攻克和掌握了设备的可靠性、零部件的使用寿命、选型设计的准确性等多项技术难点。旋转电极式电除尘器的收尘机理与常规电除尘器完全相同，并保留了常规电除尘器的优点。旋转电极式电除尘器由前级固定电极电场和后级旋转电极电场组成，旋转电极电场中阳极部分采用旋转的阳极板和旋转的清灰刷。附着于旋转阳极板上的粉尘在尚未达到形成反电晕的厚度时就被布置在非电场区的旋转清灰刷彻底清除，因此不会产生反电晕现象且没有二次扬尘。2010年7月，菲达环保与北方联合电力包头第一热电厂签约，由菲达环保对电厂1号炉300兆瓦燃煤机组进行改造，仅用了二个月时间就完成了旋转电极式电除尘器的安装、调试，并投入工业化应用，除尘效率提高了50%~70%。

21 固体废物利用

21.1 固体废物利用行业运行综述

2011 年，我国固体废物处理行业尚处在起步阶段，工业固废获阶段性成就，生活垃圾处理增长空间巨大。

垃圾产量不断增加。根据世界银行的调查，从 2004 年起，我国已经超过美国成为世界最大的固体废弃物制造者。根据国家统计局的统计数据显示，2010 年我国城市生活垃圾产量 1.58 亿吨，工业固体废物产量 24.09 亿吨。《全国城镇环境卫生“十一五”规划》中预测，2015 年和 2020 年我国城市垃圾年产量将达 1.79 亿吨和 2.1 亿吨，而这一预测明显还过于保守，世纪证券根据对最新数据的研究认为，2015 年和 2020 年我国城市垃圾产量将分别为 2.60 亿吨和 3.23 亿吨，年复合增长速度达到 3.28%。

表 21－1 我国近几年城市生活垃圾产量

年 份	总人口（万）	城镇人口数（万）	城镇化率（%）	城镇垃圾产量（万吨）
2006	131448	58288	44.34	14841.3
2007	132129	60633	45.89	15214.5
2008	132802	62403	46.99	15437.7
2009	133450	64512	48.34	15733.7
2010	134091	66978	49.95	15804.8

数据来源：国家统计局

垃圾处理能力大幅增加。“十一五”期间，我国新增生活垃圾无害化处理能力 13 万吨/日，垃圾无害化处理率由 51.7% 提高到 77.9%。

表 21－2 我国城市生活垃圾处理情况

年 份	垃圾无害化处理能力（吨/日）	生活垃圾无害化处理率（%）
2005	256312	51.7
2006	258048	52.2
2007	271791	62.0
2008	315153	66.8

续表

年　份	垃圾无害化处理能力（吨/日）	生活垃圾无害化处理率（%）
2009	356130	71.4
2010	387607	77.9

数据来源：国家统计局中国统计年鉴

垃圾处理方式仍较为单一。目前，我国生活垃圾处理主要以卫生填埋为主，占比达77.92%，而垃圾焚烧和堆肥占比则分别为18.81%和1.47%，其他处理方式占比为1.80%。相应的在生活垃圾处理设施方面，根据国家统计局的数据显示，2010年，全国共有498个垃圾填埋厂，而垃圾焚烧厂和堆肥厂分别为104个和11个。

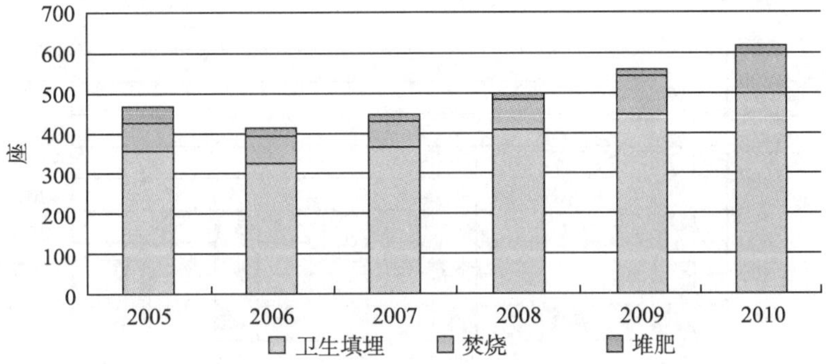

图21－1　2005—2010年我国垃圾无害化处理厂构成情况

数据来源：国家统计局，中国信息经济网（2011.05）

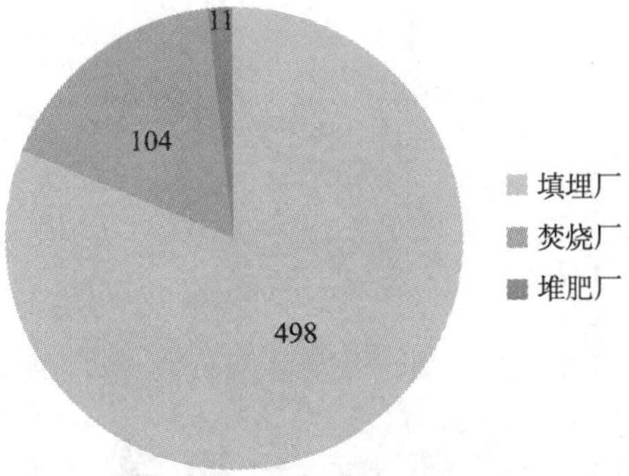

图21－2　2010年我国垃圾无害化处理厂构成情况

数据来源：国家统计局，中国信息经济网（2011.05）

垃圾清运量增速缓慢。我国垃圾清运量整体增速缓慢，远低于人均生活垃圾产生量。2010年，全国垃圾清运量仅为1.58亿吨，而同期全国城镇人口总数为66978万人，折合每名城镇人口每天被清运的垃圾数量仅为0.646千克，远低于人均生活垃圾产生量（据中经网估算，目前在我国较发达地区，城镇居民人均生活垃圾产生量在1千克/人·天到1.5千克/人·天之间）。

工业固废综合利用量逐渐增加。2011年，工业固体废物产生量为32.5亿吨，综合利用量为19.98亿吨，综合利用率为60.5%。排放量连续十多年逐年下降，2010年排放量仅为498.2万吨，同比下降29.9%，较2005年1655万吨累计下降70%。

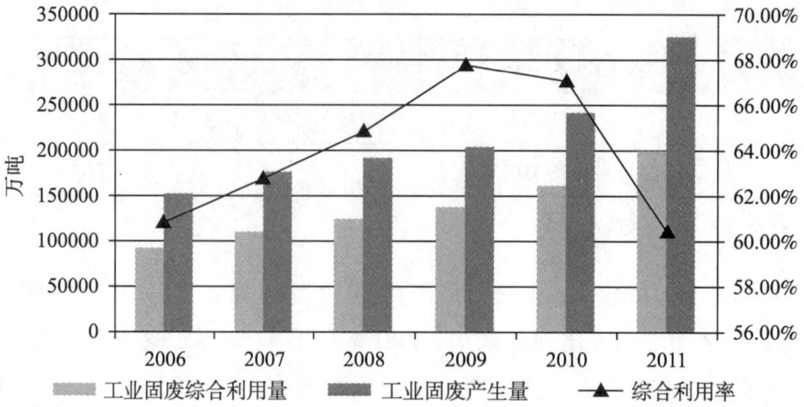

图 21-3　2006—2011 年我国工业固废产生量、综合利用量及综合利用率

数据来源：环境保护部

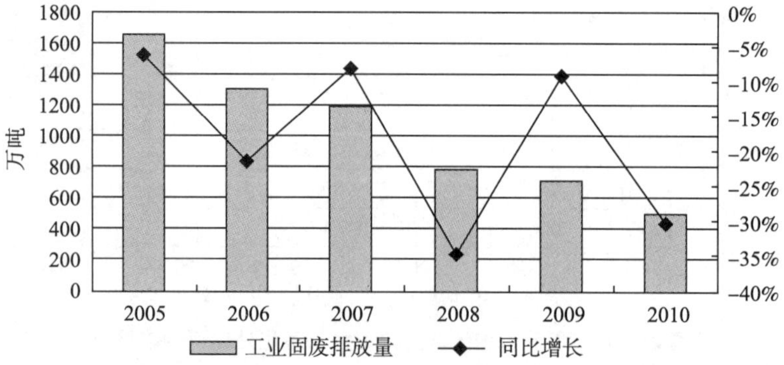

图 21-4　2005—2010 年我国工业固废排放量及增速

数据来源：国家统计局，中国信息经济网 2011

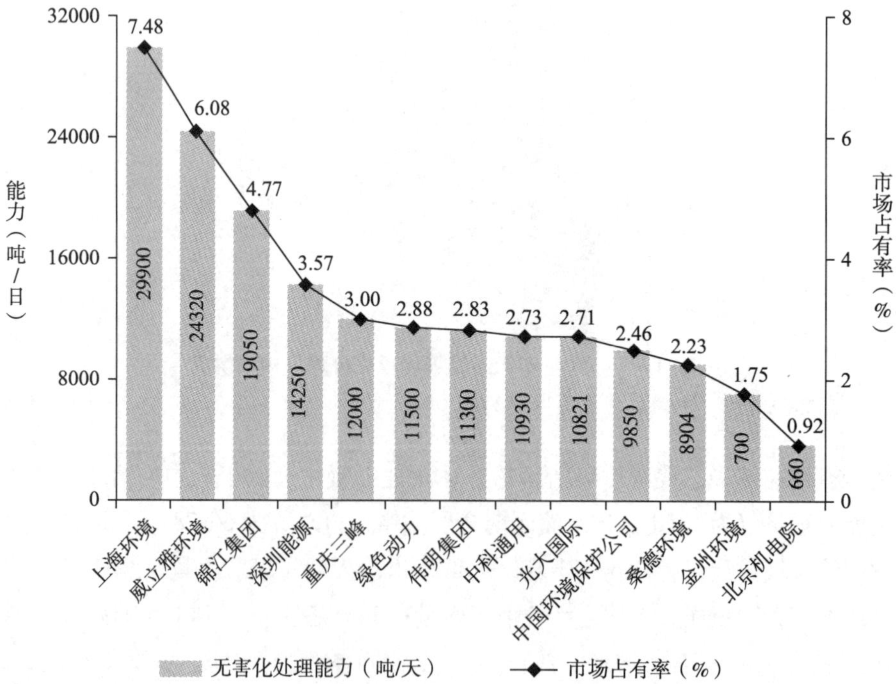

图 21-5　固废行业影响力企业处理总能力及市场占有率排行榜

数据来源：中国固废网，2012 年

大宗工业固体废物综合利用量和综合利用率显著提高。“十一五”期末，我国大宗工业固体废物综合利用量达到 11 亿吨，比“十五”期末增长 5.6 亿吨；综合利用率达到 40%，比“十五”末提高 7 个百分点；从事大宗工业固体废物综合利用的企业超过 15000 家，产值达到 3000 亿元，从业人员达 200 万人以上。

固废处理行业产业集中度初步形成。根据中国固废网所调查数据分析显示，截止到 2011 年底，有 13 企业形成了我国固废行业的领军企业。这 13 家企业共有垃圾无害化处理设施 187 座，无害化处理能力总和为 170235 吨/日。13 家企业占据了 42.59% 的市场份额（按处理能力）。

固废无害化处理状况严峻。2011 年，我国固废产生量远大于处理量，而处理方式仍以填埋为主。同时，从节能减排和环保角度出发，预计未来垃圾处理中的焚烧占比将进一步扩大，焚烧处理将成为垃圾处理未来的发展趋势。而这一趋势已经在垃圾处理投融资领域开始显现。本章的第 4 节会有进一步分析。

专栏 21 -1

垃圾焚烧处理

焚烧处理是将垃圾置于高温炉中，使其可燃成分充分氧化的过程，产生的热量用于发电和供暖。与卫生填埋及堆肥处理相比，垃圾焚烧的方式具有占地面积小、选址灵活、减容减量效果好、无害化更彻底等优点，尤其适用于高人口密度地区。基于垃圾焚烧处理的上述优势，《“十二五”全国城镇生活垃圾无害化处理设施建设规划》明确提出，在东部地区、经济发达地区和土地资源短缺、人口基数大的城市，要减少原生生活垃圾填埋量，优先采用焚烧处理技术；其他具备条件的地区，可通过区域共建共享等方式采用焚烧处理技术。该规划对垃圾焚烧项目建设提出的量化要求是：到 2015 年，全国城镇生活垃圾焚烧处理设施能力要达到无害化处理总能力的 35% 以上。

在政策的鼓励以及环保的压力下，地方政府也加大了垃圾焚烧发电的发展力度，先后规划并推出了垃圾发电项目。广州市未来 3 年将投资近百亿元建设 6 个垃圾焚烧项目，将垃圾焚烧日处理能力提升至 2.1 万吨；位于北京市门头沟区的亚洲最大垃圾焚烧发电厂——鲁家山垃圾焚烧发电厂有望在今年 10 月试生产，预计年发电量超过 3 亿度。

21.2　固废行业工作主要政策措施

针对上节提到的问题，2011 年以来，我国陆续出台了涵盖生活垃圾和工业垃圾的一系列加强固废管理及行业发展的政策及文件，以下进行简要解读。

固体废物进口管理办法。2011 年 4 月 8 日，国家环境保护部、商务部、国家发改委、海关总署、国家质检总局联合发布《固体废物进口管理办法》，禁止转让固体废物进口相关许可证，禁止境外的固体废物进境倾倒、堆放、处置，要求国务院环境保护行政主管部门对全国固体废物进口环境管理工作实施统一监督管理，以规范我国固体废物进口管理、防止境外废物非法入侵、维护我国环境安全。该《管理办法》自2011年8月1日起施行。2010年，我国废纸、废塑料、废五金、废钢铁、铝废碎料、铜废碎料等可用作原料的固体废物实际进口达4000多万吨。该办法的实施从进口固体废物国外供货、装运前检验、国内收货、口岸检验、海关监管、进口许可、利用企业监管等环节均提出了具体要求，进一步完善了进口固体废物全过程监管体系，有效规范我国固体废物进口，降低进口废物原料对我国环境带来的负面影响。

表21－3　2011年以来我国出台的固废行业工作主要政策

出台时间	政策名称	出台机构	主要内容
2011年4月	固体废物进口管理办法	国家环境保护部、商务部、国家发改委、海关总署、国家质检总局	禁止转让固体废物进口相关许可证，禁止境外的固体废物进境倾倒、堆放、处置
2011年4月	关于进一步加强城市生活垃圾处理工作的意见	住房城乡建设部	为我国城市生活垃圾处理提出发展目标
2011年12月	大宗工业固体废物综合利用“十二五”规划	工信部	推进我国大宗工业固体废物综合利用工作，提高综合利用技术水平
2012年4月	“十二五”全国城镇生活垃圾无害化处理设施建设规划	国家发改委、住房城乡建设部、环保部	为我国城市生活垃圾无害化处理设施建设提出发展要求

资料来源：本文整理

进一步加强城市生活垃圾处理工作的意见。2011年4月19日，国务院发出通知，批转住房城乡建设部等部门《关于进一步加强城市生活垃圾处理工作意见》，提出到2015年，全国城市生活垃圾无害化处理率达到80%以上，直辖市、省会城市和计划单列市生活垃圾全部实现无害化处理。每个省（区）建成一个以上生活垃圾分类示范城市。50%的设区城市初步实现餐厨垃圾分类收运处理。城市生活垃圾资源化利用比例达到30%，直辖市、省会城市和计划单列市达到50%。建立完善的城市生活垃圾处理监管体制机制。到2030年，全国城市生活垃圾基本实现无害化处理，全面实行生活垃圾分类收集、处置。城市生活垃圾处理设施和服务向小城镇和乡村延伸，城乡生活垃圾处理接近发达国家平均水平。《意见》的提出有助于切实加大城市生活垃圾处理工作力度，提高城市生活垃圾处理减量化、资源化和无害化水平，改善城市人居环境。

大宗工业固体废物综合利用“十二五”规划。2011年12月17日，工信部发布《大宗工业固体废物综合利用“十二五”规划》，要求深入贯彻科学发展观，落实节约资源和保护环境基本国策，把大宗工业固体废物综合利用作为促进工业发展方式转变的重要途径，以提高大宗工业固体废物综合利用率为目标，以大宗量、高附加值利用为重点，坚持统筹规划、因地制宜和源头减量的原则，以市场为导向，以基地为依托，以企业为主体，建立技术先进、清洁安全、吸纳就业能力强的现代化大宗工业固体废物综合利用产业新模式，推进“资源节约型、环境友好型”社会建设和绿色工业发展。到2015年，大宗工业固体废物综合利用量达到16亿吨，综合利用率达到50%，年产值5000亿元，提供就业岗位250万个。“十二五”期间，大宗工业固体废物综合利用量达到70亿吨；减少土地占用35万亩，有效缓解生态环境的恶化趋势。

“十二五”全国城镇生活垃圾无害化处理设施建设规划。2012年4月19日，由国家发改委、住房城乡建设部与环保部联合编制的《“十二五”全国城镇生活垃圾无害化处理设施建设规划》经国务院批准，进入实施阶段。根据《规划》，“十二五”期间，我国城市生活垃圾无害化处理设施建设投资总量将达2600亿元，逐渐形成“政府主导、市场推动”的城市垃圾设施建设模式。到2015年，全国城市新增生活垃圾无害化处理能力55万吨/日以上，全国城市生活垃圾无害化处理率达到80%以上，直辖市、省会城市和计划单列市生活垃圾全部实现无害化处理，实现县县具备垃圾无害化处理能力。到2015年，在每个省（区）建成一个以上生活垃圾分类示范城市，探索行之有效的垃圾分类收运处理运行机制和实施保障体系。50%以上的设区城市初步实现餐厨垃圾分类收运处理。基本建立完善的城市垃圾处理监管体系，焚烧处理设施的监控装置安装率达到100%。《规划》的实施有助于解决当前我国垃圾处理方面无害化处理能力不足，垃圾处理设施建设不完善等主要问题。

专栏22－2

固废进口

作为全球资源回收产业大国，我国也是全球塑料、废旧金属等固体废物进口大国。2010年，我国废纸、废塑料、废五金、废钢铁、铝废碎料、铜废碎料等可用作原料的固体废物实际进口就达四千多万吨。而市场预测更是显示，未来5年我国城市固体废弃物处理的年平均投资会超过400亿元，带动进口固废需求更加强烈。然而，在再生资源产业，由于存在着行业准入不严格、许可证管理不严等问题，未经审查、环评不达标的小企业、家庭作坊在一些地区长期大量集聚，“两废”许可证买卖和“两废”买卖为一些“两废”团伙所操纵，倒买倒卖、腐蚀拉拢、走私违法已形成行业，严重破坏国家贸易秩序，危害社会公共安全，扭曲相关行业的健康发展。《固体废物进口管理办法》新规能够完善进口固体废物全过程监管体系，推动中国整体规模高达数千亿元的再生行业整体进入“重塑期”，清洗大量无进口许可证却从事固废回收加工的企业，刺激我国再生行业的集中度进一步提高。

以固废回收重镇珠三角为例，来自广州海关的统计数据显示，2011年1至7月，经由该关进口的“固废”产品只有84.5万吨，占全国进口总量的比例从1至7月的近33%下滑到不足15%；当地需求原本旺盛的塑料废料进口更是降幅惊人，三季度进口量骤减至24万吨，同比降幅35%；10月进口量则只有2.2万吨，同比降幅高达82%。

21.3　固废处理面临的主要问题与障碍

2011年，我国固废处理行业的垃圾处理能力大幅增加，工业固废综合利用量逐年增加，尤其是大宗工业固体废物综合利用量和综合利用率取得了显著提高，固废处理行业产业集中度初步形成。但是，固废处理行业仍存在如下问题：

工业废弃物大幅增加。“十二五”期间，随着我国工业的快速发展，大宗工业固体废物产生量也将随之增加，预计总产生量将达150亿吨，堆存量将净增80亿吨，总堆存量将达到270亿吨，大宗工业固体废物堆存将新增占用土地40万亩。堆存量增加将使得环境污染和安全隐患加大，大宗工业固体废物中含有的药剂及铜、铅、锌、铬、镉、砷、汞等多种金属元素容易造成二次污染。干涸后的尾砂、粉煤灰等遇大风形成扬尘，煤矸石自燃产生的二氧化硫会形成酸雨，对环境造成危害。尾矿库、赤泥库等超期或超负荷使用，甚至违规操作，会带来极大安全隐患，对周边地区人民财产和生命安全造成严重威胁。另外，大量非金属天然矿物资源的开采也引起严重的环境、生态破坏等问题。

垃圾处理业产业化程度低。我国在垃圾处理的很多环节还没有实现产业化，源头减量、转运和物质利用等环节还没有得到充分重视，整个产业链还不健全，垃圾处理的整体市场化程度还比较低，产业仍处于初级阶段。

受环境意识、政策法规、管理体制等诸多因素的影响与制约，当前我国固体废物处理行业尤其是生活垃圾处理业尚处在起步阶段，已建处理设施运营情况不甚理想，处理方式单一、处理能力还严重不足，固废污染的态势尚未得到有效遏止。

专栏21－3

大宗工业固体废物

随着工业化、城镇化进程的加快，我国工业领域的资源消耗量进一步加大，由于资源开采、利用带来的环境问题与过度依赖资源进口引起的资源供应安全性问题日益突出，工业发展面临着严峻的资源、环境约束的挑战。2010年，我国主要金属矿产资源仍然保持着较高的对外依存度，其中铁矿石、铜精矿、铝土矿、锌精矿对外依存度分别为60%、75%、40%和30%，资源短缺愈加成为瓶颈性制约因素。回收利用尾矿、冶炼渣等大宗工业固体废物中所含有的有价金属组分，可以有效补充金属矿产资源，提高国内资源保障力度。我国城镇化建设每年需要160亿吨以上的非金属矿物资源，充分利用大宗工业固体废物代替天然矿物资源，可以大幅减少天然非金属矿物资源的开发。

21.4 固废处理业发展趋势

我国固废处理行业取得了阶段性成就，垃圾处理能力大幅增加，工业固废综合利用量逐年增加，同时也存在工业废弃物持续增加，我国在垃圾处理的很多环节还没有实现产业化的典型问题。固废处理行业的发展将呈现出以下趋势：

（一）固废处理行业投资仍将增加。2008年至今，国内城市生活垃圾处理行业的PE融资总额近2亿美元，工业固废处理近三年融资规模也达1.7亿美元，两大固废处理领域融资共计超22亿元人民币。而据《全国城市生活垃圾无害化处理设施建设规划（2011—2015）》，“十二五”期间，全国城镇生活垃圾无害化处理设施建设总投资约2636亿元。工业固废资源化的产业规模也望达1200亿元。

（二）垃圾焚烧发电将成为未来垃圾处理的发展方向。凭借在节能减排和环保方面的优势，垃圾焚烧处理将成为垃圾处理未来的发展趋势。《关于进一步加强城市生活垃圾处理工作的意见》明确指出，“因地制宜地选择先进适用、符合节约集约用地要求的无害化生活垃圾处理技术。土地资源紧缺、人口密度高的城市要优先采用焚烧处理技术”。《“十二五”全国城镇生活垃圾无害化处理设施建设规划》再次强调：“东部地区、经济发达地区和土地资源短缺、人口基数大的城市，要减少原生生活垃圾填埋量，优先采用焚烧处理技术”，“到2015年，全国城镇生活垃圾焚烧处理设施能力达到无害化处理总能力的35%以上，其中东部地区达到48%以上。”

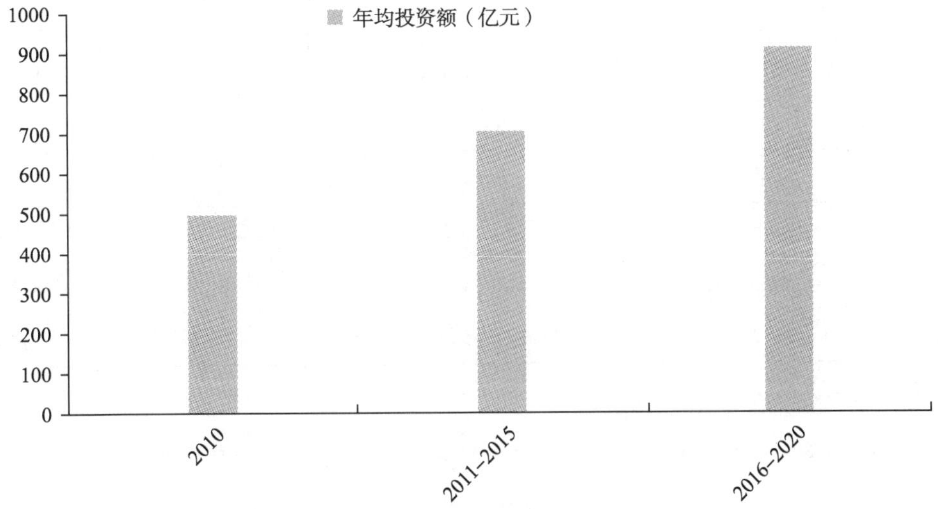

图21－6 我国未来垃圾发电投资规模预测

数据来源：世纪证券研究所，2010

垃圾处理行业的产业链将逐渐形成。我国垃圾处理行业产业链包括上游的垃圾处理设备企业如焚烧锅炉等，中游的垃圾处理工程建设以及下游的垃圾处理项目运营。垃圾处理行业主要企业见表21－4、21－5。

表21－4 固废业务公司的商业模式

商业模式	代表公司
生活垃圾处理设施的EPC	桑德环境、盛运股份
垃圾处理设施的运营（BOT等模式）	桑德环境
垃圾处理设备的生产（锅炉，分拣等）	杭锅股份、华光股份、华西能源
垃圾渗滤液的处理	维尔利
废旧物品的集中回收	格林美

资料来源：本文整理

（三）无害化处理设施建设将成为关注重点。由国家发改委、住房和城乡建设部与中国环境保护部联合编制的《全国城市生活垃圾无害化处理设施建设规划（2011—2015）》制定完毕，目前已进入实施阶段。根据该规划，“十二五”规划期间，我国城市生活垃圾无害化处理设施建设投资总量将达2600亿元。在这2600亿元的投资大蛋糕中，无害化处理设施建设投资为1730亿元，占比66%。这意味着未来设计无害化处理设施建设的诸多产业环节将成为垃圾处理政策及投资关注重点。

表21-5 固废业务公司

公司名称	企业类型	固废类型	处理方式	经营模式
泰达股份	发电运营	市政垃圾	焚烧	生产销售
桑德环境	设计建设运营一体化	市政垃圾、工业固废、危险废物	焚烧	EPC、BOT
南海发展	发电运营	市政垃圾	焚烧	生产销售
城投控股	发电运营/运营	市政垃圾	焚烧、填埋	生产销售
富春环保	发电运营	市政垃圾	焚烧	生产销售
凯迪电力	发电运营	市政垃圾	焚烧	生产销售
华光股份	设备制造	垃圾	焚烧	生产销售
杭锅股份	设备制造	垃圾	焚烧	生产销售
华西能源	设备制造	垃圾	焚烧	生产销售

资料来源：本文整理

（四）固废处理行业将完成战略调整。“十二五”规划期间，我国固废处理行业将完成战略调整，一方面是垃圾处理从单纯重视末端无害化处理向前端减量、分类收运延展；另一方面是从单一建设末端处理设施向综合处理、园区化建设转变。业内人士指出，这一转变将成为行业发展长期趋势。“十二五”期间，我国生活垃圾处理新增投资约1400亿元，其构成分解为：续建设施，约300亿元；收运转运，约360亿元；存量治理，约200亿元；餐厨垃圾，约90亿元；垃圾分类，约200亿元；监管能力，约50亿元。可以看出，垃圾收运转运和对餐厨垃圾的处理费用投入显著增强。

专栏21-4

垃圾分类

虽然中国垃圾处理能力从1980年日处理2000吨提高到2010的40万吨，但面对急剧增长的垃圾产生增量仍然能力不足，特别是一部分有害废物进入末端处理环节，从而增加了处理难度。垃圾分类是垃圾减量化资源化的基础，是一项长期的工作，因此，中国垃圾处理工作应形成政府主导、社会参与的机制，引导全民树立“垃圾减量和垃圾管理从我做起、人人有责”的观念。

在分类理论的落实中，上海市制定了科学全面的垃圾桶设置方案，在市民居住区的户内按厨余果皮（湿）、其他垃圾（干）设置分类；在公共区按有害垃圾、玻璃、废旧衣物设置；在办公场所设有害垃圾、可回收物、其他垃圾分类设置；在公共场所设置可回收物、其他垃圾两类。分类垃圾桶切实起到了方便分拣和综合利用的功效。

21.5 典型固废处理企业动态

21.5.1 上海环境

上海环境集团有限公司隶属于上海市城市建设投资开发总公司，注册资金12.8亿元人民币，总资产70亿元人民币，从业员工7000余名，营业范围涵盖了城市生活垃圾清运、中转运输和末端处理、处置，以及环境项目投资、运营、设计、咨询等各个方面，是全国环卫行业中资产规模最大的专业化公司。

截至2011年底，由上海环境集团投资建造或管理运营的垃圾中转站、填埋场和焚烧场已遍布全国。其中，正式投入商业运营的垃圾焚烧项目2个（江桥和成都），试运营项目2个（威海和青岛），另有3个项目在建。建成后合计处理能力约为8750吨/日，处理技术及管理运营水平均在国内处于领先地位；运营的生活垃圾卫生填埋场5个，合计填埋能力为10350吨/日；转运站5座，合计中转能力2860吨/日。2011年，环境集团共完成生活垃圾中转运输109.3万吨；完成生活垃圾焚烧处理109.6万吨，发电上网量为20400万度；完成生活垃圾填埋处置96.37万吨；全年实现营业收入4.01亿元。

公司将先进的技术及严格的控制落实在垃圾处理的全过程中。在垃圾中转方面，公司通过采用多种环保措施和手段，使运行过程中产生噪声、污水和臭气等得到有效的控制。在垃圾焚烧方面，公司采用国际先进的焚烧炉排工艺，对产生的烟气采用半干法（或干法）加活性碳和袋式除尘等技术工艺；对产生的飞灰进行固化稳定处理或送往危险废物填埋场安全处置。在净化污染方面，公司选用适应力强、吸纳、净化污染能力佳的植物，充分发挥植物的生态环境效益，推广环境提升的新方法。

公司大力推广具有明显技术优势的生活垃圾焚烧，在上海、成都、青岛、南京、深圳、威海、漳州等地建设运营生活垃圾焚烧厂。已建成运行的上海江桥焚烧厂和成都焚烧厂2011年累计焚烧垃圾总量约110万吨。通过引进国外先进的焚烧技术工艺，公司的垃圾焚烧厂都可以利用生活垃圾焚烧过程产生的热能发电或供热，进入城市电网，为缓解城市能源供应紧张贡献一份力量，更节约了标准煤的使用，间接节约了能源保护了环境。2011年，公司通过焚烧垃圾发电共计20400万千瓦时，这些电量相当于14万余户居民一年所需电量，相当于节约了82416吨标准煤。

公司垃圾焚烧厂烟气净化采用世界上最先进的工艺，烟气首先在雾化反应器中进行化学反应，去除有害气体，然后用活性炭吸附重金属及二恶英等污染物，最后再通过布袋除尘器将各种有害颗粒物收集，外运至危险填埋中心进行固化处理。经以上三道工艺处理后的烟气，环保安全指标不仅远高于国家标准，还严于欧盟标准。而且公司使用的垃圾焚烧设备运行全天候全封闭，废气、废液、废渣环保处理程度很高，关键指标均超过国家标准。

22　污水处理

22.1　污水处理行业运行综述

2011年，我国污水处理行业取得了快速发展，污水处理设施数稳步增加，处理能力持续提高。生活污水处理和工业污水处理两大污水处理行业都实现了迅速发展。

（一）污水排放量不断增加。在污水产生和处理方面，随着我国城市化进程加快和人民生活水平的提高，生活污水排放量不断增加，已超过工业污水，成为水环境的主要污染源。2010年我国废水排放总量为617.2亿吨，其中工业废水排放总量2374732万吨，占废水排放总量的38.5%，比上年增长1.3%；生活污水排放量3797830万吨，占废水排放总量的61.5%，比上年增加6.9%。废水中化学需氧量排放量1238.1万吨，比上年减少3.1%。其中，工业废水中化学需氧量排放量434.8万吨，比上年减少1.1%；城镇生活污水中化学需氧量排放量803.3万吨，比上年减少4.1%。废水中氨氮排放量120.3万吨，比上年减少1.9%。其中，工业氨氮排放量27.3万吨，与上年持平；生活氨氮排放量93.0万吨，比上年减少2.4%。工业废水排放达标率95.3%，比上年提高1.1个百分点。工业用水重复利用率85.7%，比上年提高0.7个百分点。2011年，全国废水排放总量为652.1亿吨，比上年增长了5.65%。

（二）水体污染较为严重。在水质方面：（1）地表水总体轻度污染，部分水域污染严重。根据中国环境保护部发布的公告，2011年，我国七大水系总体为轻度污染，其中，长江、珠江Ⅰ~Ⅲ类水质断面比例在75%~90%，水质良好，海河劣Ⅴ类水质断面比例接近40%，为重度污染，其余河流为中度或轻度污染。重点湖（库）富营养化问题突出，其中太湖全湖为Ⅳ类水质，呈轻度富营养状态；巢湖全湖为Ⅴ类水质，全湖平均为轻度富营养，与上年同期相比，水质有所下降；达赉湖全湖为劣Ⅴ类水质，全湖平均为中度富营养，富营养化程度由上年同期重度富营养变为中度富营养。（2）城市集中式地下水水源水质堪忧。近年来，我国城市化进程加快，导致城市污水排放量大幅增加，由于资金投入不足、管网建设相对滞后，部分污水外渗进入地下水体，造成地下水污染。2011年，全国共200个城市开展了地下水水质监测，共计4727个监测点。优良-良好-较好水质的监测点比例为45.0%，较差-极差水质的监测点比例为55.0%。根据《全国城市饮用水安全保障规划（2006—2020年）》数据，全国近20%的城市集中式地下水水源水质劣于Ⅲ类；部分城市饮用水水源水质超标因子除常规化学指标外，甚至出现了致癌、致畸、致突变污染指标。因此，当前我国淡水资源总体污染还十分严重，治理需求十分紧迫。

（三）污水处理能力增加。“十一五”期间，全国城镇污水处理能力增加了6500万吨/日，2011年，又新增城镇污水日处理能力1100万吨。到2010年底，全国共建有污水处理设施80332处，同比增长4.3%，首次突破8万个，新增污水管网约6万公里，共吸引投资超过2000亿元。截至2011年三季度，全国已建成污水处理厂3078座，污水处理总能力达1.36亿吨/天，理论上已基本可以满足处理需要。

专栏22-1

生活污水排放

随着我国城市化进程加快和人民生活水平的提高，生活污水排放量不断增加，已超过工业污水，成为水环境的主要污染源。

温瑞塘河是温州市境内十分重要的河道水系，系温瑞平原48.2万亩农田主要灌溉和排涝河道，也是沿河100万居民生活用水和城乡工矿企业的主要水源。据2011年度环境统计数据显示，温瑞塘河流域生活污水排放量一年达到2亿多吨，工业废水排放量一年为2530多万吨，两者之比为8:1。生活污水和垃圾直接入河已成为温瑞塘河重要污染源。市环保局局长郑建海在分析目前塘河治理中存在的问题时说，塘河沿岸有相当数量的旧村，由于这些旧村市政基础设施不完善，导致生活污水和垃圾直接入河。沿河旧村是造成河道黑臭的最大污染因素。

22.2 污水处理工作主要政策措施

2011年以来，我国陆续出台了涵盖生活污水处理和工业污水处理的一系列加强环保产业管理及行业发展的政策及文件，以下进行简要解读。

表22-1 2011年以来我国出台的污水处理业工作主要政策

出台时间	政策名称	出台机构	主要内容
2010年12月	关于加快水利改革发展的决定	国务院	加快水利发展，实行最严格的水资源管理制度，切实增强水利支撑保障能力，实现水资源可持续利用
2011年8月	全国地下水污染防治规划（2011—2020年）	环境保护部	加大对地下水污染状况调查力度，健全法规标准，完善政策措施，依法推进综合防治，切实保障地下水饮用水水源环境安全
2012年1月	关于实行最严格水资源管理制度的意见	国务院	强化用水需求和用水过程管理，通过健全制度、落实责任、提高能力、强化监管，严格控制用水总量，全面提高用水效率，严格控制入河湖排污总量

加快水利改革发展的决定。2010年12月31日，中共中央国务院发布《关于加快水利改革发展的决定》，要求加快水利发展，实行最严格的水资源管理制度，切实增强水利支撑保

障能力，实现水资源可持续利用，“十二五”期间基本完成重点中小河流（包括大江大河支流、独流入海河流和内陆河流）重要河段治理、基本建成水资源合理配置和高效利用体系，全国年用水总量力争控制在6700亿立方米以内，基本建成水资源保护和河湖健康保障体系，主要江河湖泊水功能区水质明显改善，城镇供水水源地水质全面达标，重点区域水土流失得到有效治理，地下水超采基本遏制。该决定的提出有利于应对和解决农田水利等基础设施薄弱、水资源供需矛盾、水资源污染严重等问题，促进经济长期平稳较快发展和社会和谐稳定。

全国地下水污染防治规划（2011—2020年）。2011年8月24日，国务院讨论通过了环境保护部上报的《全国地下水污染防治规划（2011—2020年）》，要求坚持保护优先、预防为主、防治结合、落实责任、强化监管的原则，加大对地下水污染状况调查力度，健全法规标准，完善政策措施，依法推进综合防治，切实保障地下水饮用水水源环境安全，逐步建成以防为主的地下水污染防治体系，保障地下水资源可持续利用，推动经济社会可持续发展。到2015年，基本掌握地下水污染状况，并初步遏制地下水水质恶化趋势；到2020年，全面监控典型地下水污染源，并建成地下水污染防治体系。《规划》是我国首部地下水污染防治纲领性文件，其出台丰富和完善了我国的水污染防治体系，为我国地下水与地表水协同控制的水污染防治格局的建立，为实现水环境质量的总体改善奠定了坚实的基础，对于支撑我国经济社会发展具有举足轻重的战略地位。

实行最严格水资源管理制度的意见。2012年1月12日，国务院发布《关于实行最严格水资源管理制度的意见》，强化用水需求和用水过程管理，通过健全制度、落实责任、提高能力、强化监管，严格控制用水总量，全面提高用水效率，严格控制入河湖排污总量，加快节水型社会建设，促进水资源可持续利用和经济发展方式转变，推动经济社会发展与水资源水环境承载能力相协调，以解决当前我国水资源短缺、水污染严重、水生态环境恶化等问题日益突出的严峻现实。根据该意见，我国将确立水资源管理“三条红线”，即确立水资源开发利用控制红线，到2030年全国用水总量控制在7000亿立方米以内；确立用水效率控制红线，到2030年用水效率达到或接近世界先进水平，万元工业增加值用水量降低到40立方米以下，农田灌溉水有效利用系数提高到0.6以上；确立水功能区限制纳污红线，到2030年主要污染物入河湖总量控制在水功能区纳污能力范围之内，水功能区水质达标率提高到95%以上。

专栏22-2

最严格的水资源管理

2012年1月12日，国务院发布《关于实行最严格水资源管理制度的意见》，这是继2011年中央1号文件和中央水利工作会议明确要求实行最严格水资源管理制度以来，国务院对实行该制度作出的全面部署和具体安排，是指导当前和今后一个时期我国水资源工作十分重要的纲领性文件。

呼和浩特市水资源管理局、节水用水管理局积极践行最严格的水资源管理制度，实施最严格的“三条红线”管理制度，大力推进水资源管理、节水用水管理工作。目前呼市拥有洗车、洗浴等高耗水行业500余家，其中多数是中小型洗浴和洗车行，行业用水新技术、新工艺并没有得到普遍的推广，多数的小型洗车行还在使用高耗水的陈旧设备，而“高、精、细”的节水新技术只有少数的几家大型洗浴、洗车行在使用。针对这一问题，呼市对于洗浴、洗车行等高耗水行业实施计划用水管理，实施定额测算标准，如洗车行每个车库每月用水不得超过25吨，如果超标使用，将根据《呼和浩特市水资源管理办法》对其进行处罚。

22.3 污水处理面临的主要问题与障碍

2011年，我国污水处理行业取得了快速发展，污水处理设施数稳步增加，处理能力持续提高。但是，污水处理行业仍存在如下问题：

一是污泥问题严重。污水处理厂产生的污泥又引发新环保问题，处理厂每处理1万吨污水就会产生5吨污泥。这些污泥中富含病原微生物、有机污染物和重金属，会对环境造成二次污染。据统计，我国含水量达80%的湿污泥产生量已突破2300万吨，并且每年以15%的速度递增。

二是生活污水处理率低。2010年底，我国工业污水处理率达到95.32%，处于高位水平，但在生活污水处理方面并不理想，虽然生活污水处理率已经从2005年的52%提高到2010年的77.4%，但与发达国家90%的高处理率相比仍有较大差距，与我国现有污水处理厂的设计处理能力也并不相符，其原因主要有两个方面：（1）污水处理厂运营负荷率偏低。目前，虽然污水处理设施基建有了较大发展，但“重建设、轻运营”的问题仍然存在，导致污水处理运营负荷率普遍偏低。截至2011年3月底，全国污水处理厂平均运行负荷率仅为74.98%，同比下降2.7个百分点；同时尚有607座投入运行1年以上的城镇污水处理厂没有达到国家有关要求，平均运行负荷率不足60%。（2）区域发展不平衡，配套管网建设滞后。目前，我国生活污水处理设施覆盖仍不够完整，区域和城乡差距较为显著，截止2011年3月底，尚有约4.1%的设市城市和31.8%县城无投运的污水处理厂，大部分建制镇级污水处理厂都为空白；而已建成的污水处理厂中有一半以上都集中在东部地区，中西部和东北部地区城市的污水处理率仍然低于60%。从百万人口对应的污水处理设施数量来看，2010年，全国每百万人约拥有污水处理设施60个，其中高于全国平均水平的主要集中在东部经济较发达地区，而中西部、北方缺水地区则普遍低于全国平均水平。

专栏22-3

污泥问题

污泥是污水处理后的附属品、是一种由有机残片、细菌菌体、无机颗粒、胶体等组成的极其复杂的非均质体。目前我国污水处理量和处理率不高，环保部在2010年11月发出的《关于加强城镇污水处理厂污泥污染防治工作的通知》中明确指出：多数污泥未得到妥善处置，随意抛弃、倾倒现象普遍存在，由此引起的二次污染问题已不容忽视，在一定程度上甚至抵消了部分“污染减排”的成果。中国水网最近出炉的《中国污泥处理处置市场分析报告2011版》认为，截至2010年年底，全国城镇污水处理量达到343亿立方米，脱水污泥产生量接近2200万吨，其中有80%没有得到妥善处理。

目前通常的做法是污水厂将污泥脱水至含水量80%左右外运，污泥就此与污水厂告别。由于含水率太高、成分繁杂，资源化专业水平低，目前全国大部分污泥没有得到稳定化、无害化处理处置，绝大部分污泥都是送往城市垃圾处理厂简单填埋，甚至在露天简单堆放。

22.4 污水处理业发展趋势

从上文我们可以看出，我国污水处理行业取得了快速发展，污水处理设施数稳步增加，处理能力持续提高，同时也存在生活污水处理率低，污水处理厂引发的污泥问题严峻等典型问题。污水处理业的发展趋势将呈现以下特点：

（一）污泥处置问题将受到关注和重视。截至2010年年底，全国城镇脱水污泥产生量接近2200万吨，然而国内现有污水处理设施中能够稳定处理污泥的不到1/4，处理工艺和配套设施较为完善的还不到1/10，能够正常运行的为数不多，“重污水、轻污泥”现象较为严重。2011年11月，我国国家税务总局发布的《关于调整完善资源综合利用产品及劳务增值税政策的通知》中，将污泥处理纳入到免征增值税范围，对使用污泥发酵产生的沼气为原料生产的电力和热力增值税100%即征即退，该政策将大幅提升污水处理企业处置污泥的积极性，从而推动污泥无害化处理进入快速发展期。

（二）污水处理企业将加快扩张和整合步伐。目前我国现存的2296家污水处理厂85%以上为国有企业，这些企业绝大部分经营处于亏损状况，经营设施、管理效率和技术水平非常落后，无法有效地满足当地快速增长的供水和污水处理需求，缺乏有效的融资渠道来进行设施改造和扩建。随着我国公用事业体制改革的深入，水务行业的市场化程度将不断提高，从而带动污水处理企业跨地域的收购和扩张，从而带来新的发展机遇。

专栏22-4

污水处理企业整合

国务院办公厅公布的《“十二五”全国城镇污水处理及再生利用设施建设规划》对污水管网建设、污水处理厂升级改造、污泥处理、再生水利用等提出具体规划指标，总投资规模近4300亿元。而这笔投资将带动污水污泥处理，整合催生行业龙头企业。

无锡国联环保能源集团是由无锡市国联发展（集团）和无锡市地方电力公司共同出资设立的，以绿色能源、环保与城市公用基础设施建设为产业化发展的国有企业，致力于污泥的无害化处理。无锡国联环保在无锡市拥有三座污泥处理场和一座污泥焚烧厂，负责处理无锡市除了市中心区以外地区产生的全部污泥，占整个无锡污泥处理总量的40%。无锡国联环保下一步的目标，是将市中心区的污泥处理接手过来，并试图向上游打通污水和污泥处理的产业链。无锡高新水务公司是一家规模中等、盈利能力良好的污水处理企业。

2010年无锡国联环保曾有意收购高新水务，双方已经达成细节上的一致，但最后由于政府层面的种种原因，收购没有完成。在收购高新水务失败后，无锡国联环保又把眼光投向无锡惠山污水处理厂，日前收购基本已敲定。无锡国联环保副总经理蔡磊明表示“未来大的国营水务集团在全国整合步伐会加快，而民营水务集团也在慢慢壮大，龙头企业即将形成。”

22.5 典型污水处理企业动态

22.5.1 北控水务

北控水务集团有限公司是一个资产超过百亿，有着务实、高效、灵活作风的水业巨舰。拥有市场化运营经验丰富的专业管理团队、畅通的资本融通渠道、高效的运营管理模式、优良的从业资质和研发能力，集投资、设计、建设、运营为一体。公司旗下涵盖原水处理、净水生产、污水处理、管网建设、固废处理等广泛的实体业务和项目。清晰的战略定位、多元的业务模式、全国性的市场布局、丰富的社会资源，国企、民营和港股公司有机结合的领先机制，使北控水务具有出色的市场开拓能力。曹妃甸阿科凌海水淡化项目备受市场关注，与清华大学成立的“环境产业联合研究院”，使得其企业品牌得到强化和提升。2011年，北控水务取得了不俗的市场业绩，275万吨/日的新增处理能力位居各企业之首，公司处理总能力超千万吨，在2011年继续领跑水务市场。

在污水处理方面，北控水务有着绝对的实力。已建成广州市花都区新华污水处理厂，设计处理能力20万吨/日、深圳横岭污水厂，设计处理能力为60万吨/日、辽宁省锦州市污水处理厂，设计总规模20万吨/日等等。2011年11月，北控水务与马来西亚能源、绿色科技及水务部签定合同，负责建设吉隆坡Pantai第二地下污水处理厂，日处理量32万吨，项目合同金额为25.48亿元，项目竣工日期定为2017年7月27日，包括4年项目建设及2年项目营运及维修，正式揭开了北控水务走向国际市场的序幕。

北控水务的污水处理厂能实现安全高效运行，出厂水质均达到《城镇污水处理厂污染物排放标准》（GB18918—2002）一级排放标准。在中水回用方面，不仅能供给电厂用水，还能用于城市绿化用水。在污泥处理方面，利用日光将污泥自然晾晒加好氧堆肥的工艺对污泥作减量化、无害化处理，同时将发酵后的污泥一部分制成颗粒营养土作为园林绿化肥料，一部分直接用于土壤改良或用作回填用途。

LIER—POOLK污水处理系统是北控水务旗下北控中科成环保集团有限公司拥有自主知识产权的先进专利技术，采用自行研发的高效全悬浮生物膜填料、新型过流器、恒水位滗水器、先进可靠的控制系统；连续流、恒水位、不需要初沉池和二沉池，工艺流程大大简化；能有效地去除CODCr、BOD5、SS等，且除磷、脱氮效果好；占地少、投资省、能耗低、运行成本低，非常适用于中小城市的污水处理。

（本章经辽宁华孚环境工程有限公司总经理吴玉祥审核，特此感谢）

第5篇　新能源篇

“十一五”期间，我国风能、太阳能、核能、生物质能等新能源产业发展迅猛，产业规模不断扩大，产业层次快速提升，产业政策体系逐步完善。根据《“十二五”国家战略性新兴产业发展规划》，我国未来若干年新能源的发展方向是：加快发展技术成熟、市场竞争力强的核电、风电、太阳能光伏和热利用、页岩气、生物质发电、地热和地温能、沼气等新能源，积极推进技术基本成熟、开发潜力大的新型太阳能光伏和热发电、生物质气化、生物燃料、海洋能等可再生能源技术的产业化，实施新能源集成利用示范重大工程。到2015年，新能源占能源消费总量的比例提高到4.5%，减少二氧化碳年排放量4亿吨以上。

本篇重点关注太阳能、风能、生物质能以及核能四大产业的发展现状、产业政策以及发展趋势。

23　新能源概述[①]

目前，全球正面临着严重的能源危机，非可再生矿物能源枯竭所可能带来的问题已经迫在眉睫，世界已经将注意力转移到了新能源结构上。2011 年，可再生能源技术不断向新市场扩张，已经有 50 个国家安装了风能发电，太阳能光伏装机容量也在新的地区和国家迅速增长。全球已经有超过 2 亿家庭安装了太阳能热水器，包括很多公共和商用建筑。2011 年全球可再生能源开发投资额为 2570 亿美元（约合人民币 1.6 万亿元），达历史最高点。太阳能发电装机容量在去年一年内增长了 1.7 倍。此外，风力发电也得到实质性增长，生物燃料总投资额从 86 亿美元升至 90 亿美元。

从国别来看，美国投资额达到 559 亿美元，同比增长 33%，位居第一。中国紧随其后，达到 474 亿美元，欧洲投资总额为 1002 亿美元，同比增长 3%，其中，德国和意大利的太阳能装机（包括大型上网和分布式装机）以及北海的海上风电项目表现突出，印度投资总额为 103 亿美元，同比增长 52%；日本达 90 亿美元（约合人民币 573 亿元），巴西投资额为 82 亿美元，同比增长 15%。

23.1　2011 年全球新能源与可再生能源发展特点

23.1.1　全球光伏发电安装量增长迅速

由于上网电价政策和税收优惠政策即将到期的刺激作用，以及光伏产品价格大幅降低等因素，大部分新增装机出现在年底。截至 2011 年底，世界太阳能光伏发电装机容量约为 7000 万千瓦，同比增长 74%。大规模地面电站仍占主导地位，同时小型建筑光伏也继续增长。欧盟光伏发电首次成为该地区新增装机容量最多的发电技术。意大利和德国领衔光伏发电市场，中国增长迅速。虽然 2011 年光伏发电发展形势较好，但由于产能过剩、价格下降、政府削减激励政策、市场增长仍较慢、行业整合等因素，光伏制造商们面临亏损和倒闭的压力。

23.1.2　全球风电产业增速有所恢复

根据全球风能理事会（GWEC）发布的全球风电市场装机数据，2011 年全球新增风电装机容量达到 40564 兆瓦，该新增容量使全球累计风电装机达到 237669 兆瓦。这一数据表

---

① 本章由中国船舶重工集团公司经济研究中心胡颖撰写。

明2011年全球累计装机实现了20.26%的年增长，新增装机增长为4.47%。截至2011年底，全球共有75个国家有商业运营的风电装机，其中22个国家的装机容量超过1000兆瓦。

23.1.3 全球核电产业遭到重大挫折

核电使用一直是一个备受争议的话题，2011年3月11日，日本里氏9.0级大地震以及随之爆发的巨级海啸导致的福岛核泄漏事故，将核电安全再一次推到风口浪尖，由此也引发了整个人类对核能运用安全性的再度审视。

2011年全球核电总发电量为2518TWh（TWh=10亿千瓦时），较2010年核电总发电量的2630TWh降低了4.3%。2011年核电新并网发电7台机组，共计417.7万千瓦。与2010年相比多投入2台，多增加45.5万千瓦。但2011年新开工只有2台核电机组，共计94.5万千瓦，比2010年少开工14台，减少1499.1万千瓦。2011年共关闭了13台核电机组，包括日本福岛核电站一厂的4台机组（271.9万千瓦），德国政府决定关闭的8台机组（833.6万千瓦），英国按计划关闭的1台机组，远远超过2010年的1台。

23.1.4 全球生物质稳步增长

截至2011年底，世界生物质发电装机容量约为7200万千瓦，同比增长9.1%。固体生物质发电量约占所有生物质发电量的88.3%。其中，美国生物质发电装机容量约为1370万千瓦，同比增长3%。2011年固体生物质发电量约为567亿千瓦时。欧盟生物质发电装机容量约为2620万千瓦，固体生物质发电量约为699亿千瓦时。

美国是世界上生物质发电装机容量最多的国家，其他生物质发电装机容量较多的地区、国家分别为欧盟（领先的国家依次为德国、瑞典、英国）、巴西、中国、印度、日本。非洲大部分产糖国家发展以蔗渣为燃料的热电联产电厂。

23.2 2011年我国新能源与可再生能源发展特点

23.2.1 中国光伏产业依然扮演着最为重要的角色

受欧洲市场驱动，2011年，中国光伏产业依然扮演着最为重要的角色。据多家行业分析机构统计，2011年度全球十大光伏电池供应商中，5家来自中国大陆，3家来自中国台湾；同年度全球十大光伏组件供应商中，共有6家来自中国大陆。同时，中国的上网电价补贴政策开启了国内光伏市场的新局面，仅仅是青海省就安装了将近1GW的地面型项目。据最新统计数据显示，中国2011年新增太阳能发电装机容量约2000MW，新增量位居世界第三，占全球太阳能发电新增装机的7%。

同时，我国的太阳能热水器产业发展依旧良好，生产量由1998年的350万平方米增长到2011年的5760万平方米/年，热水器的总保有量也由1998年的1500万平方米提高了2011年的1.936亿平方米，形成一定的产业规模。

23.2.2　风电产业转重质量

2011年，我国风电产业装机增速归于平稳。全年新增安装风电机组11409台，全年风电新增装机容量为17630.9兆瓦，同比增速出现近十年来首次负增长。截至2011年年底，我国累计安装风电机组45894台，累计装机容量为62364.2兆瓦，年增长39.4%。

风机制造行业从高额利润回归社会平均利润。2008年以来我国风机价格一路走低，2011年风机最低中标价低于3500元/千瓦。风机价格的不断下降主要是由于产能过剩导致行业同质化竞争加剧，造成风机价格不断下降。

风电场大规模脱网等事故的频发，加速了国家能源主管部门各种政策的集中、连续出台，年内共出台了10项政策和18项标准。

23.2.3　核电行业市场巨大

2011年尽管受到日本福岛核事故影响，我国核电减缓了发展势头，但全年度我国核电行业全产业链仍均获得较快发展，稳步健康前行的基调依然十分明确。据国家能源局统计，2011年全国全口径发电设备装机容量达105576万kW，同比增长9.25%，其中核电1191万kW、同比增长10.1%，核电占全装机比重为1.13%。2011年全国全口径发电厂发电量为47217亿kWh，其中核电发电量874亿kWh、同比增长17.7%，核电占全国发电量比重为1.84%。

23.2.4　生物质能备受青睐

2011年中国生物质能产业受到国家政策的鼓励与扶持。6月30日，财政部、国家税务总局联合发布通知，划定了废弃动植物油生产纯生物柴油免征消费税的适用范围，详细列出四种免征消费税的生物柴油原料。10月初，财政部下发《关于开展第一批绿色低碳重点小城镇试点示范工作的通知》，并配有《推广应用可再生能源和新能源专项实施方案》。同时，《全国林业生物质能源发展规划（2011—2020年）》通过专家评审，再为生物质能产业发展“添砖加瓦”。

23.3　我国新能源与可再生能源产业政策分析

2011年，我国相继颁布新能源及可再生能源行业政策、法规，其中有《“十二五”资源综合利用指导意见》、《北京“十二五”新能源规划》、《可再生能源发展基金征收使用管理暂行办法》、车船税法、车船税法实施条例及其他。2012年8月6日，国家能源局组织制定的《可再生能源发展“十二五”规划》和水电、风电、太阳能、生物质能四个专题规划正式发布，《可再生能源规划》确定的基本原则是：市场机制与政策扶持相结合、集中开发与分散利用相结合、规模开发与产业升级相结合、国内发展与国际合作相结合。

“十二五”时期可再生能源发展的总体目标是：到2015年，可再生能源年利用量达到4.78亿吨标准煤，其中商品化年利用量达到4亿吨标准煤，在能源消费中的比重达到9.5%以上。2015年各类可再生能源的发展指标是：水电装机容量2.9亿千瓦，累计并网运行风电

1亿千瓦，太阳能发电2100万千瓦，太阳能热利用累计集热面积4亿平方米，生物质能利用量5000万吨标准煤。

“十二五”期间，国家将组织100个新能源示范城市、200个绿色能源县、30个新能源微网示范工程建设，创建可再生能源利用综合示范区。同时，还将积极推进地热能、海洋能等新的可再生能源的技术进步和产业化发展。一系列政策及规划的出台，将有力指导和规划我国新能源及可再生能源产业的发展，为我国新能源和可再生能源产业的发展创造更好的环境，注入更为强劲的动力。

24　风能[①]

24.1　世界风电产业概况

24.1.1　总体发展概况

（1）风电产业增速有所恢复

2011 年世界风电增速有所恢复（图 24－1，图 24－2）。根据全球风能理事会（GWEC）2012 年最新发布的全球风电市场数据，2011 年全球新增风电装机容量达到 40564 兆瓦，该新增容量使全球累计风电装机达到 237669 兆瓦。这一数据表明 2011 年全球累计装机实现了 20.26% 的年增长，新增装机增长为 4.47%。截至 2011 年底，全球共有 75 个国家有商业运营的风电装机，其中 22 个国家的风电装机容量超过 1000 兆瓦。

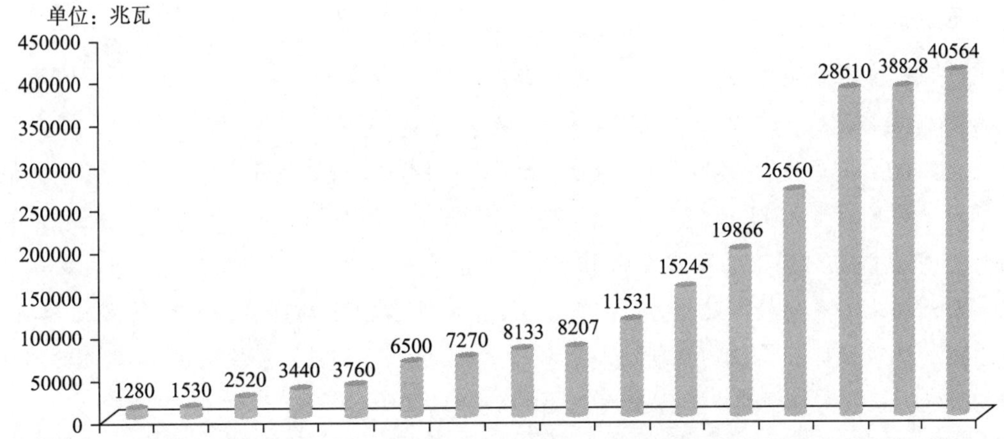

图 24－1　1996—2011 年全球风电每年新增装机容量

数据来源：全球风能理事会

---

① 本章由中国船舶重工集团公司经济研究中心胡颖撰写。

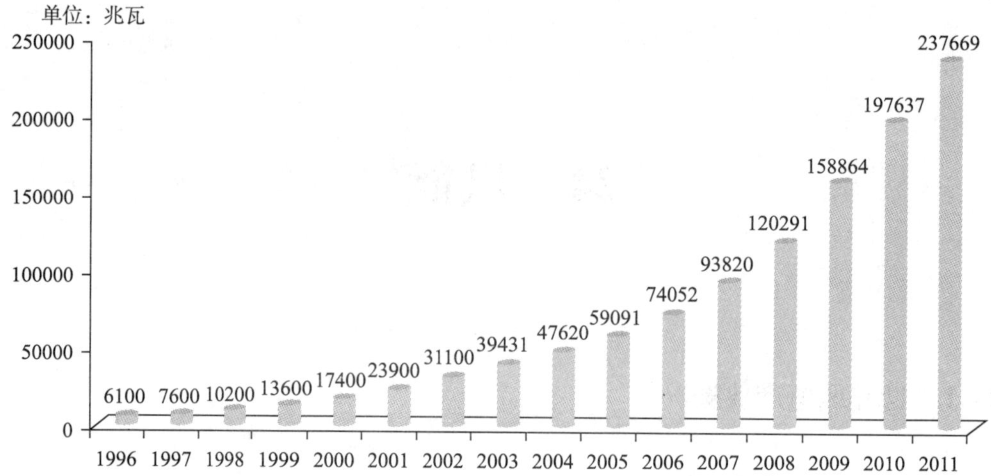

图 24－2　1996—2011 年全球风电每年累计装机容量

数据来源：全球风能理事会

专栏 24－1

全球风能资源分布

斯坦福大学土木和环境工程系根据国家气象数据中心和预警系统实验室 1998—2002 年的风速和温度数据，对 7753 个地面和 446 个空间观测点两种不同类型的数据进行比较，对全球风能资源进行了统计和计算，得出结果：

①全球范围内距离地面 80 米处的观测点中，有 13% 可以达到 3 级风以上，即风速为 6.9 米/秒，非常适合风能的采集利用。

②全球范围内距离地面 80 米处的观测点中，平均风速将达到 4.59 米/秒，其中 3 级及以上风区地带可达到 8.44 米/秒。在距离地面 10 米高处的观测点中，整体平均风速为 3.31 米/秒，3 级及以上风区平均风速为 6.53 米/秒。

③欧洲和北美有着较强的风力（3 级以上），海洋和南极洲则有着极广的风能覆盖面，北海沿岸的北欧地区，南美的南端及澳大利亚的塔斯马尼亚岛、加拿大和美国的东北及西海岸均属于暴风区领域，在利用风能方面具有极大的潜力。

④在 80 米高处，海上比陆地上的观测点多 90% 符合利用风能的要求。

按在 80 米高度处 6.9 米/秒的风速来计算，全球风能可利用资源量为 72 万亿千瓦。即使只成功利用了其中的 20%，依然相当于世界能源消费量的总和或电力需求的 7 倍，但仍然有许多技术难题需要克服，才能真正充分发挥利用风能的潜力。

专栏 24－2

我国风能资源总体分布

我国风能资源储量丰富。根据中国气象局第四次风能资源普查结果，我国离地 50 米高度陆地上风能资源潜在开发量为 23.8 亿千瓦，近海 5～25 米水深范围内风能资源潜在开发量约为2亿千瓦。“三北”地区（华北、东北和西北）以及东南沿海地区、沿海岛屿潜在风能资源开发量约占全国的80%。

（2）风电产业重心呈现由欧洲向亚洲、北美洲转移的态势

从全球风电市场的区域发展情况来看，世界风电产业发展重心已由欧洲向亚洲和北美洲转移。据2012年全球风能理事会的数据显示，欧洲风电总装机容量所占比重由2007年的59.6%下降至2010年的43.7%，继而下降至2011年的40.6%，而北美洲地区则由2007年的19.4%上升至2011年的22.2%，亚洲地区则由2007年的16.5%上升至2011年的34.5%。

2004年，欧洲占据世界风电新增装机容量70.7%的份额，如今欧洲已丧失其垄断地位，2011年，欧洲占世界风电新增装机容量的比重为25.3%，北美洲为20.0%，亚洲为51.6%，亚洲占据世界风电新增装机容量的份额已过半。

24.1.2 主要国家和地区的发展现状

世界风电产业增速恢复主要依靠许多国家风电强劲增长的带动（表24－1，表24－2）。美国风电呈现复苏态势；加拿大实现创纪录的增长；欧洲风电平稳增长，其海上风电新增装机略有下降，但罗马尼亚、波兰和土耳其增长强劲，德国在弃核政策的影响下表现出发展海上风电等可再生能源的更强决心；中国和印度仍然是世界风电增长的主要驱动力，中国占据世界风电新增装机容量的43%，印度新增装机再次突破记录，中国和印度合计新增装机容量超过世界的50%。

表24－1 2011年全球风电新增装机前十位的国家和地区

排名	国家	容量（兆瓦）	份额（%）
1	中国	17631	43.0
2	美国	6810	17.0
3	印度	3019	7.0
4	德国	2086	5.0
5	英国	1293	3.2
6	加拿大	1267	3.1
7	西班牙	1050	2.6
8	意大利	950	2.3
9	法国	830	2.0
10	瑞典	763	1.9
其他国家和地区		4865	12.0
排名前十的国家新增装机量总计		35699	88.0
全球总计		40564	100.0

数据来源：全球风能理事会

表 24－2　2011 年全球风电累计装机前十位的国家和地区

排名	国家	容量（兆瓦）	份额（%）
1	中国	62364	26.2
2	美国	46919	19.7
3	德国	29060	12.2
4	西班牙	21674	9.1
5	印度	16084	6.8
6	法国	6800	2.9
7	意大利	6737	2.8
8	英国	6540	2.8
9	加拿大	5265	2.2
10	葡萄牙	4083	1.7
其他国家和地区		32143	13.5
排名前十的国家累计装机量总计		205526	86.5
全球总计		237669	100.0

数据来源：全球风能理事会

- 欧洲。2011 年，欧洲风电稳定发展，新增装机容量 1028.1 万千瓦，其中欧盟 27 国新增装机容量 961.6 万千瓦。欧洲累计装机容量 9660 万千瓦，其中欧盟 27 国 9395 万千瓦。2011 年，德国风电新增装机容量最多，达到 208.6 万千瓦，英国第二为 129.3 万千瓦（包括 75.2 万千瓦海上风电），接下来依次是西班牙（105 万千瓦）、意大利（95 万千瓦）、法国（83 万千瓦）、瑞典（76.3 万千瓦）、罗马尼亚（52 万千瓦）。土耳其和波兰风电发展也不错，分别新增 47 万千瓦和 43.6 万千瓦。2011 年，欧洲海上风电新增装机略有下降，为 86.6 万千瓦，同比减少 1.7 万千瓦。海上风电累计装机容量 381.3 万千瓦。英国海上风电新增装机最多，2011 年超过 200 万千瓦，丹麦第二为 85.7 万千瓦。

- 美国。经历了 2010 年的困境，美国风电实现了一定程度的反弹。2011 年，美国风电新增装机容量 681 万千瓦，同比增长 31%，新增装机分布在 31 个州；截至 2011 年底，美国风电累计装机容量 4692 万千瓦，同比增长 17%，装机分布在 38 个州。虽然美国生产税收抵免政策是否延期具有不确定性，美国风电行业仍然发展较好，美国风电机组和零部件制造行业遍布 43 个州。这意味着美国制造商能够供应 60% 的国内市场，而几年前只有 25%。2012 年风电将继续增长，而生产税收抵免政策能否延期将影响 2013 年风电的发展。

- 巴西。2011 年，拉丁美洲风电发展非常好，风电新增装机达到 85.2 万千瓦。巴西起到了领先作用，其新增装机容量达到 58.3 万千瓦，累计装机容量达到 150.9 万千瓦。在巴西国家可持续发展银行的政策引导下，巴西的风电行业正吸引着更多的投资。一个更加清晰的政策框架将更有利于巴西风电产业的快速、持续和稳定增长。巴西目标到 2016 年风电累计装机容量达到 700 万千瓦，促进了风电机组和零部件制造商的发展，未来除了供应巴西市场，还能够供应阿根廷、智利和乌拉圭等市场。

24.2　我国风电产业概况

2011 年，全国并网风电发电量 732 亿千瓦时，比上年增长 48.16%，占全国发电量的比重分别比上年提高 0.38 个百分点。2011 年，全国电源工程建设完成投资中，水电完成投资 940 亿元（其中抽水蓄能电站完成投资 60.5 亿元），火电 1054 亿元（其中煤电 903 亿元），核电 740 亿元，风电 829 亿元，风电产业装机增速归于平稳，风机制造行业从高额利润回归社会平均利润，风电场大规模脱网等事故的频发，加速了国家能源主管部门各种政策的集中、连续出台。我国风电产业正逐步走上健康发展的道路。

24.2.1　发展现状

（1）累计装机平稳增长，新增装机首现负增长

2011 年是我国风电行业由爆发性增长逐步归于稳健发展的转折年。根据中国风能协会 2012 年最新数据统计，2011 年，我国（不包括台湾地区）新增风电装机 11409 台，装机容量为 17630.9 兆瓦，同比增速出现近十年来首次负增长（图 24－3）。截至 2011 年底，我国累计风电装机 45894 台，装机容量为 62364.2 兆瓦，同比增长 39.4%（图 24－4）。

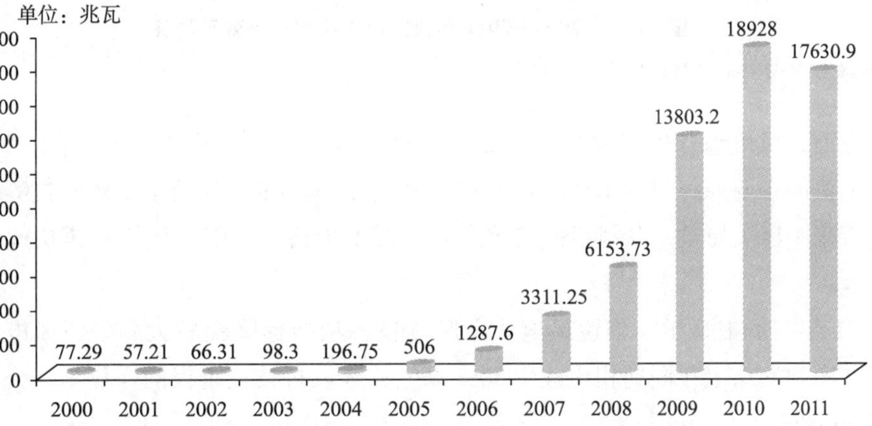

图 24－3　2000—2011 年我国风电每年新增装机容量

数据来源：中国风能协会

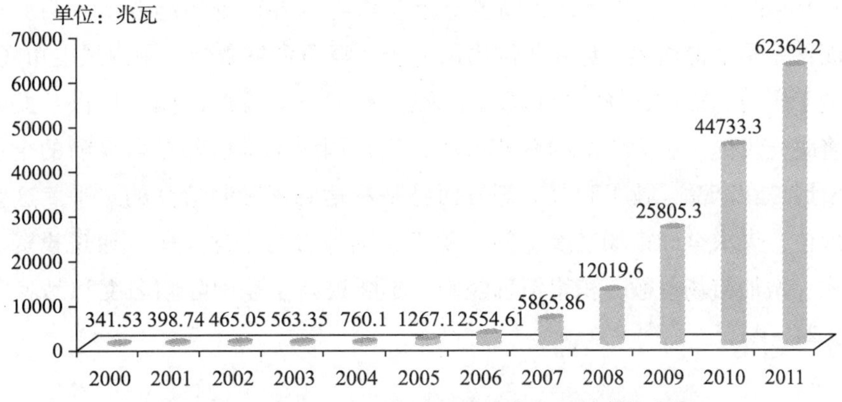

图 24－4　2000—2011 年我国风电每年累计装机容量

数据来源：中国风能协会

（2）风机企业承受价格与成本双重压力

2008 年以来我国风机价格一路走低，已由 2008 年的 6500 元/千瓦，降至 2009 年的 5400 元/千瓦，2010 年跌破 4000 元/千瓦，2011 年风机最低中标价低于 3500 元/千瓦（图 24－5）。风机价格的不断下降主要是由于产能过剩导致行业同质化竞争加剧，造成风机价格不断下降。

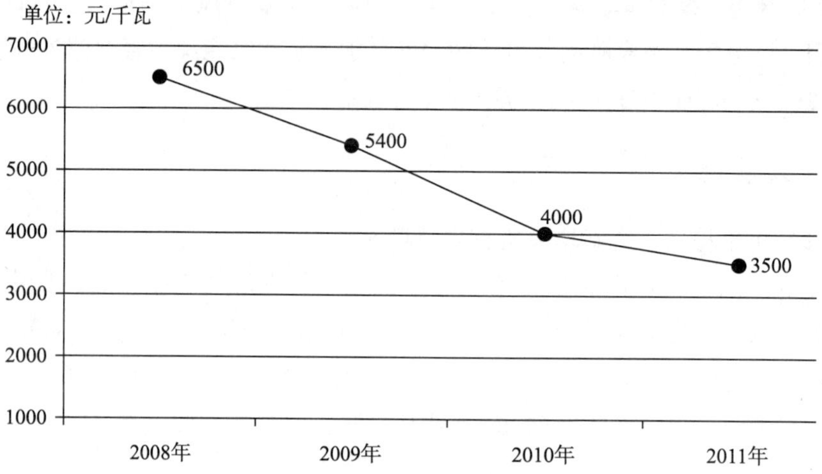

图 24－5　2008—2011 年我国风电机组价格变动情况

数据来源：中船重工经济研究中心整理

另一方面，风机综合生产成本，主要是原材料成本和人工成本大幅增加。2011 年 6 月份，永磁电机的主要原材料稀土比年初上涨了 10 倍，这给湘电风能、金风科技等直驱永磁风机生产商带来了巨大影响。从风机的造价来看，稀土价格的上涨致使每台风机成本上升一百多万。

据 2011 年三季报显示，华锐风电、金风科技各项指标降幅较大。华锐风电预计，2011 年全年累计净利润与上年同期相比减少 50% 以上；金风科技三季报同样显示，公司净利润同比下降了 59.85%。

（3）多种方式抢占海外市场

据中国风能协会统计，进入 2011 年以来，我国风电企业参与国外市场的案例数量超过 2007 年至 2010 年的总和。近几年，我国风电企业参与国外市场的趋势愈发明显，主要原因有以下几方面：一是如前所述，近几年国内风电企业竞争愈发激烈，国内风电市场趋于饱和，部分制造商迫于压力，被动选择海外市场；二是一些风电开发商因国内可供开发的风能资源有限，直接将眼光投向了更为广阔的海外市场；三是国内市场份额排名靠前的企业，通过近几年的快速发展，在产品、技术和服务等方面已基本达到国际制造商的水平。这些企业为争取国际领先地位，谋求全球市场发展空间，积极主动地参与全球竞争，通过投资、合作、收购等各种方式，增加市场份额，积累销售经验，不断提高企业国际知名度和品牌影响力（见表 24－3，表 24－4）。

表 24 -3 2007—2010 年部分国内企业参与国外风电市场情况

企业名称	合作单位	方式	时间	涉及国家	相关情况
中复联众	NOI	收购	2007 年	德国	成立 SINOI 公司
明阳风电	格林亨特风能集团	合作	2008 年	美国	签署出口 72 台寒冷型 1.5 兆瓦风电整机协议
金风科技	VENSYS	收购	2008 年	德国	掌握制造技术，打入欧洲市场
明阳风电	澳洲太平洋风能	代理	2009 年	澳大利亚	签署销售代理合同
明阳风电	美国绿风能公司	代理	2009 年	美国	签署销售代理合同
中复联众		合作	2009 年	阿根廷	出口叶片
中复联众	日本富士重工	合作	2009 年	日本	出口 34 套 2 兆瓦叶片
新誉风电	中国航空技术集团	合作	2009 年	美国	出口风电整机
艾郎风电	mTorres	合作	2009 年	西班牙	出口一批 1.5 兆瓦风电机组叶片
银河风电		合作	2009 年	越南	获 MauSon 风场 80 台 2.5 兆瓦机组订单，金额 18 亿元
金风科技	Commo 兆瓦 ealth Edison	投标	2010 年	美国	为 Shady Oaks 项目提供 68 台 1.5 兆瓦风电整机
运达风电	丹麦 Risoe 实验室	合作	2010 年	丹麦	风电技术检测和试验
中航惠腾		合作	2010 年	日本	出口叶片
明阳风电	丹麦 Risoe 实验室	合作	2010 年	丹麦	风电技术检测和试验
国电联合动力	Revolution Energy	合作	2010 年	美国	为德州 9 兆瓦项目提供风电整机
湘电风能	达尔文	收购	2010 年	荷兰	为德州 9 兆瓦项目提供机组，2011 年在荷兰安装 5 兆瓦样机
东方电气	KSK Energy Limited	合作	2010 年	印度	为 166 台 1.5 兆瓦直驱式风电设备供货
瓦轴		合作	2010 年	印度	建设在德国科隆基地后的第二个轴承生产基地
南车电机	金风科技	合作	2010 年	美国	出口 3 台发电机
华仪风电		销售	2010 年	智利	出口 3 台 780 千瓦风电机组

资料来源：中国风能协会

表 24 -4 2011 年部分国内企业参与国外风电市场情况

企业名称	合作单位	方式	时间	涉及国家	相关情况
金风科技		投资	2011 年	澳大利亚	在澳大利亚建立子公司
金风科技	伊利诺伊州	投资	2011 年	美国	在 Shady Oaks 风电场建一个总投资近 2 亿美元、规模超过 100 兆瓦的风电场项目
金风科技	中水顾问国际工程公司	合作	2011 年	埃塞俄比亚	为 Adama 风电场提供 34 台 1.5 兆瓦整机
金风科技	CELEC EP	合作	2011 年	厄瓜多尔	提供 11 台 1.5 兆瓦直驱永磁高海拔型机组
华锐风电	希腊 PPC	合作	2011 年	希腊	开发一个风电场及一个海上风电场，并在希腊建设生产基地

续表

企业名称	合作单位	方式	时间	涉及国家	相关情况
华锐风电	Desenvix	合作	2011年	巴西	将为位于巴西 Sergipe 地区的风电场提供23套风电机组
湘潭电机	美国渔夫能源	合作	2011年	美国	出口6台5兆瓦海上风电整机
中能风电		合作	2011年	韩国	出口1.65叶片
南高齿	法国法尔斯通	合作	2011年	西班牙	出口齿轮箱，配套1.67兆瓦机组
南高齿	苏司兰	合作	2011年	印度	出口齿轮箱，配套1.5兆瓦机组
保定天威		合作	2011年	澳大利亚	风电场开发
三一电气	中航国际新能源	投标	2011年	美国	开发德州10兆瓦项目
湘电风能	Gaelectric Holdings Plc	合作	2011年	爱尔兰	签订6台XV90风电机组整机的买卖合同，合同金额约1800万欧元
湘电风能		销售	2011年	阿根廷	出口总共300兆瓦的风电机组
湘电风能		销售	2011年	马尔代夫	出口总共50兆瓦的风电机组
龙源电力	歌美飒	合作	2011年	全球	风电场开发
龙源电力	梅兰克森	合作	2011年	加拿大	100兆瓦风电名目股权收买协定
海装风电		销售	2011年	美国	出口2台2兆瓦风电机组
上海电气	KSK Energy	合作	2011年	印度	出口125台2兆瓦风电机组
联合动力		投资	2011年	巴西	两年内投资建厂，投资额7至8亿元人民币

资料来源：中国风能协会

（4）大功率海上风机研制加快

2011年我国海上风电机组已进入5兆瓦、6兆瓦时代，各大知名风电企业海上风机争先宣布下线（专栏24－1）。与此同时，一些风电企业调高研制海上风机的容量（表24－5），并纷纷宣布其海上风机研制进度（专栏24－2）。

表24－5　2011年我国企业海上风电机组研制情况

公司名称	研发机型	样机产出时间
金风科技	6.0兆瓦	2012年
华锐风电	6.0兆瓦	2011年
明阳风电	6.0兆瓦	2012年
东方电气	4.5兆瓦	2012年
保定天威	5.0兆瓦	—
联合动力	6.0兆瓦	2011年
海装风电	5.0兆瓦	2012年

续表

公司名称	研发机型	样机产出时间
运达风电	5.0兆瓦	2012年
华仪电气	6.0兆瓦	2013年
中国南车	5.0兆瓦	2012年

资料来源：中船重工经济研究中心整理

专栏24－3

知名风电企业海上风机下线情况

2011年5月31日，华锐风电科技（集团）股份有限公司宣布，由其自主研发的中国首台6兆瓦风电机组在其江苏盐城综合产业基地正式出产，这是目前我国单机容量最大的风电机组。2011年9月28日，保定天威风电科技有限公司成功下线首台3.0兆瓦高速永磁型海上风电机组，这款3.0兆瓦海陆两用型风机具有完全自主知识产权。2011年12月25日，由国电联合动力技术有限公司研发的具有完全自主知识产权的6兆瓦海上风力发电机组在联合动力连云港公司成功下线。2011年年底海装风电完成5兆瓦近海风力发电机组总装调试。

专栏24－4

知名风电企业海上风机研制进度

2011年5月10日，华仪电气与MECAL公司签订了6兆瓦海上风机设计开发合同，将5兆瓦风电机组研发的容量升级至6兆瓦，双方将共同设计开发6.0兆瓦海上风机。根据开发计划，华仪电气6.0兆瓦海上风机系统设计将在2013年3月底以前完成，样机的安装将在2013年9月底前完成。金风科技2011年6月30日，宣布公司首台6.0兆瓦直驱永磁海上风电机组样机将于2012年上半年并网发电，2014年实现量产。保定天威在2011年3兆瓦风力发电机组成功下线的同时，正在加紧研制5兆瓦大型海上风力发电机组。明阳电气预计2012年产出6兆瓦海上风机。

（5）海上风电项目进展缓慢

虽然各大风电企业积极备战海上风电，但是2011年海上风电项目进展十分缓慢。这主要是因为我国海上风电发展的科学研究及技术开发不够，技术储备不足，缺乏实际项目的运行经验。2010年9月我国首轮海上风电特许权项目完成招标工作，中标四个项目。但是由于海上风电项目前期工作不到位，能源局与海洋局、军队的协调不够完善和畅通，致使各家的规划相互冲突，除了一些试验示范工程，规模化、商业化的海上风电场还没有突破性的进展。第一轮中标的两个近海风电场、两个潮间带风电场至今没有一台风机竖起，风电开发项目招标与建设脱节的现象在海上风电中表现得尤其突出。2011年6月，在国家能源局召开的“海上风电工作座谈会”上传出2011年下半年将启动第二批海上风电特许权项目的招标准备工作，总建设规模约150万千瓦到200万千瓦。但截至2011年年底，第二轮海上风电特许权招标并没有如期到来，估计要等到第一轮的四个项目破土动工才会启动，接下来的项目从电价、选址、施工等方面将会更加理性和规范。

24.2.2 发展环境

（1）政策环境

2010年，全国共发生80起风电场脱网事故。2011年1—8月，这个数字上升到193起，其中，一次损失电力负荷10万~50万千瓦的脱网事故高达54起，大规模脱网事故（一次损失风电出力50万千瓦以上）由1起升至12起。风电事故频发，加快了行业主管部门制定标准的步伐，2011年内10项政策（表24-6）和18项标准（表24-7）密集出台，风电行业有望朝着更加规范的方向发展。

表24-6 2011年出台的10项风电政策

出台时间	政策名称	制定部门
2011.7	《海上风电开发建设管理暂行办法实施细则》	国家能源局与国家海洋局
2011.7	《电力安全事故应急处置和调查处理条例》	国务院
2011.8	《风电场电能质量测试规程》	国家能源局
	《风电功率预测功能规范》	
	《风电调度管理规范》	
	《风力发电场并网验收规范》	
	《风电机组低电压穿越能力测试规程》	
	《风电场并网性能评价方法》	
2011.8	《风电场接入电力系统技术规定》	中国国家标准化管理委员会、国家质量监督检验检疫总局
2011.10	《发电机组进入及退出商业运营管理办法》	国家电力监管委员会

数据来源：中船重工经济研究中心整理

表24-7 2011年出台的18项风电标准

序号	名称	一级分类
1	《风力发电机组振动状态监测导则》	风电场运行维护管理
2	《大型风电场并网设计技术规范》	风电并网
3	《风电场电能质量测试方法》	
4	《海上风电场钢结构防腐蚀技术标准》	风电场规划设计
5	《风电场工程勘察设计收费标准》	
6	《海上风电场工程概算定额》	
7	《海上风电场工程设计概算编制规定及费用标准》	
8	《陆上风电场工程概算定额》	
9	《陆上风电场工程设计概算编制规定及费用标准》	

续表

序号	名称	一级分类
10	《永磁风力发电机制造技术规范》	风力机械设备
11	《双馈风力发电机制造技术规范》	
12	《双馈风力发电机变流器制造技术规范》	风电电器设备
13	《永磁风力发电机变流器制造技术规范》	
14	《电池储能功率控制系统技术条件》	
15	《双馈风力发电机组主控制系统技术规范》	
16	《风力发电机组电动变桨控制系统技术规范》	
17	《风力发电机线圈绝缘用耐电晕聚酰亚胺薄膜补强玻璃布粉云母带》	
18	《风力发电机匝间绝缘用耐电晕聚酰亚胺薄膜》	

数据来源：中船重工经济研究中心整理

（2）陆上风电发展规划

新疆（哈密）、甘肃（酒泉）、内蒙古（分为蒙东和蒙西）吉林（西部）、河北、山东和江苏等七个省区的 8 个千万千瓦级风电基地规划。到 2020 年，总装机容量达到 1.5 亿千瓦，风电上网电量约 3000 亿千瓦时。

甘肃酒泉地区是我国第一个启动的千万千瓦级风电基地，规划建设 9 个风电场，到 2020 年装机容量 1270 万千瓦。

新疆哈密地区风能资源丰富、场址平坦，规划在哈密东南部、三塘湖和淖毛湖 3 个区域建设风电场，2020 年达到 1080 万千瓦。

河北省风能资源丰富的地区，主要分布在张家口、承德地区及东部沿海，包括潮间带和近海。规划 2020 年达到 1400 万千瓦。

吉林西部风能资源丰富的地区，主要在松源和白城等市，规划到 2020 年达到 2700 万千瓦。

内蒙古自治区面积辽阔，大部分地区风能资源丰富，在编制千万千瓦级风电基地规划时按照电网覆盖区域分为蒙西和蒙东两部分。蒙西 3830 万千瓦，蒙东 2000 万千瓦。合起来内蒙古自治区规划到 2020 年达到 5830 万千瓦。

山东省风电基地规划到 2015 年达到 800 万千瓦（海上风电 100 万千瓦）。

江苏省风能资源丰富的地区，主要分布在东部沿海，包括陆地、潮间带和近海。2015 年装机 460 万千瓦，近海 200 万千瓦，潮间带 260 万千瓦；2020 年装机 945 万千瓦，近海 655 万千瓦，潮间带 290 万千瓦。

（3）海上风电发展规划

从 2010 年起，我国海上风电产业开始加速发展，“十二五”将是我国海上风电加速发展的五年。根据“十二五”可再生能源规划，2015 年，我国将建成海上风电 500 万千瓦，形成海上风电的成套技术并建立完整产业链。2015 年后，我国海上风电将进入规模化发展阶段，达到国际先进技术水平。2020 年我国海上风电将达到 3000 万千瓦。

目前，我国海上风电还处于起步发展阶段，“十二五”期间，将每年安排150万~200万千瓦的总体开发规模，积极稳妥推进海上风电开发，推动海上风电技术进步，在机组制造、工程设计、施工安装、运行维护等全产业链培育海上风电工程技术能力，提高海上风电产业整体竞争力。我国海上风电产业正迎来蓬勃发展时期，各地海上风电的规划也都陆续出台。

表24-8　我国企业海上风电机组研发情况

序号	名　称	地区
1	《江苏省风力发电发展规划（2006—2020年）》；《江苏省风力发电装备发展规划纲要》；《江苏省新能源产业调整和振兴规划纲要》；《江苏省海上风电场工程规划》	江苏省
2	《浙江海洋经济发展示范区规划》	浙江省
3	《山东省千万千瓦级海上风电基地规划报告》	山东省
4	《广东省海上风电场工程规划》	广东省
5	《关于上海市海上风电场工程规划的复函》	上海市
6	《福建省“十二五”能源发展专项规划》	福建省

数据来源：中船重工经济研究中心整理

24.2.3　面临的问题

虽然我国风电发展取得了举世瞩目的成就，但目前总体来看，我国的风电发展还存在一些问题，并面临着严峻的挑战。

（1）风电技术与世界先进水平存在明显差距

我国风电产业就总体技术研发水平而言，不论机构数量、就业人数和质量水平都与国际先进水平有很大差距，亟待进一步完善与提高。为了规范风电这个新兴产业，必须加强标准体系的建设，引导并要求企业从自主创新、重质量、重服务等方面着手，不断促进风电经济性的改善以及产品可靠性的提升。作为一个新兴的产业，可以预料，在“十二五”期间，风电产业的发展将会从重产能、重市场扩张等创业阶段的目标，转向以产品的进一步升级为主要任务，强调不断自主创新、提升产品质量、加强产品可靠性等方面来。

（2）风电并网瓶颈不断凸显

风电作为一种间歇性电源，大规模风电开发势必受到电网消纳随机性电量能力的限制。我国风电场主要分布在距负荷中心较远的地区，电网结构相对薄弱，电网建设对风电开发存在一定的制约。在当前西北、华北和东北我国风电基地集中地区，风电发出的电力无法正常并网，这已经成为未来风电发展所面临的最大问题。从表面上看，风电场建设周期短，而电网建设则相对复杂，难以完全同步完成，风电的快速发展凸显这一差异，从而带来了弃风及风电消纳困难等问题，但从深层次分析，风电的进一步发展，需要电力系统做出一定的专门安排，以适应风电这种间歇性、随机性的特点。

（3）风电产业有待从快速发展向健康发展转变

从风电设备制造技术角度看，中国是一个制造业大国，但从发电量上来看与美国还有较大差距，这一方面是因为风机利用小时数相比国外的平均水平较低，另一方面是因为中国风电的吊装容量与并网容量间差异超过30%，而国外风电发展较先进地区，两者之前差异仅在10%以内，这大大影响了风电效率和效益。此外，风电机组关键的设计技术依然依托欧美，检测认证体系尚不健全，长期运营维护的经验也有所欠缺，自有风资源评价技术尚处于初期阶段，人才的培育和储备远远不能适应快速发展的要求，不论是制造业还是开发商都要考虑如何尽快实现从快速发展到健康发展的转变。

（4）部门争端制约风电发展

在过去的5~6年中，风电发展迅速，掩盖了各种矛盾，目前风电增速放缓，各类矛盾，尤其是政府各个部门之间的矛盾凸显。首先是可再生能源发展基金迟迟不能出台，以收定支，还是以支定收争吵不止，导致了风电发展补贴资金不足。产业发展部门与能源主管部门在产业发展思路上不一致，导致了地区发展规模之争和企业的技术路线之争。价格主管部门固定电价的思路和能源主管部门的市场竞争定价策略之争促使风电开发和装备制造的无序竞争加剧，危及风电产业的健康发展。

24.2.4　产业竞争态势

2011年，风电整机制造企业在我国市场新增装机排名发生了一定的变化。金风科技升至首位，华锐风电降至第二名，联合动力和明阳风电分别升至第三位和第四位，东汽降至第五位。金风科技、华锐风电、联合动力前三家市场份额合计52.5%；前五家市场份额合计64.6%；前十家市场份额合计82.5%，具体情况见表24－9和图24－6。

表24－9　2011年整机制造商新增装机市场份额

排名	制造商	装机容量（兆瓦）	市场份额
1	金风	3600.0	19.7%
2	华锐	2939.0	16.7%
3	联合动力	2847.0	16.1%
4	明阳	1177.5	6.7%
5	东汽	946.0	5.4%
6	湘电风能	712.5	4.0%
7	上海电气	708.1	4.0%
8	Vestas	661.9	3.8%
9	华创	625.5	3.5%
10	南车风电	451.2	2.6%
11	GE	408.5	2.3%
12	重庆海装	396.0	2.2%
13	运达	375.0	2.1%
14	Gamesa	361.6	2.1%

续表

排名	制造商	装机容量（兆瓦）	市场份额
15	远景能源	348.0	2.0%
16	银星能源	221.0	1.3%
17	三一电气	179.5	1.0%
18	许继风电	166.0	0.9%
19	华仪	151.0	0.9%
20	Suzlon	96.2	0.5%
	其他	259.4	1.5%
	总计	17630.9	100.0%

数据来源：中国风能协会，2011

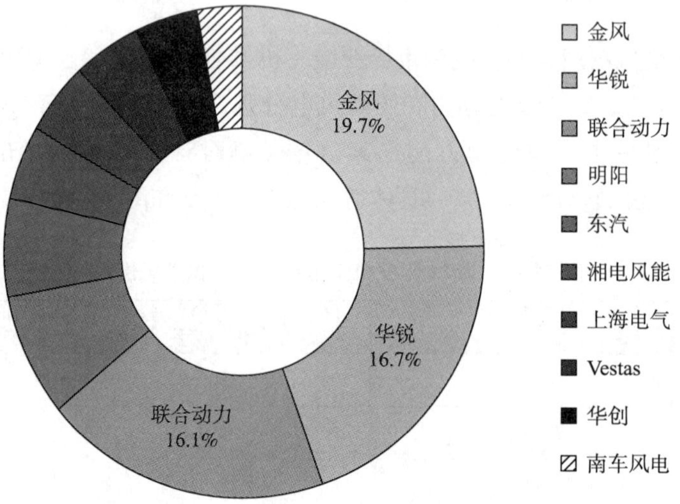

图 24－6　2011 年整机制造商新增装机市场份额

数据来源：中国风能协会，2011

2011 年，风电整机制造企业在我国市场累计装机排名前三位依旧是华锐风电、金风科技和东汽，明阳风电升至第四位，维斯塔斯降至第五位。华锐风电、金风科技、东汽前三家市场份额合计 52.2%；前五家市场份额合计 66.4%；前十家市场份额合计 84.2%。具体情况见表 24－10 和图 24－7

表 24－10　2011 年整机制造商累计装机市场份额

排名	制造商	装机容量（兆瓦）	市场份额
1	华锐	12977.0	20.8%
2	金风	12678.9	20.3%
3	东汽	6898.0	11.1%

续表

排名	制造商	装机容量（兆瓦）	市场份额
4	联合动力	5282.0	8.5%
5	Vestas	3565.5	5.7%
6	明阳	3123.0	5.0%
7	Gamesa	2785.9	4.5%
8	湘电风能	1801.5	2.9%
9	上海电气	1781.5	2.9%
10	GE	1575.5	2.5%
11	华创	1308.0	2.1%
12	运达	1098.0	1.8%
13	南车风电	916.5	1.5%
14	Suzlon	901.3	1.4%
15	重庆海装	875.3	1.4%
16	远景能源	748.5	1.2%
17	Nordex	574.2	0.9%
18	银星能源	473.0	0.8%
19	华仪	446.1	0.7%
20	航天万源	355.2	0.6%
	其他	2199.5	3.5%
	总计	62364.2	100.0%

数据来源：中国风能协会，2011

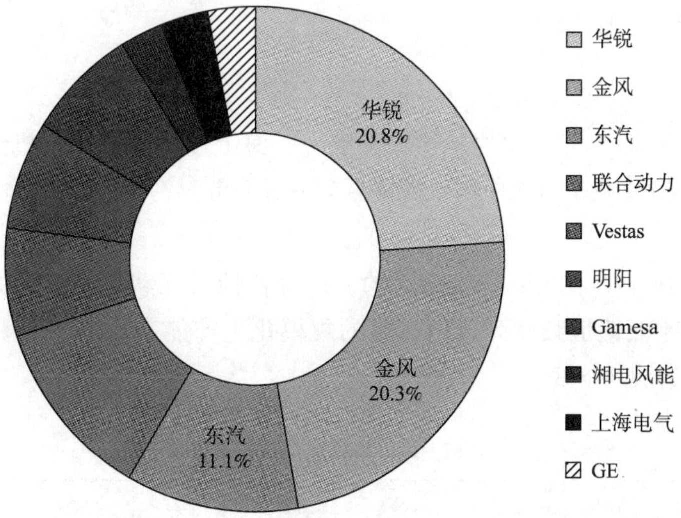

图 24－7　2011 年整机制造商累计装机市场份额

数据来源：中国风能协会，2011

24.3 我国风电产业发展趋势展望

风电装机容量将平稳增长。我国风电产业已告别“井喷式”高速发展的阶段，转为平稳增长。根据国家“十二五”风电产业发展规划，预计2012年我国风电新增装机容量将达到1500万千瓦左右，新增规模与2011年相当，市场需求潜力仍然很大。

海上风电项目将逐步启动。国家能源局在2011年全国海上风电工作座谈会上提出，我国计划到2015年，海上风电装机总量将发展到500万千瓦，2020年这一规模提高到3000万千瓦，一个千亿元的市场大门正在开启。随着《海上风电开发建设管理暂行办法实施细则》等各项针对海上风电有序发展的政策标准的出台，海上风电项目将逐步启动。第二轮海上项目特许招标工作的进行，也将推动海上风电产业的进一步发展。

风机制造企业国际化步伐将进一步加快。经过近几年的摸索，我国风机企业已探索出开拓国际市场的一些成功经验，未来我国风机企业国际化发展的脚步将进一步加快。华锐风电力争到2015年国际市场占有率达到50%；金风科技战略目标是到2020年，其海外业务收入占公司总营业收入的30%，覆盖北美、南美、澳洲、非洲和欧洲等重点海外市场。

风电行业管理将进一步加强。2011年我国各项风电政策和行业标准集中出台，都是为落实国民经济和社会发展“十二五”规划中提出“有效发展风电”，也是国家能源局在“十二五”期间促进风电产业健康稳步发展思路的重要体现。目前风能资源测量评价和预报、风电场施工与安装的标准正在制定中，2012年国家还将陆续出台风电的相关政策，对风电设备市场准入、风电场建设、运行和安全管理以及电网调度运行提出一系列的要求，一套全面完整的风电标准体系即将在中国首次确立。风电标准的陆续出台，将使我国风电产业在已经实现了规模化发展的基础上，通过各种政策手段引导风电产业走上“规范化”发展的道路，必将促使我国风电行业实现健康有序发展。

24.4 我国风电行业典型企业分析

24.4.1 华锐风电

公司概况

华锐风电成立于2006年，主要从事大型陆上、海上和潮间带风电机组的自主开发、设计、制造和销售。2011年1月在中国上海证券交易所上市。

主要产品

华锐风电已形成了具有国际先进水平的、适合各种风况和环境条件的1.5兆瓦系列和3兆瓦系列变桨变速双馈恒频系列风电机组的规模化生产能力，2011年其研制的我国首台6兆瓦海上风电机组成功下线。

表24－11 华锐风电主要产品

产品型号	SL1500	SL3000	SL5000	SL6000
额定功率（千瓦）	1500	3000	5000	6000

续表

产品型号	SL1500	SL3000	SL5000	SL6000
风轮直径（米）	60/70/77/82/89	90/100/105/113	128	128
设计标准	IECS/I/II/III	IECIA/IIA/IIIA	IECII（陆上） IECI（海上）	IECI（海上）
发电机	双馈异步感应电机	双馈异步感应电机	双馈感应电机	双馈/高速鼠笼
齿轮箱	2级行星轮+ 1级平行轴齿轮	2级行星轮+ 1级平行轴齿轮	差动轮系+ 1级平行轴	差动轮系+ 1级平行轴
主制动	叶片独立变桨	叶片独立变桨	叶片独立变桨	叶片独立变桨
认证情况	GL、CGC	GL、CGC		

数据来源：中船重工经济研究中心整理

发展历程

2005年，华锐风电作为国内首家引进德国技术的风机企业，生产出中国国产第一台1.5兆瓦机组，之后相继生产出中国第一台3兆瓦风电机组，第一台5兆瓦风电机组和第一台6兆瓦风电机组，并协助完成我国第一个海上风电场上海东大桥风电场。

2008年新增风电装机容量达到1403兆瓦，为行业排名中国第一，之后在2009年累计装机容量跃居中国第一并率先进入全球前三甲，2010年新增风电装机容量达到4386兆瓦，为行业排名全球第二。

产业布局

华锐风电国内生产基地主要分布在大连、盐城、酒泉、包头、新安盟（在建）、白城（在建）、东营、赤峰、哈密、巴彦淖尔等地区，国外主要分布在加拿大、美国、欧洲、印度、南美、澳大利亚等地区。

产品出口

2009年，华锐风电出口印度10台1.5兆瓦风电机组，其后又签订50台合同，2011年1—8月出口印度风电机组达15兆瓦。2010年至2011年，同希腊PPC公司达成300兆瓦海上风电设备供应协议，2011年又与英国Mainstream Renewable Power公司签署1000兆瓦爱尔兰风电项目设备供应协议。

发展战略

华锐风电坚持国际化和规模化的发展战略，确立了“三三五一”的战略发展目标，即用三年时间进入全球前三名，用五年时间挑战全球第一。建立和完善了中国第一家、同时也是规模最大的风电零部件产业链，并大力推动大兆瓦级陆地和海上系列风电机组的国产化发展，奠定了其取得领先的基础。在努力稳固国内市场的同时，将国外市场特别是美洲、欧洲作为进一步开拓的重点市场，计划在欧洲和美国设立生产基地，扩大当地的市场份额。

24.4.2 金风科技

公司概况

金风科技成立于1998年，是中国国内最早进行风机制造的企业，业务涵盖风电机组研发与制造、风电场投资运营、风电“一站式”服务、关键零部件研发与制造业务，于2007和2010年分别在深圳交易所和香港交易所上市。

主要产品和业绩

金风科技是中国风电产业的先驱者之一，拥有强大的研发能力和良好的运营记录。依托国家大力发展新能源的机遇和各项扶持政策的有力支持，公司上下长期坚持自主创新，目前已经成长为全球排名第二的风电装备研制企业。截至2011年底，公司累计装机容量达到12806.05MW，装机数量10722台，新增装机容量为3711MW，国内新增装机市场排名第一，新增装机容量全球排名第二。

公司自2000年以来，一直保持着经营业绩的又好又快发展。资产规模由2000年的5400万增加至2011年底的319亿（*数据源引按中国会计准则编制的A股年报），增加了近600倍。于2011年底，在手订单及中标未签合同订单总量为6327MW。

金风科技具有强大的综合研发实力，涵盖了从零部件到整机的整个风机制造流程。公司建立了乌鲁木齐、北京以及德国诺因基兴等三个研发基地，拥有来自不同国家的各类研发技术人员约850人。金风科技还是国家科技部和发改委指定的国家级企业技术中心，长期承担着国家多项科技攻关项目，当中就包括著名的国家［863］项目以及多个“五年计划”项目。面对日益激烈的行业竞争，金风科技不断通过技术创新开发出适应市场和未来技术发展趋势的系列风电机型，保持着直驱永磁风电机组在各个细分市场的领先地位。迄今，金风科技已开发出600kW、750kW、1.2MW、1.5MW、2.5MW以及3MW的风力发电机组，6MW及以上更大功率的风电机组则正在积极研发当中。因开发出适用于不同区域环境的个性化风力发电机组，金风科技于今年蝉联麻省理工学院《技术评论》评选的“2012年度全球最具创新力企业50强”。

金风科技致力于成为全球领先的风电整体解决方案供应商。公司研发、设计和制造风力发电机组，产品除广获中国主要电力集团的采用，还进入了欧、美、澳、非等海外市场；提供风电投资咨询、项目建设、运行维护等全方位服务，为客户创造最大的便利与价值；直接投资风电场建设，待到运营成熟后，向有需要的客户加以转让。此外，金风科技还瞄准风能产业的未来趋势，启动了对储能技术、智能电网、分布式发电、风能海水淡化、风光互补等风能高级应用的积极探索。这一业务模式的转变正在不断巩固和增强公司在全球风电产业链的领导地位。值得一提的是，国家级示范项目——金风科技可再生能源智能微网示范工程（2.5MW机组）建设项目已于2011年底完成吊装。这台风力发电机组已接入公司办公区域内的智能微网中，成为重要的电源系统，该项目将成为公司未来提供新能源整体解决方案的最初数据的重要信息来源。

表24-12　金风科技主要产品

产品型号	GW750	GW 1500	GW 2500	GW 3000
额定功率（千瓦）	750	1500	2500	3000
风轮直径（米）	49/50	70/77/82/86	90/100/103/106/109	100
设计标准	IECII/III	IECI/II/III/S	IECI/II/III/S（海上）	IECII/III

续表

产品型号	GW750	GW 1500	GW 2500	GW 3000
发电机	异步发电机	永磁同步发电机	永磁同步发电机	永磁同步发电机
主制动		叶片变桨	叶片变桨	叶片变桨
认证情况	CCS、GL	CGC、Intertek、TUV Nord		

数据来源：中船重工经济研究中心整理

产业布局

海上风电代表着全球风电技术制高点。早在2007年11月，公司就在渤海湾安装了亚洲第一台兆瓦级海上风电机组。2011年，金风科技2.5MW海上风机进入量产阶段。同时，公司正在进行6兆瓦大容量海上风力发电机组的开发，产品样机将于今年下线。2010年7月，坐落于黄海之滨的“金风科技·江苏大丰海上风电产业基地”一期项目正式投产。项目占地面积200亩，可年产800~1000台兆瓦级直驱永磁风电机组；2012年1月，该产业基地二期工程奠基，该项目将主要建设6兆瓦级以上海上风电机组生产车间及实验平台，项目全部建成达产后，可具备年产1000台风力发电机组的生产能力。随着金风科技海上风电产业基地项目的实施和周边配套产业及设施的发展，这里将最终形成融“风电装备研发、制造及出口、海上风电服务、海上风电海洋工程以及海上风电人才培养”为一体，国内一流、全球领先的大型综合海上风电产业基地。另外，金风科技积极参与国家海上风电特许权项目招标，在2010年5月启动的国家首轮海上风电招标中，金风科技中标了20万千瓦的项目。

金风科技是中国最早走出国门的风电设备企业之一。金风科技于2008年收购德国Vensys能源股份公司70%股份，形成了德国、新疆及北京三地全球研发平台。2011年相继中标美国、非洲、澳洲等海外市场订单，并完成定制产品任务。截止2011年8月，金风科技签订海外项目合同共计1亿多美元，包含120多台兆瓦级机组。同时，在海外成立10多家分支机构，覆盖北美、南美、澳洲、欧洲和非洲等市场。

表24-13 金风科技风电产业布局情况

国内生产基地	北京、承德、阜新、大丰、西安、包头、银川、酒泉、乌鲁木齐、哈密
海外布局	加拿大、美国、欧洲、德国、非洲、澳大利亚等

数据来源：中船重工经济研究中心整理

发展战略

金风科技建立了“以研发、市场为核心，为客户提供风电系统解决方案，整合制造资源”的发展战略，并积极向风场运营方向发展。在推行发展战略的过程中，金风科技不断完善融资机制与治理结构，为公司的长远发展奠定了重要基础。

注重研发，跨国并购；立足技术，大力向提供风电系统解决方案商业模式进行转变；规避短板，整合制造资源；利用多年风电场服务、运营维护的专业经验向下游扩张，进行风场投资经营。

国际化进程

"走出去"是金风科技的长期企业战略。在多年联合研发的基础上，2008 年金风科技收购了具有 18 年直驱技术研发经验的德国 Vensys AG 主要股份，解决了公司产品的自主知识产权问题，实现了核心技术的关键跨越。并购以来，公司采取积极有效的措施全力提高协同效益。中国的制造优势同德国的技术优势得到了完美结合。近年来，金风科技国际业务在 2008 年实现销售"零"突破的基础上稳步发展：

（1）Vensys 新建工厂实现了 1.5MW 和 2.5MW 风电机组在欧洲的生产和销售；

（2）位于美国明尼苏达州 UILK 风电场项目 3 台 1.5MW 风电机组成功并网发电，这是首批在美国安装的中国制造风电机组；

（3）截至 2012 年 2 月，金风科技在美洲市场（含北美和南美市场）的项目总容量达到 268MW，项目数量达 16 个，其中，公司将为智利的 Negrete 风电场项目一期工程提供 23 台 1.5MW 低风速直驱永磁机组，这是金风科技机组首次进入智利市场，也是直驱永磁低风速型机组首次亮相海外；

（4）向埃塞俄比亚首个风电场 - Adama 风电场供应 34 台 1.5MW 直驱永磁风机，这标志着金风科技产品首度落户非洲大陆，该项目被评为"2011 年度非洲风能项目奖"；

（5）为塞浦路斯 Alexigros 项目提供 21 台 1.5MW 机组，为巴基斯坦的"三峡巴基斯坦第一风电项目"提供 33 台高温系列直驱永磁风力发电机组，直驱永磁高温型机组首次亮相海外；

（6）在澳大利亚，为 Mortons Lane 风场提供 13 台 1.5MW 机组，为 Gullen Range 项目提供超过 70 台兆瓦级机组；

（7）为厄瓜多尔 Villonaco 风电项目提供包括风力发电机组在内的"一站式"服务，这是公司提供风电整体解决方案能力的充分体现。

截至 2011 年底，金风科技实现国际项目销售收入人民币 1208.92 百万元。海外项目足迹分布全球六大洲，使用机型已包括低温、高温、高海拔、低风速等细分机组产品，针对不同运行环境的"定制化"机组逐步受到国际市场的关注。金风科技从 2008 年开始了海外业务的开发，通过收购德国 Vensys 能源股份公司 70% 的股权，成立了海外研发中心。2009 年第一台 2.5 兆瓦风机在德国下线，同年正式启动香港 H 股上市计划。目前，金风科技已经在欧洲、美洲、大洋洲等主要海外市场建立了分支机构，产品已落户美国和加拿大等国家。2011 年 3 月，澳大利亚金风公司成立；5 月，美国金风公司成立，目标是到 2012 年海外业务贡献的销售收入要占到公司总收入的 1/3。

24.4.3　东方汽轮机有限公司

公司概况

东方汽轮机有限公司是东方汽轮机厂的承续公司，隶属于中国东方电气集团有限公司，成立于 1965 年，是中国研究、设计、制造大型电站设备的高新技术企业，是全国三大汽轮机制造基地之一。业务涉及火电、核电、风电、气电、太阳能发电等，并辐射到船用汽轮机、化工、自动控制、环保、表面工程、运输、海水淡化等产业领域。公司专门成立了风电事业部，主要集设计、采购、生产和服务于一体，具备较强的发展优势。

主要产品

东汽在继2004年引进德国REpower公司FD70强风型、FD77弱风型1.5兆瓦风电机组成套技术后，正式进入风电领域，研制出适合中国特殊性地理环境的低温型风电机组。近年，又根据风区、海拔等多种环境因素，研制出弱风型、高原型、潮间带型、防盐雾型、抗台风型机组，并形成了以双馈及高速永磁两种结构形式为主的1兆瓦、1.5兆瓦、2兆瓦、2.5兆瓦、3兆瓦、5.5兆瓦系列产品，产品种类共计30多种。其中，具有2.5兆瓦、3.0兆瓦和5.5兆瓦完全知识产权，并建成多个专业实验室和试验车间，分别建立了2兆瓦、3兆瓦和6兆瓦全功率试验台。

表24－14 东方汽轮机主要产品

产品型号	FD100F	FD115C	FD127A/140A
额定功率（千瓦）	2500	3000	5500
风轮直径（米）	100	115	127/140
设计标准	IEC III	IEC III	IECI/ III
发电机	双馈异步发电机	双馈异步发电机	高速永磁电机
传动比	84.5	90.57	90.39
主制动	叶片独立变桨	叶片独立变桨	叶片独立变桨
认证情况	CCS、GL	CGC、Intertek、TUV Nord	

数据来源：中船重工经济研究中心整理

产业布局

公司国内建成德阳风电分厂、天津风电科技公司、酒泉新能源公司三个整机制造基地，2012年呼伦贝尔制造基地将建成投产。相继建成了酒泉、通辽、张北、呼伦贝尔、四川等片区服务基地，辐射全国各地风场，具有从风场设计到最终售后服务的全套技术能力。海外市场布局方面，在土耳其、越南、伊朗、菲律宾、哥伦比亚、埃塞俄比亚和肯尼亚等多个国家开展风电项目。

企业业绩

2005年，首次获得7台风机订单，并在同年底全部投入商业运行。2006年，33台低温型高国产化率风力发电机组陆续在中国内蒙古呼伦贝尔交付使用。2007年以后，风电机组年产量超过250台。2008年末，风电机组总产量超过1000台。2011年，具有完全自主知识产权的3.0兆瓦双馈型风力发电机组下线。

24.4.4 联合动力

公司概况

联合动力技术有限公司成立于2007年4月，是中国国电集团为适应发展中国绿色能源事业需要，解决风电关键、重大设备国产化问题，在原龙威发电技术服务有限公司基础上组建的高科技公司，拥有五个全资子公司、三个控股公司。

主营业务集大型风电机组设计研发、生产制造、销售服务为一体。拥有科技部授予的风电设备及控制国家重点实验室；先后完成了SCADA实验室、动态载荷仿真实验室、力学实验室、表面涂装材料实验室、精密仪器室、全功率试验台、叶片型式试验台等实验室建设。

主要产品

联合动力主要产品包括1.5兆瓦双馈、2兆瓦双馈、3兆瓦直驱、3兆瓦双馈风电机组。其中，与外方联合设计开发了1.5兆瓦陆上标准型风机与3兆瓦海上风机，1.5兆瓦及3兆瓦双馈风电机组已实现批量生产供应，6兆瓦海上风电机组已于2011年底下线。同时，根据中国实际风能资源状况，以及不同的风能资源类型和机组工作环境，联合动力还研发了适应海上、潮间带、高海拔、低风速、寒冷、防沙等异常气候条件下的系列化风电机组，以及适合不同国家电网及频率的风电机组。此外，叶片作为联合动力自主研发的拳头产品之一，其技术水平已经走到世界前列。

发展历程

2009年12月，首台1.5兆瓦潮间带试验风机在如东海上潮间带吊装完成并顺利发电；2010年10月自主研发的3兆瓦双馈海上风机下线，2011年，开始自主设计6兆瓦双馈式海上风电机组，先后突破了低电压/零电压穿越技术、有功/无功控制技术、微正压防盐雾系统、超大型复合材料叶片气动及结构优化设计技术等9项自主创新技术。其中低电压穿越技术引人瞩目，成果率先应用于1.5兆瓦双馈式风电机组，并在国内率先通过了低电压穿越能力现场测试，填补了国内同类技术空白。“十二五”期间计划研发10~12兆瓦高温超导风机。

表24-15　联合动力主要产品

产品型号	UP1500	UP3000	UP3000-DD
额定功率（千瓦）	1500	3000	3000
风轮直径（米）	77/82/86	100	100
设计标准	IEC II/III	IEC II（陆上） IEC I（海上）	IEC II（陆上） IEC I（海上）
发电机	双馈异步电机	双馈异步电机	永磁同步电机
传动比	1:100.5	1:84	
功率控制	叶片变桨		
认证情况	CCS、CGC、GL		

数据来源：中船重工经济研究中心整理

产业布局

联合动力作为国内最早从事一体化生产模式（集机舱、叶片、控制系统于一体）的整机制造之一，现有保定、连云港、赤峰、长春四个整机生产基地，以及保定和赤峰叶片生产基地、保定齿轮箱生产基地和宜兴电机生产基地，具备年产4500兆瓦、叶片2000套、发电机1000台和齿轮箱800台的供应能力。同时，联合动力在南通设立海上风电设备制造基地。并在美国开拓风电项目，不断打开国际业务。

售后服务

在售后服务方面，目前联合动力有近700人的专业调试与售后服务团队，分布在保定、赤峰、包头、长春、连云港等分中心，实现24小时服务热线支持，6小时内现场服务，各种备件随时提供高效、专业、完善的服务体系，确保联合动力风机长期稳定可靠运行。

发展战略

联合动力的发展战略是坚持“打造风电全产业链”，对于海上风电，将坚持“积极布局、稳妥推进”的发展策略，按照“走出去”战略部署，致力于成为全球最具影响力的风电整体解决方案提供商。

基于规模化和全产业链的发展方向，联合动力在海上风电发展方面抓好示范工程建设；抓好国家海上风电特许权投标工作；抓好海上风电关键施工技术攻关；抓好大容量风机研发工作；抓好资源储备工作。

到2015年前，计划在非洲和美国建设一个整机制造基地和数个风机叶片厂，在欧洲设立一个研发中心。成立了风电控制技术研究所，同时也是中国国电集团新能源技术研究院的重要组成部分。预计2012年实现销售收入180亿元；2015年实现销售收入220亿元，在国内风机市场占有率达到30%。

24.4.5 明阳风电

公司概况

明阳风电集团有限公司成立于2006年，是中国风机制造的三大上市公司之一，是中国最大的非国有风电机组整机制造企业，以兆瓦级风机的设计、制造、销售及服务为主。2009年进入中国风电机组制造商前五，2010年新增装机超过1000兆瓦，全球排名第11位。

2010年10月1日，在美国纽交所上市，成为中国风机制造三大上市公司之一，是中国首家在美国纽约证券交易所主板上市的风机制造企业，也是2010年以来中国规模最大的一起赴美上市IPO项目。

主要产品和业绩

明阳风电坚持联合研发模式，同德国Aerodyn长期合作，并和丹麦Risoe公司合作设立了丹麦风能研究中心，博士后科研工作站，现有研发人员400余人，与德国Aerodyn公司针对中国风能资源环境，研制拥有自主知识产权、适合中国各类风况的风电机组，产品包括1.5兆瓦~3兆瓦抗台风型、抗低温型、高原型、潮间带型、低风速型及超紧凑型SCD2.5兆瓦、2.75兆瓦和3兆瓦机组等系列产品。目前，SCD5/6兆瓦机组已进入样机试验阶段。2011年，重点打造SCD型风机的产业优势：把SCD风机的各种认证，包括电能质量、产业链、服务模式全部做出来。目前，6.5兆瓦的SCD风机也已经进入最后的样机试验阶段。

表24-16 明阳风电主要产品

产品型号	MY1.5	SCD3.0
额定功率（千瓦）	1500	2500/2750/3000
风轮直径（米）	70/77/82/89	90/100/108/110/115

续表

设计标准	IEC II/III	IEC II（陆上） IEC I（海上）
发电机	双馈异步电机	双馈异步电机
传动比	1:100.48	1:20.7
功率控制	独立变桨	独立变桨
认证情况	CGC、GL	CGC、GL

数据来源：中船重工经济研究中心整理

产业布局

公司先后在中山、天津、吉林、内蒙古、江苏建立集整机部件制造和工程服务为一体的五大产业基地。同时，明阳在美国、东欧、印度、南非等地推进国际化市场布局。

发展战略

目前，明阳风电正在推进海上风电、海外市场、新商业模式、高端产业链整合等四大战略。此外，推行的国际化战略定位，包括资本国际化、人才国际化、市场国际化、技术和研发的国际化。

明阳风电计划将海外市场作为未来3～5年的重要增长期。在推进海外战略方面，首先，按照确立的战略布局，运用有竞争力的金融产品、技术及品牌优势，加快拓展全球市场，尤其是南美、南非、南亚、东欧和美洲等新兴经济体的市场布局，也包括澳大利亚和新西兰的风电市场；其次，利用特定的全球新能源发展机遇期和特定的资源配置模式及世界经济环境的不确定性，把握并创造发展机遇。计划利用和国开行战略合作的整体优势，进行战略产业链的并购和整合，推动全球范围的人才、技术、产业链市场开发、战略资源的优化配置，从而支撑国际化战略和高端产业链战略；第三，以商业模式创新为重点，通过金融解决方案，利用国际资本这个窗口和平台，利用国内金融的国际化优势，利用产业革命资源优势走向国际。

除了进行加快国际化战略和防范风险控制以外，明阳风电还将不断进行产业链整合，包括上游的原材料和下游的商业模式。上游产业链包括稀土、碳纤维等，下游是BOT、EPC等商业模式。创新了融资租赁模式，为客户提供资金、资本金、风资源、工程服务甚至运营管理，实现了从单一的整机竞争到新商业模式竞争的转变。

（本章经国家发改委能源研究所袁婧婷审核，特此感谢）

25　太阳能[①]

25.1　光伏产业发展现状

25.1.1　全球2011年太阳能光伏产业发展现状

2011年全球光伏发电装机量28GW，较2010年光伏装机量增长71%，远高于2011年初市场一致预期的22GW，光伏市场再度成为2011年可再生能源中的“亮点”。截至2011年底，全球累计光伏装机量达到67GW，是仅次于生物质能和风电的第三大可再生能源。

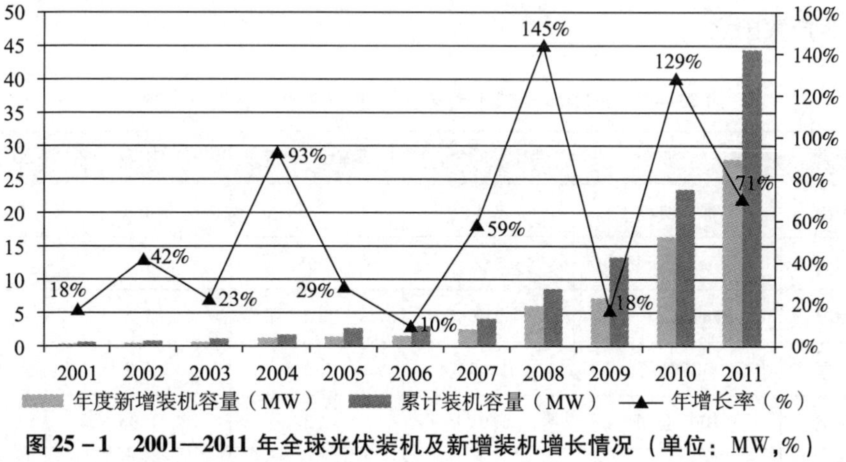

图25－1　2001—2011年全球光伏装机及新增装机增长情况（单位：MW,%）

数据来源：EPIA，CPIA，SEMI CHINA

25.1.1.1　2011年全球光伏市场分布

从2011年度的主要光伏市场分布来看，以德国、意大利、法国在内的传统欧洲市场仍然是2011年全球光伏发电装机市场增长的主要动力：2011年欧洲地区21GW的光伏发电装机量占到了全球总装机的约75%，其中德国和意大利光伏装机为16.5GW，占全球光伏装机量的近60%。日本市场维持了持续增长。与此同时，新兴市场的上升不容小觑。其中以中国市场和美国市场最为突出。此外，印度、加拿大等市场同样表现不俗。

① 本章由中国船舶重工集团公司经济研究中心吴凯撰写。

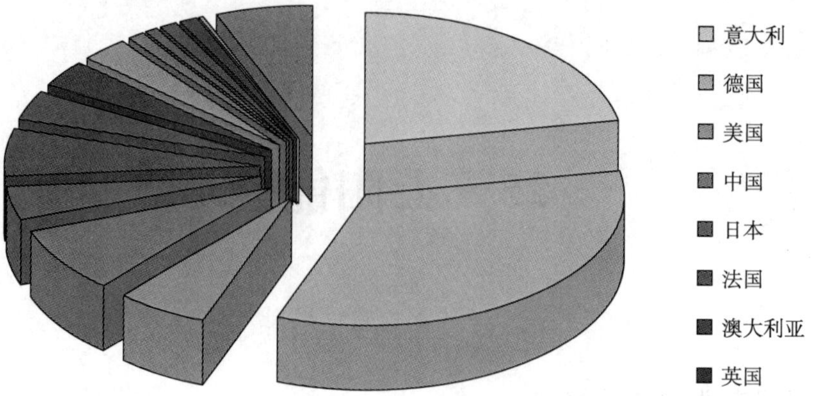

图 25－2 2011 年全球光伏市场分布

资料来源：EPIA，CPIA，SEMI CHINA

25.1.1.2 2011 年全球前十大高纯多晶硅厂商

2011 年，全球多晶硅产能达 24 万吨，产量高达 18.7 万吨。世界前五位多晶硅生产企业产量分别为：德国 Wacker 公司、美国 Hemlock 公司、中国保利协鑫、韩国 OCI 公司和挪威 REC 公司，这 5 家企业的产量约占据全球总产量的 60%。我国通过引进、消化吸收，基本上实现了多晶硅规模产业化，产能、产量增长迅猛，成功打破国外技术封锁和市场垄断，成为世界多晶硅生产大国之一。

表 25－1 2011 年全球十大多晶硅生产企业排名表（万吨）

排名	国家	企业	2010 年产能	2010 年产量	2011 年预计产能	2011 年预计产量
1	中国	保利协鑫	2.1	1.75	4.6	3.8
2	德国	Wacker 公司	3.2	3.05	4.2	3.2
3	美国	Hemlock 公司	2.9	2.5	3.6	3
4	韩国	OCI 公司	1.65	1.6	4.2	3
5	挪威	REC 公司	1.95	1.3	1.95	1.6
6	中国	赛维 LDK	1.1	0.66	1.7	1.2
7	美国	MEMC 公司	1.5	1.2	1.5	1.3
8	日本	M. Setek 公司	1.35	0.9	1.56	1
9	日本	德山公司	0.92	0.9	0.92	0.9
10	中国	洛阳中硅	0.5	0.41	0.5	0.4

25.1.1.3 2011 年全球前十大太阳能电池厂商

2011 年中国大陆和台湾太阳能电池厂商保持优势地位，在前十名中占据了八席。2011 年前十大太阳能电池厂商的产量占据了全球总产量的 40%，与 2010 年相比下降了 4 个百分点。尽管一些电池厂商因缺乏竞争力而逐步退出，但前十大厂商产量占比却也有所下降，这个现象虽然看起来较为奇怪，但这也正反映出 2011 年试图进入主流的厂商数量日益增多。

2011 年初，超过 350 个晶硅和薄膜厂商将产量目标从数 10MW 提高到 2GW 以上。尽管只有很少二三线厂商能达成他们雄心勃勃的目标，但他们整体的乐观预期（年度产量增长率 33%）成为了供给过度的催化剂，并使得 2011 年平均售价快速下跌。

First Solar 在 2011 年冲破重围，成为唯一一家挑战主流晶硅厂商们的薄膜厂商。First Solar 创立了一种很少人能够效仿的整合下游的垂直业务模式，并提升产量来满足自己强劲的内部项目储备。在中国、日本、欧洲和北美，下游组件厂商对高效晶硅电池的强劲需求使台湾厂商茂迪、昱晶和新日光保持全球前十名地位。台湾出产的电池成功的将高质量（高转化效率和高良率）和低价格相结合，进而更加巩固了行业领先的品牌形象。另外两家台湾电池厂商，升阳科和旺能光电也表现强劲，位于 2011 年电池厂商排名的前列，这五家台湾电池厂商在 2011 年贡献了超过 3.6GW 的电池产量。

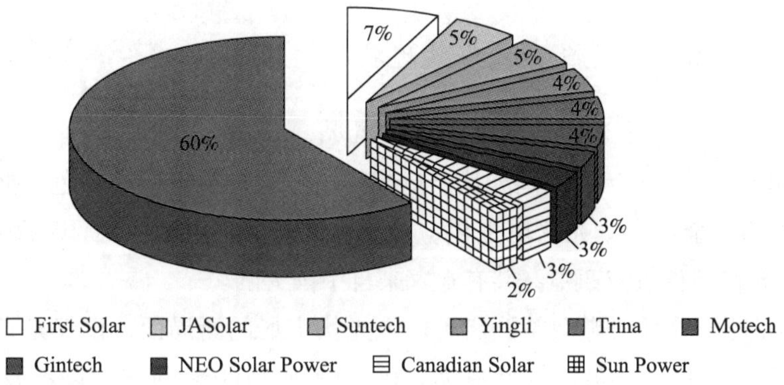

图 25－3 2011 年全球前十大太阳能电池厂商（单位:%）

资料来源：EPIA，CPIA，SEMI CHINA

25.1.1.4 2011 年全球前十大光伏组件厂商

全球十大光伏组件厂商中，中国尚德电力连续两年成为全球光伏组件出货量最多的企业。此外，中国还有三家晶硅光伏组件制造商进入前五的行列。

尽管 2011 年市场环境充满了挑战，但是尚德电力成为第一家光伏组件出货量超过 2GW 的光伏企业，连续两年高居 IMSResearch 出货量排行榜之首。前五位中唯一一家非中国光伏企业是美国的薄膜巨头 FirstSolar，排名第二。英利绿色能源、天合光能和阿特斯排名都上升一位，分列第三、第四和第五位。日本的夏普下滑三位至第六位，京瓷下滑三位至第十。

表 25－2 2011 年全球前十大光伏组件厂商（单位:%）

排名	产商	变化情况
1	Suntech	
2	First Solar	
3	Yingli	+1
4	Trina Solar	+1

续表

排名	产商	变化情况
5	Canadian Solar	+1
6	Sharp	-3
7	Jinko Solar	+11
8	Sunpower	
9	Hanwha SolarOne	
10	Kyocera	+1

数据来源：OFweek 行业研究中心 EPIA

25.1.2　我国 2011 年光伏产业发展现状

25.1.2.1　2011 年我国光伏产业总体发展概况

受欧洲市场驱动，2011 年，中国光伏产业依然扮演着最为重要的角色。据多家行业分析机构统计，2011 年度全球十大光伏电池供应商中，5 家来自中国大陆，3 家来自中国台湾；同年度全球十大光伏组件供应商中，共有 6 家来自中国大陆。

同时，中国的上网电价补贴政策开启了国内光伏市场的新局面，仅仅是青海省就安装了将近 1GW 的地面型项目。据最新统计数据显示，中国 2011 年新增太阳能发电装机容量约 2000MW，新增量位居世界第三，占全球太阳能发电新增装机的 7%。

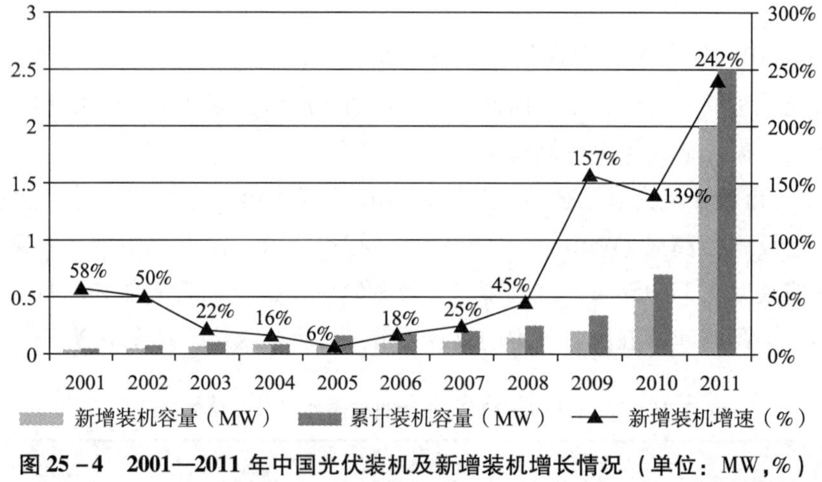

图 25-4　2001—2011 年中国光伏装机及新增装机增长情况（单位：MW，%）

资料来源：EPIA，CPIA，SEMI CHINA

中电投、中节能、国电集团、中广核和大唐集团占据 2011 年十大项目开发商中的前五名。值得一提的是，民营企业正泰集团和力诺集团在 2011 年双双跻身前十名，表明越来越多的民营企业甚至外资企业希望进入中国下游市场。

25.1.2.2　2011 年我国多晶硅产业发展现状

目前，我国已有多晶硅生产企业 40 余家，2011 年多晶硅产能达到 14 万吨，产量达到

9 万吨，同比增长了 100%。保利协鑫、赛维 LDK、洛阳中硅、重庆大全和乐电天威等企业已进入全球多晶硅企业前列。从生产工艺上看，三氯氢硅氢还原法（改良西门子法）占 90%，硅烷法占 10%，其他工艺如冶金法等尚处研发阶段。

25.1.2.3　2011 年我国太阳能电池产业发展现状

2011 年国内电池产量达到 20GW，约占全球的 65%。截至 2011 年底，我国共有电池企业约 115 家，总产能为 36.5GW 左右。其中产能 1GW 以上的企业共 14 家，占总产能的 53%；在 100MW 和 1GW 之间的企业共 63 家，占总产能的 43%；剩余的 38 家产能皆在 100MW 以内，仅占全国总产能的 4%。规模、技术、成本的差异化竞争格局逐渐明晰。国内前十家组件生产商的出货量占到电池总产量的 60%（如下表）。

表 25－3　2011 年国内光伏企业电池组件出货量排名（MW）

公司	尚德	晶澳	英利	天合	阿斯特	海润	韩华	晶科	赛维	亿晶
出货量	2096	1680	1604	1512	1323	970	820	816	600	550

资料来源：中经网，2011

表 25－4　GW 级光伏电池企业扩容情况（MW）

公司	2011	2012	扩容
海润	900	1700	800
英利	1700	2450	750
阿斯特	1300	2000	700
天合	1900	2400	500
中电	600	1000	400
天威	600	1000	400
亿晶	600	1000	400
腾辉	700	1000	300
晶澳	2770	2770	—
尚德	2400	2400	—
赛维	2000	2000	—
韩华	1300	1300	—
晶科	1200	1200	—
总计	17970	22220	

资料来源：中经网，2011

25.1.2.4　2011 年我国光伏产品出口状况

截至 2011 年年底，中国光伏产品出口额已经达到 358 亿美元，同比增长 17.38%。然而，这个基本依靠搭乘德、意等欧洲国家发展新能源的大潮而一夜崛起的行业，由于有近 90% 的市场在外，始终无法摆脱看别人脸色度日的命运。尤其是近两年，全球金融危机导致的欧美市场疲软，已经对整个中国光伏造成重创，美国于2011年年底发动的反倾销、反补贴的“双反”调查，更是把这种困境推到极致。

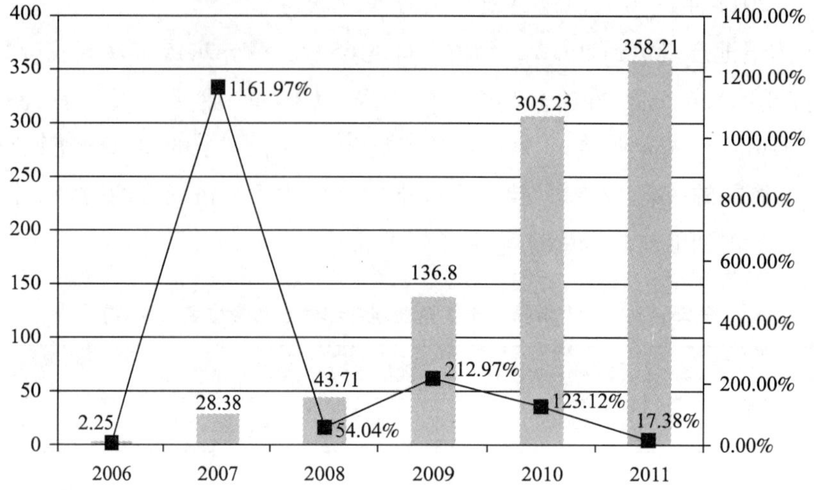

图25－5　2006—2011年中国光伏产品出口情况（单位：亿美元,%）

资料来源：国金证券研究所，2012

25.1.2.5　2011年我国光伏产品出口结构

近6年来，中国太阳能光伏产品出口额连续较快增长，2011年出口额达到358亿美元，同比增长17.38%，其中太阳能电池出口额226.7亿美元。

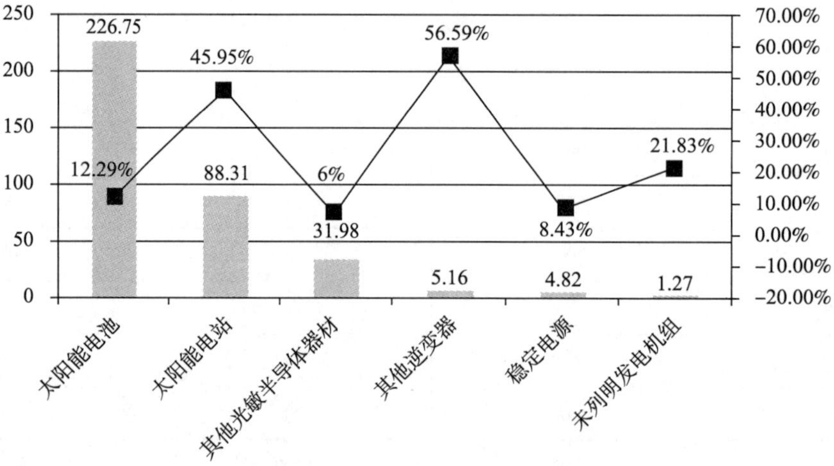

图25－6　2011年光伏产品出口结构情况（单位：亿美元,%）

数据来源：OFweek行业研究中心 EPIA，2011

2011年中国光伏产品出口市场主要是欧洲、亚洲和北美洲，其中以欧洲为首，占56.94%，亚洲占21.15%，北美洲占16.54%，其出口额分别为204.00亿美元、75.77亿美元及59.26亿美元。

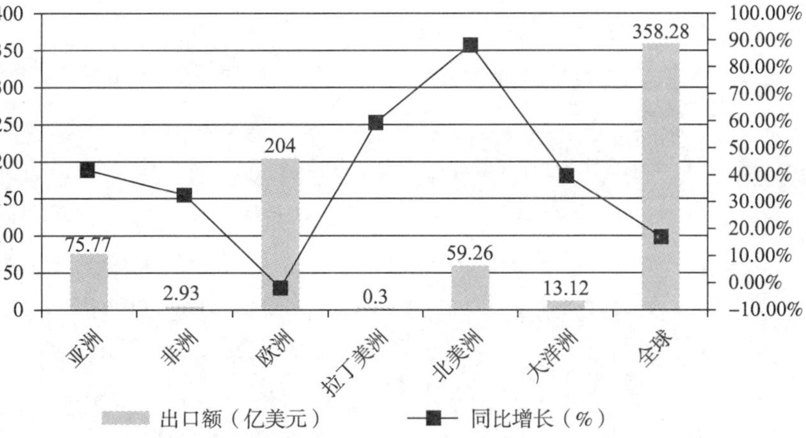

图25－7　2011年中国光伏产品出口市场情况（单位：亿美元,%）

数据来源：OFweek行业研究中心 EPIA，2011

专栏25－1

光伏产业2011年十大新闻点评

1. 国家发改委发布关于完善太阳能光伏发电上网电价政策的通知

通知称，2011年7月1日以前核准建设、2011年12月31日建成投产、国家发改委尚未核定价格的太阳能光伏发电项目，上网电价统一核定为每千瓦时1.15元。

点评：标杆电价无疑是打开国内光伏市场的“金钥匙”，随后，青海等西部省份迎来了光伏建设的热潮。

2. 青海提出“930”计划建全球最大荒漠太阳能光伏发电基地

2011年年中，青海省宣布将以1.15元/千瓦时的价格补贴在2011年9月30日前建成的光伏电站。截至2011年12月31日，随着青海格尔木330千伏太阳能聚明汇集站的正式投运，标志着青海柴达木盆地百万千瓦太阳能示范基地全面建成，青海省大型太阳能光伏电站并网容量达1003MW，成为我国乃至全球规模最大的大型荒漠太阳能光伏发电基地。

点评：青海“930”计划推出不久，光伏上网统一标杆电价出台。舆论认为，财力尚显薄弱的青海省已以魄力倒逼了国家光伏上网电价机制的快速出台，充当了中国新兴能源战略的探路者、实验者的角色。最终，青海省通过大规模启动国内太阳能光伏市场赢得了业界的尊敬。

3. 工信部等三部委联合发布多晶硅行业准入标准

2011年1月24日，工信部、国家发改委、环保部联合发布《多晶硅行业准入标准》。标准规定，在政府投资项目核准新目录出台前，新建多晶硅项目原则上不再批准；并要求太阳能级多晶硅项目每期规模大于3000吨/年，半导体级多晶硅项目每期规模大于1000吨/年。

点评：行业准入门槛抬高后，将汰弱留强，减少污染，并通过调控促进企业进一步降低成本，扩大国内光伏发电应用。

4. 美对我国光伏企业提出“双反”调查

2011年10月19日，以SolarWorld公司为首的7家美国光伏电池厂商向美国政府提出申请，对来源于中国的晶硅光伏电池产品提起“双反”调查。美国国际贸易委员会和美国商务部已分别于2011年10月19日和11月8日予以立案。美国太阳能制造商联盟在申诉文件中称，尚德等75家中资企业涉嫌从中国政府获得大量补贴，并以低于成本的价格倾销太阳能电池板，中资企业此举已构成了不公平竞争，并由此导致美国流失了数以千计的工作机会。该联盟要求美国对从中国进口的太阳能电池板征收超过100%的关税。

点评：美国商务部启动对我国光伏企业的“双反”调查表明，中美两国在新兴能源产业上的竞争和摩擦加剧，今后在战略性新兴产业上的直接竞争更将不可避免。

5. 晶科能源因污染引发群体性事件被责令停产

2011年9月中旬，晶科能源浙江海宁工厂因固废处置不规范，暴雨后部分污染物冲入河道，导致水体氟化物超标严重，造成死鱼现象，引发工厂所在地村民集体向该工厂讨要说法事件。该事件发生后，经环保部门证实，企业对此负有直接责任，并责成企业承担政府先行垫付的损失赔偿。

点评：尽管晶科事件有造谣者从中作祟，但光伏污染事实存在。此事件有助于公众理性认识光伏产业的污染现象。同时，此事件也对于光伏产业链前端技术升级改造和环保监管，提出了新的要求。

6. 郭台铭千亿进军光伏领域

2011年9月16日，富士康协鑫大同新能源产业集团公司揭牌，该公司300MW光伏电站项目也同时奠基开工。17日上午，这位台湾鸿海集团董事长、富士康集团总裁，旋即现身江苏盐城阜宁县，出席富士康在当地的光伏基地项目签约仪式。郭台铭的这两大光伏产业基地的总投资预计高达1000亿元人民币。其中，山西大同项目总投资预计为900亿元，将建成目前国内最大的300MW光伏电站；而江苏阜宁项目总投资预计为100亿元，首期400MW的光伏电池及组件制造项目，将于2012年4月正式投产。

点评：寒冬现勇士，郭台铭在这一时期进军光伏业震惊四座。更何况这一制造业巨头牵手的是光伏大佬保利协鑫？更何况他一出手就砸出千亿？怎么能不引起关注？他的出手是否会改变光伏产业目前的格局，业内观望无数。

7. 光伏组件出货量两年来首次下跌

2011年5月10日，国际研究机构IMS Research的最新全球光伏产业分析报告显示，2011年一季度全球光伏组件出货量两年来首次下跌。季度同比出货量下降了近10%。这是自2009年初以来的首次下降。预计二季度出货量及价格都将持续下降，其中，来自中国二线供应商的晶硅组件价格下降最快。2011年3月份以来，随着主要需求国的政策调整以及销售压力的加大，光伏电池的价格不断下降，太阳能电池现货市场最新成交价已出现每瓦跌破1美元的情况。市场分析人士认为，今年行业增长的不确定性因素增加，按照目前供求形势来看，竞争压力加大，行业毛利水平下降已成定局。

点评：欧债危机中各国光伏补贴下降所带来的市场反应通过这一现象直接反应了出来，

随着出货量和价格的不断下跌，寒冬也就这样呼啸而至。也许，就是从这一刻开始，业内真正感受到了光伏市场的阴云。

8. 我国首台薄膜太阳能电池关键设备下线

2011年1月8日，中国首台代表国际尖端水平的薄膜太阳能电池关键生产设备等离子体增强型化学所相沉积设备（PECVD）在理想能源设备（上海）有限公司成功下线。消息传来，引起业内高度关注。据了解该设备采用了创新的超高频射频技术、精密的真空和温度控制技术、快速的自动传输技术，以及多腔多片的反应腔系统技术等，能够大大提高产能，此产品性能堪比国际一流设备，但价格远低于同等的进口设备。

点评：PECVD是光伏产业中附加值最高的环节之一，此前该环节一直被国外厂商垄断。此时国内该设备的研制成功和下线，在业内引起不小轰动。它填补了光伏电池高端设备国产化的空白，有望大幅降低硅薄膜电池生产成本。

8. 多晶硅价格跌破成本

2011年10月中旬，多晶硅现货报价25万~30万元/吨，跌破成本价，跌至历史最低点。今年以来，多晶硅价格除了在3月份短暂突破70万元/吨，之后便一路下行，6月份跌至40万元/吨的成本生死线附近，经过短期的波折又持续下行，直到降至目前的每吨30万元以下。多晶硅行业或将面临一次大洗牌。

点评：整个光伏产业链上，原材料价格跌破成本，意味着整个产业链上的相关产品同样价格暴跌。这是市场遭遇变故所导致的结果，也是市场一度低迷不振的明显反映。这甚至掀起了整个多晶硅产业的变革。

9. 光伏组件掀电站投资热

11月28日爱康科技发布公告称，公司与子公司青海蓓翔新能源开发有限公司签署20MW太阳能电池板销售合同。除爱康科技外，超日太阳也与2011年上半年宣布在西藏建设一个装机容量为10MW的光伏电站，此外在意大利还有一个由合资公司负责实施32MW的电站项目；向日葵也拟收购一座位于德国的光伏电站。

点评：产能过剩、需求不振，当市场压抑到一定程度之后必定会有爆发式的突破口，电站投资恰是组件厂商眼前的光明道路。只是，这样的又一股蜂拥式的浪潮究竟能否真的挽救颓势？值得关注。

25.2 太阳能热利用产业发展现状

25.2.1 我国太阳能热水器发展现状

我国自主开发生产的全玻璃真空管太阳集热器的科技水平、制造技术、生产规模均处于国际领先水平，且生产成本低廉，具有较强的国际竞争力。我国的太阳能热水器产业进入20世纪90年代后期以来发展迅速，生产量由1998年的350万平方米增长到2011年的5760万平方米/年，热水器的总保有量由1998年的1500万平方米增长到2011年的1.936亿平方米，形成一定的产业规模。

表 25－5　1998—2011 年太阳能热水器生产量和保有量

年份	总产量		比上年增长（%）	保有量		比上年增长（%）	能源替代标煤（万吨）
	万平方米	MW_{th}		万平方米	MW_{th}		
1998	350	2450	—	1500	10500	—	225
1999	500	3500	43	2000	14000	33	300
2000	640	4480	28	2600	18200	30	390
2001	820	5740	28	3200	22400	23	480
2002	1000	7000	22	4000	28000	25	600
2003	1200	8400	20	5000	35000	25	750
2004	1350	9450	12.5	6200	43400	24	930
2005	1500	10500	11.1	7500	52500	21	1125
2006	1800	12600	20	9000	63000	20	1352
2007	2300	16100	30	10800	75600	19.4	1620
2008	3100	21700	32.5	12500	87500	15.7	1875
2009	4200	29400	35.5	14500	101500	16	2175
2010	4900	34300	16.7	16800	117600	15.9	2520
2011	5760	40320	17.6	19360	135520	15.2	2904

数据来源：联合国数据库，2012

25.2.2　我国太阳能热水器生产制造业情况

据不完全统计，我国太阳能热水器企业有3000多家，行业排名前十位的企业，其市场份额仅约为17%左右，其他多为作坊厂家，以组装贴牌式运作。从设计、生产、销售到营销，国内外没有太阳能热水器的先进运作经验可以借鉴，大多数企业没有完整有效的管理体系和营销策略，又由于国家缺少对行业准入的光伏组件采购政策限制，行业标准欠缺，尤其是现代化的制造流水线根本没有标准参照，整个行业进入门槛较低，基本上没有制造以及品质保证等固定资产的大规模投入就可以进行生产，造成大量小的机会主义企业的进入，加上行业缺少监督与自律，市场混乱。

我国的太阳能热水器企业大部分是民营企业和乡镇企业，品牌意识淡漠。行业发展初期，民营企业对市场信息灵敏、反应快，取得了快速发展。但发展至今，已经发展到了一个平台，累积已久的诸多问题与瓶颈制约了企业的进一步发展壮大。现在的光伏逆变器行业状况，无论是从规模实力、营销网络、资源配置、还是经营理念和规范运作等方面，都远不能适应太阳能这个新兴行业的发展需要。由于太阳能热水器制造进入门槛低，又缺乏核心技术，只能挤在窄窄的同质化的最终产品轨道上作低层次竞争，加上缺少差异化的营销手段，更鲜有双赢或多赢的竞争理念。所以，行业内很快就形成了愈演愈烈的低质价格战，其结果是强牌不强，杂牌极多。

25.2.3　我国太阳能热水器市场需求和分布

中国太阳能热利用产业有三大市场：农村市场、城市市场和国际市场。近年来中国太阳能热水器行业在家电下乡这条“快车道”上实现了快速增长，但在国际市场上尚未获得应有的地位和认可。多年来，太阳能热水器企业的发展主要依靠农村市场的刚性需求在拉动，但经过十多年的发展，全国太阳能热水器推广发达地区的农村太阳能市场销售已趋于饱和，特别是在江苏、浙江、山东、河南等太阳能消费大省。而在城市市场方面，由于多数居民对于太阳能热水器缺乏了解、物业城管部门的限制安装、城市建设部门重视不够、产品价格令消费者望而却步等诸多较难解决的原因，市场开拓难度大。

25.2.4　我国太阳能热水器出口概况

由于中国特殊的地理位置，亚洲市场是中国太阳能热水器的主要出口市场，然而亚洲不同地区呈现出不同的发展趋势。其中日本、新加坡和香港等东亚地区市场出口额普遍较少。这一现象也同样在欧美等发达国家有所反映，尽管德国、美国进口占中国出口的比重比较大，但中国在欧美市场的占有率却较低。造成中国打不开发达国家市场可能有以下几个方面的原因：第一，中国生产的太阳能热水器的关键技术非承压真空管并不能得到发达国家消费者的接受，他们认为玻璃制的真空管容易损坏；第二，中国出口的太阳能热水器是低档热水器，发达国家居民消费水平较高，“低价”不能形成竞争优势。

表 25－6　2008—2010 年中国太阳能热水器出口市场情况

地区	国家	年均出口额（单位：美元）	市场占有率	市场增长率
北美	美国	4505610	1.84%	－10.84%
	墨西哥	10638427	36.19%	37.94%
	加拿大	1699317	0.91%	－13.94%
拉美	巴西	777945	34.74%	12.09%
大洋洲	澳大利亚	2749686	47.56%	－17.67%
中南亚	印度	4039037	56.32%	－10.07%
西亚	约旦	2685785	49.03%	－16.93%
	土耳其	5701713	49.05%	32.30%
	巴基斯坦	330794	30.43%	62.61%
	黎巴嫩	2200684	39.96%	－11.73%
	叙利亚	3516118	88.22%	－46.98%
东南亚	马来西亚	597396	—	－54.63%
	越南	3181486	48.54%	－6.66%

续表

地区	国家	年均出口额（单位：美元）	市场占有率	市场增长率
欧洲	意大利	4207522	3.92%	-23.95%
	德国	9902266	2.32%	-32.91%
	法国	1769956	9.40%	-39.63%
非洲	南非	7267834	43.72%	158.84%
	突尼斯	2091736	—	9.10%

数据来源：CPIA，2011

东亚及欧美市场消费者众多，是中国出口商应大力开发的市场。通过对国际市场进口情况进行统计分析可发现，中国在这些地区的主要竞争对手是美国、日本及欧洲出口商（德国、奥地利和法国等）。美国、日本及德国都是太阳能热水器出口大国，拥有先进的太阳能热水器生产技术和成熟的出口营销方式。中国要进入这些市场除了打破消费者偏见外，自身的技术与营销优势也应加强。

相比在欧美及东亚市场的萧条，中国在非洲、西亚、拉美等地却呈现出高的市场增长率与市场占有率。非洲处于赤道附近，太阳能充足，是太阳能热水器的重点消费市场，是中国太阳能热水器的主要目标市场之一。同时，中国在非洲市场的出口额近三年呈飞速上升状态，如南非，增长率高达158%。中国在西亚地区具有较强的竞争优势，市场占有率较高，但部分国家增长率较低，甚至呈现负增长，如黎巴嫩、叙利亚。中国出口商应积极开发其他新兴市场。尽管拉美市场规模不大，但近三年来该地区呈现出快速增长的态势，值得中国出口商关注。非洲、西亚与拉美地区中国主要竞争对手为美国、土耳其、澳大利亚等。中国出口商应继续发挥在这些地区的优势，达到市场占有率的持续增长。

25.2.5 我国太阳能热水器出口货源地

我国太阳能热水器的出口货源地集中于沿海发达地区，按出口金额排列的货源地前十名均来自江苏、浙江和广东三个沿海经济大省，其中江浙地区所占比重比较大。江苏、浙江和广东是国内重要的太阳能热水器出口地区，太阳能热水器行业在这些地区拥有集中优势，联动性较强。

表25－7 2009—2010年太阳能热水器出口货源地出口情况

货源地	2009	2010	均值	增速
江苏常州	30580909	33184750	31882830	8.51%
浙江海宁	19802034	25646407	22724221	29.51%
江苏连云港	14481326	18543192	16512259	28.05%
浙江嘉兴	7446269	7277589	7361929	-2.27%
浙江省其他	965741	3800181	2382961	293.50%

续表

货源地	2009	2010	均值	增速
浙江金华	1881661	1691178	1786420	-10.12%
浙江台州	1621012	1818814	1719913	12.20%
江苏镇江	1434281	1909007	1671644	33.10%
广东中山	2948913	27680	1488297	-99.06%
广东顺德	1721774	994339	1358057	-42.25%

数据来源：方正证券，2012

专栏25-2

太阳能热利用行业2011年十大新闻

1. 太阳能利用产业实现平稳发展

在2011年11月28日举行的太阳能市场发展高峰论坛上，有关专家表示，我国太阳能热利用产业2011年产量已达到5760万平方米，同比增长17.6%，销售额将达到942亿元，同比增长28.2%，“十二五”开局之年太阳能热水器产业将实现持续平稳发展。

2. 海宁“质量门”事件促使太阳能企业加速转型

2011年2月中旬，央视《每周质量报告》曝光了海宁生产的一些太阳能热水器偷工减料、傍名牌等问题后，海宁不少太阳能热利用企业顿时陷入“质量门”困境，一部分抗风险能力较差的小企业和小作坊，倒闭的倒闭、停产的停产，即便是具备一定规模的企业也是步履蹒跚如履薄冰，这促使整个太阳能热利用行业深刻反思加速转型。随后，海宁41家企业为促进海宁太阳能热利用产业的健康有序发展，抵制低价劣质产品扰乱市场，面向行业和社会自发组织并签订自律条约，开始逐渐挽回海宁太阳能制造业的声誉。

3. 太阳能能效标识出台即将正式实施

2011年3月，太阳能能效标识标准制定历经两年之久进入实质阶段，形成了《家用太阳能热水系统能效限定值及能效等级》标准文件，已经通过国家相关部门的审批。标准由相关机构在对六十多家太阳能企业各款产品的测试与研究后，由国家发改委、中国标准化研究院、全国太阳能标准化技术委员会牵头起草，是我国太阳能热利用行业的首部国家强制性标准。9月29日，《家用太阳能热水系统能效限定值及能效等级》，由中华人民共和国国家标准批准发布公告2011年第14号发布，将从2012年8月1日正式实施。

4. 太阳能企业分享保障房建设绿色盛宴

2011年3月28日，在第七届国际绿色建筑与建筑节能大会上，住房和城乡建设部副部长仇保兴表示，“十二五”期间，我国绿色建筑的发展将从启蒙阶段迈入快速发展阶段。未来5年内，全国将新增3600万套保障房。国家推出的保障性住房建设给太阳能热利用产业打开了新的发展空间。面对2011年1000万套保障房任务，全国各省市更是对绿色节能重踩“油门”，北京、深圳、江苏纷纷下发《保障房绿色建筑评价规范》，引导和鼓励保障房创建绿色建筑。

5. 太阳能工程市场发展势头迅猛

2011年，在太阳能热利用行业三大市场中，增速最快的是工程市场，由于基数不高，增长了53%，有个别企业的增长率甚至达到100%。2011年，与建筑结合的太阳能工程发展势头很猛，进军城市工程市场成为强大的潮流。在这方面尽享优势的平板太阳能在华夏大地再掀热潮，阳台壁挂打开了进军高层建筑的大门，太阳能和热泵结合也在工程市场大显身手。大型热水工程不断涌现，特别是在宾馆、饭店、学校、军队、医院等热水需求量大的单位，以及印染厂、屠宰场、奶牛场等工农业生产中，工程安装量大幅增加。皇明太阳能以太阳谷为平台打造“微排城市”的样板，让世人更加领略了太阳能工程的夺目风采。

6. 太阳能热利用企业数量大幅缩水

“十二五”的开局之年，并没有给太阳能热利用行业带来一个好的开端，经历了2009年的行业井喷，遭遇了2010年的高位回调，又碰上了2011年的停滞等待。不论是太阳能家电下乡的暗中给力，还是城市太阳能工程的激情上阵，最终都没能改变太阳能热利用行业的低迷态势。据了解，行业上下不仅品牌数量以每月二十多家的速度在锐减，市场销售也遭遇了意外的冷清，就连太阳能专营经销商也出现关门歇业的情况。以浙江嘉兴为例，2010年底在工商部门登记注册的太阳能企业有622家，到2011年上半年骤减150多家，半年时间减少了1/4。业内有观点称，未来5年太阳能热利用生产企业将会从目前的三千多家锐减至300家或者更少，真正拥有自主研发能力和规模化生产的企业将不足20家。

7. 同心多元化成为太阳能热利用行业发展趋势

2011年上半年，大部分太阳能企业在原材料价格的重压之下，凭借自身的品牌拉力和运作能力，创新产品，创新技术，有效地化解了成本压力，为企业健康运营赢得了空间。同心多元化时代的到来，是一些太阳能热利用企业大胆探索、勇于创新的结果，也是太阳能热利用行业发展的必然趋势。在太阳能热利用行业机遇与挑战并存的困难时期，其中最大的机遇就是太阳能同心多元化。这也就是以太阳能热利用为中心，在产品和市场方面实现多元化发展，迎接大太阳能时代的到来。同心多元化时代将成为太阳能热利用企业发展的分水岭，将使太阳能热利用行业进入一个良性整合过程，进入一个品牌集中和规模化竞争的新时期，成为催生产业巨头和航空母舰的新时代，将推动整个产业在现有的大规模化、大农村化背景下，向大品牌化、全产业链化、全市场化的方向迈进。

8. 太阳能热发电持续升温即将迎来大发展

2011年8月16日，2011太阳能热发电技术三亚国际论坛在海南三亚举行。会议主题是将太阳能热发电技术推向商业化，以太阳能热发电的技术、经济以及产业政策为主要研讨内容。会议期间有6个国家和国内二十多个单位的专家分别就太阳能热发电产业作了报告。据了解，国家“十二五”能源规划，以西藏、内蒙古、甘肃、宁夏、青海、新疆、云南等省区为重点，到2015年我国的热发电要达到1000兆瓦，2020年要达到3000兆瓦。一旦理顺了电价机制、上网机制，我国将迎来太阳能热发电的大发展。

9. 第四轮太阳能家电下乡在北京正式启动

2011年12月6日，财政部、商务部、工信部为了继续推进家电下乡工作，扩大家电下乡政策的实施效果，联合公布了第四轮太阳能家电下乡产品招标公告。此次太阳能家电下乡，有522家太阳能企业购买标书，参与投标的企业为282家，其中有274家企业中标并正式公示。

据了解，新一轮或者说最后一轮太阳能家电下势必会推动整个行业进一步的调整，进入全新的竞争态势。大多数企业和代理商对于政策的调整和第四轮家电下乡的招标比较平静，呈观望态势。有的说，家电下乡对太阳能企业来说，“已经成了一块鸡肋。”连续三轮的强刺激之后，政策的边际效应递减，企业能够从下乡政策中得到的实惠并不多。“现在只要按正常的程序进行即可”。家电下乡政策是一个阶段性的刺激政策，无论是延续，还是部分地区的取消，对于太阳能企业的整体销售影响不是很大。

10. 可再生能源“十二五”规划出台利好太阳能企业

2011年12月15日，国家能源局公布了一系列我国可再生能源发展的“十二五”规划目标。到2015年风电将达1亿千瓦，年发电量1900亿千瓦时，其中海上风电500万千瓦；太阳能发电将达1500万千瓦，年发电量200亿千瓦时；加上生物质能、太阳能热利用以及核电等，2015年非化石能源开发总量将达到4.8亿吨标准煤。据相关信息显示，经过近年来的发展，中国已经成为全球可再生能源大国。到2010年底，太阳能光伏电池产量为800万千瓦，占全球产量40%以上；累计太阳能热水器使用量为19360万平方米，占全球太阳能热水器总使用量的60%以上，每千人均占有量为123.5平方米，高于目前德国水平。“十二五”规划也再次指明“全面发展太阳能热利用”的行业，在节能减排的压力下，政府寄希望该行业能承担起2020年节能减排目标实现的重任。

25.3 太阳能产业政策分析

回顾各国最新的太阳能光伏产业政策，总体可分为三类。第一是光伏应用地区（主要是欧洲）对太阳能光伏政策调整，表现为上网电价补贴的不断调低，以及设定年度补贴安装量上限等；第二是新兴地区新推出太阳能光伏支持政策，如发布明确上网电价补贴政策；第三则是相关太阳能光伏的贸易冲突，以及由此引发的贸易制裁。

25.3.1 国际主要应用地政策

回顾各国最新的太阳能光伏产业政策，总体可分为三类。第一是光伏应用地区（主要是欧洲）对太阳能光伏政策调整，表现为上网电价补贴的不断调低，以及设定年度补贴安装量上限等；第二是新兴地区新推出太阳能光伏支持政策，如发布明确上网电价补贴政策；第三则是相关太阳能光伏的贸易冲突，以及由此引发的贸易制裁。

欧洲各国上网电价补贴呈不断削减态势。从主要光伏应用地区对太阳能光伏政策的调整来看，欧洲各国呈上网电价补贴不断削减态势。其中，德国的10MW以下的光伏系统的上网电价补贴从0.32欧元/千瓦时，到2012年初已经降到0.135欧元/千瓦时，且从2012年5月起，德国将按照每月0.15欧分/千瓦时的幅度逐月削减光伏补贴。

与此同时，欧洲各国也在收紧予以补贴的光伏电站安装量上限（Cap）。如法国确定年度补贴安装量上限为500MW，德国则给出2012年的安装目标为2.5GW到3.5GW，相比2011年全年7.5GW的安装量已经下降了约一半，而且从2014年起，德国还将每年削减400MW的安装量，并争取在2017年将年安装量限定在900MW～1900MW之间。

面对不断下行的上网电价补贴和欧洲各国不断收紧的光伏政策，必然对全球光伏市场产生显著的冲击。

2011年，欧洲太阳能光伏市场规模为21.9GW，占全球光伏市场74%。而根据EPIA在2012年5月出炉的市场预测报告，在缓慢模式（Moderate）下，2016年欧洲的光伏市场规模仅为10.3GW，不足2011年的一半，仅占全球市场比重的26.5%。即使在政策驱动模式（Policy－Driven）下，2016年欧洲的光伏市场规模也只有24.8GW，占全球比重的32.1%。总之，规模收缩，比重下降，很可能是未来几年欧洲太阳能光伏市场的主旋律。与此同时，上网电价补贴的削减也让光伏产品价格面临更大的压力。从2011年初至今，光伏产品价格持续下降，在2012年初组件价格已经低于1美元/瓦，与2011年初接近1.70美元/瓦相比，下降幅度超过40%。最近，更有组件交易价格低至50～60美分/瓦的消息。而光伏产品价格的持续下降，对光伏企业的盈利能力造成了极大的挑战。

25.3.2 国内政策

25.3.2.1 我国光伏产业政策

2011年虽然全球大环境极度低迷，但“频出”的政策还是或多或少给产业的发展注入了积极的元素。

表25－8 2011年以来我国光伏相关政策汇总

时间	出台单位	政策名称	主要内容
1月	工信部	《多晶硅行业准入条件》	规范和引导多晶硅行业健康发展，坚决抑制行业重复建设和产能过剩
3月	财政部、住建部	《关于2011年度可再生能源建筑应用申报工作的通知》	关于可再生能源建筑应用重点推广区域、已批准可再生能源建筑应用示范市县新增推广面积、新增可再生能源建筑应用示范市县、可再生能源建筑应用集中连片推广示范区（镇）、可再生能源建筑应用科技研发及产业化项目的申请内容及要求
5月	国家发改委、财政部、商务部	《鼓励进口技术和产品目录（2011年版）》	• 鼓励引进太阳能热发电设备的设计制造技术； • 鼓励发展清洁能源发电设备及制造（核电、太阳能、潮汐等）行业； • 鼓励发展高技术绿色电池产品制造（无汞碱锰电池、氢镍电池、太阳能电池等）
6月	工信部	《关于印发〈多晶硅行业准入申请报告〉的通知》	切实引导和规范多晶硅行业发展，推动我国光伏产业健康持续发展。
6月	财政部、科技部、国家能源局	《关于做好2011年金太阳示范工作的通知》	• 明确金太阳示范工程支持范围：经济技术开发区、高新技术开发区、工业园区、产业园区等； • 明确金太阳示范工程补助标准：采用晶体硅组件的示范项目补助标准为9元/瓦，采用非晶硅薄膜组件的为8元/瓦

续表

时间	出台单位	政策名称	主要内容
8月	国家发改委	《关于完善太阳能光伏发电上网电价政策的通知》	• 7月1日以前核准建设、2011年12月31日建成投产、发改委尚未核定价格的太阳能光伏发电项目，上网电价统一核定为每千瓦时1.15元； • 7月1日及以后核准的太阳能光伏发电项目，以及2011年7月1日之前核准但截至2011年12月31日仍未建成投产的太阳能光伏发电项目，除西藏仍执行每千瓦时1.15元的上网电价外，其余省（区、市）上网电价均按每千瓦时1元执行
8月	财政部、住建部	《关于加强太阳能光电建筑应用示范后续工作管理的通知》	进一步明确2009、2010、2011年批准的示范项目竣工验收和资金清算时间，提高补助资金使用效益，达到预期示范效果
10月	国家发改委、工信部、科技部、商务部、知识产权局	《当前优先发展的高技术产业化重点领域指南（2011年度）》	明确当前优先发展的先进能源产业重点领域（包括太阳能、生物质能等），推进产业结构优化升级、促进经济发展方式转变

资料来源：中经网

（1）规范和引导多晶硅行业发展，抑制重复建设和落后产能

为促进多晶硅行业节能降耗、淘汰落后和结构调整，引导行业健康发展，2011年1月24日，国家发改委、工信部等部委联合发布《多晶硅行业准入条件》，明确指出多晶硅项目建设条件和生产布局，并详细提出多晶硅生产企业的技术设备和环保要求。2011年6月3日，工信部发布《多晶硅行业准入申请报告》，允许符合生产条件的多晶硅企业开工运行，推动我国光伏产业健康持续发展。

表25-9 多晶硅行业准入条件

领 域	准 入 条 件
项目建设条件和生产布局	• 新建和改扩建项目投资中最低资本金比例不得低于30%； • 在依法设立的基本农田保护区、自然保护区、风景名胜区、地方规划的重点生态功能区的敏感区域内，不得新建多晶硅项目。
生产规模与技术设备	• 太阳能级多晶硅项目每期规模大于3000吨/年，半导体级多晶硅项目规模大于1000吨/年。
资源回收利用及能耗	• 新建多晶硅项目生产占地面积小于6公顷/千吨； • 太阳能级多晶硅还原电耗小于80千瓦时/千克，到2011年底前小于60千瓦时/千克； • 半导体级直拉用多晶硅还原电耗小于100千瓦时/千克，半导体级区熔用多晶硅还原电耗小于120千瓦时/千克； • 还原尾气中四氯化硅、氯化氢、氢气回收利用率不低于98.5%、99%、99%； 到2011年底前，淘汰综合电耗大于200千瓦时/千克的太阳能级多晶硅生产线； • 水资源实现综合回收利用，水循环利用率≥95%

资料来源：《多晶硅行业准入条件》

（2）政府鼓励引进先进技术和发展光伏发电行业

为积极扩大先进技术、关键零部件、国内短缺资源和节能环保产品进口，更好的发挥进口贴息政策对促进自主创新和结构调整的积极作用，2011年5月17日，国家发改委、财政

部、商务部联合发布《鼓励进口技术和产品目录（2011年版）》，鼓励引进太阳能热发电设备的设计制造技术；鼓励发展清洁能源发电设备及制造（包括太阳能等）行业和高技术绿色电池产品制造（包括太阳能电池等）。

（3）财政资金继续支持金太阳示范工程，扩大国内光伏发电应用规模

2011年6月28日，财政部、科技部和国家能源局联合发布《关于做好2011年金太阳示范工作的通知》（简称《通知》），明确提出将继续安排中央财政资金支持实施金太阳示范工程，进一步扩大国内光伏发电应用规模，促进战略性新兴产业发展。《通知》中明确规范金太阳示范工程支持范围，包括经济技术开发区、高新技术开发区、工业园区、产业园区等；此外，《通知》还明确提出太阳示范工程补助标准：采用晶体硅组件的示范项目补助标准为9元/瓦，采用非晶硅薄膜组件的为8元/瓦。

（4）完善光伏发电上网电价，构建“中国光伏发电平价上网路线图”

为规范太阳能光伏发电价格管理，促进太阳能光伏发电产业健康持续发展，2011年8月1日，国家发改委发布《关于完善太阳能光伏发电上网电价政策的通知》，制定全国统一的太阳能光伏发电标杆上网电价。8月12日，中国资源综合利用协会可再生能源专委会发布《中国光伏发电平价上网路线图》，预计到2014年，中国工商业用电价格首先超过光伏发电上网电价，率先实现“平价上网”。

25.3.2.2　我国光利用产业政策

2012年，关于太阳能热水器、太阳能热利用，频繁出现在国家领导人的讲话中，并且国家出台了一系列发展、推广、支持政策，进一步表明了我国的太阳能光热发展基本纳入了“顶层设计”的范畴。

（1）“十二五”规划太阳能光热应用

在“十二五”计划中，指出我国太阳能热利用的应用市场将继续扩大，工程市场、农村市场和国际市场是“十二五”期间太阳能光热利用需重大开拓的三大应用市场，其中工程市场包括太阳能与建筑结合配套工程、太阳能集中供热工程两大类。“十二五”期间，我国太阳能热发电将取得重大进展，在国家政策和研发的支持下，太阳能热发电站关键技术将取得突破，“十二五”末期，我国太阳能热发电将开始初步的商业化运营。

（2）科技部将光热发电列为重点规划之一

2012年4月24日科技部《光电规划》的发布实行，太阳能光热发电成为了热门行业。在此次太阳能发电规划中，太阳能光热发电成为重点规划内容之一，科技部指出，太阳能光热发电具有发电稳定、规模效益明显、便于储能等优点，更适合在西部荒漠地区大规模发展。

（3）国务院常务会议支持太阳能热利用发展

国务院总理温家宝在2012年5月23日国务院常务会议中，支持自给式太阳能等新能源产品进入公共设施和家庭。

（4）太阳能惠民补贴工程启动

国家鼓励支持太阳能光热发展，并提出“抓紧落实”扩大节能产品惠民工程的实施范围，做好惠民补贴政策的落实工作，2012年6月15日太阳能节能惠民工程培训会在北京的召开，最终确定了20家入围节能惠民工程的太阳能热水器企业。

(5) 国家能源局出台意见鼓励民间资本发展太阳能。

国家能源局发布《关于鼓励和引导民间资本进一步扩大能源领域投资的实施意见》。意见明确指出民间资本在太阳能热利用、制造等领域居于主导地位。并出台了包括支持太阳能热利用在内的发展措施。

25.4　太阳能产业发展展望

25.4.1　光伏产业

25.4.1.1　我国光伏产业发展面临广阔发展空间

世界常规能源供应短缺危机日益严重，仅以石油为例，至2009年底全球已证实的储量可供开采时间仅为45.7年。同时，化石能源的大量开发利用已成为造成自然环境污染和人类生存环境恶化的主要原因之一。寻找新兴能源、发展社会经济已成为世界热点问题。在各种新能源中，太阳能光伏发电具有无污染、可持续、总量大、分布广、利用形式多样等优点，受到世界各国的高度重视。我国光伏产业在制造水平、产业体系、技术研发等方面具有良好的发展基础，国内外市场前景总体看好，只要抓住发展机遇，加快转型升级，后期必将迎来更加广阔的发展空间。

25.4.1.2　新工艺、新技术快速演进，国际竞争不断加剧

全球光伏产业技术发展日新月异：晶体硅电池转换效率年均增长一个百分点；薄膜电池技术水平不断提高；纳米材料电池等新兴技术发展迅速；太阳能电池生产和测试设备不断升级。而国内光伏产业在很多方面仍存在较大差距，国际竞争压力不断升级：多晶硅关键技术仍落后于国际先进水平，晶硅电池生产用高档设备仍需进口，薄膜电池工艺及装备水平明显落后。

25.4.1.3　降低成本仍是产业主题，市场应用不断拓展

太阳能光伏市场应用将呈现宽领域、多样化的趋势，适应各种需求的光伏产品将不断问世，除了大型并网光伏电站外，与建筑相结合的光伏发电系统、小型光伏系统、离网光伏系统等也将快速兴起。太阳能电池及光伏系统的成本持续下降并逼近常规发电成本，仍将是光伏产业发展的主题，从硅料到组件以及配套部件等均将面临快速降价的市场压力，太阳能电池将不断向高效率、低成本方向发展。

25.4.1.4　产业发展面临国际贸易保护的严峻挑战

近年来欧美等国已出现多起针对我国光伏产业的贸易纠纷，如2011年12月2日，美国国际贸易委员会就美对华太阳能电池（板）反倾销和反补贴案（简称“双反”）作出损害初裁，认定中国输美太阳能电池（板）对美国国内产业造成实质损害。类似贸易摩擦仍将出现。主要原因有：一是我国太阳能电池成本优势明显，国际市场份额不断扩大，对国外产品造成压力；二是行业发展无序，个别跟风投资的中小企业，其产品质量及环保综合利用情况堪忧；三是国内光伏市场尚未大规模启动，产品主要外销，容易引发倾销疑虑；四是我国产品标准体系不完善，企业自律能力不足，存在产品质量水平参差不齐等问题。

25.4.2 光热利用产业

25.4.2.1 “十二五”太阳能热利用产业前景恢宏

目前，我国城乡居民对洗浴热水的需求增长迅猛。在农村地区和中小城市，太阳能热水器已经成为提高人民生活质量、全面建设小康社会的重要手段。随着中高温太阳能热水器的开发以及太阳能与建筑一体化技术的日益完善，太阳能热水器的应用领域不再局限于提供热水，正逐步向取暖、制冷、烘干和工业应用方向拓展，中国太阳能热水器市场潜力巨大。

表 25－10 2015—2020 年太阳能热利用发展前景预测

年代	产量（万 m^2/MWth）	增长率（%）	方案	保有量（万 m^2/MWth）	千人拥有（m^2/千人）	替代标煤（万吨）	CO_2 减排量（万吨）
2015	16600/116200	2012—2015 为25%	方案1：高增长 25～10%	47200/330400	339	7080	15576
2020	26800/187600	2016—2020 为10%		94800/663600	650	14200	31284
2015	13586/95102	2012—2015 为20%	方案2：中增长 20～15%	40217/281521	287	6032	12949
2020	27326/191282	2016—2020 为15%		81401/569809	649	12949	28487
2015	13586/95102	2012—2015 为20%	方案3：低增长 20～10%	40217/281521	287	6032	12949
2020	21880/153160	2016—2020 为10%		67297/471080	542	10094	21669

资料来源：中经网

25.4.2.2 保障房建设加速，太阳能热利用产品迎来新机遇

根据规划，“十二五”时期，中国将加快各类保障性住房建设，将新建各类保障性住房3600 万套。同时，国家将继续大力推进各类棚户区改造。5 年 3600 万套保障房，这就意味着将有 3600 万台的市场增量，配套需求将为我国太阳能热利用产品带来巨大契机，太阳能热利用企业迎来新的机遇。

25.4.2.3 太阳能热利用产业科技进步，拓展工业用热需求

我国工业产业的高能耗以及常规能源的日趋紧张，无论是政府的施政报告还是企业发展战略，节能减排都是不可忽视的工作，是刻不容缓的事情。对太阳能产业来说是更大的机遇，市场很大，包括国际市场。

25.5 典型企业动态

25.5.1 保利协鑫

保利协鑫是全球领先的多晶硅及硅片供应商，为光伏发电提供质优价廉的原材料。保利协鑫也是中国一流的环保能源供应商，通过热电联产、生物质发电、垃圾发电、风力发电及太阳能发电，提供高效环保的电力与热力。保利协鑫目前已经实现全球最大的多晶硅及硅片

产能。

在多晶硅制造方面，保利协鑫采用拥有自主知识产权的 GCL 法多晶硅生产技术，采用氯氢化生产工艺实现了对多晶硅生产的主要副产品——四氯化硅与氯化氢的有效回收，不仅有效控制了多晶硅生产对环境的污染，也大幅降低了多晶硅的单位生产成本。

在硅片制造方面，保利协鑫积极打造立体化的硅片业务发展模式，通过与设备供应商签署长期合作协议、介入硅片生产辅料的规模化生产以及对铸锭与切片生产设备的创新化改造，致力提升光伏材料业务的整体竞争力。

2011 年，保利协鑫营业额达 255.1 亿港元（约合 207.9 亿人民币），比 2010 年增长 38.1%；毛利润 84.66 亿港元（约合约合 68.99 亿人民币），比 2010 年增长 24.3%；全年净利润达 42.7 亿港元，比 2010 年增长 6.2%；每股基本盈利为 27.62 港分（约合 22.5 分人民币），比 2010 年增长 6.2%。

（一）多晶硅和硅片产能和业绩继续增加

2011 年，保利协鑫的多晶硅销售额为 2812 公吨，硅片销量达 4.451GW；以上两项业务的收益为 204.6 亿港元，比 2010 年相应业绩增长 45.7%。产量方面，保利协鑫在 2011 年生产了约 29414 公吨多晶硅，比 2010 年的 17853 公吨增加了 64.8%；保利协鑫的硅片产量为 4488MW，比 2010 年的 1412MW 产量增加了 2.2 倍。

2011 年，保利协鑫多晶硅平均售价约为 47.7 美元/公斤，比 2010 年 52.1 美元/公斤的平均售价下降了 8.44%；硅片平均售价为 0.54 美元/瓦，比 2010 年 0.82 美元/瓦的平均售价下降了 34.1%。

（二）光伏电站开发扩张

保利协鑫在 2011 年上半年完成了美国加州羚羊谷高校地区 4.8MW 电站的开发，并在下半年完成了美国加州棕榈谷学区 4.9MW 电站的开发，这两个项目分别被美国富国银行和美国银行－美林完成售后回租交易。保利协鑫在美国开发的总项目达到 16MW，这些项目在 2011 年所发电力的销售额约为 510 万美元。

在电站开发方面，保利协鑫更注重选择合作伙伴。与美国富国银行的合作，保利协鑫获得了其超过 100 万美元的资金支持，并签署售后回租协议；富国银行今后还将为其电站项目提供资金。美国银行－美林与保利协鑫在电站方面的合作更偏重于建立长期税务股权融资方面，并为保利协鑫提供超过 1GW 项目的资金支持。

除了与银行合作，保利协鑫在美国的电站还选择了 Solar Reserve 建设合营公司，在美国加州、内华达州、犹他州及科罗拉多州储备了超过 1GW 的项目。在中国，保利协鑫除了与中广核在大同开发 1GW 电站外，还将与招商局集团共同开发屋顶电站项目。

（三）系统集成

2011 年第四季度，保利协鑫重新整合了各项资源，成立了协鑫光伏系统集成公司，主要向光伏电站、商业屋顶及住宅屋顶项目提供优化的预载系统解决方案。此外，保利协鑫还提供组件供应，在 2011 年其组件贸易收益约为 1780 万港元。

在该业务方面，保利协鑫与光伏电站开发商 NRG 签署合作协议，并在 2012 年向其提供 70MW 的光伏设备（保利协鑫拥有一定的组件产能，如自由小组件厂和与阿特斯的联合品牌组件的代工，及部分贴牌制造的逆变器），并有权在未来三年继续提供200MW设备。除与NRG建立合作外，保利协鑫还与多个工程、采购、建设公司和项目开发商签署谅解备忘录，计划向北美、欧洲、南非及亚洲地区提供超过2GW的光伏设备。在中国，保利协鑫将开发山西大同的1GW电站。

25.5.2 精功科技

浙江精功科技股份有限公司始创于1992年，2000年9月改制成为规范化的股份公司，2004年6月25日在深圳证券交易所中小企业板成功上市。

精功科技秉承“勇于创新，精益求精”的企业精神，坚持“科技为先、内联外合”的发展战略，与北京理工大学、武汉理工大学、浙江大学等国内多所知名院校建立战略伙伴关系；并与美国BRADBURY集团、德国GERGEN公司、芬兰FORMIA公司、意大利SAIP公司等国际知名公司进行了广泛的技贸合作。

同时，依托自身的技术实力，精功科技加快光伏产业布局，以国内外首台500kg太阳能级多晶硅铸锭炉的问世，站在了光伏专用装备制造行业的高点，提升了企业核心竞争力，力争打造全国乃至全球重要的先进装备制造业生产基地。

2011年，精工科技公司多晶硅铸锭炉产品经过三年市场推广后进入收获期，来自国内光伏一线大厂的订单在这年密集涌现。2011年公司共实现营业总收入23.7亿元，净利润4.1亿元，分别较2010年增长143%和350%；基本每股收益达到1.38元，净资产收益率则为47.36%。

2011年2月16日公司与江苏阳光晶源科技公司签订了总价值为1.43亿元的多晶硅铸锭炉产品销售合同；同年4月26日则与江西协鑫硅材料科技发展公司签下同类销售合同，合同总价值6.49亿元；约一个月后又获得对英利供货合同，金额分别达1.58亿元和1.4亿元。

25.5.3 尚德

无锡尚德太阳能电力有限公司（简称尚德电力）由施正荣博士于2001年1月建立，是一家集研发、生产、销售为一体的外商独资高新技术光伏企业，主要从事晶体硅太阳电池、组件、光伏系统工程、光伏应用产品的研究、制造、销售和售后服务。尚德全球分支机构遍及北京、上海、旧金山、东京、慕尼黑、罗马、马德里、沙夫豪森、首尔、悉尼等重要城市，目前拥有5个生产基地，分别位于无锡、洛阳、青海、日本长野及上海。

经过短短几年跨越式、超常规的大发展，尚德公司的产品技术和质量水平已完全达到国际光伏行业先进水平，是中国首家通过TüV、IEC、CE和UL等国际权威认证的光伏企业。尚德公司于2004年被PHOTON International评为全球前十位太阳电池制造商，并于2005年底挺进世界光伏企业前五强，150兆瓦太阳电池的制造能力，使尚德成为全球四大太阳电池生产基地之一。

2006年，尚德电力在上海附近建立了第二个研发中心，吸引了更多人才的加入。该研发中心致力于薄膜光伏电池的研究——一项有助于减少未来光伏发电成本的前沿技术。上海研发中心同时还包括一个薄膜电池制造中心，该制造中心于2008年投入使用，到2009年可达到50MW的生产能力。

2011年9月28日，无锡尚德电力有限公司（NYSE：STP）举行了成立十周年庆典，另外尚德电力第四期项目600MW工厂也同期竣工。无锡尚德从最初的10MW产能到现在的近2400MW产能，已经成为全球最大的光伏产品制造企业。也是全球最大太阳能面板制造商。在过去十年中，尚德电力组件出货量已累计达到5GW。

2011年，尚德总净收入31.466亿美元，同比增长33.3%，2011年毛利润3.866亿美元，毛利润率12.3%，相比之下，2010年全年毛利润5.431亿美元，毛利润率18.7%。其主要原因在于光伏产品出货量出现的增长，但被平均销售价格的下降略微抵消。

据其管理层称，尚德Pluto电池技术的高性能组件在2011年达到了120MW的出货量。施博士在电话会议上表示预计2012年出货量将达到800MW，第一季度出货量在100到120MW之间。

25.5.4　日出东方

日出东方太阳能股份有限公司是国内太阳能热水器行业的龙头企业之一。公司主要从事太阳能热水器、太阳能热水工程系统、太阳能采暖系统以及太阳能制冷空调系统等太阳能热利用产品的研发、生产与销售，2010年内销市场占有率达到7.3%。公司拥有的“四季沐歌”、“太阳雨”均被认定为中国驰名商标和江苏省著名商标。

2011年日出东方太阳能股份有限公司实现营业收入30.95亿元，归属母公司净利润3.70亿元，同比分别增长23.85%和193.12%，扣费后净利润同比增长41.57%；2009—2011年公司营业收入、归属母公司净利润CAGR分别为41.95%、46.82%。

2011年公司内销收入占95%。从收入结构看，公司的主营业务包括太阳能热水器零售、工程太阳能热水器和太阳能热水工程系统三块。其中，零售业务收入占比最高，2011年占比为91.60%；工程太阳能热水器和太阳能热水工程系统业务的收入份额呈逐渐上升趋势，2011年占比分别为4.89%和3.51%。

（本章经国家发改委能源研究所胡润青审核，特此感谢）

26 生物质能[①]

生物质能占世界一次能源消耗的14%，是排在主要的化石能源煤、油、气之后的第四位能源。现代生物质能源利用是指借助热化学、生物化学等手段，通过一系列先进的转换技术，生产出固、液、气等高品位能源来代替化石燃料，为人类生产生活提供电力、交通燃料、热能、燃气等终端能源产品。随着化石资源迅速消耗，生态环境不断恶化，世界各国尤其是主要大国把发展新能源与可再生能源作为新一轮产业发展的重点，加大投入，着力推进。生物质作为唯一可转化气、液、固三种形态燃料并具有双向清洁作用的可再生资源得到世界多数国家的广泛关注。生物燃气、生物液体燃料等生物质能源在德国、巴西、美国等国已实现规模化生产和应用。

"十一五"以来，我国生物质能利用技术取得了明显进展。突破了厌氧发酵过程微生物调控、沼气工业化利用、秸秆类资源高效生物降解、高值化转化为液体燃料等关键技术，建立了兆瓦级沼气发电、万吨级生物柴油、千吨级纤维素乙醇及气化合成燃料示范工程。但与国际先进水平相比，在核心技术、关键设备与装备研制、技术集成与产业化规模等方面仍有差距。加快生物质能源产业发展，加快新型能源植物的规模化培育、加强生物质高效转化技术创新、推进液体燃料等生物质能源产品规模化生产与示范，构建生物质能源研发平台，提升生物质能源企业科技创新能力，为发展可再生能源，促进农村经济可持续发展，应对气候变化等提供科技支撑势在必行。

26.1 生物质能产业概况

26.1.1 我国生物质能产业发展现状

生物质能产业链冗长而又繁杂，主要包括生物质原料的种植收集、原料运输、原料加工、生产设备制造以及料渣的处理等等。目前中国的生物质能产业发展初具规模，积累了一些成熟的经验，但不同的应用领域技术的成熟程度不尽相同。少数生物质能转化利用技术初步实现了产业化应用，如农村户用沼气、养殖场沼气工程和秸秆发电技术；生物质发电、生物质致密成型燃料、生物质液体燃料等正进入商业化早期发展阶段；还有许多新兴生物质能技术尚处于研究阶段。由于我国生物质能产业发展尚处于起步阶段，因此还没有形成完善的产业链，生物质产业规模也比较小。而从我国生物质能发展的实际情况来看，多数投资集中于整

① 本章由中国船舶重工集团公司经济研究中心黄肖静撰写。

个生物质能建设项目。

目前国内生物质成型燃料主要用于发电厂和工业锅炉的燃料等，仍处于市场发展初期，能实现规模化生产的企业不多。大部分企业的生产规模较小，企业生产工艺不稳定、生产设备的技术不成熟，故障率比较高，对下游生物质成型燃料应用市场的开拓工作较为滞后。

沼气技术是我国发展最早、最普遍推广的生物质能源利用技术。户用沼气在我国已经有几十年的发展历史，目前已基本成熟，居国际领先水平；沼气工程技术已日趋成熟，具备产业化条件。

我国生物乙醇生产规模相对较大，主要以粮食为原料。由于我国人均耕地面积不足1.4亩，不足世界平均水平的40%，使得我国以粮食为原料的生物乙醇发展潜力有限，大规模利用存在原料供应的瓶颈。为了避免“与人争粮、与粮争地”，2007年9月，国家发改委发布《关于促进玉米深加工健康发展的指导意见》指出，“十一五”期间我国原则上不再核准新建玉米深加工项目，要求各地立即停止备案玉米深加工项目，而且对在建、拟建项目进行全面清理，对已备案尚未建的项目全面叫停，并大力鼓励发展非粮食作物为原料开发生物乙醇。目前国内数家企业和科研单位都在积极开展纤维素乙醇的研究及产业化尝试。

我国生物柴油产业化发展起步于本世纪初，随着生物柴油产业日益受到国家重视，近年来，我国生物柴油发展较快。目前，我国生物柴油总产能约150万吨/年，但产量一直停留在30万~50万吨/年，主要原材料为油料作物、油料林木果实及各种植物油、废弃油。

2011年7月，在近30年以来首次召开的农村能源工作会议上，国家发改委副主任、国家能源局局长刘铁男表示，要通过合理布局生物质发电项目、推广应用生物质成型燃料、稳步发展非粮生物液体燃料、积极推进生物质气化工程，到2015年生物质发电装机达到1300万千瓦、集中供气达到300万户、成型燃料年利用量达到2000万吨、生物燃料乙醇利用量达到300万吨，生物柴油年利用量达到150万吨。对此，业内人士指出，受化石能源价格走高和环境保护双重压力，生物质能产业被纳入到战略新兴产业在意料之中，如果再有更多支持政策出台，生物质能无疑将驶入加速跑道。

26.1.2 生物质能产业技术现状

我国生物质能开发利用水平目前总体较低，各种技术的成熟度和商业化水平很不平衡。少数生物质能利用技术已经比较成熟，具有一定的经济竞争力，初步实现了商业化、规模化应用，如沼气技术；一批生物质能利用技术已进入商业化早期发展阶段，目前需要通过补贴等经济激励政策促进商业化发展，如生物质发电、生物质成型燃料、以粮糖油类农作物为原料的生物液体燃料等；还有许多新兴生物质能技术正处于研发示范阶段，可望在未来二十年内逐步实现工业化、商业化应用，主要是以纤维素生物质为原料的生物液体燃料，如纤维素燃料乙醇、生物质合成燃料和裂解油，还有能源藻类技术等。相比较而言，由于可以借鉴煤、天然气工业中的醇醚合成工艺、费托合成工艺的已有研究成果和产业化经验，生物质气化合成技术比较成熟，不存在技术障碍，预期比纤维素乙醇更容易实现产业化。

我国在生物液体燃料领域还存在如下问题和差距：一是关键共性技术还有待突破，装置的大型化和技术稳定性不足；二是技术较单一，发展不平衡，对于针对生物质结构功能特点的先进转化工艺技术发展不足；三是缺乏一定规模的技术集成，尚未建立高能效的多联产系统，原料综合利用水平较低；四是部分技术的目标产品品位还需提高。

表 26－1　我国生物质能技术利用情况

生物质发电方面	
沼气技术方面	无论从规模总量上还是技术发展水平上，均居于国际先进水平。户用沼气技术经过多年的研究开发已经成熟，居国际领先水平；沼气工程技术已日趋成熟，具备产业化条件
秸秆能源化利用方面	生物质燃烧发电也具有了一定的规模，主要集中在南方地区，许多糖厂利用甘蔗渣发电，总装机容量800MW
固体成型燃料技术的生产和应用	已初步形成了一定的规模，形成了研究、开发和推广的良好局面。
能源作物方面	培育出“醇甜系列”等杂交甜高粱品种，并建成产业化示范基地；培育并引进多个优良木薯品种，平均亩产超过3t
	育成了一批能源甘蔗新品系和能、糖兼用甘蔗品种，筛选出适合甘蔗清汁发酵的菌株和活性干酵母菌株
	已开发出高含油量油菜、油葵等作物品种，含油量超过50%
	开发了麻疯树果实、黄连木籽等来生产生物柴油技术，初步具备商业化发展条件

26.2　生物质发电产业现状

生物质发电是生物质能最常用的能源方式。发展生物质发电，实施煤炭替代，可显著减少二氧化碳和二氧化硫排放，产生巨大的环境效益。从环境效益的角度来看，基于生物质燃料本身所具有的低灰、低硫特性，以及生物质生长、燃烧过程中的零排放机理，它在氮氧化物、二氧化硫、二氧化碳以及烟尘颗粒的排放上，分别是火电机组排放标准的1/5、1/10和1/28。与传统化石燃料相比，生物质能属于清洁燃料，燃烧后二氧化碳排放属于自然界的碳循环，不形成污染。据测算，运营1台2.5万kW的生物质发电机组，与同类型火电机组相比，可减少二氧化碳排放约10万t/a。美国能源部预测，到2025年之前，可再生能源中，生物质发电将占据主导地位。未来，利用生物质再生能源发电将成为解决能源短缺的重要途径之一。

26.2.1　行业格局及产量情况

国际能源署（IEA）对2000—2030年国际电力的需求研究表明，来自可再生能源的发电总量年平均增长速度将最快。IEA的研究认为，在未来30年内非水利的可再生能源发电将比其他任何燃料的发电都要增长得快，年增长速度近6%。在2000—2030年间其总发电量将增加5倍，到2030年，它将提供世界总电力的4.4%，其中生物质能将占其中的80%。

世界生物质发电起源于20世纪70年代，当时，世界性的石油危机爆发，丹麦开始积极开发清洁的可再生能源，大力推行秸秆等生物质发电。自1990年以来，生物质发电在欧美许多国家开始大发展。2002年，约翰内斯堡可持续发展世界峰会以后，全球加快推进了生物质能的开发利用。作为一种可持续发展的能源，生物质发电在国际上越来越受到重视。目前，国外的生物质能发电技术和装置多已实现了规模化产业经营，全球生物质发电装机容量已超过5000万千瓦，可替代九千多万吨标准煤。有资料显示，到2020年，西方工业国家15%的电力将来自生物质发电，而目前生物质发电只占整个电力生产的1%。届时，西方将有1亿个家庭使用的电力来自生物质发电，生物质发电产业还将为社会提供40万个就业机会。

2005年底以前，我国生物质能发电还处于导入期，我国生物质能发电规模较小，发展速度较慢，生物质能发电总装机容量约200万千瓦，主要是农业加工项目产生的现有集中废弃物的资源利用项目，其中以蔗渣发电为主，总装机量约为170万千瓦，其余是碾米厂稻壳气化发电等。随着《可再生能源法》和相关可再生能源电价补贴政策的出台和实施，我国生物质发电投资热情迅速高涨，启动建设了各类农林废弃物发电项目。我国生物质能发电技术产业呈现出全面加速的发展态势。

根据中电联快报数据和初步分析，截至2011年底，我国并网新能源发电量933.55亿千瓦时，约占总发电量的2%，节约标煤2885万吨，相当于减排二氧化碳8020万吨、二氧化硫62万吨、氮氧化物27万吨，其中生物质发电量191.21亿千瓦时，约占20.48%。截至2011年底，我国生物质能发电装机容量达到436万千瓦；国内各级政府核准的生物质能发电项目累计超过了170个，已经有五十多个项目实现了并网发电，投资总额超过600亿元。

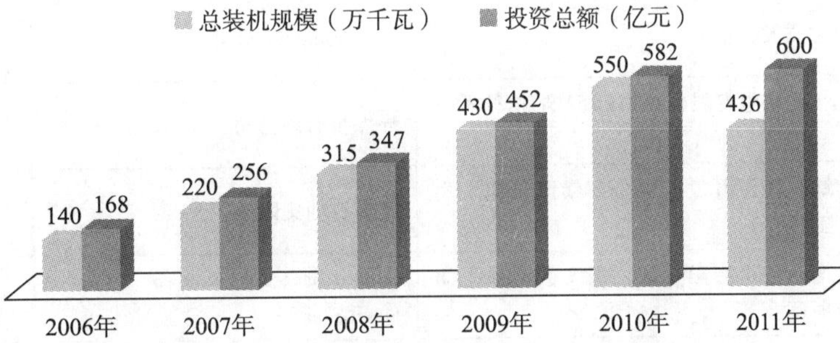

图26-1 近年来我国生物质能发电行业规模统计

数据来源：中电联快报数据

近几年，中国节能环保集团公司、国家电网公司、五大发电集团等大型国有、民营以及外资企业纷纷投资参与我国生物质发电产业的建设运营。特别是国家电网公司作为关系国民经济命脉的重要能源供应企业，深入实施“新农村、新电力、新服务”的农电发展战略，积极推进农村电网建设与改造、“户户通电”、新农村电气化、农村生物质发电等重大工程，以发展农电事业助推新农村建设。经过这几年的摸索和发展，包括国能生物发电和凯迪控股在内的国内企业，先后探索出了符合当地实际的成熟技术方法和模式，大大提升了发电效率，降低了生物质发电成本。特别是2010年以来出台的《国家发展改革委关于生物质发电项目建设管理的通知》以及《产业结构调整指导目录（2011年本）》等有关产业政策的实施，在很大程度上改变了生物质发电的盈利格局。

表 26-2 2012 年上半年发改委通过的生物质发电项目统计

序号	项目	外国合作方	预计年减排 CO_2 当量
1	山东平原县 30MW 生物质能热电联产项目	Eco - FrontierCarbonPartnersLimited	177416 吨
2	河北吴桥生物质发电项目	EDFTradingLimited	91387 吨
3	河北槐阳生物质热电有限责任公司元氏生物质热电改造工程	GFACCIOMLtd、英国低碳能源集团	145227 吨
4	安徽寿县生物质发电项目	EDFTradingLimited	134537 吨
5	吉林长岭生物质发电项目	EDFTradingLimited	199199 吨
6	内蒙古兆鑫能源集团生物质能热电联产项目	环保桥有限公司	203419
7	衡水泰达故城生物质能发电项目	环保桥有限公司	123612 吨
8	吉林公主岭生物质发电项目	EDFTradingLimited	193312 吨
9	东平光源热电有限责任公司秸秆生物质能热电联产技术改造项目	VitolS. A.	58704 吨
10	东平光源热电有限责任公司平泉生物质发电工程	环保桥有限公司	123646 吨
11	江西赣县生物质发电项目	EDFTradingLimited	130471 吨
12	淄博腾飞生物质热电有限公司 1×15MW 秸秆发电项目	环保桥有限公司	63880 吨
13	崇阳县凯迪绿色能源开发有限公司崇阳凯迪生物质能发电厂工程	维多石油集团	123065 吨
14	安徽国祯生物质发电有限责任公司安徽国祯生物质电厂改造项目	ClimateChangeCapitalCarbon FundIIS. ar. l	154233 吨
15	大唐南皮生物质发电有限公司大唐南皮生物质发电项目	无	134726 吨
16	国能固镇生物发电有限公司国能固镇生物质发电项目	EDFTradingLimited	134961 吨
17	凯迪绿色能源开发有限公司安仁生物质能发电厂工程	维多石油集团	128844 吨
18	北流市凯迪绿色能源开发有限公司北流凯迪生物质能发电厂工程	维多石油集团	122169 吨
19	凯迪绿色能源开发有限公司南陵生物质能发电厂工程	维多石油集团	131548 吨
20	国能德惠生物发电有限公司国能德惠生物质发电项目	EDFTradingLimited	171928 吨
合 计			2746284 吨

即将出台的《可再生能源发展“十二五”规划》明确了“十二五”生物质能源领域的发展目标及具体的产业发展布局，确定的生物质发电及生物燃料规模较“十一五”有大幅度提

高。《规划》提出的“到2015年，国内生物质发电装机规模不低于1300万千瓦”的目标数字中，具体包括农林生物质发电800万千瓦，沼气发电200万千瓦，垃圾焚烧发电300万千瓦。随着产业政策日臻完善，作为中国未来绿色能源的重要组成部分——生物质发电产业，正在成为中国利用可再生能源进程中不可忽视的一个新产业。“十二五”期间，我国生物质发电产业有望迎来其发展的黄金时期，前景广阔。

26.2.2　生物质发电重点项目

- 国内最大生物质成型燃料节能减排项目竣工投产

2011年1月，“生物质固体成型燃料（BMF）替代重油节能减排项目”竣工投产。该项目是目前全国最大的生物质成型燃料节能减排项目，以两台40t/h生物质成型燃料（BMF）专用低压蒸汽锅炉，代替现有的六台燃油锅炉。项目于2010年1月中旬开建，11月底完成安装和单机调试。今年1月8日进入72小时连续试生产，锅炉运行正常稳定，单炉最大供汽负荷41吨，达到设计负荷。

项目投产后，将形成巨大的经济、社会效益。该项目每年可减少二氧化碳排放量6～10万吨，在申报CDM（联合国清洁发展机制）项目成功后，还将获得同样规模的“碳汇资产”。

- 世界最大生物质发电厂国内投入运营

2011年11月，广东粤电湛江生物质发电项目（2×50MW）2号机组顺利通过72+24小时满负荷试运行，标志着世界单机容量及总装机容量最大的生物质电厂全面正式投入商业运营。

继2011年8月湛江生物质发电项目1号机组顺利投运后，湛江生物质发电有限公司在生物质燃料给料困难、燃料成分复杂多变和燃料组织难度大等多种困难下，勇克难关，最终实现了2号机组的安全、优质投产。试运期间，该机组平均负荷为50.3MW，负荷率达100.6%，各项技术参数指标优良，创造了国内生物质发电领域新纪录。

该项目属于国家鼓励和支持的环保可再生能源产业，同时也是国家和省重点发展节能减排的阳光产业，具有环保、节约资源、惠民、可再生持续利用等优点。该项目的全面投运，意味着粤电集团在新能源发电领域实现了更大的发展。

- 重钢投建西部规模最大最先进的垃圾发电项目

2011年12月，由重钢三峰环境产业集团公司联合美国卡万塔控股集团共同打造的成都九江环保发电厂已经开始试运行。该项目总投资为7亿元人民币，重钢集团出资51%，卡万塔集团出资49%。

据了解，成都九江环保公司垃圾焚烧发电项目，配置了3台600吨/天的垃圾焚烧炉及烟气净化处理系统，是目前西南地区规模最大的垃圾发电厂。生活垃圾在焚烧炉内焚烧时所产生的热量，将在余热回收锅炉进行热交换，产生的蒸汽通过2台18兆瓦的汽轮发电机组进行发电。焚烧后的垃圾炉渣呈粉末状，最后对只有2%的有害物体进行填埋处理。

26.2.3　生物质发电产业存在的问题

- 资本壁垒

生物质发电技术对于资金的要求有其自身的特点，一般MW级以上的生物质发电技术，国内的投资一般在几千万元至上亿元，国外的投资一般在几百万美元以上。相对于常规发电项目而言，生物质发电项目都是小项目，资金密集程度较低，大集团和规模投资商考虑到资金分散和管理上的困难，故而投资谨慎。同时，相对于一般投资项目而言，中、小型生物质发电项目的投资大都在几百、几千万元左右，这样的资金规模对目前大部分中小企业来说仍然有相当大的压力，尤其是生物质发电技术多应用于农村地区，对于当地的企业而言是较为沉重的资金负担，较难承受。

- 技术壁垒

生物质发电技术方面的壁垒也很高，所用设备大部分是专用设备，技术密集程度高，生产流程控制严密。近十几年来，我国在生物质发电技术研究方向的投入主要是针对中小型生物质气化发电技术，而直接燃烧技术主要由锅炉企业或其他热解设备企业自主开发。从而导致我国生物质发电技术的种类较少，生物质气化发电技术尚可，而其他如直接燃烧技术尚不能达到应用要求，很多设备需要从国外购买。

- 政策壁垒

国家配套政策尚不完善；服务、支撑和支持生物质直燃发电的产业和相关链条尚未完全形成；相关科研、技术和人才支撑不够，国内从基础性科学研究、机械设备、工程设计等方面都滞后于企业发展要求。

26.3 沼气工程产业现状

沼气在中国的应用已有近百年的历史。作为连接养殖和种植业的循环链条以及高效清洁的生物气体能源，多年来一直受到各级政府的重视和老百姓的欢迎，已经成为许多地方经济发展的增长点和新农村建设的抓手，特别是在应对国际金融危机、拉动内需和保障国家能源安全方面，越来越发挥着不可替代的作用。

26.3.1 行业格局及产量情况

自2000年农业部提出“生态家园富民计划”，并在全国范围内组织实施示范工程建设以来，以沼气为纽带的各种类型能源生态模式和工程技术得到了各级政府的大力支持。尤其是自2003年开始实施农村沼气建设国债项目以后，中央对沼气示范推广给予了高度关注，并在每年投入大量资金专项支持。

在国家优惠和激励政策的吸引下，越来越多的企业和机构投入到沼气产品生产、设备研发和工程建设中，甚至一些大型龙头企业和社会资本也加入到沼气产业发展行列，形成了“小沼气、大产业”的态势。在沼气示范推广规模日益扩大过程中，我国的沼气产业化发展程度也有所提高：①沼气灶具及配套产品生产企业已有上百家，每年生产沼气灶具、管材管件和脱硫净化器的能力接近1000万套；②各类沼气工程设计和施工企业规模不断扩大，具有较高设计生产与施工水平的专业企业逐年增加，一大批企业已经具备了组织实施“交钥匙”工程的能力；③与沼气工程配套的设备和装备生产的龙头企业迅速成长，相关制造服务企业已有3000余家；④沼气服务体系初步形成。到2010年底，据有关部门不完全统计，已有大中小型沼气工程7.3032万处，其中大型沼气工程4963处、中型沼气工程22795处、小型沼气工程45259处；已有生活污水处理沼气工程19.16万处、农村户用沼气池3850万户。有近4000万户的1.5亿人受益。目前，年产沼气总量142.6亿立方米，折合标准煤2500万吨，可减排二氧化碳5000多万吨。当前，已形成了户用沼气、小型联户沼气、小型沼气工程、中型沼气工程、大型沼气工程和特大型沼气工程全面发展的局面。沼气工程应用领域也由前几年的粪污治理、工厂废水治理、生活污水治理发展到现在的秸秆沼气化处理、城市生活垃圾沼气化处理等多元领域；沼气能源的应用也由从居民生活用气、沼气发电领域发展到净化压缩用作汽车燃料等高值利用。从事沼气工程设计、施工、设备制造、运营管理的企业近5000家，有规模的知名企业约有三十多家，从业人员近2万余人。

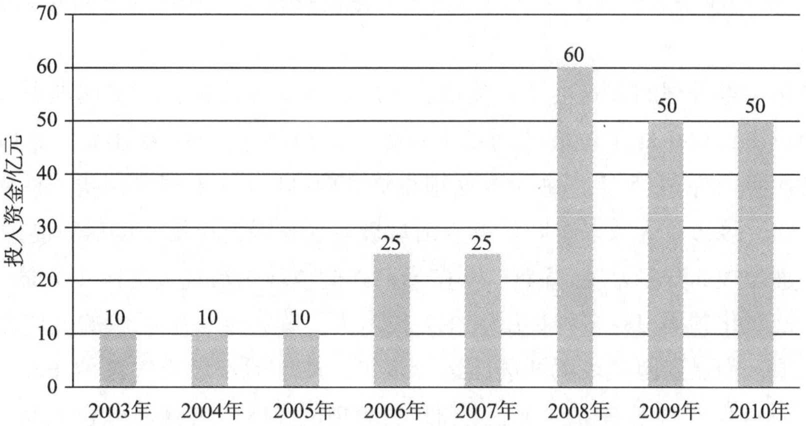

图26－2　近年来国家沼气专项投入持续增加

数据来源：中国农村能源行业协会沼气专业委员会统计

2011年12月15日，全国沼气标准化技术委员会暨国际标准化组织沼气技术委员会秘书处在北京成立，挂靠于农业部科技发展中心。成立全国沼气标准化技术委员会有利于加强沼气行业标准化工作，提高沼气技术水平。有利于规范沼气行业发展，提高沼气工程建设质量。有利于沼气产业健康发展，创沼气产业名牌。

据农业部有关人士对中国证券报记者透漏，“十二五”期间国家将投入200亿用于发展沼气工程，主要项目包括农村沼气工程、大中型沼气工程建设以及沼气发电等。随着工程的进展，投资总额可能还将增加。全国现代农业发展“十二五”规划也提出，围绕重点任务，以最急需、最关键、最薄弱的环节和领域为重点，组织实施一批重点工程。在规划列出的十四项重大工程中，“农村沼气工程”被列入第十二项。规划要求，“加快用户沼气、养殖小区和联户沼气、大中型沼气工程建设，完善沼气服务和科技支撑体系。”规划还明确规定，适宜农户沼气普及率要从2010年的33%发展到超过50%，年均新增长率要高于17%。

26.3.2　沼气工程重点项目

- 国内最大沼气生产项目甘肃定西开建

2011年1月，甘肃省第一家马铃薯淀粉渣、废水循环综合利用项目近日在定西市循环经济产业园区开工建设。截至目前，该项目是国内最大的沼气生产项目。

据介绍，该项目利用马铃薯加工淀粉时产生的废渣、废水，采用生物和专利技术，通过菌种培养、发酵的方法，对马铃薯淀粉渣、废水资源进行综合利用，制成高效有机肥；生产水基性农药解决马铃薯晚疫病病害，提高马铃薯的品质和产量；引进目前国际上最先进的丹麦沼气技术，开发车用燃气。该项目总投资2.55亿元，设计每年处理淀粉渣和废水54万吨，年加工生产颗粒性生物有机肥10万吨、液体生物有机肥10万吨、水基性农药2万吨、车用燃气300万立方米等，有较好的环境效益、生态效益和社会效益。

- 江西首个沼气发电项目正式投产

2011年1月，江西首家沼气发电项目——“垃圾发电”在南昌市麦园垃圾填埋场内正式投产发电。该项目总投资近1亿元人民币，所发电全部并入南昌电网。这意味着南昌每年产生的72万吨生活垃圾将变废为宝，同时可为上万家庭提供正常用电，并可年减少温室气体排放量30万吨。

目前，全国垃圾处理的方式主要有焚烧、堆肥、填埋等几种，其中填埋方式占70%。目前，南昌市垃圾主要运往麦园垃圾填埋场进行处理。该场于1997年建立，总库容量为1793万立方米，使用年限为31.5年，每天可处理垃圾2000吨，属于国家一类二级填埋场。据相关工作人员介绍，该市每天数以千吨计的生活垃圾运到麦园垃圾填埋场后只能进行简单填埋，十多年来已填埋垃圾550多万吨，高达30多米。如此填埋生活垃圾会产生大量气体，其主要成分有甲烷、二氧化碳等100多种物质。相关技术人员称，沼气中甲烷的比值若达50%即具有开发利用价值，南昌麦园垃圾填埋场已运行多年，产生的垃圾沼气量位于全国同类填埋场前列。为此，2006年6月南昌市启动了麦园垃圾填埋气发电厂项目（包含CDM项目）。

- 世界最大单体沼气发电项目开工

2011年9月18日，世界上最大的单体沼气发电项目——中粮肉食江苏梁南垦区沼气项目开工建设。

梁南垦区沼气项目为中粮肉食（江苏）有限公司梁南垦区20万头生猪养殖场粪污处理而建设，总投资8000万元，预计于2012年上半年正式投产运行。项目建成后，将日产沼气17000立方米，年发电量1200万度。该项目拥有国内同行5项之“最”：装机容量3000千瓦，为世界上最大的单体沼气发电项目；日处理粪污1500吨，为全国最多；单体发酵罐容积500立方米，为全国最大；采用的全封闭粪污传输管道11公里，为全国最长；同时也是沼气发酵行业采用新技术最多的项目。

26.3.3 沼气工程产业存在的问题

目前从事沼气工程设计、施工、设备制造、运营管理的企业近300家，从业人员近1万人，企业营业总额近百亿元。不过，据介绍，缺少行业的标准及规范的制约，造成少数工程因关键设备性能不稳定而无法正常运行，给后期的工程运行及管理加大了难度，提高了成本。同时，一些沼气工程地方配套资金大打折扣，业主资金难以到位，导致沼气工程配套设施不善，外围基础建设滞后，少数工程的主体设施建造完成后，水、电、路迟迟不到位，造成工程难以启动。

26.4 生物柴油产业现状

生物柴油是清洁的可再生能源，是以大豆和油菜籽等油料作物、油棕和黄连木等油料林木果实、工程微藻等油料水生植物以及动物油脂、废餐饮油等为原料制成的液体燃料，是优质的石油柴油代用品，典型“绿色能源”。大力发展生物柴油对经济可持续发展，推进能源替代，减轻环境压力，控制城市大气污染具有重要的战略意义。

近年来，为应对能源紧缺和油价震荡，生物燃料在全球范围内发展迅猛。以美国、欧盟和巴西等为代表的一些国家和地区把发展生物柴油作为解决能源问题的重要途径，制定具体的发展目标，并采取了相应的政策措施，积极推进生物柴油的产业化进程。

26.4.1 行业格局及产量情况

目前，世界各国，尤其是发达国家在致力于开发生物质能源利用技术，围绕着几种主要油脂原料的盛产区，已经形成三大生物柴油生产基地。

一是欧盟地区，主要以油菜籽为原料。欧洲各国对生物柴油都实行了零税率，生物柴油的大型生产厂主要集中在欧洲。欧盟各国化石能源较为紧缺，生物质能利用比例较高。欧盟目前是世界上生物柴油产量最大的地区。其中，德国是世界最大的生物柴油生产国。自2006年起，由于德国政府不断上调生物柴油企业税负，德国生物柴油行业发展陷入停滞状态。2008年，德国生物柴油行业产能利用率仅为55%，产量出现下滑。法国是欧盟第二大生物柴油产国，产量保持稳步增长态势。2007年欧盟生物柴油产量从2005年的290万吨增至610万吨，其中增幅最大的国家估计是德国。2005年德国生物柴油产量为166万吨，到2007年德国的生物柴油产量为300万吨。

二是美洲地区，主要以豆油为原料。美国、阿根廷是美洲地区主要的生物柴油产国。其中，美国是世界第二大生物柴油产国。得益于美国政府在税收、补贴等方面的大力扶持，美国的生物柴油行业发展迅猛。目前，美国生物柴油的大量出口已经对欧盟的生物柴油产业形成了强烈冲击。此外，豆油资源丰富的阿根廷的生物柴油产业发展也十分迅速。

三是东南亚地区，主要以棕榈油为原料。东南亚地区的生物柴油产业发展起步较晚，但发展迅速。其中，盛产棕榈油的马来西亚和印尼是东南亚地区发展最快的生物柴油生产国。除了以上三大生物柴油生产基地外，许多其他国家也在积极发展生物柴油行业。譬如，日本以煎炸油为原料，中国以地沟油、植物油脚等为原料生产生物柴油等。但是，受制于原料供给的不足，这些国家的生物柴油产量都比较小，无法形成规模。

过去10年，全球生物柴油产量年均增长率达41.9%。欧洲占生产份额的49.8%，其次是美国，占生产份额的32.8%，亚太地区占4.4%。欧洲生产生物柴油的份额自2001年以来处于下降态势，而美国和亚太地区所占比例在上升。目前，世界五大生物柴油生产国分别为德国、美国、法国、阿根廷和巴西，其生产总量占世界生物柴油总量的68.4%。作为全球生物柴油产量最大的德国，主要通过鼓励农民大量种植油菜，以菜籽油为原料，支撑国内生物柴油产业的发展。澳大利亚是亚太地区最大的生物柴油生产国，其次是中国和印度。

据统计，2012年全球生物柴油产量将达到1890万吨，略高于上年的1880万吨。有分析机构认为，在各国政府提高能源独立性和满足日益增长的能源需求的支持下，生物柴油市场可望在2020年生产452.91亿升，即在2009年至2020年间年均增长率为10.1%。近年来，

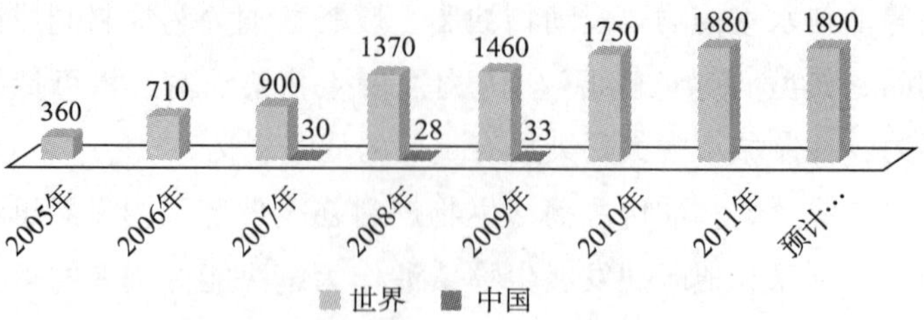

图 26-3　近年来世界生物柴油产量（单位：万吨）

数据来源：分析机构 F. O. Licht 发布的报告整理

中国的生物柴油行业也迎来了一个投资高潮。从 2005 年到 2007 年的几年间，由于技术门槛比较低，曾经有大量企业涌入生物柴油行业，但是进入 2008 年后，国内生物柴油行业由于原料价格的保障遭遇灭顶之灾。目前，我国生物柴油总产能约 150 万吨/年，但产量一直停留在 30 万～50 万吨/年，大多以废弃油脂为原料。

26.4.2　生物柴油重点项目

- “微藻能源”首个国家重点项目启动

不用种植棕榈树、油菜等油料植物，小小的微藻即可制备生物柴油。2011 年 2 月，我国微藻能源方向首个国家重点基础研究发展计划（“973 计划”）项目正式启动，项目名称为“微藻能源规模化制备的科学基础”，由国内十几家单位联合组织实施。位于天津空港经济区的中科院天津工业生物技术研究所承担了 6 大系列课题中的 3 个子课题。预计至 2015 年该项目结题，有望突破微藻制油的高成本瓶颈。

微藻种类繁多、分布广、繁殖快，在国内广阔的盐碱荒地等非耕土地上，即可为生物柴油开辟油脂资源新途径。据介绍，我国将“微藻能源”项目列入“973 计划”，以微藻能源规模化制备核心技术的重大突破为目标，研究从藻种选育到微藻能源规模化制备的关键科学问题，共包括“能源微藻采收、油脂提取及生物柴油制备原理与方法”等 6 大系列研发课题。

- 阜阳颍泉年产 6 万吨生物柴油项目一期投产

2012 年 3 月 18 日，安徽中实生物能源有限公司投产仪式在阜阳循环经济园区举行。安徽中实生物能源有限公司利用亚麻、棕榈油、地沟油等为主要原料，采用连续化脂交换生产工艺制作生产生物柴油，属于国家产业政策扶持的高新技术企业。企业生产的生物柴油可替代石化柴油作为燃料，是一种“绿色能源”。企业计划总投资 7000 万元，一期投资 4000 万元，建设生物科研楼、生产车间及一条日产 50 吨生物柴油生产线，二期拟建三条生产线，届时，企业将达到年生产生物柴油 6 万吨的能力。该公司的建成投产，对调整地区农业结构、缓解能源供不应求和生态环境综合治理都有积极意义。

- 香港最大的生物柴油生产项目正式开工

2012 年 2 月，中国交通建设集团有限公司承建的香港将军澳生化柴油厂项目开工，标志着香港最大的生物柴油生产项目正式开工。工程内容包括建筑结构、油缸安装、油管桥架、装饰装潢，以及地下排水、路面和外墙工程施工等。项目合同约 6463 万美元，预计 2012 年 12 月完工。该项目是将废弃的煮食油等回收油脂制成生物柴油，作为矿用柴油的替代品。项目投产后，将年产10万吨生物柴油。

- 青岛首个生物柴油加油站开业每吨便宜千余元

2012年5月，青岛首个生物柴油加油站开业。建设这个加油站的是青岛福瑞斯生物能源科技开发有限公司。

据该公司副总经理郑德华介绍，该公司拥有一条年生产能力5万吨的生物柴油生产线，包括地沟油在内的废弃油脂经过预处理、催化剂反应、改性处理后，就变成了能让汽车“喝”的生物柴油。“其零售价格每吨在7800元左右，与国家发改委规定的零号柴油山东最高9095元的零售价比较，每吨约可便宜1200多元。”目前该技术已获得了国家专利，具有自主知识产权，同时被列为青岛市科技重点发展项目。郑德华说，依靠他们公司现在的技术，1斤地沟油可以转化为8两生物柴油，性能达到国家零号柴油标准。“生物柴油不含二氧化硫，更加环保，产生的热量和石化柴油差不多，性价比更高一些，所以市场销售非常好。”

26.4.3 生物柴油产业存在的问题

我国生物柴油行业在“饥饿”中前行。生物柴油在我国从2005年前后就已开始发展，但一直徘徊不前，究其原因，“缺粮”是关键。生物柴油企业以民营企业为主，主要以餐饮废弃油脂，即“地沟油”为原料，产能虽然逐年扩张，但“吃不饱”的现象也同样有增无减。虽然能源巨头中石化、中海油等也投入到了生物柴油的生产中，但仍然摆脱不了“缺粮”的困境。

据统计，国内每年要产生1000万吨的废弃油脂和地沟油，对目前生物柴油的产能已经绰绰有余，生物柴油企业“吃不饱”的原因在于回收难。将地沟油加工成生物柴油的利润一般不到10%，而加工成食用油回流到餐桌的利润则可高达100%，在利益的诱导下，地沟油便更多地流回了餐桌，而不是生物柴油工厂。

要使生物柴油产业走上健康发展轨道，首先就要让企业“吃饱”。一些发达国家已经建立了比较完善的地沟油回收系统，我国可以借鉴，比如在欧美等发达国家，政府对收购“地沟油”有一套严格的法规，实行强制性免费回收；日本还设立了专项资金扶持并专门监管，保证地沟油不回流餐桌。总之，我国生物柴油产业发展最关键是要有强有力的监管，使废弃油脂和地沟油更多地流向生物柴油企业。

26.5 生物乙醇产业现状

26.5.1 行业格局及产量情况

目前，世界各国燃料乙醇生产主要以粮食和经济作物为原料，美国是以玉米为原料，巴西以甘蔗为原料，欧盟国家则以小麦和甜菜为主要原料。在石油价格居高不下的大背景下，生物燃料产业的经济性已日益显现。目前，美国以玉米为原料生产燃料乙醇的成本约为0.56美元/升；欧盟以小麦为原料生产燃料乙醇的成本约为0.75～1.27美元/升，以甜菜为原料的生产成本为0.83～1.22美元/升；巴西以甘蔗为原料生产乙醇，成本仅为0.46美元/升。与高昂的油价相比，燃料乙醇的价格越来越具有竞争力。但燃料乙醇产能的迅速扩大也导致对粮食与经济作物需求的大幅增加。

表 26-3　主要国家燃料乙醇应用状况比较

国家	主要原料	推广使用	使用的乙醇燃料
巴西	甘蔗	全国范围推广，并成功应用于航空领域，是世界上唯一一个不用纯汽油的国家。	含水乙醇、乙醇汽（20%～25%）、乙醇柴油
美国	90%为玉米	中北部地区，西部各州实行区域封闭销售。	E10乙醇汽油、E85乙醇汽油
中国	玉米50%，薯类23%，高粱13%，糖类11%	河南、安徽和东北三省全省封闭推广；湖北、山东、河北、江苏等省27个市成为试点。	E10乙醇汽油

资料来源：中国产业竞争情报网

近年来，由于经济发展和环境保护的需求，德国、西班牙、法国、瑞典、中国、泰国、加拿大、哥伦比亚、印度、澳大利亚及一些中美洲国家等对乙醇燃料的生产十分重视。2011年世界上乙醇燃料生产最多的国家是美国，达到139亿美制液体加仑（13.9 billion U.S. liquid gallons，即52.6 billion liters），巴西达到56亿美制液体加仑（21.1 billion liters），两者之和占世界总量的87.1%。

表 26-4　2007—2011年乙醇燃料生产量前10位国家（单位：百万美制液体加仑/年）

世界排名	国家（地区）	2007年	2008年	2009年	2010年	2011年
1	美国	6485	9235	10938	13231	13900
2	巴西	5019.2	6472.2	6577.89	6921.54	5573.24
3	欧盟	570.3	733.6	1039.52	1176.88	1199.31
4	中国	486	501.9	541.55	541.55	554.76
5	泰国	79.2	89.8	435.2		
6	加拿大	211.3	237.7	290.59	356.63	462.3
7	印度	52.8	66	91.67		
8	哥伦比亚	74.9	79.3	83.21		
9	澳大利亚	26.4	26.4	56.8	66.04	87.2
10	其他			247.27		

数据来源：中国天然气工业网 www.cngascn.com

• 巴西是目前世界上唯一不供应纯汽油的国家，汽油发动机车辆均使用乙醇汽油。巴西是乙醇燃料开发应用最有特色的国家，实施了世界上规模最大的乙醇开发计划，目前乙醇燃料已占该国汽车燃料消费量的50%以上。

• 目前，美国使用新配方汽油量约占全美汽油消耗量3.5亿吨的1/3。其中，大约有8%的新配方汽油使用乙醇作为增氧剂，乙醇添加量为5.7%。

- 目前欧盟乙醇产量在175万吨/年左右，乙醇汽油的使用量大约在100万吨/年以上。1992年原欧共体通过法律，将可再生资源为原料生产燃料的试验性项目，成员国可采取免税政策，包括燃料乙醇都有税收优惠。欧盟中，法国、西班牙和瑞典已生产和使用乙醇汽油，其他成员国如荷兰、英国、德国、奥地利等国家的农业部也已提出规划，要求发展燃料乙醇工业。

我国生物乙醇生产规模相对较大，主要以粮食为原料。由于我国人均耕地面积不足1.4亩，不足世界平均水平的40%，使得我国以粮食为原料的生物乙醇发展潜力有限，大规模利用存在原料供应的瓶颈。为了避免“与人争粮、与粮争地”，2007年9月，国家发改委发布《关于促进玉米深加工健康发展的指导意见》指出，“十一五”期间我国原则上不再核准新建玉米深加工项目，要求各地立即停止备案玉米深加工项目，而且对在建、拟建项目进行全面清理，对已备案尚未建的项目全面叫停，并大力鼓励发展非粮食作物为原料开发生物乙醇。目前，国内数家企业和科研单位都在积极开展纤维素乙醇的研究及产业化尝试。从实际情况来看，我国目前乙醇产量排在美国、巴西和欧盟之后，居世界第四位。乙醇和汽油以约1:9的比例调配，用作车用燃料，已经在全国10个省推广使用，包括黑龙江、吉林、辽宁、河南、安徽、广西6个省的全部区域，以及河北、山东、江苏、湖北4省的部分地区。

26.5.2 生物乙醇重点项目

- 国内首个2代纤维燃料乙醇项目获批

7月底，国家发展改革委员会正式批复了山东龙力生物科技股份有限公司5万吨/年纤维燃料乙醇项目，龙力生物成为国内唯一能够规模化生产2代纤维燃料乙醇，并且获得国家定点生产资格的企业。

龙力生物从2005年开始研发纤维素乙醇的生产技术，经过多年不懈努力，在产品研发、循环经济和生物质综合利用、产业集群和地域、生产技术等方面取得了明显的竞争优势，实现了纤维素乙醇规模工业化生产，被国家发改委列入“高技术产业化示范工程”，获得2011年度国家技术发明奖二等奖。该公司的纤维素乙醇产品是以玉米芯、玉米秸秆等农业废弃物提取完功能糖之后的生物残渣做原料，从生物质燃料乙醇的发展进程上看，属于第2代燃料乙醇产品。与第一代粮食乙醇相比，具有成本更低廉、更绿色环保等优势。

龙力生物的纤维素乙醇产业具有十分广阔的发展空间。2代纤维燃料乙醇的开发将推动发展低碳技术，减排温室气体，优化能源结构，推进农林副产品和废弃物能源化、资源化利用，有助于能源安全、粮食安全和环保。

- 年产15万吨葛根燃料乙醇工程将落户昆明

年产15万吨葛根燃料乙醇项目，将落户昆明市嵩明县杨林工业开发区。该项目占地约300亩，总投资预计8亿元，计划三年内建成，待规划等手续完成后即开展建设工作。该项目由昆明市林业局引进，云南瑞环新能源科技有限公司与四川省天福兴城农业开发公司（天地农场）合作建设。该项目是利用非粮食类作物作为原料制取乙醇，是典型的农副产品深加工和精加工项目。该项目需要大面积的种植葛根，对劳动力需求大，能利用起几十万人的农村富余劳动力。

据了解，葛根优良品种种苗基地建设项目已启动，计划今年种植300亩，在此基础上，还将选择昆明市石林县，玉溪市澄江县，西双版纳等地区扩大葛根种植面积，计划三年内种植面积将达到40万亩。云南荒山、荒坡、石漠化地较多，而矿山废渣、采石场、公路两边侧坡都适宜于种植葛根，并能覆盖荒山、荒地和治理石漠化，能保持水土，美化环境。葛根加工成乙醇或乙醇汽油，在发展生物能源产业的基础上，把农业、农民、能源、环保、生态紧密地联系在一起，从而达到改善农业结构，增加农民收入，缓解能源危机，改善环境的目的，对地区经济和农业可持续发展具有重要意义。

26.5.3 生物乙醇产业存在的问题

- 原料供应不稳定

虽然生物燃料自身有很多优势，国家也在大力扶持，但是生物燃料乙醇原料匮乏和原料成本居高不下，尤其金融危机后更为加剧。目前最热门的非粮作物如木薯、甜高粱等，都存在种植面积偏小、种植过于分散的状况。木薯资源国内有限，只适合广东和广西附近区域种植。虽然中国有大量的盐碱地、荒地等劣质土地可种植甜高粱，但目前缺乏对这些土地利用的合理评价和科学规划。因此，生物质燃料资源不落实是制约生物质燃料规模化发展的重要因素。北方适合种植甜高粱，但原料生产周期长、原料保存期短和能耗高等问题，导致难以满足工业化连续生产线的稳定供应。2002年，农业部规划设计研究院在山东进行甜高粱制乙醇的试验，2003年的旱灾、2007年的风灾，导致甜高粱大面积减产，几乎让实验后续工艺无法进行。

- 成本居高不下

以非粮作物为原料的燃料乙醇的生产成本比较高。前几年，以陈化粮为原料生产的燃料乙醇的成本约为3500元/吨，以甜高粱、木薯等为原料生产的燃料乙醇的成本约为4000元/吨，燃料乙醇的价格在4500元/吨左右。目前，燃料乙醇的成本一般是5000～6000元/吨，以粮食为原料的乙醇最高成本达到5933元/吨，以木薯为原料达7353元/吨，且生产过程对石化能源消耗较高。按等效热值与汽油比较，汽油价格达到每升6元以上时，燃料乙醇才可能赢利。目前，国家每年对102万吨燃料乙醇的财政补贴约为15亿元，在目前的技术和市场条件下，扩大燃料乙醇生产需要大量的资金补贴。

- 产业化技术基础薄弱

虽然中国已实现以粮食为原料燃料乙醇的产业化生产，但以其他能源作物为原料生产生物质燃料尚处于技术试验阶段，要实现大规模生产，还需要在生产工艺和产业组织等方面做大量工作。如从水耗来说，目前1吨燃料乙醇水耗至少是10吨，将来要控制在5吨以下。一些相对成熟的技术尚缺乏标准体系和服务体系的保障，产业化程度低，大规模生物质能源生产产业化的格局尚未形成。

26.6 生物质能产业发展趋势展望

26.6.1 生物燃料为发展重点

生物燃料的发展大致经历了四个阶段：（1）第零代生物燃料，是生物燃料的彷徨时代，受到石化燃料的竞争和排挤，生物燃料在1970年代前未有显著发展；（2）第一代生物燃料，是生物燃料的粮食时代，主要以粮食为原料，发展日受非议和限制；（3）第二代生物燃料，或将跳出粮食时代迈向纤维素时代，目前正处在大规模商业化的前夜；（4）第三代生物燃料，那将是一个微藻时代，美国、以色列、欧洲、加拿大、阿根廷、澳大利亚等国正在积极研究。在第一代、第二代、第三代生物燃料中，燃料乙醇、生物柴油、纤维素乙醇、合成生物燃油、微藻柴油五种发展方向的前景最为光明。

我国目前生物质发电全国装机达到50MW以上，今后发展将从科技到产业重点发展气体燃料、固体燃料和液体燃料。生物质能的资源来源是多元化的，包括传统可再生能源、新型可再生能源、将来潜在的利用新技术开发新的资源品种。

生物质能更强调综合性，生物质能燃料是“十二五”发展的重点。“十二五”期间要由生物质能技术示范转变为规模化应用、产业化发展，提出建设新能源示范城市，并加大推动绿色能源县建设的力度，因地制宜，加强规划协调，多能互补，加快发展。

生物乙醇方面，近期市场是车用燃料，主要是乙醇汽油和乙醇柴油；中期市场是作为燃料电池的燃料，在低温燃料电池、手机、笔记本电脑以及新一代燃料电池、汽车等可移动电源领域有非常广阔的应用前景。可以预计，在未来10~20年内，乙醇以其无污染、可再生的特点，将拥有新型燃料电池30%~40%的市场份额，容量将是车用燃料市场的5倍以上；石化工业是乙醇的远期市场。在未来20年内，由于石油资源的日趋紧张，加上纤维质原料乙醇的大规模工业化生产，相对于石油来说，在成本上，乙醇已具有可竞争性，将顺理成章地进入石化基础原料领域。

生物柴油方面，生物柴油的应用和柴油一样广泛，有柴油动力引擎的地方，就可以应用生物柴油，如市区公交车、运输车队、矿业动力设施、海运业、火车、农业设施等等，此外，生物柴油还可用做工厂锅炉燃油、燃油发电厂燃料等。

26.6.2 非粮食生物质能源成为未来发展方向

国家《可再生能源中长期发展规划》明确提出，要高度重视生物质能开发与粮食、生态环境的关系，不得违法占用耕地，不得大量消耗粮食，不得破坏生态环境。以粮食为原料的第一代生物能源如果大规模扩张，最终要面临与人争粮、与粮争地的境地，发展非粮生物能源更有发展空间。第二代生物能源主要以非粮作物为生产原料，如甜高粱、秸秆、柳枝稷和麻疯树等。这些原料来源广泛，生长迅速，能耐贫瘠土壤，可以充分的利用边角地等，避免占用耕地。此外，藻类、竹子等非食用能源作物也是很好的生物质能源。

26.6.3 生物质能技术发展趋势

目前生物质能技术发展的总趋势是：原料供应从以传统废弃物为主向新型资源选育和规模化培育发展；高效、低成本转化技术与生物燃料产品高值利用始终是未来技术发展核心；生物质全链条综合利用时实现绿色、高效利用的有效方式。将拥有新型燃料电池30%~40%的市场份额，容量将是车用燃料市场的5倍以上；石化工业是乙醇的远期市场。在未来20年内，由于石油资源的日趋紧张，加上纤维质原料乙醇的大规模工业化生产，相对于石油来说，在成本上，乙醇已具有可竞争性，将顺理成章地进入石化基础原料领域。

我国生物质产业起步较晚，目前还处于完全依靠政府补助促发展的阶段。根据国家能源局、农业部等多个部委的公开数据显示，“十一五”期间，生物质能发展规划多项指标未能完成，产业发展遭遇技术水平低、资源禀赋弱、市场规模小、配套政策缺失等问题。

国家能源局最新透露的“十二五”生物质发电装机为1300万千瓦，较过去五年约550万千瓦的数字实现翻番增长。这让市场仿佛看到了生物质发电产业的春天。然而，能否真正实现生物质能产业的较快发展，还有赖于技术的进步及国家的产业政策扶持力度。产业的长足稳定发展需要国家相关政策的支撑，相关政策缺失的问题将在“十二五”期间得以解决。

（本章经国家发改委能源研究所张庆分审核，特此感谢）

27 核能[①]

核电是电力工业的重要组成部分，与火电、水电并称世界三大电力供应支柱。在人们越来越重视地球温室效应、气候变化的形势下，核电由于能够优化国家能源结构，提高能源安全，并提供一个替代化石燃料的低碳能源，降低碳排放量，是保证各国电力供应目标不可或缺的主要构成。

2011 年日本福岛核电站爆炸事故的发生，给全球核电产业蒙上了一层阴影，各国核电产业发展纷纷放缓，但由此也为各国快速发展的核电产业敲响了安全的警钟。但是，在现阶段煤炭供应资源有限，水电分布不均匀，可再生能源成本较高的情况下，任何一个工业国也不可能完全放弃核能。因此，在福岛核电站事故导致世界核能增长步伐放缓的“后福岛”时代下，世界核电发展正稳步有序地进入一个更加理性的发展轨道，核电事业健康安全可持续发展将成为未来发展的主要目标。

27.1 世界核电产业发展现状及趋势

27.1.1 世界核电产业发展保持稳步增长

据 BP 能源统计，近 20 年，全球核能发电量已从 20 万亿千瓦时增长到 28 万亿时，涨幅达 38.2%。其中美国核能发电量从 6.07 万亿时增长到 8.49 万亿千瓦时，占全球市场份额一直维持在 30% 左右。近些年，中国核能市场从无到有，发展迅速，2011 年核能发电量达到 874 亿千瓦时，占国内总发电量的 1.85%。

目前核电在世界电力供应中占 16%，在 OECD 国家中占 23%。美国、法国和日本三国的核电装机容量占全世界的 57%，有 16 个国家核能发电超过其总发电量的 1/4。

① 本章由中国船舶重工集团公司经济研究中心张婷撰写。

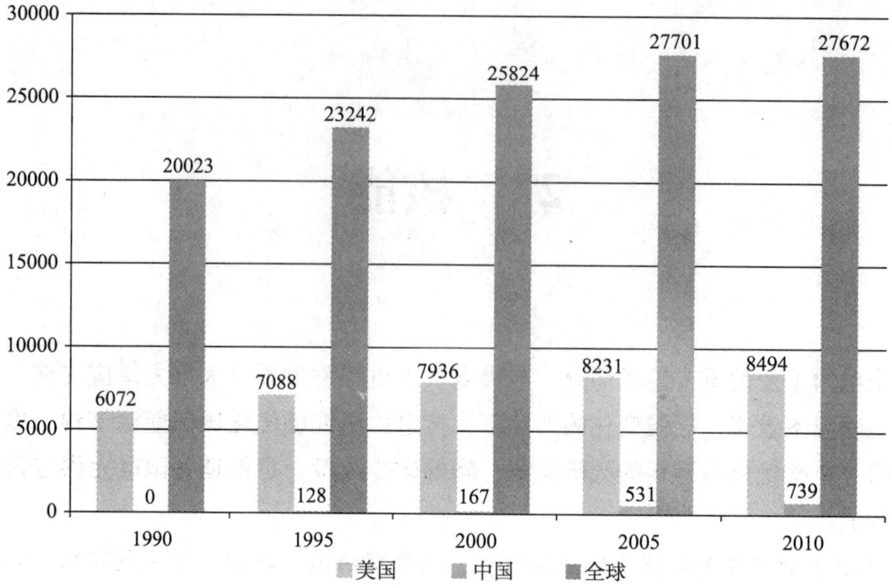

图 27－1　近年全球核能发电量（单位：10 亿千瓦时）

数据来源：BP 能源统计，2011

27.1.2　核电仍然是世界能源的主要构成

根据世界核电协会 2011 年 1 月份最新数据统计，全球正在运行的核电机组共有 442 台，正在建设的核电机组共有 65 个，分布在世界 31 个国家和地区。其中，拥有 20 台以上核电机组的国家有 6 个：美国 104 台、法国 58 台、日本 55 台、俄罗斯 32 台、韩国 21 台，印度 20 台。全球核电装机容量为 3.66 亿千瓦，约占世界发电总量的 16%。

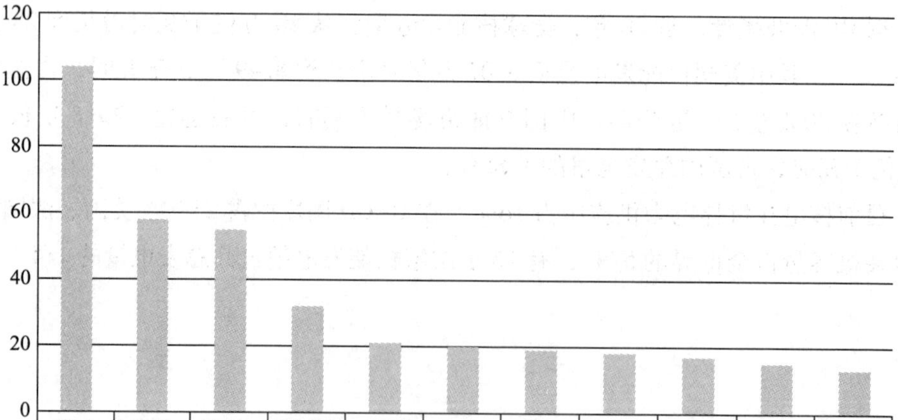

	美国	法国	日本	俄罗斯	韩国	印度	英国	加拿大	德国	乌克兰	中国
核电机组数量	104	58	55	32	21	20	19	18	17	15	13

图 27－2　世界主要核电国家核电装机数量（台）

数据来源：世界核电协会，数据截止 2011 年 3 月

目前，世界核电大国均在世界经济强国之列，装机容量超过 2000 万千瓦的国家包括美国、法国、日本、俄罗斯和德国。截止 2012 年 4 月，美国现役核电装机容量为 101607 兆瓦，

法国现役核电装机容量63130兆瓦。从核电发电量来看，占本国电力份额20%以上的国家有17个，其中超过50%的是：法国（76.2%）、立陶宛（72.9%）、斯洛伐克（57%）、比利时（54%）。

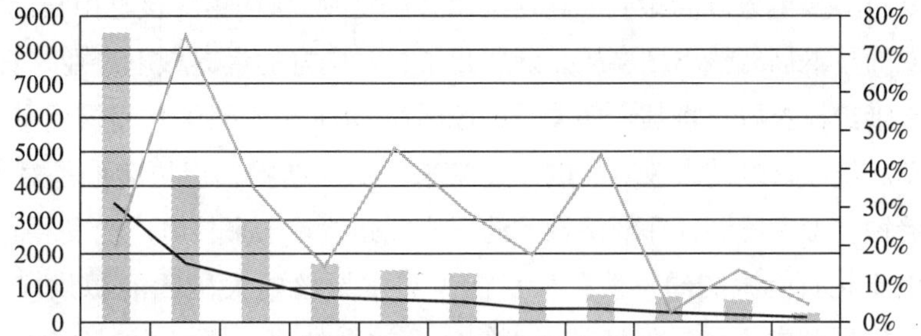

	美国	法国	日本	俄罗斯	韩国	德国	加拿大	乌克兰	中国	英国	印度
亿千瓦时	8494	4283	2924	1703	1478	1405	987	792	739	621	231
占世界核电总量	30.7%	15.5%	10.5%	6.2%	5.3%	5.1%	3.2%	3.2%	2.7%	2.2%	0.8%
占国家发电总量比值	19.8%	75.0%	35.0%	15.0%	45.0%	29.4%	17.5%	43.8%	2.0%	13.6%	5.0%

图27－3　2010年世界主要核电国家核电发电量及占本国总发电量的比例

数据来源：世界核电协会，2011

27.1.3　日本福岛事故前世界核电产业已经进入新一轮快速发展期

进入21世纪以来，世界能源短缺、油价高涨、温室气体排放、核能技术发展等因素推动世界核电进入了新一轮发展期。据BP预测，未来20年，全球核能市场年均增长率将从过去20年的1.53%增加2.94%，其中亚太地区将是全球核能发展最快的地区，年均增长率为6.98%。

2011年前，美国、俄罗斯、日本、印度、韩国和中国等世界大国都提出了2020年核电发展设想或规划。如美国2001年通过“保障美国未来能源”法案，推动核电的复苏，提出2020年前新增核电装机5000万千瓦的设想目标。

• 日本资源能源厅提出在2001年至2010年新建13座（约1694万千瓦）核电站；自2011年起，还计划建造7座核电站，约848万千瓦。

• 俄罗斯原子能部2001年提出，“为防止潜在的能源危机，计划在2020年前修建40座核反应堆”。

• 印度原子能委员会提出，将致力于实现2020年核电生产达到2000万千瓦、装机容量占全国发电量25%的目标。

• 韩国政府提出，计划在2006—2020年再建设8座以上的核电站，将核电比例增加到43.4%。

• 中国发布《核电中长期发展规划》，计划到2020核电运行装机容量争取达到4000万千瓦，并保持在建1800万千瓦的规模。

此外，2011年前，越南、马来西亚、印尼、巴基斯坦等一些发展中国家也纷纷提出要发展核电或加快本国核电发展步伐。如美国2001年通过“保障美国未来能源”法案，推动核电的复苏，提出2020年前新增核电装机5000万千瓦的设想目标。

27.1.4　日本福岛核电站事故的后续影响

在世界核电大国均雄心勃勃地提出并制定到2020年的核电中长期发展规划的背景下，2011年爆发的日本福岛核电站事故无疑恶化了日益向好的世界核电产业。日本对所有50座核电厂进行日常维护检查后，将其全部关闭；德国在2011年关闭了8座核反应堆，瑞士表示要停建新的核电站。虽然核电站事故对核电产业带来了负面影响，但更多地是对世界产业的发展敲响了安全的警钟。毋庸置疑，在经济性上的安全性必然是未来核电产业发展的重中之重。

由于化石能源的局限性，从目前世界主要核电大国的能源供应结构来看，即使是日本，其经济发展和电力供应保障都不可能完全放弃核电，而核电对于欧洲实现减排和保障能源供应更是至关重要。而美国的核电项目甚至没有受福岛核电站事故的影响而出现停滞。2012年，美国核管理委员会批准了美国南方电力公司两台AP1000核电机组的建造和运行联合许可证，此次核电项目的批准对于世界重启核电发展的信心具有极其积极的意义，在一定程度上营造了较好的核电发展环境，同时有助于缓解反核压力。美国重批核电可以鼓励欧盟其他国家将核能安全和提高核电安全标准作为今后核能战略的主基调，而非简单废弃核电。紧随美国重启核电的步伐，在法英峰会上，英国首相卡梅伦和时任法国总统萨科齐均公布了更多核电的建造计划。此外，美国重批核电有利于三代核技术的肯定和推广，美国在福岛事故在核电技术上的态度，除了表明核能对于美国的重要性和美国官方对核电发展的支持态度外，更重要的是对AP1000安全性的肯定。

27.2　世界核电技术发展阶段

27.2.1　世界核电技术经历了四代发展历程

国际上普遍把核电技术分为四代。

表27－1　世界核反应堆技术发展历程

	第一代 20世纪50～60年代	第二代 20世纪70～80年代	第三代 20世纪90年代	第四代 21世纪－
代表堆型	压水堆、沸水堆、石墨气冷堆、压力管式石墨水冷堆、NPD天然铀重水堆	压水堆、沸水堆、压力管式重水堆、石墨水冷堆电站、石墨气冷堆	压水堆、沸水堆	超临界水冷堆、超常高温气冷堆、熔盐反应堆、气冷快堆、钠冷快堆、铅冷快堆
安全性	安全性最低	采用冗余设计方法，存在一些安全隐患	失水、熔堆事件发生概率较低，辐射较低	非常低的堆芯破损概率；不需要场外应急；尽可能小的辐射照射；内在的和外部的防止核扩散能力强
经济性	机组可用率最低；单机装机容量较小，低于30万千瓦；建设周期长	机组可利用率相对较低；多数机组单机装机容量低于100万千瓦，规模经济性较低；建设周期一般高于60个月	机组可利用率≥87%；单机装机容量为百万千瓦以上，规模经济性更高；建设周期40～50月左右	具有竞争力的发电成本，其母线发电成本为3美分/千瓦时；比投资小于1000美元/千瓦；建造时间少于36个月

续表

	第一代 20 世纪 50～60 年代	第二代 20 世纪 70～80 年代	第三代 20 世纪 90 年代	第四代 21 世纪－
系统复杂性	系统最为复杂	系统较为复杂	采用非能动设计，降低了系统复杂性	系统设计模块化、系统复杂性更低
使用寿命	低于 40 年	40 年	60 年	60 年及更高

目前商业化运行的核电站主要是第一代和第二代技术，主要由压水堆、沸水堆、石墨堆和重水堆组成。

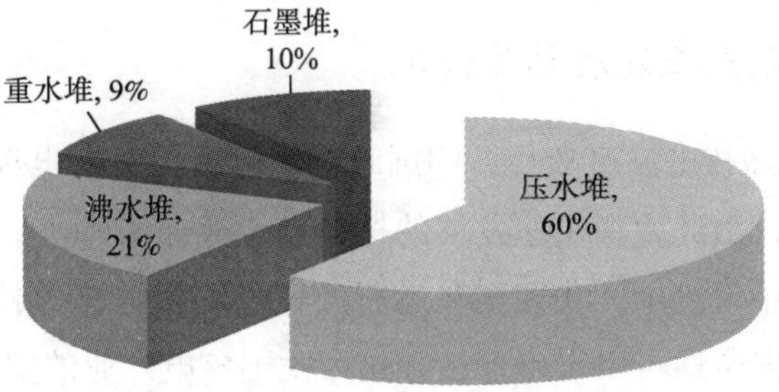

图 27－4　世界商业化运行的核电堆型构成

27.2.2　二代加技术是当前商业应用的成熟技术

20 世纪 80 年代以来，为提高核电站的安全性和经济性，各有关国家对第二代核电技术进行了改进，形成了“二代加”技术，成为当前商业应用的成熟技术。这些改进主要体现在三个方面：一是通过改进安全系统等方式改进机组运行性能，如美国第二代核电机组经改进后，可利用率从 60% 提高到 90%。二是利用运行经验数据，充分利用原设计中的设计裕量，使机组的额定功率得到提高，如美国对已有的五十多座机组进行了改进，提高了额定功率。三是延长机组寿命，美国已经审批决定将四十多座核电机组的寿命由 40 年延至 60 年，与新建机组相比具有明显的经济性。

27.2.3　第三代核电技术开始商业化应用

目前第三代核电技术已经基本成熟，并开始进入商业化应用阶段，主要有 AP1000、EPR 和 System80＋三个堆型。AP1000 和 System80＋均是美国西屋公司开发的三代技术，AP1000 采用先进的非能动安全系统，成为美国首推的三代核电技术，我国也将 AP1000 确定为第三代核电站建设的主流技术；而 System80＋由于安全系统应用非能动太少，已被美国放弃使用。EPR 是法国法玛通公司开发的三代技术，单机功率约 160 万千瓦，比 AP1000 约高 40 万千瓦，但其安全系统设计不如 AP1000 先进。目前，法国和芬兰采用 EPR 技术的核电站已经开工建设，我国广东台山核电站也采用EPR技术。

27.2.4 第四代核电技术日趋完善

早在2000年1月，在美国能源部的倡议下，美国、法国、日本、英国、加拿大、阿根廷、南非、巴西、韩国、瑞士以及欧洲原子能机构为发展核能技术，派出了专家联合组成了“第四代国际核能论坛”（GIF）。与前几代核电技术相比，第四代核电技术具备更加的持续性、经济性、安全性和可靠性。堆芯熔化概率低于10^{-6}堆年；在事故条件下无厂外释放，即无论核电站发生什么事故，都不会对外造成损害；能够通过对核电站的整体实验显示其安全性；初投资低于100美元/千瓦；建设期小于3年。在主要的堆型中，超临界水冷堆、超高温气冷堆、熔盐堆、钠冷却堆、铅冷却堆以及气冷却堆具有商业化前景广阔。

27.3 中国核电产业发展现状

27.3.1 中国核电产业发展总体情况

2011年3月日本福岛核电站事故后，中国政府暂停审批新核电项目，并启动对我国核设施安全的全面检查活动，由此中国快速发展的核电产业放慢了脚步。2011年6月中国核电机组安全检查工作结束，结果显示，我国正在运行的核电站符合国家核电安全的法律法规、标准和技术规范，核电的安全性可以得到保证，这为我国核电产业的安全发展提供了重要保障。据中国核能行业协会表示，中国不会改变既定的核电产业发展战略。2011年11月召开的亚洲制造业论坛年会上相关人士称，中国受能源发展的压力，不可能停止或是长时期放慢核电发展的步伐。

福岛核电站事故给中国核电产业发展带来了高度重视安全发展的重要机遇，使中国核电市场到2020年实现7000万~8000万千瓦，2030年实现2亿千瓦，2050年实现4亿到5亿千瓦的装机目标得到了更加有力的保障。

就我国而言，虽然煤炭提供80%的电力，但气候问题将直接威胁煤电的进一步发展；水电规模受到资源供给的限制；太阳能、风能、光伏等清洁能源一方面占电力供应的比重不到2%，且从装机容量水平、发电量水平还是电力供应的稳定性上都无法完全替代核电的重要地位。因此，为保障我国能源供应、实现承诺的清洁发展目标和减排目标，我国能源发展不可能离开核电，核电产业对于中国健康、有序地发展清洁能源有着不可忽视的作用。据世界核能协会的数据显示，截至2011年12月，中国总计运行中的核电站15座，正在建造并计划建造核电站77座，未来待批的核电站150座。截止2012年4月，中国现役核电装机容量为11811兆瓦，为全球现役总容量的3.6%，在建机组为27640兆瓦，为全球在建总容量的46.7%。

日本福岛核事故加强了我国核电发展规划对核安全的关注度，不会改变我国发展核电的决心和战略。由于之前美国没有建设AP1000核电站，关于中国作为AP1000试验品的质疑一直不断。可以预期，美国重批核电后，我国核电技术路径将更加确定。我国今后审核批准的核电项目后续工程以及新批项目，很可能倾向于使用AP1000技术。近期国家能源局的《国家能源科技“十二五”规划》提出，将吸收消化AP1000技术，形成自主知识产权的堆型及相关设计、制造关键技术。以中国广阔的核电市场，如果可以对AP1000技术国产化，将有利于确立未来中国核电技术的国际领先地位。

2011年中国核电产业受日核电危机的影响，发展速度放缓，但这也是中国核电产业从非理性“大跃进”式发展向稳健、安全的“科学发展”的关键时期，从长期看这将有利于我国核电行业的健康发展。

27.3.2 中国核电产业技术发展情况

27.3.2.1 我国核电技术力量现状

目前我国已经具备了30、60万千瓦级压水堆核电站自主设计的能力，部分掌握了百万千瓦级压水堆核电站的设计能力。中国核动力研究设计院（简称核一院）、中国核电工程有限公司（原核二院）、上海核工程研究设计院（简称728院）是国内的核心技术力量，中国广东核电集团设计公司（简称中广核设计公司）和中船重工719所也具有较强的实力和潜力（见表27-2）。总体来看，国内核电技术设计力量满足不了核电快速发展的需要，存在严重的人才队伍短缺情况。

表27-2 我国核电站设计力量情况

单位	设计资质	设计资质内容	设计人员	业绩
核一院	初步设计和施工设计	核1级：反应堆压力容器、稳压器、主管道、主冷却剂泵；核1、2级：蒸汽发生器；核1、3级：控制棒驱动机构、堆内构件；核2级：主蒸汽隔离阀；核1、2、3级：管道、支撑件、阀门类；核2、3级：压力容器、储罐、热交换器、泵类；核2级：安全壳钢衬里	约800名	秦山一期、秦山核电二期工程、秦山二期扩建工程、田湾核电站、山东核电站，以及岭澳二期、红沿河项目、方家山、福清等核电工程
中国核电工程有限公司	初步设计和施工设计	核1级：反应堆压力容器、稳压器、主管道、主冷却剂泵；核1、2级：蒸汽发生器；核1、3级：控制棒驱动机构、堆内构件；核2级：主蒸汽隔离阀；核1、2、3级：管道、支撑件、阀门类；核2、3级：压力容器、储罐、热交换器、泵类；核2级：安全壳钢衬里	约1000名	秦山二期扩建工程、岭澳二期，现与方家山、福清、桃花江等多家核电站签定了前期设计工作
728院	初步设计和施工设计	核1级：反应堆压力容器、稳压器、主管道、主冷却剂泵；核1、2级：蒸汽发生器；核1、3级：控制棒驱动机构、堆内构件；核2级：主蒸汽隔离阀；核1、2、3级：管道、支撑件、阀门类；核2、3级：压力容器、储罐、热交换器、泵类；核2级：安全壳钢衬里	约500名	秦山核电站、巴基斯坦恰希玛核电站总体设计；秦山三期重水堆核电站建设工作；三门核电一期工程总体设计与技术服务；完成山东海阳核电站一期工程初步安全分析报告（PSAR）的编制
中船重工719所	初步设计和施工设计	核1级：稳压器；核2级：容积控制箱、再生式热交换器、密封水热交换器；核1、2、3级：阀门类、主泵和稳压器基座、管道支吊架、阻尼器	约50名	大亚湾核电站非标设备设计；岭澳二期核岛设备技术审查；福建宁德、广东阳江核电站非标设备设计
中广核设计公司		目前未取得设计资质，待取证	约300名	

27.3.2.2 我国核电技术发展重点

当前，我国核电站建设采用的主流技术是“二代加”百万千瓦级自主技术和引进的三代技术，前者包括中广核的CPR1000和中核总CNP1000，后者包括美国的AP1000和法国的EPR。在发展第三代核电技术方面，我国确立了“技贸结合”的自主化思路，引进美国AP1000三代技术，成立国家核技术公司负责技术自主化工作，并规划了浙江三门和山东海阳4台机组作为技术自主化依托项目，2013年浙江三门首台核电机组运行成功后，AP1000将走向批量化建造。与此同时，CPR1000和CNP1000在2020年之前也仍旧是我国核电站建设采用的主要技术。

我国已明确重点发展的第三代压水堆AP1000核电站，将采用模块化设计和综合集成建造方式。模块主要包括结构模块、机械设备模块、管道模块等。AP1000各厂房模块数初步统计如表27-3所示。

表27-3 AP1000核电站各类模块数量

模块类型	安全壳厂房	辅助厂房	汽机厂房	附属厂房
结构模块	41	42	29	10
机械设备模块	20	34	45	—
管道模块	12	29	14	—

27.3.2.3 我国核电技术发展路径

我国核电技术的发展路线是引进、消化、吸收和再创新，最终实现自主化设计，并形成自主技术和品牌。坚持发展百万千瓦级先进压水堆核电技术，目前按照热中子反应堆-快中子反应堆-受控核聚变堆“三步走”的步骤开展工作。积极跟踪世界核电技术发展趋势，自主研究开发高温气冷堆、固有安全压水堆和快中子增殖反应堆技术，根据各项技术研发的进展情况，及时启动试验或示范工程建设。与此同时，自主开发与国际合作相结合，积极探索聚变反应堆技术。

27.3.3 中国核电产业发展规划

2012年5月，国务院常务会议召开，讨论并原则通过了《核安全与放射性污染防治“十二五”规划及2020年远景目标》。会议指出我国核安全与放射性污染防治的根本方针是：安全第一，质量第一。基本原则是：预防为主、纵深防御，新老并重、防治结合，依靠科技、持续改进，坚持法治、严格监管，公开透明、协调发展。总体目标是：核设施与核技术利用装置安全水平进一步提高，辐射环境安全风险明显降低，基本形成综合配套的事故防御、污染治理、科技创新、应急响应和安全监管能力，保障核安全、环境安全和公众健康；核电安全保持国际先进水平，核安全与放射性污染防治水平全面提升，辐射环境质量保持良好。

由于在日本核电站事故后，我国在抓紧编制核安全规划，调整完善核电发展中长期规划的同时，提出在核安全规划批准前，暂停审批核电项目包括开展前期工作的项目等，因此，《核安全规划》的正式批准被看作核电行业复苏的前提条件。该项规划的正式通过无疑是

《核电安全规划》和《2020年核电中长期发展规划》以及核电恢复重新建设的基础，成为我国核电继续发展的重要政策前提，安全高效发展核电的前提将得到夯实。核安全规划的通过可以被看做引导核电发展和建设的各项工作逐步进入正常轨道的重要标志。

目前，我国核电审批重启的“通行证”一般被看作是《中国核电安全规划》和《2020年核电中长期规划》，目前两项规划已经完成编制并通过了国家能源局审议通过，已送往国务院审批，文件一旦获得通过，中国核电建设将重新开启。今年5月，国家能源局原局长张国宝在“2012中国核电可持续发展论坛”上透露，核电中长期发展目标也可能最终被定于6000万~7000万千瓦之间。

（本章经国家发改委能源研究所康晓文审核，特此感谢）

第6篇　数据篇

28 国际数据[①]

表 28 - 1 世界一次能源消费量

[时间] / [指标]	一次能源消费量（百万吨油当量）
2000 年	9355.6
2001 年	9434.0
2002 年	9613.9
2003 年	9950.2
2004 年	10449.6
2005 年	10754.5
2006 年	11048.4
2007 年	11347.6
2008 年	11492.8
2009 年	11391.3
2010 年	11977.8
2011 年	12274.6

表 28 - 2 世界煤炭产量和消费量

[时间] / [指标]	煤炭产量（百万吨）	煤炭（折油当量）产量（百万吨油当量）	煤炭（折油当量）消费量（百万吨油当量）
2000 年	4701.4	2354.3	2372.2
2001 年	4917.9	2460.2	2381.1
2002 年	4960.8	2480.5	2443.2
2003 年	5313.8	2668.1	2637.7
2004 年	5723.1	2893.2	2839.3
2005 年	6049.0	3069.3	2982.3
2006 年	6356.5	3241.7	3139.0
2007 年	6588.3	3366.5	3267.3
2008 年	6822.1	3481.2	3324.1
2009 年	6904.6	3523.2	3346.6
2010 年	7254.6	3726.7	3532.0
2011 年	7695.4	3955.5	3724.3

① 本章数据来源于 BP 公司的《statistical review of world energy full report 2012》。

表 28-3　世界原油产量和消费量

[时间] / [指标]	原油产量（百万吨）	原油消费量（百万吨）
2000 年	3618.2	3571.8
2001 年	3606.7	3595.6
2002 年	3587.5	3629.8
2003 年	3704.5	3702.7
2004 年	3879.3	3856.6
2005 年	3916.4	3901.7
2006 年	3929.2	3944.2
2007 年	3928.8	4005.0
2008 年	3965.0	3987.3
2009 年	3869.3	3908.9
2010 年	3945.4	4031.9
2011 年	3995.6	4059.1

表 28-4　世界天然气产量和消费量

[时间] / [指标]	天然气产量（10 亿立方米）	天然气消费量（10 亿立方米）
2000 年	2411.3	2409.1
2001 年	2477.2	2453.6
2002 年	2518.9	2515.7
2003 年	2616.6	2599.3
2004 年	2688.5	2679.4
2005 年	2770.4	2766.7
2006 年	2869.4	2824.3
2007 年	2939.3	2930.4
2008 年	3047.2	3005.1
2009 年	2955.9	2930.6
2010 年	3178.2	3153.1
2011 年	3276.2	3222.9

表 28-5　世界太阳能光伏发电累计安装容量

[时间] / [指标]	太阳能光伏发电累计安装容量（兆瓦）
2000 年	1405
2001 年	1758
2002 年	2224
2003 年	2803
2004 年	3947
2005 年	5358
2006 年	6967

续表

[时间] / [指标]	太阳能光伏发电累计安装容量（兆瓦）
2007 年	9564
2008 年	15981
2009 年	23299
2010 年	40030
2011 年	69371

表 28 - 6 世界风力发电累计安装容量

[时间] / [指标]	风力发电累计安装容量（兆瓦）
2000 年	17923
2001 年	24836
2002 年	31879
2003 年	39930
2004 年	47979
2005 年	59269
2006 年	74104
2007 年	94231
2008 年	122190
2009 年	159981
2010 年	198689
2011 年	239485

表 28 - 7 世界水电消费量

[时间] / [指标]	水电消费量（太瓦小时）	水电（折油当量）消费量（百万吨油当量）
2000 年	2659. 0	601. 7
2001 年	2595. 2	587. 2
2002 年	2645. 5	598. 6
2003 年	2644. 7	598. 4
2004 年	2809. 9	635. 8
2005 年	2926. 8	662. 3
2006 年	3037. 1	687. 2
2007 年	3095. 2	700. 4
2008 年	3216. 1	727. 7
2009 年	3259. 4	737. 5
2010 年	3442. 4	778. 9
2011 年	3497. 9	791. 5

表 28－8　世界核电消费量

［时间］／［指标］	核电消费量（太瓦小时）	核电（折油当量）消费量（百万吨油当量）
2000 年	2582. 4	584. 3
2001 年	2655. 1	600. 8
2002 年	2697. 9	610. 5
2003 年	2643. 9	598. 3
2004 年	2761. 8	624. 9
2005 年	2769. 5	626. 7
2006 年	2807. 2	635. 2
2007 年	2748. 2	621. 8
2008 年	2735. 7	619. 0
2009 年	2713. 9	614. 1
2010 年	2768. 1	626. 3
2011 年	2648. 7	599. 3

表 28－9　世界生物能源生产量

［时间］／［指标］	生物能源生产量（千桶/日）	生物能源（折油当量）生产量（千吨油当量）
2000 年	184	9151
2001 年	201	10021
2002 年	238	11830
2003 年	295	14682
2004 年	329	16401
2005 年	396	19701
2006 年	515	25648
2007 年	695	34613
2008 年	925	46063
2009 年	1040	51802
2010 年	1174	58457
2011 年	1182	58868

表 28－10　世界地热发电累计安装容量

［时间］／［指标］	地热发电累计安装容量（兆瓦）
2000 年	8077
2001 年	8131
2002 年	8206
2003 年	8392
2004 年	8919
2005 年	9134
2006 年	9499

续表

[时间] / [指标]	地热发电累计安装容量（兆瓦）
2007 年	9970
2008 年	10368
2009 年	10724
2010 年	10926
2011 年	11014

表 28－11　世界其他可再生能源生产量

[时间] / [指标]	其他可再生能源消费量（太瓦小时）	其他可再生能源（折油当量）消费量（百万吨油当量）
2000 年	228. 3	228. 3
2001 年	238. 6	238. 6
2002 年	269. 1	269. 1
2003 年	292. 0	292. 0
2004 年	332. 1	332. 1
2005 年	371. 7	371. 7
2006 年	415. 1	415. 1
2007 年	474. 2	474. 2
2008 年	542. 1	542. 1
2009 年	621. 2	621. 2
2010 年	731. 5	731. 5
2011 年	860. 8	860. 8

表 28－12　世界二氧化碳排放量

[时间] / [指标]	二氧化碳排放量（百万吨二氧化碳）
2000 年	25463. 4
2001 年	25668. 7
2002 年	26150. 2
2003 年	27323. 1
2004 年	28760. 1
2005 年	29652. 0
2006 年	30524. 0
2007 年	31446. 3
2008 年	31772. 2
2009 年	31460. 4
2010 年	33040. 6
2011 年	34032. 7

29 国内能源数据[①]

表 29－1 能源生产

	能源生产弹性系数（－）	电力生产弹性系数（－）	一次能源生产量（万吨标准煤）	能源生产增长速度（%）	电力生产增长速度（%）	原煤产量占能源生产总量的比重（%）	原油产量占能源生产总量的比重（%）	天然气产量占能源生产总量的比重（%）
1992	0.16	0.8	107256	2.3	11.3	74.3	18.9	2
1993	0.26	1.09	111059	3.6	15.3	74	18.7	2
1994	0.53	0.82	118729	6.9	10.7	74.6	17.6	1.9
1995	0.8	0.79	129034	8.7	8.6	75.3	16.6	1.9
1996	0.31	0.72	133032	3.1	7.2	75	16.9	2
1997	0.03	0.55	133460	0.3	5.1	74.3	17.2	2.1
1998	—	0.35	129834	－2.7	2.7	73.3	17.7	2.2
1999	0.21	0.83	131935	1.6	6.3	73.9	17.3	2.5
2000	0.28	1.12	135048	2.4	9.4	73.2	17.2	2.7
2001	0.79	1.11	143875	6.5	9.2	73	16.3	2.8
2002	0.52	1.29	150656	4.7	11.7	73.5	15.8	2.9
2003	1.41	1.55	171906	14.1	15.5	76.2	14.1	2.7
2004	1.43	1.51	196648	14.4	15.3	77.1	12.8	2.8
2005	0.88	1.19	216219	10	13.5	77.6	12	3
2006	0.58	1.15	232167	7.4	14.6	77.8	11.3	3.4
2007	0.46	1.02	247279	6.5	14.5	77.7	10.8	3.7
2008	0.56	0.58	260552	5.4	5.6	76.8	10.5	4.1
2009	0.59	0.77	274619	5.4	7.1	77.3	9.9	4.1
2010	0.78	1.28	296916	8.1	13.3	76.5	9.8	4.3
2011	0.76	1.27	318000	7	11.7	77.7	9.2	4.3

① 本章数据来源于《中国统计年鉴2011》以及中经网数据库。

表 29－2　能源消费

	能源消费总量（发电煤耗计算法）（万吨标准煤）	煤炭消费量占能源消费总量的比重（%）	天然气消费量占能源消费总量的比重（%）	石油消费量占能源消费总量的比重（%）	能源消费弹性系数（－）	电力消费弹性系数（－）	能源消费增长速度（%）	电力消费增长速度（%）
1992	109170	75. 7	1. 9	17. 5	0. 37	0. 81	5. 2	11. 5
1993	115993	74. 7	1. 9	18. 2	0. 45	0. 79	6. 3	11
1994	122737	75	1. 9	17. 4	0. 44	0. 76	5. 8	9. 9
1995	131176	74. 6	1. 8	17. 5	0. 63	0. 75	6. 9	8. 2
1996	135192	73. 5	1. 8	18. 7	0. 31	0. 74	3. 1	7. 4
1997	135909	71. 4	1. 8	20. 4	0. 06	0. 52	0. 5	4. 8
1998	136184	70. 9	1. 8	20. 8	0. 03	0. 36	0. 2	2. 8
1999	140569	70. 6	2	21. 5	0. 42	0. 8	3. 2	6. 1
2000	145531	69. 2	2. 2	22. 2	0. 42	1. 13	3. 5	9. 5
2001	150406	68. 3	2. 4	21. 8	0. 4	1. 12	3. 3	9. 3
2002	159431	68	2. 4	22. 3	0. 66	1. 3	6	11. 8
2003	183792	69. 8	2. 5	21. 2	1. 53	1. 56	15. 3	15. 6
2004	213456	69. 5	2. 5	21. 3	1. 6	1. 52	16. 1	15. 4
2005	235997	70. 8	2. 6	19. 8	0. 93	1. 19	10. 6	13. 5
2006	258676	71. 1	2. 9	19. 3	0. 76	1. 15	9. 6	14. 6
2007	280508	71. 1	3. 3	18. 8	0. 59	1. 01	8. 4	14. 4
2008	291448	70. 3	3. 7	18. 3	0. 41	0. 58	3. 9	5. 6
2009	306647	70. 4	3. 9	17. 9	0. 57	0. 78	5. 2	7. 2
2010	324939	68	4. 4	19	0. 58	1. 27	6	13. 2
2011	348000	68. 8	4. 6	18. 6	0. 76	1. 27	7	11. 7

表 29－3　平均每万元国内生产总值能源消费量

年份	能源消费总量（吨标准煤/万元）	煤炭（吨/万元）	焦炭（吨/万元）	石油（吨/万元）	原油（吨/万元）	燃料油（吨/万元）	电力（万千瓦小时/万元）
	国内生产总值按 1980 年可比价格计算						
1980	13. 20	13. 36	0. 94	1. 92	2. 02	0. 67	0. 66
1981	12. 37	12. 60	0. 82	1. 94	1. 82	0. 59	0. 64
1982	11. 84	12. 23	0. 76	1. 57	1. 66	0. 54	0. 63
1983	11. 36	11. 82	0. 71	1. 44	1. 56	0. 49	0. 61
1984	10. 59	11. 20	0. 66	1. 29	1. 38	0. 43	0. 56
1985	10. 10	10. 74	0. 62	1. 21	1. 25	0. 37	0. 54

续表

年份	能源消费总量（吨标准煤/万元）	煤炭（吨/万元）	焦炭（吨/万元）	石油（吨/万元）	原油（吨/万元）	燃料油（吨/万元）	电力（万千瓦小时/万元）
	国内生产总值按1980年可比价格计算						
1986	9.78	10.40	0.63	1.18	1.24	0.36	0.55
1987	9.39	10.06	0.62	1.12	1.16	0.34	0.54
1988	9.06	9.68	0.59	1.08	1.09	0.32	0.53
1989	9.07	9.68	0.60	1.08	1.09	0.32	0.55
1990	8.90	9.51	0.62	1.04	1.06	0.30	0.56
	国内生产总值按1990年可比价格计算						
1990	5.32	5.69	0.37	0.62	0.63	0.18	0.34
1991	5.12	5.45	0.35	0.61	0.61	0.17	0.34
1992	4.72	4.93	0.34	0.58	0.57	0.15	0.33
1993	4.40	4.59	0.33	0.56	0.52	0.14	0.32
1994	4.12	4.31	0.31	0.50	0.47	0.12	0.31
1995	3.97	4.16	0.32	0.49	0.45	0.11	0.30
1996	3.69	3.83	0.32	0.48	0.43	0.10	0.29
1997	3.40	3.44	0.27	0.48	0.43	0.09	0.28
1998	3.16	3.13	0.27	0.46	0.40	0.09	0.27
1999	3.03	3.00	0.23	0.45	0.41	0.08	0.26
2000	2.89	2.80	0.22	0.45	0.42	0.08	0.27
	国内生产总值按2000年可比价格计算						
2000	1.47	1.42	0.11	0.23	0.21	0.04	0.14
2001	1.40	1.35	0.11	0.21	0.20	0.04	0.14
2002	1.36	1.30	0.11	0.21	0.19	0.03	0.14
2003	1.43	1.40	0.12	0.21	0.19	0.03	0.15
2004	1.50	1.46	0.13	0.22	0.20	0.03	0.15
2005	1.49	1.47	0.16	0.21	0.19	0.03	0.16
	国内生产总值按2005年可比价格计算						
2005	1.28	1.25	0.14	0.18	0.16	0.02	0.13
2006	1.24	1.22	0.13	0.17	0.15	0.02	0.14
2007	1.18	1.15	0.12	0.15	0.14	0.02	0.14
2008	1.12	1.08	0.11	0.14	0.14	0.01	0.13
2009	1.08	1.04	0.11	0.13	0.13	0.01	0.13
2010	1.03	0.99	0.11	0.14	0.14	0.01	0.13

表 29－4 能源加工转换效率

单位:%

年 份	总效率	发电及电站供热	炼 焦	炼 油
1980	69.54	36.02	88.68	99.00
1981	69.28	36.68	90.89	99.06
1982	69.20	36.78	90.51	99.13
1983	69.93	36.94	91.18	99.16
1984	69.16	36.95	90.08	99.17
1985	68.29	36.85	90.79	99.10
1986	68.32	36.69	90.63	99.04
1987	67.48	36.75	90.46	98.81
1988	66.54	36.34	90.77	98.76
1989	66.51	36.74	90.30	98.57
1990	66.48	37.34	91.28	90.19
1991	65.90	37.60	89.90	98.10
1992	66.00	37.80	92.70	96.80
1993	67.32	39.90	98.05	98.49
1994	65.20	39.35	89.62	97.48
1995	71.05	37.31	91.99	97.67
1996	70.19	36.63	94.07	97.46
1997	69.76	35.89	94.01	97.37
1998	69.28	37.09	94.97	96.41
1999	69.25	37.04	96.13	97.51
2000	69.04	37.36	96.21	97.32
2001	69.34	37.63	96.48	97.92
2002	69.04	38.73	96.63	96.71
2003	69.40	38.83	96.13	96.80
2004	70.91	39.46	97.55	96.43
2005	71.55	39.87	97.57	96.86
2006	71.24	39.87	97.77	96.86
2007	70.77	40.24	97.56	97.17
2008	71.55	41.04	97.75	97.17
2009	72.01	41.73	97.38	96.63
2010	72.86	42.43	96.44	97.05

表 29－5　人均能源生产量和消费量

年份	人均能源生产量				人均能源消费量			
	能源总量（千克标准煤）	原煤（千克）	原油（千克）	电力（千瓦小时）	能源总量（千克标准煤）	煤炭（千克）	石油（千克）	电力（千瓦小时）
1980	650	632	108	306	614	622	89	306
1981	636	625	102	311	598	610	94	311
1982	662	661	101	325	615	636	81	325
1983	696	698	104	343	645	671	82	344
1984	751	761	111	364	684	723	83	364
1985	814	830	119	391	730	776	87	392
1986	826	838	123	421	758	806	91	422
1987	842	856	124	459	799	856	95	460
1988	870	889	124	495	844	902	101	496
1989	909	942	123	523	867	925	104	524
1990	915	951	122	547	869	930	101	549
1991	911	945	123	589	902	960	108	591
1992	921	958	122	647	937	979	115	651
1993	942	976	123	711	984	1026	125	715
1994	996	1040	123	779	1030	1078	125	777
1995	1071	1129	125	836	1089	1143	133	832
1996	1093	1147	129	887	1110	1150	145	884
1997	1085	1128	131	923	1105	1120	157	917
1998	1045	1073	130	939	1097	1087	160	934
1999	1053	1089	128	989	1122	1112	168	982
2000	1070	1096	129	1074	1153	1117	178	1067
2001	1131	1157	129	1164	1183	1136	180	1158
2002	1177	1211	130	1292	1245	1189	194	1286
2003	1334	1424	132	1483	1427	1402	211	1477
2004	1517	1638	136	1700	1647	1601	245	1695
2005	1658	1802	139	1918	1810	1778	250	1913
2006	1771	1929	141	2181	1973	1946	266	2181
2007	1876	2042	141	2482	2128	2070	278	2482
2008	1967	2115	144	2608	2200	2122	282	2608
2009	2063	2233	142	2782	2303	2222	288	2782
2010	2220	2418	152	3145	2429	2334	323	3135

注：本表按年平均人口数计算。

表 29－6 主要高耗能产品的进、出口量

指 标	2000	2002	2003	2004	2005	2006	2007	2008	2009	2010
进口量										
钢材（万吨）	1596	2449	3717	2930	2582	1851	1687	1543	1763	1643
钢铁丝（吨）	336300	427554	465540							
未锻造的铜及铜合金（万吨）	81	133	156	138	142	97	173	170	347	338
未锻造的铝及铝合金（万吨）	91	58	88	103	64	51	28	26	174	36
锌及锌合金（吨）	129974	211722	310221							
烧碱（吨）	46458	114834	104686							
纯碱（万吨）	13	29	30	20	7	14	4			
肥料（万吨）	1189	1682	1213	1240	1397	1129	1169	622	411	718
纸浆（万吨）	335	526	603	732	759	796	847	952	1368	1137
纺织用合成纤维（万吨）	100	104	106	99	84	62	51	32	35	37
出口量										
水泥（万吨）	605	518	533	704	2216	3613	3301	2604	1561	1616
平板玻璃（万平方米）	5592	11359	12427	14464	19925	26433	30917	27762	16643	17398
钢材（万吨）	621	545	696	1423	2052	4301	6265	5923	2460	4256
钢铁丝（吨）	190122	310992	401235							
铜材（吨）	144484	171710	232879	390023	463560	559122	499678	517522	455136	508580
铝材（吨）	130052	188744	273874	430988	711484	1240157	1853413	1900000	1390000	2180000
未锻造的锌及锌合金（吨）	593336	495987	484231	263149	146845	341465	276714	71320	29287	43395
纸及纸板（未切成形）（万吨）	65	74	114	101	167	305	422	361	362	380

表 29－7 一次能源生产量和构成

年 份	电热当量计算法						
	一次能源生产量（万吨标准煤）	占能源生产总量的比重（%）					
		原 煤	原 油	天然气	水电、核电、其他能发电	#水电	核电
1980	62046	71.4	24.4	3.0	1.2	1.2	—
1981	61364	72.4	23.6	2.7	1.3	1.3	—
1982	64686	73.5	22.6	2.5	1.4	1.4	—
1983	68877	74.1	22.0	2.4	1.5	1.5	—
1984	75493	74.7	21.7	2.2	1.4	1.4	—
1985	83005	75.1	21.5	2.1	1.3	1.3	—
1986	85523	74.7	21.8	2.1	1.4	1.4	—
1987	88524	74.9	21.6	2.1	1.4	1.4	—
1988	92809	75.5	21.1	2.0	1.4	1.4	—
1989	98418	76.5	20.0	2.0	1.5	1.5	—
1990	100487	76.8	19.7	2.0	1.5	1.5	—

表 29 - 7 续表 1

年份	电热当量计算法						
	一次能源生产量（万吨标准煤）	占能源生产总量的比重（%）					
		原煤	原油	天然气	水电、核电、其他能发电	#水电	核电
1991	101490	76.5	19.9	2.1	1.5	1.5	—
1992	103771	76.9	19.6	2.0	1.5	1.5	—
1993	107059	76.8	19.4	2.2	1.8	1.8	0.0
1994	114009	77.7	18.3	2.3	2.2	2.1	0.1
1995	123519	78.7	17.4	1.9	2.0	1.9	0.1
1996	127404	78.3	17.6	2.1	2.0	1.8	0.1
1997	127431	77.8	18.0	2.2	2.0	1.9	0.1
1998	123713	76.9	18.6	2.3	2.2	2.1	0.1
1999	126264	77.2	18.1	2.7	2.1	1.9	0.2
2000	128743	76.8	18.1	2.8	2.3	2.1	0.2
2001	136223	77.2	17.2	3.0	2.7	2.5	0.2
2002	142829	77.5	16.7	3.0	2.7	2.5	0.2
2003	164011	79.9	14.8	2.8	2.5	2.2	0.3
2004	187268	81.0	13.4	2.9	2.7	2.3	0.3
2005	205860	81.5	12.6	3.2	2.7	2.4	0.3
2006	220895	81.8	12.0	3.5	2.8	2.4	0.3
2007	234956	81.8	11.3	3.9	2.9	2.5	0.3
2008	247010	81.0	11.3	4.3	3.4	2.9	0.3
2009	259767	81.7	10.4	4.4	3.5	2.9	0.3
2010	279694	81.3	10.4	4.5	3.8	3.2	0.3

年份	发电煤耗计算法						
	一次能源生产量（万吨标准煤）	占能源生产总量的比重（%）					
		原煤	原油	天然气	水电、核电、其他能发电	#水电	核电
1980	63735	69.4	23.8	3.0	3.8	3.8	—
1981	63227	70.2	22.9	2.7	4.2	4.2	—
1982	66778	71.3	21.8	2.4	4.5	4.5	—
1983	71270	71.6	21.3	2.3	4.8	4.8	—
1984	77855	72.4	21.0	2.1	4.5	4.5	—
1985	85546	72.8	20.9	2.0	4.3	4.3	—
1986	88124	72.4	21.2	2.1	4.3	4.3	—
1987	91266	72.6	21.0	2.0	4.4	4.4	—
1988	95801	73.1	20.4	2.0	4.5	4.5	—

表 29－7 续表 2

年 份	发电煤耗计算法						
	一次能源生产量（万吨标准煤）	占能源生产总量的比重（%）					
		原 煤	原 油	天然气	水电、核电、其他能发电	#水电	核电
1989	101639	74.1	19.3	2.0	4.6	4.6	—
1990	103922	74.2	19.0	2.0	4.8	4.8	—
1991	104844	74.1	19.2	2.0	4.7	4.7	—
1992	107256	74.3	18.9	2.0	4.8	4.8	—
1993	111059	74.0	18.7	2.0	5.3	5.2	0.1
1994	118729	74.6	17.6	1.9	5.9	5.4	0.5
1995	129034	75.3	16.6	1.9	6.2	5.8	0.4
1996	133032	75.0	16.9	2.0	6.1	5.7	0.4
1997	133460	74.3	17.2	2.1	6.5	6.0	0.4
1998	129834	73.3	17.7	2.2	6.8	6.4	0.4
1999	131935	73.9	17.3	2.5	6.3	5.9	0.4
2000	135048	73.2	17.2	2.7	6.9	6.4	0.5
2001	143875	73.0	16.3	2.8	7.9	7.4	0.5
2002	150656	73.5	15.8	2.9	7.8	7.2	0.6
2003	171906	76.2	14.1	2.7	7.0	6.0	0.9
2004	196648	77.1	12.8	2.8	7.3	6.4	0.9
2005	216219	77.6	12.0	3.0	7.4	6.5	0.9
2006	232167	77.8	11.3	3.4	7.5	6.6	0.8
2007	247279	77.7	10.8	3.7	7.8	6.7	0.9
2008	260552	76.8	10.5	4.1	8.6	7.5	0.9
2009	274619	77.3	9.9	4.1	8.7	7.3	0.8
2010	296916	76.6	9.8	4.2	9.4	7.8	0.8

表 29－8 能源消费总量和构成

年 份	电热当量计算法						
	能源消费总量（万吨标准煤）	占能源生产总量的比重（%）					
		煤 炭	石 油	天然气	水电、核电、其他能发电	#水电	核电
1980	58587	74.2	21.4	3.2	1.2	1.2	—
1981	57577	75.1	20.6	2.9	1.4	1.4	—
1982	59966	76.3	19.6	2.6	1.5	1.5	—
1983	63635	77.0	18.8	2.5	1.7	1.7	—
1984	68495	77.8	18.1	2.5	1.6	1.6	—
1985	74112	78.5	17.7	2.3	1.5	1.5	—

表 29 - 8 续表 1

年 份	电热当量计算法						
	能源消费总量（万吨标准煤）	占能源生产总量的比重（%）					
		煤 炭	石 油	天然气	水电、核电、其他能发电	#水电	核电
1986	77776	78.2	17.9	2.4	1.5	1.5	—
1987	83850	78.7	17.6	2.2	1.5	1.5	—
1988	89963	78.8	17.6	2.1	1.5	1.5	—
1989	93666	79.3	17.1	2.0	1.6	1.6	—
1990	95384	79.0	17.2	2.1	1.7	1.7	—
1991	100413	78.7	17.7	2.1	1.5	1.5	—
1992	105602	78.3	18.1	2.0	1.6	1.6	—
1993	111490	79.0	17.1	2.1	1.8	1.8	0.0
1994	118071	79.5	16.2	2.2	2.1	2.0	0.1
1995	123471	77.0	18.6	1.9	2.5	2.4	0.1
1996	129665	76.7	19.5	1.9	1.9	1.8	0.1
1997	130082	74.9	21.3	1.8	2.0	1.9	0.1
1998	130260	74.2	21.8	1.9	2.1	2.0	0.1
1999	135132	73.6	22.3	2.1	1.9	1.8	0.1
2000	139445	72.4	23.1	2.3	2.1	2.0	0.1
2001	142972	71.9	23.0	2.6	2.6	2.4	0.2
2002	151789	71.5	23.4	2.6	2.6	2.4	0.2
2003	176074	73.1	22.1	2.6	2.3	2.0	0.3
2004	204219	72.8	22.2	2.6	2.5	2.2	0.3
2005	225781	74.1	20.7	2.8	2.5	2.2	0.3
2006	247562	74.3	20.2	3.0	2.5	2.2	0.3
2007	268413	74.3	19.7	3.5	2.6	2.2	0.3
2008	277515	74.9	19.2	2.9	3.0	2.6	0.3
2009	292028	74.0	18.8	4.1	3.1	2.6	0.3
2010	307987	71.9	20.0	4.6	3.5	2.9	0.3

年 份	发电煤耗计算法						
	能源消费总量（万吨标准煤）	占能源生产总量的比重（%）					
		煤 炭	石 油	天然气	水电、核电、其他能发电	#水电	核电
1980	60275	72.2	20.7	3.1	4.0	4.0	—
1981	59447	72.7	20.0	2.8	4.5	4.5	—
1982	62067	73.7	18.9	2.5	4.9	4.9	—
1983	66040	74.2	18.1	2.4	5.3	5.3	—

表 29－8 续表 2

年 份	发电煤耗计算法						
	能源消费总量（万吨标准煤）	占能源生产总量的比重（%）					
		煤 炭	石 油	天然气	水电、核电、其他能发电	#水电	核电
1984	70904	75.3	17.4	2.4	4.9	4.9	—
1985	76682	75.8	17.1	2.2	4.9	4.9	—
1986	80850	75.8	17.2	2.3	4.7	4.7	—
1987	86632	76.2	17.0	2.1	4.7	4.7	—
1988	92997	76.1	17.1	2.1	4.7	4.7	—
1989	96934	76.1	17.1	2.1	4.7	4.7	—
1990	98703	76.2	16.6	2.1	5.1	5.1	—
1991	103783	76.1	17.1	2.0	4.8	4.8	—
1992	109170	75.7	17.5	1.9	4.9	4.9	—
1993	115993	74.7	18.2	1.9	5.2	5.1	0.1
1994	122737	75.0	17.4	1.9	5.7	5.2	0.5
1995	131176	74.6	17.5	1.8	6.1	5.7	0.4
1996	135192	73.5	18.7	1.8	6.0	5.6	0.4
1997	135909	71.4	20.4	1.8	6.4	5.9	0.4
1998	136184	70.9	20.8	1.8	6.5	6.1	0.4
1999	140569	70.6	21.5	2.0	5.9	5.5	0.4
2000	145531	69.2	22.2	2.2	6.4	5.9	0.4
2001	150406	68.3	21.8	2.4	7.5	7.1	0.4
2002	159431	68.0	22.3	2.4	7.3	6.8	0.5
2003	183792	69.8	21.2	2.5	6.5	5.7	0.8
2004	213456	69.5	21.3	2.5	6.7	5.9	0.8
2005	235997	70.8	19.8	2.6	6.8	5.9	0.8
2006	258676	71.1	19.3	2.9	6.7	5.9	0.7
2007	280508	71.1	18.8	3.3	6.8	5.9	0.8
2008	291448	70.3	18.3	3.7	7.7	6.7	0.8
2009	306647	70.4	17.9	3.9	7.8	6.5	0.8
2010	324939	68.0	19.0	4.4	8.6	7.1	0.7

表29－9　工业分行业终端

行业	终端消费合计		煤合计	原煤	洗精煤	其他洗煤	焦炭	焦炉煤气	高炉煤气	转炉煤气	其他煤气	其他焦化产品	油品合计
	（发电煤耗计算法）	（电热当量计算法）											
工业	211626.09	155933.09	49318.47	43816.36	2276.43	2976.68	32498.63	2825.86	1427.46	485.86	98.23	776.64	20480.66
（一）采掘业	15040.88	11222.77	5392.49	5027.66	181.23	179.03	174.82	23.77	6.15	9.17	1.77	3.64	1670.23
煤炭开采和洗选业	7483.93	6004.88	4753.87	4408.82	168.01	175.14	24.33	9.48	6.15	0.05	1.25	3.64	246.09
石油和天然气开采业	3804.90	3120.34	112.47	112.47			0.16						1135.10
黑色金属矿采选业	1567.81	856.81	163.53	153.59	5.43	1.85	122.13	13.20		9.12	0.52	103.77	
有色金属矿采选业	954.16	445.09	67.96	62.26	4.91	0.79	15.30						42.63
非金属矿采选业	1016.56	711.05	292.89	288.75	2.88	1.26	12.90	1.09					140.47
其他采矿业	213.52	84.60	1.77	1.77									2.17
（二）制造业	182515.40	137513.98	41584.94	36506.68	2090.33	2751.97	32318.68	2751.94	1421.31	474.87	92.48	761.16	18620.49
农副食品加工业	2605.96	1770.95	910.90	867.01	5.99	34.28	9.23	0.46					172.65
食品制造业	1478.99	1115.57	593.90	582.60	8.04	3.26	2.92	0.30					94.42
饮料制造业	1124.19	863.78	498.18	492.63	1.89	3.65	0.66	0.02					51.08
烟草制品业	228.68	138.41	54.62	52.41	1.22	0.98		0.23					9.15
纺织业	6178.46	3666.21	1197.07	1170.81	10.19	11.16	4.95	10.23					144.92
纺织服装、鞋、帽制造业	746.29	448.03	146.96	144.17	1.93	0.86	3.65	0.11					85.85
皮革、毛皮、羽毛（绒）及其制品业	392.18	215.64	52.90	52.55	0.23	0.12	0.21						41.96
木材加工及木、竹、藤、棕、草制品业	1032.86	615.29	288.73	284.84	2.48	1.41	1.73						41.90
家具制造业	209.66	122.11	20.94	20.68	0.11	0.15	1.47						36.14
造纸及纸制品业	3900.75	2847.16	1571.59	1515.34	23.95	29.04	2.13	0.51				0.36	88.74
印刷业和记录媒介的复制	390.35	202.53	27.62	27.40	0.11	0.11	0.26	0.06					37.43
文教体育用品制造业	210.84	116.21	12.57	12.47	0.05	0.06	3.71						35.40
石油加工、炼焦及核燃料加工业	12826.20	11713.78	1006.55	651.38	321.42	33.75	90.78	491.35	43.97	0.11		101.49	7863.11
化学原料及化学制品制造业	29111.07	22922.77	7692.79	7132.05	328.78	103.65	1693.17	113.88	8.44	1.93	18.57	266.52	4759.97

能源消费量（标准量）—2010

原油	汽油	煤油	柴油	燃料油	石脑油	润滑油	石蜡	溶剂油	石油沥青	石油焦	液化石油气	炼厂干气	其他石油制品	天然气	液化天然气	热力	电力
1151.62	1014.34	55.24	2981.46	1460.71	2761.53	318.22	140.57	102.70	58.78	1890.00	907.00	1732.37	5906.10	4815.48	1150.97	7269.74	34785.04
689.04	97.52	6.49	728.08	50.00		0.83	0.04		0.12		4.17	55.99	37.94	1388.32	0.18	167.49	2384.74
	29.59	3.73	205.33	3.31		0.17					0.22		3.73	21.26	0.12	14.82	923.80
689.04	35.54		270.69	46.32		0.03					3.61	55.99	33.87	1362.28		82.75	427.58
	11.33	0.51	90.79	0.10		0.61	0.04				0.24		0.15	0.46		0.01	444.08
	11.17	0.99	30.22	0.01		0.01			0.12		0.03		0.08	1.20	0.02	0.04	317.95
	9.42	0.35	130.26	0.26		0.01					0.07		0.11	2.99	0.04	69.87	190.81
	0.47	0.91	0.79											0.13			80.52
462.21	869.49	48.69	2179.24	1394.60	2761.53	317.31	140.53	102.70	58.66	1890.00	857.44	1676.16	5861.94	3391.19	1132.44	6857.22	28107.23
0.16	57.28	0.75	82.68	13.99		0.03		0.45			5.57	10.58	1.17	9.39	2.21	144.55	521.54
0.01	23.16	0.29	44.40	19.66			0.82				5.83		0.25	32.57	4.01	160.46	226.99
	14.05	0.19	23.18	11.80							1.82		0.04	22.36	0.21	128.63	162.65
	1.06		6.56	1.51							0.02			7.70	0.05	10.28	56.38
0.03	39.67	0.74	64.48	32.07		0.03					7.01	0.22	0.68	20.93	1.11	717.89	1569.11
0.04	26.24	0.37	50.04	7.58							1.47		0.11	3.83	0.37	20.97	186.29
0.07	12.36	0.35	19.96	8.39							0.67		0.16	0.25	0.21	9.85	110.26
0.31	13.67	0.25	26.32	0.36			0.08				0.79		0.12	3.99		18.14	260.81
0.01	12.11	0.12	21.17	0.83							1.89		0.01	4.52	0.21	4.15	54.68
0.17	16.66	0.32	40.80	25.76		0.04					4.77		0.23	16.85	2.85	506.07	658.06
0.01	12.26	0.15	19.77	2.93				0.07			2.11		0.13	9.58	0.63	9.64	117.31
0.09	6.00	0.16	23.88	2.47			0.22				2.37		0.21	1.61	2.48	1.33	59.10
141.56	53.24	4.38	34.37	245.27	1541.20	309.88	0.26	44.51	22.41	279.90	230.28	1563.23	3392.62	77.54	337.23	1006.85	694.80
313.34	70.92	7.39	236.17	192.07	1220.21	0.77	138.71	56.57	0.50	87.51	182.04	99.66	2154.15	1838.06	552.07	2112.26	3865.11

行业	终端消费合计		煤合计	原煤	洗精煤	其他洗煤	焦炭	焦炉煤气	高炉煤气	转炉煤气	其他煤气	其他焦化产品	油品合计
	（发电煤耗计算法）	（电热当量计算法）											
医药制造业	1413.50	975.53	423.99	411.02	9.56	3.41	0.84	1.71					56.03
化学纤维制造业	1414.81	826.74		189.84	1.85		3.77					2.02	59.37
橡胶制品业	1455.68	806.56	293.26	286.58	4.02	2.66	2.84	2.63					46.47
塑料制品业	2094.85	1045.87	206.94	198.05	6.45	2.43	3.92						145.85
非金属矿物制品业	27655.83	22837.96	15922.17	13074.89	428.94	2388.89	374.69	95.88		4.77	28.52	99.07	2695.09
黑色金属冶炼及压延加工业	56413.01	47338.72	7692.49	6782.20	787.69	81.28	28531.97	1941.14	1368.90	465.88	4.93	282.99	268.86
有色金属冶炼及压延加工业	12660.15	6503.03	985.58	871.19	59.97	36.97	541.68	66.80		0.19	40.46	7.63	564.20
金属制品业	3627.75	1737.33	217.72	207.21	7.08	3.42	73.40	5.60		0.33			192.02
通用设备制造业	3263.53	2041.53	286.85	270.32	8.94	2.63	638.27	3.31		1.60		0.70	226.98
专用设备制造业	1835.33	1209.93	399.20	351.50	46.67	1.02	122.02	12.40				0.38	132.69
交通运输设备制造业	3727.45	2172.39	454.94	446.77	5.56	2.61	164.04	3.89		0.03			304.10
电气机械及器材制造业	2114.20	1114.24	130.62	121.37	8.69	0.56	25.87	0.57					211.79
通信设备、计算机及其他电子设备制造业	2525.15	1205.30	96.45	94.50	1.82	0.13	2.54	0.40					162.80
仪器仪表及文化、办公用机械制造业	346.47	177.58	17.50	17.00		0.50	5.57	0.06					34.29
工艺品及其他制造业	1454.62	713.98	180.26	169.81	6.69	1.11	2.07	0.11		0.03			46.65
废弃资源和废旧材料回收加工业	76.59	48.85	9.97	8.09	0.01	1.87	10.32	0.29					10.58
（三）电力、煤气及水生产和供应业	14069.81	7196.34	2341.04	2282.02	4.87	45.68	5.13	50.15		1.82	3.98	11.84	189.94
电力、热力的生产和供应业	12625.71	6487.91	2272.11	2213.44	4.64	45.54	3.90	0.06			3.98	11.84	122.08
燃气生产和供应业	477.25	314.18	49.99	49.67	0.20	0.13	1.10	50.09		1.82			54.39
水的生产和供应业	966.85	394.25	18.94	18.91	0.03	0.01	0.13						13.47

表 29－9 续表 1

原油	汽油	煤油	柴油	燃料油	石脑油	润滑油	石蜡	溶剂油	石油沥青	石油焦	液化石油气	炼厂干气	其他石油制品	天然气	液化天然气	热力	电力
0.03	17.89	0.50	24.99	9.50		0.03					2.79		0.29	37.53	0.47	181.40	273.55
	2.28	0.01	11.54	21.73		0.23		0.04			1.83		21.71	5.79		196.80	367.30
0.03	15.91	0.13	14.95	13.09		0.10	0.01	0.06	0.01		0.77		1.41	11.86	1.27	42.80	405.43
0.14	34.15	0.41	82.49	19.50		0.08	0.15	0.60			4.22	0.02	4.08	19.82	1.48	12.69	655.18
3.50	55.13	1.71	422.49	505.10		0.27	0.14	0.04	32.17	1362.41	189.54	1.92	120.64	446.17	116.91	45.48	3009.18
0.47	19.72	0.69	144.27	33.49		0.18				1.67	58.95	0.13	9.28	259.58	10.28	844.00	5667.66
1.01	15.23	2.62	92.74	138.35		0.07		0.04	3.41	158.51	19.89		132.34	102.25	17.50	331.10	3845.65
0.17	48.48	2.06	96.59	17.81		0.08					25.51	0.03	1.28	39.46	8.43	19.65	1180.73
0.13	79.51	6.58	108.77	11.07		0.92		0.01			14.55		5.44	82.95	5.43	32.20	763.24
0.09	43.42	0.94	69.40	5.36	0.12	0.34					10.73	0.02	2.28	76.08	2.48	74.07	390.62
0.24	72.41	14.99	160.92	17.86		3.45	0.01	0.06			29.06	0.06	5.06	123.42	45.67	105.04	971.26
0.21	53.68	0.97	104.79	11.16		0.79	0.01	0.23			33.67	0.28	5.99	48.40	12.60	59.82	624.56
0.39	29.88	0.53	103.77	19.53		0.01		0.02			8.57		0.09	80.86	2.48	35.41	824.36
	10.68	0.90	20.72	0.57		0.01					0.72		0.68	6.92	0.21	7.55	105.49
	11.37	0.15	20.91	3.40			0.12				9.21		1.49	0.92	3.43	17.92	462.60
	1.07	0.04	6.12	2.39					0.16		0.79	0.01			0.16	0.22	17.33
0.37	47.33	0.06	74.14	16.11		0.08					45.39	0.22	6.22	35.97	18.35	245.03	4293.07
0.37	36.18	0.04	63.70	15.52		0.05					0.07	0.22	5.90	6.84	2.11	231.39	3833.58
	4.71	0.02	3.72	0.33		0.03					45.27		0.32	26.60	16.24	12.10	101.85
	6.44		6.72	0.26							0.05			2.53		1.54	357.64

表 29－10　工业分行业终端能源

行　业	煤合计（万吨）	原煤（万吨）	洗精煤（万吨）	其他洗煤（万吨）	焦炭（万吨）	焦炉煤气（亿立方米）	高炉煤气（亿立方米）	转炉煤气（亿立方米）	其他煤气（亿立方米）	其他焦化产品（万吨）	油品合计（万吨）	原油（万吨）	汽油（万吨）
工业	68146.05	59538.90	2529.37	5667.70	33455.45	494.55	1110.00	179.02	55.00	673.00	14757.76	806.12	689.37
（一）采掘业	7632.07	7082.30	201.37	340.89	179.97	4.16	4.78	3.38	0.99	3.15	1154.99	482.32	66.28
煤炭开采和洗选业	6753.30	6230.04	186.68	333.47	25.05	1.66	4.78	0.02	0.70	3.15	168.94		20.11
石油和天然气开采业	162.67	162.67			0.16						787.90	482.32	24.16
黑色金属矿采选业	191.75	177.79	6.03	3.52	125.73	2.31		3.36	0.29		71.14		7.70
有色金属矿采选业	99.19	92.24	5.46	1.50	15.75						29.19		7.59
非金属矿采选业	422.60	417.00	3.20	2.40	13.28	0.19					96.34		6.40
其他采矿业	2.56	2.56									1.48		0.32
（二）制造业	57175.17	49224.13	2322.59	5239.83	33270.20	481.61	1105.22	174.97	51.78	659.59	13476.78	323.54	590.92
农副食品加工业	1374.56	1296.65	6.65	65.27	9.50	0.08					117.27	0.11	38.93
食品制造业	852.08	836.94	8.93	6.20	3.01	0.05					64.37	0.01	15.74
饮料制造业	722.28	713.23	2.10	6.95	0.68						34.94		9.55
烟草制品业	77.47	74.24	1.36	1.87		0.04					6.29		0.72
纺织业	1703.82	1663.16	11.32	21.24	5.10	1.79					98.94	0.02	26.96
纺织服装、鞋、帽制造业	207.69	203.91	2.14	1.64	3.76	0.02					58.70	0.03	17.83
皮革、毛皮、羽毛（绒）及其制品业	75.12	74.64	0.25	0.23	0.22						28.77	0.05	8.40
木材加工及木、竹、藤、棕、草制品业	415.96	410.52	2.75	2.69	1.78						28.60	0.22	9.29
家具制造业	30.05	29.65	0.12	0.29	1.51						24.54	0.01	8.23
造纸及纸制品业	2256.52	2169.22	26.61	55.29	2.19	0.09				0.31	60.67	0.12	11.32
印刷业和记录媒介的复制	39.28	38.95	0.12	0.21	0.27	0.01					25.44	0.01	8.33
文教体育用品制造业	17.74	17.57	0.05	0.12	3.82						24.07	0.06	4.08
石油加工、炼焦及核燃料加工业	1333.92	912.52	357.13	64.27	93.45	85.99	34.19	0.04		87.95	5574.27	99.08	36.18

消费量（实物量）—2010

煤油（万吨）	柴油（万吨）	燃料油（万吨）	石脑油（万吨）	润滑油（万吨）	石蜡（万吨）	溶剂油（万吨）	石油沥青（万吨）	石油焦（万吨）	液化石油气（万吨）	炼厂干气（万吨）	其他石油制品（万吨）	天然气（亿立方米）	液化天然气（万吨）	热力（万百万千焦）	电力（亿千瓦小时）
37.54	2046.16	1022.48	1841.02	225.00	103.00	70.00	44.87	1800.00	529.08	1102.44	4440.68	362.07	655.00	213189.00	28303.53
4.41	499.68	35.00		0.59	0.03		0.09		2.43	35.63	28.52	104.38	0.10	4911.63	1940.39
2.53	140.92	2.32		0.12					0.13		2.80	1.60	0.07	434.52	751.67
	185.78	32.42		0.02					2.10	35.63	25.47	102.42		2426.96	347.90
0.35	62.31	0.07		0.43	0.03				0.14		0.11	0.03		0.23	361.33
0.67	20.74	0.01		0.01			0.09		0.02		0.06	0.09	0.01	1.03	258.71
0.24	89.39	0.18		0.01					0.04		0.08	0.23	0.02	2048.89	155.26
0.62	0.54											0.01			65.52
33.09	1495.60	976.20	1841.02	224.35	102.97	70.00	44.78	1800.00	500.17	1066.67	4407.48	254.99	644.46	201091.72	22870.00
0.51	56.74	9.79		0.02		0.31			3.25	6.73	0.88	0.71	1.26	4239.11	424.36
0.20	30.47	13.76			0.60				3.40		0.19	2.45	2.28	4705.71	184.69
0.13	15.91	8.26							1.06		0.03	1.68	0.12	3772.11	132.34
	4.50	1.06							0.01			0.58	0.03	301.34	45.88
0.50	44.25	22.45		0.02					4.09	0.14	0.51	1.57	0.63	21052.44	1276.74
0.25	34.34	5.30							0.86		0.08	0.29	0.21	614.95	151.58
0.24	13.70	5.87							0.39		0.12	0.02	0.12	288.76	89.72
0.17	18.06	0.25			0.06				0.46		0.09	0.30		531.85	212.21
0.08	14.53	0.58							1.10		0.01	0.34	0.12	121.83	44.49
0.22	28.00	18.03		0.03					2.78		0.17	1.27	1.62	14840.62	535.44
0.10	13.57	2.05				0.05			1.23		0.10	0.72	0.36	282.82	95.45
0.11	16.39	1.73			0.16				1.38		0.16	0.12	1.41	39.11	48.09
2.98	23.59	171.69	1027.47	219.10	0.19	30.33	17.11	266.57	134.33	994.82	2550.85	5.83	191.92	29526.26	565.34

行业	煤合计（万吨）	原煤（万吨）	洗精煤（万吨）	其他洗煤（万吨）	焦炭（万吨）	焦炉煤气（亿立方米）	高炉煤气（亿立方米）	转炉煤气（亿立方米）	其他煤气（亿立方米）	其他焦化产品（万吨）	油品合计（万吨）	原油（万吨）	汽油（万吨）
化学原料及化学制品制造业	10119.76	9345.78	365.31	197.34	1743.02	19.93	6.56	0.71	10.40	230.95	3396.26	219.33	48.20
医药制造业	585.64	568.52	10.62	6.50	0.87	0.30					38.19	0.02	12.16
化学纤维制造业	275.00	272.95	2.05		3.88					1.75	42.27		1.55
橡胶制品业	424.87	415.34	4.47	5.06	2.93	0.46					31.98	0.02	10.81
塑料制品业	293.44	281.64	7.17	4.63	4.04						99.97	0.10	23.21
非金属矿物制品业	23011.46	17937.84	476.62	4548.50	385.72	16.78		1.76	15.97	85.85	2209.52	2.45	37.47
黑色金属冶炼及压延加工业	9475.32	8377.32	875.21	154.75	29371.99	339.72	1064.47	171.66	2.76	245.23	179.83	0.33	13.40
有色金属冶炼及压延加工业	1358.03	1192.27	66.64	70.40	557.63	11.69		0.07	22.65	6.61	438.07	0.71	10.35
金属制品业	308.20	293.82	7.87	6.52	75.56	0.98		0.12			129.15	0.12	32.95
通用设备制造业	402.61	379.50	9.94	5.01	657.06	0.58		0.59		0.61	154.23	0.09	54.03
专用设备制造业	549.59	495.78	51.86	1.95	125.61	2.17				0.33	89.89	0.06	29.51
交通运输设备制造业	654.88	643.73	6.18	4.97	168.87	0.68		0.01			205.78	0.17	49.21
电气机械及器材制造业	177.01	166.28	9.66	1.07	26.63	0.10					142.07	0.15	36.48
通信设备、计算机及其他电子设备制造业	137.44	135.17	2.02	0.25	2.61	0.07					110.92	0.27	20.31
仪器仪表及文化、办公用机械制造业	25.46	24.50		0.96	5.73	0.01					23.43		7.26
工艺品及其他制造业	257.02	243.11	7.43	2.10	2.13	0.02		0.01			31.14		7.73
废弃资源和废旧材料回收加工业	12.95	9.38	0.01	3.55	10.63	0.05					7.21		0.73
（三）电力、煤气及水生产和供应业	3338.81	3232.47	5.41	86.98	5.28	8.78		0.67	2.23	10.26	125.99	0.26	32.17
电力、热力的生产和供应业	3239.37	3133.53	5.16	86.73	4.01	0.01			2.23	10.26	84.13	0.26	24.59
燃气生产和供应业	72.15	71.69	0.22	0.24	1.14	8.77		0.67			32.66		3.20
水的生产和供应业	27.29	27.25	0.03	0.01	0.13						9.20		4.38

续表

煤油（万吨）	柴油（万吨）	燃料油（万吨）	石脑油（万吨）	润滑油（万吨）	石蜡（万吨）	溶剂油（万吨）	石油沥青（万吨）	石油焦（万吨）	液化石油气（万吨）	炼厂干气（万吨）	其他石油制品（万吨）	天然气（亿立方米）	液化天然气（万吨）	热力（万百万千焦）	电力（亿千瓦小时）
5.02	162.08	134.45	813.47	0.54	101.63	38.55	0.38	83.34	106.19	63.42	1619.66	138.19	314.18	61943.03	3144.93
0.34	17.15	6.65		0.02					1.63		0.22	2.82	0.27	5319.71	222.58
0.01	7.92	15.21		0.16		0.03			1.07		16.32	0.44		5771.26	298.86
0.09	10.26	9.16		0.07	0.01	0.04	0.01		0.45		1.06	0.90	0.72	1255.01	329.89
0.28	56.61	13.65		0.06	0.11	0.41			2.46	0.01	3.07	1.49	0.84	372.09	533.10
1.16	289.95	353.57		0.19	0.10	0.03	24.56	1297.54	110.57	1.22	90.71	33.54	66.53	1333.81	2448.48
0.47	99.01	23.45		0.13				1.59	34.39	0.08	6.98	19.52	5.85	24750.87	4611.60
1.78	63.65	96.84		0.05		0.03	2.60	150.96	11.60		99.50	7.69	9.96	9709.71	3129.08
1.40	66.29	12.47		0.06					14.88	0.02	0.96	2.97	4.80	576.24	960.72
4.47	74.65	7.75		0.65		0.01			8.49		4.09	6.24	3.09	944.15	621.03
0.64	47.63	3.75	0.08	0.24					6.26	0.01	1.71	5.72	1.41	2172.27	317.83
10.18	110.44	12.50		2.43	0.01	0.04			16.95	0.04	3.81	9.28	25.99	3080.36	790.29
0.66	71.92	7.81		0.56	0.01	0.16			19.64	0.18	4.50	3.64	7.17	1754.39	508.19
0.36	71.22	13.67		0.01		0.01			5.00		0.07	6.08	1.41	1038.43	670.76
0.61	14.22	0.40		0.01					0.42		0.51	0.52	0.12	221.54	85.83
0.10	14.35	2.38			0.09				5.37		1.12	0.07	1.95	525.55	376.40
0.03	4.20	1.67					0.12		0.46				0.09	6.39	14.10
0.04	50.88	11.28		0.06					26.48	0.14	4.68	2.70	10.44	7185.65	3493.14
0.03	43.72	10.87		0.04					0.04	0.14	4.44	0.51	1.20	6785.51	3119.27
0.01	2.55	0.23		0.02					26.41		0.24	2.00	9.24	354.93	82.87
	4.61	0.18							0.03			0.19		45.21	291.00

表29－11　分行业能源消费总量

单位：万吨标准煤

行　业	1995	2000	2005	2006	2007	2008	2009	2010
消费总量	131175.50	145530.86	235996.65	258676.30	280507.94	291448.29	306647.15	324939.15
农、林、牧、渔业	5505.20	3913.77	6071.06	6330.71	6228.40	6013.13	6251.18	6477.30
工业	96191.30	103773.85	168723.53	184945.45	200531.38	209302.15	219197.16	231101.82
采掘业	9941.00	10968.06	13914.67	14247.13	15240.74	17050.44	17585.17	18399.39
煤炭开采和洗选业	5499.80	5286.08	7522.45	7672.90	8269.88	9356.17	10206.55	10574.43
石油和天然气开采业	2812.60	3963.58	3710.92	3586.79	3651.26	4210.04	3945.90	4057.55
黑色金属矿采选业	268.20	374.66	971.13	1138.05	1330.32	1408.03	1250.90	1573.35
有色金属矿采选业	557.20	425.26	680.67	738.02	828.89	863.14	832.89	954.16
非金属矿采选业	553.40	690.46	927.84	978.21	1035.12	1028.27	1095.77	1026.38
其他采矿业	249.80	228.02	101.68	133.17	125.27	184.79	253.16	213.52
制造业	78368.20	80771.97	137140.40	151274.67	164951.10	172106.52	180595.97	188497.85
农副食品加工业	1972.50	1717.36	2207.28	2360.77	2537.65	2731.34	2795.37	2644.27
食品制造业	1208.00	1055.55	1281.74	1389.67	1448.62	1544.66	1563.34	1508.52
饮料制造业	1000.30	800.45	992.06	1081.60	1098.77	1161.85	1191.44	1130.42
烟草制品业	223.80	303.98	257.08	255.38	249.03	232.60	233.80	228.89
纺织业	3531.30	3014.37	5281.32	6108.59	6528.30	6396.38	6251.01	6204.53
纺织服装、鞋、帽制造业	329.20	348.43	577.42	661.68	711.44	725.34	713.08	748.42
皮革、毛皮、羽毛（绒）及其制品业	289.90	203.86	323.71	364.15	387.67	388.73	384.48	392.19
木材加工及木、竹、藤、棕、草制品业	380.00	360.66	754.77	843.10	893.67	981.91	1049.09	1035.62
家具制造业	105.80	101.14	133.12	149.32	152.86	181.80	183.81	209.66
造纸及纸制品业	2138.40	2269.30	3574.91	3791.56	3643.36	3998.65	4101.00	3961.92
印刷业和记录媒介的复制	203.40	204.55	280.70	303.62	327.08	349.81	357.48	390.97
文教体育用品制造业	62.00	122.75	198.37	202.85	210.09	219.76	214.62	210.84
石油加工、炼焦及核燃料加工业	5567.30	7220.12	11923.57	12498.72	13445.30	13747.01	15328.29	16582.66
化学原料及化学制品制造业	15821.60	14326.13	23848.69	25995.36	28621.16	28961.13	28946.07	29688.93
医药制造业	1201.30	941.62	1203.58	1255.98	1261.41	1360.49	1354.58	1427.68
化学纤维制造业	1278.00	1883.87	1382.82	1465.05	1575.02	1448.58	1436.85	1440.91
橡胶制品业	644.10	687.98	1137.05	1246.95	1305.16	1335.83	1344.72	1461.17
塑料制品业	541.90	696.39	1486.34	1604.91	1652.49	1852.37	1894.96	2097.51

续表

行　业	1995	2000	2005	2006	2007	2008	2009	2010
非金属矿物制品业	13058.00	13768.08	21310.46	22637.64	23111.66	25460.52	26882.28	27683.25
黑色金属冶炼及压延加工业	18532.80	18962.27	39544.25	44729.92	50186.53	51862.92	56404.37	57533.71
有色金属冶炼及压延加工业	2841.70	4079.30	7403.80	8861.83	10867.61	11287.99	11401.37	12841.45
金属制品业	993.90	1210.42	2271.08	2632.41	2852.64	3023.79	3037.78	3627.75
通用设备制造业	1650.50	1251.01	2149.71	2406.23	2649.23	2758.11	2985.24	3270.81
专用设备制造业	1089.30	866.58	1314.71	1438.19	1579.44	1630.28	1671.52	1851.20
交通运输设备制造业	1376.30	1502.38	2043.13	2247.85	2467.64	2732.58	3031.90	3748.85
电气机械及器材制造业	629.20	648.35	1213.20	1353.04	1557.01	1791.10	1854.48	2121.53
通信设备、计算机及其他电子设备制造业	321.40	692.89	1482.64	1754.05	1994.99	2197.44	2216.28	2525.15
仪器仪表及文化、办公用机械制造业	142.60	156.70	197.45	232.82	260.90	284.98	291.92	346.47
工艺品及其他制造业	1233.70	1375.45	1330.45	1349.93	1323.74	1401.72	1413.73	1505.08
废弃资源和废旧材料回收加工业			34.98	51.49	50.64	56.84	61.11	77.49
电力、煤气及水生产和供应业	7882.70	12033.83	17668.45	19423.65	20339.53	20145.19	21016.02	24204.58
电力、热力的生产和供应业	7052.70	10812.32	16326.50	18004.12	18892.27	18676.48	19574.86	22584.11
燃气生产和供应业	341.30	605.09	643.19	663.11	650.79	634.60	566.25	650.11
水的生产和供应业	488.70	616.42	698.76	756.42	796.48	834.11	874.91	970.36
建筑业	1334.50	2178.53	3403.31	3760.73	4127.52	3812.53	4562.02	6226.30
交通运输、仓储和邮政业	5862.90	11241.59	18391.01	20284.23	21959.18	22917.25	23691.84	26068.47
批发、零售业和住宿、餐饮业	2017.80	3047.63	4847.75	5314.05	5689.38	5733.58	6412.26	6826.82
其他行业	4519.00	5761.58	9254.56	10275.98	11158.19	11771.34	12689.81	13680.50
生活消费	15744.80	15613.91	25305.43	27765.16	30813.90	31898.32	33842.88	34557.94

表29-12　分行业电力消费总量

单位：亿千瓦小时

行　业	1995	2000	2005	2006	2007	2008	2009	2010
消费总量	10023.40	13472.38	24940.32	28587.97	32711.81	34541.35	37032.14	41934.49
农、林、牧、渔业	582.42	532.96	776.33	827.04	878.96	887.05	939.90	976.49
工业	7659.81	10004.62	18521.69	21267.74	24290.81	25388.63	26854.49	30871.77

续表

行　业	1995	2000	2005	2006	2007	2008	2009	2010
采掘业	837.66	993.71	1480.34	1479.27	1589.79	1701.27	1761.77	1940.39
煤炭开采和洗选业	392.38	417.16	589.53	580.45	600.28	639.93	691.13	751.67
石油和天然气开采业	258.85	321.64	385.35	316.32	310.70	318.43	333.34	347.90
黑色金属矿采选业	34.28	63.46	205.63	248.85	304.56	320.08	289.73	361.33
有色金属矿采选业	83.00	80.79	157.66	173.77	203.62	222.46	215.72	258.71
非金属矿采选业	52.76	84.83	114.14	122.76	135.13	146.00	155.26	155.26
其他采矿业	16.39	25.84	28.04	37.14	35.49	54.37	76.59	65.52
制造业	5156.10	6731.44	13126.01	15387.40	17832.78	18588.88	19685.98	22870.00
农副食品加工业	181.00	161.24	253.35	296.02	334.95	362.28	389.32	424.36
食品制造业	72.15	98.83	114.81	134.15	151.79	166.44	166.54	184.69
饮料制造业	52.62	58.98	76.55	89.45	101.20	110.97	117.03	132.34
烟草制品业	17.16	32.85	35.86	34.41	36.57	38.62	41.70	45.88
纺织业	335.22	370.42	823.57	1032.21	1124.38	1126.38	1147.50	1276.74
纺织服装、鞋、帽制造业	41.22	49.07	87.60	108.80	124.50	130.07	132.54	151.58
皮革、毛皮、羽毛（绒）及其制品业	42.88	27.12	54.85	64.39	73.68	76.99	78.45	89.72
木材加工及木、竹、藤、棕、草制品业	25.88	32.24	105.57	127.34	148.80	175.40	191.53	212.21
家具制造业	13.16	12.48	24.28	28.49	29.63	34.90	35.59	44.49
造纸及纸制品业	169.06	237.41	407.73	447.76	435.69	471.79	482.73	535.44
印刷业和记录媒介的复制	31.19	31.21	60.71	66.54	74.18	77.26	83.01	95.45
文教体育用品制造业	7.09	20.81	42.54	43.44	46.01	47.72	48.09	48.09
石油加工、炼焦及核燃料加工业	156.06	245.60	313.49	357.36	409.63	423.80	475.07	565.34
化学原料及化学制品制造业	1028.05	1153.74	2129.77	2439.33	2779.33	2761.34	2907.12	3144.92
医药制造业	107.46	88.36	153.21	159.60	170.71	182.90	188.99	222.58
化学纤维制造业	92.78	194.79	233.20	244.80	276.92	264.28	269.93	298.86
橡胶制品业	53.80	98.74	209.30	237.25	263.09	271.06	280.28	329.89
塑料制品业	71.36	120.82	322.42	355.15	381.05	435.88	460.29	533.10
非金属矿物制品业	599.61	763.74	1419.51	1675.48	1855.92	1959.68	2126.16	2448.48
黑色金属冶炼及压延加工业	905.36	1121.08	2550.47	3039.00	3661.70	3693.10	4020.52	4611.60
有色金属冶炼及压延加工业	425.61	697.58	1473.10	1829.51	2398.44	2511.23	2576.15	3129.09

续表

行业	1995	2000	2005	2006	2007	2008	2009	2010
金属制品业	113.51	196.30	507.25	605.77	677.09	728.52	744.40	960.72
通用设备制造业	136.30	160.77	344.77	389.30	447.78	490.99	502.04	621.03
专用设备制造业	97.67	94.49	182.90	207.23	229.16	251.28	256.94	317.83
交通运输设备制造业	154.63	203.42	300.72	345.42	417.69	471.93	565.40	790.29
电气机械及器材制造业	64.96	90.68	245.80	282.33	341.54	402.25	423.49	508.19
通信设备、计算机及其他电子设备制造业	38.64	125.88	327.89	401.97	479.75	530.93	558.96	670.76
仪器仪表及文化、办公用机械制造业	17.12	25.37	42.52	51.81	61.16	66.35	68.54	85.83
工艺品及其他制造业	104.55	217.42	275.62	281.77	289.36	313.06	335.49	376.40
废弃资源和废旧材料回收加工业			6.66	11.30	11.07	11.47	12.15	14.10
电力、煤气及水生产和供应业	1666.05	2279.47	3915.34	4401.07	4868.24	5098.48	5406.74	6061.38
电力、热力的生产和供应业	1539.76	2094.11	3698.28	4165.41	4602.94	4804.88	5079.98	5687.51
燃气生产和供应业	10.83	34.41	29.86	31.40	44.87	55.08	70.23	82.87
水的生产和供应业	115.46	150.94	187.20	204.26	220.43	238.52	256.53	291.00
建筑业	159.62	159.77	233.93	271.05	309.00	367.34	421.90	483.24
交通运输、仓储和邮政业	182.30	281.20	430.34	467.37	531.91	571.82	617.01	734.53
批发、零售业和住宿、餐饮业	199.47	418.68	752.31	847.25	929.82	1017.44	1136.77	1292.00
其他行业	234.20	623.20	1340.91	1555.94	1708.60	1912.97	2189.92	2451.83
生活消费	1005.58	1451.95	2884.81	3351.58	4062.71	4396.10	4872.16	5124.63

表 29－13 分地区能源消费总量

单位：万吨标准煤

地区	1990	1995	2000	2005	2006	2007	2008	2009	2010
北京	2709	3518	4144	5522	5904	6285	6327	6570	6954
天津	2071	2569	2794	4085	4500	4943	5364	5874	6818
河北	6124	8990	11196	19836	21794	23585	24322	25419	27531
山西	4710	8413	6728	12750	14098	15601	15675	15576	16808
内蒙古	2424	2632	3549	9666	11221	12777	14100	15344	16820
辽宁	7856	9671	10656	13611	14987	16544	17801	19112	20947
吉林	3523	4109	3766	5315	5908	6557	7221	7698	8297
黑龙江	5285	5935	6166	8050	8731	9377	9979	10467	11234

续表

地区	1990	1995	2000	2005	2006	2007	2008	2009	2010
上海	3175	4466	5499	8225	8876	9670	10207	10367	11201
江苏	5509	8047	8612	17167	19041	20948	22232	23709	25774
浙江	2580	4580	6560	12032	13219	14524	15107	15567	16865
安徽	2761	4194	4879	6506	7069	7739	8325	8896	9707
福建	1451	2280	3463	6142	6828	7587	8254	8916	9809
江西	1732	2392	2505	4286	4660	5053	5383	5813	6355
山东	6830	8780	11362	24162	26759	29177	30570	32420	34808
河南	5206	6473	7919	14625	16232	17838	18976	19751	21438
湖北	3997	5655	6269	10082	11049	12143	12845	13708	15138
湖南	3821	5426	4071	9709	10581	11629	12355	13331	14880
广东	4065	7345	9448	17921	19971	22217	23476	24654	26908
广西	1309	2384	2669	4869	5390	5997	6497	7075	7919
海南	121	303	480	822	920	1057	1135	1233	1359
重庆			2428	4943	5368	5947	6472	7030	7856
四川	6353	9525	6518	11816	12986	14214	15145	16322	17892
贵州	2133	3183	4279	5641	6172	6800	7084	7566	8175
云南	1954	2641	3468	6024	6621	7133	7511	8032	8674
陕西	2239	3134	2731	5571	6129	6775	7417	8044	8882
甘肃	2172	2738	3012	4368	4743	5109	5346	5482	5923
青海	507	688	897	1670	1903	2095	2279	2348	2568
宁夏	707	759	1179	2536	2830	3077	3229	3388	3681
新疆	2063	2830	3328	5506	6047	6576	7069	7526	8290

注：1. 1996年以前重庆包括在四川省内。

2. 由于折算系数的不同，故各地区相加数与全国数不等，以下同。

表29－14　分地区电力消费量

单位：亿千瓦小时

地区	1990	1995	2000	2005	2006	2007	2008	2009	2010
北京	174	262	384	567	619	675	708	759	831
天津	124	179	237	396	446	511	535	577	675
河北	354	603	809	1502	1735	2014	2095	2344	2692
山西	255	399	506	946	1098	1349	1313	1268	1460
内蒙古	122	187	256	668	1221	1160	1221	1288	1537
辽宁	462	623	797	1111	1228	1360	1412	1488	1715
吉林	191	268	301	378	412	463	496	515	577
黑龙江	296	409	397	569	597	643	697	689	763
上海	265	403	559	922	990	1072	1138	1153	1296

续表

地区	1990	1995	2000	2005	2006	2007	2008	2009	2010
江苏	412	685	972	2193	2570	2952	3118	3314	3864
浙江	230	440	743	1642	1909	2189	2323	2471	2821
安徽	186	289	339	582	662	769	859	952	1078
福建	137	261	403	757	867	1000	1150	1216	1315
江西	128	181	209	414	453	516	547	609	701
山东	449	741	1000	1977	2272	2596	2727	2941	3298
河南	338	571	718	1387	1534	1864	2093	2275	2464
湖北	281	415	503	867	895	1009	1076	1183	1418
湖南	227	375	406	787	913	1020	1129	1232	1353
广东	359	788	1335	2795	3004	3394	3507	3610	4060
广西	126	221	322	510	579	681	761	856	993
海南	14	32	42	82	98	113	123	134	158
重庆			308	349	405	449	486	532	625
四川	350	583	462	943	1059	1178	1213	1362	1549
贵州	103	204	335	487	582	669	679	750	836
云南	125	224	317	557	646	746	829	891	1004
陕西	170	240	314	516	581	654	708	740	859
甘肃	178	241	295	489	536	615	678	706	804
青海	42	69	116	208	246	287	313	337	465
宁夏	55	92	115	307	378	440	440	470	547
新疆	70	120	183	310	356	417	479	548	662

30 国内环境数据[①]

表30－1 废水排放及处理情况

	工业废水排放量（万吨）	工业废水直接排入海量（万吨）	工业废水中化学需氧量排放量（吨）	工业废水中氨氮排放量（吨）	工业废水排放达标量（万吨）	治理工业废水设施数量（套）	生活污水排放量（万吨）	生活污水中化学需氧量排放量（吨）	生活污水中氨氮排放量（吨）
1992	2338534	—	—	—	1236216	—	—	—	—
1993	2194919	—	—	—	1204858	—	—	—	—
1994	2155111	—	—	—	1196969	—	—	—	—
1995	2218943	—	—	—	1228680	—	—	—	—
1996	2058881	—	—	—	1217033	44861	—	—	—
1997	1883296	—	—	—	1164623	43011	—	—	—
1998	2006331	—	—	—	1232203	56690	1947776	6950015	—
1999	1973036	—	6920000	—	1316043	60035	2037681	6971651	—
2000	1942405	—	7050000	—	1493277	64453	2209152	7404562	—
2001	2030000	—	6080000	410000	1730000	61226	2300000	7970000	840000
2002	2070000	—	5840000	420000	1830000	62939	2320000	7830000	870000
2003	2120000	115032	5120000	400000	1890000	65128	2470000	8210000	890000
2004	2210000	140668	5100000	420000	2010000	66032	2610000	8290000	910000
2005	2430000	152370	5547000	525000	2220000	68940	2810000	8594000	973000
2006	2080440	131736	5415000	425000	2178461	75830	2966341	8867000	989000
2007	2466493	157007	5110631	340825	2260719	78210	3102001	8707531	982601
2008	2416511	158702	4575783	296902.9	2233986	78725	3300290	8631216	972836
2009	2343857	134695	4396780	273544.4	2208743	77018	3547021	8378613	952551.9
2010	2374732	117979	4347700	272800	2263587	80332	3797830	8032900	930100

① 本章数据来源于中经网数据库及国家统计局数据库。

表 30－2 工业治理三废企业数

	排放工业废水企业单位数（个）	其他行业排放工业废水企业单位数（个）	煤炭开采和洗选业排放工业废水企业单位数（GB2002）（个）	石油和天然气开采业排放工业废水企业单位数（GB2002）（个）	黑色金属矿采选业排放工业废水企业单位数（GB2002）（个）	有色金属矿采选业排放工业废水企业单位数（GB2002）（个）	非金属矿采选业排放工业废水企业单位数（GB2002）（个）	其他采矿业排放工业废水企业单位数（GB2002）（个）	农副食品加工业排放工业废水企业单位数（GB2002）（个）
1992	—	7018	—	—	—	—	—	—	—
1993	—	6959	—	—	—	—	—	—	—
1994	—	7560	—	—	—	—	—	—	—
1995	—	7957	—	—	—	—	—	—	—
1996	62867	3150	—	—	—	—	—	—	—
1997	54909	7575	—	—	—	—	—	—	—
1998	74101	6315	—	—	—	—	—	—	—
1999	70997	5484	—	—	—	—	—	—	—
2000	70944	5061	—	—	—	—	—	—	—
2001	71425	2312	2331	180	546	1031	540	69	3237
2002	70831	2225	2300	177	506	1053	517	33	3341
2003	69904	2409	2379	186	512	1074	486	46	3475
2004	70462	2559	2828	193	615	1114	510	51	3545
2005	70514	2551	2968	211	744	1123	535	64	3594
2006	76186	2554	3108	205	747	1317	556	84	3998
2007	106434	3215	3610	224	1077	1604	710	103	5701
2008	110373	1905	4103	227	1208	1644	833	90	6949
2009	110903	1077	4261	233	1146	1628	958	74	7481
2010	112798	1070	4623	228	1232	1679	763	78	8132

	食品制造业排放工业废水企业单位数（GB2002）（个）	饮料制造业排放工业废水企业单位数（GB2002）（个）	烟草制品业排放工业废水企业单位数（GB2002）（个）	纺织业排放工业废水企业单位数（GB2002）（个）	纺织服装、鞋、帽制造业排放工业废水企业单位数（GB2002）（个）	皮革毛皮羽毛（绒）及其制品业排放工业废水企业单位数（GB2002）（个）	木材加工及木竹藤棕草制品业排放工业废水企业单位数（GB2002）（个）	家具制造业排放工业废水企业单位数（GB2002）（个）	造纸及纸制品业排放工业废水企业单位数（GB2002）（个）	印刷业和记录媒介的复制排放工业废水企业单位数（GB2002）（个）
1992	—	—	—	6338	—	1236	—	—	2295	1266
1993	—	—	—	6091	—	1165	—	—	2282	1141
1994	—	—	—	5951	—	1091	—	—	2210	1251
1995	—	—	—	6012	—	1086	—	—	2362	1199
1996	—	—	—	3289	—	564	—	—	1548	419
1997	—	—	—	5852	—	1277	—	—	3815	952
1998	—	—	—	5477	—	1085	—	—	3815	809
1999	—	—	—	5528	—	1001	—	—	3838	686
2000	—	—	—	6077	—	994	—	—	4119	643
2001	2302	2235	231	6018	625	913	561	175	4391	548
2002	2371	2170	211	6005	617	870	594	166	4338	490
2003	2234	2048	185	5906	602	854	646	181	4217	445
2004	2263	1961	171	6042	577	813	716	182	4174	399
2005	2236	1996	157	6001	599	837	715	182	3911	382
2006	2500	2087	159	6155	1015	900	790	255	4035	415
2007	3331	2640	157	7644	1438	1547	1360	335	5818	625
2008	3626	2743	157	8111	1411	1601	1516	289	5759	557
2009	3707	2748	158	8070	1451	1695	1526	340	5771	558
2010	3683	2968	158	7891	1063	1537	1797	487	5570	436

表 30－2 续表 1

文教体育用品制造业排放工业废水企业单位数（GB2002）（个）	石油加工、炼焦及核燃料加工业排放工业废水企业单位数（GB2002）（个）	化学原料及化学制品制造业排放工业废水企业单位数（GB2002）（个）	医药制造业排放工业废水企业单位数（GB2002）（个）	化学纤维制造业排放工业废水企业单位数（GB2002）（个）	橡胶制品业排放工业废水企业单位数（GB2002）（个）	塑料制品业排放工业废水企业单位数（GB2002）（个）	非金属矿物制品业排放工业废水企业单位数（GB2002）（个）	黑色金属冶炼及压延加工业排放工业废水企业单位数（GB2002）（个）
—	230	—	1670	238	1015	1349	6792	1246
—	207	—	1679	244	918	1434	6707	1302
—	213	—	1739	248	885	1443	6645	1285
—	246	—	1769	265	907	1488	6917	1364
419	275	3811	1009	207	429	551	4032	743
—	808	6522	1713	319	809	1124	14997	1909
—	820	6312	1733	302	739	999	13094	1769
—	734	6301	1787	287	711	958	12316	1647
—	720	6449	1886	269	640	952	12174	1698
213	945	6515	1916	261	607	844	13080	1965
198	934	6625	2029	262	581	735	12858	1889
188	924	6541	1998	228	571	723	12642	1884
186	934	6712	2095	206	553	695	12354	2156
180	1011	6791	2225	233	542	655	11891	2213
193	1008	7651	2314	247	605	814	12432	2585
248	1439	9326	2605	319	975	1434	21402	3678
278	1334	10038	2835	344	899	1433	22001	3705
270	1139	9985	2939	350	918	1409	21435	3562
238	1139	10157	2920	370	825	1354	23328	3513

	有色金属冶炼及压延加工工业排放工业废水企业单位数（GB2002）（个）	金属制品业排放工业废水企业单位数（GB2002）（个）	通用设备制造业排放工业废水企业单位数（GB2002）（个）	专用设备制造业排放工业废水企业单位数（GB2002）（个）	交通运输设备制造业排放工业废水企业单位数（GB2002）（个）	电气机械及器材制造业排放工业废水企业单位数（GB2002）（个）	通信计算机及其他电子设备制造业排放工业废水企业单位数（GB2002）（个）
1992	871	3028	—	—	—	—	—
1993	878	2855	—	—	—	—	—
1994	910	2839	—	—	—	—	—
1995	940	2950	—	—	—	—	—
1996	557	1298	—	—	—	—	—
1997	1196	4146	—	—	—	—	—
1998	1140	4107	—	—	—	—	—
1999	1152	4271	—	—	—	—	—
2000	1257	4500	—	—	—	—	—
2001	1372	4501	2565	1385	1742	1236	995
2002	1354	4558	2399	1319	1700	1189	1071
2003	1466	4153	2391	1195	1683	789	916
2004	1608	3986	2192	1180	1645	829	904
2005	1692	3929	2136	1154	1622	832	1035
2006	1785	4439	2347	1036	1712	1046	1185
2007	2408	5995	3287	1280	2419	1445	1547
2008	2635	5928	3390	1223	2440	1515	1788
2009	2643	6118	3764	1294	2539	1654	1872
2010	2722	6221	3660	1251	2388	1725	1862

表 30－2 续表 2

仪器仪表及文化办公用机械制造业排放工业废水企业单位数（GB2002）（个）	工艺品及其他制造业排放工业废水企业单位数（GB2002）（个）	废弃资源和废旧材料回收加工业排放工业废水企业单位数（GB2002）（个）	电力、热力的生产和供应业排放工业废水企业单位数（GB2002）（个）	燃气生产和供应业排放工业废水企业单位数（GB2002）（个）	水的生产和供应业排放工业废水企业单位数（GB2002）（个）
—	—	—	932	—	—
—	—	—	996	—	—
—	—	—	1054	—	—
—	—	—	1105	—	1105
—	—	—	1173	—	—
—	—	—	1498	—	—
—	—	—	1623	—	—
—	—	—	1661	—	—
—	—	—	1756	—	—
466	—	—	1659	108	127
419	—	—	1771	87	116
710	—	—	1904	82	142
629	442	125	2072	77	169
496	383	90	2356	67	175
499	418	124	2648	69	149
575	999	226	3373	89	226
525	995	256	3689	110	283
511	948	189	4132	88	262
400	680	221	4132	92	205

表 30－3 工业三废

	工业废水排放量（万吨）	其他行业工业废水排放量（万吨）	煤炭开采和洗选业工业废水排放总量（GB2002）（万吨）	石油和天然气开采业工业废水排放总量（GB2002）（万吨）	黑色金属矿采选业工业废水排放总量（GB2002）（万吨）	有色金属矿采选业工业废水排放总量（GB2002）（万吨）	非金属矿采选业工业废水排放总量（GB2002）（万吨）	其他采矿业工业废水排放总量（GB2002）（万吨）	农副食品加工工业废水排放总量（GB2002）（万吨）
1992	2338534	70576	—	—	—	—	—	—	—
1993	2194919	60079	—	—	—	—	—	—	—
1994	2155111	59601	—	—	—	—	—	—	—
1995	2218943	90821	—	—	—	—	—	—	—
1996	2058881	43163	—	—	—	—	—	—	—
1997	1883296	75208	—	—	—	—	—	—	—
1998	2006331	40340	—	—	—	—	—	—	—
1999	1973036	47580	—	—	—	—	—	—	—
2000	1942405	37525	—	—	—	—	—	—	—
2001	2030000	37944	50644	18778	13569	29862	11481	1187	68434
2002	2070000	26724	48571	9226	13374	27715	9222	128	86764
2003	2120000	32360	53168	10644	13031	22855	8609	756	96383
2004	2210000	35332	49983	10372	14322	27806	9468	245	102981
2005	2430000	118708	46650	11252	14239	31136	12968	496	118964
2006	2080440	40010	54023	11177	15431	42296	9842	851	94414
2007	2466493	50997	73040	9988	16032	43374	8663	1339	148589
2008	2416511	17550	72209	11209	16859	42764	9309	926	157770
2009	2343857	17537	80236	10197	15546	37307	7719	574	143838
2010	2374732	10387	104765	11555	15353	38852	7683	375	143100

排放量

食品制造业工业废水排放总量(GB2002)(万吨)	饮料制造业工业废水排放总量(GB2002)(万吨)	烟草制品业工业废水排放总量(GB2002)(万吨)	纺织业工业废水排放总量(GB2002)(万吨)	纺织服装、鞋、帽制造业工业废水排放总量(GB2002)(万吨)	皮革毛皮羽毛(绒)及其制品业工业废水排放总量(GB2002)(万吨)	木材加工及木竹藤棕草制品业工业废水排放总量(GB2002)(万吨)	家具制造业工业废水排放总量(GB2002)(万吨)	造纸及纸制品业工业废水排放总量(GB2002)(万吨)	印刷业和记录媒介的复制工业废水排放总量(GB2002)(万吨)
—	—	—	138483	—	6730	—	—	224100	2999
—	—	—	129410	—	5952	—	—	215801	3068
—	—	—	121964	—	5872	—	—	218281	2934
—	—	—	116425	—	5810	—	—	239012	2945
—	—	—	87100	—	5294	—	—	212462	2198
—	—	—	102767	—	8500	—	—	274601	2845
—	—	—	110128	—	13702	—	—	314795	2027
—	—	—	121240	—	13817	—	—	299847	1829
—	—	—	125649	—	13008	—	—	352876	1749
30429	44640	4009	128974	3724	10905	3491	2947	309804	1879
32077	35887	4366	132208	4392	11874	4047	298	319303	1276
31230	33366	4438	141264	5266	13106	6851	386	318336	1569
37304	33571	3110	153875	11395	16480	8355	519	318705	1379
42830	43404	2809	172232	9185	18338	6569	797	367422	1618
43113	56049	2844	197934	13685	20340	5223	931	374407	1199
42824	63156	2873	225169	14494	23574	4825	1848	424597	1964
47833	70840	2917	230362	15244	26112	4653	1825	407675	1702
52699	69674	3253	239116	14728	24964	6137	1856	392604	1783
54549	75519	2673	245470	12039	28173	5036	2146	393699	1578

	文教体育用品制造业工业废水排放总量（GB2002）（万吨）	石油加工、炼焦及核燃料加工业工业废水排放总量（GB2002）（万吨）	化学原料及化学制品制造业工业废水排放总量（GB2002）（万吨）	医药制造业工业废水排放总量（GB2002）（万吨）	化学纤维制造业工业废水排放总量（GB2002）（万吨）	橡胶制品业工业废水排放总量（GB2002）（万吨）	塑料制品业工业废水排放总量（GB2002）（万吨）	非金属矿物制品业工业废水排放总量（GB2002）（万吨）	黑色金属冶炼及压延加工业工业废水排放总量（GB2002）（万吨）	有色金属冶炼及压延加工业工业废水排放总量（GB2002）（万吨）	金属制品业工业废水排放总量（GB2002）（万吨）
1992	—	63160	555233	49549	59677	17244	6723	64274	296082	41762	11329
1993	—	56664	491836	46014	57622	17206	7168	57551	300872	44385	10479
1994	—	56747	486655	45799	52040	15389	6659	61010	304645	50742	9795
1995	—	65628	485241	45323	55945	14654	6033	61507	306505	50841	10146
1996	2198	49027	440194	36325	52302	11021	3330	46997	273695	49589	7110
1997	—	60009	427748	33744	54344	10773	4985	55489	277929	44405	10540
1998	—	63275	383451	31633	54538	10696	4648	48374	258410	34145	9884
1999	—	62664	361185	32306	50037	9385	3041	46838	228847	31022	10519
2000	—	48500	337346	34381	53134	8124	2994	42422	220528	32871	11817
2001	876	41741	330514	32634	59695	7070	2588	46197	191745	37451	11742
2002	626	54869	321416	36691	53954	7597	2476	44483	190268	34050	14124
2003	694	53762	312825	35874	48847	6865	2344	47181	177456	31761	15910
2004	726	61423	323233	42982	47467	6028	2809	47814	186888	35565	15880
2005	862	68122	339052	40050	48516	6118	2288	48248	169934	33734	21057
2006	883	70281	335956	42988	49543	5976	3374	43070	156727	32751	22448
2007	929	73126	324026	42893	48957	6435	4148	40265	156862	31807	33335
2008	1273	70496	301935	47960	48087	6447	4842	35840	144104	30175	28252
2009	1239	66406	297062	52718	43855	6783	4387	32777	125978	28976	31346
2010	1071	70024	309006	52606	42371	7042	4962	32313	116948	31118	30152

续表

通用设备制造业工业废水排放总量（GB2002）（万吨）	专用设备制造业工业废水排放总量（GB2002）（万吨）	交通运输设备制造业工业废水排放总量（GB2002）（万吨）	电气机械及器材制造业工业废水排放总量（GB2002）（万吨）	通信计算机及其他电子设备制造业工业废水排放总量（GB-2002）（万吨）	仪器仪表及文化办公用机械制造业工业废水排放总量（GB-2002）（万吨）	工艺品及其他制造业工业废水排放总量（GB2002）（万吨）	废弃资源和废旧材料回收加工业工业废水排放总量（GB2002）（万吨）	电力、热力的生产和供应业工业废水排放总量（GB2002）（万吨）	燃气生产和供应业工业废水排放总量（GB2002）（万吨）	水的生产和供应业工业废水排放总量（GB2002）（万吨）
—	—	—	—	—	—	—	—	215785	—	—
—	—	—	—	—	—	—	—	212675	—	—
—	—	—	—	—	—	—	—	208063	—	—
—	—	—	—	—	—	—	—	209366	—	209366
—	—	—	—	—	—	—	—	245556	—	—
—	—	—	—	—	—	—	—	221762	—	—
—	—	—	—	—	—	—	—	215909	—	—
—	—	—	—	—	—	—	—	207955	—	—
—	—	—	—	—	—	—	—	186594	—	—
15357	13504	24251	11294	15148	2405	—	—	222997	4207	10380
12571	13805	24493	11207	16936	2102	—	—	209107	3977	9194
13467	14038	40805	10253	13214	9291	—	—	604	3895	15783
19600	10455	40202	7964	14214	9902	2087	269	251565	3503	12600
15652	11324	24653	8108	18745	7241	2160	235	251145	4099	18819
12530	11506	25708	8239	23905	7845	2340	430	217145	3278	19747
12182	9439	22048	8660	29621	7195	3767	961	174796	2837	15932
14291	10513	28524	9927	31862	5756	3357	649	181627	2605	27495
13452	11006	27422	9324	33513	5798	3587	959	149010	2013	22919
13055	9714	26219	11652	35965	4965	2559	1147	129624	1931	31189

表 30 – 4　工业三废

	工业废水排放达标量（万吨）	其他行业工业废水排放达标量（万吨）	煤炭开采和洗选业工业废水排放达标量（GB2002）（万吨）	石油和天然气开采业工业废水排放达标量（GB2002）（万吨）	黑色金属矿采选业工业废水排放达标量（GB2002）（万吨）	有色金属矿采选业工业废水排放达标量（GB2002）（万吨）	非金属矿采选业工业废水排放达标量（GB2002）（万吨）	其他采矿业工业废水排放达标量（GB2002）（万吨）	农副食品加工业工业废水排放达标量（GB2002）（万吨）	食品制造业工业废水排放达标量（GB2002）（万吨）
1991	1182031	—	—	—	—	—	—	—	—	—
1992	1236216	33204	—	—	—	—	—	—	—	—
1993	1204858	26489	—	—	—	—	—	—	—	—
1994	1196969	30438	—	—	—	—	—	—	—	—
1995	1228680	39204	—	—	—	—	—	—	—	—
1996	1217033	29325	—	—	—	—	—	—	—	—
1997	1164623	49044	—	—	—	—	—	—	—	—
1998	1232203	28555	—	—	—	—	—	—	—	—
1999	1316043	35948	—	—	—	—	—	—	—	—
2000	1493277	31944	—	—	—	—	—	—	—	—
2001	1730000	31189	42529	17042	11766	24928	10239	1162	49840	23965
2002	1830000	22627	41463	8196	11734	23735	8290	96	70600	26895
2003	1890000	28672	47873	10145	11438	19182	7964	711	76423	25769
2004	2010000	28175	42019	9845	12777	21290	8999	200	83950	32276
2005	2220000	94516	39309	10545	12829	28027	11957	388	94645	38416
2006	2178461	31107	48015	10700	14236	37584	9064	710	81110	38799
2007	2260719	45860	67680	9321	14970	38360	8129	1121	133128	37696
2008	2233986	14988	66868	10856	15624	37480	8859	691	128430	42416
2009	2208743	16152	73665	10005	14650	32730	7292	460	132050	48365
2010	2263587	9406	97542	11530	14002	36001	7313	356	131538	50304

排放达标量

饮料制造业工业废水排放达标量（GB2002）（万吨）	烟草制品业工业废水排放达标量（GB2002）（万吨）	纺织业工业废水排放达标量（GB2002）（万吨）	纺织服装、鞋、帽制造业工业废水排放达标量（GB2002）（万吨）	皮革毛皮羽毛（绒）及其制品业工业废水排放达标量(GB2002)（万吨）	木材加工及木竹藤棕草制品业工业废水排放达标量(GB2002)（万吨）	家具制造业工业废水排放达标量（GB2002）（万吨）	造纸及纸制品业工业废水排放达标量（GB2002）（万吨）	印刷业和记录媒介的复制工业废水排放达标量（GB2002）（万吨）	文教体育用品制造业工业废水排放达标量（GB2002）（万吨）
—	—	79549	—	1547	—	—	31730	1825	—
—	—	79549	—	1547	—	—	31730	1825	—
—	—	77251	—	1751	—	—	31416	1933	—
—	—	72976	—	1826	—	—	32445	1847	—
—	—	71759	—	2068	—	—	32774	1945	—
—	—	57871	—	2285	—	—	30380	1436	1436
—	—	66617	—	4226	—	—	55137	1724	—
—	—	65517	—	5196	—	—	81506	1541	—
—	—	76837	—	6410	—	—	112210	1440	—
—	—	97891	—	6513	—	—	189620	1549	—
38573	3446	118187	3378	8591	2310	2876	244854	1626	830
28737	3805	123924	4213	9625	2649	260	269375	1142	587
28987	2921	131449	4987	11831	6036	355	273333	1488	535
29174	2772	146122	11242	15437	7480	488	286468	1289	650
37413	2523	165960	8954	17205	5978	770	335581	1545	772
48059	2518	183053	13166	18805	4818	884	336213	1112	828
54849	2761	204731	13939	20059	4214	1726	382974	1880	802
62889	2734	218406	14903	23238	4169	1774	375124	1603	1067
65459	3176	230806	14324	23087	5703	1836	367176	1743	1109
70859	2631	239135	11613	26527	4608	2114	378019	1524	1033

	石油加工、炼焦及核燃料加工业工业废水排放达标量（GB2002）（万吨）	化学原料及化学制品制造业工业废水排放达标量（GB2002）（万吨）	医药制造业工业废水排放达标量（GB2002）（万吨）	化学纤维制造业工业废水排放达标量（GB2002）（万吨）	橡胶制品业工业废水排放达标量（GB2002）（万吨）	塑料制品业工业废水排放达标量（GB2002）（万吨）	非金属矿物制品业工业废水排放达标量（GB2002）（万吨）	黑色金属冶炼及压延加工业工业废水排放达标量（GB2002）（万吨）	有色金属冶炼及压延加工业工业废水排放达标量（GB2002）（万吨）	金属制品业工业废水排放达标量（GB2002）（万吨）
1991	31546	281122	17813	40167	12408	4292	34866	218989	26864	6686
1992	44920	272073	17813	40167	12408	4292	37875	218989	26864	6686
1993	41340	262551	16998	39254	12239	5177	37241	231363	26180	6291
1994	44167	260485	18000	37226	11047	5089	39865	237497	25146	6084
1995	50550	255231	18140	40994	10946	4537	41145	240897	25219	6160
1996	41391	244245	15389	32014	9483	2769	31214	221179	30957	4818
1997	51208	254198	15025	37089	8995	4192	36696	221857	26646	7269
1998	55766	244462	18145	40187	8273	4064	36081	211879	23345	7442
1999	55306	258711	21424	38664	7410	2771	37213	191899	22688	8617
2000	45817	276507	27942	43151	7792	2883	35652	198944	25847	10699
2001	40117	285753	27184	51282	6737	2175	40281	178848	30870	10646
2002	51966	285586	32093	48702	7382	2413	40027	177739	28123	12953
2003	51947	284602	32997	44154	6695	2243	43479	167125	25361	14810
2004	59940	295016	40756	44032	5856	2616	44457	179143	29306	14979
2005	66520	311922	37963	45458	6031	2208	45544	163928	29160	20028
2006	68377	308474	40752	47362	5867	3022	39870	152166	29029	21113
2007	71837	303982	40399	47604	6091	3236	36705	152605	29875	31643
2008	66296	284485	45879	46519	6229	4232	33643	137398	28684	27027
2009	63474	282138	51003	41858	6704	4005	30434	122036	27643	30166
2010	68700	296943	51247	40131	6931	4743	30314	114992	29906	28962

续表

通用设备制造业工业废水排放达标量（GB2002）（万吨）	专用设备制造业工业废水排放达标量（GB2002）（万吨）	交通运输设备制造业工业废水排放达标量（GB2002）（万吨）	电气机械及器材制造业工业废水排放达标量（GB2002）（万吨）	通信计算机及其他电子设备制造业工业废水排放达标量（GB2002）（万吨）	仪器仪表及文化办公用机械制造业工业废水排放达标量（GB2002）（万吨）	工艺品及其他制造业工业废水排放达标量（GB2002）（万吨）	废弃资源和废旧材料回收加工业工业废水排放达标量（GB2002）（万吨）	电力、热力的生产和供应业工业废水排放达标量（GB2002）（万吨）	燃气生产和供应业工业废水排放达标量（GB2002）（万吨）	水的生产和供应业工业废水排放达标量（GB2002）（万吨）
—	—	—	—	—	—	—	—	133769	—	—
—	—	—	—	—	—	—	—	133769	—	—
—	—	—	—	—	—	—	—	134586	—	—
—	—	—	—	—	—	—	—	133535	—	—
—	—	—	—	—	—	—	—	137252	—	137252
—	—	—	—	—	—	—	—	176653	—	—
—	—	—	—	—	—	—	—	162219	—	—
—	—	—	—	—	—	—	—	163431	—	—
—	—	—	—	—	—	—	—	161533	—	—
—	—	—	—	—	—	—	—	171364	—	—
13927	12661	22252	10399	14203	2229	—	—	212553	2838	10148
11099	11694	23011	10483	16520	1963	—	—	204702	3222	8779
12493	12024	39312	9804	12656	8733	—	—	507	3183	14905
18967	9860	38729	7493	13474	9398	1982	255	246456	3154	12399
15021	10915	23190	7727	18164	7056	2098	227	246832	3789	18419
11815	11094	24794	7893	22731	7686	2282	424	210066	2965	19222
11412	9074	21052	8105	28803	6664	3608	860	171209	2413	15733
13113	9974	27542	9327	31182	5620	3222	575	178960	2537	26969
12953	10747	26473	9002	32776	5675	3362	917	144573	1927	22421
12638	9440	25347	10984	35427	4908	2390	1030	127132	1782	30908

表 30－5　废气排放及处理情况

	工业废气排放量（亿标立方米）	燃料燃烧过程废气的排放量（亿标立方米）	生产工艺过程中废气的排放量（亿标立方米）	工业二氧化硫排放量（万吨）	工业烟尘排放量（万吨）	工业粉尘排放量（万吨）	工业二氧化硫去除量（万吨）	工业烟尘去除量（万吨）	工业粉尘去除量（万吨）	治理工业废气设施数量（套）	生活二氧化硫排放量（吨）	生活烟尘排放量（吨）
1991	84734	53649	31085	1165	845	578	173	6525	2161	—	—	—
1992	89633	57221	32412	1323	870	576	195	7273	2451	—	—	—
1993	93423	60041	33382	1292.49	880.446	616.5641	211.9183	8161.03	2641.498	—	—	—
1994	97463	61800	35664	1341.416	806.8637	582.78	222.2357	8977.562	2628.513	—	—	—
1995	107478	66949	40530	1405.021	837.9709	638.9858	339.9492	9975.777	2895.271	—	—	—
1996	111196	70019	41177	1363.574	758.3272	561.521	406.0995	10656.29	3437.489	103389	—	—
1997	113375	70918	42457	1362.629	684.61	548.3924	427.6063	10499.66	3078.428	112894	—	—
1998	121203	72985	48218	1593.021	1175.405	1322.173	461.3662	10060.13	3740.766	134359	4969773	2765598
1999	126807	75919	50887	1460	953	1175	501	9894	4336	138934	3974354	2055804
2000	138145	81970	56032	1612	953	1092	575	10717	4480	145534	3825827	2121047
2001	160863	93526	67337	1566	852	991	565	12317	5322	134025	3810000	2180000
2002	175257	103776	71481	1562	804	941	698	13998	5570	137668	3650000	2090000
2003	198906	116447	82459	1792	846	1021	749	15649	5995	137204	3670000	2020000
2004	237696	139726	97971	1891	887	905	890	18075	8529	144973	3640000	2090000
2005	268988	155238	113749	2168	949	911	1090	20587	6454	145043	3810000	2336000
2006	330992	181636	149353	2041.8	774.9	722.2	1451.1	23564.6	7279.9	154557	3539000	2243000
2007	388169	209922	178247	2140	771.1	698.7	1942.6	25166.4	7669.6	162325	3281084	2154937
2008	403866	229535	174331	1991.4	670.7	584.9	2286.4	30542.8	8471.2	174164	3298598	2308793
2009	436064	241201	194862	1865.9	604.4	523.6	2889.9	32848.1	8722.6	176489	3484594	2432899
2010	519168	303897	215271	1705.45	549.24	408.94	3304	38941.38	9501.72	187401	3207000	2259000

表 30－6　工业二氧化硫排放量

	工业二氧化硫排放量（万吨）	其他行业工业二氧化硫排放量（万吨）	煤炭开采和洗选业二氧化硫排放量（GB2002）（吨）	石油和天然气开采业二氧化硫排放量（GB2002）（吨）	黑色金属矿采选业二氧化硫排放量（GB2002）（吨）	有色金属矿采选业二氧化硫排放量（GB2002）（吨）	非金属矿采选业二氧化硫排放量（GB2002）（吨）	其他采矿业二氧化硫排放量（GB2002）（吨）	农副食品加工业二氧化硫排放量（GB2002）（吨）	食品制造业二氧化硫排放量（GB2002）（吨）	饮料制造业二氧化硫排放量（GB2002）（吨）
1991	1165	24	—	—	—	—	—	—	—	—	—
1992	1323	25	—	—	—	—	—	—	—	—	—
1993	1292.49	19.74	—	—	—	—	—	—	—	—	—
1994	1341.416	24.6489	—	—	—	—	—	—	—	—	—
1995	1405.021	22.1573	—	—	—	—	—	—	—	—	—
1996	1363.574	17.353	—	—	—	—	—	—	—	—	—
1997	1362.629	23.5383	—	—	—	—	—	—	—	—	—
1998	1593.021	172.7253	—	—	—	—	—	—	—	—	—
1999	1460	136.6411	—	—	—	—	—	—	—	—	—
2000	1612	139.7555	—	—	—	—	—	—	—	—	—
2001	1566	—	177672	32217	68670	31350	48656	438	116657	72231	184549
2002	1562	8.8628	185960	33135	28166	58746	66415	1294	172742	87498	127538
2003	1792	16.5996	155244	23538	32266	48819	47834	2374	168189	70705	105958
2004	1891	21.2174	152093	24912	57190	61522	36839	1356	177194	82550	113247
2005	2168	26.4	210000	32000	43000	67000	57000	2000	156000	94000	107000
2006	2041.8	43.4	145000	30000	53000	98000	56000	3000	168000	105000	116000
2007	2140	7.52	175300	30400	53700	182500	65800	2700	170300	117200	123600
2008	1991.4	3.84	148675	31387	53084	153857	63392	1580	163253	120751	112082
2009	1865.9	1.1	149900	35300	54500	123000	45200	1100	160900	107600	105800
2010	1705.45	2.81	160300	35600	52800	111200	41300	1300	169300	115600	111800

	烟草制品业二氧化硫排放量（GB2002）（吨）	纺织业二氧化硫排放量（GB2002）（吨）	纺织服装、鞋、帽制造业二氧化硫排放量（GB2002）（吨）	皮革毛皮羽毛（绒）及其制品业二氧化硫排放量（GB2002）（吨）	木材加工及木竹藤棕草制品业二氧化硫排放量（GB2002）（吨）	家具制造业二氧化硫排放量（GB2002）（吨）	造纸及纸制品业二氧化硫排放量（GB2002）（吨）	印刷业和记录媒介的复制二氧化硫排放量（GB2002）（吨）	文教体育用品制造业二氧化硫排放量（GB2002）（吨）	石油加工、炼焦及核燃料加工业二氧化硫排放量（GB2002）（吨）
1991	—	420000	—	20000	—	—	270000	10000	—	70000
1992	—	420000	—	20000	—	—	280000	10000	—	80000
1993	—	401307	—	19807	—	—	281770	9208	—	73588
1994	—	395443	—	18401	—	—	270727	9880	—	81232
1995	—	358438	—	16734	—	—	325058	9796	—	150651
1996	—	264954	—	15257	—	—	278467	6485	—	138259
1997	—	333976	—	23992	—	—	368394	10494	—	188985
1998	—	286415	—	17587	—	—	359459	6953	—	281262
1999	—	247184	—	11289	—	—	308148	4095	—	322062
2000—	254094	—	12765	—	—	335238	4987	—	375009	
2001	19216	262581	10518	14160	29614	4257	426157	6191	3102	344303
2002	14164	230420	9386	16730	32875	2354	350212	2618	9361	372961
2003	14709	246467	9496	13832	34955	3170	362882	3203	1176	442085
2004	13095	293665	12956	17348	44471	2357	390747	2204	3742	679939
2005	13000	296000	15000	21000	48000	4000	431000	2000	3000	709000
2006	15000	303000	21000	18000	47000	3000	428000	2000	1000	661000
2007	13600	275900	12400	17500	42400	3400	491600	2400	1000	654400
2008	15612	263827	11948	17347	35551	2351	462959	3727	903	629183
2009	11600	256100	12400	17800	32100	2600	457400	2700	1100	614200
2010	10000	247200	11200	14000	32600	2200	508200	3000	1100	635300

表 30－6 续表 1

化学原料及化学制品制造业二氧化硫排放量（GB2002）（吨）	医药制造业二氧化硫排放量（GB2002）（吨）	化学纤维制造业二氧化硫排放量（GB2002）（吨）	橡胶制品业二氧化硫排放量（GB2002）（吨）	塑料制品业二氧化硫排放量（GB2002）（吨）	非金属矿物制品业二氧化硫排放量（GB2002）（吨）	黑色金属冶炼及压延加工业二氧化硫排放量（GB2002）（吨）	有色金属冶炼及压延加工业二氧化硫排放量（GB2002）（吨）	金属制品业二氧化硫排放量（GB2002）（吨）	通用设备制造业二氧化硫排放量（GB2002）（吨）
—	110000	90000	70000	20000	1080000	700000	540000	50000	—
—	140000	120000	80000	30000	1270000	730000	530000	50000	—
—	122091	113389	78606	30359	1274891	790284	580013	40288	—
—	136317	114416	112227	29772	1187828	766200	570215	40497	—
—	130997	114590	80226	29216	1232421	840027	613467	49985	—
1039483	105575	140572	64083	20928	955865	818874	613746	20600	—
452970	94089	158420	60182	17672	1296110	877822	785726	34301	—
940762	80620	141916	64986	14886	2281547	790319	700462	64382	—
832475	72027	127071	50806	13186	2155163	713917	671646	72226	—
819386	64212	150034	46623	14612	2333138	753357	714168	72450	—
786180	65301	127604	44791	13163	1573617	732578	612338	28527	41925
735844	62865	113473	40935	11971	1550006	813924	672428	28295	35230
832677	68333	127620	41060	9546	1553792	832359	581653	23552	39550
1033828	89893	115828	38438	11631	1748373	1134091	703637	31405	66069
1168000	64000	115000	44000	13000	1784000	1422000	707000	26000	55000
1115000	73000	132000	46000	20000	1867000	1494000	695000	40000	54000
1116200	78200	121800	44900	24800	1826200	1624700	683600	51900	40200
1035423	76271	117031	38203	24196	1680618	1607470	668786	42277	47627
975200	77600	114600	37800	23400	1605200	1701800	660900	38400	46200
1040000	79400	106900	39500	29500	1686200	1766500	803300	35000	50500

表30－6 续表2

	专用设备制造业二氧化硫排放量（GB2002）（吨）	交通运输设备制造业二氧化硫排放量（GB2002）（吨）	电气机械及器材制造业二氧化硫排放量（GB2002）（吨）	通信计算机及其他电子设备制造业二氧化硫排放量（GB2002）（吨）	仪器仪表及文化办公用机械制造业二氧化硫排放量（GB2002）（吨）	工艺品及其他制造业二氧化硫排放量（GB2002）（吨）	废弃资源和废旧材料回收加工业二氧化硫排放量（GB2002）（吨）	电力、热力的生产和供应业二氧化硫排放量（GB2002）（吨）	燃气生产和供应业二氧化硫排放量（GB2002）（吨）	水的生产和供应业二氧化硫排放量（GB2002）（吨）
1991	—	—	—	—	—	—	—	5280000	—	—
1992	—	—	—	—	—	—	—	5760000	—	—
1993	—	—	—	—	—	—	—	6283378	—	—
1994	—	—	—	—	—	—	—	6856677	—	—
1995	—	—	—	—	—	—	—	7178420	—	—
1996	—	—	—	—	—	—	—	7315727	—	—
1997	—	—	—	—	—	—	—	7894660	—	—
1998	—	—	—	—	—	—	—	6967926	—	—
1999	—	—	—	—	—	—	—	6374392	—	—
2000	—	—	—	—	—	—	—	7072292	—	—
2001	26653	50476	30823	15306	2968	—	—	7255415	26647	2633
2002	39599	50923	29228	13807	2869	—	—	7500892	24593	2892
2003	36237	70041	18086	18053	9841	—	—	8619462	28568	2754
2004	31400	55452	12921	13394	16708	3639	843	9948598	19402	6573
2005	33000	41000	27000	17000	13000	5000	—	11672000	19000	5000
2006	23000	39000	10000	18000	16000	4000	1000	12041000	21000	5000
2007	25000	41000	12300	16100	1800	3700	1300	11471200	25900	300
2008	20955	42056	14218	11435	1816	3729	1855	10599360	28162	435
2009	38300	36800	11300	10000	1400	3700	1700	9329900	23300	500
2010	39100	33900	13500	6500	1400	8800	2200	8997900	20100	2100

表 30－7 工业烟尘排放量

	工业烟尘排放量（万吨）	其他行业工业烟尘排放量（万吨）	煤炭开采和洗选业烟尘排放量（GB2002）（吨）	石油和天然气开采业烟尘排放量（GB2002）（吨）	黑色金属矿采选业烟尘排放量（GB2002）（吨）	有色金属矿采选业烟尘排放量（GB2002）（吨）	非金属矿采选业烟尘排放量（GB2002）（吨）	其他采矿业烟尘排放量（GB2002）（吨）	农副食品加工业烟尘排放量（GB2002）（吨）	食品制造业烟尘排放量（GB2002）（吨）
1991	845	26	—	—	—	—	—	—	—	—
1992	870	24	—	—	—	—	—	—	—	—
1993	880. 446	21. 4308	—	—	—	—	—	—	—	—
1994	806. 8637	16. 0975	—	—	—	—	—	—	—	—
1995	837. 9709	15. 0332	—	—	—	—	—	—	—	—
1996	758. 3272	9. 7289	—	—	—	—	—	—	—	—
1997	684. 61	8. 2767	—	—	—	—	—	—	—	—
1998	1175. 405	226. 8428	—	—	—	—	—	—	—	—
1999	953	156. 4103	—	—	—	—	—	—	—	—
2000	953	184. 1447	—	—	—	—	—	—	—	—
2001	852	—	168805	18544	37564	7012	27548	482	91469	48023
2002	804	5. 4548	127420	20224	25527	25944	35489	624	219536	44979
2003	846	118. 2811	1043837	82460	125025	181338	215499	3281	671663	283917
2004	887	9. 7688	134790	12577	19575	29236	36934	728	247427	50568
2005	949	5. 3	109000	14000	17000	27000	68000	1000	204000	51000
2006	774. 9	11. 5	122000	10000	17000	22000	52000	3000	161000	50000
2007	771. 1	5. 61	92000	10300	19800	26200	37600	2300	127500	54800
2008	670. 7	2. 68	99901	11435	23268	14065	34543	2176	121446	55313
2009	604. 4	1. 29	98300	11100	18400	12100	22300	1900	112300	57200
2010	549. 24	1. 78	116200	12800	18900	12800	24700	1900	119700	58500

	饮料制造业烟尘排放量（GB2002）（吨）	烟草制品业烟尘排放量（GB2002）（吨）	纺织业烟尘排放量（GB2002）（吨）	纺织服装、鞋、帽制造业烟尘排放量（GB2002）（吨）	皮革毛皮羽毛（绒）及其制品业烟尘排放量（GB2002）（吨）	木材加工及木竹藤棕草制品业烟尘排放量（GB2002）（吨）	家具制造业烟尘排放量（GB2002）（吨）	造纸及纸制品业烟尘排放量（GB2002）（吨）	印刷业和记录媒介的复制烟尘排放量（GB2002）（吨）	文教体育用品制造业烟尘排放量（GB2002）（吨）
1991	—	—	250000	—	20000	—	—	230000	1	—
1992	—	—	230000	—	10000	—	—	200000	2	—
1993	—	—	224728	—	13946	—	—	287497	4843	—
1994	—	—	225200	—	11701	—	—	182581	4905	—
1995	—	—	196045	—	10621	—	—	220115	4940	—
1996	—	—	134414	—	11325	—	—	201430	3353	—
1997	—	—	166126	—	16367	—	—	284259	6469	—
1998	—	—	148575	—	11305	—	—	259543	6844	—
1999	—	—	120652	—	8189	—	—	259440	4166	—
2000	—	—	119069	—	8503	—	—	209454	2358	—
2001	215060	9469	114907	3793	8979	35435	7043	277845	2879	1513
2002	97331	5738	104052	3347	11905	40558	2641	226245	2046	4662
2003	381131	52556	847244	44056	33657	123833	34988	2237309	10960	2161
2004	96121	6435	115746	6434	13322	53719	1718	228291	1691	2149
2005	90000	6000	128000	7000	11000	55000	2000	241000	1000	2000
2006	88000	7000	124000	11000	10000	37000	4000	209000	2000	1000
2007	81000	6200	127300	4800	11000	31700	5100	236000	1200	500
2008	66839	7684	128294	6559	10298	32618	3724	239860	1827	554
2009	67500	5100	126600	6600	10300	32300	3700	191800	1500	600
2010	71900	4000	119900	7800	8400	43100	1700	195700	1700	800

表 30-7 续表 1

石油加工、炼焦及核燃料加工业烟尘排放量（GB2002）（吨）	化学原料及化学制品制造业烟尘排放量（GB2002）（吨）	医药制造业烟尘排放量（GB2002）（吨）	化学纤维制造业烟尘排放量（GB2002）（吨）	橡胶制品业烟尘排放量（GB2002）（吨）	塑料制品业烟尘排放量（GB2002）（吨）	非金属矿物制品业烟尘排放量（GB2002）（吨）	黑色金属冶炼及压延加工业烟尘排放量（GB2002）（吨）	有色金属冶炼及压延加工业烟尘排放量（GB2002）（吨）	金属制品业烟尘排放量（GB2002）（吨）
3	—	70000	50000	40000	10000	74	440000	100000	50000
3	—	70000	60000	40000	10000	81	520000	90000	40000
31364	—	68491	56292	36741	13444	878830	432405	102517	33995
32889	—	76939	57359	31090	11618	717422	423348	111418	35857
66712	—	75406	65337	37205	116280	756829	407711	143375	31905
56488	545852	41285	59788	23018	7147	480961	364499	210064	19057
87157	580402	54644	57999	28213	9300	1133201	439721	192248	38899
187479	517487	48536	58541	28403	7116	2669604	354375	145747	42778
251643	433953	52438	58435	22253	6027	2501294	311718	176585	37429
247596	420744	38058	55272	15050	8785	2423926	289663	217654	29384
196201	432837	41565	54084	17189	5548	1305429	445136	237102	42931
218537	468768	36674	56188	14882	5177	1307092	397137	205023	25445
1399785	5402432	305162	1140854	178652	24426	3013029	4931892	2089435	45198
468048	507730	44557	37167	16523	4653	1329191	539420	200810	16978
382000	536000	42000	46000	20000	6000	1339000	693000	192000	17000
368000	511000	45000	46000	18000	7000	1224000	727000	150000	22000
410200	478500	48700	35300	16500	19600	1093100	679900	153900	26300
255154	469443	45732	27070	18168	11414	985294	570353	134907	23020
224600	417200	45100	27800	18400	10100	925100	518400	122800	21800
230300	435600	44000	27600	16700	10700	1069300	562800	149800	19100

表 30－7 续表 2

	通用设备制造业烟尘排放量（GB2002）（吨）	专用设备制造业烟尘排放量（GB2002）（吨）	交通运输设备制造业烟尘排放量（GB2002）（吨）	电气机械及器材制造业烟尘排放量（GB2002）（吨）	通信计算机及其他电子设备制造业烟尘排放量（GB2002）（吨）	仪器仪表及文化办公用机械制造业烟尘排放量（GB2002）（吨）	工艺品及其他制造业烟尘排放量（GB2002）（吨）	废弃资源和废旧材料回收加工业烟尘排放量（GB2002）（吨）	电力、热力的生产和供应业烟尘排放量（GB2002）（吨）	燃气生产和供应业烟尘排放量（GB2002）（吨）	水的生产和供应业烟尘排放量（GB2002）（吨）
1991	—	—	—	—	—	—	—	—	418	—	—
1992	—	—	—	—	—	—	—	—	388	—	—
1993	—	—	—	—	—	—	—	—	4193399	—	—
1994	—	—	—	—	—	—	—	—	4303366	—	—
1995	—	—	—	—	—	—	—	—	4443756	—	—
1996	—	—	—	—	—	—	—	—	4164878	—	—
1997	—	—	—	—	—	—	—	—	3952957	—	—
1998	—	—	—	—	—	—	—	—	3419778	—	—
1999	—	—	—	—	—	—	—	—	3074608	—	—
2000	—	—	—	—	—	—	—	—	3013124	—	—
2001	38573	24524	26481	18817	5069	1951	—	—	3231957	10636	1409
2002	30536	27298	36962	18069	4477	3740	—	—	3284493	12992	1104
2003	101353	190447	421133	59616	62032	26599	—	—	127569284	149892	2579
2004	40294	15964	58271	7676	12423	3718	2131	523	3485800	8365	2451
2005	38000	21000	30000	15000	8000	4000	5000	—	4052000	14000	2000
2006	28000	18000	35000	7000	6000	6000	2000	1000	3467000	15000	1000
2007	28600	12500	34400	7900	4900	700	1500	400	2973900	14100	500
2008	32786	12028	29388	8211	5592	596	1996	397	2503623	21328	765
2009	30100	13000	29300	6400	5000	700	1600	500	2221500	13800	500
2010	37800	11700	27000	6500	3400	500	3100	700	1989500	7700	500

表 30－8 工业粉尘排放量

	工业粉尘排放量（万吨）	其他行业工业粉尘排放量（万吨）	煤炭开采和洗选业粉尘排放量（GB2002）（吨）	石油和天然气开采业粉尘排放量（GB2002）（吨）	黑色金属矿采选业粉尘排放量（GB2002）（吨）	有色金属矿采选业粉尘排放量（GB2002）（吨）	非金属矿采选业粉尘排放量（GB2002）（吨）	其他采矿业粉尘排放量（GB2002）（吨）	农副食品加工业粉尘排放量（GB2002）（吨）	食品制造业粉尘排放量（GB2002）（吨）
1991	578	7	—	—	—	—	—	—	—	—
1992	576	11	—	—	—	—	—	—	—	—
1993	616.5641	9.2803	—	—	—	—	—	—	—	—
1994	582.78	6.3068	—	—	—	—	—	—	—	—
1995	638.9858	6.8579	—	—	—	—	—	—	—	—
1996	561.521	8.2122	—	—	—	—	—	—	—	—
1997	548.3924	9.9447	—	—	—	—	—	—	—	—
1998	1322.173	7.0817	—	—	—	—	—	—	—	—
1999	1175	6.471	—	—	—	—	—	—	—	—
2000	1092	5.5155	—	—	—	—	—	—	—	—
2001	991	—	76328	1788	53545	9725	43506	10	7626	3523
2002	941	2.8042	91503	1325	23739	18873	103814	48	22177	2228
2003	1021	15.4641	89206	1748	431909	393655	227183	497	29298	23208
2004	905	10.5482	137528	1584	35653	25781	56532	21662	19004	2617
2005	911	12.4	246000	1000	39000	28000	88000	1000	21000	6000
2006	722.2	3.7	176000	3000	37000	20000	81000	2000	7000	2000
2007	698.7	1.35	139100	3000	35200	13400	72900	3300	5900	1500
2008	584.9	11.36	136596	—	40077	11101	39168	705	3920	2230
2009	523.6	5.9	187800	—	37800	11600	25900	600	3800	1300
2010	408.94	0.33	149100	—	53300	8600	28600	1300	4600	800

	饮料制造业粉尘排放量(GB2002)(吨)	粉草制品业粉尘排放量(GB2002)(吨)	纺织业粉尘排放量(GB2002)(吨)	纺织服装、鞋、帽制造业粉尘排放量(GB2002)(吨)	皮革毛皮羽毛(绒)及其制品业粉尘排放量(GB2002)(万吨)	木材加工及木竹藤棕草制品业粉尘排放量(GB2002)(吨)	家具制造业粉尘排放量(GB2002)(吨)	造纸及纸制品业粉尘排放量(GB2002)(吨)	印刷业和记录媒介的复制粉尘排放量(GB2002)(吨)	文教体育用品制造业粉尘排放量(GB2002)(吨)
1991	—	—	20000	—	—	—	—	30000	—	—
1992	—	—	10000	—	0	—	—	30000	0	—
1993	—	—	6940	—	0.0628	—	—	39332	49	—
1994	—	—	5408	—	0.097	—	—	25926	74	—
1995	—	—	5892	—	0.0759	—	—	28811	19	—
1996	—	—	3853	—	0.0151	—	—	39669	21	—
1997	—	—	2768	—	0.0903	—	—	134621	2678	—
1998	—	—	1089	—	0.0165	—	—	104455	175	—
1999	—	—	2260	—	0.0072	—	—	31761	9	—
2000	—	—	2557	—	0.0631	—	—	37298	667	—
2001	6955	1855	2536	111	0.0031	10283	2109	36664	16	276
2002	1315	1975	3685	128	0.011	9185	1064	13984	—	1319
2003	181	20657	5316	914	0.0066	63477	10030	87595	162	535
2004	2458	1521	11289	982	—	22142	—	14391	—	3471
2005	2000	2000	3000	13000	—	16000	2000	16000	—	4000
2006	2000	2000	6000	1000	0.2	15000	1000	12000	—	4000
2007	1600	1100	1500	100	0.03	9300	20600	7700	—	300
2008	970	1055	2802	264	0.02	11493	476	7960	—	327
2009	1100	1000	1700	300	0.03	24800	1000	7500	—	300
2010	800	800	1200	200	—	25000	1200	5700	—	200

表 30－8 续表 1

石油加工、炼焦及核燃料加工业粉尘排放量（GB2002）（吨）	化学原料及化学制品制造业粉尘排放量（GB2002）（吨）	医药制造业粉尘排放量（GB2002）（吨）	化学纤维制造业粉尘排放量（GB2002）（吨）	橡胶制品业粉尘排放量（GB2002）（万吨）	塑料制品业粉尘排放量（GB2002）（吨）	非金属矿物制品业粉尘排放量（GB2002）（吨）	黑色金属冶炼及压延加工业粉尘排放量（GB2002）（吨）	有色金属冶炼及压延加工业粉尘排放量（GB2002）（吨）	金属制品业粉尘排放量（GB2002）（吨）
1	—	—	—	—	—	386	1020000	110000	10000
1	—	10000	30000	0	0	378	920000	90000	10000
11853	—	4896	5894	0. 0719	1820	3989241	1118574	178824	7293
13711	—	1798	4799	0. 1193	730	4067161	998705	87984	4484
15507	—	1168	8474	0. 6627	237	4622223	1007275	114429	3228
61767	147279	1132	14276	0. 3083	320	3473048	988056	168446	3070
79523	4168595	95	15041	0. 2765	2365	6683479	1050998	193214	84296
86826	146162	953	13557	0. 0435	2772	11266034	1025656	125707	86498
77060	91512	1113	14603	0. 0565	2583	10051025	931559	115287	93267
54238	103298	204	14756	0. 0442	28217	8241758	853460	115473	93952
72452	107377	1535	5809	0. 1315	6170	5419538	810171	174296	15232
74289	130392	1292	7248	0. 172	5923	5181098	864555	160457	10615
160652	629803	4172	12542	0. 2874	787	38016606	15644539	2968693	7773
152976	171817	1038	2089	—	4202	5774492	1214948	189852	8551
188000	175000	1000	1000	—	—	5657000	1257000	187000	10000
182000	175000	2000	2000	0. 1	—	5067000	1137000	141000	12000
208300	137300	700	600	0. 13	300	4450200	1018300	106900	13000
215106	125027	626	450	0. 06	344	3552622	887115	85113	11046
155500	111600	800	600	0. 06	300	3090400	841500	88400	7600
192100	141200	700	700	0. 07	200	2324700	934700	103800	7200

表 30 -8 续表 2

	通用设备制造业粉尘排放量（GB2002）（吨）	专用设备制造业粉尘排放量（GB2002）（吨）	交通运输设备制造业粉尘排放量（GB2002）（吨）	电气机械及器材制造业粉尘排放量（GB2002）（吨）	通信计算机及其他电子设备制造业粉尘排放量（GB2002）（吨）	仪器仪表及文化办公用机械制造业粉尘排放量（GB2002）（吨）	工艺品及其他制造业粉尘排放量（GB2002）（吨）	废弃资源和废旧材料回收加工业粉尘排放量（GB2002）（万吨）	电力、热力的生产和供应业粉尘排放量（GB2002）（吨）	燃气生产和供应业粉尘排放量（GB2002）（吨）	水的生产和供应业粉尘排放量（GB2002）（吨）
1991	—	—	—	—	—	—	—	—	4	—	—
1992	—	—	—	—	—	—	—	—	8	—	—
1993	—	—	—	—	—	—	—	—	47567	—	—
1994	—	—	—	—	—	—	—	—	36310	—	—
1995	—	—	—	—	—	—	—	—	36147	—	—
1996	—	—	—	—	—	—	—	—	66964	—	—
1997	—	—	—	—	—	—	—	—	71749	—	—
1998	—	—	—	—	—	—	—	—	62491	—	—
1999	—	—	—	—	—	—	—	—	35775	—	—
2000	—	—	—	—	—	—	—	—	24577	—	—
2001	12610	9442	25892	1892	146	68	—	—	20590	24436	2610
2002	13012	8916	27014	2317	1071	75	—	—	14923	33256	—
2003	29664	36261	117702	3583	67165	2061	—	—	70404	412232	5
2004	27215	4714	52624	5081	3406	592	2370	—	79660	5506	—
2005	23000	17000	32000	3000	4000	—	2000	—	108000	1000	—
2006	37000	2000	25000	1000	7000	—	3000	0. 2	14000	2000	—
2007	21700	2800	33000	500	2400	100	9700	0. 16	11900	4600	—
2008	32223	4063	29807	718	2649	72	9785	0. 37	6145	3526	—
2009	29600	16700	26900	600	2700	300	9100	0. 2	6700	4100	—
2010	34600	17700	32100	900	600	300	200	0. 28	6200	3200	—

表 30－9 工业二氧化硫去除量

	工业二氧化硫去除量（万吨）	其他行业工业二氧化硫去除量（万吨）	煤炭开采和洗选业二氧化硫去除量（GB2002）（吨）	石油和天然气开采业二氧化硫去除量（GB2002）（吨）	黑色金属矿采选业二氧化硫去除量（GB2002）（吨）	有色金属矿采选业二氧化硫去除量（GB2002）（吨）	非金属矿采选业二氧化硫去除量（GB2002）（吨）	其他采矿业二氧化硫去除量（GB2002）（吨）	农副食品加工业二氧化硫去除量（GB2002）（吨）	食品制造业二氧化硫去除量（GB2002）（吨）
1991	173	1	—	—	—	—	—	—	—	—
1992	195	9	—	—	—	—	—	—	—	—
1993	211. 9183	0. 6917	—	—	—	—	—	—	—	—
1994	222. 2357	0. 8676	—	—	—	—	—	—	—	—
1995	339. 9492	0. 9148	—	—	—	—	—	—	—	—
1996	406. 0995	5. 3044	—	—	—	—	—	—	—	—
1997	427. 6063	3. 0428	—	—	—	—	—	—	—	—
1998	461. 3662	2. 8479	—	—	—	—	—	—	—	—
1999	501	2. 2209	—	—	—	—	—	—	—	—
2000	575	2. 2105	—	—	—	—	—	—	—	—
2001	565	—	40663	80013	3480	36183	16796	24	35356	16465
2002	698	10. 2868	63519	85907	3319	58857	20948	339	42671	24826
2003	749	1. 4607	66213	90742	2152	63705	15561	2183	48530	34566
2004	890	1. 7876	56403	93246	6127	57692	21297	2104	82691	40278
2005	1090	1. 4	57000	116000	19000	63000	109000	—	64000	35000
2006	1451. 1	61. 2	89000	70000	11000	79000	9000	—	63000	38000
2007	1942. 6	2. 26	102200	96700	10200	165800	30900	200	55600	36100
2008	2286. 4	1. 7	91635	49155	16625	413836	25991	101	63437	39735
2009	2889. 9	1. 01	97300	62600	15100	583300	26200	100	66500	48800
2010	3304	2. 54	49600	60900	20700	560300	21500	100	68800	47500

	饮料制造业二氧化硫去除量（GB2002）（吨）	烟草制品业二氧化硫去除量（GB2002）（吨）	纺织业二氧化硫去除量（GB2002）（吨）	纺织服装、鞋、帽制造业二氧化硫去除量（GB2002）（吨）	皮革毛皮羽毛（绒）及其制品业二氧化硫去除量（GB2002）（吨）	木材加工及木竹藤棕草制品业二氧化硫去除量（GB2002）（吨）	家具制造业二氧化硫去除量（GB2002）（吨）	造纸及纸制品业二氧化硫去除量（GB2002）（吨）	印刷业和记录媒介的复制二氧化硫去除量（GB2002）（吨）	文教体育用品制造业二氧化硫去除量（GB2002）（吨）
1991	—	—	20000	—	—	—	—	10000	—	—
1992	—	—	30000	—	0	—	—	20000	0	—
1993	—	—	31625	—	1038	—	—	21840	206	—
1994	—	—	34422	—	1302	—	—	23642	1519	—
1995	—	—	43525	—	424	—	—	30095	215	—
1996	—	—	39913	—	475	—	—	27163	2140	—
1997	—	—	36268	—	3505	—	—	34949	4506	—
1998	—	—	34336	—	3754	—	—	31297	347	—
1999	—	—	31017	—	1801	—	—	37420	2304	—
2000	—	—	54915	—	1312	—	—	67629	450	—
2001	41896	6850	60011	1812	4190	5653	164	73399	1142	396
2002	24731	7259	62067	2303	5913	9965	590	116057	421	9133
2003	27567	6774	77336	3368	3377	9439	762	120405	17421	231
2004	32205	6831	75335	2386	4312	8315	921	133642	640	1798
2005	31000	12000	87000	6000	6000	7000	5000	164000	1000	1000
2006	46000	12000	93000	8000	3000	7000	—	202000	—	1000
2007	50300	6300	82600	7400	1800	3900	300	201700	400	200
2008	44106	6505	100347	6322	3022	6792	843	201567	618	163
2009	51100	6000	104500	6900	3100	5300	900	234200	600	1700
2010	54900	15200	99600	2800	3300	6600	600	231800	500	200

表 30－9 续表 1

石油加工、炼焦及核燃料加工业二氧化硫去除量（GB2002）（吨）	化学原料及化学制品制造业二氧化硫去除量（GB2002）（吨）	医药制造业二氧化硫去除量（GB2002）（吨）	化学纤维制造业二氧化硫去除量（GB2002）（吨）	橡胶制品业二氧化硫去除量（GB2002）（吨）	塑料制品业二氧化硫去除量（GB2002）（吨）	非金属矿物制品业二氧化硫去除量（GB2002）（吨）	黑色金属冶炼及压延加工业二氧化硫去除量（GB2002）（吨）	有色金属冶炼及压延加工业二氧化硫去除量（GB2002）（吨）	金属制品业二氧化硫去除量（GB2002）（吨）	通用设备制造业二氧化硫去除量（GB2002）（吨）
30000	—	10000	10000	10000	—	50000	40000	740000	—	—
40000	—	10000	10000	10000	0	130000	80000	670000	0	—
33685	—	10376	11022	8549	876	70884	92711	754259	897	—
52617	—	13188	8969	12607	1279	78513	92949	869186	752	—
70215	—	15977	12653	14888	1146	104838	86163	1870081	1364	—
57162	617360	160656	23767	11672	1197	146618	110410	1903688	1565	—
69795	1099063	15833	43719	10502	1886	165119	125162	2399568	2146	—
94911	510899	17502	26861	10563	1879	186585	121496	2665221	6453	—
160524	602506	13808	25737	11994	1234	217599	135570	2724132	2750	—
256744	663088	23425	39312	9618	1127	241650	142363	3183286	3872	—
324289	502993	26881	41438	23960	893	166219	150249	2969982	6018	7637
490217	562314	17914	28373	15095	2036	265891	214358	3692366	6969	7805
621136	598708	24121	29069	20378	2362	325711	200858	3851456	15775	11512
789149	623879	36482	38031	23624	2701	391184	350338	4180942	5107	19854
892000	1111000	25000	58000	23000	3000	497000	434000	4345000	6000	14000
1364000	803000	27000	58000	32000	3000	477000	412000	5600000	14000	41000
1794100	845300	24200	62600	31900	3900	439000	497500	6115200	301700	13100
1950244	976632	23453	51879	29710	5479	359391	586264	6936988	7610	11810
2307500	1123600	49600	85800	35700	6200	417900	1263000	7831500	8000	12300
2388900	1233000	42500	172600	36900	13700	404800	826400	7125200	10700	23300

表30-9 续表2

	专用设备制造业二氧化硫去除量（GB2002）（吨）	交通运输设备制造业二氧化硫去除量（GB2002）（吨）	电气机械及器材制造业二氧化硫去除量（GB2002）（吨）	通信计算机及其他电子设备制造业二氧化硫去除量（GB2002）（吨）	仪器仪表及文化办公用机械制造业二氧化硫去除量（GB2002）（吨）	工艺品及其他制造业二氧化硫去除量（GB2002）（吨）	废弃资源和废旧材料回收加工业二氧化硫去除量（GB2002）（万吨）	电力、热力的生产和供应业二氧化硫去除量（GB2002）（吨）	燃气生产和供应业二氧化硫去除量（GB2002）（吨）	水的生产和供应业二氧化硫去除量（GB2002）（吨）
1991	—	—	—	—	—	—	—	310000	—	—
1992	—	—	—	—	—	—	—	380000	—	—
1993	—	—	—	—	—	—	—	506340	—	—
1994	—	—	—	—	—	—	—	453782	—	—
1995	—	—	—	—	—	—	—	477783	—	—
1996	—	—	—	—	—	—	—	575028	—	—
1997	—	—	—	—	—	—	—	656815	—	—
1998	—	—	—	—	—	—	—	626990	—	—
1999	—	—	—	—	—	—	—	693131	—	—
2000	—	—	—	—	—	—	—	745803	—	—
2001	10699	16655	7778	6785	1005	—	—	846886	8608	2003
2002	18119	15400	9327	2309	1357	—	—	971549	7373	920
2003	13969	15525	5271	7393	3338	—	—	1075885	9136	450
2004	13831	16543	2965	4651	4441	770	—	1744308	5696	978
2005	23000	15000	9000	7000	2000	1000	—	2607000	8000	2000
2006	15000	19000	1000	11000	1000	1000	—	4275000	8000	1000
2007	13100	14700	2600	4900	400	500	0.01	8382900	7200	100
2008	9736	17845	5733	6176	532	561	0.05	10782216	13299	62
2009	15400	16600	4700	6100	600	600	0.1	14379000	9100	—
2010	24600	16700	6500	3800	1100	400	0.49	19417400	15800	400

表 30－10 工业烟尘去除量

	工业烟尘去除量（万吨）	其他行业工业烟尘去除量（万吨）	煤炭开采和洗选业烟尘去除量（GB2002）（吨）	石油和天然气开采业烟尘去除量（GB2002）（吨）	黑色金属矿采选业烟尘去除量（GB2002）（吨）	有色金属矿采选业烟尘去除量（GB2002）（吨）	非金属矿采选业烟尘去除量（GB2002）（吨）	其他采矿业烟尘去除量（GB2002）（吨）	农副食品加工业烟尘去除量（GB2002）（吨）	食品制造业烟尘去除量（GB2002）（吨）
1991	6525	41	—	—	—	—	—	—	—	—
1992	7273	47	—	—	—	—	—	—	—	—
1993	8161. 03	42. 8473	—	—	—	—	—	—	—	—
1994	8977. 562	69. 9375	—	—	—	—	—	—	—	—
1995	9975. 777	41. 3278	—	—	—	—	—	—	—	—
1996	10656. 29	60. 5908	—	—	—	—	—	—	—	—
1997	10499. 66	60. 9655	—	—	—	—	—	—	—	—
1998	10060. 13	80. 4771	—	—	—	—	—	—	—	—
1999	9894	36. 2373	—	—	—	—	—	—	—	—
2000	10717	72. 5486	—	—	—	—	—	—	—	—
2001	12317	—	1335075	62834	91082	36723	167834	532	626620	282005
2002	13998	68. 8399	1087076	239002	93958	185892	287647	359	790856	428628
2003	15649	8. 131	133507	13119	22530	14549	25141	2884	236263	37574
2004	18075	12. 4209	966846	45726	221445	176246	206053	949	1047204	310299
2005	20587	13. 8	1418000	99000	192000	224000	307000	1000	972000	417000
2006	23564. 6	533. 1	923000	99000	244000	84000	207000	3000	865000	471000
2007	25166. 4	30. 21	1849400	32100	233400	75700	257700	3700	940900	572600
2008	30542. 8	16. 64	1854769	47809	176978	68028	403521	3937	1162750	864608
2009	32848. 1	6. 27	1711800	46700	102800	126300	258100	1200	1234300	853200
2010	38941. 38	5. 37	1186500	83500	137900	165600	262600	9400	1238500	902600

	饮料制造业烟尘去除量（GB2002）（吨）	烟草制品业烟尘去除量（GB2002）（吨）	纺织业烟尘去除量（GB2002）（吨）	纺织服装、鞋、帽制造业烟尘去除量（GB2002）（吨）	皮革毛皮羽毛（绒）及其制品业烟尘去除量（GB2002）（吨）	木材加工及木竹藤棕草制品业烟尘去除量（GB2002）（吨）	家具制造业烟尘去除量（GB2002）（吨）	造纸及纸制品业烟尘去除量（GB2002）（吨）	印刷业和记录媒介的复制烟尘去除量（GB2002）（吨）	文教体育用品制造业烟尘去除量（GB2002）（吨）
1991	—	—	920000	—	40000	—	—	750000	2	—
1992	—	—	960000	—	40000	—	—	860000	1	—
1993	—	—	892996	—	32854	—	—	851495	13541	—
1994	—	—	897098	—	27870	—	—	956568	28588	—
1995	—	—	820556	—	24230	—	—	1243641	17253	—
1996	—	—	685208	—	30444	—	—	1263817	17309	—
1997	—	—	670970	—	39529	—	—	1432582	17755	—
1998	—	—	599901	—	33321	—	—	1382430	10980	—
1999	—	—	598936	—	24448	—	—	1460275	15924	—
2000	—	—	657646	—	18869	—	—	2119467	8874	—
2001	339733	60510	671267	37854	35568	98462	35266	1759664	16093	8185
2002	308256	49021	705184	34288	40178	117387	4496	2068679	7387	9318
2003	82718	7961	101021	4779	7901	44038	2233	225425	2023	993
2004	385392	42774	903032	46911	60498	150615	45650	2172042	6476	15002
2005	381000	64000	1204000	63000	76000	207000	68000	2218000	7000	26000
2006	504000	25000	1315000	118000	30000	129000	4000	2552000	6000	1000
2007	549900	25400	1045400	54800	37300	96900	9600	3093100	6300	1900
2008	3843326	57606	1189393	86461	73883	109652	8034	2978130	6736	1555
2009	1038700	31100	1419000	72800	56200	102300	12500	3443400	5200	1900
2010	746900	22400	1246900	75100	38900	146000	11800	3751200	6500	1800

表30－10 续表1

石油加工、炼焦及核燃料加工业烟尘去除量（GB2002）（吨）	化学原料及化学制品制造业烟尘去除量（GB2002）（吨）	医药制造业烟尘去除量（GB2002）（吨）	化学纤维制造业烟尘去除量（GB2002）（吨）	橡胶制品业烟尘去除量（GB2002）（吨）	塑料制品业烟尘去除量（GB2002）（吨）	非金属矿物制品业烟尘去除量（GB2002）（吨）	黑色金属冶炼及压延加工业烟尘去除量（GB2002）（吨）	有色金属冶炼及压延加工业烟尘去除量（GB2002）（吨）	金属制品业烟尘去除量（GB2002）（吨）	通用设备制造业烟尘去除量（GB2002）（吨）
40000	—	260000	300000	210000	40000	890000	1430000	500000	50000	—
250000	—	330000	810000	190000	50000	1210000	1670000	560000	50000	—
268057	—	305286	1065432	219926	48168	1215425	1423422	576706	53090	—
389744	—	360437	1201755	204717	176627	1535432	1527960	463719	51852	—
1042791	—	395010	887549	213147	176254	2178511	2213554	886692	67587	—
783079	3647745	228419	951214	197735	36005	1717176	2650961	3056673	45624	—
1136425	521640	278924	957827	167485	22799	1648125	2436617	1912418	49520	—
1367440	4020725	270887	856095	185205	29524	1724766	2312672	1482204	64670	—
1187174	3696217	249563	995824	158555	25450	2038893	1983414	2555925	76769	—
1052490	3599665	274577	969219	167590	23496	2479675	2216228	2224449	71627	—
1066386	4420387	326216	853754	151489	22637	2966418	3232116	2194432	74430	100054
942227	4425179	290661	839923	200842	21568	3192256	4028626	3101867	100066	81213
301506	432200	42742	36876	16516	3582	1222744	419397	175675	16618	29223
1545412	6266526	389716	969637	193388	24968	3648881	7557931	2506211	56991	146449
2096000	6317000	325000	1178000	247000	24000	5083000	9898000	2845000	63000	331000
2440000	6037000	424000	1045000	463000	33000	5552000	12335000	2685000	119000	106000
2647800	6923200	344300	889700	207000	40400	4629000	9674400	3015000	125400	90400
2886211	7467169	299898	865120	232132	68519	7056372	12767148	4079048	99585	121793
2797300	7647100	418600	1134800	290700	74900	11141500	12447800	4209600	95000	107200
3237200	7852100	494800	700700	316100	75900	20521200	21995400	6747500	83800	132900

表 30－10 续表 2

	专用设备制造业烟尘去除量（GB2002）（吨）	交通运输设备制造业烟尘去除量（GB2002）（吨）	电气机械及器材制造业烟尘去除量（GB2002）（吨）	通信计算机及其他电子设备制造业烟尘去除量（GB2002）（吨）	仪器仪表及文化办公用机械制造业烟尘去除量（GB2002）（吨）	工艺品及其他制造业烟尘去除量（GB2002）（吨）	废弃资源和废旧材料回收加工业烟尘去除量（GB2002）（吨）	电力、热力的生产和供应业烟尘去除量（GB2002）（吨）	燃气生产和供应业烟尘去除量（GB2002）（吨）	水的生产和供应业烟尘去除量（GB2002）（吨）
1991	—	—	—	—	—	—	—	53020000	—	—
1992	—	—	—	—	—	—	—	58690000	—	—
1993	—	—	—	—	—	—	—	67219630	—	—
1994	—	—	—	—	—	—	—	73746916	—	—
1995	—	—	—	—	—	—	—	81854959	—	—
1996	—	—	—	—	—	—	—	85566168	—	—
1997	—	—	—	—	—	—	—	87117616	—	—
1998	—	—	—	—	—	—	—	81054187	—	—
1999	—	—	—	—	—	—	—	79588791	—	—
2000	—	—	—	—	—	—	—	86876648	—	—
2001	64864	390876	237928	69046	11390	—	—	104789968	91525	4145
2002	175460	402273	231047	35668	10293	—	—	114458878	168801	24423
2003	24603	61823	10066	8575	4564	—	—	3369721	20882	645
2004	102207	421613	29174	78618	32906	8490	1899	149546458	169621	7348
2005	105000	396000	50000	61000	13000	9000	1000	167048000	255000	16000
2006	107000	401000	54000	56000	65000	5000	3000	190477000	320000	6000
2007	61700	395500	57200	53500	4100	4900	2900	213047400	299600	1500
2008	136002	380092	92675	56440	2852	7738	9074	254953583	740849	2417
2009	194800	374200	48800	53300	4100	7800	3700	276655600	193100	1700
2010	212800	368300	55800	17800	3800	14000	6300	316321500	166700	1200

表 30－11 工业粉尘去除量

	工业粉尘去除量（万吨）	其他行业工业粉尘去除量（万吨）	煤炭开采和洗选业粉尘去除量（GB2002）（吨）	石油和天然气开采业粉尘去除量（GB2002）（吨）	黑色金属矿采选业粉尘去除量（GB2002）（吨）	有色金属矿采选业粉尘去除量（GB2002）（吨）	非金属矿采选业粉尘去除量（GB2002）（吨）	其他采矿业粉尘去除量（GB2002）（吨）	农副食品加工业粉尘去除量（GB2002）（吨）	食品制造业粉尘去除量（GB2002）（吨）
1991	2161	15	—	—	—	—	—	—	—	—
1992	2451	50	—	—	—	—	—	—	—	—
1993	2641.498	17.4931	—	—	—	—	—	—	—	—
1994	2628.513	19.4823	—	—	—	—	—	—	—	—
1995	2895.271	18.907	—	—	—	—	—	—	—	—
1996	3437.489	32.0763	—	—	—	—	—	—	—	—
1997	3078.428	53.2755	—	—	—	—	—	—	—	—
1998	3740.766	26.4961	—	—	—	—	—	—	—	—
1999	4336	34.2174	—	—	—	—	—	—	—	—
2000	4480	27.0565	—	—	—	—	—	—	—	—
2001	5322	—	228218	629	286413	52048	118873	167	25668	9884
2002	5570	23.5383	134842	1670	329244	560904	191152	4	30691	11360
2003	5995	1.9899	52103	1410	20500	17814	50435	2785	15380	2178
2004	8529	9.0178	151198	1752	305705	292611	88648	104615	129787	17727
2005	6454	7.5	97000	1000	317000	310000	221000	2000	47000	12000
2006	7279.9	99	79000	4000	193000	370000	155000	2000	14000	40000
2007	7669.6	51.83	175900	5600	310300	137800	128400	45700	135800	42100
2008	8471.2	104.75	168670	—	631588	222569	40696	1372	160477	41555
2009	8722.6	53.15	162200	—	146300	49500	56600	200	61800	42400
2010	9501.72	42.26	161700	100	160800	52800	42800	9800	102300	70900

	饮料制造业粉尘去除量（GB2002）（吨）	粉草制品业粉尘去除量（GB2002）（吨）	纺织业粉尘去除量（GB2002）（吨）	纺织服装、鞋、帽制造业粉尘去除量（GB2002）（吨）	皮革毛皮羽毛（绒）及其制品业粉尘去除量（GB2002）（万吨）	木材加工及木竹藤棕草制品业粉尘去除量（GB2002）（吨）	家具制造业粉尘去除量（GB2002）（吨）	造纸及纸制品业粉尘去除量（GB2002）（吨）	印刷业和记录媒介的复制粉尘去除量（GB2002）（吨）	文教体育用品制造业粉尘去除量（GB2002）（吨）
1991	—	—	20000	—	—	—	—	50000	—	—
1992	—	—	20000	—	0	—	—	50000	0	—
1993	—	—	11823	—	0. 0554	—	—	39518	—	—
1994	—	—	9962	—	0. 3035	—	—	48016	0	—
1995	—	—	10509	—	0. 2568	—	—	53121	—	—
1996	—	—	4136	—	0. 0143	—	—	126075	48	—
1997	—	—	5179	—	0. 0038	—	—	76056	895	—
1998	—	—	8995	—	0. 0075	—	—	27639	53	—
1999	—	—	8437	—	0. 0082	—	—	19895	16	—
2000	—	—	11884	—	0. 0082	—	—	24349	726	—
2001	2997	24118	7319	7	0. 0027	68808	9926	47089	60	316
2002	9137	59937	7274	259	0. 044	58155	5780	29459	—	10170
2003	625	1600	1930	176	0. 0062	16525	898	22545	439	620
2004	1167	18931	105299	8090	—	168188	6123	18850	—	150401
2005	6000	17000	10000	51000	—	105000	56000	10000	—	151000
2006	6000	21000	11000	—	0. 1	135000	18000	19000	—	151000
2007	3500	17000	2700	100	0. 04	138800	19900	24100	—	1100
2008	1322	19346	6601	492	0. 01	234383	9162	87444	—	1582
2009	6700	17200	9000	500	0. 01	292900	2200	14400	—	2200
2010	6600	19700	3300	400	—	540600	3400	46300	—	1800

表 30－11 续表 1

石油加工、炼焦及核燃料加工业粉尘去除量（GB2002）（吨）	化学原料及化学制品制造业粉尘去除量（GB2002）（吨）	医药制造业粉尘去除量（GB2002）（吨）	化学纤维制造业粉尘去除量（GB2002）（吨）	橡胶制品业粉尘去除量（GB2002）（吨）	塑料制品业粉尘去除量（GB2002）（吨）	非金属矿物制品业粉尘去除量（GB2002）（吨）	黑色金属冶炼及压延加工业粉尘去除量（GB2002）（吨）	有色金属冶炼及压延加工业粉尘去除量（GB2002）（吨）	金属制品业粉尘去除量（GB2002）（吨）	通用设备制造业粉尘去除量（GB2002）（吨）
60000	—	—	—	—	—	11400000	6610000	1790000	10000	—
20000	—	0	10000	10000	0	12460000	7780000	2390000	10000	—
13937	—	2965	10473	3069	1571	—	7734376	3014181	6503	—
17715	—	1909	6946	3743	665	14267961	8261633	1841732	4226	—
16598	—	958	33834	6867	350	15551091	9022183	2551636	8496	—
93256	489525	989	10003	4048	37886	19788633	8805985	1971760	22305	—
60472	179466	6226	10839	2653	1146	20688675	9855620	1869946	11476	—
70286	458403	161	9020	2928	3714	22969612	10225085	2027413	3967	—
65607	539549	3174	15293	6084	6501	27965562	10838305	2073540	5347	—
126832	512574	623	140859	2787	3170	29166560	10811449	2182243	6249	—
113846	522803	8011	15475	10753	43746	35559035	11626893	3538344	8569	16719
121892	652255	2409	26284	12643	224	35570842	13882641	2934885	6097	27567
157806	131696	999	3183	1096	221	5119539	913299	157461	8887	20155
245910	637480	4113	11686	2013	44938	63021865	16427091	2738712	19585	72051
288000	816000	2000	18000	3000	6000	39715000	17812000	3793000	31000	103000
364000	842000	4000	20000	4000	—	42682000	22924000	3324000	68000	107000
440700	1262900	9800	18100	4600	400	44667600	22875500	4971500	362100	104700
593381	872407	1819	18362	6908	1574	47705814	27772466	4359513	271674	172471
1176000	1049000	1500	11800	9200	2900	52592800	26494300	3707500	90000	435500
859300	1172200	700	38000	12200	1400	56431500	28634600	5428600	64400	450500

表 30－11 续表 2

	专用设备制造业粉尘去除量（GB2002）（吨）	交通运输设备制造业粉尘去除量（GB2002）（吨）	电气机械及器材制造业粉尘去除量（GB2002）（吨）	通信计算机及其他电子设备制造业粉尘去除量（GB2002）（吨）	仪器仪表及文化办公用机械制造业粉尘去除量（GB2002）（吨）	工艺品及其他制造业粉尘去除量（GB2002）（吨）	废弃资源和废旧材料回收加工业粉尘去除量（GB2002）（万吨）	电力、热力的生产和供应业粉尘去除量（GB2002）（吨）	燃气生产和供应业粉尘去除量（GB2002）（吨）	水的生产和供应业粉尘去除量（GB2002）（吨）
1991	—	—	—	—	—	—	—	50000	—	—
1992	—	—	—	—	—	—	—	30000	—	—
1993	—	—	—	—	—	—	—	33972	—	—
1994	—	—	—	—	—	—	—	69245	—	—
1995	—	—	—	—	—	—	—	34271	—	—
1996	—	—	—	—	—	—	—	841860	—	—
1997	—	—	—	—	—	—	—	551974	—	—
1998	—	—	—	—	—	—	—	178901	—	—
1999	—	—	—	—	—	—	—	400780	—	—
2000	—	—	—	—	—	—	—	211173	—	—
2001	21221	82529	70042	1678	406	—	—	139121	291318	1829
2002	57258	94218	69422	4244	460	—	—	66906	452846	—
2003	12565	59522	1397	3329	488	—	—	29090	32552	6
2004	26890	120723	4182	77303	5721	6562	—	74464	81896	—
2005	47000	141000	1000	58000	4000	5000	—	39000	22000	—
2006	38000	110000	11000	56000	4000	5000	0. 1	26000	2000	—
2007	32900	128400	2400	54900	700	6200	0. 11	28900	10800	—
2008	25578	152538	1732	54535	933	7617	0. 28	13727	1452	—
2009	33900	140500	1800	55200	2300	6400	0. 25	17100	500	—
2010	103100	158400	2500	4300	2100	300	0. 21	4700	400	—

表 30－12 污染治理及投资

	治理工业污染项目投资额（万元）	环境污染治理项目投资额（亿元）	城市环境基础设施建设项目投资额（亿元）	燃气建设项目投资额（亿元）	集中供热建设项目投资额（亿元）	排水建设项目投资额（亿元）	园林绿化建设项目投资额（亿元）	市容环境卫生建设项目投资额（亿元）	建设项目“三同时”环保项目投资额（亿元）
1991	597306	—	—	—	—	—	—	—	—
1992	646661	—	—	—	—	—	—	—	—
1993	693270	—	—	—	—	—	—	—	—
1994	833313	—	—	—	—	—	—	—	—
1995	987376	—	—	—	—	—	—	—	—
1996	956135	—	—	—	—	—	—	—	—
1997	1164386	—	—	—	—	—	—	—	—
1998	1220461	—	—	—	—	—	—	—	—
1999	1527307	823.2	478.9	—	—	—	—	—	191.6
2000	2347895	1014.9	515.5	70.9	67.8	149.3	143.2	84.3	260
2001	1745280	1106.6	595.7	75.5	82	224.5	163.2	50.6	336.4
2002	1883663	1367.2	789.1	88.4	121.4	275	239.5	64.8	389.7
2003	2218281	1627.7	1072.4	133.5	145.8	375.2	321.9	96	333.5
2004	3081060	1909.8	1141.2	148.3	173.4	352.3	359.5	107.8	460.5
2005	4581909	2388	1289.7	142.4	220.2	368	411.3	147.8	640.1
2006	4839000	2566	1314.9	155	223.6	331.5	429	175.8	767.2
2007	5524000	3387.3	1467.5	160.1	230	410	525.6	141.8	1367.4
2008	5426000	4490.3	1801	163.5	269.7	496	649.8	222	2146.7
2009	4426000	4525.3	2512	182.2	368.7	729.8	914.9	316.5	1570.7
2010	3970000	6654.2	4224.2	290.8	433.2	901.6	2297	301.6	2033

表30－13　工业污染治理投资来源及完成情况

	治理工业污染资金来源小计投资额_自筹资金（亿元）	治理工业污染资金来源小计投资额_自筹资金中银行贷款（万元）	治理工业污染资金来源小计投资额_排污费补助（万元）	治理工业污染资金来源小计投资额_政府其他补助（万元）	治理工业污染资金来源小计投资额（亿元）	治理工业污染项目投资额（万元）	治理工业废水污染项目投资额（万元）	治理工业废气污染项目投资额（万元）	治理工业固体废物污染项目投资额（万元）	治理工业噪声污染项目投资额（万元）	治理工业其他污染项目投资额（万元）	工业污染治理项目本年竣工项目个数（个）
1991	—	—	—	—	—	597306	292139	197377	67227	18395	22406	—
1992	—	—	—	—	—	646661	298098	215162	80101	17810	35490	—
1993	—	—	—	—	—	693270	294225	254648	85567	15423	43407	—
1994	—	—	—	—	—	833313	346982	303662	121058	18543	43068	—
1995	—	—	—	—	—	987376	455909	331560	140769	21528	37611	—
1996	—	—	—	—	—	956135	473576	281163	90986	9591	100819	—
1997	—	—	—	—	—	1164386	727911	287234	63086	8279	77876	—
1998	—	—	—	—	—	1220461	716794	323814	87242	7658	84953	10746
1999	—	—	—	—	—	1527307	688302	509847	83354	9213	235075	13672
2000	16.52	—	—	—	234.73	2347895	1095897	909242	114673	13692	214390	21070
2001	7.49	—	—	—	174.48	1745280	729214	657940	186967	6424	164734	10277
2002	8	—	—	—	188.37	1883663	714935	697864	161287	10464	299113	9733
2003	141.94	—	—	—	221.79	2218281	873748	921222	161763	10139	251408	9568
2004	227.43	—	—	—	308.11	3081060	1055868	1427975	226465	13416	357336	11290
2005	361.64	—	—	—	458.19	4581909	1337147	2129571	274181	30613	810396	11158
2006	454.15	301030	142811	155157	483.95	4839000	1511165	2332697	182631	30145	782848	11972
2007	—	—	—	—	—	5524000	1960722	2752642	182532	18279	606838	12547
2008	520.0689	306685	88172	136127	542.6404	5426000	1945977	2656987	196851	28383	598206	11184
2009	421.5263	472564	69515	140988	442.6207	4426000	1494606	2324616	218536	14100	374349	8236
2010	376.9222	313548	49122	151422	396.9768	3970000	1295519	1881883	142692	14193	620021	5866

大事记

（2011 年 10 月—2012 年 8 月）

第三届亚洲 3R 区域论坛召开

2011 - 10 - 05

10 月 5 ~ 7 日，第三届亚洲 3R 区域论坛在新加坡召开，此届论坛主题为“3R 技术的转换及实施”，论坛对我国探索循环经济发展典型模式做出的成绩予以肯定，提高资源产出率、实施园区循环化改造等具有中国特色的推动 3R 的举措和理念被普遍接受，以上成果被写入大会总结文件并拟向世界可持续发展大会及地球峰会（Rio + 20）提交。

国家发改委发布《关于发展天然气分布式能源的指导意见》

2011 - 10 - 09

国家发改委 10 月 9 号发布《关于发展天然气分布式能源的指导意见》，《意见》明确“十二五”时期的主要任务：“十二五”初期启动一批天然气分布式能源示范项目，“十二五”期间建设 1000 个左右天然气分布式能源项目，并拟建设 10 个左右各类典型特征的分布式能源示范区域。《意见》指出“十二五”时期的发展目标为：2015 年前完成天然气分布式能源主要装备研制。通过示范工程应用，随着装机规模逐步扩大，逐步实现分布式能源装备产业化。

全国工业系统节能减排工作电视电话会议召开

2011 - 11 - 10

工业和信息化部召开全国工业系统节能减排工作电视电话会议，苗圩部长传达了温家宝总理在全国节能减排工作电视电话会议上的讲话精神，并结合当前工业系统节能减排形势和任务，就进一步贯彻落实国务院节能减排综合性工作方案以及全国节能减排工作电视电话会议精神，加快推进工业节能减排工作提出明确要求。

陕西省颁布《循环经济促进条例》

2011 - 11 - 22

该《条例》是国内首部省级循环经济促进条例。《条例》分为总则、管理制度、减量化、再利用和资源化、激励措施、法律责任和附则七个部分，规定了循环经济规划、总量控制、限额管理、目标责任考核等制度，细化了《循环经济促进法》的相关内容，为推动陕西省循环经济发展提供了法律保障，为完善国内循环经济法律体系迈出了重要一步。

环境保护部发布第一批符合环保要求稀土企业名单

2011－11－24

环保部经过严格审查，筛选出15家企业作为符合环保要求的第一批稀土企业并向社会公告。环保部责成各地督促未通过本次环保核查的企业加大整改力度，要求各级环保部门依法从严从重从快处罚严重破坏生态环境，损害群众健康的企业。

钢铁企业能源管理中心示范项目建设研讨会召开

2011－11－25

工信部节能司2011年11月25日在湖南省湘潭市召开钢铁企业能源管理中心示范项目建设研讨会。宝钢、湘钢、唐钢、邯钢4家已建成能源管理中心的钢铁企业代表交流了各自的项目建设和应用情况。通过建立“钢铁企业能源管理中心”实现智能化精细管理，即使每吨钢节能10公斤标准煤，每年也可少“烧掉”一个大煤矿。

脱硝电价试点

2011－12－02

国家发改委在发布的《关于调整华北、东北、西北、华东、华中、南方电网电价的通知》中，明确提出开展脱硝电价试点。北京、天津、河北、山西、山东、甘肃、宁夏、上海、浙江、江苏、福建、四川、广东、海南省（市）安装并运行脱硝装置的燃煤发电企业，经国家或省级环保部门验收合格的，报省级价格主管部门审核后，试行脱硝电价，电价标准暂按每千瓦时0.8分钱执行。

“基础四国”举行部长新闻发布会

2011－12－06

12月6日，“基础四国”在德班会议期间举行新闻发布会，解振华再次重申了中国2020年后加入具有法律约束力框架协议的五项条件，要坚持《联合国气候变化框架公约》和《京都议定书》基本框架，坚持“共同但有区别的责任”原则，坚持可持续发展原则，坚持缔约方驱动、公开透明、广泛参与和协商一致的原则，按照巴厘路线图授权，落实哥本哈根协议和坎昆协议共识，在京都议定书第二承诺期、减缓、适应、资金、技术、透明度和能力建设等问题上取得一系列全面、均衡成果。

德班气候大会闭幕

2011－12－11

德班气候大会在11日清晨拉上帷幕。此次会议通过了“德班一揽子决定”，同意《京都议定书》第二承诺期在2013年生效。但由于发达国家缺乏政治诚意，“巴厘路线图”谈判仍未完成。12月12日，加拿大环境部长彼得－肯特宣布，加拿大将正式退出《京都议定书》，加由此成为首个在签署该协议后宣布退出的国家。

环保部通报2010年度城市环境综合整治考核结果

2011－12－12

环境保护部12日发布《环境保护部关于2010年度全国城市环境综合整治定量考核结果的通报》，公布2010年度全国城市环境综合整治定量考核结果，考核结果显示：全国城市环境质量基本保持稳定、全国城市环境基础设施建设水平进一步提高、全国城市污染控制水平有待进一步提升。

《北京“十二五”新能源和可再生能源发展规划》发布

2011－12－15

北京市发改委12月15日发布《北京市“十二五”时期新能源和可再生能源发展规划》，这是北京市首次编制并发布新能源和可再生能源发展专项规划。该《规划》提出，到2015年，北京市新能源和可再生能源开发利用总量为550万吨标准煤，占全市能源消费总量的比重力争达到6%左右；全市新能源和可再生能源产业实现销售收入1000亿元，比2010年再翻一番；全市新能源和可再生能源利用量可替代550万吨标准煤，减少二氧化碳排放量约1100万吨、二氧化硫10万吨，同时大幅削减氮氧化物和粉尘等颗粒物排放。

财政部等印发《可再生能源发展基金征收使用管理暂行办法》

2011－11－29

为了促进可再生能源的开发利用，财政部会同国家发展改革委、国家能源局共同制定了《可再生能源发展基金征收使用管理暂行办法》，《办法》对可再生能源发展基金的资金筹集、使用管理和监督检查等做出明确说明，办法自2012年1月1日起施行。

国务院印发《“十二五”控制温室气体排放工作方案》

2011－12－01

12月1日，国务院印发了《“十二五”控制温室气体排放工作方案》，《方案》明确了我国控制温室气体排放的主要目标：大幅度降低单位国内生产总值二氧化碳排放，到2015年全国单位国内生产总值二氧化碳排放比2010年下降17%。控制非能源活动二氧化碳排放和甲烷、氧化亚氮、氢氟碳化物、全氟化碳、六氟化硫等温室气体排放取得成效。应对气候变化政策体系、体制机制进一步完善，温室气体排放统计核算体系基本建立，碳排放交易市场逐步形成。通过低碳试验试点，形成一批各具特色的低碳省区和城市，建成一批具有典型示范意义的低碳园区和低碳社区，推广一批具有良好减排效果的低碳技术和产品，控制温室气体排放能力得到全面提升。

工业能效与减排工作组第二次会议举行

2011－12－02

2日下午，工信部与欧盟企业和工业总司在北京共同主办了中欧工业对话磋商机制下工业能效与减排工作组第二次会议。双方对下一步寻求合作的机会和重点领域进行了充分的讨论，深入交换了意见。双方都认为第二次会议进一步拓展了中欧工业能效与减排合作，有利于促进中欧工业绿色可持续发展。

国家能源局印发《国家能源科技“十二五”规划》

2011－12－05

5日，国家能源局印发《国家能源科技“十二五”规划》，《规划》划分了4个重点技术领域、19个能源应用技术和工程示范重大专项、37项重大技术研究、24项重大技术装备、34项重大示范工程和36个技术创新平台。其中，在发电与输配电技术领域，确定火力发电技术、水力发电技术、大容量、远距离输电技术、间歇式电源并网及储能技术和智能化电网技术等5个能源应用技术和工程示范重大专项。

欧盟发布“2050能源路线图”

2011－12－15

欧盟委员会15日发布“2050能源路线图”，表明将通过四种路径的组合来实现以下目标：提高能源利用效率、发展可再生能源、核能使用以及采用碳捕捉与储存技术（CCS）。

国务院印发《国家环境保护“十二五”规划》

2011－12－15

国务院15日印发《国家环境保护“十二五”规划》。《规划》提出“十二五”环境保护主要目标为：到2015年，主要污染物排放总量显著减少；城乡饮用水水源地环境安全得到有效保障，水质大幅提高；重金属污染得到有效控制，持久性有机污染物、危险化学品、危险废物等污染防治成效明显；城镇环境基础设施建设和运行水平得到提升；生态环境恶化趋势得到扭转；核与辐射安全监管能力明显增强，核与辐射安全水平进一步提高；环境监管体系得到健全。

《规划》用氨氮排放总量、二氧化硫排放总量、化学需氧量排放总量、氮氧化物排放总量、地表水国控断面劣Ⅴ类水质的比例和七大水系国控断面水质好于Ⅲ类的比例以及地级以上城市空气质量达到二级标准以上的比例等6个角度主要指标“十二五”环境保护目标进行描述。

工信部印发《大宗工业固体废物综合利用“十二五”规划》

2011－12－17

工信部17日印发《大宗工业固体废物综合利用“十二五”规划》。《规划》将工业固废“十二五”综合利用发展目标定为：到2015年，大宗工业固体废物综合利用量达到16亿吨，综合利用率达到50%，年产值5，000亿元，提供就业岗位250万个。“十二五”期间，大宗工业固体废物综合利用量达到70亿吨；减少土地占用35万亩，有效缓解生态环境的恶化趋势。并分别指出了重点发展领域和重点工程。

环保部发布机动车污染防治年报

2011－12－19

环保部发布2011年《中国机动车污染防治年报》。《年报》公布“十一五”期间全国机动车污染排放情况。据《年报》统计，“十一五”期间，我国机动车按汽车排放标准分类，达到国III及以上排放标准的汽车占汽车总保有量的41.1%，国II汽车占25.5%，国I汽车占20.6%，其余12.8%的汽车还达不到国I排放标准。如果按环保标志进行分类，“绿标车”占79.8%，其余20.2%的车辆为“黄标车”。按汽车车型分类，全国货车排放的NOx和PM明显高于客车，其中重型货车是主要贡献者；而客车CO和HC排放量则明显高于货车。按燃料分类，全国柴油车排放的NOx接近汽车排放总量的60%，PM超过90%；而汽油车CO和HC排放量则较高，超过排放总量的70%。按排放标准分类，占汽车保有量12.8%的国I前标准汽车，其排放的污染物占汽车排放总量的40.0%以上；而占保有量41.1%的国Ⅲ及以上标准汽车，其排放量不到排放总量的15.0%。按环保标志分类，仅占汽车保有量20.2%的“黄标车”却排放了70.4%的NOx、64.2%的HC、59.3%的CO和91.1%的PM。

环保部与各省（区、市）和部分央企签署“十二五”减排目标责任书

2011－12－20

第七次全国环境保护大会12月20日在北京召开。环保部与31个省、自治区、直辖市人民政府和新疆生产建设兵团，以及华能、大唐、华电、国电、中电投、国家电网、中石油、中石化（集团）公司主要负责人正式签署“十二五”主要污染物总量减排目标责任书。目标责任书主要内容包括各省、自治区、直辖市以及8大中央企业集团“十二五”主要污染物总量控制目标、主要减排任务和措施等。

各签署单位全面落实目标责任书要求后，将完成5561个工程减排项目，为实现“十二五”污染减排目标提供坚实的保障。

工信部印发《环保装备“十二五”发展规划》

2012－12－28

工信部28日印发了《环保装备“十二五”发展规划》。《规划》分析了环保装备产业现状及主要形势，提出了“十二五”发展主要目标，指出重点发展任务和举措，其中提出发展规模为：“十二五”期间环保装备产业总产值年均增长20%，2015年达到5000亿元。环保装备出口额年均增长30%以上，2015年突破100亿元。形成10个以上区位优势突出、集中度高的环保装备产业基地，10～20个在行业具有领军作用的大型龙头环保装备企业集团，培育一批拥有著名品牌的优势环保装备企业。

发改委印发《“十二五”资源综合利用指导意见》和《大宗固体废物综合利用实施方案》

2011－12－30

30日，国家发改委组织编制并印发了《“十二五”资源综合利用指导意见》和《大宗固

体废物综合利用实施方案》。两份文件研究提出了"十二五"资源综合利用工作的指导思想、基本原则、主要目标、重点领域以及政策措施，同时提出了在工业、建筑业和农林业等领域选择产生堆存量大、资源化利用潜力大、环境影响广泛的固体废物编制实施方案。

发改委公布《国家重点节能技术推广目录（第四批）》

2011-12-30

国家发改委30日公布了《目录（第四批）》，《目录》涉及煤炭、电力、钢铁、有色金属、石油石化、化工、建材、机械、纺织、轻工、建筑、交通、通信13个行业，共22项重点节能技术。目录对22项节能技术的适用范围、主要内容、典型项目、单位节能量以及2015年预计推广比例、总投入、节能能力等进行列示。

国务院印发工业转型升级规划（2011—2015年）

2011-12-30

国务院30日印发《工业转型升级规划（2011—2015年）》。《规划》提出："十二五"时期，工业发展主要目标：工业保持平稳较快增长、自主创新能力明显增强、产业结构进一步优化、信息化和军民融合水平显著提高、质量品牌建设迈上新台阶、资源节约、环境保护和安全生产水平显著提升。为实现上述目标，《规划》从法律法规、产业政策、标准规范、财税支持、金融服务、约束与激励机制等方面提供了保障措施。

工信部印发《工业节能"十二五"规划》

2012-01-04

工信部1月4日印发《工业节能"十二五"规划》。《规划》详细阐述了"十二五"的主要目标，提出九大行业钢铁、有色金属、石化、化工、建材、机械、轻工、纺织、电子信息等行业节能途径和措施，并要求落实九大重点节能工程。

银监会印发《绿色信贷指引》

2012-02-24

2月24日中国银监会在北京召开了《绿色信贷指引》新闻发布会暨研讨会。《绿色信贷指引》的发布将对严控"两高一剩"、"落后产能"信贷投放，促进工业节能减排，推动工业转型升级发挥重要作用。

广西龙江河镉污染，影响柳州饮水水源

2012-01-15

1月15日，广西宜州市环保部门发现龙江河拉浪水电站内网箱养鱼出现少量死鱼现象。经查，龙江河宜州拉浪码头前200米水质重金属超标。截至19日17时，龙江河宜州段洛东水电站坝首处镉浓度仍超标3倍。

工信部等发布《工业清洁生产推行“十二五”规划》

2012 - 01 - 18

1 月 18 日，工信部等发布《工业清洁生产推行“十二五”规划》。《规划》明确了“十二五”期间工业清洁生产总体目标和主要任务：包括开展工业产品生态设计、提高生产过程清洁生产技术水平、开展有毒有害原料（产品）替代。

我国“十二五”期间工业清洁生产总体目标包括：全国工业领域清洁生产推进机制进一步健全，技术支撑能力显著提高，清洁生产服务体系更加完善，重点行业、省级以上工业园区企业清洁生产水平大幅提升，清洁生产对科学利用资源、节能减排的促进作用更加突出，为全面建立清洁生产方式奠定坚实基础。

两部门印发《铬盐行业清洁生产实施计划》

2012 - 02 - 21

工信部和财政部于 2 月 21 日印发《计划》，主要目标为：2013 年底前，全面淘汰有钙焙烧落后生产工艺。在全行业推广无钙焙烧、钾系亚熔盐液相氧化法等成熟清洁生产技术；加快铬铁碱溶氧化制铬酸钠、气动流化塔式连续液相氧化法等新一代清洁生产技术的产业化应用。为此，要完成三项主要任务：淘汰落后产能、企业实施清洁生产技术改造、加快新技术产业化应用。实施步骤分成制定铬盐行业淘汰落后产能时间表和制定清洁生产技术改造计划两步。

国务院部署加强大气污染综合防治重点工作

2012 - 02 - 29

29 日，温家宝主持召开国务院常务会议，同意发布新修订的《环境空气质量标准》，部署加强大气污染综合防治重点工作。新标准增加了细颗粒物（PM2.5）和臭氧（O3）8 小时浓度限值监测指标。会议要求 2012 年在京津冀、长三角、珠三角等重点区域以及直辖市和省会城市开展细颗粒物与臭氧等项目监测，2013 年在 113 个环境保护重点城市和国家环境保护模范城市开展监测，2015 年覆盖所有地级以上城市。

北京生活垃圾管理条例开始实施

2012 - 03 - 01

3 月 1 日，北京市正式实施《北京市生活垃圾管理条例》。《条例》规定北京市将建立生活垃圾分类和处理收费制度，多产生垃圾和垃圾不分类都将多付费。《条例》在生活垃圾处理收费上设定了鼓励分类的收费模式，规定按照多排放多收费、少排放少付费，混合垃圾多付费、分类垃圾少付费的原则，逐步建立计量收费、分类计价、易于收缴的生活垃圾处理收费制度。对于餐厅餐厨垃圾，餐饮服务单位应当单独收集餐厨垃圾，并委托有资质的生活垃圾收集、运输、处理专业服务单位进行集中处理；达到一定规模并具备就地处理条件的，应当建设餐厨垃圾处理设施。

工信部印发先进煤气化等2项技术推广实施方案

2012－03－10

3月10日，工信部印发先进煤气化等2项技术推广实施方案。2项方案分别是《先进煤气化节能技术推广实施方案》和《密闭式电石炉节能技术推广实施方案》。其中方案1计划在5年（2011—2015年）内，选择19家左右的以煤为原料的大、中型合成氨等煤化工企业，进行技术改造，形成一定规模的以先进煤气化技术为龙头的煤气化能力，争取替代780万吨常压固定床煤气化能力，实现年节约标准煤171万吨；方案2计划在5年（2011—2015年）内，面向条件成熟的装备有内燃式电石炉企业进行技术改造，将约500万吨/年产能的大中型内燃式电石炉（单台炉变压器容量≥16500KVA）改造为密闭式电石炉，改造后的吨电石综合能耗≤1.10吨标准煤，预期形成年节约100万吨标准煤的节能能力，提升我国电石行业技术装备水平，促进电石行业节能减排工作的深入开展。

国家可再生能源中心挂牌成立

2012－02－23

国家可再生能源中心（China National Renewable Energy Center，简称CNREC）于2月23日挂牌成立，CNREC由中国国家能源局授牌，由国家发改委能源研究所负责具体管理。

CNREC的具体工作包括，开展光伏、风能、生物质能等可再生能源的政策战略、规划研究；以及光伏、风能、生物质能等可再生能源技术的研发、示范和开发利用的协调及沟通工作；进行中国可再生能源技术、产业及国内外市场分析；组织国内外示范合作项目的设计、实施、监督及评价工作；建立和运行可再生能源产业数据收集和分析平台，提供可信的数据及加工分析等。

工信部印发《2012年工业节能与综合利用工作要点》

2012－03－16

工信部3月16日印发《2012年工业节能与综合利用工作要点》。《要点》强调2012年全国工业节能与综合利用工作要力争实现单位工业增加值能耗和二氧化碳排放量降低5%和5%以上，单位工业增加值用水量下降7%，大宗工业固体废物综合利用率提高2个百分点，为实现“十二五”节能减排约束性目标、推进工业转型升级打下坚实基础。

首尔核安全峰会举行

2012－03－27

27日，首尔核安全峰会举行。峰会以加强核材料和核设施安全为主题，重点讨论加强核安全国家措施和国际合作。胡锦涛发表重要讲话。胡锦涛指出，今后，中国将进一步采取核安全措施，确保本国核材料和核设施安全，提高整体核安全水平，共同致力于提升本地区核安全水平，全面深化同国际原子能机构合作，同各国分享在大型国际活动核安全方面的经验。

北京将于2013年正式启动碳排放权交易

2012-03-28

3月28日，北京举行了碳排放权交易试点启动仪式。2013年，北京将正式启动碳排放交易。目前北京已编制完成碳排放权交易试点实施方案，并经市政府批准。试点工作重在建立区域性碳排放权交易市场体系，推动温室气体减排工作，实现“十二五”单位地区生产总值二氧化碳排放下降目标。

2012年澳门国际环保合作发展论坛及展览开幕

2012-03-29

2012年3月29日，由澳门特别行政区政府主办的“2012年澳门国际环保合作发展论坛及展览”开幕，论坛主题为“绿色经济——增长新动力”。论坛以“低碳城市未来”为出发点，涵盖绿色建筑、清洁能源、电动车、低碳城市计划及环保城市、可持续性旅游、能源效率等内容。展览展示包含在能源效率、清洁能源、绿色建筑、绿色交通、可再生能源、废弃物及水源管理的解决方案等。

南方电网制定“十二五”绿色发展蓝图

2012-04-01

南方电网公司编制了《“十二五”节能减排规划》、《南方电网公司“十二五”节能减排综合性工作实施方案》以及《南方电网公司支持低碳省市试点工作方案》，明确了公司“十二五”节能减排的总体纲领、指导原则、规划目标和重点任务。

根据上述“一个规划”、“两个方案”，“十二五”期间公司将加大节能减排工作的力度，确保“十二五”末完成国资委下达的线损率降至6.20%以下，公司万元产值综合能耗降至0.2吨标煤/万元以下的考核目标，实现“年度节约电力电量不低于上年售电量0.3%、最大用电负荷0.3%”的指标，“十二五”末期年节约电量30亿千瓦时；力争带动上下游产业共同实现节约或替代标煤1亿吨，减排二氧化碳近3亿吨，二氧化硫300万吨。

国内燃煤电厂首个CCUS项目启动

2012-04-09

国内首个燃煤电厂CCUS项目（大规模燃煤电厂烟气二氧化碳捕集、驱油、封存）技术开发及应用示范项目在胜利油田启动。该项目于2011年12月通过科技部项目可行性论证，研究期限是2012年1月至2015年12月，主要包括5个研究课题，分别由南化集团研究院、北京大学及胜利油田分公司承担。项目完成后，将建成50万吨/年至100万吨/年二氧化碳捕集纯化与输送示范工程、20万吨/年至30万吨/年二氧化碳驱油封存工程，形成大规模燃煤电厂烟气二氧化碳捕集、驱油及封存一体化工程综合技术和经济评价技术，为我国碳减排提供工程技术和经验。

可再生能源电价附加补助资金政策公布

2012－04－05

财政部、国家发改委、国家能源局4月5日公布《可再生能源电价附加补助资金管理暂行办法》，明确了可再生能源电价附加补助资金政策。

工信部公告《高耗能落后机电设备（产品）淘汰目录（第二批）》

2012－04－06

工信部4月6日发布公告《高耗能落后机电设备（产品）淘汰目录（第二批）》。《目录》所列机电设备（产品）主要是不符合有关法律法规及标准规定，严重浪费资源、污染环境、不具备安全生产条件，需要淘汰的高耗能落后的机电设备（产品）。要求各生产和使用单位抓紧落实本目录中所列设备（产品）的淘汰工作，目录自2012年10月1日起执行。

《“十二五”国家应对气候变化科技发展专项规划》发布

2012－05－04

科技部、外交部、国家发展改革委等十六个部门联合发布了《“十二五”国家应对气候变化科技发展专项规划》。《专项规划》明确提出了“十二五”期间应对气候变化科技发展的指导思想与目标、重点方向，提出了十大关键减缓技术、十大关键适应技术等重点任务，提出了加强应对气候变化科技工作的协同创新、加强应对气候变化的科学普及与宣传工作、鼓励和支持地方开展应对气候变化科技行动等保障措施。《专项规划》作为我国第一部专门的应对气候变化科技发展规划，对我国进一步依靠科技应对气候变化将起到重要的指导作用。

国办印发《“十二五”全国城镇污水、垃圾处理设施建设规划》

2012－05－04

国务院办公室4日发布《“十二五”全国城镇污水处理、再生利用和城镇生活垃圾无害化处理设施建设规划》：到2015年，全国所有设市城市和县城具有污水集中处理能力，城市污水处理率提高到85%。同期，全国直辖市、省会城市和计划单列市城区将实现污水全部收集和处理，地级市处理率达到85%，县级市70%，县城污水处理率平均达到70%，建制镇污水处理率平均达到30%。此外，到2015年，直辖市、省会城市和计划单列市的污泥无害化处理处置率达到80%，城镇污水处理设施再生水利用率达到15%以上。

根据国家发改委、住建部和环保部预计“十二五”期间，全国城镇污水处理及再生利用设施建设规划投资需要近4300亿元。

《天津市节约能源条例》《天津市建筑节约能源条例》7月1日起实施

2012－05－08

天津市十五届人大常委会第三十二次会议通过了《天津市节约能源条例》和《天津市建筑节约能源条例》，将于今年7月1日起实施。两个“节能条例”的实施，将为天津市提高能源利用效率、建设生态城市、促进经济社会全面协调可持续发展提供法律保障。

国务院研究确定促进节能家电等产品消费的政策措施

2012－05－16

国务院常务会议讨论通过《国家基本公共服务体系“十二五”规划》，研究确定促进节能家电等产品消费的政策措施，决定安排财政补贴265亿元，启动推广符合节能标准的空调、平板电视、电冰箱、洗衣机和热水器，推广期限暂定一年；安排22亿元支持推广节能灯和LED灯；安排60亿元支持推广1.6升及以下排量节能汽车；安排16亿元支持推广高效电机。

全国财政节能减排工作会议在京召开

2012－05－24

5月24日，财政部在北京召开全国财政节能减排工作会议，会议强调财政进一步推进节能减排工作的基本思路：把加强节能减排财政政策综合集成作为工作主线，把深入推进节能减排与转变发展方式和加强宏观调控相结合作为有效手段，把全面推进重要领域和环节节能减排作为工作重点，把节能减排市场化长效机制建设作为持久动力，充分发挥财政职能作用，不断开创财政节能减排工作新局面，为实现“十二五”节能减排目标做出积极贡献。

发改委等发布第一批国家鼓励的循环经济技术、工艺和设备名录

2012－06－01

6月1日，国家发改委、环保部、科技部和工信部等四部门联合发布了国家鼓励的循环经济技术、工艺和设备名录（第一批）。《名录》收录了42项技术、工艺和设备。《名录》共分四个方面，其中，减量化类9项、再利用与再制造类7项、资源化类23项、产业共生与链接类3项。

环保部发布《2011年中国环境状况公报》

2012－06－05

环保部5日发布《2011年中国环境状况公报》。公报显示：2011年全国废水排放量为652.1亿吨，其中化学需氧量排放量为2499.9万吨，氨氮排放量为260.4万吨；废气中二氧化硫排放量为2217.9万吨，氮氧化物排放量为2404.3万吨；工业固体废物产生量为32.5亿吨。全国环境质量状况总体保持平稳，但形势依然严峻，面临许多困难和挑战。

2012年全国节能宣传周启动

2012－06－10

6月10日是第22届全国节能宣传周的第一天，由发改委和北京市人民政府共同主办的2012中国北京国际节能环保展览会在北京展览馆开幕。宣传周的主题是“节能低碳、绿色发展”，旨在推动全社会树立绿色低碳发展理念，推进节能减排，发展循环经济，推广低碳技术。

本届展览会主要展示节能环保及低碳新技术和新产品，设置了清洁能源、工业节能、建筑节能、清洁空气、循环经济等8个专业展区，以及低碳之家、“水·生命之源”等4个互动

体验区。

第三届中美能效论坛在京举行

2012－06－13

13日上午，由中美两国共同举办的第三届中美能效论坛在北京开幕。下午，工业能效、建筑能效、节能服务市场化机制、电器及能效标准四个分论坛平行召开。演讲嘉宾就工业节能政策、能效评估、数字能源解决方案、中美能效合作等主题进行发言，针对工业能效领域的热点问题，与会代表与演讲嘉宾进行了充分的互动和交流，促进了中美双方在工业能效领域的合作。

我国首批两项节能减排联盟标准发布

2012－06－13

在6月13日～14日举办的“中国节能减排标准化论坛”上，全国节能减排标准化技术联盟发布了《项目层面的温室气体减排成效评价技术规范》（STCE 1－2012）和《钢铁工业余能利用项目的温室气体减排成效评价技术规范》（STCE 2－2012），是该联盟首次发布的标准。

STCE 1－2012规定了项目层面上温室气体减排成效评价的基本原则、评价、量化、监测和数据质量管理、减排项目的审定和验证，适用于减排项目在项目策划、实施阶段的温室气体减排成效评价；STCE 2－2012规定了钢铁工业余能利用项目温室气体减排成效评价程序、内容、量化及监测，适用于钢铁工业企业的余能（包括余压/余热/副产煤气）回收利用项目的温室气体减排成效评价。

中国举行首场政府边会

2012－06－16

6月16日下午，中国筹委会代表团在里约中心举办了主题为“中国可持续发展的进展和对里约+20的期待”的政府边会，对里约+20大会提出了6点期待，包括：维护“共同但有区别的责任”原则、统筹经济、社会发展和环境保护平衡协调发展、开辟绿色经济的广阔前景、加强可持续发展机制建设、切实为发展中国家提供支持和帮助、开启制定可持续发展目标进程。

《中国的稀土状况与政策》白皮书发布

2012－06－20

国务院新闻办20日发布《中国的稀土状况与政策》白皮书，全面介绍了我国稀土的现状、保护和利用情况、发展原则和目标以及相关政策，以增进国际社会对我国稀土的了解。白皮书强调，将对稀土资源实施更为严格的生态环境保护标准和保护性开采政策，形成合理开发、有序生产、高效利用、技术先进、集约发展的稀土行业持续健康发展格局。

启动实施“百项能效标准推进工程”

2012-06-21

国家发展改革委、国家标准化管理委员会在京召开“百项能效标准推进工程”启动会。“百项能效标准推进工程”重点围绕支撑高效节能产品推广、节能评估审查制度、万家企业节能低碳行动、绿色建筑行动、淘汰落后产能等重点节能工作，在今明两年发布100项重要节能标准，重点是终端用能产品能源效率标准和单位产品能耗限额标准。

国务院印发《节能与新能源汽车产业发展规划（2012—2020年）》

2012-06-28

28日，国务院印发《节能与新能源汽车产业发展规划（2012—2020年）》。《规划》明确了产业发展的技术路线为以纯电驱动为新能源汽车发展和汽车工业转型的主要战略取向，从产业化、燃料经济性、技术水平、配套能力及管理制度5个方面概况了产业发展的主要目标并提出主要任务：实施节能与新能源汽车技术创新工程、科学规划产业布局、加快推广应用和试点示范、积极推进充电设施建设、加强动力电池梯级利用和回收管理。

国务院印发《“十二五”节能环保产业发展规划》

2012-06-29

6月29日，国务院印发《“十二五”节能环保产业发展规划》。《规划》从产业规模、技术装备水平、节能环保产品市场份额、节能环保服务等5个方面描述了“十二五”时期产业发展规划总体目标，并分别从节能产业、环保产业和资源综合利用产业等3个角度阐述了重点领域的发展业务。

居民阶梯电价试行

2012-07-01

从7月1日起，各地开始实施居民阶梯电价施行。实施居民阶梯电价遵循的原则是国家统一政策，各地分散决策。阶梯电价分三档，通过划分一、二、三档电量，较大幅提高第三档电量电价水平，在促进社会公平的同时，也可以培养全民节约资源、保护环境的意识，逐步养成节能减排的习惯。居民阶梯电价制度是利用价格杠杆促进节能减排的又一次实践。

两部门印发《电力需求侧管理城市综合试点工作中央财政奖励资金管理暂行办法》

2012-07-03

7月3日，财政部和发改委制定了《电力需求侧管理城市综合试点工作中央财政奖励资金管理暂行办法》。《办法》明确了支持范围和奖励标准，并决定选择部分符合一定条件的城市开展电力需求侧管理综合试点工作，规定了绩效考核和监督管理办法。

国务院印发《“十二五”国家战略性新兴产业发展规划》

2012年7月9日

国务院7月9日印发《“十二五”国家战略性新兴产业发展规划》。《规划》分析了产业发展背景，制定了产业发展目标：到2020年，力争使战略性新兴产业成为国民经济和社会发展的重要推动力量，增加值占国内生产总值比重达到15%，部分产业和关键技术跻身国际先进水平，节能环保、新一代信息技术、生物、高端装备制造产业成为国民经济支柱产业，新能源、新材料、新能源汽车产业成为国民经济先导产业。

工信部等4部委印发《节能产品惠民工程推广信息监管实施方案》

2012－07－11

7月11日，工信部、财政部、国家发改委和商务部等4部委印发了《节能产品惠民工程推广信息监管实施方案》。《方案》明确了监管对象及其责任，规范了监管核查内容和监管核查程序，提出了对违规行为的处罚措施和保障措施。

工信部开展工业能耗在线监测试点工作

2012－07－11

工信部7月11日决定在部分省、市开展工业能耗在线监测试点工作。首批开展工业能耗在线监测试点工作的省、市为：河北省、上海市、浙江省、江苏省无锡市、福建省福州市、江西省新余市、山东省济南市、广东省东莞市。进度情况为：2012年年底前，试点地区建成区域工业能耗在线监测平台，将已建成能源管控中心的企业全部纳入监测范围，完成年综合能耗10万吨标准煤以上企业能耗在线监测；2013年年底前，完成年综合能耗1万吨标准煤以上企业能耗在线监测。试点地区可结合本地企业信息化水平和节能管理要求，扩大在线监测范围，提高目标要求，加快建设进度。

山西建成全国首个省级温室气体浓度在线监测系统

2012－07－16

山西省温室气体观测站网建设（一期）工程顺利完成并正式试运行，该工程实现了山西省环境温室气体浓度数据的在线监测、在线传输、在线处理和在线发布，标志着山西率先建成全国首个省级环境温室气体浓度在线监测系统。

“基础四国”第十一次气候变化部长级会议举行

2012－07－12

“基础四国”第十一次气候变化部长级会议于7月12～13日在约翰内斯堡举行。中国国家发展和改革委员会副主任解振华、巴西外交部环境、能源、科技大使马查多、印度环境和森林部特别秘书莫瑞什、南非水资源和环境部长莫莱瓦以及德班会议主席的代表迪塞科大使出席会议。四国部长们欢迎联合国可持续发展大会（“里约＋20”峰会）成果和大会通过的《我们希望的未来》文件，文件重申了里约原则，特别是“共同但有区别的责任”原则。

工信部公示《废钢铁加工行业准入条件》

2012-7-27

工信部组织起草了《废钢铁加工行业准入条件》并于7月27日进行公示。《准入条件》对行业企业布局和建设要求、规模、工艺和装备、产品质量、新能源消耗和资源综合利用、以及环境保护等做出明确规定。

钢铁工业与炼焦化学工业排放标准发布

2012-08-01

环保部1日发布了7项钢铁工业污染物排放系列标准与《炼焦化学工业污染物排放标准》。作为行业准入的门槛，钢铁新标准的实施将会进一步加快淘汰落后产能和企业间兼并重组的步伐，对推动钢铁和焦化行业经济结构调整和经济增长方式转变，促进工业生产工艺和污染治理技术进步具有积极意义，同时，新标准的实施将大幅度降低烟粉尘的排放量，特别是可吸入颗粒物（PM10）和细颗粒物（PM2.5）的排放量，极大促进城市环境空气质量的改善；《炼焦化学工业污染物排放标准》有利于充分利用WTO规则，积极应对国际贸易争端，保护我国的正当贸易和环境权益。

国务院印发《节能减排“十二五”规划》

2012-08-06

国务院于8月6日印发了《节能减排“十二五”规划》，规划总结了“十一五”节能减排成效，分析了国家节能减排存在的主要问题以及面临形势，明确“十二五”节能减排总目标：到2015年，全国万元国内生产总值能耗下降到0.869吨标准煤（按2005年价格计算），比2010年的1.034吨标准煤下降16%（比2005年的1.276吨标准煤下降32%）。“十二五”期间，实现节约能源6.7亿吨标准煤。2015年，全国化学需氧量和二氧化硫排放总量分别控制在2347.6万吨、2086.4万吨，比2010年的2551.7万吨、2267.8万吨各减少8%，分别新增削减能力601万吨、654万吨；全国氨氮和氮氧化物排放总量分别控制在238万吨、2046.2万吨，比2010年的264.4万吨、2273.6万吨各减少10%，分别新增削减能力69万吨、794万吨。规划同时提出十项确保总目标实现的保障措施：包括坚持绿色低碳发展，在制定和实施发展战略、专项规划、产业政策时体现节能减排要求；强化目标责任评价考核，进一步完善节能减排统计、监测、考核体系，加强评价考核，实行问责制等。

《可再生能源发展“十二五”规划》发布

2012-08-06

国家能源局组织制定的《可再生能源发展“十二五”规划》（以下简称《规划》）和水电、风电、太阳能、生物质能四个专题规划8月6日正式发布。根据《规划》，“十二五”时期可再生能源发展的总体目标是：到2015年，可再生能源年利用量达到4.78亿吨标准煤，其中商品化年利用量达到4亿吨标准煤，在能源消费中的比重达到9.5%以上。2015年各类可再生能源的发展指标是：水电装机容量2.9亿千瓦，累计并网运行风电1亿千瓦，太阳能发电2100万千瓦，太阳能热利用累计集热面积4亿平方米，生物质能利用量5000万吨标准煤。

2012年节能服务公司百强榜发布

2012-08-14

8月14日，中国工业节能与清洁生产协会在北京发布了2012年节能服务公司百强榜榜单及研究报告，中节能科技投资有限公司、施耐德电气（中国）有限公司等排名榜单前列。这是全国首次以节能服务公司完成的节能量作为唯一标准进行的排名，对于引导鼓励企业实施节能减排、鼓励大型专业化节能服务公司发展具有重要价值。

北京、上海等举行碳排放权交易试点启动仪式

2012-08-16

2012年1月北京、上海、天津等七个省市被国家发改委批准为首批碳排放交易试点城市，试点时间为2013年至2015年。北京、上海两城市分别于8月13日和16日举行碳排放权交易试点启动仪式。

附　录

附录1：2011年分省区市万元地区生产总值（GDP）能耗等指标公报

国家统计局　国家发展和改革委员会　国家能源局

二〇一二年八月十六日

现将2011年各省、自治区、直辖市万元地区生产总值能耗、万元工业增加值能耗、万元地区生产总值电耗公布如下：

	万元地区生产总值能耗		万元工业增加值能耗上升或降低	万元地区生产总值电耗上升或降低
	指标值（吨标准煤/万元）	上升或降低（±%）	（±%）	（±%）
北　京	0.459	-6.94	-18.50	-6.10
天　津	0.708	-4.28	-7.48	-7.48
河　北	1.300	-3.69	-6.68	-0.36
山　西	1.762	-3.55	-5.82	0.03
内蒙古	1.405	-2.51	-4.39	4.38
辽　宁	1.096	-3.40	-5.02	-3.15
吉　林	0.923	-3.59	-4.19	-3.90
黑龙江	1.042	-3.50	-5.17	-4.43
上　海	0.618	-5.32	-7.33	-4.42
江　苏	0.600	-3.52	-5.41	-0.14
浙　江	0.590	-3.07	-2.40	1.41
安　徽	0.754	-4.06	-9.54	-0.15
福　建	0.644	-3.29	-1.16	2.73
江　西	0.651	-3.08	-6.87	2.30
山　东	0.855	-3.77	-7.67	-0.58
河　南	0.895	-3.57	-8.60	1.27
湖　北	0.912	-3.79	-6.88	-4.20
湖　南	0.894	-3.68	-8.61	-2.10

续表

	万元地区生产总值能耗		万元工业增加值能耗上升或降低	万元地区生产总值电耗上升或降低
	指标值（吨标准煤/万元）	上升或降低（±%）	（±%）	（±%）
广　东	0.563	-3.78	-5.13	-1.46
广　西	0.800	-3.36	-6.13	-0.28
海　南	0.692	5.23	12.53	3.94
重　庆	0.953	-3.81	-5.31	-1.63
四　川	0.997	-4.23	-7.78	-1.87
贵　州	1.714	-3.51	-8.02	-1.70
云　南	1.162	-3.22	-9.92	5.47
西　藏				
陕　西	0.846	-3.56	-5.60	0.38
甘　肃	1.402	-2.51	-1.96	2.07
青　海	2.081	9.44	9.62	6.24
宁　夏	2.279	4.60	14.72	18.36
新　疆	1.631	6.96	9.28	14.69

说明：

1. 计算公式

$$\text{万元地区生产总值能耗上升（+）或降低（-）\%}=\left(\frac{\text{2011 年能源消费总量/2011 年地区生产总值}}{\text{2010 年能源消费总量/2010 年地区生产总值}}-1\right)\times 100\%$$

$$\text{万元地区生产总值电耗上升（+）或降低（-）\%}=\left(\frac{\text{2011 年全社会用电/2011 年地区生产总值}}{\text{2010 年全社会用电/2010 年地区生产总值}}-1\right)\times 100\%$$

$$\text{万元工业增加值能耗上升（+）或降低（-）\%}=\left(\frac{\text{2011 年工业能源消费（当量值）增长指数}}{\text{2011 年工业增加值增长指数}}-1\right)\times 100\%$$

2. 万元工业增加值能耗的统计范围是年主营业务收入2000万元及以上的工业法人企业。

3. 地区生产总值和工业增加值按照2010年价格计算。

4. 根据能源消费总量和国内生产总值统计结果计算，2011年全国万元国内生产总值能耗为0.793吨标准煤/万元，降低2.01%。

5. 西藏自治区的数据暂缺。

6. 公报不含香港特别行政区、澳门特别行政区和台湾省。

附录2：环境保护部通报2011年度全国主要污染物减排情况

根据环境保护部完成的2011年度各省、自治区、直辖市和八家中央企业主要污染物总量减排核查核算工作，全国化学需氧量、氨氮和二氧化硫排放量实现同比下降，氮氧化物排放量同比上升。

《国民经济和社会发展第十二个五年规划纲要》提出，“十二五”期间，国家对化学需氧量、氨氮、二氧化硫、氮氧化物4种主要污染物实施排放总量控制。2011年是“十二五”开局之年，为全面掌握各地减排工作进展情况，准确核实全国污染物减排量，环境保护部对各省、自治区、直辖市和新疆生产建设兵团以及八家中央企业2011年主要污染物排放量情况认真进行了核查核算。结果显示：2011年，全国化学需氧量排放总量2499.9万吨，比2010年下降2.04%；氨氮排放总量260.4万吨，比2010年下降1.52%；二氧化硫排放总量2217.9万吨，比2010年下降2.21%；氮氧化物排放总量2404.3万吨，比2010年上升5.74%。

2011年，各地区、各部门认真贯彻落实党中央、国务院节能减排工作的决策部署，综合运用法律、经济、技术、行政等手段，不断加大工作力度，污染减排取得积极进展。其中，北京市、上海市、浙江省和河南省四项主要污染物排放量平均降幅位居前列。北京市化学需氧量、氨氮、二氧化硫和氮氧化物排放量全部实现同比下降，分别为3.53%、2.98%、6.22%、4.75%；上海市化学需氧量、氨氮、二氧化硫和氮氧化物排放量全部实现同比下降，分别为6.26%、3.40%、5.90%、1.66%。但也要看到，仍有个别地区在污染减排工作中存在突出问题。其中，新疆维吾尔自治区四项主要污染物排放量全部同比上升；黑龙江氨氮、二氧化硫、氮氧化物三项主要污染物排放量同比上升，分别为2.03%、1.65%、4.10%。

从主要减排措施来看，2011年，全国新增城镇污水日处理能力1100万吨，城镇污水再生水日利用能力130万吨；新投运脱硫机组装机容量6800万千瓦，全国脱硫机组装机容量占火电装机容量的比重由2010年的82.6%提高到87.6%；新投运脱硝机组4952万千瓦，全国脱硝机组装机容量占火电装机容量的比重由2010年的11.2%提高到16.9%；新增钢铁烧结机烟气脱硫设施93台、1.58万平方米，安装脱硫设施烧结机面积占钢铁行业总烧结面积的比重由2010年的19.3%提高到32.8%；“十一五”末建成的自动监控系统充分发挥作用，脱硫设施投运率达到95%以上；56台、2370万千瓦机组脱硫设施拆除烟气旁路，火电综合脱硫效率由68.7%提高到73.2%。5171个规模化畜禽养殖场和养殖小区完善污水及固体废弃物处理设施。关停小火电机组346万千瓦、钢铁烧结机规模7000平方米，分别淘汰造纸、印染、水泥落后产能710万吨、23亿米、4200万吨，关闭取缔了一批涉重金属企业或生产线。

表1　2011年各省、自治区、直辖市主要污染物排放量

地区	化学需氧量			氨氮			二氧化硫			氮氧化物		
	2010年排放量（万吨）	2011年排放量（万吨）	同比上升或下降（%）	2010年排放量（万吨）	2011年排放量（万吨）	同比上升或下降（%）	2010年排放量（万吨）	2011年排放量（万吨）	同比上升或下降（%）	2010年排放量（万吨）	2011年排放量（万吨）	同比上升或下降（%）
北京	20.03	19.32	-3.53	2.2	2.13	-2.98	10.44	9.79	-6.22	19.77	18.83	-4.75
天津	23.84	23.58	-1.09	2.79	2.64	-5.34	23.81	23.09	-3	34.02	35.89	5.49
河北	142.2	138.88	-2.33	11.61	11.43	-1.53	143.78	141.19	-1.8	171.29	180.06	5.12
山西	50.73	48.96	-3.49	5.94	5.91	-0.5	143.81	139.9	-2.72	124.15	128.6	3.59
内蒙古	92.13	91.9	-0.25	5.45	5.38	-1.12	139.74	140.94	0.86	131.41	142.19	8.2
辽宁	137.34	134.34	-2.19	11.25	11.11	-1.21	117.2	112.61	-3.91	102.02	106.28	4.17
吉林	83.43	82.47	-1.15	5.87	5.82	-0.91	41.69	41.32	-0.88	58.24	60.47	3.84
黑龙江	161.17	157.65	-2.18	9.45	9.65	2.03	51.34	52.19	1.65	75.27	78.36	4.1
上海	26.56	24.9	-6.26	5.21	5.04	-3.4	25.51	24.01	-5.9	44.27	43.54	-1.66
江苏	128.02	124.62	-2.66	16.12	15.72	-2.48	108.55	105.37	-2.93	147.19	153.57	4.34
浙江	84.19	81.83	-2.81	11.85	11.54	-2.55	68.36	66.2	-3.15	85.33	85.91	0.68
安徽	97.33	95.33	-2.05	11.2	10.98	-1.99	53.82	52.95	-1.63	90.92	95.91	5.49
福建	69.58	67.94	-2.36	9.72	9.54	-1.91	39.33	38.92	-1.05	44.75	49.45	10.5
江西	77.71	76.79	-1.18	9.45	9.34	-1.13	59.43	58.41	-1.72	58.22	61.23	5.17
山东	201.63	198.24	-1.68	17.64	17.29	-1.98	188.11	182.73	-2.86	174	179.03	2.89
河南	148.24	143.67	-3.08	15.58	15.38	-1.27	144.03	137.05	-4.85	158.97	166.54	4.76
湖北	112.38	110.47	-1.7	13.29	13.12	-1.23	69.45	66.56	-4.17	63.13	66.96	6.08
湖南	134.14	130.51	-2.7	16.95	16.5	-2.68	70.96	68.54	-3.41	60.43	66.63	10.26
广东	193.26	188.45	-2.48	23.52	23.09	-1.82	83.91	84.77	1.03	132.34	138.82	4.9
广西	80.73	79.33	-1.74	8.45	8.39	-0.73	57.22	52.1	-8.95	45.11	49.4	9.52
海南	20.41	20	-2.01	2.29	2.27	-0.94	3.11	3.26	4.67	8.03	9.54	18.81
重庆	42.61	41.68	-2.18	5.59	5.5	-1.58	60.87	58.69	-3.58	38.22	40.26	5.33
四川	132.44	130.22	-1.67	14.56	14.37	-1.28	92.7	90.2	-2.7	62.04	67.48	8.78
贵州	34.83	34.22	-1.77	4.03	3.98	-1.33	116.18	110.42	-4.95	49.29	55.32	12.24
云南	56.36	55.47	-1.58	6	5.93	-1.06	70.38	69.13	-1.78	51.98	54.85	5.54
西藏	2.75	2.68	-2.36	0.331	0.334	0.94	0.42	0.42	0	3.83	4.11	7.36
陕西	56.98	55.77	-2.13	6.44	6.34	-1.64	94.77	91.69	-3.25	76.58	83.19	8.64
甘肃	40.24	39.66	-1.44	4.33	4.26	-1.62	62.24	62.39	0.25	42.04	48.09	14.39

续表

地区		化学需氧量			氨氮			二氧化硫			氮氧化物		
		2010年排放量（万吨）	2011年排放量（万吨）	同比上升或下降（%）	2010年排放量（万吨）	2011年排放量（万吨）	同比上升或下降（%）	2010年排放量（万吨）	2011年排放量（万吨）	同比上升或下降（%）	2010年排放量（万吨）	2011年排放量（万吨）	同比上升或下降（%）
青海		10.45	10.32	-1.19	0.962	0.964	0.17	15.7	15.66	-0.25	11.57	12.41	7.25
宁夏		24.01	23.37	-2.67	1.82	1.8	-1.14	38.29	41.04	7.18	41.76	45.82	9.71
新疆	自治区	56.86	57.38	0.92	4.06	4.16	2.56	63.14	65.82	4.24	58.82	65.59	11.5
	兵团	9.46	9.88	4.45	0.51	0.52	2.39	9.59	10.49	9.41	8.77	9.92	13.19
全国		2551.7	2499.9	-2.04	264.4	260.4	-1.52	2267.8	2217.9	-2.21	2273.6	2404.3	5.74

备注：公报不含香港特别行政区、澳门特别行政区和台湾省

表2　2011年中石油和中石化集团公司主要污染物排放量

指标	中国石油天然气集团公司			中国石油化工集团公司		
	2010年	2011年	同比上升或下降（%）	2010年	2011年	同比上升或下降（%）
原油加工量（亿吨）	1.35	1.45	7.3	2.11	2.17	3
煤炭消耗量（万吨）	2161	2215	2.5	2627	2686	2.26
燃料油消耗量（万吨）	213	173	-18.8	472	378	-19.85
燃气消耗量（亿立方米）	168	176	4.41	137	150	9.57
原油平均硫份（%）	0.38	0.37	-4.13	1.29	1.29	0.11
动力锅炉容量脱硫比例（%）	62.6	68.1	5.5	88.5	96.1	7.6
化学需氧量排放量（万吨）	3.43	3.42	-0.45	4.11	4.13	0.33
氨氮排放量（万吨）	1.4	1.41	1.31	1.21	1.2	-0.19
二氧化硫排放量（万吨）	24.24	23.58	-2.73	39.69	38.8	-2.24
氮氧化物排放量（万吨）	18.64	19.55	4.86	21.69	21.96	1.22

表3　2011年六大电力集团公司主要污染物排放量

指标	合计	中国华能集团公司	中国大唐集团公司	中国华电集团公司	中国国电集团公司	中国电力投资集团公司	国家电网公司
火电装机容量（万千瓦）	41633	10397	8665	7492	8339	5697	1043
脱硫装机容量（万千瓦）	38321	9402	8346	6502	7867	5256	948
脱硝装机容量（万千瓦）	7370	2720	1325	808	1206	1191	120

续表

指标	合计	中国华能集团公司	中国大唐集团公司	中国华电集团公司	中国国电集团公司	中国电力投资集团公司	国家电网公司
火力发电量（亿千瓦时）	21185	5392	4488	3753	4265	2722	565
煤炭消耗量（万吨）	112218	27277	24086	19939	22615	15466	2835
煤炭平均硫份（%）	1.05	1	0.99	1.11	1.14	1.01	0.95
关闭小火电装机容量（万千瓦）	262.4	40	5	64	34	117	2.4
二氧化硫排放量（万吨）	429.59	95.55	86.07	85.54	91.32	61.89	9.21
比2010年上升或下降（%）	-4.05	-3.53	-3.1	-2.97	-4.19	-6.94	-6.52
氮氧化物排放量（万吨）	647.18	155.34	142.75	110.07	139.29	84.79	14.94
比2010年上升或下降（%）	6.84	6.35	4.95	9.43	7.04	7.86	4.13

附录3：2012年度节能服务公司百强榜

排名	公司名称	节能量（吨标准煤）
1	中节能科技投资有限公司	587089
2	施耐德电气（中国）有限公司	224100
3	北京思能达节能电气股份有限公司	200000
4	苏州太谷电力有限公司	153846
5	浙江科维节能技术有限公司	81935
6	中国石油集团安全环保技术研究院	81536
7	中节能工业节能有限公司	77200
8	内蒙古鄂尔多斯循环经济研发有限公司	77000
9	东方绿源节能环保工程有限公司	72627
10	赤峰和然节能技术服务有限责任公司	59800
11	北京仟亿达科技有限公司	58115
12	西门子工厂自动化工程有限公司	50046
13	云南云迈新能源开发有限公司	48439
14	上海中际能源科技有限公司	45687
15	苏州吉能电子科技有限公司	42000
16	江西华电电力有限责任公司	42000
17	甘肃铭海节能技术有限公司	38529
18	包头市中益能供热技术有限公司	38138
19	沈阳海盛人工环境有限公司	37500
20	北京和隆优化控制技术有限公司	36604
21	北京神华中机能源环保科技有限公司	35700
22	山东海利丰地源热泵有限责任公司	34992
23	广东清华中邦热能科技有限公司	34400
24	四川点石能源投资有限公司	33044
25	北京世能中晶能源科技有限公司	32842

续表

排名	公司名称	节能量（吨标准煤）
26	深圳市奥宇控制系统有限公司	32041
27	挪信能源技术（上海）有限公司	30529
28	浙江和盛节能科技有限公司	27366
29	新疆希望电子有限公司	26321
30	大唐黑龙江节能服务有限公司	26291
31	北京时代博诚能源科技有限公司	25360
32	烟台龙源电力技术股份有限公司	25000
33	日照海大自动化科技有限公司	21941
34	宁夏森木隆节能设备有限公司	20000
35	济南大陆机电股份有限公司	18439
36	江苏煌明能源科技有限公司	17945
37	湖南金百大能效管理科技有限公司	17263
38	广州市珠峰电气有限公司	15512
39	北京源深节能技术有限责任公司	15290
40	东莞市荣光技术工程有限公司	14196
41	泉州市中原节能设备有限公司	14014
42	武汉宇泰能源环保有限公司	13950
43	福建永恒能源管理有限公司	13120
44	广东迪奥技术工程有限公司	11877
45	株洲火炬工业炉有限责任公司	11000
46	上海联达节能科技有限公司	10500
47	承德普瑞能源管理有限责任公司	10324
48	北京创时能源有限公司	10321
49	哈尔滨科莱地温源科技开发有限公司	9798
50	北京华亿宏图机电设备有限公司	9315
51	北京利德华福节能投资有限公司	8817
52	广东汇嵘节能服务有限公司	8664
53	山东胜动燃气综合利用有限责任公司	8325
54	中冶南方（武汉）威仕工业炉有限公司	8266
55	武汉泰康翔科技有限公司	7843
56	辛集市美柏罗地温空调有限公司	7784

续表

排名	公司名称	节能量（吨标准煤）
57	北京爱社时代科技发展有限公司	7700
58	铂胜节能科技（深圳）有限公司	7526
59	烟台东方电子科技发展有限公司	6912
60	上海宝钢节能技术有限公司	6860
61	北京诚信能环科技有限公司	6600
62	北京动力源科技股份有限公司	6590
63	四川圣典节能服务有限公司	6502
64	山东省高密蓝天节能环保科技有限公司	6440
65	江西永源节能环保科技有限公司	5804
66	湖南省维克奇节能环保科技有限公司	5770
67	河北金工联创节能科技有限公司	5754
68	山东宇彤煤电设备节能服务有限公司	5500
69	北京硕人时代科技有限公司	5242
70	远大低碳技术（天津）有限公司	5017
71	英智特（北京）科技发展有限公司	4813
72	深圳市安邦信电子有限公司	4645
73	福建友好环境科技发展有限公司	4459
74	辽宁龙腾科技发展有限公司	4292
75	北京融和创科技有限公司	4200
76	南宫市绿寰地热能开发有限公司	4120
77	青岛高校信息产业有限公司	4100
78	高灵能源科技有限公司	4061
79	深圳市东部绿色节能技术有限公司	3813
80	上海晨旭节能科技有限公司	3582
81	黄石奇明照明有限公司	3100
82	深圳市伟力盛世节能科技有限公司	3000
83	上海优华系统集成技术有限公司	2600
84	江苏新阪神太阳能有限公司	2300
85	北京中环瑞德环境工程技术有限公司	1950
86	上海润桶节能科技有限公司	1940
87	扬州辛普森工程设备有限公司	1840

续表

排名	公司名称	节能量（吨标准煤）
88	广东中钰科技有限公司	1820
89	邹城市圣瑞达能源有限公司	1746
90	深圳百时得能源环保科技有限公司	1608
91	湖北新强联创光电科技有限公司	1561
92	东营泰克拓普光电科技有限公司	1534
93	天津中冷大地能源设备工程有限公司	1476
94	嘉峪关市齐鑫源电气科技有限责任公司	1437
95	中能惠天节能科技（北京）有限公司	1324
96	宜昌劲森照明节能技术服务有限公司	1192
97	长春亿思达科技发展集团有限公司	1130
98	北京富利宝系统集成有限公司	1129
99	深圳市万嘉明科技发展有限公司	1100
100	京城燕达（北京）节能科技有限公司	1046

附录4：节能减排政策清单（2011年）

序号	政策名称	发文单位
1	中华人民共和国资源税暂行条例	国务院
2	放射性废物安全管理条例	国务院
3	固体废物进口管理办法	环境保护部、商务部、国家发展和改革委员会、海关总署、国家质量监督检验检疫总局
4	清洁发展机制项目运行管理办法（修订）	国家发展和改革委员会、科学技术部、外交部、财政部
5	国务院关于印发国家环境保护“十二五”规划的通知	国务院
6	2011年产业结构调整目录	国家发展和改革委员会
7	国务院关于印发“十二五”节能减排综合性工作方案的通知	国务院
8	国务院关于印发“十二五”控制温室气体排放工作方案的通知	国务院
9	关于印发万家企业节能低碳行动实施方案的通知	国家发展改革委环资司
10	关于印发《国家环境保护“十二五”科技发展规划》的通知	环保部科技标准司
11	关于印发《循环经济发展规划编制指南》的通知	国家发展改革委办公厅
12	中国逐步淘汰白炽灯路线图	国家发展和改革委员会　商务部　海关总署　工商总局　质监总局
13	关于印发“十二五”墙体材料革新指导意见的通知	国家发展改革委
14	关于印发“十二五”资源综合利用指导意见和大宗固体废物综合利用实施方案的通知	国家发展改革委
15	关于印发煤层气（煤矿瓦斯）开发利用“十二五”规划的通知	国家发展和改革委员会
16	关于印发“十二五”农作物秸秆综合利用实施方案的通知	国家发展改革委　农业部　财政部
17	关于印发《再生有色金属产业发展推进计划》的通知	工业和信息化部　科学技术部　财政部
18	关于促进战略性新兴产业国际化发展的指导意见	商务部、发展改革委、科技部、工业和信息化部等
19	关于印发《全国环境宣传教育行动纲要（2011—2015年）》的通知	环境保护部
20	关于印发《国家环境保护“十二五”环境与健康工作规划》的通知	环保部科技标准司
21	关于印发《“十二五”全国环境保护法规和环境经济政策建设规划》的通知	环保部政策法规司

续表

序号	政策名称	发文单位
22	国家重点节能技术推广目录（第四批）	发展和改革委员会
23	“节能产品惠民工程”节能汽车推广目录（第五批）	国家发展和改革委员会　工业和信息化部　财政部
24	“节能产品惠民工程”节能汽车推广目录（第六批）	国家发展和改革委员会　工业和信息化部　财政部
25	“节能产品惠民工程”节能汽车推广目录（第七批）	国家发展和改革委员会　工业和信息化部　财政部
26	“节能产品惠民工程”高效电机推广目录（第二批）	发展和改革委员会　财政部
27	“节能产品惠民工程”高效电机推广目录（第三批）	发展和改革委员会　财政部
28	节能服务公司备案名单（第二批）	发展和改革委员会　财政部
29	节能服务公司备案名单（第三批）	发展和改革委员会　财政部
30	取消节能服务公司备案名单	发展和改革委员会　财政部
31	关于发布鼓励进口技术和产品目录（2011 年版）的通知	国家发展改革委
32	关于组织推荐重点节能技术的通知	国家发展改革委办公厅
33	关于印发《“十二五”主要污染物总量减排核算细则》的通知	环保部污染物排放总量控制司
34	关于发布国家污染物排放标准《稀土工业污染物排放标准》的公告	环保部科技标准司
35	国务院关于加强环境保护重点工作的意见	国务院
36	2009 年 9 月 ~12 月，2010 年 8 月 ~12 月全国关停小火电机组表	国家发展改革委
37	“十一五”各地区节能目标完成情况表	国家发展改革委、统计局
38	“十一五”期间千家企业节能目标完成情况表	国家发展改革委
39	关于开展碳排放权交易试点工作的通知	国家发展改革委办公厅
40	关于进一步推进可再生能源建筑应用的通知	财政部　住房和城乡建设部
41	关于进一步加强污泥处理处置工作组织实施示范项目的通知	国家发展改革委办公厅、住房城乡建设部办公厅
42	关于切实保障电煤供应稳定电煤价格的紧急通知	国家发展改革委
43	关于规范煤化工产业有序发展的通知	国家发展改革委
44	关于 2011 年全国节能宣传周活动安排意见的通知	国家发展改革委
45	关于组织开展循环经济教育示范基地建设的通知	国家发展改革委
46	关于进一步加强合同能源管理项目监督检查工作的通知	国家发展改革委
47	关于印发完善退耕还草政策的意见的通知	国家发展改革委、农业部、财政部
48	关于发展开展天然气分布式能源的指导意见	国家发展改革委
49	关于印发淘汰落后产能工作考核实施方案	工业和信息化部

续表

序号	政策名称	发文单位
50	关于印发《河流水电规划报告及规划环境影响报告书审查暂行办法》的通知	国家发展改革委、环境保护部
51	关于进一步推进公共建筑节能工作的通知	财政部、住房和城乡建设部
52	关于做好2011年金太阳示范工作的通知	财政部、科技部、国家能源局
53	关于加强太阳能光电建筑应用示范后续工作管理的通知	财政部、住房和城乡建设部
54	关于开展西部地区生态文明示范工程试点意见通知	国家发展改革委、财政部、国家林业局
55	关于加强国家生态工业示范园区建设的指导意见	环境保护部、商务部、科技部
56	关于环保系统进一步推动环保产业发展的指导意见	环境保护部
57	关于2011年深入开展整治违法排污企业保障群众健康环保专项行动的通知	环境保护部
58	关于做好“十二五”时期规划环境影响评价工作的通知	环境保护部
59	关于开展环境污染损害鉴定评估工作的若干意见	环境保护部
60	关于进一步加强规划环境影响评价工作的通知	环境保护部
61	关于印发《2011年全国污染防治工作要点》的通知	环境保护部
62	关于印发循环经济发展专项资金支持餐厨废弃物资源化利用和无害化处理试点城市建设实施方案的通知	国家发展改革委办公厅
63	关于完善太阳能光伏发电上网电价政策的通知	国家发展改革委
64	关于2010年1～9月可再生能源电价补贴和配额交易方案的通知	国家发展改革委
65	关于加强发电用煤价格调控的通知	国家发展改革委
66	关于对电煤实施临时价格干预和加强电煤价格调控的公告	国家发展改革委
67	关于组织申报2011年节能技术改造财政奖励备选项目的通知	国家发展改革委
68	关于做好建立草原生态保护补助奖励机制前期工作的通知	财政部、农业部
69	关于印发《绿色能源示范县建设补助资金管理暂行办法》的通知	财政部、国家能源局、农业部
70	关于印发《淘汰落后产能中央财政奖励资金管理办法》的通知	财政部、工业和信息化部、国家能源局
71	关于印发《“十二五”期间城镇污水处理设施配套管网建设项目资金管理办法》的通知	财政部、住房城乡建设部
72	关于印发《节能技术改造财政奖励资金管理办法》的通知	财政部、国家发展改革委
73	关于印发《交通运输节能减排专项资金管理暂行办法》的通知	财政部、交通运输部
74	关于印发《天然林资源保护工程财政专项资金管理办法》的通知	财政部、国家林业局
75	关于印发《中欧中小企业节能减排科研合作资金管理暂行办法》的通知	财政部、科技部
76	关于开展节能减排财政政策综合示范工作的通知	财政部、国家发展改革委

附录5：节能减排“十二五”规划

为确保实现“十二五”节能减排约束性目标，缓解资源环境约束，应对全球气候变化，促进经济发展方式转变，建设资源节约型、环境友好型社会，增强可持续发展能力，根据《中华人民共和国国民经济和社会发展第十二个五年规划纲要》，制定本规划。

一、现状与形势

（一）“十一五”节能减排取得显著成效

“十一五”时期，国家把能源消耗强度降低和主要污染物排放总量减少确定为国民经济和社会发展的约束性指标，把节能减排作为调整经济结构、加快转变经济发展方式的重要抓手和突破口。各地区、各部门认真贯彻落实党中央、国务院的决策部署，采取有效措施，切实加大工作力度，基本实现了“十一五”规划纲要确定的节能减排约束性目标，节能减排工作取得了显著成效。

——为保持经济平稳较快发展提供了有力支撑。“十一五”期间，我国以能源消费年均6.6%的增速支撑了国民经济年均11.2%的增长，能源消费弹性系数由“十五”时期的1.04下降到0.59，节约能源6.3亿吨标准煤。

——扭转了我国工业化、城镇化快速发展阶段能源消耗强度和主要污染物排放量上升的趋势。“十一五”期间，我国单位国内生产总值能耗由“十五”后三年上升9.8%转为下降19.1%；二氧化硫和化学需氧量排放总量分别由“十五”后三年上升32.3%、3.5%转为下降14.29%、12.45%。

——促进了产业结构优化升级。2010年与2005年相比，电力行业300兆瓦以上火电机组占火电装机容量比重由50%上升到73%，钢铁行业1000立方米以上大型高炉产能比重由48%上升到61%，建材行业新型干法水泥熟料产量比重由39%上升到81%。

——推动了技术进步。2010年与2005年相比，钢铁行业干熄焦技术普及率由不足30%提高到80%以上，水泥行业低温余热回收发电技术普及率由开始起步提高到55%，烧碱行业离子膜法烧碱技术普及率由29%提高到84%。

——节能减排能力明显增强。“十一五”时期，通过实施节能减排重点工程，形成节能能力3.4亿吨标准煤；新增城镇污水日处理能力6500万吨，城市污水处理率达到77%；燃煤电厂投产运行脱硫机组容量达5.78亿千瓦，占全部火电机组容量的82.6%。

——能效水平大幅度提高。2010年与2005年相比，火电供电煤耗由370克标准煤/千瓦时降到333克标准煤/千瓦时，下降10.0%；吨钢综合能耗由688千克标准煤降到605千克标准煤，下降12.1%；水泥综合能耗下降28.6%；乙烯综合能耗下降11.3%；合成氨综合能耗下降14.3%。

——环境质量有所改善。2010年与2005年相比，环保重点城市二氧化硫年均浓度下降26.3%，地表水国控断面劣五类水质比例由27.4%下降到20.8%，七大水系国控断面好于三类水质比例由41%上升到59.9%。

——为应对全球气候变化做出了重要贡献。“十一五”期间，我国通过节能降耗减少二氧化碳排放 14.6 亿吨，得到国际社会的广泛赞誉，展示了我负责任大国的良好形象。

“十一五”时期，我国节能法规标准体系、政策支持体系、技术支撑体系、监督管理体系初步形成，重点污染源在线监控与环保执法监察相结合的减排监督管理体系初步建立，全社会节能环保意识进一步增强。

（二）存在的主要问题

一是一些地方对节能减排的紧迫性和艰巨性认识不足，片面追求经济增长，对调结构、转方式重视不够，不能正确处理经济发展与节能减排的关系，节能减排工作还存在思想认识不深入、政策措施不落实、监督检查不力、激励约束不强等问题。

二是产业结构调整进展缓慢。“十一五”期间，第三产业增加值占国内生产总值的比重低于预期目标，重工业占工业总产值比重由 68.1% 上升到 70.9%，高耗能、高排放产业增长过快，结构节能目标没有实现。

三是能源利用效率总体偏低。我国国内生产总值约占世界的 8.6%，但能源消耗占世界的 19.3%，单位国内生产总值能耗仍是世界平均水平的 2 倍以上。2010 年全国钢铁、建材、化工等行业单位产品能耗比国际先进水平高出 10% ~20%。

四是政策机制不完善。有利于节能减排的价格、财税、金融等经济政策还不完善，基于市场的激励和约束机制不健全，创新驱动不足，企业缺乏节能减排内生动力。

五是基础工作薄弱。节能减排标准不完善，能源消费和污染物排放计量、统计体系建设滞后，监测、监察能力亟待加强，节能减排管理能力还不能适应工作需要。

（三）面临的形势

“十二五”时期如未能采取更加有效的应对措施，我国面临的资源环境约束将日益强化。从国内看，随着工业化、城镇化进程加快和消费结构升级，我国能源需求呈刚性增长，受国内资源保障能力和环境容量制约，我国经济社会发展面临的资源环境瓶颈约束更加突出，节能减排工作难度不断加大。从国际看，围绕能源安全和气候变化的博弈更加激烈。一方面，贸易保护主义抬头，部分发达国家凭借技术优势开征碳税并计划实施碳关税，绿色贸易壁垒日益突出。另一方面，全球范围内绿色经济、低碳技术正在兴起，不少发达国家大幅增加投入，支持节能环保、新能源和低碳技术等领域创新发展，抢占未来发展制高点的竞争日趋激烈。

虽然我国节能减排面临巨大挑战，但也面临难得的历史机遇。科学发展观深入人心，全民节能环保意识不断提高，各方面对节能减排的重视程度明显增强，产业结构调整力度不断加大，科技创新能力不断提升，节能减排激励约束机制不断完善，这些都为“十二五”推进节能减排创造了有利条件。要充分认识节能减排的极端重要性和紧迫性，增强忧患意识和危机意识，抓住机遇，大力推进节能减排，促进经济社会发展与资源环境相协调，切实增强可持续发展能力。

二、指导思想、基本原则和主要目标

（一）指导思想

以邓小平理论和“三个代表”重要思想为指导，深入贯彻落实科学发展观，坚持大幅降低能源消耗强度、显著减少主要污染物排放总量、合理控制能源消费总量相结合，形成加快转变经济发展方式的倒逼机制；坚持强化责任、健全法制、完善政策、加强监管相结合，建立健全有效的激励和约束机制；坚持优化产业结构、推动技术进步、强化工程措施、加强管理引导相结合，大幅度提高能源利用效率，显著减少污染物排放；加快构建政府为主导、企业为主体、市场有效驱动、全社会共同参与的推进节能减排工作格局，确保实现“十二五”节能减排约束性目标，加快建设资源节约型、环境友好型社会。

（二）基本原则

强化约束，推动转型。通过逐级分解目标任务，加强评价考核，强化节能减排目标的约束性作用，加快转变经济发展方式，调整优化产业结构，增强可持续发展能力。

控制增量，优化存量。进一步完善和落实相关产业政策，提高产业准入门槛，严格能评、环评审查，抑制高耗能、高排放行业过快增长，合理控制能源消费总量和污染物排放增量。加快淘汰落后产能，实施节能减排重点工程，改造提升传统产业。

完善机制，创新驱动。健全节能环保法律、法规和标准，完善有利于节能减排的价格、财税、金融等经济政策，充分发挥市场配置资源的基础性作用，形成有效的激励和约束机制，增强用能、排污单位和公民自觉节能减排的内生动力。加快节能减排技术创新、管理创新和制度创新，建立长效机制，实现节能减排效益最大化。

分类指导，突出重点。根据各地区、各有关行业特点，实施有针对性的政策措施。突出抓好工业、建筑、交通、公共机构等重点领域和重点用能单位节能，大幅提高能源利用效率。加强环境基础设施建设，推动重点行业、重点流域、农业源和机动车污染防治，有效减少主要污染物排放总量。

（三）总体目标

到2015年，全国万元国内生产总值能耗下降到0.869吨标准煤（按2005年价格计算），比2010年的1.034吨标准煤下降16%（比2005年的1.276吨标准煤下降32%）。“十二五”期间，实现节约能源6.7亿吨标准煤。

2015年，全国化学需氧量和二氧化硫排放总量分别控制在2347.6万吨、2086.4万吨，比2010年的2551.7万吨、2267.8万吨各减少8%，分别新增削减能力601万吨、654万吨；全国氨氮和氮氧化物排放总量分别控制在238万吨、2046.2万吨，比2010年的264.4万吨、2273.6万吨各减少10%，分别新增削减能力69万吨、794万吨。

（四）具体目标

到2015年，单位工业增加值（规模以上）能耗比2010年下降21%左右，建筑、交通运输、公共机构等重点领域能耗增幅得到有效控制，主要产品（工作量）单位能耗指标达到先进节能标准的比例大幅提高，部分行业和大中型企业节能指标达到世界先进水平（见表1）。风机、水泵、空压机、变压器等新增主要耗能设备能效指标达到国内或国际先进水平，空调、电冰箱、洗衣机等国产家用电器和一些类型的电动机能效指标达到国际领先水平。工业重点行业、农业主要污染物排放总量大幅降低（见表2）。

表1 “十二五”时期主要节能指标

指标	单位	2010年	2015年	变化幅度/变化率
工业				
单位工业增加值（规模以上）能耗	%			[−21%左右]
火电供电煤耗	克标准煤/千瓦时	333	325	−8
火电厂厂用电率	%	6.33	6.2	−0.13
电网综合线损率	%	6.53	6.3	−0.23
吨钢综合能耗	千克标准煤	605	580	−25
铝锭综合交流电耗	千瓦时/吨	14013	13300	−713

续表

指　　标	单位	2010 年	2015 年	变化幅度/变化率
铜冶炼综合能耗	千克标准煤/吨	350	300	-50
原油加工综合能耗	千克标准煤/吨	99	86	-13
乙烯综合能耗	千克标准煤/吨	886	857	-29
合成氨综合能耗	千克标准煤/吨	1402	1350	-52
烧碱（离子膜）综合能耗	千克标准煤/吨	351	330	-21
水泥熟料综合能耗	千克标准煤/吨	115	112	-3
平板玻璃综合能耗	千克标准煤/重量箱	17	15	-2
纸及纸板综合能耗	千克标准煤/吨	680	530	-150
纸浆综合能耗	千克标准煤/吨	450	370	-80
日用陶瓷综合能耗	千克标准煤/吨	1190	1110	-80
建筑				
北方采暖地区既有居住建筑改造面积	亿平方米	1.8	5.8	4
城镇新建绿色建筑标准执行率	%	1	15	14
交通运输				
铁路单位运输工作量综合能耗	吨标准煤/百万换算吨公里	5.01	4.76	[-5%]
营运车辆单位运输周转量能耗	千克标准煤/百吨公里	7.9	7.5	[-5%]
营运船舶单位运输周转量能耗	千克标准煤/千吨公里	6.99	6.29	[-10%]
民航业单位运输周转量能耗	千克标准煤/吨公里	0.450	0.428	[-5%]
公共机构				
公共机构单位建筑面积能耗	千克标准煤/平方米	23.9	21	[-12%]
公共机构人均能耗	千克标准煤/人	447.4	380	[15%]
终端用能设备能效				
燃煤工业锅炉（运行）	%	65	70~75	5~10
三相异步电动机（设计）	%	90	92~94	2~4
容积式空气压缩机输入比功率	千瓦/（立方米·分$^{-1}$）	10.7	8.5~9.3	-1.4~-2.2
电力变压器损耗	千瓦	空载：43 负载：170	空载：30~33 负载：151~153	-10~-13 -17~-19
汽车（乘用车）平均油耗	升/百公里	8	6.9	-1.1
房间空调器（能效比）	-	3.3	3.5~4.5	0.2~1.2
电冰箱（能效指数）	%	49	40~46	-3~-9
家用燃气热水器（热效率）	%	87~90	93~97	3~10

注：[　] 内为变化率。

表2 "十二五"时期主要减排指标

指 标	单 位	2010年	2015年	变化幅度/变化率
工业				
工业化学需氧量排放量	万吨	355	319	[－10%]
工业二氧化硫排放量	万吨	2073	1866	[－10%]
工业氨氮排放量	万吨	28.5	24.2	[－15%]
工业氮氧化物排放量	万吨	1637	1391	[－15%]
火电行业二氧化硫排放量	万吨	956	800	[－16%]
火电行业氮氧化物排放量	万吨	1055	750	[－29%]
钢铁行业二氧化硫排放量	万吨	248	180	[－27%]
水泥行业氮氧化物排放量	万吨	170	150	[－12%]
造纸行业化学需氧量排放量	万吨	72	64.8	[－10%]
造纸行业氨氮排放量	万吨	2.14	1.93	[－10%]
纺织印染行业化学需氧量排放量	万吨	29.9	26.9	[－10%]
纺织印染行业氨氮排放量	万吨	1.99	1.75	[－12%]
农业				
农业化学需氧量排放量	万吨	1204	1108	[－8%]
农业氨氮排放量	万吨	82.9	74.6	[－10%]
城市				
城市污水处理率	%	77	85	8

注：[ ] 内为变化率。

三、主要任务

（一）调整优化产业结构

——抑制高耗能、高排放行业过快增长。合理控制固定资产投资增速和火电、钢铁、水泥、造纸、印染等重点行业发展规模，提高新建项目节能、环保、土地、安全等准入门槛，严格固定资产投资项目节能评估审查、环境影响评价和建设项目用地预审，完善新开工项目管理部门联动机制和项目审批问责制。对违规在建的高耗能、高排放项目，有关部门要责令停止建设，金融机构一律不得发放贷款。对违规建成的项目，要责令停止生产，金融机构一律不得发放流动资金贷款，有关部门要停止供电供水。严格控制高耗能、高排放和资源性产品出口。把能源消费总量、污染物排放总量作为能评和环评审批的重要依据，对电力、钢铁、造纸、印染行业实行主要污染物排放总量控制，对新建、扩建项目实施排污量等量或减量置换。优化电力、钢铁、水泥、玻璃、陶瓷、造纸等重点行业区域空间布局。中西部地区承接产业转移必须坚持高标准，严禁高污染产业和落后生产能力转入。

——淘汰落后产能。严格落实《产业结构调整指导目录（2011年本）》和《部分工业行业淘汰落后生产工艺装备和产品指导目录（2010年本）》，重点淘汰小火电2000万千瓦、炼铁产能4800万吨、炼钢产能4800万吨、水泥产能3.7亿吨、焦炭产能4200万吨、造纸产能1500万吨等（见表3）。制定年度淘汰计划，并逐级分解落实。对稀土行业实施更严格的节能环保准入标准，加快淘汰落后生产工艺和生产线，推进形成合理开发、有序生产、高效利用、技术先进、集约发展的稀土行业持续健康发展格局。完善落后产能退出机制，对未完成淘汰任务的地区和企业，依法落实惩罚措施。鼓励各地区制定更严格的能耗和排放标准，加大淘汰落后产能力度。

表 3 “十二五”时期淘汰落后产能一览表

行 业	主要内容	单位	产能
电力	大电网覆盖范围内，单机容量在 10 万千瓦及以下的常规燃煤火电机组，单机容量在 5 万千瓦及以下的常规小火电机组，以发电为主的燃油锅炉及发电机组（5 万千瓦及以下）；大电网覆盖范围内，设计寿命期满的单机容量在 20 万千瓦及以下的常规燃煤火电机组	万千瓦	2000
炼铁	400 立方米及以下炼铁高炉等	万吨	4800
炼钢	30 吨及以下转炉、电炉等	万吨	4800
铁合金	6300 千伏安以下铁合金矿热电炉，3000 千伏安以下铁合金半封闭直流电炉、铁合金精炼电炉等	万吨	740
电石	单台炉容量小于 12500 千伏安电石炉及开放式电石炉	万吨	380
铜（含再生铜）冶炼	鼓风炉、电炉、反射炉炼铜工艺及设备等	万吨	80
电解铝	100 千安及以下预焙槽等	万吨	90
铅（含再生铅）冶炼	采用烧结锅、烧结盘、简易高炉等落后方式炼铅工艺及设备，未配套建设制酸及尾气吸收系统的烧结机炼铅工艺等	万吨	130
锌（含再生锌）冶炼	采用马弗炉、马槽炉、横罐、小竖罐等进行焙烧、简易冷凝设施进行收尘等落后方式炼锌或生产氧化锌工艺装备等	万吨	65
焦炭	土法炼焦（含改良焦炉），单炉产能 7.5 万吨/年以下的半焦（兰炭）生产装置，炭化室高度小于 4.3 米焦炉（3.8 米及以上捣固焦炉除外）	万吨	4200
水泥（含熟料及磨机）	立窑，干法中空窑，直径 3 米以下水泥粉磨设备等	万吨	37000
平板玻璃	平拉工艺平板玻璃生产线（含格法）	万重量箱	9000
造纸	无碱回收的碱法（硫酸盐法）制浆生产线，单条产能小于 3.4 万吨的非木浆生产线，单条产能小于 1 万吨的废纸浆生产线，年生产能力 5.1 万吨以下的化学木浆生产线等	万吨	1500
化纤	2 万吨/年及以下粘胶常规短纤维生产线，湿法氨纶工艺生产线，二甲基酰胺溶剂法氨纶及腈纶工艺生产线，硝酸法腈纶常规纤维生产线等	万吨	59
印染	未经改造的 74 型染整生产线，使用年限超过 15 年的国产和使用年限超过 20 年的进口前处理设备、拉幅和定形设备、圆网和平网印花机、连续染色机，使用年限超过 15 年的浴比大于 1∶10 的棉及化纤间歇式染色设备等	亿米	55.8
制革	年加工生皮能力 5 万标张牛皮、年加工蓝湿皮能力 3 万标张牛皮以下的制革生产线	万标张	1100
酒精	3 万吨/年以下酒精生产线（废糖蜜制酒精除外）	万吨	100
味精	3 万吨/年以下味精生产线	万吨	18.2

续表

行　业	主要内容	单位	产能
柠檬酸	2万吨/年及以下柠檬酸生产线	万吨	4.75
铅蓄电池（含极板及组装）	开口式普通铅蓄电池生产线，含镉高于0.002%的铅蓄电池生产线，20万千伏安时/年规模以下的铅蓄电池生产线	万千伏安时	746
白炽灯	60瓦以上普通照明用白炽灯	亿只	6

——促进传统产业优化升级。运用高新技术和先进适用技术改造提升传统产业，促进信息化和工业化深度融合。加大企业技术改造力度，重点支持对产业升级带动作用大的重点项目和重污染企业搬迁改造。调整加工贸易禁止类商品目录，提高加工贸易准入门槛。提升产品节能环保性能，打造绿色低碳品牌。合理引导企业兼并重组，提高产业集中度，培育具有自主创新能力和核心竞争力的企业。

——调整能源消费结构。促进天然气产量快速增长，推进煤层气、页岩气等非常规油气资源开发利用，加强油气战略进口通道、国内主干管网、城市配网和储备库建设。结合产业布局调整，有序引导高耗能企业向能源产地适度集中，减少长距离输煤输电。在做好生态保护和移民安置的前提下积极发展水电，在确保安全的基础上有序发展核电。加快风能、太阳能、地热能、生物质能、煤层气等清洁能源商业化利用，加快分布式能源发展，提高电网对非化石能源和清洁能源发电的接纳能力。到2015年，非化石能源消费总量占一次能源消费比重达到11.4%。

——推动服务业和战略性新兴产业发展。加快发展生产性服务业和生活性服务业，推进规模化、品牌化、网络化经营。到2015年，服务业增加值占国内生产总值比重比2010年提高4个百分点。推动节能环保、新一代信息技术、生物、高端装备制造、新能源、新材料、新能源汽车等战略性新兴产业发展。到2015年，战略性新兴产业增加值占国内生产总值比重达到8%左右。

（二）推动能效水平提高

——加强工业节能。坚持走新型工业化道路，通过明确目标任务、加强行业指导、推动技术进步、强化监督管理，推进工业重点行业节能。

电力。鼓励建设高效燃气-蒸汽联合循环电站，加强示范整体煤气化联合循环技术（IGCC）和以煤气化为龙头的多联产技术。发展热电联产，加快智能电网建设。加快现役机组和电网技术改造，降低厂用电率和输配电线损。

煤炭。推广年产400万吨选煤系统成套技术与装备，到2015年原煤入洗率达到60%以上，鼓励高硫、高灰动力煤入洗，灰分大于25%的商品煤就近销售。积极发展动力配煤，合理选择具有区位和市场优势的矿区、港口等煤炭集散地建设煤炭储配基地。发展煤炭地下气化、脱硫、水煤浆、型煤等洁净煤技术。实施煤矿节能技术改造。加强煤矸石综合利用。

钢铁。优化高炉炼铁炉料结构，降低铁钢比。推广连铸坯热送热装和直接轧制技术。推动干熄焦、高炉煤气、转炉煤气和焦炉煤气等二次能源高效回收利用，鼓励烧结机余热发电，到2015年重点大中型企业余热余压利用率达到50%以上。支持大中型钢铁企业建设能源管理中心。

有色金属。重点推广新型阴极结构铝电解槽、低温高效铝电解等先进节能生产工艺技术。推进氧气底吹熔炼技术、闪速技术等广泛应用。加快短流程连续炼铅冶金技术、连续铸轧短流程有色金属深加工工艺、液态铅渣直接还原炼铅工艺与装备产业化技术开发和推广应用。加强有色金属资源回收利用。提高能源管理信息化水平。

石油石化。原油开采行业要全面实施抽油机驱动电机节能改造，推广不加热集油技术和油田采出水余热回收利用技术，提高油田伴生气回收水平。鼓励符合条件的新建炼油项目发展炼化一体化。原油加工行业重点推广高效换热器并优化换热流程、优化中段回流取热比例、降低汽化率、塔顶循环回流换热等节能技术。

化工。合成氨行业重点推广先进煤气化技术、节能高效脱硫脱碳、低位能余热吸收制冷等技术，实施综合节能改造。烧碱行业提高离子膜法烧碱比例，加快零极距、氧阴极等先进节能技术的开发应用。纯碱行业重点推广蒸汽多级利用、变换气制碱、新型盐析结晶器及高效节能循环泵等节能技术。电石行业加快采用密闭式电石炉，全面推行电石炉炉气综合利用，积极推进新型电石生产技术研发和应用。

建材。推广大型新型干法水泥生产线。普及纯低温余热发电技术，到 2015 年水泥纯低温余热发电比例提高到 70% 以上。推进水泥粉磨、熟料生产等节能改造。推进玻璃生产线余热发电，到 2015 年余热发电比例提高到 30% 以上。加快开发推广高效阻燃保温材料、低辐射节能玻璃等新型节能产品。推进墙体材料革新，城市城区限制使用粘土制品，县城禁止使用实心粘土砖。加快新型墙体材料发展，到 2015 年新型墙体材料比重达到 65% 以上。

——强化建筑节能。开展绿色建筑行动，从规划、法规、技术、标准、设计等方面全面推进建筑节能，提高建筑能效水平。

强化新建建筑节能。严把设计关口，加强施工图审查，城镇建筑设计阶段 100% 达到节能标准要求。加强施工阶段监管和稽查，施工阶段节能标准执行率达到 95% 以上。严格建筑节能专项验收，对达不到节能标准要求的不得通过竣工验收。鼓励有条件的地区适当提高建筑节能标准。加强新区绿色规划，重点推动各级机关、学校和医院建筑，以及影剧院、博物馆、科技馆、体育馆等执行绿色建筑标准；在商业房地产、工业厂房中推广绿色建筑。

加大既有建筑节能改造力度。以围护结构、供热计量、管网热平衡改造为重点，大力推进北方采暖地区既有居住建筑供热计量及节能改造，加快实施“节能暖房”工程。开展大型公共建筑采暖、空调、通风、照明等节能改造，推行用电分项计量。以建筑门窗、外遮阳、自然通风等为重点，在夏热冬冷地区和夏热冬暖地区开展居住建筑节能改造试点。在具备条件的情况下，鼓励在旧城区综合改造、城市市容整治、既有建筑抗震加固中，采用加层、扩容等方式开展节能改造。

——推进交通运输节能。加快构建便捷、安全、高效的综合交通运输体系，不断优化运输结构，推进科技和管理创新，进一步提升运输工具能源效率。

铁路运输。大力发展电气化铁路，进一步提高铁路运输能力。加强运输组织管理。加快淘汰老旧机车机型，推广铁路机车节油、节电技术，对铁路运输设备实施节能改造。积极推进货运重载化。推进客运站节能优化设计，加强大型客运站能耗综合管理。

公路运输。全面实施营运车辆燃料消耗量限值标准。建立物流公共信息平台，优化货运组织。推行高速公路不停车收费，继续开展公路甩挂运输试点。实施城乡道路客运一体化试点。推广节能驾驶和绿色维修。

水路运输。建设以国家高等级航道网为主体的内河航道网，推进航电枢纽建设，优化港口布局。推进船舶大型化、专业化，淘汰老旧船舶，加快实施内河船型标准化。发展大宗散货专业化运输和多式联运等现代运输组织方式。推进港口码头节能设计和改造。加快港口物流信息平台建设。

航空运输。优化航线网络和运力配备，改善机队结构，加强联盟合作，提高运输效率。优化空域结构，提高空域资源配置使用效率。开发应用航空器飞行及地面运行节油相关实用技术，推进航空生物燃油研发与应用。加强机场建设和运营中的节能管理，推进高耗能设施、设备的节油节电改造。

城市交通。合理规划城市布局，优化配置交通资源，建立以公共交通为重点的城市交通发展模式。优先发展公共交通，有序推进轨道交通建设，加快发展快速公交。探索城市调控机动车保有总量。开展低碳交通运输体系建设城市试点。推行节能驾驶，倡导绿色出行。积极推广节能与新能源汽车，加快加气站、充电站等配套设施规划和建设。抓好城市步行、自行车交通系统建设。发展智能交通，建立公众出行信息服务系统，加大交通疏堵力度。

——推进农业和农村节能。完善农业机械节能标准体系。依法加强大型农机年检、年审，加快老旧农业机械和渔船淘汰更新。鼓励农民购买高效节能农业机械。推广节能新产品、新技术，加快农业机电设备节能改造，加强用能设备定期维修保养。推进节能型农宅建设，结合农村危房改造加大建筑节能示范力度。推动省柴节煤灶更新换代。开展农村水电增效扩容改造。推进农业节水增效，推广高效节水灌溉技术。因地制宜、多能互补发展小水电、风能、太阳能和秸秆综合利用。科学规划农村沼气建设布局，完善服务机制，加强沼气设施的运行管理和维护。

——强化商用和民用节能。开展零售业等流通领域节能减排行动。商业、旅游业、餐饮等行业建立并完善能源管理制度，开展能源审计，加快用能设施节能改造。宾馆、商厦、写字楼、机场、车站严格执行公共建筑空调温度控制标准，优化空调运行管理。鼓励消费者购买节能环保型汽车和节能型住宅，推广高效节能家用电器、办公设备和高效照明产品。减少待机能耗，减少使用一次性用品，严格执行限制商品过度包装和超薄塑料购物袋生产、销售和使用的相关规定。

——实施公共机构节能。新建公共建筑严格实施建筑节能标准。实施供热计量改造，国家机关率先实行按热量收费。推进公共机构办公区节能改造，推广应用可再生能源。全面推进公务用车制度改革，严格油耗定额管理，推广节能和新能源汽车。在各级机关和教科文卫体等系统开展节约型公共机构示范单位建设，创建2000家节约型公共机构。健全公共机构能源管理、统计监测考核和培训体系，建立完善公共机构能源审计、能效公示、能源计量和能耗定额管理制度，加强能耗监测平台和节能监管体系建设。

（三）强化主要污染物减排

——加强城镇生活污水处理设施建设。加强城镇环境基础设施建设，以城镇污水处理设施及配套管网建设、现有设施升级改造、污泥处理处置设施建设为重点，提升脱氮除磷能力。到2015年，城市污水处理率和污泥无害化处置率分别达到85%和70%，县城污水处理率达到70%，基本实现每个县和重点建制镇建成污水集中处理设施，全国城镇污水处理厂再生水利用率达到15%以上。

——加强重点行业污染物减排。

加强重点行业污染预防。以钢铁、水泥、氮肥、造纸、印染行业为重点，大力推行清洁生产，加快重大、共性技术的示范和推广，完善清洁生产评价指标体系，开展工业产品生态设计、农业和服务业清洁生产试点。以汞、铬、铅等重金属污染防治为重点，在重点行业实施技术改造。示范和推广一批无毒无害或低毒低害原料（产品），对高耗能、高排放企业及排放有毒有害废物的重点企业开展强制性清洁生产审核。

加大工业废水治理力度。以制浆造纸、印染、食品加工、农副产品加工等行业为重点，继续加大水污染深度治理和工艺技术改造。制浆造纸企业加快建设碱回收装置；纺织印染行业推行废水集中处理和实施综合治理，大中型造纸企业、有脱墨的废纸造纸企业和采用碱减量工艺的化纤布印染企业实施废水三级深度处理；发酵行业推广高浓度废液综合利用技术、废醪液制备生物有机肥及液态肥技术；制糖行业推广闭合循环用水技术；氮肥行业推广稀氨水浓缩回收利用技术、尿素工艺冷凝液深度水解技术，加大生化处理设施建设力度；农药行业推广清污分流和高浓度废水预处理技术。

推进电力行业脱硫脱硝。新建燃煤机组全面实施脱硫脱硝，实现达标排放。尚未安装脱硫设施的现役燃煤机组要配套建设烟气脱硫设施，不能稳定达标排放的燃煤机组要实施脱硫改造。加快燃煤机组低氮燃烧技术改造和烟气脱硝设施建设，对单机容量30万千瓦及以上的燃煤机组、东部地区和其他省会城市单机容量20万千瓦及以上的燃煤机组，均要实行脱硝改造，综合脱硝效率达到75%以上。

加强非电行业脱硫脱硝。实施钢铁烧结机烟气脱硫，到2015年，所有烧结机和位于城市建成区的球团生产设备烟气脱硫效率达到95%以上。有色金属行业冶炼烟气中二氧化硫含量大于3.5%的冶炼设施，要安装硫回收装置。石油炼制行业新建催化裂化装置要配套建设烟气脱硫设施，现有硫磺回收装置硫回收率达到99%。建材行业建筑陶瓷规模大于70万平方米/年且燃料含硫率大于0.5%的窑炉，应安装脱硫设施或改用清洁能源，浮法玻璃生产线要实施烟气脱硫或改用天然气。焦化行业炼焦炉荒煤气硫化氢脱除效率达到

95%。水泥行业实施新型干法窑降氮脱硝，新建、改扩建水泥生产线综合脱硝效率不低于60%。燃煤锅炉蒸汽量大于35吨/小时且二氧化硫超标排放的，要实施烟气脱硫改造，改造后脱硫效率应达到70%以上。

——开展农业源污染防治。

加强农村污染治理。推进农村生态示范建设标准化、规范化、制度化。因地制宜建设农村生活污水处理设施，分散居住地区采用低能耗小型分散式污水处理方式，人口密集、污水排放相对集中地区采用集中处理方式。实施农村清洁工程，开展农村环境综合整治，推行农业清洁生产，鼓励生活垃圾分类收集和就地减量无害化处理。选择经济、适用、安全的处理处置技术，提高垃圾无害化处理水平，城镇周边和环境敏感区的农村逐步推广城乡一体化垃圾处理模式。推广测土配方施肥，发展有机肥采集利用技术，减少不合理的化肥施用。

推进畜禽清洁养殖。结合土地消纳能力，推进畜禽养殖适度规模化，合理优化养殖布局，鼓励采取种养结合养殖方式。以规模化养殖场和养殖小区为重点，因地制宜推行干清粪收集方法，养殖场区实施雨污分流，发展废物循环利用，鼓励粪污、沼渣等废弃物发酵生产有机肥料。在散养密集区推行粪污集中处理。

推行水产健康养殖。规范水产养殖行为，优化水产养殖区域布局，国家重点流域以及各地确定的重点保护水体要合理减少网箱、围网养殖规模。加快养殖池塘改造和循环水设施配套建设，推广水质调控技术与环保设备。鼓励发展人工生态环境、多品种立体、开放式流水或微流水、全封闭循环水工厂化、水产品与农作物共生互利等水产生态养殖方式。

——控制机动车污染物排放。提高机动车污染物排放准入门槛。加强机动车排放对环境影响的评估审查。加快淘汰老旧车辆，基本淘汰2005年以前注册的用于运营的“黄标车”。推进报废农用车换购载货汽车工作。全面推行机动车环保标志管理，严格实施机动车一致性检查制度，不符合国家机动车排放标准的车辆禁止生产、销售和注册登记。实施第四阶段机动车排放标准，在有条件的重点城市和地区逐步推动实施第五阶段排放标准。“十二五”末实现低速车与载货汽车实施同一排放标准。全面提升车用燃油品质。研究制定国家第四、第五阶段车用燃油标准，推动落实标准实施条件，强化车用燃油监管。全面供应符合国家第四阶段标准的车用燃油，部分重点城市供应国家第五阶段标准车用燃油。大型炼化项目应以国家第五阶段车用燃油标准作为设计目标，加快成品油生产技术改造。

——推进大气中细颗粒污染物（PM2.5）治理。促进煤炭清洁利用，建设低硫、低灰配煤场，提高煤炭洗选比例，重点区域淘汰低效燃煤锅炉。推广使用天然气、煤制气、生物质成型燃料等清洁能源。加大工业烟粉尘污染防治力度，对火电、钢铁、水泥等高排放行业以及燃煤工业锅炉实施高效除尘改造。大力削减石油石化、化工等行业挥发性有机物的排放。推动柴油车尿素加注基础设施建设。实施大气联防联控重点区域城区内重污染企业搬迁改造。加强建设施工、植被破坏等因素造成的扬尘污染防治。

四、节能减排重点工程

（一）节能改造工程

——锅炉（窑炉）改造和热电联产。实施燃煤锅炉和锅炉房系统节能改造，提高锅炉热效率和运行管理水平；在部分地区开展锅炉专用煤集中加工，提高锅炉燃煤质量；推动老旧供热管网、换热站改造。推广四通道喷煤燃烧、并流蓄热石灰窑煅烧等高效窑炉节能技术。到2015年工业锅炉、窑炉平均运行效率分别比2010年提高5个和2个百分点。东北、华北、西北地区大城市居民采暖除有条件采用可再生能源外基本实行集中供热，中小城市因地制宜发展背压式热电或集中供热改造，提高热电联产在集中供热中的比重。“十二五”时期形成7500万吨标准煤的节能能力。

——电机系统节能。采用高效节能电动机、风机、水泵、变压器等更新淘汰落后耗电设备。对电机系统实施变频调速、永磁调速、无功补偿等节能改造，优化系统运行和控制，提高系统整体运行效率。开展大型水利排灌设备、电机总容量10万千瓦以上电机系统示范改造。2015年电机系统运行效率比2010年提高2~3个百分点，“十二五”时期形成800亿千瓦时的节电能力。

——能量系统优化。加强电力、钢铁、有色金属、合成氨、炼油、乙烯等行业企业能量梯级利用和能源系统整体优化改造，开展发电机组通流改造、冷却塔循环水系统优化、冷凝水回收利用等，优化蒸汽、热水等载能介质的管网配置，实施输配电设备节能改造，深入挖掘系统节能潜力，大幅度提升系统能源效率。“十二五”时期形成4600万吨标准煤的节能能力。

——余热余压利用。能源行业实施煤矿低浓度瓦斯、油田伴生气回收利用；钢铁行业推广干熄焦、干式炉顶压差发电、高炉和转炉煤气回收发电、烧结机余热发电；有色金属行业推广冶金炉窑余热回收；建材行业推行新型干法水泥纯低温余热发电、玻璃熔窑余热发电；化工行业推行炭黑余热利用、硫酸生产低品位热能利用；积极利用工业低品位余热作为城市供热热源。到2015年新增余热余压发电能力2000万千瓦，“十二五”时期形成5700万吨标准煤的节能能力。

——节约和替代石油。推广燃煤机组无油和微油点火、内燃机系统节能、玻璃窑炉全氧燃烧和富氧燃烧、炼油含氢尾气膜法回收等技术。开展交通运输节油技术改造，鼓励以洁净煤、石油焦、天然气替代燃料油。在有条件的城市公交客车、出租车、城际客货运输车辆等推广使用天然气和煤层气。因地制宜推广醇醚燃料、生物柴油等车用替代燃料。实施乘用车制造企业平均油耗管理制度。“十二五”时期节约和替代石油800万吨，相当于1120万吨标准煤。

——建筑节能。到2015年，累计完成北方采暖地区既有居住建筑供热计量和节能改造4亿平方米以上，夏热冬冷地区既有居住建筑节能改造5000万平方米，公共建筑节能改造6000万平方米，公共机构办公建筑节能改造6000万平方米。“十二五”时期形成600万吨标准煤的节能能力。

——交通运输节能。铁路运输实施内燃机车、电力机车和空调发电车节油节电、动态无功补偿以及谐波负序治理等技术改造；公路运输实施电子不停车收费技术改造；水运推广港口轮胎式集装箱门式起重机油改电、靠港船舶使用岸电、港区运输车辆和装卸机械节能改造、油码头油气回收等；民航实施机场和地面服务设备节能改造，推广地面电源系统代替辅助动力装置等措施；加快信息技术在城市交通中的应用。深入开展“车船路港”千家企业低碳交通运输专项行动。“十二五”时期形成100万吨标准煤的节能能力。

——绿色照明。实施“中国逐步淘汰白炽灯路线图”，分阶段淘汰普通照明用白炽灯等低效照明产品。推动白炽灯生产企业转型改造，支持荧光灯生产企业实施低汞、固汞技术改造。积极发展半导体照明节能产业，加快半导体照明关键设备、核心材料和共性关键技术研发，支持技术成熟的半导体通用照明产品在宾馆、商厦、道路、隧道、机场等领域的应用。推动标准检测平台建设。加快城市道路照明系统改造，控制过度装饰和亮化。“十二五”时期形成2100万吨标准煤的节能能力。

（二）节能产品惠民工程

加大高效节能产品推广力度。民用领域重点推广高效照明产品、节能家用电器、节能与新能源汽车等，商用领域重点推广单元式空调器等，工业领域重点推广高效电动机等，产品能效水平提高10%以上，市场占有率提高到50%以上。完善节能产品惠民工程实施机制，扩大实施范围，健全组织管理体系，强化监督检查。“十二五”时期形成1000亿千瓦时的节电能力。

（三）合同能源管理推广工程

扎实推进《国务院办公厅转发发展改革委等部门关于加快推行合同能源管理促进节能服务产业发展意见的通知》（国办发〔2010〕25号）的贯彻落实，引导节能服务公司加强技术研发、服务创新、人才培养和品牌建设，提高融资能力，不断探索和完善商业模式。鼓励大型重点用能单位利用自身技术优势和管理经验，组建专业化节能服务公司。支持重点用能单位采用合同能源管理方式实施节能改造。公共机构实施节能改造要优先采用合同能源管理方式。加强对合同能源管理项目的融资扶持，鼓励银行等金融机构为合同能源管理项目提供灵活多样的金融服务。积极培育第三方认证、评估机构。到2015年，建立比较完善的节能服务体系，节能服务公司发展到2000多家，其中龙头骨干企业达到20家；节能服务产业总产值达到3000亿元，从业人员达到50万人。“十二五”时期形成6000万吨标准煤的节能能力。

（四）节能技术产业化示范工程

示范推广低品位余能利用、高效环保煤粉工业锅炉、稀土永磁电机、新能源汽车、半导体照明、太阳能光伏发电、零排放和产业链接等一批重大、关键节能技术。建立节能技术评价认定体系，形成节能技术分类遴选、示范和推广的动态管理机制。对节能效果好、应用前景广阔的关键产品或核心部件组织规模化生产，提高研发、制造、系统集成和产业化能力。“十二五”时期产业化推广30项以上重大节能技术，培育一批拥有自主知识产权和自主品牌、具有核心竞争力、世界领先的节能产品制造企业，形成1500万吨标准煤的节能能力。

（五）城镇生活污水处理设施建设工程

加大城镇污水处理设施和配套管网建设力度。“十二五”时期新建配套管网16万公里，新增污水日处理能力4200万吨，升级改造污水日处理能力2600万吨，新增再生水利用能力2700万吨/日。加快城镇生活垃圾处理处置设施建设，强化垃圾渗滤液处置。“十二五”时期分别新增化学需氧量和氨氮削减能力280万吨、30万吨。

（六）重点流域水污染防治工程

加强“三河三湖”、松花江、三峡库区及上游、丹江口库区及上游、黄河中上游等重点流域和城镇饮用水水源地的综合治理，加大长江中下游和珠江流域水污染防治力度，加强湖泊生态环境保护，推进渤海等重点海域综合治理。实施一批水污染综合治理项目。推动受污染场地、土壤及其周边地下水污染治理，重点推进湘江流域重金属污染治理。大力推进重点行业污水处理设施建设，“十二五”时期造纸、纺织、食品加工、农副产品加工、化工、石化等行业分别新增污水日处理能力300万吨、60万吨、60万吨、600万吨、200万吨、300万吨。

（七）脱硫脱硝工程

完成5056万千瓦现役燃煤机组脱硫设施配套建设，对已安装脱硫设施但不能稳定达标的4267万千瓦燃煤机组实施脱硫改造；完成4亿千瓦现役燃煤机组脱硝设施建设，对7000万千瓦燃煤机组实施低氮燃烧技术改造。到2015年燃煤机组脱硫效率达到95%，脱硝效率达到75%以上。钢铁烧结机、有色金属窑炉、建材新型干法水泥窑、石化催化裂化装置、焦化炼焦炉配套实施低氮燃烧改造或安装脱硫脱硝设施，高速公路沿线逐步建设柴油车脱硝尿素加注站。“十二五”时期新增二氧化硫和氮氧化物削减能力277万吨、358万吨。

（八）规模化畜禽养殖污染防治工程

以规模化养殖场和养殖小区为重点，鼓励废弃物统一收集，集中治理。建设雨污分离污水收集系统和厌氧发酵处理设施，配套建设分布式粪污贮存及处理设施。加强规模化养殖场沼气预处理设施、发酵装置、沼气和沼肥利用设施建设，实现畜禽养殖场废弃物的资源化利用。到2015年，50%以上规模化养殖场和养殖小区配套建设废弃物处理设施，分别新增化学需氧量和氨氮削减能力140万吨、10万吨。

（九）循环经济示范推广工程

开展资源综合利用、废旧商品回收体系示范、“城市矿产”示范基地、再制造产业化、餐厨废弃物资源化、产业园区循环化改造、资源循环利用技术示范推广等循环经济重点工程建设，实现减量化、再利用、资源化。在农业、工业、建筑、商贸服务等重点领域，以及重点行业、重点流域、中西部产业承接园区实施清洁生产示范工程，加大清洁生产技术改造实施力度。加快共性、关键清洁生产技术示范和推广，培育一批清洁生产企业和工业园区。

（十）节能减排能力建设工程

推进节能监测平台建设，建立能源消耗数据库和数据交换系统，强化数据收集、数据分类汇总、预测预警和信息交流能力。开展重点用能单位能源消耗在线监测体系建设试点和城市能源计量示范建设。建设县级污染源监控中心，加强污染源监督性监测，完善区域污染源在线监控网络，建立减排监测数据库并实现数据共享。加强氨氮、氮氧化物统计监测，提高农业源污染监测和机动车污染监控能力。推进节能减排监管机构标准化和执法能力建设，加强省、市、县节能减排监测取证设备、能耗和污染物排放测试分析仪器配备。

初步测算，“十二五”时期实施节能减排重点工程需投资约23660亿元，可形成节能能力3亿吨标准煤，新增化学需氧量、二氧化硫、氨氮、氮氧化物削减能力分别为420万吨、277万吨、40万吨、358万吨（见表4）。

表4　“十二五”节能减排规划投资需求

工程名称	投资需求（亿元）	节能减排能力（万吨）
节能重点工程	9820	30000（标准煤）
减排重点工程	8160	420（化学需氧量）、277（二氧化硫）、40（氨氮）、358（氮氧化物）
循环经济重点工程	5680	支撑实现上述节能减排能力
总计	23660	

五、保障措施

（一）坚持绿色低碳发展

深入贯彻节约资源和保护环境基本国策，坚持绿色发展和低碳发展。坚持把节能减排作为落实科学发展观、加快转变经济发展方式的重要着力点，加快构建资源节约、环境友好的生产方式和消费模式，增强可持续发展能力。在制定实施国家有关发展战略、专项规划、产业政策以及财政、税收、金融、价格和土地等政策过程中，要体现节能减排要求，发展目标要与节能减排约束性指标衔接，政策措施要有利于推进节能减排。

（二）强化目标责任评价考核

综合考虑经济发展水平、产业结构、节能潜力、环境容量及国家产业布局等因素，合理确定各地区、各行业节能减排目标。进一步完善节能减排统计、监测、考核体系，健全节能减排预警机制，建立健全行业节能减排工作评价制度。各地区要将国家下达的节能减排目标分解落实到下一级政府、有关部门和重点单位。国务院每年组织开展省级人民政府节能减排目标责任评价考核，考核结果作为领导班子和领导干部综合考核评价的重要内容，纳入政府绩效管理，实行问责制，并按照有关规定对作出突出成绩的地区、单位和个人给予表彰奖励。地方各级人民政府要切实抓好本地区节能减排目标责任评价考核。

（三）加强用能节能管理

明确总量控制目标和分解落实机制，实行目标责任管理。建立能源消费总量预测预警机制，对能源消费总量增长过快的地区及时预警调控。在工业、建筑、交通运输、公共机构以及城乡建设和消费领域全面加强用能管理，切实改变敞开供应能源、无约束使用能源的现象。依法加强年耗能万吨标准煤以上用能单位节能管理，开展万家企业节能低碳行动，落实目标责任，实行能源审计，开展能效水平对标活动，建立能源管理师制度，提高企业能源管理水平。在大气联防联控重点区域开展煤炭消费总量控制试点，从严控制京津唐、长三角、珠三角地区新建燃煤火电机组。

（四）健全节能环保法律、法规和标准

完善节能环保法律、法规和标准体系。推动加快制修订大气污染防治法、排污许可证管理条例、畜禽养殖污染防治条例、重点用能单位节能管理办法、节能产品认证管理办法等。加快节能环保标准体系建设，扩大标准覆盖面，提高准入门槛。组织制修订粗钢、铁合金、焦炭、多晶硅、纯碱等50余项高耗能产品强制性能耗限额标准，高压三相异步电动机、平板电视机等40余项终端用能产品强制性能效标准，制定钢铁、水泥等行业能源管理体系标准等。健全节能和环保产品及装备标准。完善环境质量标准。加快重点行业污染物排放标准的制修订工作，根据氨氮、氮氧化物控制目标要求制定实施排放标准，加强标准实施的后评估工作。

（五）完善节能减排投入机制

加大中央预算内投资和中央节能减排专项资金对节能减排重点工程和能力建设的支持力度，继续安排国有资本经营预算支出支持企业实施节能减排项目。完善“以奖代补”、“以奖促治”以及采用财政补贴方式推广高效节能产品和合同能源管理等支持机制，强化财政资金的引导作用。支持军队重点用能设施设备节能改造。地方各级人民政府要进一步加大对节能减排的投入，创新投入机制，发挥多层次资本市场融资功能，多渠道引导企业、社会资金积极投入节能减排。完善财政补贴方式和资金管理办法，强化财政资金的安全性和有效性，提高财政资金使用效率。

（六）完善促进节能减排的经济政策

深化资源性产品价格改革，理顺煤、电、油、气、水、矿产等资源类产品价格关系，建立充分反映市场供求、资源稀缺程度以及环境损害成本的价格形成机制。完善差别电价、峰谷电价、惩罚性电价，尽快出台鼓励余热余压发电和煤层气发电的上网政策，全面推行居民用电阶梯价格。严格落实脱硫电价，研究完善燃煤电厂烟气脱硝电价政策。完善矿业权有偿取得制度。加快供热体制改革，全面实施热计量收费制度。完善污水处理费政策。改革垃圾处理收费方式，提高收缴率，降低征收成本。完善节能产品政府采购制度。扩大环境标志产品政府采购范围，完善促进节能环保服务的政府采购政策。落实国家支持节能减排的税收优惠政策，改革资源税，加快推进环境保护税立法工作，调整进出口税收政策，合理调整消费税范围和税率结构。推进金融产品和服务方式创新，积极改进和完善节能环保领域的金融服务，建立企业节能环保水平与企业信用等级评定、贷款联动机制，探索建立绿色银行评级制度。推行重点区域涉重金属企业环境污染责任保险。

（七）推广节能减排市场化机制

加大能效标识和节能环保产品认证实施力度，扩大能效标识和节能产品认证实施范围。建立高耗能产品（工序）和主要终端用能产品能效“领跑者”制度，明确实施时限。推进节能发电调度。强化电力需求侧管理，开展城市综合试点。加快建立电能管理服务平台，充分运用电力负荷管理系统，完善鼓励电网企业积极参与电力需求侧管理的考核与奖惩机制。加强政策落实和引导，鼓励采用合同能源管理实施节能改造，推动城镇污水、垃圾处理以及企业污染治理等环保设施社会化、专业化运营。深化排污权有偿使用和交易制度改革，建立完善排污权有偿使用和交易政策体系，研究制定排污权交易初始价格和交易价格政策。开展碳排放交易试点。推进资源型经济转型改革试验。健全污染者付费制度，完善矿产资源补偿制度，加快建立生态补偿机制。

（八）推动节能减排技术创新和推广应用

深入实施节能减排科技专项行动，通过国家科技重大专项和国家科技计划（专项）等对节能减排相关科研工作给予支持。完善节能环保技术创新体系，加强基础性、前沿性和共性技术研发，在节能环保关键技术领域取得突破。加强政府指导，推动建立以企业为主体、市场为导向、多种形式的产学研战略联盟，鼓励企业加大研发投入。重点支持成熟的节能减排关键、共性技术与装备产业化示范和应用，加快产业化基地建设。发布节能环保技术推广目录，加快推广先进、成熟的新技术、新工艺、新设备和新材料。加强节能环保领域国际交流合作，加快国外先进适用节能减排技术的引进吸收和推广应用。

（九）强化节能减排监督检查和能力建设

加强节能减排执法监督，依法从严惩处各类违反节能减排法律法规的行为，实行执法责任制。强化重点用能单位、重点污染源和治理设施运行监管，推动污染源自动监控数据联网共享。完善工业能源消费统计，建立建筑、交通运输、公共机构能源消费统计制度、地区单位生产总值能耗指标季度统计制度，强化统计核算与监测。健全节能管理、监察、服务“三位一体”节能管理体系，形成覆盖全国的省、市、县三级节能监察体系。突出抓好重点用能单位能源利用状况报告、能源计量管理、能耗限额标准执行情况等监督检查。

（十）开展节能减排全民行动

深入开展节能减排全民行动，抓好家庭社区、青少年、企业、学校、军营、农村、政府机构、科技、科普和媒体等十个专项行动。把节能减排纳入社会主义核心价值观宣传教育以及基础教育、文化教育、职业教育体系，增强危机意识。充分发挥广播影视、文化教育等部门以及新闻媒体和相关社会团体的作用，组织好节能宣传周、世界环境日等主题宣传活动。加强日常宣传和舆论监督，宣传先进、曝光落后、普及知识，崇尚勤俭节约、反对奢侈浪费，推动节能、节水、节地、节材、节粮，倡导与我国国情相适应的文明、节约、绿色、低碳生产方式和消费模式，积极营造良好的节能减排社会氛围。

六、规划实施

节约资源和保护环境是我国的基本国策，推进节能减排工作，加快建设资源节约型、环境友好型社会是我国经济社会发展的重大战略任务。各级人民政府和有关部门要切实履行职责，扎实工作，进一步强化目标责任评价考核，加强监督检查，保障规划目标和任务的完成。地方各级人民政府要对本地区节能减排工作负总责，切实加强组织领导和统筹协调，做好本地区节能减排规划与本规划主要目标、重点任务的协调，特别要加强约束性指标的衔接，抓好各项目标任务的分解落实，强化政策统筹协调，做好相关规划实施的跟踪分析。发展改革委、环境保护部要会同有关部门加强对本规划执行的支持和指导，认真做好规划实施的监督评估，重视研究新情况，解决新问题，总结新经验，重大问题及时向国务院报告。

附录6："十二五"节能环保产业发展规划

节能环保产业是指为节约能源资源、发展循环经济、保护生态环境提供物质基础和技术保障的产业，是国家加快培育和发展的7个战略性新兴产业之一。节能环保产业涉及节能环保技术装备、产品和服务等，产业链长，关联度大，吸纳就业能力强，对经济增长拉动作用明显。加快发展节能环保产业，是调整经济结构、转变经济发展方式的内在要求，是推动节能减排，发展绿色经济和循环经济，建设资源节约型环境友好型社会，积极应对气候变化，抢占未来竞争制高点的战略选择。

根据《国务院关于加快培育和发展战略性新兴产业的决定》（国发〔2010〕32号）和《国务院关于印发"十二五"节能减排综合性工作方案的通知》（国发〔2011〕26号）有关要求，为推动节能环保产业快速健康发展，特制定本规划。

一、节能环保产业发展现状及面临的形势

（一）发展现状

"十一五"以来，我国大力推进节能减排，发展循环经济，建设资源节约型环境友好型社会，为节能环保产业发展创造了巨大需求，节能环保产业得到较快发展，目前已初具规模。据测算，2010年，我国节能环保产业总产值达2万亿元，从业人数2800万人。产业领域不断扩大，技术装备迅速升级，产品种类日益丰富，服务水平显著提高，初步形成了门类较为齐全的产业体系。在节能领域，干法熄焦、纯低温余热发电、高炉煤气发电、炉顶压差发电、等离子点火、变频调速等一批重大节能技术装备得到推广普及；高效节能产品推广取得较大突破，市场占有率大幅提高；节能服务产业快速发展，到2010年，采用合同能源管理机制的节能服务产业产值达830亿元。在资源循环利用领域，"三废"（废水、废气、固体废弃物）综合利用技术装备广泛应用，再制造表面工程技术装备达到国际先进水平，再生铝蓄热式熔炼技术、废弃电器电子产品和包装物资源化利用技术装备等取得一定突破，无机改性利废复合材料在高速铁路上得到应用。在环保领域，已具备自行设计、建设大型城市污水处理厂、垃圾焚烧发电厂及大型火电厂烟气脱硫设施的能力，关键设备可自主生产，电除尘、袋式除尘技术和装备等达到国际先进水平；环保服务市场化程度不断提高，大部分烟气脱硫设施和污水处理厂采取市场化模式建设运营。

我国节能环保产业虽然有了较快发展，但总体上看，发展水平还比较低，与需求相比还有较大差距。主要存在以下问题：

一是创新能力不强。以企业为主体的节能环保技术创新体系不完善，产学研结合不够紧密，技术开发投入不足。一些核心技术尚未完全掌握，部分关键设备仍需要进口，一些已能自主生产的节能环保设备性能和效率有待提高。

二是结构不合理。企业规模普遍偏小，产业集中度低，龙头骨干企业带动作用有待进一步提高。节能环保设备成套化、系列化、标准化水平低，产品技术含量和附加值不高，国际品牌产品少。

三是市场不规范。地方保护、行业垄断、低价低质恶性竞争现象严重；污染治理设施重建设、轻管理，

运行效率低；市场监管不到位，一些国家明令淘汰的高耗能、高污染设备仍在使用。

四是政策机制不完善。节能环保法规和标准体系不健全，资源性产品价格改革和环保收费政策尚未到位，财税和金融政策有待进一步完善，企业融资困难，生产者责任延伸制尚未建立。

五是服务体系不健全。合同能源管理、环保基础设施和火电厂烟气脱硫特许经营等市场化服务模式有待完善；再生资源和垃圾分类回收体系不健全；节能环保产业公共服务平台尚待建立和完善。

（二）面临的形势

从国际看，在应对国际金融危机和全球气候变化的挑战中，世界主要经济体都把实施绿色新政、发展绿色经济作为刺激经济增长和转型的重要内容。一些发达国家利用节能环保方面的技术优势，在国际贸易中制造绿色壁垒。为使我国在新一轮经济竞争中占据有利地位，必须大力发展节能环保产业。

从国内看，面对日趋强化的资源环境约束，加快转变经济发展方式，实现“十二五”规划纲要确定的节能减排约束性指标，必须加快提升我国节能环保技术装备和服务水平。我国节能环保产业发展前景广阔。据测算，到2015年，我国技术可行、经济合理的节能潜力超过4亿吨标准煤，可带动上万亿元投资；节能服务总产值可突破3000亿元；产业废物循环利用市场空间巨大；城镇污水垃圾、脱硫脱硝设施建设投资超过8000亿元，环境服务总产值将达5000亿元。

“十二五”时期是我国节能环保产业发展难得的历史机遇期，必须紧紧抓住国内国际环境的新变化、新特点，顺应世界经济发展和产业转型升级的大趋势，着眼于满足我国节能减排、发展循环经济和建设资源节约型环境友好型社会的需要，加快培育发展节能环保产业，使之成为新一轮经济发展的增长点和新兴支柱产业。

二、指导思想、基本原则和总体目标

（一）指导思想

以邓小平理论和“三个代表”重要思想为指导，深入贯彻落实科学发展观，坚持以市场为导向，以企业为主体，以重点工程为依托，以提高技术装备、产品、服务水平为重点，加强宏观指导，完善政策机制，加大资金投入，突出自主创新，培育规范市场，增强竞争能力，促进节能环保产业成为新兴支柱产业，推动资源节约型环境友好型社会建设，满足人民群众对改善生态环境的迫切需求。

（二）基本原则

1. 政策机制驱动。健全节能环保法规和标准，完善价格、财税、金融、土地等政策，形成有效的激励和约束机制，引导和鼓励社会资本投向节能环保产业，拉动节能环保产业市场的有效需求。

2. 技术创新引领。完善以企业为主体的技术创新体系，立足原始创新、集成创新和引进消化吸收再创新，形成更多拥有自主知识产权的核心技术和具有国际品牌的产品，提升装备制造能力和水平，促进产业升级，形成节能环保产业发展新优势。

3. 重点工程带动。围绕实现节能减排约束性目标，加快实施节能、循环经济和环境保护重点工程，形成对节能环保产业最直接、最有效的需求拉动，带动节能环保产业快速发展。

4. 市场秩序规范。打破地方保护，加强行业自律，强化执法监督，建立统一开放、公平竞争、规范有序的市场环境，促进节能环保产业健康发展。

5. 服务模式创新。大力推行合同能源管理、特许经营等节能环保服务新机制，推动节能环保设施建设和运营社会化、市场化、专业化服务体系建设。

（三）总体目标

1. 产业规模快速增长。节能环保产业产值年均增长15%以上，到2015年，节能环保产业总产值达到

4.5万亿元，增加值占国内生产总值的比重为2%左右，培育一批具有国际竞争力的节能环保大型企业集团，吸纳就业能力显著增强。

2. 技术装备水平大幅提升。到2015年，节能环保装备和产品质量、性能大幅度提高，形成一批拥有自主知识产权和国际品牌，具有核心竞争力的节能环保装备和产品，部分关键共性技术达到国际先进水平。

3. 节能环保产品市场份额逐步扩大。到2015年，高效节能产品市场占有率由目前的10%左右提高到30%以上，资源循环利用产品和环保产品市场占有率大幅提高。

4. 节能环保服务得到快速发展。采用合同能源管理机制的节能服务业销售额年均增速保持30%，到2015年，分别形成20个和50个左右年产值在10亿元以上的专业化合同能源管理公司和环保服务公司。城镇污水、垃圾和脱硫、脱硝处理设施运营基本实现专业化、市场化。

三、重点领域

（一）节能产业重点领域

1. 节能技术和装备。

锅炉窑炉。加快开发工业锅炉燃烧自动调节控制技术装备；推进燃油、燃气工业锅炉、窑炉蓄热式燃烧技术装备产业化；加快推广等离子点火、富氧－全氧燃烧等高效煤粉燃烧技术和装备，以及大型流化床等高效节能锅炉。大力推广多喷嘴对置式水煤浆气化、粉煤加压气化、非熔渣－熔渣水煤浆分级气化等先进煤气化技术和装备，推动煤炭的高效清洁利用。

电机及拖动设备。示范推广稀土永磁无铁芯电机、电动机用铸铜转子技术等高效节能电机技术和设备；大力推广能效等级为一级和二级的中小型三相异步电动机、通风机、水泵、空压机以及变频调速等技术和设备，提高电机系统整体运行效率。

余热余压利用设备。完善推广余热发电关键技术和设备；示范推广低热值煤气燃气轮机、烧结及炼钢烟气干法余热回收利用、乏汽与凝结水闭式回收、螺杆膨胀动力驱动、基于吸收式换热的集中供热等技术和设备；大力推广高效换热器、蓄能器、冷凝器、干法熄焦等设备。

节能仪器设备。加快研发和应用快速准确的便携或车载式能效检测设备，大力推广在线能源计量、检测技术和设备。

2. 节能产品。

家用电器与办公设备。加快研发空调、冰箱等高效压缩机及驱动控制器、高效换热及相变储能装置，各类家电智能控制节能技术和待机能耗技术；重点攻克空调制冷剂替代技术、二氧化碳热泵技术；推广能效等级为一级和二级的节能家用电器、办公和商用设备。

高效照明产品。加快半导体照明（LED、OLED）研发，重点是金属有机源化学气相沉积设备（MOCVD）、高纯金属有机化合物（MO源）、大尺寸衬底及外延、大功率芯片与器件、LED背光及智能化控制等关键设备、核心材料和共性关键技术，示范应用半导体通用照明产品，加快推广低汞型高效照明产品。

节能汽车。加快研发和示范具有自主知识产权的汽油直喷、涡轮增压等先进发动机节能技术，以及双离合式自动变速器（DCT）等多档化高效自动变速器等节能减排技术，新型车辆动力蓄电池和新型混合动力汽车机电耦合动力系统、车用动力系统和发电设备等技术装备；推广采用各类节能技术实现的节能汽车；大力推广节能型牵引车和挂车。

新型节能建材。重点发展适用于不同气候条件的新型高效节能墙体材料以及保温隔热防火材料、复合保温砌块、轻质复合保温板材、光伏一体化建筑用玻璃幕墙等新型墙体材料；大力推广节能建筑门窗、隔热和安全性能高的节能膜和屋面防水保温系统、预拌混凝土和预拌砂浆。

3. 节能服务。

大力发展以合同能源管理为主要模式的节能服务业，不断提升节能服务公司的技术集成和融资能力。鼓励大型重点用能单位利用自身技术优势和管理经验，组建专业化节能服务公司；推动节能服务公司通过兼并、联合、重组等方式，实行规模化、品牌化、网络化经营。鼓励节能服务公司加强技术研发、服务创新和人才培养，不断提高综合实力和市场竞争力。

专栏1

节能产业关键技术

高压变频调速技术 用于大功率风机、水泵、压缩机等电机拖动系统。节电潜力约1000亿千瓦时。研发重点是关键部件绝缘栅极型功率管（IGBT）以及特大功率高压变频调速技术。

稀土永磁无铁芯电机技术 用于风机、水泵、压缩机等领域，可提高电机系统能效30%以上，大幅度节约硅钢片、铜材等。重点是中小功率电机产业化。

蓄热式高温空气燃烧技术 用于工业窑炉及煤粉锅炉，提高热效率。重点是钢铁行业蓄热式加热技术、有色行业蓄热式熔炼技术等，以及固体燃料工业窑炉适用的蓄热式燃烧技术。

螺杆膨胀动力驱动技术 用于工业锅炉（窑炉）余热发电或直接驱动机械设备，高效回收利用中低品位热能。研发重点是千瓦级到兆瓦级系列设备、精密机械加工和轴承生产。

基于吸收式换热的集中供热技术 用于凝汽式火力发电厂、热电厂余热利用，循环水余热充分回收，提高热电厂供热能力30%以上，降低热电联产综合供热能耗40%，并可提高既有管网输送能力。研发重点是小型化、大温差吸收式热泵装备。

汽油直喷技术 用于汽车节能领域，汽车平均油耗比常规电喷汽油车降低10%～20%。研发重点是系统精确控制。

启动-停车混合动力汽车技术 降低汽车怠速时所需的能量和减少废气排放，回收制动能量，重点是BSG（皮带传动启动机和发电机系统）混合动力轿车技术和ISG（集成的启动机和发电机系统）混合动力轿车技术。

二氧化碳热泵技术 用于热泵热水系统等，相对普通热水器节能75%，研发重点是压缩机和热泵系统的设计和优化，解决系统和部件的耐压和强度问题。

半导体照明系统集成及可靠性技术 用于通用照明、液晶背光和景观装饰等领域。研发重点是大功率外延芯片器件、关键原材料制备、系统可靠性、智能化控制及检测技术。

（二）资源循环利用产业重点领域

1. 矿产资源综合利用。

重点开发加压浸出、生物冶金、矿浆电解技术，提高从复杂难处理金属共生矿和有色金属尾矿中提取铜、镍等国家紧缺矿产资源的综合利用水平；加强中低品位铁矿、高磷铁矿、硼镁铁矿、锡铁矿等复杂共伴生黑色矿产资源开发利用和高效采选；推进煤系油母页岩等资源开发利用，提高页岩气和煤层气综合开发利用水平，发展油母页岩、油砂综合利用及高岭土、铝矾土等共伴生非金属矿产资源的综合利用和深加工。

2. 固体废物综合利用。

加强煤矸石、粉煤灰、脱硫石膏、磷石膏、化工废渣、冶炼废渣等大宗工业固体废物的综合利用，研究完善高铝粉煤灰提取氧化铝技术，推广大掺量工业固体废物生产建材产品。研发和推广废旧沥青混合料、建筑废物混杂料再生利用技术装备。推广建筑废物分类设备及生产道路结构层材料、人行道透水材料、市政设施复合材料等技术。

3. 再制造。

重点推进汽车零部件、工程机械、机床等机电产品再制造，研发旧件无损检测与寿命评估技术、高效环保清洗设备，推广纳米颗粒复合电刷镀、高速电弧喷涂、等离子熔覆等关键技术和装备。

4. 再生资源利用。

废金属资源再生利用。开发易拉罐有效组分分离及去除表面涂层技术与装备，推广废铅蓄电池铅膏脱硫、废杂铜直接制杆、失效钴镍材料循环利用等技术，提升从废旧机电、电线电缆、易拉罐等产品中回收重金属及稀有金属水平。

废旧电器电子产品资源化利用。示范推广废旧电器电子产品和电路板自动拆解、破碎、分选技术与装备，推广封闭式箱体机械破碎、电视电脑锥屏机械分离等技术。研发废电器电子稀有金属提纯还原技术。

报废汽车资源化利用。完善报废汽车车身机械自动化粉碎分选技术及钢铁、塑料、橡胶等组分的分类富集回收技术，研发报废汽车主要零部件精细化无损拆解处理平台技术，提升报废汽车拆解回收利用的自动化、专业化水平。

废橡胶、废塑料资源再生利用。推广应用常温粉碎及低硫高附加值再生橡胶成套设备；研发各种废塑料混杂物分类技术或直接利用技术，推广应用深层清洗、再生造粒和改性技术。

5. 餐厨废弃物资源化利用。

建设餐厨废弃物密闭化、专业化收集运输体系；研发餐厨废弃物低能耗高效灭菌和废油高效回收利用技术装备；鼓励餐厨废油生产生物柴油、化工制品，餐厨废弃物厌氧发酵生产沼气及高效有机肥。

6. 农林废物资源化利用。

推广农作物秸秆还田、代木、制作生物培养基、生物质燃料等技术与装备，秸秆固化成型等能源化利用技术及装备；推进林业剩余物、次小薪材、蔗渣等综合利用技术和装备的应用；推动规模化畜禽养殖废物资源化利用，加快发酵制饲料、沼气、高效有机肥等技术集成应用。

7. 水资源节约与利用。

推进工业废水、生活污水和雨水资源化利用，扩大再生水的应用。大力推进矿井水资源化利用、海水循环利用技术与装备。示范推广膜法、热法和耦合法海水淡化技术以及电水联产海水淡化模式。

专栏 2

资源循环利用产业关键技术

复杂铜铅锌金属矿高效分选技术 用于有色金属矿开采。研发重点是高效浮选药剂和大型高效破碎、浮选设备。

再制造表面工程技术 用于汽车零部件、工程机械等机电产品再制造。研发重点是旧件寿命评估技术、环保拆解清洗技术及激光熔覆喷涂技术。

含钴镍废弃物的循环再生和微粉化技术 用于废弃电池、含钴镍废渣资源化利用。重点是电池破壳分离、钴镍元素提纯、原生化超细粉末再制备和钴镍资源的深度资源化技术。

废旧家电和废印制电路板自动拆解和物料分离技术 用于废旧家电和废印制电路板资源化利用。重点是高效粉碎与旋风分离一体化技术，风选、电选组合提纯工艺和多种塑料混杂物直接综合利用技术。

材料分离、改性及合成技术 用于建材、包装废弃物、废塑料处理等领域。研发重点是纸塑铝分离技术、橡塑分离及合成技术、无机改性聚合物再生循环利用技术等。

建筑废物分选及资源化技术 用于建筑废物资源化利用。研发重点是建筑废物分选技术及装备，废旧砂灰粉的活化和综合利用技术，专用添加剂制备，轻质物料分选、除尘、降噪等设施。

餐厨废弃物制生物柴油、沼气等技术 用于餐厨废弃物资源化利用领域。重点是应用酸碱催化法及化学法制生物柴油和工业油脂技术，制肥和沼气化技术与装备以及酶法、超临界法制油技术。

膜法和热法海水淡化技术 用于海水淡化、苦咸水等非传统水资源处理。膜法重点完善膜组件、高压泵、能量回收装置等关键部件及系统集成技术。热法重点完善大型海水淡化装备制造技术、提升高真空状态下仪表控制元器件可靠性及压缩机性能等。

（三）环保产业重点领域

1. 环保技术和装备。

污水处理。重点攻克膜处理、新型生物脱氮、重金属废水污染防治、高浓度难降解有机工业废水深度处理技术；重点示范污泥生物法消减、移动式应急水处理设备、水生态修复技术与装备。推广污水处理厂高效节能曝气、升级改造，农村面源污染治理，污泥处理处置等技术与装备。

垃圾处理。研发渗滤液处理技术与装备，示范推广大型焚烧发电及烟气净化系统、中小型焚烧炉高效处理技术、大型填埋场沼气回收及发电技术和装备，大力推广生活垃圾预处理技术装备。

大气污染控制。研发推广重点行业烟气脱硝、汽车尾气高效催化转化及工业有机废气治理等技术与装备，示范推广非电行业烟气脱硫技术与装备，改造提升现有燃煤电厂、大中型工业锅炉窑炉烟气脱硫技术与装备，加快先进袋式除尘器、电袋复合式除尘技术及细微粉尘控制技术的示范应用。

危险废物与土壤污染治理。加快研发重金属、危险化学品、持久性有机污染物、放射源等污染土壤的治理技术与装备。推广安全有效的危险废物和医疗废物处理处置技术和装置。

监测设备。加快大型实验室通用分析、快速准确的便携或车载式应急环境监测、污染源烟气、工业有机污染物和重金属污染在线连续监测技术设备的开发和应用。

2. 环保产品。

环保材料。重点研发和示范膜材料和膜组件、高性能防渗材料、布袋除尘器高端纤维滤料和配件等；推广离子交换树脂、生物滤料及填料、高效活性炭等。

环保药剂。重点研发和示范有机合成高分子絮凝剂、微生物絮凝剂、脱硝催化剂及其载体、高性能脱硫剂等；推广循环冷却水处理药剂、杀菌灭藻剂、水处理消毒剂、固废处理固化剂和稳定剂等。

3. 环保服务。

以城镇污水垃圾处理、火电厂烟气脱硫脱硝、危险废物及医疗废物处理处置为重点，推进环境保护设施建设和运营的专业化、市场化、社会化进程。大力发展环境投融资、清洁生产审核、认证评估、环境保险、环境法律诉讼和教育培训等环保服务体系，探索新兴服务模式。

专栏3

环保产业关键技术

膜处理技术 用于污水资源化、高浓度有机废水处理、垃圾渗滤液处理等。研发重点是高性能膜材料及膜组件，降低成本、提升膜通量、延长膜材料使用寿命、提高抗污染性。

污泥处理处置技术 用于生活污水处理厂污泥处理处置。重点是污泥厌氧消化或好氧发酵后用于农田、焚烧及生产建材产品等处理处置技术，研发适用于中小污水处理厂的生物消减等污泥减量工艺。

脱硫脱硝技术 用于电力、钢铁、有色等行业及工业锅炉窑炉烟气治理。研发重点是脱硝催化剂的制备及资源化脱硫技术装备。

布袋及电袋复合除尘技术 用于火电、钢铁、有色、建材等行业。重点是耐高温、耐腐蚀纤维及滤料的国产化，研发高效电袋复合除尘器、优质滤袋和设备配件。

挥发性有机污染物控制技术 用于各工业行业挥发性有机污染物排放源污染控制及回收利用。研发重点是新型功能性吸附材料及吸附回收工艺技术，新型催化材料，优化催化燃烧及热回收技术。

柴油机（车）排气净化技术 用于国Ⅳ以上排放标准的重型柴油机和轻型柴油车。研发重点是选择性催化还原技术（SCR）及其装备、SCR催化器及相应的尿素喷射系统，以及高效率、高容量、低阻力微粒过滤器。

固体废物焚烧处理技术 用于城市生活垃圾、危险废物、医疗废物处理。研发重点是大型垃圾焚烧设施炉排及其传动系统、循环流化床预处理工艺技术、焚烧烟气净化技术、二英控制技术、飞灰处置技术等。

水生态修复技术 用于受污染自然水体。重点研发赤潮、水华预报、预防和治理技术，生物控制技术和回收藻类、水生植物厌氧产沼气、发电及制肥的资源化技术，溢油污染水体修复技术等。

污染场地土壤修复技术 用于污染土壤修复。重点是受污染土壤原位解毒剂、异位稳定剂、用于路基材料的土壤固化剂以及受污染土壤固化体资源化技术及生物治理技术。

污染源在线监测技术 用于环境监测。研发重点是有机污染物自动监测系统、新型烟气连续自动检测技术、重金属在线监测系统、危险品运输载体实时监测系统等。

四、重点工程

（一）重大节能技术与装备产业化工程

围绕应用面广、节能潜力大的锅炉窑炉、电机系统、余热余压利用等重点领域，通过重大技术和装备产业化示范、规模化应用等，形成10～15个大型流化床锅炉、粉煤气化、蓄热式燃烧、高效换热器等以高效燃烧和换热技术为特色的制造基地；15～20个稀土永磁无铁芯电机、高压变频控制、无功补偿等高效电机及其控制系统产业化基地；5～10个低品位余热发电、中低浓度煤层气利用等余热余能利用装备制造基地。到2015年，高效节能技术与装备市场占有率由目前不足5%提高到30%左右，产值达到5000亿元。

（二）半导体照明产业化及应用工程

整合现有资源，提高产业集中度，实现半导体照明技术与装备产业化。培育10～15家掌握核心技术、拥有较多自主知识产权和知名品牌的龙头企业；关键生产装备、重要原材料实现国产化，高端应用产品达到世界先进水平，建立具有国际先进水平的检测平台，建成一批产业链完善、创新能力强、特色鲜明的半导体照明新兴产业集聚区。逐步推广半导体照明产品。到2015年，通用照明产品市场占有率达到20%左右，液晶背光源达到70%以上，景观装饰产品达到80%以上，半导体照明产业产值达到4500亿元，年节电600亿千瓦时，形成具有国际竞争力的半导体照明产业。

（三）"城市矿产"示范工程

建设50个国家"城市矿产"示范基地，支持回收体系、资源再生利用产业化、污染治理设施和服务平台建设，推动废弃机电设备、电线电缆、家电、汽车、手机、铅酸电池、塑料、橡胶等再生资源的循环利用、规模利用和高值利用。到2015年，形成资源再生利用能力2500万吨，其中再生铜200万吨、再生铝250万吨、废钢1000多万吨、黄金10吨，实现产值4300亿元。

（四）再制造产业化工程

支持汽车零部件、工程机械、机床等再制造，完善可再制造旧件回收体系，重点支持建立5~10个国家级再制造产业集聚区和一批重大示范项目。到2015年，实现再制造发动机80万台，变速箱、起动机、发电机等800万件，工程机械、矿山机械、农用机械等20万台套，再制造产业产值达到500亿元。

（五）产业废物资源化利用工程

以共伴生矿产资源回收利用、尾矿稀有金属分选和回收、大宗固体废物大掺量高附加值利用为重点，推动资源综合利用基地建设，鼓励产业集聚，形成以示范基地和龙头企业为依托的发展格局。以铁矿、铜矿、金矿、钒矿、铅锌矿、钨矿为重点，推进共伴生矿产资源和尾矿综合利用；推进建筑废物和道路沥青再生利用。到2015年，新增固体废物综合利用能力约4亿吨，产值达1500亿元。

（六）重大环保技术装备及产品产业化示范工程

推动重金属污染防治、污泥处理处置、挥发性有机物治理、畜禽养殖清洁生产等核心技术产业化；重点示范膜生物反应器（MBR）、垃圾焚烧及烟气处理、烟气脱硫脱硝等先进技术装备及能源、农业等行业清洁生产重大技术装备；推广城镇生活污水脱氮除磷深度处理设备、300兆瓦及以上燃煤电厂烟气脱硝技术装备、600兆瓦及以上燃煤电厂烟气脱硫及布袋或电袋复合除尘设备和高效垃圾焚烧炉等重大装备。拥有高性能膜、脱硝催化剂纳米级二氧化钛载体、高效滤料等污染控制材料生产的相关知识产权。到2015年，环保装备产值超过5000亿元，环保材料产值超过1000亿元，环保关键材料基本实现产业化，形成5~10个环保产业集聚区、10~15个环保技术及装备产业化基地。

（七）海水淡化产业基地建设工程

培育由工程设计和装备制造企业、研究单位、大学、相关原材料生产企业等共同参与，集研发、孵化、生产、集成、检验检测和工程技术服务于一体的海水淡化产业基地。到2015年，建成2~3个国家级海水淡化产业化基地，关键技术与装备、相关材料研发和制造能力达到国际先进水平，海水淡化产能达到220万~260万吨/日，海水淡化及相关产业产值500亿元。

（八）节能环保服务业培育工程

大力推行合同能源管理，到2015年，力争专业化节能服务公司发展到两千多家，其中年产值超过10亿元的节能服务公司约20家，节能服务业总产值突破3000亿元，累计实现节能能力6000万吨标准煤。建立全方位环保服务体系。积极培育具有系统设计、设备成套、工程施工、调试运行和维护管理一条龙服务能力的总承包公司，大力推进环保设施专业化、社会化运营，扶持环境咨询服务企业。到2015年，环保服务业产值超过5000亿元，其中年产值超过10亿元的企业超过50家，城镇污水垃圾处理及电力行业烟气脱硫脱硝等领域专业化、社会化服务占全行业的比例大幅提高。

五、政策措施

（一）完善价格、收费和土地政策

加快推进资源性产品价格改革。研究制定鼓励余热余压发电及背压热电的上网和价格政策。完善电力峰谷分时电价政策。对能源消耗超过国家和地区规定的单位产品能耗（电耗）限额标准的企业和产品，实行惩罚性电价。严格落实脱硫电价，研究制定燃煤电厂脱硝电价政策。深化市政公用事业市场化改革，进一步完善污水处理费政策，研究将污泥处理费用逐步纳入污水处理成本，研究完善对自备水源用户征收污水处理费制度。改进垃圾处理收费方式，合理确定收费载体和标准，降低收取成本，提高收缴率。对于城镇污水垃圾处理设施、“城市矿产”示范基地、集中资源化处理中心等国家支持的项目用地，在土地利用年度计划安排中给予重点保障。

（二）加大财税政策支持力度

各级政府要安排财政资金支持和引导节能环保产业发展。安排中央财政节能减排和循环经济发展专项资金，采取补助、贴息、奖励等方式，支持节能减排重点工程和节能环保产业发展重点工程，加快推行合同能源管理。中央预算内投资和其他中央财政专项资金，要加大对节能环保产业的支持力度。国有资本经营预算优先安排企业实施节能环保项目。严格落实并不断完善现有节能、节水、环境保护、资源综合利用税收优惠政策。全面改革资源税。积极推进环境税费改革。落实节能服务公司实施合同能源管理项目税收优惠政策。

（三）拓宽投融资渠道

鼓励银行业金融机构在满足监管要求的前提下，积极开展金融创新，加大对节能环保产业的支持力度。按照政策规定，探索将特许经营权、收费权等纳入贷款抵押担保物范围。建立银行绿色评级制度，将绿色信贷成效作为对银行机构进行监管和绩效评价的要素。鼓励信用担保机构加大对资质好、管理规范的节能环保企业的融资担保支持力度。支持符合条件的节能环保企业发行企业债券、中小企业集合债券、短期融资券、中期票据等，重点用于环保设施和再生资源回收利用设施建设。选择若干资质条件较好的节能环保企业，开展非公开发行企业债券试点。支持符合条件的节能环保企业上市融资。研究设立节能环保产业投资基金。推动落实支持循环经济发展的投融资政策措施。鼓励和引导民间投资和外资进入节能环保产业领域，支持民间资本进入污水、垃圾处理等市政公用事业建设。

（四）完善进出口政策

通过完善出口卖方信贷和买方信贷政策，鼓励节能环保设备由以单机出口为主向以成套供货为主的设备总承包和工程总承包转变；安排对外援助时，根据对外工作需要和受援国要求，积极安排公共环境基础设施、工业污染防治设施建设等节能环保项目。建立进口再生资源加工区，强化联合监管，积极完善与国际规则、惯例相适应，且有利于我国获取国际再生资源、促进国内节能环保产业健康发展的进口管理体制机制。对用于制造大型节能环保设备确有必要进口的关键零部件及原材料，研究免征进口关税和进口增值税。

（五）强化技术支撑

发布国家鼓励的节能环保产业技术目录。在充分整合现有科技资源的基础上，在节能环保领域设立若干国家工程研究中心、国家工程实验室和国家产品质量监督检验中心，组建一批由骨干企业牵头组织、科研院所共同参与的节能环保产业技术创新平台，建立一批节能环保产业化科技创新示范园区，支持成套装备及配套设备研发、关键共性技术和先进制造技术研究。推进国产首台（套）重大节能环保装备的应用。

（六）完善法规标准

完善以环境保护法律、节约能源法、循环经济促进法、清洁生产促进法等为核心，配套法规相协调的节能环保法律法规体系。研究建立生产者责任延伸制度，逐步建立相关废弃产品回收处理基金，研究制定强制回收产品目录和包装物管理办法。通过制（修）订节能环保标准，充分发挥标准对产业发展的催生促进作用。逐步提高重点用能产品能效标准，修订提高重点行业能耗限额强制性标准，建立能效“领跑者”标准制度，强化总量控制和有毒有害污染物排放控制要求，完善污染物排放标准体系。

（七）强化监督管理

严格节能环保执法监督检查，严肃查处各类违法违规行为，加大惩处力度。落实节能减排目标责任，开展专项检查和督察行动。加强对重点耗能单位和污染源的日常监督检查，对污染治理设施实行在线自动监控。加强市场监督、产品质量监督，强化标准标识监督管理。落实招投标各项规定，充分发挥行业协会作用，加强行业自律。整顿和规范节能环保市场秩序，打破地方保护和行业垄断，打击低价竞争、恶性竞争等不正当竞争行为，促进公平竞争、有序竞争，为节能环保产业发展创造良好的市场环境。

六、组织实施

国务院有关部门要按照职能分工，制定完善相关政策措施，形成合力，确保本规划顺利实施。各地区要按照规划确定的目标、任务和政策措施，结合当地实际抓紧制定具体落实方案，确保取得实效。

发展改革委、环境保护部要加强对规划实施情况的跟踪分析和监督检查，及时开展后评估，针对规划实施中出现的新情况、新问题，适时提出解决办法，重大问题及时向国务院报告。

附录7：工业节能“十二五”规划

前言

“十二五”（2011—2015年）是我国经济社会发展的重要战略机遇期，也是转变发展方式，加快建设资源节约型和环境友好型工业体系的关键时期。工业化、城镇化快速发展，经济增长的能源资源和环境约束日益强化，工业作为能源消耗的主要领域，是节能工作的重点和难点，编制并实施好工业节能“十二五”规划，对于促进工业转型升级，实现工业可持续发展，确保完成节能减排约束性目标具有重要意义。为贯彻落实《国民经济和社会发展第十二个五年规划纲要》，按照《工业转型升级规划（2011—2015年）》、《国务院“十二五”节能减排综合性工作方案》、《节能减排规划（2011—2015年）》总体部署和要求，制定本规划，作为“十二五”全国工业节能的指导性文件。

一、现状与形势

（一）现状

“十一五”期间，工业能源消耗总量逐年增加，由2005年的15.95亿吨标准煤增加到2010年的24亿吨标准煤左右，占全社会总能耗的比重由2005年的70.9%上升到2010年的73%左右，钢铁、有色金属、建材、石化、化工和电力六大高耗能行业的能源消耗量占工业总能耗的比重由2005年的71.3%上升到2010年的77%左右。工业增加值占GDP的比重由2005年的41.8%下降至2010年的40.2%，六大高耗能行业增加值占全部工业增加值的比重由2005年的32.7%下降至2010年的30.3%。

“十一五”期间，工业系统认真贯彻落实科学发展观，按照《节约能源法》要求以及国务院的决策部署，围绕国家节能减排目标任务，狠抓工业节能降耗，工业节能取得显著成效。

单位工业增加值能耗大幅下降。全国规模以上万元工业增加值能耗由2005年的2.59吨标准煤下降至2010年的1.91吨标准煤，5年累计下降26%，实现节能量6.3亿吨标准煤，以年均8.1%的能耗增长支撑了年均14.9%的工业增长。重点行业和主要用能产品单耗持续降低。2010年同2005年相比，钢铁、有色金属、石化和化工、建材等重点用能行业增加值能耗分别下降23.4%、15.1%、35.8%、37.9%，吨钢、铜冶炼、吨水泥综合能耗分别下降12.1%、35.9%、28.6%。淘汰落后产能任务全面完成。5年累计淘汰炼铁、炼钢、焦炭、水泥和造纸等落后产能分别为12000万吨、7200万吨、10700万吨、37000万吨和1130万吨，超额完成“十一五”计划任务。

工业节能管理工作得到加强：一是节能标准不断完善。发布了一批能耗限额标准、终端用能产品能效标准和通信设备节能标准。二是落实节能目标责任。分解下达单位工业增加值能耗下降指标，开展重点用能企业节能目标完成情况评价考核，建立了节能目标责任评价考核制度。三是积极推动节能技术进步。围绕重大节能工程，加大财政资金支持力度，实施一批重大工业节能技术改造项目，编制了重点行业节能技术目录与指南，推广干熄焦、高炉压差发电（TRT）等一大批先进适用节能技术。四是强化重点用能企业节能管理。

发布重点用能行业13种产品（工序）能效标杆指标，开展重点用能行业能效水平对标达标活动，支持钢铁企业能源管控中心项目建设；五是加强绿色信息通信技术应用。推广移动办公、视频会议、电子商务等绿色节能新业务，推进信息通信技术、产品和解决方案在传统产业节能改造中的应用。

工业节能降耗仍存在一些突出问题：一是产业结构调整进展缓慢，高耗能行业增长过快，工业能源消耗增速过高；二是行业间和企业间发展不平衡，先进生产能力和落后生产能力并存，总体技术装备水平不高，单位产品能耗水平参差不齐；三是企业技术创新能力不强，无法支撑节能发展需求；四是市场化节能机制尚待完善，企业节能内生动力不足；五是工业节能管理基础薄弱，节能服务能力与市场需求发展不相适应。

（二）形势

从国内看，“十二五”是国民经济和社会发展的战略机遇期，也是全面建设小康社会的关键时期。我国正处于工业化、城镇化深入发展阶段，经济社会发展对能源的需求仍不断增加，能源资源和环境约束将更趋严峻。工业发展对能源的需求继续增加，工业和高耗能行业对国内生产总值的贡献率呈下降趋势，国家节能减排约束性指标要求工业加快转变发展方式。同时，实施能源消耗总量控制，也将对工业发展形成硬约束。另外，传统的能源资源高消耗的粗放型工业发展道路已难以为继，工业转型升级为节能降耗提供良好契机。加大节能降耗力度，进一步提高工业能源利用效率和能源生产率，改造提升传统制造业，是建立资源节约型、环境友好型产业结构和生产方式，破解能源资源环境制约，走中国特色新型工业化道路的必然选择。

从国际看，竞争环境的变化对我国工业节能降耗构成严峻挑战。国际社会应对气候变化博弈日趋激烈，绿色贸易壁垒正在加速形成，一些发达国家对出口国产品的能效水平和碳足迹提出更高要求。我国制造业总体上处于产业价值链中低端，产品资源能源消耗高，出口将面临巨大压力。全球范围内发展绿色经济、倡导低碳生活越来越受到重视并逐渐成为新趋势，大力发展节能环保低碳产业，成为抢占未来发展制高点的核心价值观。

从现实情况看，重工业发展增速快于轻工业，主要高耗能产品产量处于较高水平，单位工业产品能耗与国际先进水平相比仍存在较大差距，节能潜力仍然很大，要实现工业又好又快发展，要控制能源消费总量，出路在于能源节约。从长远战略看，节能减排是解决能源安全和保障供应的优先举措，只有加大节能减排力度，进一步挖掘工业节能潜力，才能确保实现工业可持续发展。“十二五”是新一代移动通信和下一代互联网等新技术的引入期，视频、图像等新业务新应用带来数据业务快速增长，大规模数据中心的建设使得集成度高、能耗大的数据单架设备大量增加，能源消耗呈指数增长，通信业节能将面临更大挑战。信息化和工业化深度融合，绿色信息通信技术的广泛应用，将为工业节能降耗提供有力支撑。

从长远发展看，十七届五中全会明确提出转变发展方式刻不容缓，而“十二五”是调结构、转方式的关键时期。改革开放30多年工业发展历程表明，发展方式粗放是工业发展面临的突出问题，增长主要依靠资源消耗支撑，重外延、轻内涵现象仍较普遍，尤其是支撑发展付出的资源环境代价过大。工业发展靠投资、出口拉动和资源能源支撑是不可持续的。必须注重内涵式增长，把工业节能降耗作为工业转型升级的突破口和重要切入点之一。

工业是国民经济的主体，也是能源资源消耗的主要领域，面对国家战略任务和约束性指标要求、工业转型升级的内在需要以及国际竞争的巨大压力，“十二五”期间工业节能任务更重、压力更大、要求更高。必须从战略和全局的高度，充分认识做好工业节能工作的重要性、艰巨性和紧迫性，切实采取有效措施，大幅提高能源利用效率，突破资源环境瓶颈制约，促进工业发展方式实现根本性转变。

二、指导思想与主要目标

（一）指导思想

坚持以科学发展观为指导，落实节约资源基本国策，把节能降耗作为转变工业发展方式、推动工业转型升级的重要抓手，以提升工业能源利用效率为主线，以科技创新为支撑，以政策法规为保障，加快淘汰落后生产能力，大力推进工艺、装备、产品的结构调整和技术进步，加快以节能降耗为核心的企业技术改造，强化重点用能企业节能管理，加强信息通信技术在节能降耗中的应用，培育和发展节能产品装备制造业和节能服务产业，加快构建资源节约型、环境友好型工业体系，提高工业绿色发展水平。

（二）基本原则

坚持突出重点与全面推进相结合。抓好重点行业节能的同时，逐步将节能推向工业全行业，实施重点节能工程；落实目标责任，加强重点用能企业节能管理，积极开展节能服务进万家活动，不断提高中小企业主动节能意识。

坚持过程节能与产品节能相结合。加强节能新技术、新工艺、新设备和新材料的应用力度，不断提高企业能源利用效率；加强生态设计，实施绿色制造，强化节能汽车、节能家电等机电产品推广力度，逐步降低用能产品使用过程中的能源消耗。

坚持优化存量和控制增量相结合。加快淘汰落后产能进程、加强节能挖潜改造和技术改造力度，持续优化工业用能结构；强化节能评估审查制度，提高行业准入门槛，严控高耗能、高污染行业企业过快增长，努力提高新增项目的能效水平。

坚持“引进来”与“走出去”相结合。加强与有关国际组织、政府在节能领域的交流与合作，积极引进、消化、吸收国外先进节能技术；鼓励有条件的重点用能企业到国外建设工厂和工业园区，严格控制高耗能、高排放产品的出口。

（三）主要目标

1. 总体目标

到 2015 年，规模以上工业增加值能耗比 2010 年下降 21% 左右，“十二五”期间预计实现节能量 6.7 亿吨标准煤。

2. 主要行业目标

到 2015 年，钢铁、有色金属、石化、化工、建材、机械、轻工、纺织、电子信息等重点行业单位工业增加值能耗分别比 2010 年下降 18%、18%、18%、20%、20%、22%、20%、20%、18%。

3. 主要产品单位能耗下降目标

主要产品单位能耗持续下降，与国际先进水平差距逐步缩小，能源利用效率明显提升。

表 1　“十二五”主要产品单位能耗下降目标

序号	指　标	单位	2010 年	2015 年	下降目标（%）
1	吨钢综合能耗	千克标准煤/吨	605	580	4.1
2	铜冶炼综合能耗	千克标准煤/吨	350	300	14.3
3	铝锭综合交流电耗	千瓦时/吨	14013	13300	5.1
4	吨水泥熟料综合能耗	千克标准煤/吨	115	112	2.6
5	平板玻璃综合能耗	千克标准煤/重箱	17	15	11.8
6	乙烯综合能耗	千克标准煤/吨	886	857	3.3
7	合成氨生产综合能耗	千克标准煤/吨	1402	1350	3.7

续表

序号	指　标	单位	2010 年	2015 年	下降目标（%）
8	烧碱生产综合能耗（离子膜法，30%）	千克标准煤/吨	351	330	6
9	电石生产综合能耗	千克标准煤/吨	1105	1050	5
10	造纸综合能耗	千克标准煤/吨	1130	900	20
11	日用玻璃综合能耗	千克标准煤/吨	437	380	13
12	发酵产品综合能耗	千克标准煤/吨	900	820	8.9
13	日用陶瓷综合能耗	千克标准煤/吨	1190	1110	6.7
14	万米印染布综合能耗	千克标准煤/万米	2298	2114	8
15	吨纱（线）混合数综合能耗	千克标准煤/吨	368	339	8
16	万米布混合数综合能耗	千克标准煤/万米	1817	1672	8
17	粘胶纤维综合能耗（长丝）	千克标准煤/吨	4713	4477	5
18	铸件综合能耗	千克标准煤/吨合格铸件	600	480	20
19	多晶硅工艺能耗（高温化）千克标准煤/吨		39000	33000	15.4
20	多晶硅工艺能耗（低温化）千克标准煤/吨		36000	30000	16.7

4. 淘汰落后产能目标

加快淘汰炼铁、炼钢、焦炭、铁合金、电石、电解铝、铜冶炼、铅冶炼、锌冶炼、水泥（熟料及磨机）、平板玻璃、造纸、酒精、味精、柠檬酸、制革、印染、化纤、铅酸蓄电池等工业行业落后产能，促进产业结构调整和技术进步。具体淘汰任务按淘汰落后产能工作部际协调小组确定的“十二五”期间淘汰落后产能目标执行。

三、重点行业节能途径与措施

在钢铁、有色金属、石化、化工、建材、机械、轻工、纺织、电子信息等行业，大力推进结构节能，按照循环经济理念，优化产业结构和空间布局，推进产业向上下游一体化、能源资源综合利用方向集中，严格控制高耗能行业过快增长，淘汰落后的工艺、装备和产品，发展节能型、高附加值的产品和装备；大力提升行业能源利用水平，继续加强重大节能技术创新和示范，加大先进适用节能技术推广力度，加快重大节能标准制定，确保实现“十二五”行业节能目标。

（一）钢铁行业

以工序优化和二次能源回收为重点，提高物料、燃料的品质，提高高炉喷煤比和球团矿使用比例，加大废钢回收和综合利用，降低铁钢比。大力发展绿色钢材产品，有效控制钢铁产量增长，淘汰 90 平方米以下烧结机、400 立方米及以下高炉、30 吨及以下转炉和电炉、炭化室高度小于 4.3 米（捣固焦炉 3.8 米）常规机焦炉、6300 千伏安及以下铁合金矿热电炉、3000 千伏安以下铁合金半封闭直流电炉和精炼电炉。加大能源高效回收、转换和利用的技术改造力度，提高二次能源综合利用水平。

全面推广焦炉干熄焦、转炉煤气干法除尘、高炉煤气干法除尘、煤调湿、连铸坯热装热送、转炉负能炼钢等技术；重点推广烧结球团低温废气余热利用、钢材在线热处理等技术；示范推广上升管余热回收利用、脱湿鼓风、利用焦炉消纳废弃塑料和废轮胎等技术；研发推广高温钢渣铁渣显热回收利用技术、直接还原铁生产工艺等；加快电机系统节电技术、节能变压器的应用。到2015年，转炉负能炼钢、脱湿鼓风、烧结余热发电、煤调湿等技术的应用比例分别达到65%、20%、40%和50%。

专栏1

钢铁行业主要工序能耗及能源利用效率目标

焦化：到2015年，能耗达到国家单位产品能耗限额标准先进值的企业数量占比达60%。

烧结：到2015年，能耗达到国家单位产品能耗限额标准先进值的企业数量占比达15%。

高炉：到2015年，能耗达到国家单位产品能耗限额标准先进值的企业数量占比达15%。

电炉：到2015年，能耗达到国家单位产品能耗限额标准先进值的企业数量占比达65%。

二次能源综合利用：大中型钢铁企业余热余压利用率达到50%以上、利用副产二次能源的自发电比例达到全部用电量的50%以上。

（二）有色金属行业

大力发展铜、铝深加工产品和新材料等高附加值产业，加快发展再生资源加工园区和再生金属资源综合利用产业，严格控制电解铝新增产能，引导电解铝生产向能源资源丰富的西部地区转移，淘汰100千安及以下电解铝预焙槽，密闭鼓风炉、电炉、反射炉炼铜工艺及设备和烧结锅、烧结盘、简易高炉、烧结－鼓风炉、未配套制酸及尾气吸收系统的烧结机等炼铅工艺及设备。

以电解铝、氧化铝、铜、铅、锌、镁等产品生产过程节能为重点，全面推广有色金属冶炼烟气余热发电、铜材料短流程生产、金属矿山高效选矿等技术和高效节能采矿、选矿设备。

重点推广新型结构铝电解槽、低温高效铝电解、电解铝液合金化成形加工技术、氧气底吹熔炼液态高铅渣直接还原炼铅新工艺；研发推广闪速炼铅工艺等。

专栏2

有色金属行业重点产品节能措施与目标

电解铝：推广新型阴极结构铝电解槽、新型导流结构铝电解槽、高阳极电流密度超大型铝电解槽，到2015年，新型结构铝电解槽普及率达到80%以上。

氧化铝：推广低品位铝土矿高效节能生产氧化铝技术、拜耳法高浓度溶出浆液高效分离技术、串联法生产氧化铝工艺技术等。

铜冶炼：研发推广氧气底吹炉连续炼铜、闪速炉短流程一步炼铜等技术。

铅锌冶炼：加快短流程连续炼铅节能技术、液态高铅渣直接还原炼铅工艺与装备的研发和推广。到2015年，氧气底吹（顶吹）先进工艺占铅冶炼总产能的比重达到80%。

镁冶炼：以焦炉煤气、半焦煤气、发生炉煤气、天然气或水煤浆等清洁能源为燃料，全面改造落后的镁冶炼生产工艺，支持内电阻加热硅热法还原技术及装备的研发和产业化示范，推广蓄热高温空气燃烧技术。

（三）石化行业

以提高石化产品附加值为重点，大力发展聚碳酸酯、聚甲醛、聚对苯二甲酸丁二醇酯、高强度高模量碳纤维、高性能聚四氟乙烯、丁基橡胶、乙丙橡胶、异戊橡胶等高端或专用石化产品，加强可再生树脂的研发和废塑料的回收利用，努力增加节能环保型丁苯橡胶、丁二烯橡胶、丁腈橡胶、氯丁橡胶的新产品、新牌号，积极推进节能型溶聚丁苯橡胶的应用。

全面推广大型乙烯裂解炉等技术；重点推广裂解炉空气预热、优化换热流程、优化中段回流取热比、中低温余热利用、渗透汽化膜分离、气分装置深度热联合、高效加热炉、高效换热器等技术和装备；示范推广透平压缩机组优化控制技术、燃气轮机和裂解炉集成技术等；研发推广乙烯裂解炉温度与负荷先进控制技术、C2 加氢反应过程优化运行技术等。

专栏 3

石化行业重点产品节能措施

乙烯：优化原料结构，推动原料的轻质化，支持乙烯生产企业进行节能改造，实现生产系统能量的优化利用，到 2015 年，乙烯综合能耗降至 857 千克标准煤/吨。

芳烃：优化操作流程，实现蒸汽能级的合理利用。通过降低加热炉有效负荷、提高加热炉热效率等措施，降低加热炉燃料消耗量。推广新型高效催化剂（吸附剂），提高装置能源利用效率和经济效益。

合成材料及单体：对聚乙烯、聚丙烯、己内酰胺、丙烯腈、乙二醇等生产装置，开展针对性的节能技术改造，降低蒸汽、水、原料的消耗量，提高装置能效水平。研发和生产节能环保型合成树脂、合成橡胶、合成纤维的新产品、新牌号。

（四）化工行业

以合成氨、烧碱、纯碱、电石和传统煤化工等行业为重点，合理控制其新增产能。淘汰能耗高污染重的小型合成氨装置，汞法烧碱、石墨阳极隔膜法烧碱、未采用节能措施（扩张阳极、改性隔膜等）的普通金属阳极隔膜法烧碱生产装置，不符合准入条件的电石炉和 10 万吨以下的硫铁矿制酸和硫磺制酸装置（边远地区除外）。大力发展功能膜材料、先进储能材料、生物降解材料、环保及节能型涂料等高端化学品和电子级含氟精细化学品、新型催化材料、高性能环保型水处理剂等专用化学品。推进化肥、甲醇、电石等资源型产品生产向原料产地集中。组织实施好煤制油、煤制烯烃、煤制天然气、煤制乙二醇等现代煤化工示范工程，全面评价并探索煤炭高效清洁转化的新途径。

提高新材料国内保障能力和化工行业精细化率，到 2015 年精细和专用化学品率达到 50%。

全面推广先进煤气化、先进整流、液体烧碱蒸发、蒸氨废液闪法回收蒸汽等技术以及新型膜极距离子膜电解槽、滑式高压氯气压缩机、新型电石炉等装备；重点推广氯化氢合成余热副产中高压蒸汽、真空蒸馏、干法加灰、黄磷烟气回收利用、电石炉尾气综合利用等技术；研发推广氧阴极低槽电压离子膜电解、节能型干铵炉、无机化工生产过程中低温余热回收利用等。

专栏 4

化工行业重点产品节能措施与目标

合成氨：优化原料结构，实现制氨原料的多元化，支持氮肥企业进行节能改造，加快大型粉煤制合成氨等成套技术装备国产化进程，到 2015 年，合成氨综合能耗降至 1350 千克标准煤/吨。

烧碱：推动离子膜法烧碱用膜国产化，支持采用新型膜极距离子膜电解槽进行烧碱装置节能改造，到2015年，烧碱（离子膜法30%）综合能耗降至330千克标准煤/吨。

纯碱：加大产品结构调整，提高重质纯碱和干燥氯化铵的产能比例，鼓励大中型企业采用热电结合、蒸汽多级利用措施，提高热能的利用效率，到2015年，纯碱综合能耗降至320千克标准煤/吨。

电石：推动电石行业兼并重组，鼓励企业向资源和能源产地集中，促进产业布局结构合理化发展，加快内燃炉改造，提高技术装备水平，到2015年，电石综合能耗降至1050千克标准煤/吨。

黄磷：加强尾气回收利用，推广深度净化、生产高技术高附加值碳一化学品、干法除尘替代湿法除尘技术，加强熔融磷渣热能及渣综合利用研究和示范工程建设。

（五）建材行业

以水泥、平板玻璃和新型墙体材料为重点，大力发展预拌混凝土、预拌砂浆、混凝土制品等水泥基材料制品和中空玻璃、夹层玻璃等节能型建材产品以及高性能防火保温材料、烧结空心制品和粉煤灰蒸压加气混凝土等轻质隔热墙体材料。淘汰直径3.0米及以下的水泥机械化立窑和直径3.0米以下球磨机（西部省份的边远地区除外）、平拉工艺平板玻璃生产线（含格法）等落后工艺设备，对综合能耗不达标的水泥熟料生产线、水泥粉磨站以及普通浮法玻璃生产线进行技术改造，对技术改造仍不能达标的，限期关停。

推广玻璃窑余热综合利用、全氧燃烧、配合料高温预分解等技术，以及陶瓷干法制粉、一次烧成等工艺；重点推广水泥纯低温余热发电、立磨、辊压机、变频调速及可燃废弃物利用等技术和设备；示范推广高固气比水泥悬浮煅烧工艺以及烧结砖隧道窑余热利用、窑炉风机节能变频等技术。

专栏5

建材行业重点产品节能措施与目标

水泥：大力发展生态水泥及水泥深加工产品，继续推广水泥窑纯低温余热发电技术，开展以粉磨节电为重点的设备节能改造。到2015年，水泥窑纯低温余热发电比例提高到65%以上。

平板玻璃：加快发展玻璃深加工，提高玻璃深加工率，推广原料优化、玻璃窑纯低温余热发电等技术，到2015年，玻璃窑纯低温余热发电应用比例达到30%以上。

建筑卫生陶瓷：推广瓷砖薄型化和洁具轻型化技术，提升大型化、智能化、节能化生产装备的使用率。

墙体材料：推广煤矸石烧结砖隧道窑余热发电技术和烧结砖内燃工艺，提升墙体材料能效水平，大力发展承重类新型墙体材料，替代粘土实心砖，到2015年，新型墙体材料产量比重达到65%以上。

（六）机械行业

以生产过程节能节材和提高终端用能产品能效为重点，加强绿色设计，选用新材料，推广绿色制造工艺，大力推进铸造、锻压、热处理、轴承等生产过程的节能，提高材料利用率；不断提高电机、风机、水泵、变压器等产品能效水平，加快淘汰落后的燃煤锻造加热炉、无磁轭（≥0.25）铝壳无芯中频感应电炉、中频发电机感应加热电源等生产设备。

重点推广余热利用热处理、真空与可控气氛加热和全纤维炉衬等技术以及大吨位外热风长炉龄冲天炉、高效电机、节能型内燃机等设备；示范推广谐波振动消除应力、冷温热精密铸造、热处理过程计算机精密控制、高压共轨、涡轮增压等技术，以及轴承套圈毛坯三联套件锻造、大型轴承锻件整径等工艺；加快节能和新能源汽车的示范应用；研发推广低毒树脂和环保无机树脂材料、耐冲击高淬透性轴承钢、非调制钢以及低阻零部件、高效动力总成、汽车轻量化等技术。

专栏6

机械行业重点工艺和产品节能措施与目标

铸造：推广中频炉双联溶化技术，示范应用高精密近净成型、铝镁合金挤压铸造等技术及装备。

锻压：发展直驱式（离合器）螺旋压力机及锻造与冲压数字化伺服压机技术，加快非调制钢的应用，推广冷锻设备、近净成型锻造等工艺。

热处理：合理选择热处理电加热设备，加强采用气体燃料的热化学重整技术对传统设备改造，推进陶瓷纤维代替耐火砖材料的应用。

轴承：优化轴承制造工艺，采用节能型热处理技术，加强轴承生产过程中的节材，到2015年，钢材利用率提高10%以上。

内燃机：加强电控高压燃油系统、排气后处理、替代燃料、点燃式内燃机缸内直喷等节能技术的研发和产业化，推广高效增压技术的应用，到2015年，内燃机燃油消耗降低10%。

电机：提高节能机电产品设计、制造水平和加工能力，重点发展变频电机、稀土永磁电机等。到2015年，2级以上能效电机应用比例达到80%。

风机、泵和压缩机：以重点用能行业为依托，加强风机、泵和压缩机的节能优化改造，推广变频调速、自动化控制技术。

变压器：加强变压器结构设计创新，改进生产工艺，提高能源利用效率，降低损耗，大力推广非晶合金变压器等新一代节能型变压器。

汽车：大力推广节能汽车，加快培育新能源汽车，因地制宜发展替代燃料汽车，促进汽车能源使用多元化发展。逐步降低我国汽车燃油消耗率，到2015年，节能型乘用车新车平均油耗达到5.9升/百公里。

（七）轻工行业

以造纸、陶瓷、日用玻璃、发酵、塑料加工和制盐行业为重点，大力发展超薄陶瓷、轻量化玻璃瓶罐等节能型产品；淘汰单条年产3.4万吨以下非木浆生产线和年产5.1万吨以下化学木浆造纸生产线、单条年产1万吨及以下废纸为原料的制浆生产线、年产3万吨以下酒精和味精生产线（废糖蜜制酒精除外）、年加工蓝湿皮能力3万标张牛皮以下和年加工生皮能力5万标张牛皮以下的制革生产线，淘汰北方海盐年产30万吨、湖盐年产20万吨以下的生产设施和真空制盐单套生产能力年产10万吨及以下的生产设备；加强造纸、日用玻璃、制盐等行业的余热回收利用，鼓励造纸、发酵等领域发展热电联产。

全面推广低能耗蒸煮、高效废纸碎解等节能技术以及高效蒸发浓缩、新型发酵等设备；重点推广快速干燥、大型喷塔和泥浆减水、膜分离浓缩、菌种选育及发酵过程控制等技术以及富氧、全燃烧等节能环保型玻璃熔窑；示范推广机械式蒸汽再压缩、二次能源综合利用及靴型压榨等节能技术；研发推广新型发酵技术、连续化大吨位球磨机、新型无螺杆塑料加工等装备。到2015年，膜分离浓缩技术使用比例达到30%以上，新型色谱分离技术推广比例达到60%以上。

专栏 7

轻工行业重点领域节能措施

造纸：采用低能耗蒸煮、封闭筛选、中浓洗选漂技术与设备进行化学制浆工艺优化；加快蒸汽回收技术与设备在化机浆生产中的应用；采用干法筛选、高效废纸碎解技术与设备提升废纸制浆工艺和技术；纸机网部采用新型脱水元件和高效洗网装置，压榨部加强宽压区压榨、复合压榨、靴型压榨等技术的示范推广，干燥部采用密闭式烘缸罩、袋式通风及余热回收装置等。调整造纸纤维原料结构，到 2015 年，废纸浆比重达到 65%。

陶瓷：加大产品结构调整力度，大力发展超薄陶瓷；鼓励使用以天然气、液化石油气为主的清洁燃料；提升关键设备自动化、连续化运行能力和工艺创新，促进陶瓷加工、成型、干燥、烧成等重点工序能效水平提升。

日用玻璃：加大轻量化玻璃技术的研发投入，大力发展轻量化玻璃瓶罐；优化玻璃炉窑结构设计，加大节能环保型玻璃熔窑的应用，提高碎玻璃加工处理能力，增加碎玻璃的掺入量。

发酵：在发酵和提取过程中推广高效新型蒸发设备，在末端强化废汽回收与综合利用技术的应用，支持沼气发电、蒸汽阶梯综合利用、阶梯式水循环利用等二次能源综合利用技术和装备的示范应用。

塑料加工：开展注射机、挤出机、辅助设备等塑料加工关键设备的节能技术研发，推广全闭环伺服驱动、动态成型加工、电磁感应加热废旧塑料的合理综合利用等技术，提升塑料加工行业能效水平。

制盐：加快盐硝联产技术的引进和消化吸收，推广三相流分效预热防结垢、热电联产等节能技术，开展制盐系统综合节能技术改造。

家用电器：加强生态设计，采用变频等节能技术，开展绿色制造，大力推广能效在 2 级以上的节能型空调、冰箱、洗衣机等产品。

（八）纺织行业

重点推进棉纺织、服装、印染和化纤等领域企业节能技术改造，淘汰高耗能、高耗水的印染、化纤落后生产工艺设备；推进企业向园区聚集，优化工艺路线，加强纺织、浆料和印染企业间在能源和资源综合利用方面的衔接，推进产业链协调发展；推行生态设计，提高纺织行业的能效水平。

全面推广太阳能集热器、绿色照明、蒸汽节能器、空压系统能源优化等产品及技术；重点推广空调和空压机节电、高中温废水废气热能回收利用、高效节能复洗等技术以及高效节能纺丝冷却、纺丝热媒循环供热等设备。“十二五”期间，建成太阳能集热装置 500 万平米，蒸汽节能器 5000 台（套）。

专栏 8

纺织行业重点领域节能措施

棉纺织业：加强棉纺设备的机电一体化、自动化，应用信息通信技术提高纺纱效率，推广紧密纺、中高支转杯纺纱工艺和高智能型宽幅无梭织机，提高生产效率和产品附加值。加强纺织设备、纺织器材的再制造和再利用。

服装业：推进服装行业智能管理系统的应用，重点推广“工业缝纫机电子调速电机”，实现生产节电 30% 的目标。

印染业：推广数码印花和小浴比染色等少水印染加工、生物酶（菌）处理、在线自动检测和控制等技术。

化纤业：重点推广聚酯聚合节能组合、高效节能的热媒系统、低耗低污染着色纤维、液相增粘熔体直纺工业丝以及功能化、差别化直纺等技术。

（九）电子信息行业

以电子元器件、材料生产过程和典型电子整机产品为重点，大力推进单晶硅、多晶硅、电极箔、磁性材料、陶瓷烧结、电子玻璃、光纤及光纤预制棒等生产工艺的改进，降低生产过程的能耗；加强绿色设计，推行能效标识，不断降低平板电视、计算机、移动信息终端等量大面广的整机产品的使用能耗和待机功耗；推进半导体、电力电子、物联网等一批先进适用信息通信技术在钢铁、有色金属、石化、化工、建材等行业节能改造中的应用。

重点应用波治理及无功补偿技术改造单晶炉、多晶硅生产流水线，增加余热回收装置；示范推广石墨辐射隔绝器、综合回收四氯化硅和导热油循环冷却、纳米分散剂等产品和工艺；研发推广先进半导体照明、低功耗中央处理器和存储、低能耗集中式空调等技术和产品；选择合理的炉型及炉膛结构，采用先进的燃烧技术和辅助装置，加强炉窑的热工检测与控制，提升电子工业炉窑的热效率。

专栏9

电子信息行业主要耗能设备和整机产品节能目标

电子工业窑炉：热效率达到60%以上。

平板液晶电视：待机功耗小于0.5瓦/小时，能效指数达到2级。

笔记本电脑：待机功耗小于0.5瓦/小时，使用功耗达到笔记本电脑能效限定值标准。

台式机电脑：待机功耗小于1瓦/小时，使用功耗达到台式机电脑能效限定值标准。

四、重点节能工程

组织实施工业锅炉窑炉节能改造、内燃机系统节能、电机系统节能改造、余热余压回收利用、热电联产、工业副产煤气回收利用、企业能源管控中心建设、两化融合促进节能减排、节能产业培育等九大重点节能工程，提升企业能源利用效率，促进节能技术和节能管理水平再上新台阶。

（一）工业锅炉窑炉节能改造工程

针对工业锅炉窑炉自控水平低、平均负荷低、装备陈旧落后等问题，实施工业锅炉窑炉节能技术改造。

区分锅炉运行效率和使用燃料等情况，重点推进中小型工业燃煤锅炉节能技术改造。淘汰结构落后、效率低、环境污染重的旧式铸铁锅炉；采用在线运行监测、等离子点火、粉煤燃烧、燃煤催化燃烧等技术因地制宜对燃煤锅炉进行改造；采用洁净煤、优质生物型煤替代原煤，提高锅炉燃煤质量，在天然气资源丰富地区进行煤改气，在煤、气资源贫乏的地区推进太阳能集热替代小型燃煤锅炉。

采取窑体减少开孔与炉门数量、使用新型保温材料等措施提高工业窑炉的密闭性和炉体的保温性。对燃煤加热炉采用低热值煤气蓄热式技术改造，对燃油窑炉进行燃气改造。重点实施石灰窑综合节能技术改造和轻工烧成窑炉低温快烧技术改造，推广节能型玻璃熔窑。

到2015年，工业锅炉、窑炉运行效率分别比2010年提高5%和2%。

（二）内燃机系统节能工程

以内燃机产业升级和提升产品技术水平为核心，加强节能技术的推广和应用，在内燃机整机、部件、替代燃料应用领域，开展节能关键核心技术的研发、示范推广和应用。

推广高压燃油喷射、增压、排气后处理、高效滤清、低摩擦和高密封等技术，提高内燃机的综合效率，降低内燃机燃油消耗。开展燃用替代燃料内燃机的研究和推广应用，以醇醚燃料、生物燃料、气体燃料为重点，着力解决替代燃料应用中关键零部件的适应性和可靠性。采用先进的内燃机制造工艺及材料，优化整机与配套机械的匹配技术，大力推广废气涡轮增压技术，重点支持电控燃油高压喷射系统、高效增压器和关键零部件产业的发展。

到 2015 年，内燃机产品燃油消耗率比 2010 年降低 10%，投放市场的节能型内燃机产品占市场保有量的 20%。

（三）电机系统节能改造工程

针对电机系统运行效率低、系统匹配不合理、调节方式落后等问题，在钢铁、有色金属、石化、化工、轻工等重点领域，加快既有电机系统变频调速改造，优化电机系统控制和运行方式。

重点改造高耗电的中小型电机及风机、泵类系统，严禁落后低效电机的生产、销售和使用。采用变频调速、永磁调速等先进电机调速技术，改善风机、泵类电机系统调节方式，逐步淘汰闸板、阀门等机械节流调节方式，重点对大中型变工况电机系统进行调速改造，提高电机系统运行效率。通过软启动装置、无功补偿装置、计算机自动控制系统等，合理配置能量，实现系统经济运行。以先进的电力电子技术传动方式改造传统的机械传动方式，逐步采用交流调速取代直流调速，采用高新技术改造拖动装置。加快电机系统节能改造步伐，鼓励节能服务公司采用合同能源管理、设备融资租赁等市场化机制推动电机系统节能改造。

到 2015 年，电机系统节电率比 2010 年提高 2～3 个百分点。

（四）余热余压回收利用工程

在钢铁、有色金属、化工、建材、轻工等余热余压资源丰富行业，全面推广余热余压回收利用技术，推进低品质热源的回收利用，形成能源的梯级综合利用。

钢铁行业基本普及焦炉干熄焦装置、高炉干法除尘及炉顶压差发电装置，重点推广焦炉实施煤调湿改造、转炉余热发电装置和烧结机余热发电装置；有色金属行业重点建设冶炼烟气废热锅炉和发电装置，推广粗铅、镁冶炼余热回收利用技术；化工行业重点推广硫酸生产低品位热能利用技术和炭黑余热利用技术；建材行业在新型干法水泥生产线全部配套建设纯低温余热发电系统，重点推广玻璃熔窑余热发电技术、煤矸石烧结砖生产线余热发电技术；轻工行业加快对造纸生产实施全封闭气罩热回收节能技术改造。

（五）热电联产工程

在钢铁、有色金属、化工、轻工等行业发展热电联产，实现能源的梯级利用和能源利用效率的提高。

结合城市基础设施建设支持有条件的工业企业发展热电联产，推广使用背压式汽轮机、抽气凝汽式汽轮机、微型透平机、螺杆膨胀发电机等设备，提高热电联产的装备水平。支持热电联产新增项目采用高效率、低排放供热机组，发展非采暖期季节性用户。支持工业园区内企业按相关产业政策发展热电联产，为园区集中供电、供热、供冷。

到 2015 年，大幅提高钢铁、有色金属、化工、轻工等行业热电联产的平均热效率。

（六）工业副产煤气回收利用工程

加大焦炉煤气、高炉煤气、转炉煤气、炼化尾气等工业副产煤气的回收力度，促进工业可燃气体资源综合利用。

优化工业副产煤气回收工艺，提高副产煤气回收率，减少煤气放散损失，提高煤气净化质量，推广煤气高温高压发电和燃气—蒸汽联合循环发电技术。发展以工业副产煤气为原料的综合利用技术，研发推广焦炉煤气作为冶炼还原和化工原料，采用转炉煤气、高炉煤气等混合煤气作为替代燃料。

到2015年，工业副产煤气回收利用率达到98%以上。

（七）企业能源管控中心建设工程

支持重点用能企业实施信息化改造，通过对企业能源生产、输配和消耗实施动态监控和管理，改进和优化能源平衡，提高企业能源利用效率和管理水平。

总结完善钢铁企业能源管控中心实践经验，逐步开展有色金属、化工、建材、造纸等行业企业能源管控中心推广实施方案。“十二五”期间，支持一批电解铝、铜冶炼、铅锌冶炼、镁冶炼大中型企业，年耗能30万吨标准煤以上的石油化工、煤化工、盐化工等大中型企业，年产100万吨水泥企业和大型玻璃企业，以及大中型造纸企业建设企业能源管控中心。加强对能源管控中心项目建设的监督管理，组织项目实施情况检查，对项目节能效果进行后评估。

到2015年，有色金属、化工、建材大中型企业能源管理接近世界先进水平，企业能源管控中心建设节能贡献率达到5%以上。

（八）两化融合促进节能减排工程

加快电子信息和绿色通信技术在工业节能降耗中的应用，促进信息化和工业化的深度融合。

鼓励信息化企业开发数字能源解决方案，推动信息通信技术在重点用能行业和企业中的应用，提高能源管理水平，推动智能电网、智能建筑、智能交通等建设。推进三网融合，加强网络统筹规划和共建共享，提升网络资源的利用水平。

重点推广绿色数据中心、绿色基站、绿色电源，统筹数据中心布局、服务器、空调等设备和管理软件应用，选址考虑能源和水源丰富的地区，利用自然冷源等降低能源消耗，选用高密度、高性能、低功耗主设备，积极稳妥引入虚拟化、云计算等新技术；优化机房的冷热气流布局，采用精确送风、热源快速冷却等措施。

到2015年，数据中心PUE（数据中心消耗的所有能源与IT负载消耗的能源之比）值下降8%。

（九）节能产业培育工程

发展节能装备制造业。加大共性节能技术的研发、示范和产业化，加快节能装备的推广应用。支持信息技术与节能技术融合产生的新型关键共性节能技术的研发和推广应用，加快节能装备核心部件的国产化，培育一批拥有自主知识产权和知名品牌、具有国际竞争力的节能装备制造企业以及特色化、专业化中小节能装备制造企业；选择具有一定产业基础和发展空间的区域，重点培育一批新型工业化产业示范基地（节能装备），推动基地向集聚化、规模化发展，形成一批高效锅炉制造基地和高效电机及其控制系统产业化基地以及余热余压利用装备制造基地。

培育节能服务产业。以培育节能服务公司、创新服务机制、提升服务能力为重点，鼓励重点用能企业依托自身优势组建专业化节能服务公司，为行业提供节能服务。支持节能服务公司通过合同能源管理、节能设备租赁、节能项目融资担保等方式，为中小企业节能提供“一条龙”服务。支持专业化节能服务信息化平台建设，促进节能服务业快速发展。

“十二五”期间，节能装备产业规模年均增长15%以上，建立比较完善的节能服务产业体系，培育1000家具有较强实力的节能服务公司。

表 2 “十二五”重点节能工程投资需求

序号	工程名称	投资需求（亿元）	节能量（万吨标准煤）
1	工业锅炉窑炉节能改造工程	900	4500
2	内燃机系统节能工程	600	3000
3	电机系统节能改造工程	700	3500
4	余热余压回收利用工程	600	3000
5	热电联产工程	700	3500
6	工业副产煤气回收利用工程	600	3000
7	企业能源管控中心建设工程	400	2000
8	两化融合促进节能减排工程	900	1000
9	节能产业培育工程	500	—
合 计		5900	23500

注：5900 亿元投资渠道包括社会投入、企业投入、地方及中央财政投入。

五、保障措施

（一）健全法规标准体系加强工业节能管理制度建设。以落实《节约能源法》为核心，制（修）订《工业节能管理办法》、《工业节电管理办法》、《重点用能企业节能管理办法》、《工业固定资产投资项目节能评估和审查管理办法》等，落实《电力需求侧管理指导意见》，建立重点用能企业能源管理岗位和能源管理负责人制度，规范企业能源计量统计和监测等制度，形成相关法律法规相协调的工业节能管理体系。

发挥节能标准支撑作用。加快单位产品（工序）能耗限额标准制（修）订工作，扩大工业设备、家电照明和信息通信等领域产品能效标准实施范围；鼓励地方制定更加严格的单耗和能效地方标准；推动工业节能标准的国际协调和统一；加强节能产品认证和检测能力建设，强化节能产品认证；扩大节能产品能效标识范围，加大节能产品政府采购力度。

加强工业节能组织领导。充分发挥各级节能主管部门作用，深化政府各部门、政府与企业、企业与企业之间的协调、沟通，积极发挥行业协会作用，促进工业节能工作有序开展。

（二）加大政策支持力度

强化财税政策。加大节能减排专项资金对工业节能的支持力度，完善财政补贴方式，支持九大重点节能工程建设；通过国家科技计划专项，重点支持行业节能关键共性技术及重大装备的研发，推动产业化应用；对鼓励发展的节能项目，其进口国内不能生产的先进节能装备，在规定范围内免除进口关税；研究完善企业实施节能技术改造的税收优惠政策；完善热电联产项目的建设投资、电价、热价等政策，有序发展热电联产项目。研究完善鼓励企业建设利用余热余压发电、生物质能发电、热电联产项目等的电力上网政策。

完善能源资源价格政策。加大差别电价、惩罚性电价实施范围和力度，将收缴的差别电费、惩罚性电费重点用于支持当地节能技术改造和淘汰落后产能工作，根据产业发展需要修订加价范围、提高加价标准。鼓励企业利用低碳能源和可再生能源。

完善投融资政策。开展节能金融产品创新示范；引导金融机构按照市场化原则，为节能项目提供融资、保理、担保等金融服务；研究建立工业节能产业发展基金、合同能源管理项目担保基金，促进节能产品（装备）制造业和节能服务产业发展；鼓励国有、民间、外资资本进入节能领域，提高信贷审核标准，严控对高耗能行业的信贷投入。

（三）加快产业结构调整

落实淘汰落后产能任务。根据国家产业政策和强制性产品（工序）能耗限额标准，制订重点行业“十二五”淘汰落后产能目标任务以及分解落实方案；综合运用经济、法律、技术和必要行政手段，健全促进落后产能退出的综合政策体系，完善落后产能退出机制；加强淘汰落后产能监督检查力度，确保淘汰落后工作按期完成。

严格新建项目节能准入。及时制（修）订强制性单位产品（工序）能耗限额标准，实施工业固定资产投资项目节能评估和审查，建立健全新上项目管理部门联动机制和项目审批问责制，从源头把好节能准入关，严格控制高耗能、低水平项目重复建设和产能过剩行业盲目发展。对于未完成年度节能目标的地方，其新上高耗能项目采取区域限批措施。

加快传统产业技术创新，发展低能耗高附加值产业。加大先进技术、工艺和装备的研发，加快运用高新技术和先进适用技术改造提升传统产业，促进信息化和工业化深度融合，支持节能产品装备和节能服务产业做大做强。鼓励发展低能耗高附加值的高端装备制造、新一代信息技术和节能环保等战略性新兴产业以及生产性服务业，推进新能源产业快速发展。

（四）推进节能技术进步

加强工业节能技术研发和产业化示范。推动建立以企业为主体、产学研相结合的节能技术创新体系；推动组建以市场为导向、多种形式相结合的节能技术与装备产业联盟；支持国家级工业节能技术中心建设，围绕工业领域核心、关键和共性节能技术，组织开展技术攻关；鼓励企业使用首台（套）国产节能重大技术装备，加快产业化基地建设。

加快工业节能技术推广应用。建立工业节能技术遴选、评定及推广机制，研究建立工业设备能效标识制度，扩大节能设备认证范围。继续发布节能机电设备（产品）推荐目录和编制重大节能技术推广实施方案，组织先进成熟节能新技术、新工艺、新设备和新材料的推广应用。在钢铁、有色金属、石化、建材等重点用能行业推广重大节能技术，加快传统生产设备的大型化、数字化、智能化、网络化改造，推进以节能减排为核心的企业技术改造。

开展“节能服务进万家”活动。推荐优秀节能服务公司，筛选合同能源管理最佳案例，组织节能服务公司和工业节能减排大学联盟为中小企业提供咨询服务，支持节能服务万里行活动鼓励企业采用合同能源管理、节能设备租赁等市场化手段开展节能技术改造，促进中小企业能源利用效率的提升。

加强节能技术的国际交流与合作。采用“走出去”、“请进来”的方式，开展节能技术对外交流，学习借鉴发达国家和地区节能的先进经验，引进先进适用的节能技术，加快提升我国节能技术水平。

（五）加强工业节能管理

制定工业能效提升计划实施方案。针对高耗能产品（工序）和终端用能产品，分行业制定能效标杆值，逐步建立工业能效激励约束机制。开展企业能效对标达标、绩效评价活动，实施新上项目能评审查、节能产品装备推广应用等措施，促进工业能效水平提升。

加强工业节能监察执法能力建设。开展部门联合执法，完善日常监察与专项监察相结合的节能监察工作长效机制；加强节能监察执法队伍培训和能力建设，建立基本覆盖国家、省、市（县）三级节能监察监控系统网络，提升节能监察水平。

建立工业节能监测预警体系。分步推进国家、省、市（县）三级工业节能监测体系建设，加强地方、行业节能动态监测分析，提高节能预测预警能力，对能源消费总量增长过快的地区和行业，及时预警调控，强化用能管理。

加强重点用能企业节能管理。对重点用能企业实行分级管理，落实目标责任；建立重点用能企业节能绩效评价制度，落实企业能源管理负责人制度；推动重点用能行业能效水平对标达标活动、开展能耗（效）

限额标准执行情况监督检查；创建资源节约型和环境友好型企业；建立健全企业能源管理体系，加强企业能源计量管理，配备满足需要的能源计量器具，实行能源利用状况报告制度和能源审计制度。

增强企业节能内生动力。发挥市场配置资源的基础性作用，促进工业节能长效机制建设。完善相关配套扶持政策，鼓励企业开展节能自愿协议，充分调动企业节能降耗的积极性，建立有利于企业自觉节能的良好环境。

加大工业节能宣传力度。开展节能降耗宣传活动，普及工业节能知识，采取召开专题论坛、技术展示和推广交流、现场交流会等方式，为企业提供先进的节能技术与管理经验，充分发挥群众、社会、媒体的监督作用，营造企业主动节能的良好氛围。

参考文献

1. 国家环境保护“十二五”规划

2. 节能减排“十二五”规划

3. 工业节能“十二五”规划

4. 工业清洁生产推行“十二五”规划

5. “十二五”建筑节能专项规划

6. 公路水路交通运输节能减排“十二五”规划

7. 钢铁工业“十二五”规划

8. 工信部原材料司．钢铁工业十二五规划解读

9. 铝工业“十二五”发展专项规划

10. 工业转型升级规划（2011—2015 年）

11. 工业节能“十二五”规划

12. “十二五”资源综合利用指导意见

13. 姜克隽，胡秀莲，庄幸，刘强，朱松丽．中国 2050 年的能源需求与 CO_2 排放情景［J］．气候变化研究进展，2008，4（5）：296 – 302.

14. 姜克隽，胡秀莲，庄幸，刘强，刘虹．中国 2050 年的能源需求与 CO_2 排放情景，在“中国 2050 能源和 CO_2 排放报告”［M］．北京：科学出版社，2009.

15. 姜克隽．低碳社会在中国：机遇与挑战［J］．中国改革，2008，（06）.

16. 姜克隽，胡秀莲，庄幸，刘强，朱松丽．中国 2050 年的低碳发展情景和技术路线图，在“中国 2050 能源发展战略”［M］．北京：科学出版社，2009.

17. 国家发改委，可再生能源中长期规划，2006.

18. 国务院中华人民共和国国民经济和社会发展第十二个五年规划纲要，2011.

19. IPCC．IPCC 第四次评估报告：气候变化减缓［M］．英国剑桥出版社，2007.

20. 中国工程院．中国能源中长期（2030、2050）发展战略研究［M］．北京：科学出版社，2010.

21. 郁聪．2011 年节能形势分析及建议［J］．中国经贸导刊，2011，（20）.

22. 2011 年国民经济和社会发展统计公报.

23. 白万平．“十二五”期间我国控制能源消费总量、强度和结构研究［J］．宏观经济研究，2011，（09）.

24. 冯飞，王晓明，王金照．对我国工业化发展阶段的判断 http://theory.people.com.cn/n/2012/0807/c40531 – 18688014.html.

25. 中投顾问．沿海产业转移或使环境危机加剧 http://finance.jrj.com.cn/industry/2011/10/14135711292248.shtml.

26. 现代造纸业探索“蓝色经济”发展路径 http://www.chinapaper.net/news/show – 496.html.

27. 化解长期过剩产能还须有长期战略 http://finance.sina.com.cn/review/hgds/20120720/045612621284.shtml.

28. 欧美“再工业化”的再思考 http://finance. sina. com. cn/stock/t/20120804/011912756326. shtml.

29. 战略新兴产业支撑新一轮经济增长 http://www. htsc. com. cn/htnews/news. jsp? docId = 15744295&whichCat = hgjjyj.

30. 页岩气革命波及全球中国能源结构面临战略调整 http://www. cfi. net. cn/p20120809000080. html.

31. “十二五”节能减排方针初定能源结构调整箭在弦上 http://energy. people. com. cn/GB/15209041. html.

32. 从能源消耗看“中国经济病”［N］. 经济观察报，2012 - 07 - 30.

33. 阮晓琴，于祥明，梁伟. 页岩气革命波及全球中国能源结构面临战略调整［N］. 上海证券报，2012 - 08 - 9.

34. 杨柳晗. 能源结构再优化上半年清洁能源占比升至 16.9%［N］. 每日经济新闻，2012 - 07 - 26.

35. 高立萍. 我国原油对外依存度又创新高能源结构调整迫在眉睫［N］. 北京商报，2012 - 04 - 18.

36. 陈楚. 页岩气：改善能源结构［N］. 证券时报，2012 - 04 - 16.

37. 张旭东. 去年风电两成被弃用能源结构短期难改观［N］. 第一财经日报，2012 - 02 - 24.

38. 王秀强. 2011 年能源结构调整未达标：非化石能源比重不升反降［N］. 21 世纪经济报道，2012 - 02 - 3.

39. 郭锦辉. 中国成为全球能源结构转型主力军［N］. 中国经济时报，2011 - 12 - 15.

40. 严凯. 能源结构：PM2.5 标准的绊脚石［N］. 经济观察报，2011 - 12 - 12.

41. 陈其珏，王晓华. “十二五”节能减排方针初定能源结构调整箭在弦上［N］. 上海证券报，2011 - 07 - 21.

42. 刘燕华，冯之浚，邓继海. 从德班会议看中国绿色转型之路［J］. 群言，2012，(02).

43. 陈大元，于宏源. 德班会议和我国面临的碳减排挑战［J］. 电力与能源，2012，(01).

44. 钱国强. 德班会议及后德班进程展望［J］. 环境经济，2012，(01).

45. 邵诗洋. 德班气候大会的背后［J］. 环境经济，2012 年 Z1 期，2012 年 1 ~ 2 月.

46. 诸大建. 留给经济转型的时间不多了［J］. 环境经济，2012 年 Z1 期，2012 年 1 ~ 2 月.

47. 吕学都. 德班世界气候大会成果解读与中国未来面临的挑战［J］. 阅江学刊，2012，(02).

48. 夏宾，付加锋，宗刚，刘元华. 国际气候变化谈判制度及谈判进展分析［J］. 绿色科技，2012，(03).

49. 杨毅. 国内约束、国际形象与中国的气候外交［J］. 云南社会科学，2012，(01).

50. 潘家华. 气候变化谈判，中国可能出现角色模糊［N］. 中国经济导报，2011 - 11 - 29.

51. 徐风. 全球减排一体化，中国怎么办?［J］. 中国经济周刊，2011，49.

52. 袁志彬. 中国应对气候变化的绿色机遇［J］. 世界环境，2011，(06).

53. 董敏杰，李钢. 应对气候变化：国际谈判历程及主要经济体的态度与政策［J］. 中国人口·资源与环境，2010，(06).

54. 严双伍，肖兰兰. 中国参与国际气候谈判的立场演变［J］. 当代亚太，2010 (01).

55. ［挪威］唐更克、何秀珍、本约朗. 中国参与全球气候变化国际协议的立场与挑战［J］. 世界经济与政治，2002，(08).

56. 庄贵阳. 后京都时代国际气候治理与中国的战略选择［J］. 世界经济与政治，2008，(08).

57. 庄贵阳，陈迎. 试析国际气候谈判中的国家集团及其影响［J］. 太平洋学报，2001，(02).

58. Antto Vihma, “India and the Global Climate Governance: Between Principles and Pragmatism”, Journal of Environment & Development 20 (1).

59. http://unfccc. int/key_ documents/the_ convention/items/2853. php.

60. http://unfccc. int/key_ documents/kyoto_ protocol/items/6445. php.

61. http://unfccc. int/key_ documents/kyoto_ protocol/items/6445. php.

62. http://unfccc. int/meetings/cancun_ nov_ 2010/meeting/6266/php/view/decisions. php.

63. FCCC/ADP/2012/MISC. 3, http://unfccc. int/bodies/awg/items/6656. php.

64. Summary of UNFCCC Submissions, http://www. wri. org/publication/summary - of - unfccc - submissions .

65. CHAD CARPENTER, "TAKING STOCK OF DURBAN: Review of Key Outcomes and the Road Ahead", http://www. undp. org/content/undp/en/home/librarypage/environment - energy/Taking - stock - durban/.

66. 工业和信息化部公告2011年工业行业淘汰落后产能企业名单
http://www. miit. gov. cn/n11293472/n11293832/n11293907/n11368223/13928592. html

67. 国务院发展研究中心：2011—2012年度电力行业分析报告.

68. 2011年电力十大新闻解读［N］，中国电力报

69. 全国电力工业统计快报（2011年），中电联

70. 黄少中等. 关于脱硝电价政策的研究和建议［DB/OL］. 国家电力监管委员会

71. 国家电监会能效与供电监管考察团. 美国、加拿大能效与供电监管考察报告［R］.

72. 王涛，梁嘉琳. 高层频表态环保税渐近火电等多行业将受波及［N］. 经济参考报，2012 - 03 - 21.

73. 刘铁男. 中国能源发展报告2011［M］. 北京：经济科学出版社，2011：61.

74. 中电联. 电力行业节能减排能力持续增强［N］. 中国电力报，2012（3）.

75. 潘荔. 电力行业节能减排成效及展望
http://www. cec. org. cn/zhuanti/2012jingjixingshiyucehui/zhuantibaogao/2012 - 03 - 14/81679. html

76. 电力工业"十二五"规划滚动研究综述报告.

77. 中电联. 电力行业节能减排成效及展望. 2012.

78. 中电联. 有关经济形势预测分析和电力预测分析及电力规划研究. 2012.

79. 王志轩等. 中国电力减排研究2011［M］. 北京：中国市场出版社，2011：56.

80. 南方电网2011企业社会责任报告.

81. 中国华能集团2011年可持续发展报告.

82. 国家电监会. 电力监管年度报告（2011）.

83. 中国钢铁工业协会常务副秘书长张宇春在2012年钢铁工业环境保护统计工作会上的讲话.

84. 重点钢铁企业环保月报. 中国钢铁工业协会

85. 武钢2011社会责任报告.

86. 太钢2011社会责任报告.

87. 钢铁行业生产经营规范条件（2012年修订）.

88. 程小矛. 客观分析"十二五"钢铁行（企）业的节能潜力.

89. 环境人. 对钢铁行业的冷思考 http://www. huanjingren. info/20/2466. html.

90. 钢铁工业水污染物排放标准. 中华人民共和国国家标准.

91. 钢铁工业大气污染物排放标准. 中华人民共和国国家标准.

92. 陈媛节能改造钢铁行业的一次"涅槃". 中国节能服务网 http://www. emca. cn/.

93. 科技创新引领钢铁工业节能减排. 上海市经信委网站 http://www. sheitc. gov. cn/.

94. 陈全训在2012年中国有色金属工业协会工作会议上的报告.

95. 有色金属技术经济研究院网站 http://www. cnmte. cn/.

96. 王恭敏. 关于"十二五"再生有色金属产业发展建议［J］. 再生资源与循环经济，2011，(4).

97. 环保部. 遏制重金属污染事件高发态势.

98. 康义．加强资源综合利用，大力发展循环经济［J］．再生资源与循环经济，2011，(4).

99. 李幼玲．科技进步是有色节能减排的关键．云南铝业股份公司副总经理刘志祥访谈录［N］．中国有色金属报，2011－09－17.

100. 侯光辉，邱仕麟．能效对标是电解铝行业实现节能减排的重要途径［J］．轻金属，2011 (8).

101. 新锐．盘点2011年中国再生有色金属行业十大新闻［N］．中国有色金属报，2012－02－11.

102. 陈倩倩．浅析有色金属企业节能减排的研究［J］．中国化工贸易，2012，(12).

103. 刘蓓琳．我国有色金属行业低碳经济发展对策研究［J］．有色金属工程，2012，(1).

104. 赵建安．我国主要工业部门技术节能减排的潜力及实现途径探讨［J］．自然资源学报，2012，(27)：6.

105. 蒋继穆．有色金属工业要走高附加值、低能耗、低排放的循环经济发展之路［J］．再生资源与循环经济，2011，(12).

106. 以两端建设催动产业升级－有色金属工业“十二五”规划解读．中投建设证券，2012－02－6.

107. 吴滨．中国有色金属工业节能现状及未来趋势．资源科学．2011，(04)：647－652.

108. 2011中国五矿集团公司可持续发展报告.

109. 中国铝业公司2011社会责任报告.

110. 中国有色金属工业协会．中国有色金属工业2011年鉴．2012.1.

111. 工信部．石油和化学工业2011年经济运行分析及2012年展望.

112. 蔡恩明．“十二五”石化行业发展面临的形势.

113. 中国石油和化学工业联合会．2011年中国石油化工行业经济运行回顾［N］．中国石油报，2012－01.

114. 苏南．石化工业“十二五”节能减排目标明确．中国能源报．2012.

115. 顾锦龙．石化行业亟需依靠科技进步推动节能减排［J］．上海化工，2012，(03).

116. 石化行业节能进度有所滞后五措施力争打赢攻坚战［N］．中国化工报，2012－05－30.

117. 石化和化学工业“十二五”发展规划.

118. 中国石油2011企业社会责任报告.

119. 中国化工节能技术协会．中国石油和化工行业节能进展报告2011［M］．北京：化学工业出版社，2012.

120. 石油和化工节能网 http://www.syhgjn.cn/.

121. 中国石油和化学工业联合会．石油和化学工业“十二五”发展指南.

122. 煤炭工业发展“十二五”规划.

123. 工业和信息化部原材料司．建材工业2011年经济运行情况.

124. 工业和信息化部．建材工业“十二五”发展规划.

125. 工业和信息化部．水泥工业“十二五”发展规划.

126. 工业和信息化部．平板玻璃工业“十二五”发展规划.

127. 工业和信息化部．建筑卫生陶瓷工业“十二五”发展规划.

128. 工业和信息化部．新型建筑材料工业“十二五”发展规划.

129. 工业和信息化部．非金属矿工业“十二五”发展规划.

130. 中国玻璃行业分析报告.

131. 中国水泥行业分析报告.

132. 建设纺织强国纲要（2011—2020年）.

133. 中经网．中国纺织行业分析报告（2011年4季度）.

134. 发改委．纺织工业节能减排取得明显成效．中国传动网，2012－6.

135. 吴绩新，王瑾．纺织产业节能减排的推动机制研究——基于产业规制的视角［J］．纺织导报，2011（10）.

136. 纺织工业"十二五"发展规划.

137. 化纤工业"十二五"发展规划.

138. 2011年铁道统计公报.

139. 交通运输行业公路水路环境状况公报.

140. 2011年公路水路交通运输行业发展统计报告.

141. 2010年公路水路交通科技统计分析.

142. 2011年全国铁路主要指标完成情况.

143. 2011年全国住房城乡建设领域节能减排专项监督检查建筑节能检查情况通报.

144. 杨荫凯．2011年我国区域发展大事综述［J］．中国经贸导刊，2012，（2）：24－25.

145. 吴国华，朱高鹏．我国节能减排存在的问题及对策［J］．宏观经济管理，2012，（9）：50－51.

146. 国家规划委魏后凯．东西部应实行差别节能减排政策．http://news.hexun.com/2012－07－04/143192774.html.

147. 解振华．2011年节能减排目标未能实现后四年压力大．http://news.xinhuanet.com/politics/2012－05/27/c_123196531.htm.

148. 中华人民共和国2011年国民经济和社会发展统计公报．http://www.gov.cn/gzdt/2012－02/22/content_2073982.htm.

149. 2011年中国环境状况公报．http://jcs.mep.gov.cn/hjzl/zkgb/2011zkgb/.

150. 国务院关于印发"十二五"节能减排综合性工作方案的通知．http://www.gov.cn/zwgk/2011－09/07/content_1941731.htm.

151. 国务院关于印发国家环境保护"十二五"规划的通知．http://www.gov.cn/zwgk/2011－12/20/content_2024895.htm.

152. 国务院关于加快培育和发展战略性新兴产业的决定．http://www.gov.cn/zwgk/2010－10/18/content_1724848.htm.

153. 中华人民共和国国民经济和社会发展第十二个五年规划纲要．http://www.gov.cn/2011lh/content_1825838.htm.

154. 2012年国务院政府工作报告．http://www.gov.cn/test/2012－02/15/content_2067314.htm.

155. 2011年分省区市万元地区生产总值能耗等指标公报．http://www.gov.cn/gzdt/2012－08/16/content_2205174.htm.

156. 环境保护部通报2011年度全国主要污染物减排情况．http://www.zhb.gov.cn/gkml/hbb/qt/201209/t20120907_235881.htm.

157. 盛来运．中国统计年鉴2011［M］．北京：中国统计出版社，2011.

158. 国家统计局．中国统计摘要2012［M］．北京：中国统计出版社，2012.

159. 国家统计局．中国区域经济统计年鉴2011［M］．北京：中国统计出版社，2012.

160. 国家统计局能源统计司．中国能源统计年鉴2011［M］．北京：中国统计出版社，2012.

161. 我国各省份环境保护"十二五"规划.

162. 李俊峰等．风光无限——中国风电发展报告，2011.

163. 全球风能理事会（GWEC）．2011全球风电产业报告.

164. 中电联统计信息部．中电联发布全国电力工业统计快报（2011年），2012.

中国节能

CHINA ENERGY CONSERVATION AND ENVIRONMENTAL PROTECTION GROUP

LIUHE EPES 六合环能

天融环保 TALROAD

网址：www.lhtr.cecep.cn

中节能六合天融环保科技公司是国家高新技术企业，公司以正道人本、天地融合、创新求精、产业报国为宗旨，以技术创新为龙头，致力于综合环境解决方案的提供，在本业务领域立志成为中国乃至世界最大最强的环境服务商。

中节能清洁技术发展有限公司

我们的优势

中节能清洁技术发展有限公司是中国节能环保集团公司的子公司，是中国节能环保集团公司发起设立的从事危险废弃物处置的专业化平台，公司是国内最早投资建设及运营危废处置项目的专业运营商，拥有丰富的运营经验及技术优势。公司的战略目标是成为全国危废处置领域行业资源整合的领导者。

公司核心优势

- 在医废处置领域，高温蒸煮技术国内领先；
- 孝感项目获得联合国工业发展组织授予的全球示范项目（医疗废物高温蒸煮工艺示范）
- 两项专利：高效四轴联动剪切式医疗废物粉碎机和医疗废物高温灭菌设备
- 已经在高难度废弃物处理和清洁循环利用方面获得863计划和国家科技支撑计划支撑；
- 拥有危废处置专业化管理人才和技术人才储备。
- **公司在土壤修复技术、固废处理技术、水处理技术、大气处理技术方面形成核心优势**

公司发展规划

1 国家级投融资中心：

集合央企和国际专业公司的品牌和资本实力，贯通危废行业的投融资链条，为国家政策资金、社会资本进入危废行业构建可靠、畅通的渠道。

2 全国性管理运营中心：

投资运营10个重点危废项目和50个医废项目，成为全国危废领域最大的集约化管理运营中心。

3 建设危险废物处置技术国家工程研究中心和医疗废物处置行业国家实验室；建设基于物联网技术的危险废物智能监管数据中心。

4 孵化、培育出适用于中国的技术解决方案，能够为全国危废处置行业的升级提供实际应用的技术方案。

公司业务架构

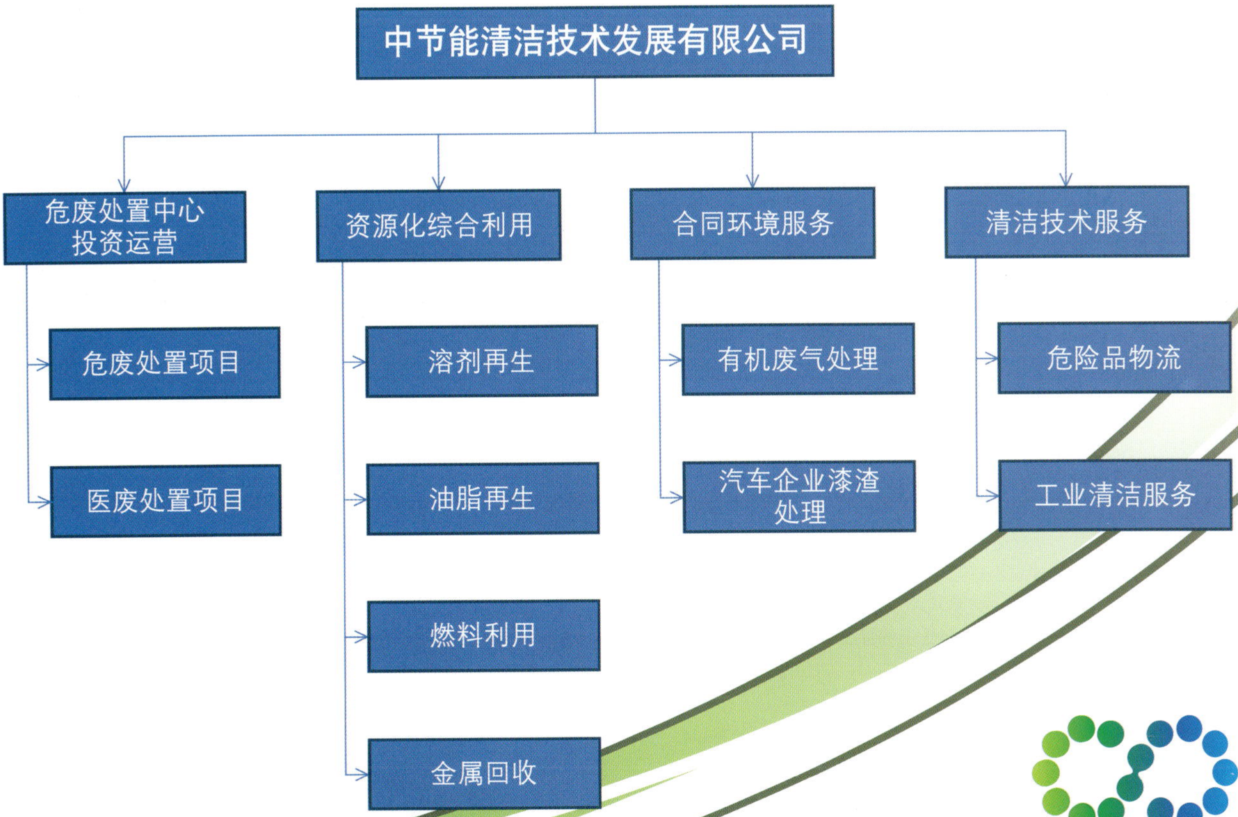

中国节能
CHINA ENERGY CONSERVATION AND ENVIRONMENTAL PROTECTION GROUP

北京思能达节能电气股份有限公司

SNTA

思能达

2011中国节能服务产业最具成长性企业
2011中国节能服务产业行业新星
中关村企业信用工程最具发展潜力信用企业
国家发改委节能服务公司备案企业
国家工信部节能服务公司备案企业
十一五石化行业节能减排优秀服务单位
十一五电石行业节能减排优秀服务单位
独创IVC智能电网无功优化系统
独创工业电炉绿色制造节能服务平台
2011年矿热炉节能改造市场份额超过60%
矿热炉节能系统列入国家级火炬计划
矿热炉节能系统首家通过科技成果鉴定
2012年度中国节能服务公司百强榜第三名

SNTA——内燃式电石炉改造

将内燃式电石炉改造为密封电石炉，改造后高浓度CO气体不在炉盖内燃烧，将进入炉气净化系统进行除尘处理，处理后的CO气体进入CO利用工序。

SNTA1006：矿热炉低压短网动态无功补偿装置

用于高耗能的工业电炉，可有效降损节能并提高产量，单位能耗可降低3%——10%，增产比例可以达到10%——20%，09年以来已成功应用近百套，是业内首家通过科技成果鉴定的产品。

工业电炉绿色服务平台

节能，减排
CO的再利用

节能3%--6%
增产10%--20%

循环经济
资源再利用

安全、节能

SNTA 电石显热余热回收技术

以空气为非水工质，采用间壁式换热方式，保证了电石生产过程的安全性及电石品质，可在一定时间内将电石砣内的热能近于全部取出。

SNTA-KLY-1005型全液压开拉眼机

一机两用，即能快速钻眼，又可随时拉眼，全液压式遥控操作，使出炉操作实现自动化；

自带液压站，整个过程全为液压传递，能量损失小，安全可靠，使用寿命长；

不需要建气站、储气罐以及输气管道，液压力是气动钻机的5倍以上，钻孔深度深；

钻头采用圆头锥钻，使用寿命为十字钻的10倍以上。

地址：中国北京海淀区上地三街9号嘉华大厦A座9层　　电　话：010-62980147　62985047
网址：www.snta.com.cn　　E-mail:bjsntaxs@VIP163.COM　　传　真：010-62980147-801

善用其效 尽享其能
全球能效管理专家 施耐德电气
全球能效管理专家施耐德电气为100多个国家的能源及基础设施、工业、数据中心及网络、楼宇和住宅市场提供整体解决方案，其中在能源与基础设施、工业过程控制、楼宇自动化和数据中心与网络等市场处于世界领先地位，致力于为企业提供更安全、更可靠、更高效、更经济、更环保的能源。
As a global specialist in energy management with operations in more than 100 countries, Schneider Electric offers integrated solutions to make energy safe, reliable, efficient, productive and green across multiple market segments. The Group has leadership positions in energy and infrastructure, industrial processes, building automation, and data centres/networks, as well as a broad presence in residential applications.Schneider Electric is committed to helping individuals and organizations “Make the most of their energy.”
欲了解更多信息，请浏览网址：www.schneider-electric.cn
Schneider Electric